新一代通信技术
新兴领域"十四五"
高等教育教材

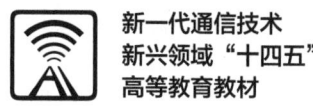

U0771641

通信电子线路

（第 3 版）

主　编　赵雅琴

副主编　侯成宇　陈浩

参　编　吴龙文　何胜阳

Communication
Electronic
Circuits

中国教育出版传媒集团

高等教育出版社·北京

内容简介

本书是新一代通信技术新兴领域"十四五"高等教育教材。本书是针对电子信息类专业本科生精心编写的"通信电子线路"或"高频电子线路"课程教材，同时也可作为信息与通信工程、电子科学与技术、仪器科学与技术等相关学科研究生的学习教材，也是相关领域技术人员的重要参考书籍。全书系统而深入地探讨了无线电通信系统中关键模块的基本原理、性能特性、电路结构、工作原理、分析方法及设计方法，全面覆盖了从基础知识到高级应用的多个层面。

全书共分为 11 章，内容循序渐进、逐步深入。第 1 章作为绪论，引领读者了解通信电子线路的发展历程，掌握无线发射机与接收机的系统模型及信道传播方式，为后续学习奠定坚实基础。第 2 章至第 4 章聚焦高频电子线路基础及放大技术，详细阐述了高频电子器件的传输特性、谐振回路分析、高频小信号放大与功率放大的基本原理与设计方法，使读者能够深入理解信号放大的核心技术与挑战。

第 5 章至第 9 章则深入探讨了信号的产生、变换与解调技术。第 5 章介绍了正弦波发生电路，包括 LC 振荡器、晶体振荡器及压控振荡器等，揭示了信号产生的奥秘。第 6 章至第 9 章则围绕频谱的线性变换与调角技术展开，详细讲解了调幅、检波、变频及调角信号的基本原理、数学模型、电路结构及设计方法，使读者全面掌握信号调制与解调的关键技术。

第 10 章讲解反馈控制电路，详细介绍了自动增益控制、自动频率控制及自动相位控制等电路的工作原理与应用实例，帮助读者理解反馈机制在通信系统中的重要性及其实现方式。

最后，第 11 章引入了软件无线电技术，阐述了其概念起源、基本架构及发展趋势，为读者打开了通往现代通信技术前沿的窗口。

本书为新形态教材，配备重点、难点讲课视频，以便教师授课和学生学习。此外，每章末尾均配有丰富的习题，旨在帮助读者巩固所学知识，提升解决实际问题的能力。本书结构严谨，内容全面，理论与实践并重，是电子信息领域本研学生和从业人员不可或缺的学习与参考资源。

图书在版编目（CIP）数据

通信电子线路 / 赵雅琴主编；侯成宇，陈浩副主编．
3 版．-- 北京：高等教育出版社，2025.7. -- ISBN
978-7-04-063916-2

Ⅰ. TN91

中国国家版本馆 CIP 数据核字第 2024C5J739 号

Tongxin Dianzi Xianlu

| 策划编辑 | 平庆庆 | 责任编辑 | 王耀锋 | 封面设计 | 李树龙 | 版式设计 | 杨 树 |
| 责任绘图 | 杨伟露 | 责任校对 | 张 然 | 责任印制 | 耿 轩 | | |

出版发行	高等教育出版社	网 址	http://www.hep.edu.cn
社 址	北京市西城区德外大街 4 号		http://www.hep.com.cn
邮政编码	100120	网上订购	http://www.hepmall.com.cn
印 刷	河北信瑞彩印刷有限公司		http://www.hepmall.com
开 本	787 mm×1092 mm 1/16		http://www.hepmall.cn
印 张	25.5	版 次	2013 年 11 月第 1 版
字 数	520 千字		2025 年 7 月第 3 版
购书热线	010-58581118	印 次	2025 年 7 月第 1 次印刷
咨询电话	400-810-0598	定 价	56.00 元

序

新一代信息通信技术以前所未有的速度蓬勃发展，深刻改变着社会的每一个角落，成为推动经济社会发展和国家竞争力提升的关键力量。本教材体系的构建，旨在落实立德树人根本任务，充分发挥教材在人才培养中的关键作用，牵引带动通信技术领域核心课程、重点实践项目、高水平教学团队的建设，着力提升该领域人才自主培养质量，为信息化数字化驱动引领中国式现代化提供强大的支撑。

本系列教材汇聚了国内通信领域知名的 8 所高校科研机构及 2 家一流企业的最新教育改革成果以及前沿科学研究和产业技术。在中国科学院院士、国家级教学名师、国家级一流课程负责人、国家杰出青年基金获得者，以及来自光通信、5G 等一线工程师和专家的带领下，团队精心打造了"知识体系全面完备、产学研用深度融合、数字技术广泛赋能"的新一代信息技术（新一代通信技术）领域教材。本系列教材编写团队已入选教育部"战略性新兴领域'十四五'高等教育教材体系建设团队"。

总体而言，本系列教材有以下三个鲜明的特点：

一、从基础理论到技术应用的完备体系

系列教材聚焦新一代通信技术中亟须升级的学科专业基础、通信理论和通信技术，以及亟需弥补空白的通信应用，构建了"基础-理论-技术-应用"的系统化知识框架，实现了从基础理论到技术应用的全面覆盖。学科专业基础部分涵盖电磁场与波、电子电路、信号系统等；通信理论部分涵盖通信原理、信息论与编码等；通信技术部分涵盖移动通信、通信网络、通信电子线路等；通信应用部分涵盖卫星通信、光纤通信、物联网、区块链、虚拟现实、网络安全等。

二、产学研用的深度融合

系列教材紧跟技术发展趋势，依托各建设单位在信息与通信工程等学科的优势，将国际前沿的科研成果与我国自主可控技术有机融入教材内容，确保了教材的前沿性。同时，联合华为技术有限公司、中信科移动等我国通信领域的一流企业，通过引入真实产业案例与典型解决方案，让学生紧贴行业实践，了解技术应用的最新动态。并通过项目式教学、课程设计、实验实训等多种形式，让学生在动手操作中加深对知识的理解与应用，实现理论与实践的深度融合。

三、数字化资源的广泛赋能

系列教材依托教育部虚拟教研室平台，构建了结构严谨、逻辑清晰、内容丰富的新

一代信息技术领域知识图谱架构，并配套了丰富的数字化资源，包括在线课程、教学视频、工程实践案例、虚拟仿真实验等，同时广泛采用数字化教学手段，实现了对复杂知识体系的直观展示与深入剖析。部分教材利用 AI 知识图谱驱动教学资源的优化迭代，创新性地引入生成式 AI 辅助教学新模式，充分展现了数字化资源在教育教学中的强大赋能作用。

我们希望本系列教材的推出，能全面引领和促进我国新一代信息通信技术领域核心课程与高水平教学团队的建设，为信息通信技术领域人才培养工作注入全新活力，并为推动我国信息通信技术的创新发展和产业升级提供坚实支撑与重要贡献。

电子科技大学副校长　孔令讲

2024 年 6 月

前言

本书是新一代通信技术新兴领域"十四五"高等教育教材。本书定位于电子信息类通信工程、电子信息工程、信息对抗技术、遥感科学与技术、电磁场与无线技术、电子信息科学与技术、仪器科学与技术等专业的本科生课程"通信电子线路"或"高频电子线路"教材，也可作为电子信息工程、通信工程等相关领域的技术参考。

本书重点对无线电通信系统组成模块的基本原理、性能特点、电路结构、电路工作原理、电路分析方法、电路设计方法、系统总体性能分析等方面作了深入的讨论，每章配备重点、难点讲解视频，且后面附有习题，供读者学习和检查。

本书共 11 章。第 1 章为绪论，介绍通信电子线路的发展历程、无线发射机和接收机的系统模型及信道传播方式。

第 2 章是高频电子线路基础部分，主要介绍电子线路有源和无源器件的高频传输特性，谐振回路的特性及分析方法。

第 3 章和第 4 章是高频小信号线性放大和功率放大部分。主要介绍高频小信号放大电路的基本结构、性能特点、电路的分析和设计方法等；介绍高频功率放大电路的基本结构、工作原理、性能特点、电路分析和设计的方法及功率合成的概念。

第 5 章是正弦波发生电路，介绍了反馈型 LC 振荡电路及其改进形式、晶体振荡器、压控振荡器等电路结构、工作原理、起振条件、稳频措施等。

第 6 章和第 7 章是频谱的线性变换部分，主要介绍调幅、检波、变频的基本原理、数学模型、性能特点、电路结构、电路分析和设计方法等。

第 8 章和第 9 章是调角电路及调角信号的解调，主要介绍调角信号的基本原理、数学模型、时频域分析方法、电路结构及工作原理、分析和设计方法等。

第 10 章是反馈控制电路部分，阐述了自动增益控制电路、自动频率控制电路、自动相位控制电路的工作原理、电路结构、具体应用等。

第 11 章是软件无线电部分，介绍了软件无线电概念的由来、基本结构等。

本书得到了中国高等教育学会 2021 年度"实验室管理研究"专项课题重点项目"新工科背景下电子信息类实验教学体系的改革与探索"（项目编号：21SYZD09）和首批黑龙江省实验教学和教学实验室建设研究项目"'基于项目实验'在电子信息类专业实验教学中的应用与推广研究"（项目编号：SJGZ20240012）的支持。

本书第 1~3 章、第 11 章由赵雅琴编写，第 4~5 章、第 10 章由侯成宇编写，第 6~9

章由陈浩编写，吴龙文、何胜阳参与仿真电路设计，全书由赵雅琴统稿。

本书在成书过程中，基于以下四点考量：

（1）问题导向的设计。每一章节的开头，都精心设计了导课部分。这部分内容以问题为导向，通过提出与本章主题密切相关的问题，引导读者思考并激发学习兴趣。

（2）前沿内容的引入。本书在每章都设有与本章相关的前沿内容。这些前沿内容的引入，不仅拓宽了读者的视野，也为他们未来从事相关工作提供了一些思路和想法。

（3）软件仿真的融入。为了加深读者对通信电子线路的理解，本书增加了软件仿真部分。这部分内容采用了国产 EDA 软件与 Multisim 软件相结合的方式，通过搭建虚拟电路、设置参数、运行仿真等方式，让读者能够直观了解电路的工作过程和输出结果。

（4）集成芯片的应用。在通信电子线路的设计中，集成芯片的应用越来越广泛。本书充分考虑了这一趋势，在介绍电路设计和分析时，特别强调了集成芯片的选择和应用，使读者能够初步掌握集成电路的设计技能。

本书在编写过程中得到许多帮助，在此向为本书付出过的所有人表示衷心的感谢。

由于作者水平有限，时间紧张，书中难免存在不妥之处，恳请广大读者批评指正。编者邮箱：houcy@ hit. edu. cn。

作　者

2024 年 6 月

常见变量含义说明表

A	放大器增益	E_A	误差放大器电压
A_m	多级放大器增益	f_c	载波频率、工作频率
A_{m0}	多级放大器谐振时增益	f_I	固定中频率
A_p	功率增益	f_k	组合频率
A_{pc}	变频功率增益	f_L	本地频率
A_{pH}	额定功率增益	f_{max}	晶体管最大振荡频率
A_{p0}	谐振时功率增益	f_n	干扰信号频率
A_u	电压增益	f_s	有用信号频率
A_{uc}	变频电压增益	f_T	晶体管特征频率
A_{u0}	谐振时电压增益	f_β	晶体管截止频率
$(A_{u0})_S$	稳定电压增益	F	反馈系数
A_0	放大器初始增益	F_n	噪声系数
$A(f)$	电压传输系数	$\lvert F(\omega) \rvert$	振幅频谱密度
B	通频带；带宽；电纳	g_c	变频跨导
B_m	带宽	g_{cr}	晶体管输出特性临界线斜率
C	电容	g_d	负载线斜率；二极管电导
$C_{b'e}$	发射结电容	g_{ie}	晶体管输入电导
$C_{b'c}$	集电结电容	g_m	晶体管传输电导
C_{ie}	晶体管输入电容	g_{max}	晶体管变频跨导最大值
C_j	变容二极管结电容	g_{oe}	晶体管输出电导
C_{j0}	变容二极管零偏置时结电容	$g_1(\theta_c)$	晶体管波形系数
C_M	耦合电容	$g(t)$	晶体管变频跨导瞬时值
C_{oe}	晶体管输出电容	G	电导
C_R	分布电容	G_L	环路总电导
C_0	石英晶体静态（安装）电容	G_p	回路损耗电导
C_Σ	回路总电容	I	回路电流
d	干扰抑制比	I_B	基极交流电流

I_C	集电极交流电流	M	电感间互感
I_E	发射极交流电流	m	电容调制度
I_{im}	中频电流幅度	m_a	调幅指数
I_{max}	回路电流最大值	m_f	调频指数
I_Q	偏置电流	m_p	调相指数
I_s	电流源	N_1	一次回路电感线圈匝数
I_S	最大反向饱和电流	N_2	二次回路电感线圈匝数
I_0	谐振时电流;电流直流分量	P	功率
i	瞬时电流	P_c	集电极损耗功率
i_A	天线回路电流	P_{cT}	载波状态时集电极损耗功率
i_C	集电极瞬时电流	P_i	交流输入功率
i_d	流过二极管的电流	P'_{ni}	额定输入噪声功率
i_i	中频电流	P_o	交流输出功率
$\overline{i_n^2}$	噪声电流均方值	P_{oav}	调制周期的平均输出功率
$J_n(\cdot)$	一阶贝塞尔函数	P_{oT}	载波功率
K	乘法器系数,单位 V^{-1}	P_{si}/P_{ni}	输入信噪比
K_c	压控振荡器灵敏度	P'_{si}	额定输入信号功率
K_d	电压传输系数	P_{so}/P_{no}	输出信噪比
K_f	非线性失真系数	$P_{\omega_c\pm\Omega}$	边频功率
K_{f2}	二次谐波失真系数	$P_=$	直流功率
K_M	乘法器系数,单位 $(V\Omega)^{-1}$	$P_{=T}$	直流电源输入功率
$K_{r0.1}$	矩形系数	p	抽头系数
K_0	压控振荡器灵敏度	P_r	电阻上消耗的平均功率
$K(\omega)$	幅频特性	Q	品质因数
$K(\omega t)$	开关函数	Q_L	有载品质因数
k	耦合系数;玻尔兹曼常数	Q_p	并联谐振品质因数
k_a	调幅比例系数	q	失配系数;电子电荷
k_c	临界耦合系数	R	电阻
k_f	调频比例系数;交调系数	R_A	天线电阻
k_p	调相比例系数	R_{id}	输入电阻
k_1	插入损耗	R_L	负载
L	电感	R_p	谐振电阻;并联电阻
L_R	引线电感	R_s	信号源内阻;串联电阻

r	电阻/损耗	u_C	晶体管集电极电压
$r_{bb'}$	基极电阻	u_c	电容上的电压
$r_{b'c}$	集电结电阻	u_d	二极管两端电压
$r_{b'e}$	发射结电阻	$\overline{u_n}$	噪声起伏电压平均值
r_{ce}	集电极和发射极间电阻	$\overline{u_n^2}$	噪声起伏电压均方值
r_d	二极管导通电阻	$u_{AM}(t)$	幅度调制波
S	谐振放大器稳定系数	$u_{BE}(t)$	输入回路电压
S_D	鉴频跨导	$u_c(t)$	载波信号；控制信号
S_φ	鉴相跨导	$u_{CE}(t)$	输出回路电压
$S(f)$	噪声功率谱密度	$u_L(t)$	本地振荡器输出电压
$S_i(f)$	输入端功率谱密度	$u_n(t)$	噪声起伏电压
$S_o(f)$	输出端功率谱密度	$u_\Omega(t)$	调制信号
T	热力学温度，290 K	$u_r(t)$	参考信号
T_A	等效噪声温度	$u_s(t)$	输入信号
T_c	振荡周期	V_{BB}	基极直流电压
T_i	噪声温度	V_{BZ}	晶体管截止电压
$\text{th}(\cdot)$	双曲正切函数	V_{CC}	集电极直流电压
U	回路端电压	V_{CT}	直流电压
U_{bm}	基极交流电压幅度	V_Q	二极管工作点静止电压
U_{BZ}	二极管截止电压	w	瞬时能量
U_{cm}	集电极交流电压幅度	w_C	电容内储存的瞬时能量
U_{cQ}	三极管工作点电压	w_L	电感内储存的瞬时能量
U_D	变容二极管势垒电位差	w_r	每周期内电阻消耗平均能量
U_i	中频电压	X	电抗
U_{im}	输入电压幅度	X_s	串联电抗
U_{Lm}	本地振荡器电压幅度	X_p	并联电抗
U_m	电压幅度	Y	导纳
U_s	电压源	Y_i	输入导纳
U_T	温度电压当量，300 K 时 26 mV	Y_L	负载导纳
U_0	谐振时回路端电压	Y_o	输出导纳
$U_{\Omega m}$	调制信号幅度	Y_s	信号源导纳
u_B	晶体管基极电压	y_f	晶体管正向传输导纳
$u_{b'e}$	晶体管发射结 b'e 交流电压	y_{fe}	共射组态正向传输导纳

y_i	晶体管输入导纳	$\Delta\omega(t)$	瞬时频偏
y_{ie}	共射组态输入导纳	ε	相对失谐
y_o	晶体管输出导纳	η	耦合因数
y_{oe}	共射组态输出导纳	η_c	集电极效率
y_r	晶体管反向传输导纳	η_{cT}	载波状态集电极效率
y_{re}	共射组态反向传输导纳	η_{cav}	平均集电极效率
Z	阻抗	η_{cmax}	峰值状态集电极效率
Z_p	并联回路阻抗	θ_c	半导通角
Z_{p1}	基波阻抗	ξ	广义失谐；电压利用系数
α	归一化数值	τ	时延
α_0	余弦脉冲直流分解系数	φ	信号相位；阻抗幅角
α_1	余弦脉冲基波分解系数	φ_A	放大器引入相位
α_2	余弦脉冲二次谐波分解系数	φ_{emax}	线性鉴相范围
β	电流放大系数	φ_F	反馈网络引入相位
β_0	共射组态低频电流放大系数	$\varphi(t)$	信号瞬时相位
γ	变容系数	$\varphi_e(t)$	信号瞬时相位差
ΔC_i	输入电容变化	$\varphi(\omega)$	相频特性曲线
ΔC_o	输出电容变化	ψ	回路相角
ΔC_Σ	回路总电容变化	$\psi(\cdot)$	鉴频特性曲线
Δf_n	等效噪声带宽	Ω	角频率，对应频率为 F
Δf	频率偏差	ω	频率
$\Delta\varphi$	相位差	ω_c	载波频率
$\Delta\omega$	频率偏差；失谐	ω_I	中频
$\Delta\omega_c$	振荡频率偏差	ω_i	输入信号频率
$\Delta\omega_m$	最大频偏	ω_p	并联谐振频率
$2\Delta\omega_{0.7}$	回路通频带	ω_q	串联谐振频率
$\Delta\omega_2$	二次谐波失真最大频偏	ω_r	参考信号频率
$\Delta\varphi(t)$	瞬时相偏	ω_0	谐振频率

目录

第 1 章

绪 论

1.1 导　　课

无线电通信系统（例如手机）与我们日常生活息息相关，密不可分。但是大家对其了解有多少呢？本教材将带大家进入无线电通信系统内部，从元器件开始阐释通信系统的组成和功能，解答如何利用电磁波实现信息的远距离传输这一核心问题。

通信电子线路是在两地或者多地之间进行信息发射、接收和处理的电子线路结构，其目的是实现远距离无线通信。所有形式的原始信息在进行远距离的传播之前必须经过通信电子线路转换成电磁能量；从各种传输媒介中接收到的电磁能量也必须经过通信电子线路才能转换成原来的信息形式。

为了实现有效的远距离传播，原始信息需要加载到射频（RF, radio frequency，可以辐射到空间的电磁频率，频率范围为 $300\,\text{kHz} \sim 300\,\text{GHz}$），因此，从发射频率角度而言，通信电子线路往往也被称为射频电子线路。

通常，信号是携带信息的载体，在数学上表示成一个或者几个独立变量的函数。信号处理理论与技术就是对携带物理信息的模拟或数字信号运用数学方法进行分析处理的方法。信号的采集、传输、分析、处理都要依赖电子系统来实现，即采用基本的电子线路元器件、集成电路模块等来实现上述功能。因此，电子信息类专业研究的根本问题是信息的采集、传输和处理，其所涉及的核心知识涵盖了电子学、通信技术、信号处理、计算技术、电磁波传播等知识领域。

"通信电子线路"课程的主要目标是帮助学生建立无线电通信系统的概念，明确无线电通信系统的基本构成、通信信号传输的基本理论，掌握采用电子线路来设计实现通信链路的各部分模块，进而设计出完整的通信系统。本课程是电子信息类专业的专业基础课，在信号处理理论、电子线路技术、电磁波传播理论之间起到了桥梁和核心纽带作用。

1.2　通信电子线路的发展

1837 年，塞缪尔·莫尔斯发明了第一套电子通信系统。莫尔斯首先将待传输的信息用 26 个英文字母和 10 个阿拉伯数字来表示，并将全部英文字母和阿拉伯数字用点、横线和空三种符号的不同组合形式来表示，即电信科学史上最早的编码，称"莫尔斯电码"。莫尔斯搭建了第一台基于电磁感应现象的电报机，发送端由电键和一组电池构成，传递装置为一段金属传输线，接收端是由一只电磁铁及一系列附件组成的复杂装置。通信时，发送端按下电键，便有电流通过。按的时间短促表示点信号，按的时间长些表示横线信号。当传输线有电流通过时，接收端电磁铁便产生磁性，由电磁铁控制的笔就在纸带上记录下点或横线，从而实现了发送端和接收端之间点、横线和空三种符号的信息传输。

尽管该电报系统结构简单，但也包含了现代电子通信系统的所有基本要素。发送端的电键和电池负责将待传输信息转换成电信号发送至金属传输线上，接收端将金属传输线上接收到的电信号转换成接收信息的符号，金属传输线即为传输信道。电子通信系统基本原理框图如图 1-2-1 所示。

信源 → 发送设备 → 传输媒介 → 接收设备 → 信宿

图 1-2-1　电子通信系统基本原理框图

电子通信系统主要包括发送设备、传输媒介、接收设备三部分。发送设备的主要任务是将信源发出的原始信息转换成适合传输的信号，并发送给传输媒介。传输媒介在发送设备和接收设备之间进行信号的传输，传输媒介可以是电缆、光缆及自由空间。接收设备的功能是将从传输媒介接收到的信号转换成原始的信息。

回顾无线电通信的发展历程，其中具有历史性推动意义的理论或技术有以下几个阶段：

（1）早期探索与基础奠定

① 电磁波的发现：1864 年，英国物理学家麦克斯韦建立了电磁理论，预言了电磁波的存在，为后来的无线电发明和发展奠定了坚实的理论基础；1887 年，德国物理学家赫兹以卓越的实验技巧证实了电磁波是客观存在的，这一发现为无线通信技术的诞生提供了科学依据。

② 无线电通信的初步实现：1895 年，意大利人马可尼首次在几百米的距离内实现电磁波通信，这标志着无线通信技术的初步实现；1901 年，马可尼首次完成横渡大西洋的无线电通信，这一成就极大地推动了无线通信技术的发展。

（2）无线电技术的广泛应用

① 无线电广播的兴起：20 世纪初，无线电广播开始成为大众媒体的一部分，无线电波的传输技术逐渐成熟，使得新闻、音乐和娱乐能够迅速而广泛地传播到各个家庭。

② 军事与商业应用：在第一次世界大战和第二次世界大战期间，无线电通信在军事战略中扮演了至关重要的角色，用于战场指挥、部队调度和情报传递；商业领域也逐渐开始应用无线通信技术，如无线电报在通信事业中的广泛应用。

（3）移动通信技术的革命

① 第一代移动通信系统（1G）：20 世纪 80 年代初期，第一代蜂窝移动电话网络的部署标志着移动通信技术的商业化开始。这些网络最初只支持语音通信，采用模拟技术。

② 第二代移动通信系统（2G）：1991 年，第二代蜂窝移动通信技术首次引入了数字信号，支持了短消息服务（SMS）和低速数据传输。这一技术革新提高了通信质量，并引入了新的通信服务。

③ 第三代移动通信系统（3G）：21 世纪初期，第三代移动通信技术极大地提升了移动数据传输速度，使得移动互联网服务成为可能。3G 网络支持视频通话和数据密集型应用，如流媒体服务。

④ 第四代移动通信系统（4G）：2010 年前后，第四代移动通信技术，特别是 LTE (long term evolution) 技术的部署，提供了接近或等同于宽带互联网的速度。4G 网络极大地改善了用户体验，推动了移动互联网和智能手机应用的爆炸性增长。

⑤ 第五代移动通信系统（5G）：从 2019 年开始，多国开始部署第五代移动通信网络。5G 技术不仅提供更高的数据传输速度和更低的延迟，还支持大规模的物联网（IoT）部署，为智能城市、自动驾驶等前沿领域提供了强大的技术支撑。

⑥ 第六代移动通信系统（6G）：目前仍处于研究阶段，预计将在 21 世纪 30 年代初期推出。6G 技术预计将引入更高的速度、更低的延迟和更广泛的应用场景，如通过集成先进的人工智能算法改善网络自主性和效率。

综上所述，无线通信电子线路的发展史是一部充满创新与突破的历史。从电磁波的发现到无线电通信的初步实现，再到移动通信技术的不断革新，每一次技术突破都极大地推动了人类社会的信息化进程。未来，随着 6G 等新一代无线通信技术的不断发展，无线通信电子线路将继续在各个领域发挥重要作用。

尽管无线电通信系统的基本概念和基本原理自出现以来变化很小，但其实现方法和电路结构却经历了巨大的变化。初始阶段的无线电通信系统是由分立元器件构成，体积大、功耗高、稳定性差；后来集成电路的出现大大简化了通信电子线路的设计，减小了系统体积，提高了系统性能和可靠性，降低了造价；近年来，随着系统级的集成芯片的出现，电路结构进一步简化，体积降低，性能和可靠性有了大幅度的提升。

随着技术的进步，通信电子线路分析和设计方法也有了不断的进步。在设计过程中，通常采用电路设计、仿真实验、实际电路测试实验相结合的方法来完成。通过 ADS、Multisim 和立创 EDA 等各种仿真工具对所分析或者设计的电路进行仿真分析和验证，继而进行实验测试，大大缩短了电路设计的工期，提高了设计的效率，降低了成本。

1.3 通信系统基本组成

微视频 1.3
通信系统
基本组成

为了更好地掌握通信电子线路的知识，本节以无线电广播系统为例，介绍无线电通信系统传输过程中发射系统和接收系统的基本原理，以及各部分模块的输入输出信号特点，明确通信电子线路的研究对象，为后续知识的学习建立宏观概念。虽然无线电广播系统结构简单，但它涵盖了无线通信系统的基本功能模块，具有一定代表性。

1.3.1 无线电发射系统组成和基本原理

为了实现信息在自由空间的远距离传输，需要将传输的信息（声音、文字、图像等）转换成无线电信号送到接收端。

声音转换成了与其同频率的交变电磁振荡信号后，可以利用天线将其向空中辐射出去。根据天线理论，电磁波通过天线辐射时，只有当天线的长度和电磁波的波长相比拟时，天线才能有效地把电磁波辐射出去。对于声音信号（人耳听到的频率范围为 20 Hz ~ 20 kHz）而言，转换成同样频率范围的电信号，其波长范围为 $15 \times 10^3 \sim 15 \times 10^6$ m，若对此范围的电磁波进行有效发射，天线尺寸过于庞大，制造和使用都是问题。即使该尺寸的天线能够制造出来，但是各个电台所发射的声音信号都在 20 Hz ~ 20 kHz 频率范围内，接收者也无法直接从频域实现对关心的信号进行提取。

解决上述两个问题的办法是将待传送的声音信号加载到高频信号（频率往往在几百千赫以上）上，将携带声音信号的高频振荡信号发射出去。这样天线尺寸可以大幅度减小，不同的电台也可以采用不同的高频振荡频率，接收端就可以分辨出不同的接收信号。将待传送的信息加载到高频振荡信号上的过程称为调制，实现调制功能的电路称作调制器，该电路是无线电发射系统的核心功能模块。信息加载在高频振荡信号的幅度上，称为振幅调制（简称调幅）；信息加载在高频振荡信号的频率上，称为频率调制（简称调频）；信息加载在高频振荡信号的相位上，称为相位调制（简称调相）。

无线电调幅广播发射机原理框图如图 1-3-1 所示。

声音信号（相对高频振荡信号，此信号为低频信号）由声音变换器（比如麦克风、拾音器等）进行声电转换，通过低频放大器进行音频信号放大，送入振幅调制器的其中一个输入端。而主振器产生的高频振荡信号（此高频信号频率往往为几兆赫至几十兆赫，适合远距离传输），经过缓冲器（减少前后级影响），进行信号放大后送入振幅调制器另一个输入端。在振幅调制器中，音频信号实现对高频振荡信号的幅度调制，调制输出后，已调信号送入高频功率放大器，并将信号通过天线发射出去。

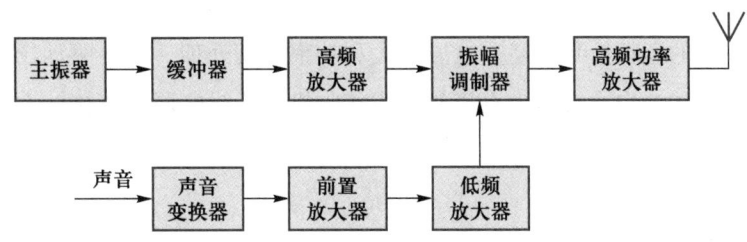

图 1-3-1　无线电调幅广播发射机原理框图

声音信号转化成的电信号作为待传送的信号，被称为基带信号或者调制信号，不失一般性，假设信号为单音信号，其表达式为

$$u_{\Omega}(t) = U_{\Omega m}\cos\Omega t \tag{1-3-1}$$

其中，$u_{\Omega}(t)$ 是送给调制器的调制信号的瞬时值，$U_{\Omega m}$ 是振幅，Ω 是角频率。

主振器产生的高频振荡信号作为承载着基带信号的载体，被称为载波信号，其表达式为

$$u_{c}(t) = U_{cm}\cos(\omega_{c}t + \varphi) \tag{1-3-2}$$

基带信号和载波信号送到调制器中进行振幅调制，调制器输出的调幅波为

$$u_{AM}(t) = U_{cm}(1 + m_{a}\cos\Omega t)\cos(\omega_{c}t + \varphi) \tag{1-3-3}$$

该信号经过高频功率放大器，经天线以电磁波形式辐射出去[①]。

1.3.2　无线电信息接收系统组成和基本原理

无线电接收过程实际上是发送过程的逆过程，其核心任务是经由天线捕捉传输的电磁波，并精确地从中抽取所需的信息。在这一过程中，接收天线在同一时间不仅会接收到目标无线电信号，还会接收到其他不同载频的无线电信号和干扰信号。为了筛选出所需的无线信号，接收到的信号会首先经过一个选频电路（选频电路将在后续章节详细阐述），该电路能够精准地提取出目标无线电信号，同时滤除其他信号和干扰。

另外，由于天线捕获的信号强度非常微弱，通常在几十微伏至几毫伏的范围内，因此这些高频小信号需要经过一个高频小信号放大器进行电压放大，以便后续电路对其进行处理。

在接收端，从高频小信号放大器输出的信号会经历一个称为解调的过程，该过程旨在从放大的信号中提取出原始的音频基带信息。执行这一解调功能的电路被称为解调器。解

---

① 关于幅度调制信号，将在第 6 章详细讲解。

调器的类型根据调制方式的不同而有所区别，例如，幅度调制信号的解调器被称为检波器，频率调制信号的解调器被称为鉴频器，而相位调制信号的解调器则被称为鉴相器。解调器接收高频小信号放大电路的输出信号，完成音频基带信号的解调与提取。这几类解调器将在后续章节中讲解。

随后，提取出的音频信号会经过电压放大和功率放大处理，最终驱动扬声器将其转化为可听的声音。这种结构通常称为直接放大式接收机，无线电调幅直接放大式接收机原理框图如图 1-3-2 所示。

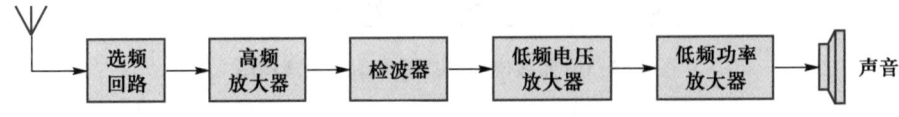

图 1-3-2　无线电调幅直接放大式接收机原理框图

直接放大式接收机的特点是结构简单、输出功率大，适用于固定频率的接收，但在接收多个电台时，其调谐过程比较复杂，对高频小信号放大器的放大倍数和带宽的要求都非常高。

为了弥补直接放大式接收机的不足，目前广泛采用的是无线电调幅超外差式接收机，其原理框图如图 1-3-3 所示。该结构的显著特点在于：首先，它将接收到的已调波信号的载波频率转换为频率较低或较高但固定不变的中间频率（简称中频），其中调幅信号的中频通常为 465 kHz，调频信号的中频为 10.7 MHz，电视信号的中频则为 38 MHz，同时确保幅度变化规律保持不变。随后，利用中频放大器对信号进行放大，再送往检波器进行解调，从而提取出基带信号。接着，信号经过低频电压放大和功率放大处理，最终通过扬声器转化为可听的声音。

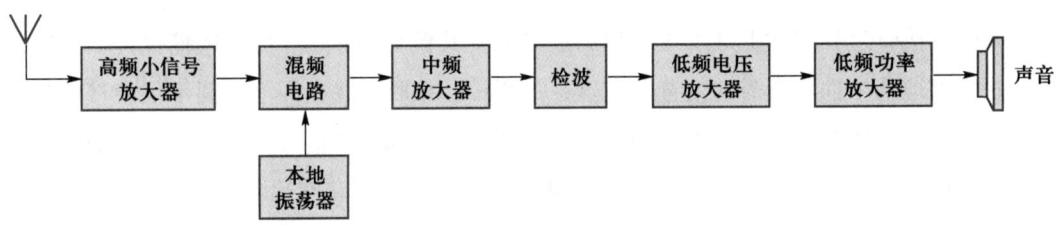

图 1-3-3　无线电调幅超外差式接收机原理框图

尽管超外差式接收机的结构相较于直接放大式更为复杂，但其优势不容忽视。如图 1-3-3 所示的超外差式接收机中频放大器的中心频率固定不变，这意味着接收机的整体增益主要由中频放大器承担，从而在接收频率范围内保证了增益变化的稳定性，能够实现更高的放大倍数。同时，这种结构也易于满足选择性的要求。对于本地振荡器的设计，只需确保其与输入信号同步，实现难度相对较低。因此，超外差式接收机在保持高灵敏度的同时，也具备出色的选择性，整体性能卓越。

1.3.3　通信电子线路的学习对象

无论传输的信息是声音信号还是其他形式，如第四代数字通信系统模型（如图 1-3-4 所示），其无线电发射和接收系统的核心结构与工作原理均与无线电广播发射与接收系统类似。本课程将重点讲解构成这些系统的重要模块（如高频小信号放大器、高频功率放大器、正弦波振荡器、幅度调制与解调、混频器、频率调制与解调、相位调制与解调等模块）的工作原理、性能特性、电路结构、分析以及设计方法，这些内容将在第 3~9 章中详细介绍。

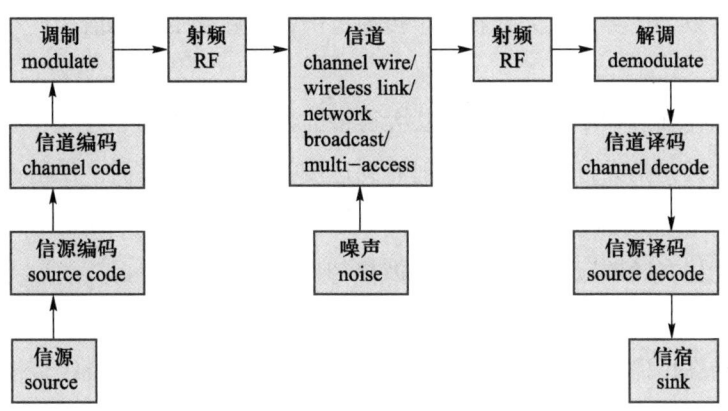

图 1-3-4　第四代数字通信系统模型

此外，在系统设计中，为了提升性能，人们广泛采用了反馈的设计方法。因此，第 10 章将深入解析相位反馈电路，即锁相环电路，以合成高稳定度的频率信号。

随着科技的不断进步，1992 年美国科学家约瑟夫·米托拉提出了软件无线电的概念。其核心思想在于，借助通用的硬件平台，通过加载不同的软件来实现多频段、多模式的通信体制。软件无线电技术要求在实现过程中，模数和数模转换模块应尽可能靠近射频前端，随后在通用的数字信号处理平台上运行不同的软件来实现多样化的通信制式。这种技术使得发射机和接收机的系统结构发生了根本性的变革。因此，软件无线电技术被誉为继模拟通信到数字通信、固定通信到移动通信后的第三次通信技术革命。本书的第 11 章将深入探讨软件无线电的基本概念及其重要性。

1.4　无线信道及传播方式

信号从发送端到接收端需经过特定的传输媒介。根据媒介的差异性，通信可划分为有线通信和无线通信两大类别。有线通信依赖于诸如电缆、光缆等物理媒介进行传输；而无线通信则通过空气中传播的无线电波进行通信。无线通信不需要物理线路，而是利用电磁波进行信息的传输，因此具有更高的灵活性和移动性。

电磁波经由发射天线辐射后，通过自由空间到达接收天线，主要存在以下三种传播途径：

（1）直射波

直射波是指电磁波从发射天线直接传播到接收天线，没有经过任何反射、折射或绕射等过程的波。这种传播方式在视距范围内（即发射天线和接收天线之间没有障碍物阻挡）是主要的传播方式。直射波的传播路径最短，信号衰减最小，因此接收到的信号强度相对较强。例如，广播电视信号便是采用这种方式。由于地球表面呈曲面，发射天线和接收天线的高度将影响直线传播的距离。提高天线的高度可以有效增加传输距离，而利用卫星作为地面信号的转发器，更是极大地扩展了传播范围，这就是卫星通信。

（2）反射波

当电磁波在传播过程中遇到比其波长大得多的物体（如地面、建筑物等）时，会发生反射现象。反射波是指经过这些物体反射后到达接收天线的电磁波。反射波的传播路径比直射波长，且由于反射过程中可能存在的能量损失和相位变化，接收到的信号强度会相对较弱，并可能产生多径效应（即多个反射波叠加导致信号失真）。

（3）绕射波

绕射波是指在传播过程中遇到障碍物时，能够绕过障碍物边缘继续传播的电磁波。绕射波的传播路径比直射波和反射波都要复杂，且由于绕射过程中电磁波的能量会分散到更大的空间范围内，因此接收到的信号强度会进一步减弱。然而，绕射波的存在使得电磁波能够在一定程度上绕过障碍物进行传播，从而扩大了通信的覆盖范围。

在众多反射波和绕射波中，有两种特殊的传播途径，即地波和天波，其介绍如下：

（1）地波

地波传播特指电磁波沿着地球表面弯曲传播的形态。在某些情况下，若发射天线和接收天线距离地面较远，接收点的电磁波则是由直射波和地面反射波两部分共同构成的。由于地球表面具备电阻性质，当电磁波沿其表面传播时，会经历能量损耗，并且这种损耗随着电磁波波长的增加而减少。因此，长波或超长波信号更适合采用地波传播方式。此外，由于地面的导电特性在短时间内相对稳定，电磁波沿地面的传播也显得较为稳定。

（2）天波

天波传播利用电离层对通过其中的电磁波发生折射和反射作用，实现无线电波的远距离传输。在距离地面 50 km 以上的高空，空气稀薄，太阳辐射与宇宙射线的作用尤为显著，这促使空气分子电离产生自由电子和离子，它们以层状分布，构成了电离层。电离层从低到高被分为 D、E、F1、F2 等多个层次。

当电磁波穿越电离层时，部分能量被吸收，而其余部分则通过反射和折射回到地面，形成天波。值得注意的是，电磁波频率越高，电子和离子的振荡幅度越小，电离层对其吸收的能量就越少，从而使电磁波更易于穿透电离层。因此，在电离层通信中，采用较高的频率更为适宜。然而，过高的频率会使电磁波穿透电离层而进入外层空间，不再返回地面，所以电离层通信的频率通常限于短波范围（3～30 MHz）。随着频率的进一步升高，进入超短波段后，地波衰减极为显著，天波也会穿透电离层，无法返回地面。

近年来，科研人员发现利用对流层（或电离层）对电磁波的散射作用，超短波（甚至微波）也能传播至远超视距的范围，这便是对流层（或电离层）散射通信。随着通信频段的提升，电磁波传播环境变得更为复杂，大气层中的氧气和水蒸气对信号的吸收成为了一个不可忽视的问题。表 1-4-1 详细列出了电磁波的频段划分、主要特性、用途以及所使用的传输媒介。关于电磁波的具体传播理论，将在后续章节中深入探讨。

表 1-4-1　电磁波的频段划分、主要特性、用途以及所使用的传输媒介

频带	波长	名称	传播方式	典型应用	传输媒介
3～30 kHz	10^2～10 km（超长波）	甚低频（VLF）	地波	远距离导航；声呐；电报；电话	双线
30～300 kHz	10～1 km（长波）	低频（LF）	地波	导航系统；航标信号；电报通信	双线
0.3～3 MHz	10^3～10^2 m（中波）	中频（MF）	地波或天波	调幅广播；舰船无线通信；测向；遇险和呼救	电离层反射同轴电缆
3～30 MHz	10^2～10 m（短波）	高频（HF）	天波或地波	调幅广播；短波通信；飞机与船通信；岸与船通信	电离层反射同轴电缆
30～300 MHz	10～1 m（超短波）	甚高频（VHF）	直线传播	电视广播；调频广播；航空通信；导航设备	电离层与对流层散射同轴线
0.3～3 GHz	10^2～10 cm（分米波）	特高频（UHF）	直线传播	电视广播；雷达；遥测遥控；导航；卫星通信；移动通信	视线中继传输对流层散射
3～30 GHz	10～1 cm（厘米波）	超高频（SHF）	直线传播	卫星通信；空间通信；微波接力；机载雷达；气象雷达	视线中继传输视线穿透电离层传输
30～300 GHz	10～1 mm（毫米波）	极高频	直线传播	雷达着陆系统；射电天文	视线传输
5×10^{11}～5×10^{16} Hz	6×10^{-2}～6×10^{-7} cm	红外线可见光紫外线	直线传播水蒸气和氧气有吸收	光通信	光纤视线传输

1.5　前沿——5G、6G 技术中的通信电子线路

1. 5G 技术中的通信电子线路

（1）高频段通信

毫米波技术：5G 技术中，毫米波频段（如 30 GHz 以上）因其丰富的频谱资源和高带宽特性，成为提升数据传输速率的关键。毫米波通信技术在短距离、高数据速率的传输场景中表现出色，如无线局域网、移动网络等。然而，毫米波信号传播衰减大、传输距离有限，需要通过先进的波束赋形和干扰协调技术来克服这些挑战。

频谱效率提升：为了提高频谱利用效率，5G 采用了动态频谱共享和认知无线电技术，允许不同网络和设备共享相同的频谱资源，同时保证性能。

（2）大规模天线技术

MIMO（多输入多输出）：5G 中的 MIMO 技术通过增加天线数量，显著提升了系统的空间分辨率和频谱效率。通过多天线高效无线传送信息，扩大了信号的覆盖范围，提升了性能。

波束赋形：结合大规模天线阵列，波束赋形技术能够形成定向波束，减少用户间干扰，提高信号接收质量。

（3）网络切片与虚拟化

网络切片：5G 引入了网络切片技术，将物理网络切割成多个逻辑网络，以满足不同应用场景的需求。这要求通信电子线路具备高度的灵活性和可重构性。

SDN（软件定义网络）和 NFV（网络功能虚拟化）：通过 SDN 和 NFV 技术，5G 网络实现了网络资源的灵活分配和高效利用，进一步提升了网络的智能化和自动化水平。

2. 6G 技术中的通信电子线路

（1）更高效的传输速率

6G 技术预计将提供比 5G 时代更高速的数据传输速率，达到太比特率（Tbit/s）级别。这要求通信电子线路具备更高的带宽和更低的传输损耗。

（2）全球无缝覆盖

6G 网络将实现全球无缝覆盖，包括偏远地区和海洋。为了实现这一目标，通信电子线路需要支持更远的传输距离和更强的抗干扰能力。

（3）融合多种技术

6G 技术将是多种技术的融合，包括太赫兹通信、光通信、量子通信等。这些新技术将带来全新的通信方式和应用场景，要求通信电子线路具备更广泛的兼容性和更高的集成度。

（4）智能化的网络管理

借助人工智能和大数据技术，6G 网络将具备智能化的网络管理能力。这要求通信电子线路支持更复杂的算法和更高效的数据处理能力。

（5）卫星通信

在 6G 时代，卫星通信将扮演着越来越重要的角色。为了实现地面与空中的无缝连接，通信电子线路需要支持更广泛的频段和更高的通信质量。

思考题与习题

1.1　画出无线通信收发信机的原理框图，并说出各部分的功用。

1.2　无线通信为什么要用高频信号？"高频"信号指的是什么？

1.3　无线通信为什么要进行调制？如何进行调制？

1.4　无线电信号的频段或波段是如何划分的？各个频段的传播特性和应用情况如何？

1.5　计算机通信中的"调制和解调"与无线通信中的"调制和解调"有什么异同点？

1.6　理解电路功能模块中功能的含义，说明掌握电路功能模块的功能在设计电子线路系统的作用。

第 2 章
高频电路基础知识

2.1 导　　课

本章我们将进入通信系统内部，从电路元器件角度审视各部分的功能。构成通信系统的基本元器件可分为三大类：无源元件、有源器件以及无源网络，本章将重点讲解这些元器件在高频段所体现的特性。具体而言包括以下几点：

(1) 高频电路中的无源元件有哪些？它们的高频特性是什么？与低频特性有何区别？(2.3 节)

(2) 高频电路中的有源器件有哪些？如何描述它们的工作特性？(2.4 节)

(3) 为了方便分析，高频电路图中往往需要将元件的串联形式转化为并联形式，这两种表达形式存在什么样的关系呢？(2.5.1 小节)

(4) 为了实现阻抗匹配以便能量有效传递，高频电路图中往往存在一类抽头连接方式，如何分析这类抽头变换呢？(2.5.2 小节)

(5) 高频电路中需要具有选频功能的谐振回路，这类电路通常包括三种形式：串联谐振、并联谐振以及耦合回路。这三种谐振回路的特点是什么？三者之间有什么区别和联系呢？(2.6~2.8 节)

2.2 概　　述

高频电路的核心构成主要包括有源器件、无源元件以及谐振回路。尽管这些元器件在低频电路中也有所应用，但在高频环境下，人们关注的是其高频传输特性，这与微波、低频以及直流传输特性有着显著的差异。本书所谈的无源元件，包括电阻器、电感线圈和电容器，都是无源的线性元件，在电路中扮演着不可或缺的角色。值得注意的是，尽管高频电缆、高频接插件和高频开关等组件在高频电路中同样重要，但因其相对简单的特性，这里暂不深入讨论。在高频电路中，负责信号放大、非线性变换等核心功能的有源器件则主要由二极管、晶体管和集成电路担任，它们是实现高频信号处理的重要组成。

2.3　高频电路中的无源元件

2.3.1　电阻器的高频特性

在电子学领域，电阻器在低频环境下主要以其电阻特性为主，即有效地阻碍电流通过。然而，当工作频率升高至高频范围时，电阻器的行为变得更为复杂，不仅继续表现出其固有的电阻特性，还会额外展现出电抗特性。这种电抗特性是电阻器在高频应用中的一个重要方面，通常被称为电阻器的高频特性。

为了更准确地描述电阻器在高频条件下的行为，我们可以采用一个高频等效电路模型来模拟其性能，如图 2-3-1 所示。其中 C_R 为分布电容，L_R 为引线电感，R 为电阻。分布电容和引线电感越小，电阻器的高频性能就越好。这是因为较小的分布参数意味着电阻器在高频信号下引入的额外电抗（包括感抗和容抗）较小，从而更接近理想电阻的行为。

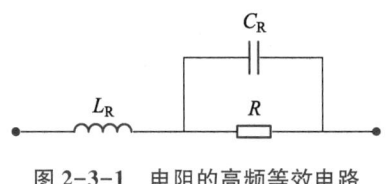

图 2-3-1　电阻的高频等效电路

电阻器的高频特性深受其制造材料、封装形式及尺寸大小的影响。具体而言，金属膜电阻由于其材料特性和制造工艺，往往展现出比碳膜电阻更为优异的高频特性。同样地，碳膜电阻在高频性能上又优于传统的绕线电阻。在封装形式方面，表面贴装器件（SMD）电阻因其紧凑的结构和较短的引脚，相比绕线电阻，能够更有效地减少高频下的寄生效应，从而提高高频特性。此外，尺寸更小的电阻通常具有更低的高频损耗，因此其高频表现也更为出色。

随着频率的升高，电阻器的高频特性变得更加显著，这对高频电路设计尤为重要。在实际应用中，为了减小电阻器高频特性的不利影响，设计者通常会采取一系列措施，如优化电路设计、选择合适的电阻类型和封装形式，以及进行必要的阻抗匹配等。

当电阻器在高频段的高频特性对电路性能影响可忽略不计时，电阻器可以近似视为一个纯电阻，就可简化分析过程，使得设计者能够更专注于电路的其他关键性能指标。

2.3.2 电感线圈的高频特性

电感线圈在高频频段除了表现出电感 L 的特性外，还具有一定的损耗电阻 r 和分布电容。在分析一般长、中、短波频段电路时，通常忽略分布电容的影响。因而，电感线圈的高频等效电路可以表示为电感 L 和电阻 r 串联，如图 2-3-2 所示。

随着频率的提升，电阻值也相应增加，这主要是由于集肤效应的作用。集肤效应是指当工作频率升高时，交流电流倾向于集中在导线表面的现象。当频率很高时，导线中心部分几乎不再有电流通过，这实际上等同于导线的横截面积被缩减至其

图 2-3-2 电感线圈的高频等效电路

圆环状的外围部分，从而极大地减少了导电的有效截面积。由于电阻值与导电的有效截面积成反比，因此电阻值会随之增大。工作频率越高，这一圆环状的有效导电面积就越小，导线电阻也就越大，引起的损耗也将增加。

通常，这种损耗不是直接用等效电阻 r 来描述，而是引入线圈的品质因数这一参数来表示。品质因数定义为无功功率与有功功率之比，即

$$Q = \frac{无功功率}{有功功率} \tag{2-3-1}$$

设流过电感线圈的电流为 I，则电感 L 上的无功功率为 $I^2\omega L$，而线圈的损耗功率，即电阻 r 的消耗功率为 $I^2 r$，故由式（2-3-1）得到电感的品质因数为

$$Q = \frac{I^2\omega L}{I^2 r} = \frac{\omega L}{r} \tag{2-3-2}$$

从上式可以看出，Q 为一个比值，它可以化简为感抗 ωL 与损耗 r 之比。Q 值越高，损耗越小，一般情况下，线圈的 Q 值为几十到一二百之间。

此外，在电路分析过程中，为了简化计算或满足特定分析需求，我们有时需要将电感与电阻串联形式的线圈等效电路［如图 2-3-3（a）所示］转换为电感与电阻的并联形式［如图 2-3-3（b）所示］，图中的 L_p、R 表示并联形式的线圈等效电感与电阻参数。

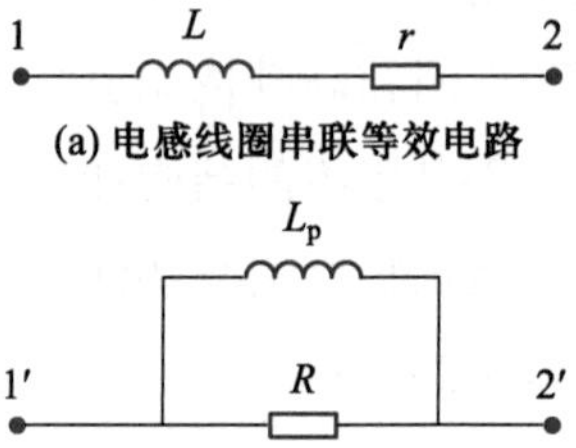

(a) 电感线圈串联等效电路

(b) 电感线圈并联等效电路

图 2-3-3 电感的串并联等效电路

根据等效电路的原理，在图 2-3-3（a）中的 1、2 两端的导纳应等于图 2-3-3（b）中 1′、2′ 两端的导纳，即

$$\frac{1}{r+\mathrm{j}\omega L} = \frac{1}{R} + \frac{1}{\mathrm{j}\omega L_p} \tag{2-3-3}$$

由上式，并用式（2-3-2）就可以得到

$$R = r(1+Q^2) \tag{2-3-4}$$

$$L_p = L(1+1/Q^2) \tag{2-3-5}$$

一般 $Q \gg 1$，则

$$R \approx Q^2 r = \frac{\omega^2 L^2}{r} \qquad (2\text{-}3\text{-}6)$$

$$L_{\mathrm{p}} \approx L \qquad (2\text{-}3\text{-}7)$$

上述讨论说明了高 Q 电感线圈的一个重要特性：其等效电路既可以表达为电感与电阻的串联形式，也可以转换为电感与电阻的并联形式，而在这两种形式之间转换时，电感值基本保持不变。特别注意，串联电阻 r 与并联电阻 R 之间存在一个特定的关系，即它们的乘积近似等于感抗的平方。

同时，我们由式（2-3-6）可以看出：随着 r 的减小，线圈的损耗功率 $I^2 r$ 也随之降低，从而提高了能量转换的效率，即 Q 值增大。相反地，如果 r 增大，则 R 相应减小，线圈的损耗增加，Q 值降低，因此 Q 值大小反映了能量转换效率。

通常电感线圈的串联电阻 r 是几欧姆量级，而经过转换得到的并联电阻 R 则可能高达几十到几百千欧姆。

Q 也可以用并联形式的参数表示。由式（2-3-6）可近似认为

$$R = \frac{\omega^2 L^2}{r} \qquad (2\text{-}3\text{-}8)$$

将上式代入式（2-3-2）有

$$Q = \frac{R}{\omega L} \approx \frac{R}{\omega L_{\mathrm{p}}} \qquad (2\text{-}3\text{-}9)$$

上式表明，若以并联形式表示 Q 时，则为并联电阻与感抗之比。此外，通过 Q 的定义式（2-3-1），也可推出与式（2-3-9）相同的并联形式下的 Q 的表达式。

大家注意式（2-3-2）与式（2-3-9）的应用条件，千万别乔混淆。

2.3.3 电容器的高频特征

一个实际的电容器除表现电容特性（储存电荷）外，也具有损耗电阻和分布电感。在分析毫米波以下频段的谐振回路时，常常只考虑电容特性和损耗。电容器的等效电路也有两种形式，如图 2-3-4 所示。

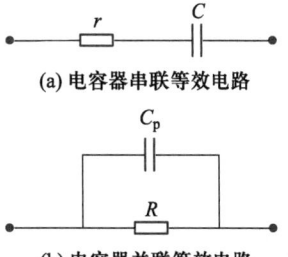

(a) 电容器串联等效电路

(b) 电容器并联等效电路

图 2-3-4 电容的串并联等效电路

为了说明电容器损耗的大小，引入电容器的品质因数 Q_C，它等于容抗与串联电阻之比：

$$Q_C = \frac{\frac{1}{\omega C}}{r} = \frac{1}{\omega C r} \qquad (2\text{-}3\text{-}10)$$

若以并联等效电路表示，则为并联电阻和容抗之比：

$$Q_C = R \left/ \frac{1}{\omega C_{\mathrm{p}}} \right. = \omega C_{\mathrm{p}} R \qquad (2\text{-}3\text{-}11)$$

电容器损耗电阻的大小主要由介质材料决定。Q 值可达几千到几万的数量级,与电感线圈相比,电容器的损耗常常忽略不计。同理,可以推导出图 2-3-4 中串、并联等效电路的变换公式为

$$R = r(1 + Q_C^2) \tag{2-3-12}$$

$$C_p = C \Big/ \left(1 + \frac{1}{Q_C^2}\right) \tag{2-3-13}$$

上面分析表明,一个实际的电容器,其等效电路可以表示为串联形式,也可以表示为并联形式。两种形式中电容值近似不变,串联与并联电阻的乘积等于容抗的平方。

2.4 高频电路中的有源器件

微视频 2.4
高频电路中的
有源器件

高频电路中使用的各种有源器件,与低频或其他频段电子线路中的器件在本质上并无显著区别。它们主要包括半导体二极管、晶体管以及半导体集成电路等,这些元器件的物理机制和工作原理在电路、电子线路基础等相关课程中已进行了详尽的探讨。然而,由于这些器件需要在高频范围内工作,因此对它们的某些性能参数有着更高的要求。随着半导体和集成电路技术的飞速发展,越来越多的器件能够满足高频应用的需求,甚至出现了一些专为高频应用设计的半导体器件。

2.4.1 二极管

在高频应用中,半导体二极管主要用于检波、调制、解调及混频等非线性变换电路中,且多工作于低电平状态。因此,点接触式二极管和表面势垒二极管(又称肖特基二极管)成为了首选。这两种二极管都依赖于多数载流子导电机理,拥有较小的极间电容,从而能在高频下高效工作。常见的点触式二极管(如 2AP 系列)的工作频率可达到 $100 \sim 200\,\mathrm{MHz}$,而表面势垒二极管则能工作在微波范围。

流过二极管的电流 i_d 和二极管两端电压 u_d 的关系为

$$i_d = I_s(\mathrm{e}^{u_d/U_T} - 1) \tag{2-4-1}$$

式中,I_s 为最大反向饱和电流,不超过几十毫安;U_T 为温度电压当量,常温下($T = 300\,\mathrm{K}$)等于 $26\,\mathrm{mV}$。i_d 与 u_d 关系如图 2-4-1 所示。

半导体二极管的 PN 结具有一定的电容效应,具体表现为扩散电容 C_d 和势垒电容 C_b。当 PN 结正偏时(P 型区加高电压、N 型区加低电压),二极管损耗电阻很小,电容效应体现为扩散电容,且 C_d 值为几十皮法到上百皮法,较大;当 PN 结反偏时(P 型区加低电压、N 型区加高电压),二极管损耗电阻很大,电容效应体现为势垒电容,且 C_b 值为几皮法到几十皮法,较小。因此二极管可以等效为一个电容和电阻并联的形式。

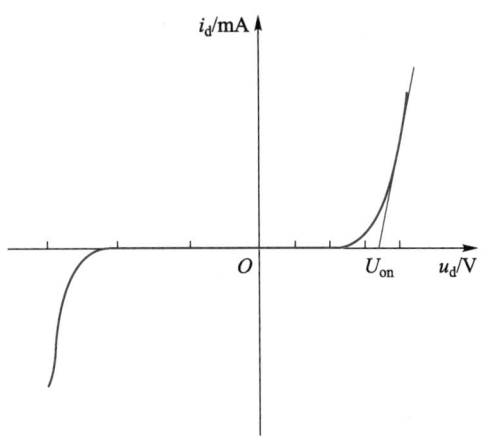

图 2-4-1 二极管电流与电压关系

　　另一种在高频领域广泛应用的二极管是变容二极管，其显著特点是电容值随偏置电压的变化而变化[1]。当 PN 结反偏时，势垒电容起主要作用，变容二极管便是利用 PN 结反偏时势垒电容随外加反偏电压变化的原理，通过特殊工艺和技术处理制成的，具有较大的电容变化范围。变容二极管的结电容 C_j 与外加反偏电压之间呈非线性关系，工作时处于反偏截止状态，几乎不消耗能量，噪声小。在振荡回路中，它可以构成调谐回路或自动调谐电路，实现频率的调节。当变容二极管用于振荡器时，可通过改变电压来改变振荡信号的频率，这种振荡器被称为压控振荡器（VCO），是锁相环路中的关键组件[2]。具有变容效应的微波二极管（微波变容器）还能用于非线性电容混频、倍频等应用。另一种特殊的二极管是 PIN 二极管，它由 P 型、N 型和本征（I）型三种半导体构成，具有强大的正向电荷储存能力，其高频等效电阻受正向直流电流控制，是一种可调电阻。在高频及微波电路中，PIN 二极管可用作电控开关、限幅器、电调衰减器或电调移相器。

2.4.2　晶体管和场效应管功能概述

　　在高频中应用的晶体管仍然是双极型晶体管和多种场效应管，这些管子比用于低频的管子性能更好，在外形结构方面也有所不同。高频晶体管有两大类型：一类是做小信号放大的高频小功率管，对它们的主要要求是高增益和低噪声；另一类为高频功率放大管，除了增益外，要求其在高频有较大的输出功率。目前，双极型小信号放大管的工作频率可达几吉赫兹，噪声系数为几分贝。小信号的场效应管也能工作在同样高的频率，且噪声更低。一种称为砷化镓的场效应管，其工作频率可达十几吉赫兹以上。在高频大功率晶体管方面，在几百兆赫兹以下频率，双极型晶体管的输出功率可达十几瓦至上百

---

① 偏置电压往往是负电压，变容二极管将在第 8 章角度调制电路中介绍。
② 将在第 10 章介绍锁相环的原理和应用。

瓦。而金属氧化物场效应管（MOSFET），甚至在几吉赫兹的频率上还能输出几瓦功率。由于场效应管功能与分析方法类似晶体管，本书将重点讲解晶体管在高频电路中的应用。

2.4.3　晶体管混合 π 等效模型

晶体管是一种固体半导体器件，具有放大、开关、稳压、信号调制等多种功能。它是现代电子技术的核心元件之一。晶体管基于半导体材料中的 PN 结（由 P 型半导体和 N 型半导体接触形成的界面区域）进行工作。

晶体管通常由三个区域（或称为"极"）组成：发射极（emitter，E）、基极（base，B）和集电极（collector，C）。发射极和集电极之间通常是一个薄的基区，用于控制电流。晶体管根据其内部 PN 结的组合方式，可以分为 PNP 型和 NPN 型两种。

PNP 型晶体管是由两个 P 型半导体材料夹着一个 N 型半导体材料构成。当在基极和发射极之间施加正向电压时，发射极的 P 型材料中的空穴（或称为正电荷）会被吸引到基极的 N 型材料中，形成空穴流（或称为基极电流）。这些空穴中有一部分会穿过基区到达集电极，形成集电极电流。同样，通过控制基极电流的大小，可以控制集电极电流的大小。

NPN 型晶体管由两个 N 型半导体材料夹着一个 P 型半导体材料构成。当在基极和发射极之间施加正向电压时，发射极的 N 型材料中的电子会被吸引到基极的 P 型材料中，形成电子流（或称为基极电流）。这些电子中有一部分会穿过基区到达集电极，形成集电极电流。通过控制基极电流的大小，可以控制集电极电流的大小，从而实现放大或开关功能。

二极管由一个 PN 结构成，一个 PN 结可等效为一个电容和电阻并联的形式，而晶体管包含两个 PN 结，即发射结（位于 BE 两级）和集电结（位于 BC 两级），另外，考虑到晶体管电流放大作用，可得到晶体管的混合 π 等效电路如图 2-4-2 所示。图中 b′为基极中电流等效点，可认为是基极的中点，因此用 b′c 和 b′e 分别表示集电结和发射结；$r_{bb'}$是基极电阻；$r_{b'e}$是发射结电阻，可表示为

$$r_{b'e} = 26\beta_0/I_E \tag{2-4-2}$$

式中，β_0 为共发射极组态晶体管的低频电流放大系数；I_E 为发射极电流（mA）。$r_{b'e}$ 是发射结电阻、$C_{b'e}$ 是发射结电容；$r_{b'c}$ 是集电结电阻、$C_{b'c}$ 是集电结电容；r_{ce} 是集-射极电阻。$g_m \dot{U}_{b'e}$ 表示晶体管的电流放大作用，这意味着当基区等效点 b′到发射极 e 之间加上交流电压 $\dot{U}_{b'e}$ 时，它对集电极电路的作用就相当于存在一个电流源 $g_m \dot{U}_{b'e}$，g_m 称为晶体管的跨导，可表示为

$$g_m = \beta_0/r_{b'e} = I_c/26 \tag{2-4-3}$$

此外，在实际晶体管中，还有三个附加电容 C_{be}、C_{bc} 和 C_{ce}，如图 2-4-2 中虚线所示。它们是由晶体管引线和封装等结构所形成的，数值很小，在一般高频工作状态下，其影响可以忽略。

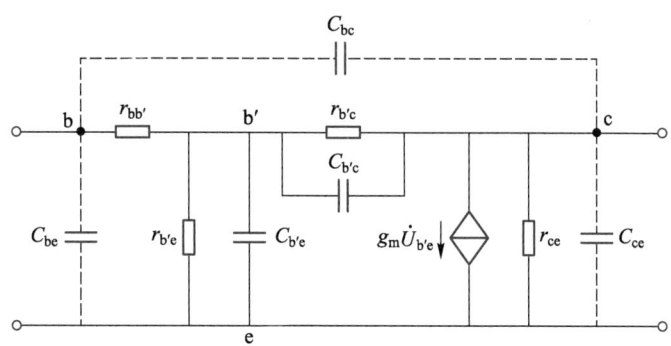

图 2-4-2   晶体管的混合 π 等效电路

图 2-4-2 中各变量大小的典型值如下，通过对比变量数值大小，方便后续近似处理。$r_{bb'} = 25\ \Omega$、$r_{b'e} = 150\ \Omega$、$C_{b'e} = 500\ \text{pF}$、$r_{b'c} = 1\ \text{M}\Omega$、$C_{b'c} = 5\ \text{pF}$、$g_m = 50\ \text{mS}$、$r_{ce} = 100\ \text{k}\Omega$。

在上述变量中，$C_{b'c}$ 和 $r_{bb'}$ 的存在对晶体管的高频运用是很不利的。$C_{b'c}$ 将输出的交流电压反馈一部分到输入端（基极），这将可能引起放大器的自激现象，从而无法实现对输入信号的放大。$r_{bb'}$ 在共基电路中会引起高频负反馈，降低晶体管的电流放大系数。因此希望 $C_{b'c}$ 和 $r_{bb'}$ 尽量小。

类似二极管采用图 2-4-1 描述输入电压与输出电流的关系，晶体管使用三类曲线描述输入电流电压与输出电流电压之间的关系，分别为输入特性曲线、传输特性曲线和输出特性曲线。以共射组态晶体管为例，输入电流为 I_B、输入电压为 U_{BE}、输出电流为 I_C 和输出电压为 U_{CE}，则输入特性曲线为 $I_B = f(U_{BE})$（如图 2-4-3 所示）、传输特性曲线为 $I_C = f(U_{BE})$（形状类似图 2-4-3，只是纵坐标换为 I_B 放大了几十到上百倍的 I_C）和输出特性曲线为 $I_C = f(U_{CE})$（如图 2-4-4 所示）。

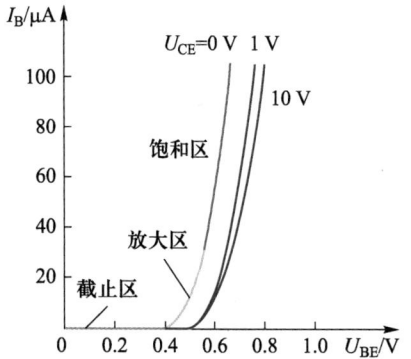

图 2-4-3   共射组态晶体管输入特性曲线

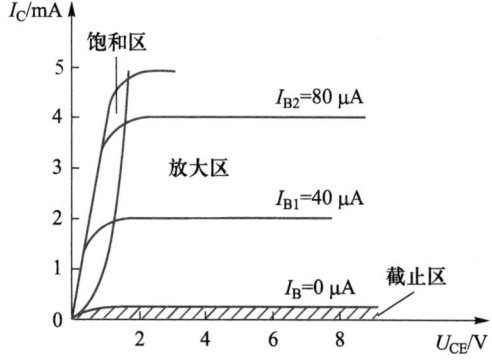

图 2-4-4   共射组态晶体管输出特性曲线

2.5 串、并联转换与抽头变换

在对电路进行分析时，人们通常要先化简电路图，从而明确哪些元器件如何定量影响指标的设计。通常化简电路图的方法有两种：串、并联转换以及抽头变换。

（1）串、并联转换

从阻抗角度，实现了串联电路和并联电路的阻抗等效，提供了电路设计的灵活性。人们可以根据实际需求，选择串联或并联形式来满足特定的电路要求。例如，在需要高阻抗时，可以采用串联形式；而在需要低阻抗时，则可以选择并联形式。通过串、并联阻抗等效互换，也可简化电路分析。例如，在高频电路中，串联谐振回路和并联谐振回路具有不同的特性，根据实际需要选择合适的谐振回路形式，可以提高电路的选择性和稳定性。

（2）抽头变换

在电路中利用变压器前后级耦合、线圈抽头或电容抽头等电路形式，实现阻抗变换。阻抗变换后可减小信号源内阻和负载对回路的影响，提高电路的稳定性；也可实现阻抗匹配，提高信号传输效率。

2.5.1 串、并联阻抗的等效互换

有时为了分析电路的方便，经常需要进行如图 2-5-1 所示的串、并联等效阻抗的互换。所谓"等效"是指 A、B 两端的阻抗相等。

由图 2-5-1 可得

$$R_{\mathrm{s}}+jX_{\mathrm{s}}=\frac{R_{\mathrm{p}}(jX_{\mathrm{p}})}{R_{\mathrm{p}}+jX_{\mathrm{p}}}=\frac{X_{\mathrm{p}}^2}{R_{\mathrm{p}}^2+X_{\mathrm{p}}^2}R_{\mathrm{p}}+j\frac{R_{\mathrm{p}}^2}{R_{\mathrm{p}}^2+X_{\mathrm{p}}^2}X_{\mathrm{p}} \qquad (2\text{-}5\text{-}1)$$

考虑等式两边实部和虚部相等，即

$$R_{\mathrm{s}}=\frac{X_{\mathrm{p}}^2}{R_{\mathrm{p}}^2+X_{\mathrm{p}}^2}R_{\mathrm{p}}=\frac{X_{\mathrm{p}}^2}{Z_{\mathrm{p}}^2}R_{\mathrm{p}} \qquad (2\text{-}5\text{-}2)$$

$$X_{\mathrm{s}}=\frac{R_{\mathrm{p}}^2}{R_{\mathrm{p}}^2+X_{\mathrm{p}}^2}X_{\mathrm{p}}=\frac{R_{\mathrm{p}}^2}{Z_{\mathrm{p}}^2}X_{\mathrm{p}} \qquad (2\text{-}5\text{-}3)$$

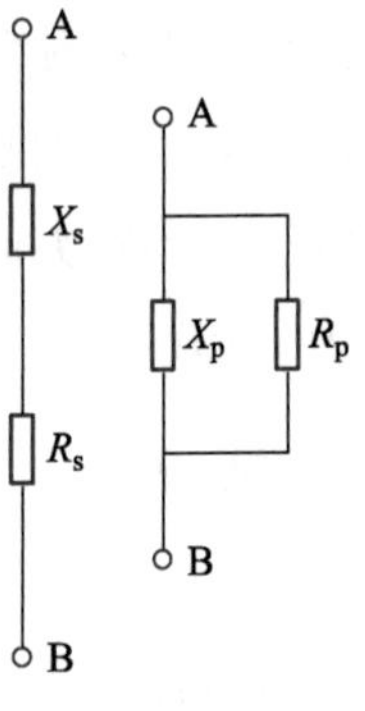

式中，$Z_{\mathrm{p}}^2=R_{\mathrm{p}}^2+X_{\mathrm{p}}^2$，上两式即为串、并联阻抗转换公式。显然该公式不方便记忆，也没有反映电路变换的本质，为此，参考线圈品质因数[式（2-3-1）]，定义回路的品质因数 Q_{L}，则对于图 2-5-1 中串联电路，其品质因数为

$$Q_{\mathrm{L1}}=\frac{X_{\mathrm{s}}}{R_{\mathrm{s}}} \qquad (2\text{-}5\text{-}4)$$

图 2-5-1 串、并联
等效阻抗互换图

而图 2-5-1 中并联电路的品质因数为

$$Q_{L2} = \frac{R_p}{X_p} \qquad (2\text{-}5\text{-}5)$$

将式（2-5-2）和式（2-5-3）分别代入式（2-5-4）和式（2-5-5），显然可得

$$Q_{L1} = Q_{L2} = Q_L = \frac{X_s}{R_s} = \frac{R_p}{X_p} \qquad (2\text{-}5\text{-}6)$$

因此，式（2-5-6）说明，串、并联转换前后回路的品质因数没有改变，将 Q_L 代入式（2-5-2）和式（2-5-3），可得

$$R_s = \frac{R_p}{1 + Q_L^2} \qquad (2\text{-}5\text{-}7)$$

$$X_s = \frac{Q_L^2}{1 + Q_L^2} X_p \qquad (2\text{-}5\text{-}8)$$

改写上述两式为

$$R_p = \left(1 + Q_L^2\right) R_s \qquad (2\text{-}5\text{-}9)$$

$$X_p = \left(1 + \frac{1}{Q_L^2}\right) X_s \qquad (2\text{-}5\text{-}10)$$

当 Q_L 较高（大于 10）时，上两式可近似为

$$R_p \approx R_s Q_L^2 \qquad (2\text{-}5\text{-}11)$$

$$X_p \approx X_s \qquad (2\text{-}5\text{-}12)$$

以上两式说明：串联电路等效为并联电路后，X_p 与 X_s 性质相同，大小相等；阻值较小的 R_s 则变成阻值较大的 R_p（比 R_s 大 Q_L^2 倍）。

2.5.2 抽头变换

抽头结构是电路中常见的结构，它通常接在信号源后端以及负载前端，以便在信号源与负载之间实现阻抗匹配，保证能量的有效传递。常见的抽头结构有四种：变压器耦合阻抗变换电路、自耦变压器耦合连接电路、双电感抽头耦合连接电路以及双电容抽头耦合连接电路。

1. 变压器耦合阻抗变换电路

变压器耦合阻抗变换电路如图 2-5-2 所示，变压器一次、二次电感线圈的匝数为 N_1 和 N_2，且全耦合，不计线圈损耗。

根据等效到一次回路的电阻 R_L' 上消耗的功率应和二次负载 R_L 上消耗的功率相等的原则，可得

$$\frac{u_2^2}{R_L} = \frac{u_1^2}{R_L'} \qquad (2\text{-}5\text{-}13)$$

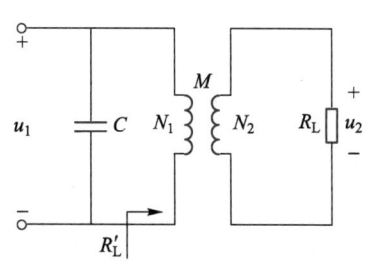

图 2-5-2　变压器耦合阻抗变换电路

由于变压器一次、二次电压比 u_1/u_2 等于相应线圈匝数比 N_1/N_2，故有

$$R'_\text{L} = \left(\frac{N_1}{N_2}\right)^2 R_\text{L} \qquad (2\text{-}5\text{-}14)$$

引入抽头系数 p，令其定义为

$$p = \frac{\text{变换前匝数}}{\text{变换后匝数}} = \frac{N_2}{N_1} \qquad (2\text{-}5\text{-}15)$$

则

$$R'_\text{L} = \frac{1}{p^2} R_\text{L} \qquad (2\text{-}5\text{-}16)$$

于是，通过改变 N_1/N_2 的值来调整 R'_L 的大小。

2. 自耦变压器耦合连接电路

自耦变压器耦合连接电路如图 2-5-3 所示，连接在电感线圈 2、3 端的电阻 R_L，若是等效到 1、3 端，其阻值应该是多少呢？

不考虑自耦变压器的损耗前提下，我们遵循变换前后功耗相等的原则，即从 1、3 两端看过去阻抗 R'_L 上所得到的功率 P_1 应该与 2、3 端 R_L 所得到的功率 P_2 相等，设 1、3 端的电压为 u_1，2、3 端的电压为 u_2，可得

$$\frac{u_2^2}{R_\text{L}} = \frac{u_1^2}{R'_\text{L}} \qquad (2\text{-}5\text{-}17)$$

参考式（2-5-15），抽头系数为

$$p = \frac{N_2}{N_1} \qquad (2\text{-}5\text{-}18)$$

代入式（2-5-17），则

$$R'_\text{L} = \frac{1}{p^2} R_\text{L} \qquad (2\text{-}5\text{-}19)$$

与式（2-5-16）完全相同。由于 p 是小于 1 的，因此经过变换，阻值变大了。

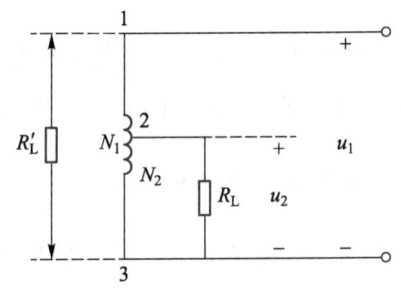

图 2-5-3 自耦变压器耦合
连接电路

3. 双电感抽头耦合连接电路

双电感抽头耦合连接电路如图 2-5-4 所示，两个电感线圈匝数分别为 N_1 和 N_2，假设两个电感之间没有耦合，对应的电感值为 L_1 和 L_2。

将连接在 2、3 端的电阻 R_L 等效到 1、3 两端，仿照前两小节方法，利用功率等效原则，可知

$$R'_\text{L} = \frac{u_1^2}{u_2^2} R_\text{L} = \left(\frac{N_1+N_2}{N_2}\right)^2 R_\text{L} = \left(\frac{1}{N_2/(N_1+N_2)}\right)^2 R_\text{L} = \left(\frac{1}{p}\right)^2 R_\text{L} \qquad (2\text{-}5\text{-}20)$$

由于两个电感线圈相连，必须采用屏蔽措施，否则电感线圈间将产生互感，导致 L_1 和 L_2 值变大，抽头系数 p 也会发生改变，因此相比前面两小节介绍的耦合连接方式，这种双

电感抽头耦合连接应用不太广泛。

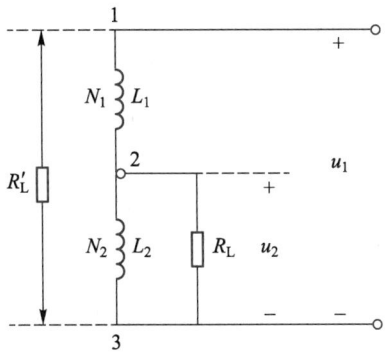

图 2-5-4　双电感抽头耦合连接电路

4. 双电容抽头耦合连接电路

双电容抽头耦合连接电路如图 2-5-5 所示，两个电容器电容值分别为 C_1 和 C_2，假设流经 C_1 的电流为 I，C_2 的容抗远小于 R_L，则流经 C_2 的电流近似为 I。

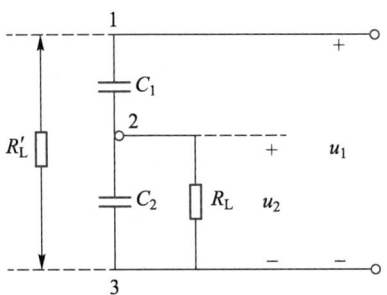

图 2-5-5　双电容抽头耦合连接电路

将连接在 2、3 端的电阻 R_L 等效到 1、3 两端，利用功率等效原则，可知

$$R'_L = \frac{u_1^2}{u_2^2} R_L = \left(\frac{I/\omega C}{I/\omega C_2} \right)^2 R_L = \left(\frac{\frac{1}{1/\omega C_2}}{1/\omega C} \right)^2 R_L = \left(\frac{1}{\frac{接入前容抗}{接入后容抗}} \right)^2 R_L \qquad (2-5-21)$$

式中 C 为 C_1 与 C_2 串联后的电容值，即

$$C = \frac{C_1 C_2}{C_1 + C_2} \qquad (2-5-22)$$

因此，结合式（2-5-15）和式（2-5-22），可给出抽头系数 p 的最终定义为

$$p = \frac{变换前匝数（容抗）}{变换后匝数（容抗）} \qquad (2-5-23)$$

5. 其他元器件抽头耦合连接电路

除了阻抗需要折合外，电容、电压源与电流源也需要折合，如图 2-5-6 所示为电流源抽头耦合连接电路，欲将电流源 I_s 从 2、3 端变换到 1、3 端。

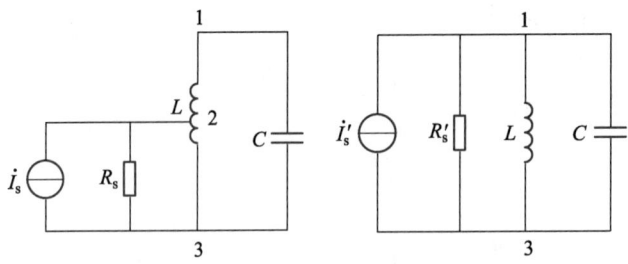

图 2-5-6 电流源抽头耦合连接电路

应用变换前后功率相等原则，可以证明电流源变换前后关系如下：

$$I'_s = pI_s \tag{2-5-24}$$

对应电压源、电容和电导，类似可得

$$\begin{cases} U'_s = U_s / p \\ C' = p^2 C \\ g' = p^2 g \end{cases} \tag{2-5-25}$$

2.6 串联谐振回路

如 2.1 节所述，高频电路的核心构成主要包括有源器件、无源元件以及谐振网络。2.2 节和 2.3 节分别论述了无源元件和有源器件，接下来，2.6 节~2.7 节将讨论谐振网络。

谐振网络，又名谐振回路，是由电感线圈和电容器组成。当外界注入一定能量且电路参数满足一定关系时，可在回路中产生周期性的电压和电流振荡。若该电路在某一频率的交变信号作用下，能在电抗元件上产生最大的电压或流过最大的电流，称其具有谐振特性，故称电路为谐振回路。

谐振回路依结构分为串联、并联以及耦合三类，它们在高频通信电路中起到重要作用：① 利用其选频特性构成各种谐振放大器；② 在自激振荡器中充当谐振回路；③ 在调制、变频、解调中充当选频网络。由此可见，谐振回路贯穿了高频通信各主要模块，其重要性不言而喻。

本节将介绍串联谐振回路，在此基础上，下面两节将研究并联谐振回路以及耦合回路。

2.6.1 基本原理

图 2-6-1（a）是由电感 L、电容 C、电阻 r 和外加电压 $\dot{U}_s$ 组成的串联谐振回路，电感 L、电容 C 和电阻 r 两端的电压分别记为 $\dot{U}_L$、$\dot{U}_C$ 和 $\dot{U}_r$，回路电流记为 $\dot{I}$，图 2-6-1（b）~图 2-6-1（d）是该回路的矢量图。此处 r 通常是指电感线圈的损耗，并不包含负载，忽略电容损耗。

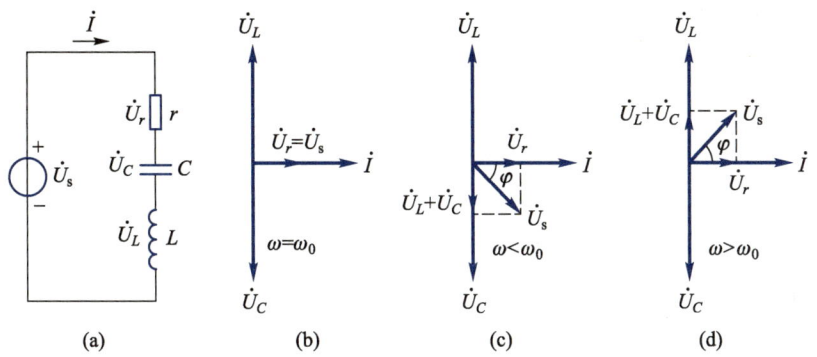

图 2-6-1　串联谐振回路及其矢量图

1. 串联谐振回路阻抗

上述电路的阻抗 Z，由图 2-6-1 可知

$$Z = r + j\left(\omega L - \frac{1}{\omega C}\right) = |Z| e^{j\varphi} \tag{2-6-1}$$

$$|Z| = \sqrt{r^2 + \left(\omega L - \frac{1}{\omega C}\right)^2} \tag{2-6-2}$$

$$\varphi = \arctan \frac{\omega L - 1/\omega C}{r} \tag{2-6-3}$$

回路的电抗为

$$X = \omega L - \frac{1}{\omega C} \tag{2-6-4}$$

　　回路电抗 X 随频率 ω 变化的曲线如图 2-6-2 所示。由图可见，当 $\omega < \omega_0$ 时，$X \neq 0$，$|Z| > r$；因为 $X < 0$，所以串联谐振回路阻抗呈容性，其辐角 φ 为负值。当 $\omega > \omega_0$ 时，$X \neq 0$，$|Z| > r$；因为 $X > 0$，所以串联谐振回路阻抗呈感性，其辐角 φ 为正值。在 $\omega = \omega_0$ 时，$X = 0$，$|Z| = r$，且 $\varphi = 0$，串联谐振回路阻抗为纯电阻 r，且为最小值，此时称为串联谐振。在串联谐振时有

$$\omega_0 L - \frac{1}{\omega_0 C} = 0 \tag{2-6-5}$$

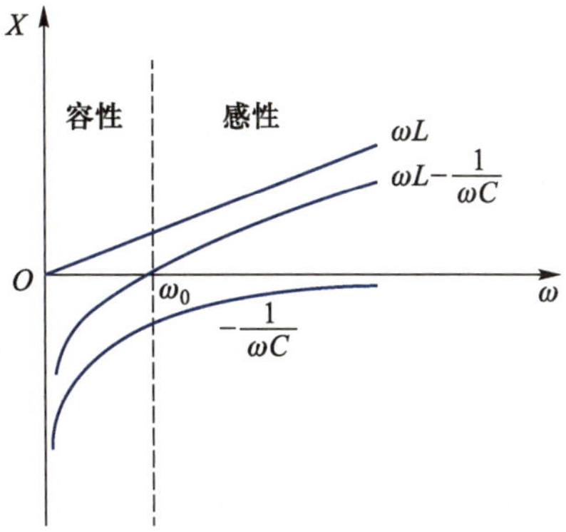

图 2-6-2　串联谐振回路
电抗与频率的关系

因此得到串联谐振频率为

$$\omega_0 = \frac{1}{\sqrt{LC}} \quad 或 \quad f_0 = \frac{\omega_0}{2\pi} = \frac{1}{2\pi\sqrt{LC}} \tag{2-6-6}$$

2. 串联谐振回路电流

研究回路电流

$$\dot{I} = \frac{\dot{U}_s}{Z} = \frac{\dot{U}_s}{r + j\left(\omega L - \dfrac{1}{\omega C}\right)} \qquad (2\text{-}6\text{-}7)$$

可见，当 $|Z|_{f=f_0} = r$ 时阻抗最小，则回路电流达到最大值 $I_{\max}$，且与外加电压 $\dot{U}_s$ 同相，如图 2-6-1（b）所示，有

$$\dot{I}_0 = I_{\max} = \frac{\dot{U}_s}{r} \qquad (2\text{-}6\text{-}8)$$

如果 r 很小，则此时电流很大，出现了串联谐振的特征。

3. 串联谐振回路元件电压

在谐振时，L 与 C 上的电压 $\dot{U}_L$ 与 $\dot{U}_C$ 大小相等，相位正好相差 $180°$，外加电压 $\dot{U}_s$ 等于 r 上的电压降 $\dot{U}_r$。此时的矢量图如图 2-6-1（b）所示。

当 $\omega < \omega_0$ 时，$\omega L < \dfrac{1}{\omega C}$，因此 $|\dot{U}_L| < |\dot{U}_C|$，此时矢量图如图 2-6-1（c）所示，$\dot{I}$ 超前于 $\dot{U}_s$，$\varphi < 0$。

当 $\omega > \omega_0$ 时，$\omega L > \dfrac{1}{\omega C}$，因此 $|\dot{U}_L| > |\dot{U}_C|$，此时矢量图如图 2-6-1（d）所示，$\dot{I}$ 滞后于 $\dot{U}_s$，$\varphi > 0$。

根据上面的讨论，可以得出当外加电压 $\dot{U}_s$ 为常数时，串联谐振回路的几个特性是：

（1）在谐振时，$\dot{Z} = r$，$\varphi = 0$，电路电流 I 达到最大值 $I_0 = I_{\max}$。

（2）在谐振时，$\omega_0 L = \dfrac{1}{\omega_0 C}$，因而

$$\dot{U}_{L0} = \dot{I}_0 j\omega_0 L = \frac{\dot{U}_s}{r} j\omega_0 L = jQ\dot{U}_s \qquad (2\text{-}6\text{-}9)$$

$$\dot{U}_{C0} = \dot{I}_0 \frac{1}{j\omega_0 C} = \frac{\dot{U}_s}{r} \frac{1}{j\omega_0 C} = -jQ\dot{U}_s \qquad (2\text{-}6\text{-}10)$$

式中，$Q = \dfrac{\omega_0 L}{r} = \dfrac{1}{\omega_0 Cr}$，称为回路的品质因数。以上二式表明，在谐振时，电感 L 或电容 C 两端的电位差等于外加电压 U_s 的 Q 倍。高频电子线路采用的 Q 值很大，往往为几十至几百，所以这时电感或电容两端的电位差要比 U_s 大几十到几百倍。例如，若 $U_s = 5\ \text{V}$，$Q = 100$，则在谐振时，L 或 C 两端的电压高达 $500\ \text{V}$。因此，在串联谐振回路中，必须考虑元件的耐压问题。这是串联谐振时所特有的现象，因此串联谐振又称为电压谐振。

（3）在谐振点及其附近，电路电阻 r 是决定电流大小的主要因素；但当频率远离谐振点时，$|\omega_0 L - 1/(\omega_0 C)| \gg r$（$Q$ 较大的情形），所以这时电路电流的大小几乎和电阻 r 的大小没什么关系。又已知回路 Q 值与 r 成反比，r 越大，Q 越小。因此可根据式（2-6-7）绘出在不同 r 值时的电流与频率的关系曲线，如图 2-6-3 所示。由图可知，Q 越高（即 r 越小），谐振时的电流越大，曲线越尖锐。在远离谐振频率处，电流的大小几乎相等，r 对它们的影响很小。

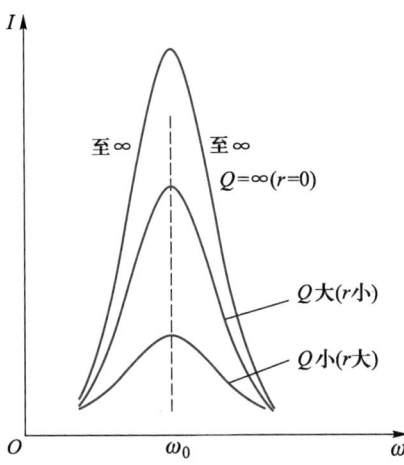

图 2-6-3　外加电压为常数时，Q（或 r）对 I-ω 曲线的影响

在实用电路中，电路的电阻 r 主要是线圈 L 的电阻，所以整个回路的 Q 值可以认为就是线圈的 Q 值。由于 r 值通常因为导线的趋肤效应随频率升高，因而线圈的 Q 值在频率变化范围不太大时，约略保持不变。在实际应用中，通常只是利用谐振频率附近的特性，频率变动范围不大，因此，图 2-6-3 的曲线参数注明 Q 值，而不注明 r 的值。

此外，通常外加信号 $\dot{U}_s$ 的频率是固定不变的，这时要用改变回路电感 L 或电容 C 的办法，使回路达到谐振，这称为回路对外加电压的频率谐振，此时回路称为调谐回路。

2.6.2　串联谐振回路的谐振曲线和通频带

1. 串联谐振回路谐振曲线

回路电流幅值与外加电压频率之间的关系曲线称为谐振曲线。通常我们利用式（2-6-7）和式（2-6-8）将其归一化，可得

$$\frac{\dot{I}}{\dot{I}_0} = \frac{r}{r + \mathrm{j}\left(\omega L - \dfrac{1}{\omega C}\right)} = \frac{1}{1 + \mathrm{j}\dfrac{\omega_0 L}{r}\left(\dfrac{\omega}{\omega_0} - \dfrac{\omega_0}{\omega}\right)} = \frac{1}{1 + \mathrm{j}Q\left(\dfrac{\omega}{\omega_0} - \dfrac{\omega_0}{\omega}\right)} \tag{2-6-11}$$

它的模为

$$\frac{I}{I_0} = \frac{1}{\sqrt{1 + Q^2\left(\dfrac{\omega}{\omega_0} - \dfrac{\omega_0}{\omega}\right)^2}} \tag{2-6-12}$$

根据式（2-6-12）可画出相应的谐振曲线，如图 2-6-4 所示。Q 越高，谐振曲线越尖锐，对外加电压的选频作用越显著，回路的选择性能就越好。为了衡量谐振曲线的尖锐程度，本书重点研究谐振点附近的曲线。假设外加电压源的频率为 ω，回路谐振频率为 ω_0，两者之差 $\Delta\omega = \omega - \omega_0$ 表示频率偏离程度，称为失谐（失调）。

在式（2-6-12）中，当 ω 与 ω_0 很接近时，有

$$\varepsilon = \frac{\omega}{\omega_0} - \frac{\omega_0}{\omega} = \frac{\omega^2 - \omega_0^2}{\omega_0\omega} = \left(\frac{\omega + \omega_0}{\omega}\right)\left(\frac{\omega - \omega_0}{\omega_0}\right) \tag{2-6-13}$$

$$\approx \frac{2\omega}{\omega}\left(\frac{\omega - \omega_0}{\omega_0}\right) = 2\frac{\Delta\omega}{\omega_0}$$

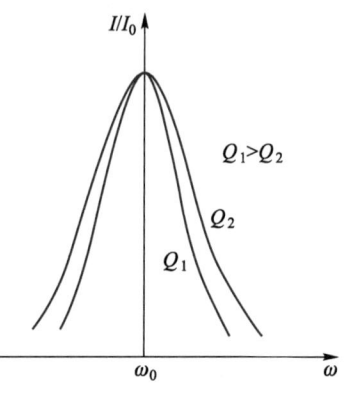

图 2-6-4　串联谐振
回路的谐振曲线

上式我们称其为相对失谐。

将式（2-6-13）代入式（2-6-12），可写成

$$\frac{I}{I_0} \approx \frac{1}{\sqrt{1 + \left(Q\,\dfrac{2\Delta\omega}{\omega_0}\right)^2}} \tag{2-6-14}$$

所以

$$\frac{\omega L - \dfrac{1}{\omega C}}{r} = \frac{X}{r} \approx Q\frac{2\Delta\omega}{\omega_0} = Q\frac{2\Delta f}{f_0} \tag{2-6-15}$$

在上式中，$2\Delta\omega Q/\omega_0$ 仍旧具有失谐含义，所以称 $2\Delta\omega Q/\omega_0$ 为广义失谐（或称一般失谐），用 ξ 表示。因此，式（2-6-14）可写成

$$\frac{I}{I_0} = \frac{1}{\sqrt{1 + \left(\dfrac{X}{r}\right)^2}} \approx \frac{1}{\sqrt{1 + \xi^2}} \tag{2-6-16}$$

式（2-6-16）称为通用形式的谐振特性方程式。应该指出，此式只适用于 ω 与 ω_0 很接近，即小量失谐的情况。

2. 串联谐振回路通频带

为了衡量谐振回路的选择性，引入通频带的概念。当回路的外加信号电压的幅值保持不变，频率改变为 $\omega = \omega_1$ 或 $\omega = \omega_2$ 时，回路电流为谐振值的 $1/\sqrt{2}$，串联谐振回路的通频带如图 2-6-5 所示。$\omega_2 - \omega_1$ 称为回路的通频带，其绝对值为

$$2\Delta\omega_{0.7} = \omega_2 - \omega_1 \text{或} 2\Delta f_{0.7} = f_2 - f_1 \tag{2-6-17}$$

式中，ω_1（或 f_1）和 ω_2（或 f_2）为通频带的边界角频率（或边界频率）。在通频带的边界角频率 ω_1 和 ω_2 上，$I/I_0 = 1/\sqrt{2}$。这时，回路中损耗的功率为谐振时的一半（功率与回路电流的平方成正比例），所以这两个特定的边界频率又称为半功率点。由于 ω_1、ω_2 和 ω_0 很接近，即 $2\Delta\omega \ll \omega_0$，因此可用式（2-6-15）和式（2-6-16）计算。

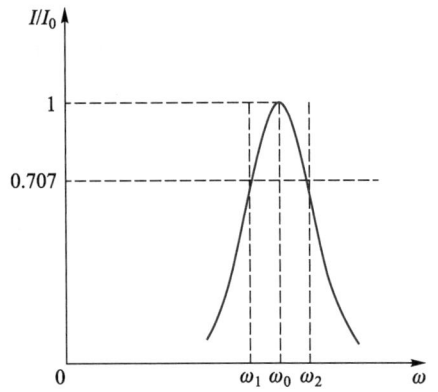

图 2-6-5　串联谐振回路的通频带

由式（2-6-16）可见，在半功率点处，广义失谐 $\xi = \pm 1$。而由式（2-6-15）可知，在通频带的边界角频率处，广义失谐分别为

$$\xi_2 = 2\frac{\omega_2 - \omega_0}{\omega_0}Q = 1, \quad \xi_1 = 2\frac{\omega_1 - \omega_0}{\omega_0}Q = -1 \qquad (2\text{-}6\text{-}18)$$

将上两式相减，并加以整理可得通频带的表示式为

$$2\Delta\omega_{0.7} = \frac{\omega_0}{Q} \text{或} 2\Delta f_{0.7} = \frac{f_0}{Q} \qquad (2\text{-}6\text{-}19)$$

由上式可见，通频带与回路的 Q 值成反比，Q 越高，谐振曲线越尖锐，回路的选择性越好，但通频带越窄。

【例 2.1】设某一串联谐振回路的谐振频率为 $600\,\text{kHz}$，$L = 150\,\mu\text{H}$，$r = 5\,\Omega$。试求其通频带的绝对值和相对值。

解
$$Q = \frac{\omega_0 L}{r} = \frac{2\pi \times 600 \times 10^3 \times 150 \times 10^{-6}}{5} = 113$$

通频带的绝对值 $\quad 2\Delta f_{0.7} = \dfrac{f_0}{Q} = \dfrac{600}{113}\,\text{kHz} = 5.31\,\text{kHz}$

通频带的相对值 $\quad \dfrac{2\Delta f_{0.7}}{f_0} = \dfrac{1}{Q} = 8.85 \times 10^{-3}$ ∎

【例 2.2】如果希望回路通频带 $2\Delta f_{0.7} = 750\,\text{kHz}$，设回路的品质因数 $Q = 65$。试求所需要的谐振频率。

解 由式（2-6-19）得
$$f_0 = 2\Delta f_{0.7} Q = 750 \times 10^3 \times 65\,\text{Hz} = 48.75\,\text{MHz} \quad ∎$$

2.6.3　串联谐振回路的相位特性曲线

串联谐振回路的相位特性曲线是指回路电流相角 ψ 随频率 ω 变化的曲线。由式（2-6-11）可求得回路电流的相位特性曲线表示式为

$$\psi = -\arctan Q\left(\frac{\omega}{\omega_0} - \frac{\omega_0}{\omega}\right) \approx -\arctan Q\frac{2\Delta\omega}{\omega_0} \qquad (2\text{-}6\text{-}20)$$

与式（2-6-3）相比可得，回路电流的相角 ψ 为阻抗幅角 φ 的负值，即 $\varphi = -\psi$。

在小量失谐时，可用广义失谐 ξ 表示通用形式相位特性，式（2-6-20）改写成

$$\psi = -\arctan\xi \qquad (2\text{-}6\text{-}21)$$

根据式（2-6-20）可以画出具有不同 Q 值的串联谐振回路的相位特性曲线，如图 2-6-6 所示。由图可见，Q 值越大，相位特性曲线在 ω_0 附近的变化越陡峭。

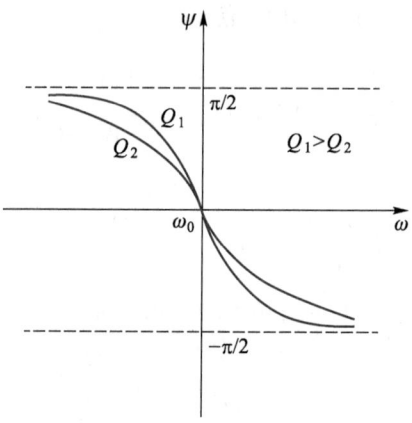

图 2-6-6　不同 Q 值的串联谐振回路的相位特性曲线

2.6.4　能量关系及电源内阻与负载电阻的影响

现在从能量角度分析串联谐振回路在谐振时的性质。设谐振时瞬时电流为

$$i = I_0\sin\omega_0 t \qquad (2\text{-}6\text{-}22)$$

则电容器 C 上的电压为

$$u_C = \frac{1}{C}\int i\mathrm{d}t = -\frac{I_0}{\omega_0 C}\cos\omega_0 t = -U_C\cos\omega_0 t \qquad (2\text{-}6\text{-}23)$$

因此，电感内储存的瞬时能量（磁能）为

$$w_L = \frac{1}{2}Li^2 = \frac{1}{2}LI_0^2\sin^2\omega_0 t \qquad (2\text{-}6\text{-}24)$$

电容内储存的瞬时能量（电能）为

$$w_C = \frac{1}{2}Cu_C^2 = \frac{1}{2}CU_C^2\cos^2\omega_0 t \qquad (2\text{-}6\text{-}25)$$

电容 C 上储存的瞬时能量最大值〔此时谐振，由式（2-6-10）〕为

$$\frac{1}{2}CU_C^2 = \frac{1}{2}CQ^2U_s^2 = \frac{1}{2}\cdot\frac{C\omega_0^2 L^2}{r^2}U_s^2 = \frac{1}{2}\cdot\frac{CL^2}{LC}\left(\frac{U_s}{r}\right)^2 = \frac{1}{2}LI_0^2 \qquad (2\text{-}6\text{-}26)$$

它恰好和电感所储存的瞬时能量最大值 $LI_0^2/2$ 相等 [参看式 (2-6-24)]。图 2-6-7 表示电感 L、电容 C 所储存的能量 w_L、w_C 随时间变化的情况。

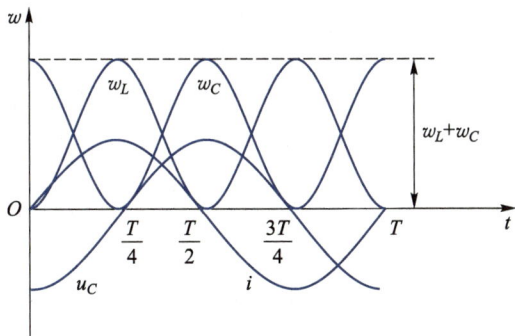

图 2-6-7　串联谐振回路中的能量关系

谐振电路电感 L 及电容 C 上储存的瞬时能量的和为

$$w = w_L + w_C = \frac{1}{2}LI_0^2\sin^2\omega t + \frac{1}{2}LI_0^2\cos^2\omega t = \frac{1}{2}LI_0^2 \tag{2-6-27}$$

由式 (2-6-27) 可见，w 是一个不随时间变化的常数。这说明回路中储存的能量保持不变，只是在线圈与电容器之间相互转换。由式 (2-6-24) 和式 (2-6-25) 可知，当 $t=0$、$T/2$ 和 T 时，电流 i 为零，所以 $w_L=0$，而 w_C 达到最大值。在 $t=T/4$、$3T/4$ 时，电容上电压 $u_C=0$，所以 $w_C=0$，而 w_L 达到最大值。由此可见，回路谐振时，电感线圈中的磁能与电容器中的电能周期性地转换着。电抗元件不消耗外加电动势的能量。外加电动势只提供回路电阻 r 所消耗的能量，以维持回路中的等幅振荡，因此谐振时回路中的电流达到最大值。

下面再看看谐振时电阻 r 所消耗的能量，r 上消耗的平均功率为

$$p_r = \frac{1}{2}I_0^2 r \tag{2-6-28}$$

每一周期 T 时间内，电阻上消耗的平均能量为

$$w_r = p_r T = \frac{1}{2}rI_0^2\frac{1}{f_0} \quad \left(T = \frac{1}{f_0}\right) \tag{2-6-29}$$

回路储存能量 ($w_L + w_C$) 与每周期内所消耗的能量 w_r 之比为

$$\frac{(w_L + w_C)}{w_r} = \frac{\frac{1}{2}LI_0^2}{\frac{1}{2}rI_0^2\frac{1}{f_0}} = \frac{f_0 L}{r} = \frac{1}{2\pi}\cdot\frac{\omega_0 L}{r} = \frac{Q}{2\pi} \tag{2-6-30}$$

或

$$Q = 2\pi\frac{\text{回路储存能量}}{\text{每周消耗能量}} \tag{2-6-31}$$

式 (2-6-31) 就是 Q 值的物理意义。

增大回路电阻，Q 值必然降低。当考虑信号源内阻 R_s 与负载电阻 R_L 时，电路总电阻为 $r+R_s+R_L$，因而串联回路谐振时的等效品质因数 Q_L 为

$$Q_L = \frac{\omega_0 L}{r+R_s+R_L} \qquad (2\text{-}6\text{-}32)$$

可见 R_s+R_L 的作用是使回路 Q 值降低，因而谐振曲线变钝。在极限情况下，如果信号源是恒流电源时，R_s 与 U_s 均趋于无限大，但二者之比却为定值。此时电路的 Q 值降为零，谐振曲线成为一条水平直线，完全失去了对频率的选择能力。图 2-6-8 即表示信号源内阻 R_s 对谐振曲线的影响。

由此可知，串联谐振回路适用于低内阻的电源（恒压源），内阻越低，则电路的选择性越好。

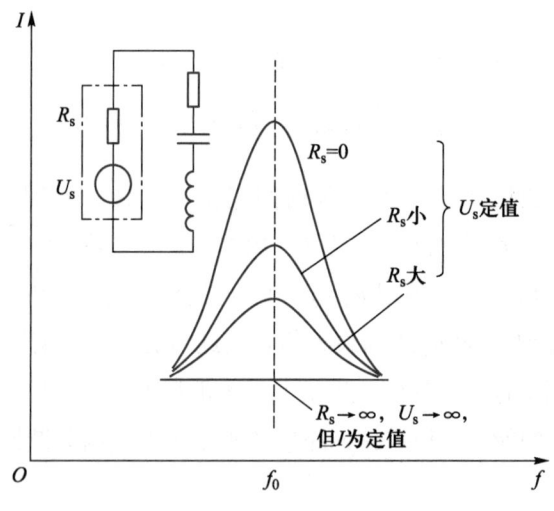

图 2-6-8　信号源内阻 R_s 对谐振曲线的影响

2.7　并联谐振回路

2.7.1　基本原理及特性

微视频 2.7
并联谐振回路

上节指出，串联谐振回路适用于低内阻电源（理想电压源）。如果电源内阻大，则采取什么形式的谐振回路呢？答案就是并联谐振回路。

并联谐振回路是指电感线圈 L、电容器 C 与外加信号源相互并联的振荡电路，如图 2-7-1 所示。由于电容器的损耗很小，可认为损耗电阻 r 集中在电感支路中。

在研究并联谐振回路时，采用理想电流源（外加信号源内阻很大）分析比较方便。在分析时也暂时先不考虑信号源内阻的影响。

1. 并联谐振回路阻抗

并联谐振回路（图 2-7-1）两端间的阻抗为

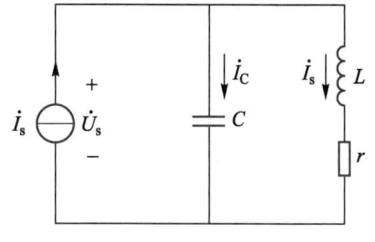

$$Z=\frac{(r+\mathrm{j}\omega L)\dfrac{1}{\mathrm{j}\omega C}}{r+\mathrm{j}\omega L+\dfrac{1}{\mathrm{j}\omega C}}=\frac{(r+\mathrm{j}\omega L)\dfrac{1}{\mathrm{j}\omega C}}{r+\mathrm{j}\left(\omega L-\dfrac{1}{\omega C}\right)} \quad (2\text{-}7\text{-}1)$$

图 2-7-1　并联谐振回路

在实际应用中，通常都满足 $\omega L \gg r$ 的条件（下面分析并联回路时，都考虑此条件，除非特殊说明）。因此

$$Z\approx\frac{\dfrac{L}{C}}{r+\mathrm{j}\left(\omega L-\dfrac{1}{\omega C}\right)}=\frac{1}{\dfrac{Cr}{L}+\mathrm{j}\left(\omega C-\dfrac{1}{\omega L}\right)} \quad (2\text{-}7\text{-}2)$$

设外加电流源的电流为 $\dot{I}_\mathrm{s}$，则并联回路两端的回路电压为

$$\dot{U}=\dot{I}_\mathrm{s}Z=\frac{\dot{I}_\mathrm{s}}{\dfrac{Cr}{L}+\mathrm{j}\left(\omega C-\dfrac{1}{\omega L}\right)} \quad (2\text{-}7\text{-}3)$$

通常，采用导纳分析并联谐振回路及其等效电路比较方便，为此引入并联谐振回路的导纳。

并联谐振回路的导纳 $Y=G+\mathrm{j}B=1/Z$，由式（2-7-2）得

$$Y=G+\mathrm{j}B=\frac{Cr}{L}+\mathrm{j}\left(\omega C-\frac{1}{\omega L}\right) \quad (2\text{-}7\text{-}4)$$

式中，$G=\dfrac{Cr}{L}$（电导），$B=\omega C-\dfrac{1}{\omega L}$（电纳）。

因此，并联谐振回路电压的幅值为

$$U=\frac{I_\mathrm{s}}{|Y|}=\frac{I_\mathrm{s}}{\sqrt{G^2+B^2}}=\frac{I_\mathrm{s}}{\sqrt{\left(\dfrac{Cr}{L}\right)^2+\left(\omega C-\dfrac{1}{\omega L}\right)^2}} \quad (2\text{-}7\text{-}5)$$

由式（2-7-5）可见，当回路电纳 $B=0$ 时，$\dot{U}_0=L\dot{I}_\mathrm{s}/(Cr)$。此时回路电压 $\dot{U}_0$ 与电流 $\dot{I}_\mathrm{s}$ 同相，且 U_0 达到最大值。此时并联回路对外加信号频率发生并联谐振。

2. 并联谐振时电路特性

当回路电纳 $B=0$ 时，电路发生了并联谐振，设此时频率为 ω_p。

由 $B=\omega_\mathrm{p}C-\dfrac{1}{\omega_\mathrm{p}L}=0$，可以求出并联谐振频率 ω_p 和谐振频率 f_p 为

$$\omega_\mathrm{p}=\frac{1}{\sqrt{LC}}, \quad f_\mathrm{p}=\frac{1}{2\pi\sqrt{LC}} \quad (2\text{-}7\text{-}6)$$

与串联谐振频率相同。

当 $\omega L \gg r$ 的条件不满足时，谐振频率可从式（2-7-1）中导出。将式（2-7-2）改写成

$$Z = \frac{(r+\mathrm{j}\omega L)\dfrac{1}{\mathrm{j}\omega C}}{r+\mathrm{j}\left(\omega L - \dfrac{1}{\omega C}\right)} = \frac{L}{Cr}\,\frac{1-\mathrm{j}\dfrac{r}{\omega L}}{1+\mathrm{j}\left(\dfrac{\omega L}{r}-\dfrac{1}{\omega Cr}\right)} \qquad (2\text{-}7\text{-}7)$$

在谐振时，上式必须为实数，因而分母中的虚部和分子中的虚部必须相抵消，即

$$-\frac{r}{\omega_{\mathrm{p}}L} = \frac{\omega_{\mathrm{p}}L}{r} - \frac{1}{\omega_{\mathrm{p}}Cr} \qquad (2\text{-}7\text{-}8)$$

由此解得准确的并联回路谐振角频率为

$$\omega_{\mathrm{p}} = \sqrt{\frac{1}{LC} - \frac{r^2}{L^2}} \qquad (2\text{-}7\text{-}9)$$

在满足 $\omega L \gg r$ 条件时并联谐振回路谐振时的谐振电阻

$$R_{\mathrm{p}} = \frac{1}{G_{\mathrm{p}}} = \frac{1}{\dfrac{Cr}{L}} = \frac{L}{Cr} \qquad (2\text{-}7\text{-}10)$$

由上式可见，在谐振时回路谐振电阻 R_{p} 为最大值（$B=0$，$Y_{\mathrm{p}}=G_{\mathrm{p}}$ 为最小）。这一特性和串联谐振回路时对偶，串联谐振回路在谐振时回路电阻呈现最小值。

和串联谐振回路一样，并联谐振回路的品质因数 Q_{p} 定义为

$$Q_{\mathrm{p}} = \frac{\omega_{\mathrm{p}}L}{r} = \frac{1}{\omega_{\mathrm{p}}Cr} = \frac{1}{r}\sqrt{\frac{L}{C}} \qquad (2\text{-}7\text{-}11)$$

因此式（2-7-10）也可表示为

$$R_{\mathrm{p}} = \frac{L}{Cr} = \frac{\omega_{\mathrm{p}}^2 L^2}{r} = Q_{\mathrm{p}}\omega_{\mathrm{p}}L = Q_{\mathrm{p}}\frac{1}{\omega_{\mathrm{p}}C} = \frac{1}{r\omega_{\mathrm{p}}^2 C^2} \qquad (2\text{-}7\text{-}12)$$

上式表明，在谐振时，并联谐振回路的谐振电阻等于电感支路或电容支路电抗值的 Q_{p} 倍。由于通常 $Q_{\mathrm{p}} \gg 1$，所以回路此时呈现很大的电阻。这是并联谐振回路的极重要特性。

并联谐振回路的阻抗只有在谐振时，才是纯电阻并达到最大值。失谐时，并联谐振回路的等效阻抗 Z 包括电阻 R_{e} 和 X_{e}。与串联谐振回路相反，当 $\omega > \omega_{\mathrm{p}}$ 时，$\omega L > (1/\omega C)$，故总阻抗呈容性；当 $\omega < \omega_{\mathrm{p}}$ 时，$\omega L < 1/(\omega C)$，故总阻抗呈感性。并联回路总阻抗 Z 及其电阻 R_{e}、电抗 X_{e} 随频率变化的曲线如图 2-7-2 所示。

并联谐振时，电容支路、电感支路的电流 $\dot{I}_C$ 和 $\dot{I}_L$ 分别为

$$\dot{I}_C = \dot{U}_0 \left/ \frac{1}{\mathrm{j}\omega_{\mathrm{p}}C} \right. = \mathrm{j}\omega_{\mathrm{p}}C\dot{U}_0 = \mathrm{j}\omega_{\mathrm{p}}CI_{\mathrm{s}}Q_{\mathrm{p}}\frac{1}{\omega_{\mathrm{p}}C} = \mathrm{j}Q_{\mathrm{p}}\dot{I}_{\mathrm{s}} \qquad (2\text{-}7\text{-}13)$$

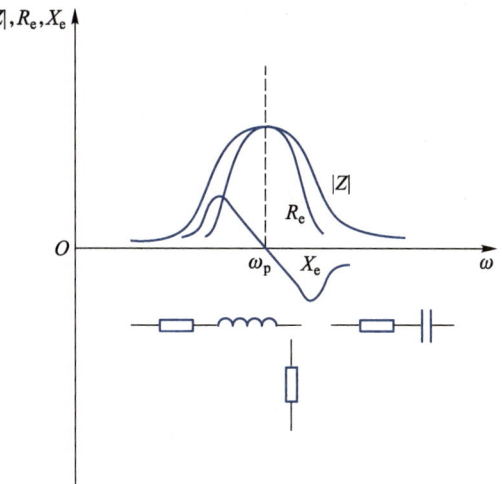

图 2-7-2　并联谐振回路等效阻抗与频率的关系

$$\dot{I}_L = \frac{\dot{U}_0}{r+\mathrm{j}\omega_\mathrm{p}L} \approx \frac{\dot{U}_0}{\mathrm{j}\omega_\mathrm{p}L} = \frac{Q_\mathrm{p}\omega_\mathrm{p}L\dot{I}_\mathrm{s}}{\mathrm{j}\omega_\mathrm{p}L} = -\mathrm{j}Q_\mathrm{p}\dot{I}_\mathrm{s} \qquad (2\text{-}7\text{-}14)$$

由以上二式可见：

（1）$\omega L \gg r$ 情况。当并联谐振时，电容支路与电感支路的电流大小相等，相位相差 $180°$，而互相抵消。此时总电流 $\dot{I}_\mathrm{s} = \dot{I}_C + \dot{I}_L$ 趋近于零。Z_p 为最大值 R_p。

（2）考虑电感支路电阻 r 情况。当并联谐振时，$\dot{I}_L$ 滞后于 $\dot{U}_\mathrm{s}$ 的角度小于 $90°$，此时的矢量图如图 2-7-3（a）所示；当 $\omega < \omega_\mathrm{p}$ 时，$|\dot{I}_L| > |\dot{I}_C|$，总电流 $\dot{I}_\mathrm{s}$ 滞后于 $\dot{U}_0$，电路阻抗呈感性，矢量图如图 2-7-3（b）所示；当 $\omega > \omega_\mathrm{p}$ 时，$\dot{I}_\mathrm{s}$ 超前于 $\dot{U}_0$，电路阻抗呈容性，矢量图如图 2-7-3（c）所示。

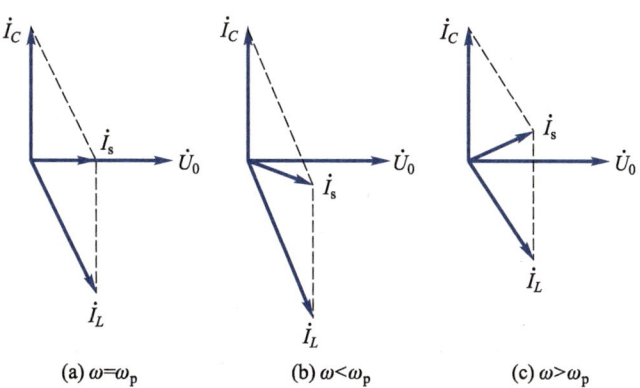

图 2-7-3　并联谐振回路中的电流与电压的矢量图

仔细研究图 2-7-3 可知，在考虑 r 时，Z_p 为纯阻（$\dot{I}_\mathrm{s}$ 与 $\dot{U}_0$ 同相）与 Z_p 为最大值这两个位置不一定重合。但在 Q_p 值很大时，则 Z_p 为纯阻且为最大值这两个位置几乎是重合的。

由式（2-7-13）和式（2-7-14）可以看出，谐振时各支路电流为总电流的 Q_p 倍。因此在谐振时，总电流虽然很小，但谐振电路内部的电流却很大。所以并联谐振又称电流谐振。这一特点与串联谐振时元件上的电压等于信号源电压 Q_p 倍的情况也恰成对偶。

2.7.2　并联谐振回路的谐振曲线、相位特性曲线和通频带

由式（2-7-3）可得

$$\dot{U} = \dot{I}_s Z = \frac{\dot{I}_s \dfrac{L}{C}}{r + j\left(\omega L - \dfrac{1}{\omega C}\right)} = \frac{\dot{I}_s \dfrac{L}{Cr}}{1 + j\left(\dfrac{\omega L}{r} - \dfrac{1}{r\omega C}\right)} = \frac{\dot{I}_s R_p}{1 + jQ_p\left(\dfrac{\omega}{\omega_p} - \dfrac{\omega_p}{\omega}\right)} \tag{2-7-15}$$

式中，$\dot{I}_s R_p$ 为谐振时的回路端电压 $\dot{U}_0$，所以

$$\frac{\dot{U}}{\dot{U}_0} = \frac{1}{1 + jQ_p\left(\dfrac{\omega}{\omega_p} - \dfrac{\omega_p}{\omega}\right)} \tag{2-7-16}$$

由式（2-7-16）可导出并联谐振回路的谐振曲线表示式和相位特性曲线为

$$\frac{U}{U_0} = \frac{1}{\sqrt{1 + \left[Q_p\left(\dfrac{\omega}{\omega_p} - \dfrac{\omega_p}{\omega}\right)\right]^2}} \tag{2-7-17}$$

$$\psi = -\arctan Q_p\left(\frac{\omega}{\omega_p} - \frac{\omega_p}{\omega}\right) \tag{2-7-18}$$

当外加信号源频率 ω 与回路谐振频率 ω_p 很接近时，上两式可写成

$$\frac{U}{U_0} = \frac{1}{\sqrt{1 + \left(Q_p\dfrac{2\Delta\omega}{\omega_p}\right)^2}} = \frac{1}{\sqrt{1 + \xi^2}} \tag{2-7-19}$$

$$\psi = -\arctan Q_p\frac{2\Delta\omega}{\omega_p} = -\arctan\xi \tag{2-7-20}$$

将式（2-7-19）、式（2-7-20）与式（2-6-16）、式（2-6-21）进行比较可见，等式的右边相同。所以并联谐振回路通用形式的谐振特性和相位特性是与串联回路相同的，在此不再重复讨论。

串联谐振回路谐振曲线以电流相对值 I/I_0 为纵轴，而并联谐振回路则以电压相对值 U/U_0 为纵轴。两者曲线相似，因谐振时：串联回路电抗为零，阻抗最小，电流达最大；并联回路电纳为零，导纳最小，阻抗最大，电压达最大。失谐时，串联回路阻抗增加，电流减小；并联回路阻抗减小，电压亦减小。

对相位特性曲线来说，串联回路的相角 ψ 是指回路电流 $\dot{I}$ 与信号源电动势 $\dot{U}_s$ 的相位差，并联回路的相角 ψ 是指回路端电压 $\dot{U}$ 对信号源电流 $\dot{I}_s$ 的相位差，两者对比分析如下。

（1）当 $\dot{I}$ 比 $\dot{U}_s$ 超前时，$\psi>0$，此时回路阻抗为容性，$\omega<\omega_0$。

（2）当 $\dot{U}$ 超前 $\dot{I}_s$ 时，$\psi>0$，此时回路阻抗应为感性，$\omega<\omega_p$。

因此，这两种电路都是在工作频率低于谐振频率时，$\psi>0$。同样可推知，在工作频率高于谐振频率时，它们的 ψ 都为负值。因此这两种电路的相位特性曲线变化规律相同。

同样，并联谐振回路的绝对通频带为

$$2\Delta\omega_{0.7}=\frac{\omega_p}{Q_p} \quad 或 \quad 2\Delta f_{0.7}=\frac{f_p}{Q_p} \tag{2-7-21}$$

相对通频带为

$$\frac{2\Delta\omega_{0.7}}{\omega_p}=\frac{1}{Q_p} \quad 或 \quad \frac{2\Delta f_{0.7}}{f_0}=\frac{1}{Q_p} \tag{2-7-22}$$

因此，并联谐振回路的通频带、选择性与回路品质因数 Q_p 的关系和串联回路的情况是一样的。

以上讨论的是高 Q_p 的情况，即 $\omega L \gg r$。若 $\omega L \gg r$ 的条件不满足（低 Q_p 的情况），则由式（2-7-9）可见，并联回路谐振频率将低于高 Q_p 情况的 ω_p，这就使得谐振曲线和相位特性随着 Q_p 值而偏离。

2.7.3　信号源内阻和负载电阻的影响

考虑信号源内阻 R_s 和负载电阻 R_L 时，并联谐振回路的等效电路如图 2-7-4 所示。这时，负载电阻上的电压就等于回路两端的电压。

由于 R_s 和 R_L 的并联接入，使回路的等效 Q_L 值下降。为分析方便，把 R_s、R_L 与 R_p 等都改写成电导形式

$$G_s=\frac{1}{R_s}, \quad G_L=\frac{1}{R_L}, \quad G_p=\frac{1}{R_p}$$

则回路的等效品质因数为

$$Q_L=\frac{1}{\omega_p L(G_p+G_L+G_s)} \tag{2-7-23}$$

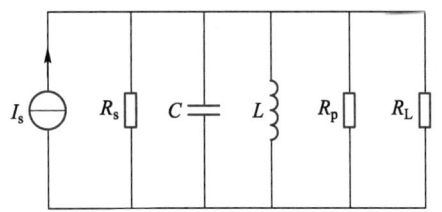

图 2-7-4　考虑 R_s 和 R_L 后的并联谐振回路等效电路

也可改写为

$$Q_L=\frac{Q_p}{1+\dfrac{R_p}{R_s}+\dfrac{R_p}{R_L}} \tag{2-7-24}$$

式中，$Q_p=\dfrac{R_p}{\omega_p L}=\dfrac{1}{\omega_p L G_p}$ 为回路固有的品质因数。由上式可知，R_s 和 R_L 越小（即 G_s 和 G_L 越大），Q_L 下降越多，因而回路通频带加宽，选择性变坏。为了与串联谐振回路相比较，现在只研究信号源内阻 R_s 对回路的影响。

式（2-7-22）说明，以同样的电路元件连成串联电路，信号源为理想电压源时的选择性，和它连成并联电路，信号源为理想电流源时所得的选择性完全相同。

一个极端情形是：如果信号源为理想的电压源，它的内阻为零，那么不管并联谐振回路的阻抗等于多少，回路两端的电位差永远等于信号源电压。因此就电压来说，回路对频率毫无选择性。

如果信号源内阻可以和并联回路阻抗相比较，则在回路两端的电压大小，由回路阻抗与信号源内阻的比例来决定。在谐振点，回路阻抗最大，它两端的电压降也达最大值。失谐时，回路阻抗下降，总电流加大，因而信号源内阻消耗的电压降增大，回路的电压降减小。信号源内阻越大，并联回路的电压降随频率而变化的速率越快，亦即，电压降谐振曲线越尖锐。由此可得一个重要结论：为获得优良的选择性，信号源内阻低时，应采用串联谐振回路；而信号源内阻高时，应采用并联谐振回路。

2.7.4　信号源内阻和负载电阻的影响

通常 Q 值低于 10 的电路可称为低 Q 值并联回路。由于 Q 值低，因此 Z_p 为最大和 Z_p 为纯阻这两点就不一定能够重合，这要看我们究竟是调谐 L 还是调谐 C，以得到谐振来决定（假定工作频率固定不变）：

（1）如果电阻集中在电感支路（这是最常见的情形），电容支路的电阻等于零时，若是改变 C 来获得谐振，则 Z_p 为纯阻和 Z_p 达到最大这两点是完全重合的。如果是改变 L 来获得谐振，则这两个点不能重合。

（2）如果电阻集中在电容支路，电感支路的电阻为零时，则变动 C 来获得谐振，Z_p 为纯阻和 Z_p 为最大两点不能重合；但变动 L 来获得谐振，则这两个点是重合的。

低 Q 值谐振回路的上述特性在调谐发射机谐振回路时是相当重要的。

2.8　耦 合 回 路

耦合回路是由两个或两个以上的电路形成的一个网络，两个电路之间必须有公共阻抗存在，才能完成耦合作用。公共阻抗如果是纯电阻或纯电抗，则称为纯耦合，如图 2-8-1（a）、（b）、（c）、（d）所示。如果公共阻抗由两种或两种以上的电路元件所组成，则称为复耦合，如图 2-8-1（e）所示。

在耦合回路中接有激励信号源的回路称为一次回路，与负载相接的回路称为二次回路。为了说明回路间的耦合程度，常用耦合系数（coupling coefficient）k 来表示，它的定义是：耦合回路的公共电抗（或电阻）绝对值与一次、二次回路中同性质的电抗（或电阻）的几何中项之比，即

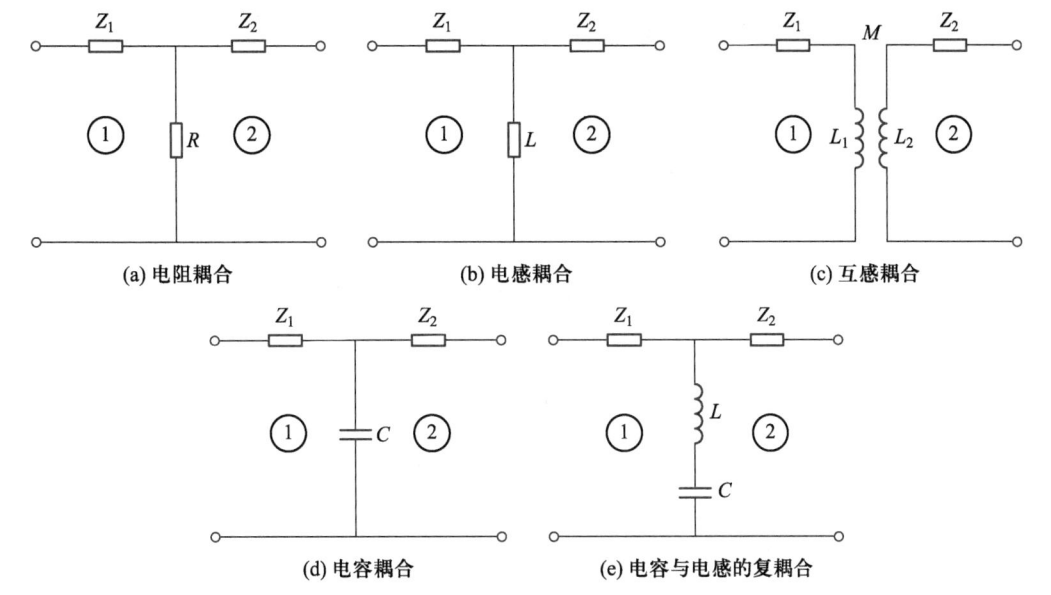

图 2-8-1　各种耦合回路

$$k = \frac{|X_{12}|}{\sqrt{X_{11}X_{22}}} \qquad (2-8-1)$$

式中，X_{12} 为耦合元件电抗；X_{11} 与 X_{22} 分别为一次和二次回路中与 X_{12} 同性质的总电抗。例如，图 2-8-1（c）的耦合系数为

$$k = \frac{M}{\sqrt{L_1 L_2}} \qquad (2-8-2)$$

其中，M 表示 L_1 和 L_2 之间的互感量（单位：亨利，H）。根据耦合系数的上述定义可知，耦合系数是一个小于 1，最大等于 1 的没有量纲的正实数。

2.8.1　互感耦合回路的一般性质

在通信电子线路中，常采用如图 2-8-2（a）、（b）所示的两种耦合回路。图 2-8-2（a）为互感耦合串联型回路，（b）为电容耦合并联型回路。根据 2.5.1 小节的公式，串联型和并联型电路可以等效互换，可根据分析计算方便性而选取适合的形式。由于图 2-8-2 的一次、二次回路都是谐振回路，因而也称为耦合谐振回路。

现以如图 2-8-2（a）所示的互感耦合回路为例来分析耦合回路的阻抗特性。在一次回路接入一个角频率为 ω 的正弦电压 $\dot{U}_1$，一次、二次回路中的电流分别为 $\dot{I}_1$ 和 $\dot{I}_2$，图中标明了电流和电压的正方向及线圈的同名端。

为了一般性，本节采用如图 2-8-3 所示的互感耦合回路一般形式来表示图 2-8-2（a），图中 Z_1 代表一次回路中与 L_1 串联的阻抗，Z_2 代表二次回路的负载阻抗。Z_1 和 Z_2 可以是电阻、电容或电感，或者由这三者组成。例如，图 2-8-2（a）电路中

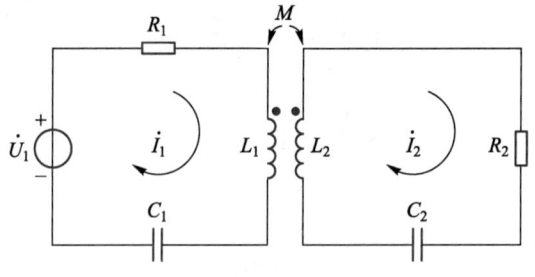

(a) 互感耦合串联型回路

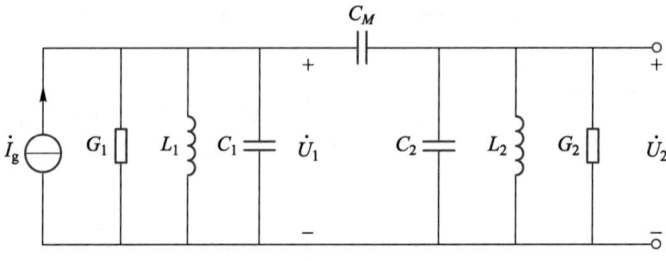

(b) 电容耦合并联型回路

图 2-8-2　两种常用的耦合回路

$$Z_1 = R_1 + \frac{1}{j\omega C_1} = R_1 - jX_{C_1} \tag{2-8-3}$$

$$Z_2 = R_2 + \frac{1}{j\omega C_2} = R_2 - jX_{C_2} \tag{2-8-4}$$

由基尔霍夫定律（Kirchhoff's law）得出图 2-8-3 的回路电压方程为

$$\dot{U}_1 = \dot{I}_1(Z_1 + j\omega L_1) - \dot{I}_2(j\omega M) = \dot{I}_1 Z_{11} - j\omega M \dot{I}_2 \tag{2-8-5}$$

$$0 = \dot{I}_2(Z_2 + j\omega L_2) - \dot{I}_1(j\omega M) = \dot{I}_2 Z_{22} - j\omega M \dot{I}_1 \tag{2-8-6}$$

式中，$Z_{11} = Z_1 + j\omega L_1 = R_{11} + jX_{11}$，为一次回路的自阻抗；$Z_{22} = Z_2 + j\omega L_2 = R_{22} + jX_{22}$，为二次回路的自阻抗。

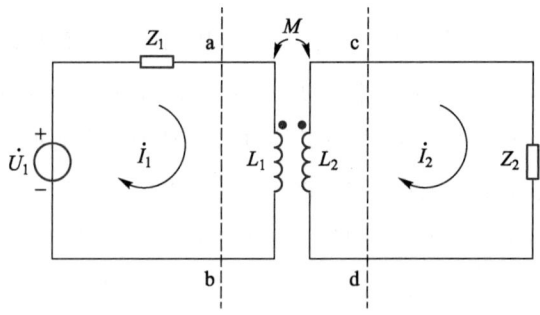

图 2-8-3　互感耦合回路的一般形式

解式（2-8-5）与式（2-8-6）

得

$$\dot{I}_1 = \frac{\dot{U}_1}{Z_{11} + \frac{(\omega M)^2}{Z_{22}}} \tag{2-8-7}$$

$$\dot{I}_2 = \frac{\mathrm{j}\omega M \dot{I}_1}{Z_{22}} = \frac{\mathrm{j}\omega M \dfrac{\dot{U}_1}{Z_{11}}}{Z_{22} + \dfrac{(\omega M)^2}{Z_{11}}} \tag{2-8-8}$$

观察式（2-8-7）与式（2-8-8），可得如下的重要规则：

（1）自一次电路 a、b 两端向右方看去，由于二次电路耦合所产生的效应等效于在一次回路中串联一个反射阻抗$(\omega M)^2/Z_{22}$。

反射阻抗$(\omega M)^2/Z_{22}$又称为耦合阻抗，它是耦合回路中极重要的参量。它所代表的物理意义是：二次电流$\dot{I}_2$通过互感 M 的作用，在一次回路中感应的电动势$\pm\mathrm{j}\omega M\dot{I}_2$对一次电流$\dot{I}_1$的影响，可用一个等效阻抗 $Z_{f1} = (\omega M)^2/Z_{22}$来表示。将 $Z_{22} = R_{22} + \mathrm{j}X_{22}$代入可得

$$\begin{aligned} Z_{f1} &= \frac{(\omega M)^2}{Z_{22}} = \frac{(\omega M)^2}{R_{22}+\mathrm{j}X_{22}} = \frac{(\omega M)^2}{R_{22}^2+X_{22}^2}R_{22} - \mathrm{j}\frac{(\omega M)^2}{R_{22}^2+X_{22}^2}X_{22} \\ &= R_{f1} + \mathrm{j}X_{f1} \end{aligned} \tag{2-8-9}$$

由上式可见，反射阻抗使一次电路的电阻增加 R_{f1}，R_{f1} 永远为正值，代表能量损耗。反射电抗 X_{f2} 则与 X_{22} 异号，亦即，当二次电路为电感性时，反射阻抗为电容性；当二次电路为电容性时，反射阻抗为电感性，一次等效电路如图 2-8-4 所示。

考虑了 Z_{f1} 后，一次回路的总阻抗为

$$Z_{e1} = \left[R_{11} + \frac{(\omega M)^2}{R_{22}^2 + X_{22}^2}R_{22} \right] + \mathrm{j}\left[X_{11} - \frac{(\omega M)^2}{R_{22}^2 + X_{22}^2}X_{22} \right] \tag{2-8-10}$$

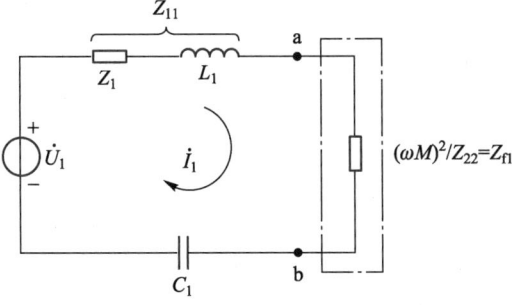

图 2-8-4　一次等效电路

（2）自二次回路 c、d 端向左看去，由于一次回路电流$\dot{I}_1$的作用，相当于在二次回路中加入个感应电动势 $\mathrm{j}\omega M\dot{I}_1$，其等效电路如图 2-8-5（a）所示。也可以将一次回路电流$\dot{I}_1$的作用以一个等效电动势 $\mathrm{j}\omega M\dot{U}_1/Z_{11}$ 与一次回路耦合到二次回路的反射阻抗 $Z_{f2} = (\omega M)^2/Z_{11}$ 来代表，得到如图 2-8-5（b）所示的等效电路。

$$Z_{\mathrm{f2}}=\frac{(\omega M)^2}{Z_{11}}=\frac{(\omega M)^2}{R_{11}+\mathrm{j}X_{11}}=\frac{(\omega M)^2}{R_{11}^2+X_{11}^2}R_{11}-\mathrm{j}\frac{(\omega M)^2}{R_{11}^2+X_{11}^2}X_{11} \qquad (2\text{-}8\text{-}11)$$

式（2-8-11）的形式与式（2-8-9）的形式相似，因此关于 R_{f2} 与 X_{f2} 的性质也和 R_{f1} 与 X_{f1} 相同，在此就不重复了。

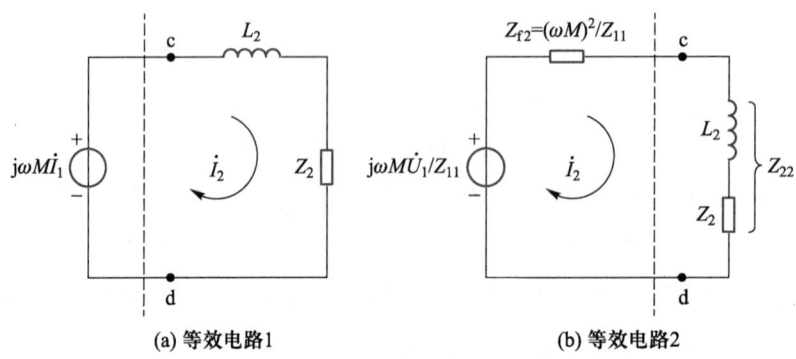

图 2-8-5　二次等效电路的两种形式

考虑了 Z_{f2} 之后，二次回路的总阻抗为

$$Z_{\mathrm{e2}}=\left[R_{22}+\frac{(\omega M)^2}{R_{11}^2+X_{11}^2}R_{11}\right]+\mathrm{j}\left[X_{22}\frac{(\omega M)^2}{R_{11}^2+X_{11}^2}X_{11}\right] \qquad (2\text{-}8\text{-}12)$$

反射阻抗的作用：耦合回路的许多重要特性是由反射阻抗 $(\omega M)^2/Z_{22}$ 决定的。当互感 M 很小时，反射阻抗也很小，因此二次回路对一次回路电流的影响极微小，此时一次回路电流与二次回路不存在时的情形极相近。当 $M=0$ 时，反射阻抗等于零，称为单回路的情况。另一方面，当 Z_{22} 很大时，那么即使 M 相当大，但发射阻抗仍很小，故对一次回路电流的影响仍极微小。以上两种情形的物理意义可解释如下：

（1）当 M 很小时，二次回路的感应电动势小，所以从一次回路传输至二次回路的能量也很小。

（2）当 Z_{22} 很大时，即使 M 也很大，二次回路有较高的感应电动势，但由于 Z_{22} 大，因而 $\dot{I}_2$ 也很微弱，故从一次回路传输至二次回路的能量仍然很小。

因此只有在二次回路阻抗不太大，互感 M 又不太小时，反射阻抗 $(\omega M)^2/Z_{22}$ 才比较大。此时一次回路的电流与电压关系将受到二次回路较大的影响。

在二次回路中所消耗的功率等于一次回路电流流过反射阻抗的电阻部分 $R_{\mathrm{f1}}=\left[(\omega M)^2/(R_{22}^2+X_{22}^2)\right]R_{22}$ 所消耗的功率。

2.8.2　耦合振荡回路的频率特性

上面讨论的情况都是假定信号源的频率固定不变，只是改变回路参数时产生的谐振现象。但实用中重要的是回路参数不变，改变信号源频率时，二次回路的电压（或电流）随频率而变化的曲线，亦即二次回路电压（或电流）的频率特性。因为由频率特性（谐振曲线）可以看出，耦合谐振回路比单谐振回路的优越之处在于：耦合谐振回路的频率特性曲线更接近于理想的矩形曲线（如图 2-8-6 所示），因而更适用于信号源是包含多个频率已调波信号的情况。其中，α 为幅度或增益归一化值。

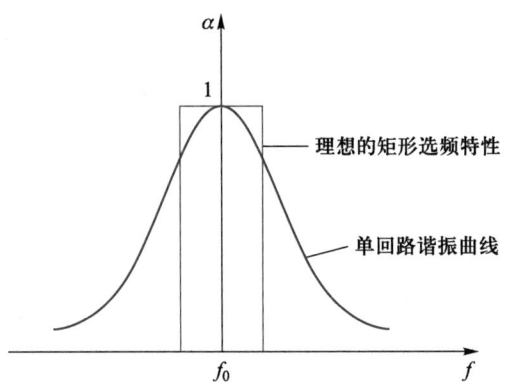

图 2-8-6　矩形选频特性与单回路谐振曲线

由于高频时使用 Y 参数等效电路比较方便，因此这里采用如图 2-8-2（b）所示的并联型电路为例来进行分析，所得的结果对图 2-8-2（a）所示的串联型电路也是适用的，因为串、并联电路可以等效互换，电容耦合与电感（互感）耦合也没有本质的差别。

实用中，一次、二次回路参量往往是相同的，因此以下的讨论假定：$L_1 = L_2 = L$，$C_1 = C_2 = C$，$G_1 = G_2 = G$，$\omega_{01} = \omega_{02} = \omega_0$，$Q_1 = Q_2 = Q$，$\xi_1 = \xi_2 = \xi$。由图 2-8-2（b），写出该电路的节点电流方程为

$$\dot{I}_s = \dot{U}_1 G + \frac{\dot{U}_1}{j\omega L} + j\omega(C_1 + C_M)\dot{U}_1 - j\omega C_M \dot{U}_2 \tag{2-8-13}$$

$$0 = \dot{U}_2 G + \frac{\dot{U}_2}{j\omega L} + j\omega(C_2 + C_M)\dot{U}_2 - j\omega C_M \dot{U}_1 \tag{2-8-14}$$

式中，C_M 为耦合电容。

令 $C' = C_1 + C_M = C_2 + C_M$，将其代入式（2-8-13）和式（2-8-14），引入广义失谐 $\xi = Q\left(\dfrac{\omega}{\omega_0} - \dfrac{\omega_0}{\omega}\right)$，则上式可写成

$$\dot{I}_s = \dot{U}_1 G(1 + j\xi) - j\omega C_M \dot{U}_2 \tag{2-8-15}$$

$$0 = \dot{U}_2 G(1 + j\xi) - j\omega C_M \dot{U}_1 \tag{2-8-16}$$

对式（2-8-15）和式（2-8-16）求解，得

$$\dot{U}_2 = \frac{j\omega C_M \dot{I}_s}{G^2(1 + j\xi)^2 + \omega^2 C_M^2} = \frac{j\omega C_M \dot{I}_s}{G^2\left(1 - \xi^2 + \dfrac{\omega^2 C_M^2}{G^2} + j2\xi\right)} \tag{2-8-17}$$

$\dot{U}_2$ 的模可表示为

$$U_2 = \frac{\omega C_M I_s}{G^2 \sqrt{\left(1 - \xi^2 + \frac{\omega^2 C_M^2}{G^2}\right)^2 + 4\xi^2}} \qquad (2\text{-}8\text{-}18)$$

将反映耦合程度的耦合因数（coupling factor）$\eta = \dfrac{\omega C_M}{G}$ 代入式（2-8-18），得

$$U_2 = \frac{\eta I_s}{G \sqrt{(1 - \xi^2 + \eta^2)^2 + 4\xi^2}} \qquad (2\text{-}8\text{-}19)$$

该式表示在谐振点附近，二次回路输出电压幅值随频率和耦合度变化的规律。要得到谐振曲线的相对抑制比，还需求出式（2-8-19）的最大值。利用导数求极值的方法可求得，当 $\eta = 1$ 时，在 $\xi = 0$ 处 U_2 出现最大值 $U_{2\max}$。将 $\eta = 1$，$\xi = 0$ 代入式（2-8-19），得

$$U_{2\max} = \frac{I_s}{2G} \qquad (2\text{-}8\text{-}20)$$

用式（2-8-20）将式（2-8-19）归一化，得

$$\alpha = \frac{U_2}{U_{2\max}} = \frac{2\eta}{\sqrt{(1 - \xi^2 + \eta^2)^2 + 4\xi^2}} \qquad (2\text{-}8\text{-}21)$$

这就是耦合谐振回路谐振曲线的通用表示式。它对于任何单一电抗耦合形式、任何形式的调谐方法都是适用的。这里唯一的限制条件就是信号频率只能在谐振频率附近改变，且变化范围不能太大，否则 η、Q 就不能视为常数。

上式与单回路谐振曲线方程相比可见，谐振曲线的相对抑制比 α 不仅是 ξ 的函数，而且还是 η 的函数；不同的 η 值，曲线的形状也各异。η 之所以成为耦合因数，是因为它与耦合系数 k 成正比。η 与 k 的关系可由下式导出：

$$\eta = \frac{\omega C_M}{G} = \frac{\omega C}{G} \cdot \frac{C_M}{C} = Q \cdot k \qquad (2\text{-}8\text{-}22)$$

由式（2-8-22）可以看出该方程是 ξ 的偶函数，因此曲线对称于 $\xi = 0$ 的坐标轴。为了便于分析，现将式（2-8-21）改写为

$$\alpha = \frac{U}{U_{2\max}} = \frac{2\eta}{\sqrt{(1 + \eta^2)^2 + 2(1 - \eta^2)\xi^2 + \xi^4}} \qquad (2\text{-}8\text{-}23)$$

若以 ξ 为变量，η 为参变量，由式（2-8-23）可以画出如图2-8-7所示的二次回路电压归一化的频率相应曲线。可以看出，不同的 η 值有不同的频率特性。

当 $\eta < 1$ 时（$kQ < 1$），此时二次回路对一次回路的影响小，因而一次回路电流随频率而变化的曲线可以认为和它本身单独存在时的串联谐振曲线相同。在二次回路中的电流则可认为是由二次回路本身的串联谐振曲线与一次回路电流的谐振曲线相乘而得，因此 U_2 的变化曲线要比单回路谐振曲线更尖锐。由式（2-8-21）可知，在谐振点处（$\xi = 0$），$\alpha = 2\eta/(1 + \eta^2) < 1$。而且 η 越小，则 U_2 越小。这一物理意义是很明显的。此时为欠耦合情形。

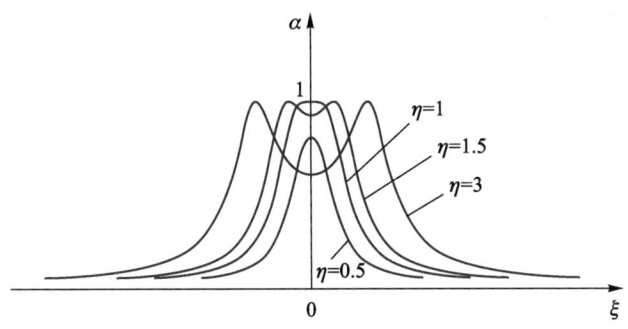

图 2-8-7 二次回路电压归一化的频率响应曲线

当 η 逐渐增大时，二次回路耦合到一次回路的阻抗也逐渐增加，亦即二次回路对一次回路的影响逐渐加强。因此，在谐振点处二次回路电流（电压）逐渐增大。而且由于一次回路因反射电阻增加，以致有效 Q 值下降，因而 I_1 的谐振曲线变钝，随之 I_2（或 U_2）的谐振曲线也变钝了。当 $\eta=1$ 时，即达到临界耦合情形。对于互感耦合回路来说，临界耦合系数为

$$k_c = \frac{M_c}{\sqrt{L_1 L_2}} = \frac{M_c}{L} = \frac{1}{Q} \qquad (2\text{-}8\text{-}24)$$

因而

$$\eta = k_c Q = 1 \qquad (2\text{-}8\text{-}25)$$

由式（2-8-23）得

$$\alpha = \frac{2}{\sqrt{4+\xi^4}} \qquad (2\text{-}8\text{-}26)$$

在通频带边缘处，$\alpha = 1/\sqrt{2}$，代入式（2-8-26）可得 $\xi = \sqrt{2}$，因此得出通频带为

$$2\Delta f_{0.7} = \sqrt{2}\frac{f_0}{Q} \qquad (2\text{-}8\text{-}27)$$

与式（2-8-19）相比较可知，在 Q 值相同的情况下，$\eta=1$ 的耦合谐振回路通频带为单谐振回路通频带的 $\sqrt{2}$ 倍。由图 2-8-7 可见，此时的谐振曲线仍是单峰曲线，在谐振点处，$\alpha=1$，即 $U_2 = U_{2\max}$。这是最佳耦合下的全谐振。

继续增大耦合，$\eta>1$，即为过耦合状态。由式（2-8-23）可知，其分母中的第二项 $2(1-\eta^2)\xi^2$ 变为负值。随着 $|\xi|$ 的增大，此负值也随着增大，所以分母先是减小。当 $|\xi|$ 较大时，分母中的第三项 ξ^4 的作用比较显著，分母又随 $|\xi|$ 的增大而增大。因此，随着 $|\xi|$ 的增大，α 值先是增大，而后又减小。这样，频率特性在 $\xi=0$ 的两边就必然出现双峰，在 $\xi=0$ 处为谷点。正如图 2-8-7 中 $\eta>1$ 的各条曲线所描述的那样，η 越大，两峰点拉开越远，谷点下凹也越厉害。同样可以证明，在两峰点处，一次、二次回路处于共轭匹配状态。

若以 δ 来表示谷点下凹的程度，令式（2-8-23）中的 $\xi=0$，求出 α 值，并以符号 δ 表示，即

$$\delta = \frac{2\eta}{1+\eta^2} \qquad (2-8-28)$$

可见，δ 随着 η 的增大而下降。

通频带的计算方法与临界耦合时一样，令式（2-8-23）中的 $\alpha = 1/\sqrt{2}$，即

$$\frac{1}{\sqrt{2}} = \frac{2\eta}{\sqrt{(1+\eta^2)^2 + 2(1-\eta^2)\xi^2 + \xi^4}} \qquad (2-8-29)$$

满足上式的广义失谐为

$$|\xi| = \sqrt{\eta^2 + 2\eta - 1} \qquad (2-8-30)$$

回路的通频带为

$$k = 1.5 k_c \qquad (2-8-31)$$

问题在于 η 如何取值。根据通频带的定义，在通频带范围内 α 值应大于 $1/\sqrt{2}$，对于双峰曲线中心下陷的 δ 值也应满足这一条件。因此，令式（2-8-28）中 $\delta = 1/\sqrt{2}$，求得 $\eta = 2.41$。将此 η 值代入式（2-8-31）得

$$2\Delta f_{0.7} = 3.1 \frac{f_0}{Q} \qquad (2-8-32)$$

与单谐振回路相比，在 Q 值相同的情况下，它是单回路通频带的 3.1 倍。

若需计算双峰之间的宽度时，可将式（2-8-23）对 ξ 取导数，并令这个导数等于零，得到

$$\xi(1 - \eta^2 + \xi^2) = 0 \qquad (2-8-33)$$

它的三个根是

$$\left. \begin{array}{l} \xi_0 = 0 \\ \xi_1 = -\sqrt{\eta^2 - 1} \\ \xi_0 = +\sqrt{\eta^2 - 1} \end{array} \right\} \qquad (2-8-34)$$

当 $\eta > 1$ 时，ξ_0 为谐振曲线的谷点，ξ_1 与 ξ_2 分别给出两个峰点的位置。当 $\eta = 1$ 时，这三个根合并成一个。当 $\eta < 1$ 时，ξ_1 与 ξ_2 为虚数，无实际意义，只有 ξ_0 有意义，它是最大点的位置。

若两峰间的宽度为 Δf_1，则可以证明

$$\frac{\Delta f_1}{f_0} \approx k \qquad (2-8-35)$$

k 越大，双峰之间距离越远，但在谐振点的下凹也越厉害。为了兼顾通频带宽，谐振点的下凹又不太厉害，通常可取

$$k = 1.5k_c \qquad (2-8-36)$$

【例 2.3】 设 $f_0 = 465\,\text{kHz}$，$\Delta f_1 = 10\,\text{kHz}$，试求耦合回路所需的 Q 值。

解 由 $\Delta f_1 = kf_0$ 得 $k = \dfrac{10}{465} = 0.021\,5$

因此临界耦合系数 $\qquad k_c = \dfrac{0.021\,5}{1.5} = 0.014\,33$

于是得出 $\qquad Q = \dfrac{1}{k_c} = \dfrac{1}{0.014\,33} \approx 69.78$ ■

从以上已讨论过的串、并联谐振回路与耦合谐振回路可知，要获得理想的滤波特性，例如图 2-8-2 所示的理想矩形选频特性，是不可能的。因此需要采用逼近理想特性的方法。实际上有以下几种逼近法，即：

（1）巴特沃思（Butteworth）逼近

用此法所实现的滤波器，它的频率特性在整个通频带内，幅频特性的幅度起伏最小或最平，故亦称最平坦滤波器。

（2）切比雪夫（Chebyshev）逼近

用此法所实现的滤波器，它的频率特性在整个通频带内，幅频特性的幅度起伏以振荡的形式均匀分布。

（3）贝塞尔（Bessel）逼近

用此法所实现的滤波器，它的频率特性在整个通频带内，相频特性的起伏最小或最平。它的幅频特性表示式与巴特沃思低通滤波器的幅频特性表示式类似。

（4）椭圆函数逼近

用椭圆函数逼近方法实现的滤波器，其频率特性中的幅频特性具有陡峭的边。

思考题与习题

2.1 已知某一并联谐振回路的谐振频率 $f_0 = 1\,\text{MHz}$，要求对 $990\,\text{kHz}$ 的干扰信号有足够的衰减，问该并联回路应如何设计？

2.2 试定性分析习题图 2-1 所示电路在什么情况下呈现串联谐振或并联谐振状态。

2.3 有一并联谐振回路，其电感、电容支路中的电阻均为 R。当 $R = \sqrt{L/C}$ 时（L 和 C 分别为电感和电容支路的电感值和电容值），试证明：回路阻抗 Z 与频率无关。

2.4 有一并联回路在某频段内工作，频段最低频率为 $535\,\text{kHz}$，最高频率为 $1\,605\,\text{kHz}$。现有两个可变电容器，一个电容器的最小电容量为 $12\,\text{pF}$，最大电容量为 $100\,\text{pF}$；另一个电容器的最小电容量为 $12\,\text{pF}$，最大电容量为 $450\,\text{pF}$。

（1）应采用哪一个可变电容器，为什么？

（2）回路电感应等于多少？

（3）绘出实际的并联回路图。

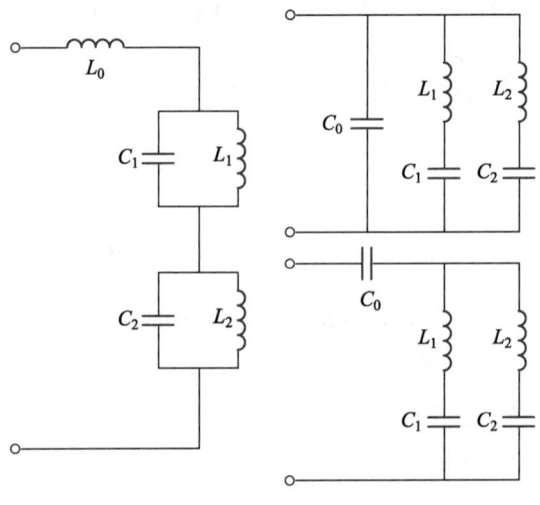

习题图 2-1

2.5 给定串联谐振回路的 $f_0 = 1.5\,\text{MHz}$，$C_0 = 100\,\text{pF}$，谐振时电阻 $R = 5\,\Omega$。试求 Q_0 和 L_0。又若信号源电压振幅 $U_{sm} = 1\,\text{mV}$，求谐振回路中的电流 I_0 以及回路元件上的电压 U_{L0m} 和 U_{C0m}。

2.6 串联回路如习题图 2-2 所示。信号源频率 $f_0 = 1\,\text{MHz}$，电压振幅 $U_{sm} = 0.1\,\text{mV}$。将 a、b 端短接，电容 C 调到 $100\,\text{pF}$ 时谐振。此时，电容 C 两端的电压为 $10\,\text{V}$。如 a、b 端开路再串接一阻抗 Z_x（电阻与电容串联），则回路失谐，C 调到 $200\,\text{pF}$ 时重新谐振，总电容两端电压变成 $2.5\,\text{V}$。试求线圈的电感量 L，回路品质因数 Q_0 以及未知阻抗 Z_x。

2.7 给定并联谐振回路的 $f_0 = 5\,\text{MHz}$，$C = 50\,\text{pF}$，通频带 $2\Delta f_{0.7} = 150\,\text{kHz}$。试求电感 L、品质因数 Q_0 以及对信号源频率为 $5.5\,\text{MHz}$ 时的失调。又若把 $2\Delta f_{0.7}$ 加宽至 $300\,\text{kHz}$，应在回路两端再并联上一个阻值多大的电阻？

2.8 并联谐振回路如习题图 2-3 所示。已知通频带 $2\Delta f_{0.7}$，电容 C。若电路总电导为 g_Σ（$g_\Sigma = g_s + G_p + G_L$），试证明

$$g_\Sigma = 4\pi\Delta f_{0.7}C$$

若给定 $C = 20\,\text{pF}$，$2\Delta f_{0.7} = 6\,\text{MHz}$，$R_p = 10\,\text{k}\Omega$，$R_s = 10\,\text{k}\Omega$，求 R_L。

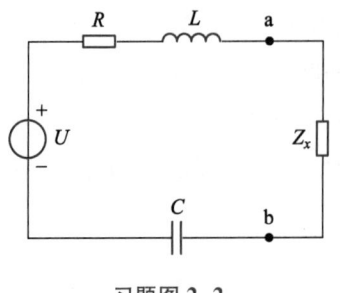

习题图 2-2

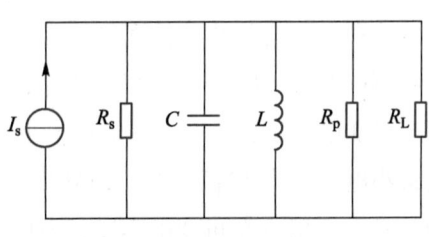

习题图 2-3

2.9 如习题图 2-4 所示。已知 $L = 0.8\,\mu\text{H}$，$Q_0 = 100$，$C_1 = C_2 = 20\,\text{pF}$，$C_i = 5\,\text{pF}$，$R_i = 10\,\text{k}\Omega$，$C_o = 20\,\text{pF}$，$R_o = 5\,\text{k}\Omega$。试计算回路谐振频率、谐振阻抗（不计 R_o 与 R_i 时）、有载 Q_L 值和通频带。

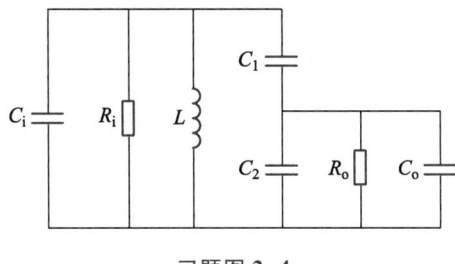

习题图 2-4

2.10 为什么耦合回路在耦合大到一定程度时，谐振曲线出现双峰？

2.11 如何解释 $\omega_{01} = \omega_{02}$，$Q_1 = Q_2$ 时，耦合回路呈现下列物理现象：

（1）$\eta < 1$ 时，I_{2m} 在 $\xi = 0$ 处是峰值，而且随着耦合加强，峰值增加；

（2）$\eta > 1$ 时，I_{2m} 在 $\xi = 0$ 处是谷值，而且随着耦合加强，谷值下降；

（3）$\eta > 1$ 时，出现双峰而且随着 η 值增加，双峰之间距离增大。

2.12 假设有一中频放大器等效电路如习题图 2-5 所示。试回答下列问题：

（1）如果将二次线圈短路，这时反射到一次的阻抗等于什么？一次等效回路（并联型）应该怎么画？

（2）如果二次线圈开路，这时反射阻抗等于什么？一次等效电路应该怎么画？

（3）如果 $\omega L_2 = \dfrac{1}{\omega C_2}$，反射到一次的阻抗等于什么？

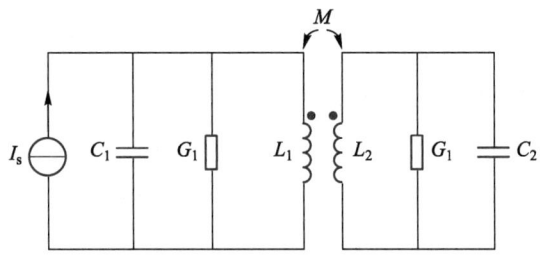

习题图 2-5

2.13 有一个耦合回路如习题图 2-6 所示。已知 $f_{01} = f_{02} = 1\,\text{MHz}$，$\rho_1 = \rho_2 = 1\,\text{k}\Omega$，$R_1 = R_2 = 20\,\Omega$，$\eta = 1$。试求

（1）回路参数 L_1、L_2、C_1、C_2 和 M；

（2）图中 a、b 两端的等效谐振阻抗 Z_p；

（3）一次回路的等效品质因数 Q_1；

（4）回路的通频带 BW；

（5）如果调节 C_2 使 $f_{02} = 950\,\text{kHz}$（信号源频率仍为 $1\,\text{MHz}$），求反射到一次回路的串联阻抗。它呈感性还是容性？

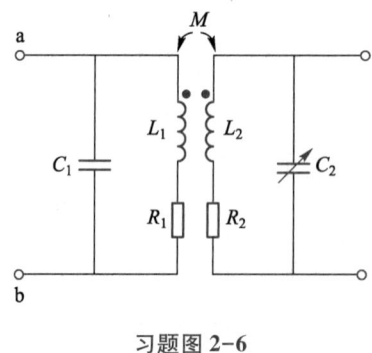

习题图 2-6

2.14　为什么耦合回路二次电流谐振曲线（尤其在临界耦合时）与单回路相比，具有较平坦的顶部和较陡峭的边缘？

2.15　与题 2.13 的线路形式及元件参量均相同。如欲使谐振阻抗 $R_p = 5\,\text{k}\Omega$，问耦合系数应调至多大？若使通频带等于 $14\,\text{kHz}$，在保持 $\eta = 1$ 的情况下，回路的 Q 等于多少？

2.16　电路如习题图 2-6 所示，已知 $L_1 = L_2 = 100\,\mu\text{H}$，$R_1 = R_2 = 5\,\Omega$，$M = 1\,\mu\text{H}$，$\omega_{01} = \omega_{02} = 10^7\,\text{rad/s}$，电路处于全谐振状态。试求：

（1）a、b 两端的等效谐振阻抗；

（2）两回路的耦合因数；

（3）耦合回路的相对通频带。

2.17　已知一 RLC 串联谐振回路的谐振频率 $f_0 = 300\,\text{kHz}$，回路电容 $C = 2\,000\,\text{pF}$，规定在通频带的边界频率 f_1 和 f_2 处的回路电流是谐振电流的 $1/1.25$，问回路电路 R 或 Q 值应等于多少才能获得 $10\,\text{kHz}$ 的通频带？它与一般通频带定义相比较，Q 值相差多少？

2.18　有一双电感复杂并联回路如习题图 2-7 所示。已知 $L_1 + L_2 = 500\,\mu\text{H}$，$C = 500\,\text{pF}$，为了使电源中的二次谐波能被回路滤除，应如何分配 L_1 和 L_2？

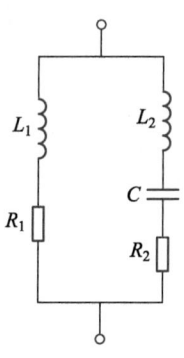

习题图 2-7

2.19　试证明 2.7.4 小节关于低 Q 值并联谐振回路调谐的两点结论。

第 3 章
高频小信号放大器

3.1 导 课

在无线通信系统中，无论是信号的发射端还是接收端，都需要对信号幅度进行调整，特别是在接收机的前端，信号经过长距离传输后，其信号能量显著下降，可能已无法直接驱动接收机的后续电路正常工作。此时，信道噪声的影响也尤为显著。为了解决这些问题，高频小信号放大器成为了不可或缺的组成部分。它集成放大电路和选频网络，可有效放大信号的幅度并抑制噪声。本章将从以下几个方面来研究高频小信号放大电路：

（1）高频小信号放大器的基本组成是什么？如何评价放大器的性能好坏呢？（3.2 节）

（2）高频小信号放大器是利用晶体管的电流放大作用实现了小信号的幅度放大，如何建立晶体管模型，以方便计算和设计放大器指标呢？（3.3 节）

（3）对于一个高频小信号单调谐放大器，首先要进行直流和交流等效电路图绘制，然后根据交流等效电路图计算放大器所关心的指标。如何绘制直流和交流等效电路图呢？如何计算放大器的各个指标呢？（3.4 节）

（4）当单调谐回路增益指标不满足性能指标要求时，可以采用多级级联方式提高增益。多级级联电路各个指标如何计算呢？当多级级联选频指标不满足要求时，可以采用双调谐回路谐振放大器，这是为什么呢？（3.5 节）

（5）选频特性是放大器关心的指标之一，但是多级级联电路的选频特性性能提升有限，可以采用双调谐回路谐振放大器改善，这是为什么呢？（3.6 节）

（6）放大器虽然放大了输出信号电压/功率，但是由于晶体管内部存在反馈回路，使得稳定性成为放大器所关心的重要问题，如何提升稳定性呢？（3.7 节）

（7）实际的小信号放大器电路包括哪些部分？具体的设计思路是什么呢？（3.8 节、3.9 节）

（8）热噪声会影响小信号放大器的性能，如何评价热噪声的大小呢？电路中时刻存在热噪声，若是一个系统由多个子系统组成，则每个子系统对总体噪声的贡献是否一样呢？
（3.10节）

3.2 概　述

3.2.1　高频小信号调谐放大器特点

高频小信号调谐放大器，按照其名称，可以包括以下几方面特点：

（1）高频。高频放大器是相对低频放大器而言，二者主要区别在两方面。一方面，是工作频率范围和所需通过的频带宽度都有所不同，所以采用的负载也不相同。虽然低频放大器的工作频率很低，但工作频带范围很宽，例如音频范围为 20~20 000 Hz，高低频率相差达 1 000 倍，因此低频放大器通常采用无调谐负载，如电阻、含有铁心的变压器等。高频放大器的中心频率一般在几百千赫至几百兆赫，但所需通过的频率范围（频带）和中心频率相比往往是很小的，或者只工作于某一频率，因此一般都是采用选频网络组成谐振放大器或非谐振放大器。另一方面，在高频段，晶体管和场效应管中的极间电容不能忽略，而在低频段，这个电容往往认为是开路，不用考虑反馈影响。

（2）小信号。小信号是指输入信号幅度很小，往往是微伏和毫伏量级，由于信号小，可以认为它工作在晶体管（或场效应管）的线性范围内，因此可把晶体管看成线性元件，用有源线性四端网络模型来分析。

（3）谐振放大器（resonant amplifier）。放大器通常采用谐振回路（包括串联、并联及耦合回路）作为负载。由于谐振回路具有在某个频率的谐振特性，因此放大器对接近其谐振频率的信号表现出显著的增益增强效果；而对于远离谐振频率的信号，其增益则会急剧衰减。因此，谐振放大器不仅承担了信号放大的核心功能，还扮演了滤波器或选频器的角色，实现了对特定频率信号的选择与增强。

（4）功能。实现对微弱的高频信号不失真放大，即线性放大，即输出信号相对输入信号的频谱结构不变。

（5）用途。高频小信号放大器通常用作接收机的高频放大器和中频放大器。

（6）组成。高频小信号放大器包括有源放大元件和选频网络两部分。对于前者，可以是晶体管、场效应管、集成运放等。对于后者，可以是各种滤波器或阻容元件，滤波器如 *LC* 集中选择性滤波器、石英晶体滤波器、表面声波滤波器、陶瓷滤波器等，而阻容元件因其结构简单，性能良好，又能集成化，被广泛应用。

3.2.2　高频小信号调谐放大器性能指标

为了分析高频小信号放大器，首先应当了解实际运用时对它的要求如何，也就是应当先讨论它的主要性能指标。

对高频小信号放大器提出的主要性能指标如下：

（1）增益（gain）

放大器输出电压（或功率）与输入电压（或功率）之比，称为放大器的增益或放大倍数，用 A_u（或 A_p）表示（有时以分贝数计算）。人们希望每级放大器的增益尽量大，使得满足总增益时级数尽量少。放大器增益的大小取决于多个因素，包括所选晶体管的性能、所需的通频带宽度、阻抗匹配情况以及工作状态的稳定性等。

（2）通频带（pass band）

由于放大器的输入信号通常为已调制信号，此类信号因为携带信息而占据一定的频谱宽度，因此要求放大器必须具备相应的通频带，以确保信号中的频谱分量都能顺利通过放大器，从而保持信号的完整性和质量。例如普通调幅无线电广播所占带宽为 9 kHz，电视信号带宽为 65 MHz 等。当这些有一定带宽的高频信号通过高频放大器时，如果放大器的通频带过窄，那么在频带边缘的频率分量就不能得到应有的放大，从而引起输出信号的频率失真。

放大器通频带定义见图 3-2-1，它表示放大器的电压增压 A_u 下降到最大值 A_{u0} 的 0.707 倍（即 $1/\sqrt{2}$ 倍）时所对应的频率范围，用 $2\Delta f_{0.7}$ 表示。由于电压增益下降 3 dB，即等于绝对值下降至 $1/\sqrt{2}$，因此也称 $2\Delta f_{0.7}$ 为 3 dB 带宽。为了测量方便，还可将通频带定义为放大器的电压增益下降到最大值的 $1/2$ 时所对应的频率范围，用 $2\Delta f_{0.5}$ 表示，也称为 6 dB 带宽。

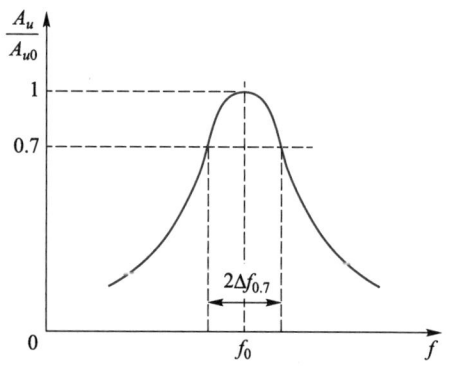

图 3-2-1　放大器的通频带

放大器的通频带是由其负载回路的具体形式以及该回路的等效品质因数 Q_L 共同决定的。值得注意的是，随着放大器级数的增加，其总通频带往往会呈现逐渐变窄的趋势。此外，通频带与放大器的增益之间存在着一种相互制约的关系：通频带越宽，意味着放大器能够处理的信号频率范围更广，但相应地，其增益性能却会有所降低。因此，在设计放大器时，需要在这两者之间做出权衡，以满足特定的应用需求。在通频带较窄的放大器（例如调幅接收机所用的高频放大器）中，这两者之间的矛盾还不突出，而在频带较宽的放大器（例如电视和雷达接收机等）中，频带和增益的矛盾变得突出。这时必须在牺牲单级增益的情况下，来保证所需的频带宽度。至于总增益，则可用增加级数的办法来满足。

根据用途不同，放大器的通频带差异较大。例如，收音机的中频放大器通频带约为 6~8 kHz，而电视接收机的中频放大器通频带为 6 MHz 左右。

（3）选择性（selectivity）

放大器从含有各种不同频率的信号（有用的和有害的）总和中选出有用信号，排除有害（干扰）信号的能力，称为放大器的选择性。

选择性指标是针对抑制干扰而言的。目前，无线电台日益增多，因此无线电台的干扰日益严重。干扰的情况也很复杂：有位于信号频率附近的邻近电台干扰（邻台干扰）；有特定频率的组合干扰；有由于电子器件的非线性产生的交调（cross modulation）干扰、互调（inter modulation）干扰等。对不同的干扰，有不同的指标要求。下面介绍两个衡量选择性的基本指标——矩形系数和抑制比。

① 矩形系数（rectangular coefficient）

矩形系数通常用于描述邻近波道选择性的优劣。理想情况下，放大器应对通频带内的各信号频谱分量予以同样的放大，而对通频带以外的邻近波道的干扰频率分量则应完全抑制，不予放大。因此理想的放大器频率响应曲线应为矩形，但实际曲线的形状则与矩形有较大的差异，如图3-2-2所示。为了评定实际曲线与理想矩形的接近程度，通常用矩形系数 K_r 来表示，其定义为

$$K_{r0.1} = \frac{2\Delta f_{0.1}}{2\Delta f_{0.7}} \qquad (3-2-1)$$

$$K_{r0.01} = \frac{2\Delta f_{0.01}}{2\Delta f_{0.7}} \qquad (3-2-2)$$

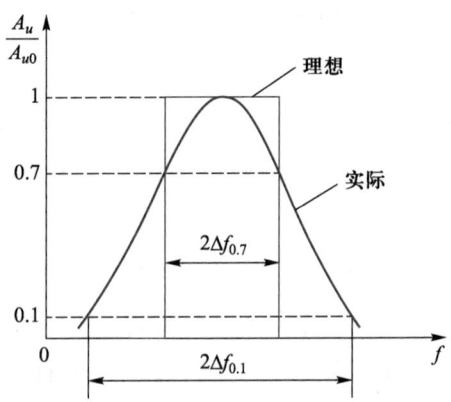

图3-2-2 理想的与实际的频率特性

式中，$2\Delta f_{0.7}$ 为放大器的通频带，$2\Delta f_{0.1}$ 和 $2\Delta f_{0.01}$ 分别为相对放大倍数下降至 0.1 和 0.01 处的带宽。

显然矩形系数越接近 1，则实际曲线越接近矩形，滤除邻近波道干扰信号的能力越强。通常，频带放大器的矩形系数在 2~5 范围内。

有时不用 $2\Delta f_{0.1}$、$2\Delta f_{0.01}$ 与 $2\Delta f_{0.7}$ 之比定义矩形系数，而用 $2\Delta f_{0.01}$ 与 $2\Delta f_{0.5}$ 之比定义矩形系数（测量较方便）。例如，国产某通信机的选择性指标为 2 倍输入带宽（$2\Delta f_{0.5}$）2.5~4.0 kHz；100 倍输入带宽（$2\Delta f_{0.01}$）不大于 8 kHz，则 $k_r = \frac{2\Delta f_{0.5}}{2\Delta f_{0.01}}$，该值在 2~3.2 范围内。

② 抑制比（suppression ratio）

抑制比也称为抗拒比，通常说明针对某些特定频率（如中频、像频等）选择性的好坏。如图3-2-3所示某谐振曲线，在谐振点 f_0 的放大倍数为 A_{u0}。若有一干扰，其频率为 f_n，电路对此干扰的放大倍数为 A_u，我们就用 $d = A_{u0}/A_u$ 表示放大器对干扰的抑制能力，其通常称为对干扰的抑制比（或抗拒比），若用分贝表示，则 $d(\mathrm{dB}) = 20\lg d$。例如，当 $A_{u0} = 100$，$A_u = 1$ 时，则 $d = 100$，或 $d(\mathrm{dB}) = 20\lg 100 = 40$。

（4）工作稳定性（stability）

工作稳定性是衡量放大器在面对直流偏置调整、晶体管参数波动、电路元件参数变化等潜在变化时，其关键性能（如增益、中心频率、通频带等）保持恒定或变化在可接受范围内的能力。常见的稳定性问题包括增益波动、中心频率偏移、通频带缩减以及谐振曲线的畸变。而在极端情况下，如果放大器发生自激现象，这将导致放大器彻底丧失正常工作能力，进入一种非正常的振荡状态。

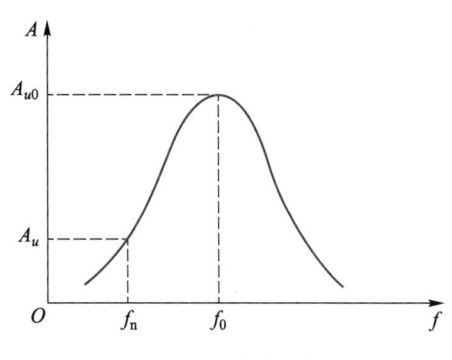

图 3-2-3 某谐振曲线

特别是在多级放大器中，如果级数多，增益高，则自激的可能性最大。为了使放大器稳定工作，需要采取相应的措施，如限制每级的增益、选择内部反馈小的晶体管、加中和电路或稳定电阻、使级间失匹配等，此外，在工艺结构方面如元件排列、屏蔽、接地等方面均应良好，以使放大器不自激或远离自激。

（5）噪声系数（noise figure）

在放大器设计中，噪声是不利因素，其存在会降低信号质量，因此应极力减少内部噪声的产生，目标是将噪声系数降至最低，即噪声系数应接近 1。对于多级放大器系统而言，最初的一到两级对整体噪声系数的贡献最为显著，因此特别关键的是要确保这些级的噪声系数尽可能接近理想值 1。为了实现低内部噪声的放大器，可以采取多种策略，包括但不限于选用具有低噪声特性的晶体管、精确设定工作点电流、以及设计并选用合适的电路布局等。

以上这些性能指标相互之间既有联系，又有矛盾，应根据要求，决定主次。例如，接收机的整机灵敏度、选择性、通频带等主要取决于中放级，而噪声则主要决定于高放级或混频级（无高放级时）。因此在考虑中放级时，应在满足频带要求与保证工作稳定的前提下，尽量提高增益；而在考虑高放级时，则增益成为次要矛盾，主要应尽量减小本级的内部噪声。

3.3　晶体管高频小信号等效模型

前文已指出，高频小信号放大器可以作为线性有源网络来分析。因此，应先求出有源部分（晶体管或场效应管）的等效电路，再与第 2 章所讨论的谐振网络组合，即可对各种不同形式的高频小信号放大器用线性网络的理论来进行分析。以下只研究晶体管作为有源器件的情况。场效应管作为有源器件的情况可以类推，从略。

晶体管在高频小信号运用时，它的等效电路主要有两种形式：形式等效电路和物理模拟等效电路（混合 π 等效电路）。

3.3.1　形式等效电路

形式等效电路（formal equivalent circuit）是将晶体管等效为有源线性四端网络，它的优点在于通用，导出的表达式具有普遍意义，分析电路比较方便；缺点是网络参数与频率有关。如图 3-3-1 所示为晶体管共发射极电路。在工作时，输入端有输入电压 $\dot{U}_1$ 和输入电流 $\dot{I}_1$。输出端有输出电压 $\dot{U}_2$ 和输出电流 $\dot{I}_2$。根据四端网络的理论，需要有四个数来表示方框内的晶体管的功能。这种表征晶体管功能的数叫作晶体管的参数（或参量）。

最常用的有 H、Y、Z 三种参数系：

（1）如选输出电压 $\dot{U}_2$ 和输入电流 $\dot{I}_1$ 为自变量，输入电压 $\dot{U}_1$ 和输出电流 $\dot{I}_2$ 为参变量，则得到 H 参数系。

（2）如选输入电流 $\dot{I}_1$ 和输出电流 $\dot{I}_2$ 为自变量，输入电压 $\dot{U}_1$ 和输出电压 $\dot{U}_2$ 为参变量，则得到 Z 参数（阻抗参数）系。

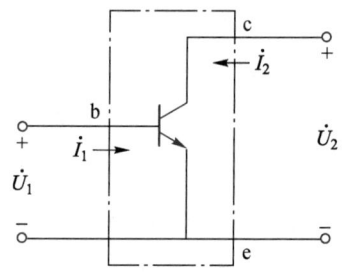

图 3-3-1　晶体管共发射极电路

（3）如选输入电压 $\dot{U}_1$ 和输出电压 $\dot{U}_2$ 为自变量，输入电流 $\dot{I}_1$ 和输出电流 $\dot{I}_2$ 为参变量，则得到 Y 参数（导纳参数）系。

本章采用 Y 参数系分析电路。因晶体管是电流控制器件，输入输出端都有电流，采用 Y 参数较为方便，很多导纳并联可直接相加，运算简单。因此，对 Y 参数将进行较详细的研究。

假使电压 $\dot{U}_1$ 与 $\dot{U}_2$ 为自变量，电流 $\dot{I}_1$ 与 $\dot{I}_2$ 为参变量，由图 3-3-1 可知

$$\dot{I}_1 = y_i \dot{U}_1 + y_r \dot{U}_2 \tag{3-3-1}$$

$$\dot{I}_2 = y_f \dot{U}_1 + y_o \dot{U}_2 \tag{3-3-2}$$

式中，

$$y_i = \left. \frac{\dot{I}_1}{\dot{U}_1} \right|_{\dot{U}_2=0} \qquad \text{称为输出短路时的输入导纳；}$$

$$y_r = \left. \frac{\dot{I}_1}{\dot{U}_2} \right|_{\dot{U}_1=0} \qquad \text{称为输入短路时的反向传输导纳；}$$

$$y_f = \left. \frac{\dot{I}_2}{\dot{U}_1} \right|_{\dot{U}_2=0} \qquad \text{称为输出短路时的正向传输导纳；}$$

$$y_o = \left. \frac{\dot{I}_2}{\dot{U}_2} \right|_{\dot{U}_1=0} \qquad \text{称为输入短路时的输出导纳。}$$

根据式（3-3-1）与式（3-3-2）可绘出晶体管的 Y 参数等效电路如图 3-3-2 所示。值得注意的是，短路导纳参数是晶体管固有的属性，它仅仅取决于晶体管自身的特性，而不受外接电路的任何影响，因此也称为内参数。这些参数的值会根据晶体管的不同型号、所施加的工作电压以及信号频率的不同而变化，可能表现为实数形式，也可能呈现为复数形式。

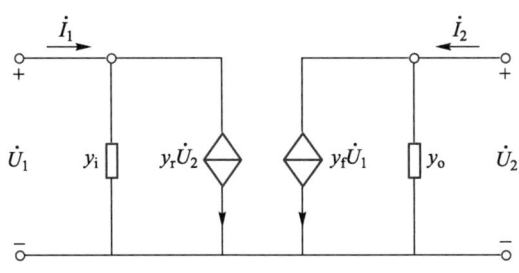

图 3-3-2 Y 参数等效电路

晶体管接入外电路，构成放大器后，由于输入端和输出端都接有外电路，于是得出相应的放大器 Y 参数，它们不仅与晶体管有关，而且与外电路有关，故又称为外参数。图 3-3-3（a）给出了晶体管放大器的基本电路，为简明计，略去了直流电源，并以 Y_L 代表负载导纳，$\dot{I}_s$ 与 Y_s 代表信号源电流与导纳。用 Y 参数等效电路来代表晶体管，则可得图 3-3-3（b）。由图可得

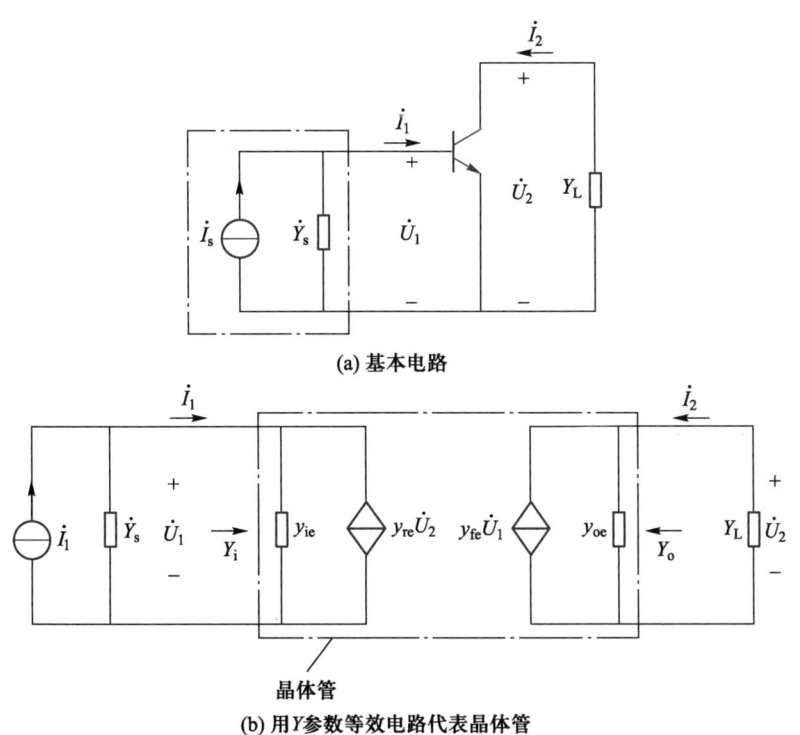

(a) 基本电路

晶体管
(b) 用 Y 参数等效电路代表晶体管

图 3-3-3 晶体管放大器及其 Y 参数等效电路

$$\dot{I}_1 = y_{ie}\dot{U}_1 + y_{re}\dot{U}_2 \qquad (3\text{-}3\text{-}3)$$

$$\dot{I}_2 = y_{fe}\dot{U}_1 + y_{oe}\dot{U}_2 \qquad (3\text{-}3\text{-}4)$$

$$\dot{I}_2 = -Y_L\dot{U}_2 \qquad (3\text{-}3\text{-}5)$$

式中各 Y 参数的第二个脚标 e 表示这是共发射极电路的参数；若为共基极或共集电极电路，则第二个脚标用 b 或 c 表示。

从式（3-3-3）~式（3-3-5）消去 $\dot{U}_2$ 与 $\dot{I}_2$ 可得输入导纳 Y_i 为

$$Y_i = \frac{\dot{I}_1}{\dot{U}_1} = y_{ie} - \frac{y_{re}y_{fe}}{y_{oe}+Y_L} \qquad (3\text{-}3\text{-}6)$$

上式说明，输入导纳 Y_i 与负载导纳 Y_L 有关，这反映了晶体管有内部反馈，而这个内部反馈是由反向传输导纳 y_{re} 引起的。

求输出导纳时，应从式（3-3-3）、式（3-3-5）中消去 $\dot{I}_1$ 与 $\dot{U}_1$，求得 $\dot{U}_2$ 与 $\dot{I}_2$ 的关系。同时，考虑到应将信号电流源开路（如为电压源则应短路），因而

$$\dot{I}_1 = -Y_s\dot{U}_1 \qquad (3\text{-}3\text{-}7)$$

将式（3-3-7）代入式（3-3-3）得

$$\dot{U}_1 = \frac{-y_{re}}{y_{ie}+Y_s}\dot{U}_2 \qquad (3\text{-}3\text{-}8)$$

将上式代入式（3-3-4），消去 $\dot{U}_1$，最后得

$$\dot{I}_2 = \left(y_{oe} - \frac{y_{re}y_{fe}}{y_{ie}+Y_s}\right)\dot{U}_2 \qquad (3\text{-}3\text{-}9)$$

因而输出导纳为

$$Y_o = \frac{\dot{I}_2}{\dot{U}_2} = y_{oe} - \frac{y_{re}y_{fe}}{y_{ie}+Y_s} \qquad (3\text{-}3\text{-}10)$$

式（3-3-10）说明，输出导纳 Y_o 与信号源导纳 Y_s 有关，这也反映了晶体管存在内部反馈，而这个内部反馈也是由 y_{re} 所引起的。

最后，由式（3-3-4）、式（3-3-5）消去 $\dot{I}_2$，可得电压增益为

$$\dot{A}_u = \frac{\dot{U}_2}{\dot{U}_1} = \frac{-y_{fe}}{y_{oe}+Y_L} \qquad (3\text{-}3\text{-}11)$$

上式说明，晶体管的正向传输导纳越大，则放大器的增益也越大。式中负号说明，如果 y_{fe}、y_{oe} 与 Y_L 均为实数，则 $\dot{U}_2$ 与 $\dot{U}_1$ 相位差 180°。这正是在低频放大电路中已熟知的结论。

3.3.2　混合 π 等效电路

上述分析所采用的形式等效电路具有显著优势，即它避开了晶体管内部复杂的物理机

制，这种抽象化方法不仅限于晶体管，还能广泛适用于各种四端或三端电子器件，展现了其普遍适用性。

然而，这种等效电路也存在局限性，即它未能深入考量晶体管内部的物理工作细节。若我们尝试通过集中元件（如电阻 R、电感 L、电容 C）来模拟晶体管内部的复杂交互作用，每个元件都能直接关联到晶体管内部特定的物理过程，这样的物理模拟方法便构成了混合 π 等效电路。混合 π 等效电路的独特之处在于，其各元件参数在广泛的频率范围内能够保持相对稳定，这为高频电路分析提供了便利。但另一方面，元件间的相互作用较为复杂，使得电路分析过程可能不如其他简化模型直观和便捷。

混合 π 等效电路已在 2.4.3 小节讨论过，在这里重画图 2-4-2 于图 3-3-4，并给出相应的元件值。

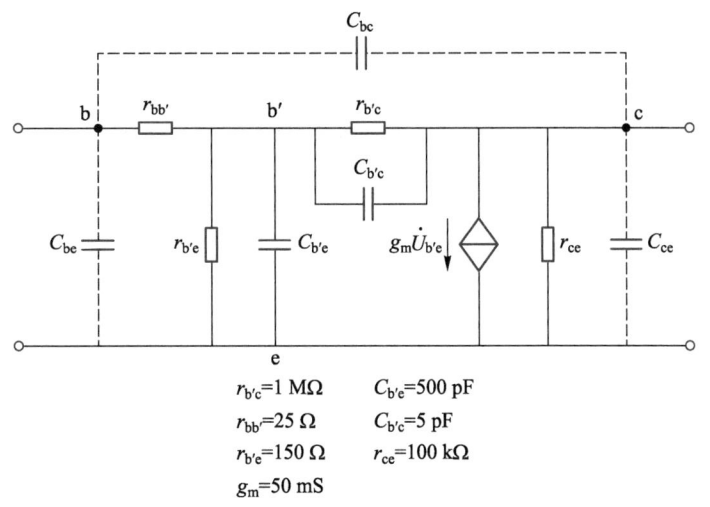

$$r_{b'c}=1\ \mathrm{M\Omega} \qquad C_{b'e}=500\ \mathrm{pF}$$
$$r_{bb}=25\ \Omega \qquad C_{b'c}=5\ \mathrm{pF}$$
$$r_{b'e}=150\ \Omega \qquad r_{ce}=100\ \mathrm{k\Omega}$$
$$g_m=50\ \mathrm{mS}$$

图 3-3-4　混合 π 等效电路

3.3.3　混合 π 等效电路参数与形式等效电路 Y 参数的转换

通常，当晶体管直流工作点选定以后，混合 π 等效电路中各元件参数便已确定，其中有些参数可在晶体管手册上直接查得，另一些也可根据手册上的其他参数计算出来。但在小信号放大器或其他电路中，为了简单，还是以 Y 参数等效电路作为分析基础。因此，有必要讨论混合 π 等效电路参数与 Y 参数的转换，以便根据确定的元件参数进行小信号放大器或其他电路的设计和计算。

将图 3-3-2 和图 3-3-4 重画，如图 3-3-5 所示。则输入电压 $\dot{U}_1=\dot{U}_b$、输出电压 $\dot{U}_2=\dot{U}_c$、输入电流 $\dot{I}_1=\dot{I}_b$、输出电流 $\dot{I}_2=\dot{I}_c$。

由图 3-3-5（b）用节点电流法并以 $\dot{U}_{be}$、$\dot{U}_{b'e}$ 和 $\dot{U}_{ce}$ 分别表示 b 点、b' 点和 c 点到 e 点的电压，则可得下列方程式：

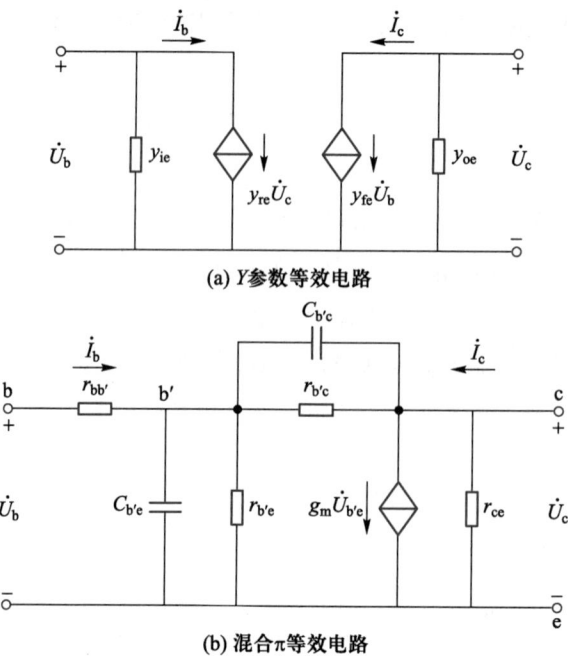

(a) Y参数等效电路

(b) 混合π等效电路

图 3-3-5　Y 参数及混合 π 等效电路

$$\dot{I}_\text{b} = \frac{1}{r_\text{bb'}}\dot{U}_\text{be} - \frac{1}{r_\text{bb'}}\dot{U}_\text{b'e} \qquad (3\text{-}3\text{-}12)$$

$$\frac{1}{r_\text{bb'}}(\dot{U}_\text{be} - \dot{U}_\text{b'e}) = y_\text{b'e}\dot{U}_\text{b'e} + y_\text{b'c}(\dot{U}_\text{b'e} - \dot{U}_\text{ce}) \qquad (3\text{-}3\text{-}13)$$

$$\dot{I}_\text{c} = g_\text{m}\dot{U}_\text{b'e} + g_\text{ce}\dot{U}_\text{ce} + y_\text{b'c}(\dot{U}_\text{ce} - \dot{U}_\text{b'e}) \qquad (3\text{-}3\text{-}14)$$

式中，$y_\text{b'e} = g_\text{b'e} + j\omega C_\text{b'e}$；$y_\text{b'c} = g_\text{b'c} + j\omega C_\text{b'c}$；$g_\text{b'e} = 1/r_\text{b'e}$；$g_\text{b'c} = 1/r_\text{b'c}$；$g_\text{ce} = 1/r_\text{ce}$。

在式（3-3-12）～式（3-3-14）中消去 $\dot{U}_\text{b'e}$，用 $\dot{U}_\text{b}$ 代替 $\dot{U}_\text{be}$，$\dot{U}_\text{c}$ 代替 $\dot{U}_\text{ce}$，得

$$\dot{I}_\text{b} = \frac{y_\text{b'e} + y_\text{b'c}}{1 + r_\text{bb'}(y_\text{b'e} + y_\text{b'c})}\dot{U}_\text{b} - \frac{y_\text{b'c}}{1 + r_\text{bb'}(y_\text{b'e} + y_\text{b'c})}\dot{U}_\text{c} \qquad (3\text{-}3\text{-}15)$$

$$\dot{I}_\text{c} = \frac{g_\text{m} - y_\text{b'c}}{1 + r_\text{bb'}(y_\text{b'e} + y_\text{b'c})}\dot{U}_\text{b} + \left[g_\text{ce} + y_\text{b'c} + \frac{y_\text{b'c}r_\text{bb'}(g_\text{m} - y_\text{b'c})}{1 + r_\text{bb'}(y_\text{b'e} + y_\text{b'c})}\right]\dot{U}_\text{c} \qquad (3\text{-}3\text{-}16)$$

将式（3-3-15）和式（3-3-16）与式（3-3-1）和式（3-3-2）相比较，并考虑到 $g_\text{m} \gg |y_\text{b'c}|$，$y_\text{b'e} \gg y_\text{b'c}$ 及 $g_\text{ce} \gg g_\text{b'c}$ 通常是满足的，所以可得

$$y_\text{i} = y_\text{ie} \approx \frac{y_\text{b'e}}{1 + r_\text{bb'}y_\text{b'e}} = \frac{g_\text{b'e} + j\omega C_\text{b'e}}{(1 + r_\text{bb'}g_\text{b'e}) + j\omega C_\text{b'e}r_\text{bb'}} \qquad (3\text{-}3\text{-}17)$$

$$y_\text{r} = y_\text{re} \approx \frac{-y_\text{b'c}}{1 + r_\text{bb'}y_\text{b'e}} = -\frac{g_\text{b'c} + j\omega C_\text{b'c}}{(1 + r_\text{bb'}g_\text{b'e}) + j\omega C_\text{b'e}r_\text{bb'}} \qquad (3\text{-}3\text{-}18)$$

$$y_\text{f} = y_\text{fe} \approx \frac{g_\text{m}}{1 + r_\text{bb'}y_\text{b'e}} = \frac{g_\text{m}}{(1 + r_\text{bb'}g_\text{b'e}) + j\omega C_\text{b'e}r_\text{bb'}} \qquad (3\text{-}3\text{-}19)$$

第 3 章　高频小信号放大器

$$y_o = y_{oe} \approx g_{ce} + y_{b'c} + \frac{y_{b'c} r_{bb'} g_m}{1 + r_{bb'} y_{b'e}}$$
$$\tag{3-3-20}$$

$$\approx g_{ce} + j\omega C_{b'c} + r_{bb'} g_m \frac{g_{b'c} + j\omega C_{b'c}}{(1 + r_{bb'} g_{b'e}) + j\omega C_{b'e} r_{bb'}}$$

由以上四式可见，四个参数都是复数，为以后计算方便，可表示为

$$y_{ie} = g_{ie} + j\omega C_{ie} \tag{3-3-21}$$

$$y_{oe} = g_{oe} + j\omega C_{oe} \tag{3-3-22}$$

$$y_{fe} = |y_{fe}| \underline{/\varphi_{fe}} \tag{3-3-23}$$

$$y_{re} = |y_{re}| \underline{/\varphi_{re}} \tag{3-3-24}$$

式中，g_{ie}、g_{oe} 分别称为输入、输出电导；C_{ie}、C_{oe} 分别为输入、输出电容。

根据复数运算，并令 $a = 1 + r_{bb'} g_{b'e}$、$b = \omega C_{b'e} r_{bb'}$，由式（3-3-17）~式（3-3-20）可得

$$g_{ie} \approx \frac{a g_{b'e} + b\omega C_{b'e}}{a^2 + b^2} \qquad C_{ie} = \frac{C_{b'e}}{a^2 + b^2} \tag{3-3-25}$$

$$g_{oe} \approx g_{ce} + \frac{a g_{b'c} g_m r_{bb'}}{a^2 + b^2} + \frac{b\omega C_{b'c} g_m r_{bb'}}{a^2 + b^2} \qquad C_{oe} \approx C_{b'c} + g_m r_{bb'} \frac{a C_{b'c} - C_{b'e} r_{bb'} g_{b'c}}{a^2 + b^2} \tag{3-3-26}$$

$$|y_{fe}| \approx \frac{g_m}{\sqrt{a^2 + b^2}} \qquad \varphi_{fe} \approx -\arctan\frac{b}{a} \tag{3-3-27}$$

$$|y_{re}| \approx \frac{\omega C_{b'c}}{\sqrt{a^2 + b^2}} \qquad \varphi_{re} = \frac{\pi}{2} - \arctan\frac{b}{a} \tag{3-3-28}$$

通常，四个 Y 参数都是频率的函数，高频时的输入导纳 y_{ic} 和输出导纳 y_{oe} 都比低频时大，而 y_{fe} 却比低频时小。工作频率越高，这种差别就越大。

3.3.4 晶体管的高频参数

为了分析和设计各种高频电子线路，必须了解晶体管的高频特性。下面介绍几个表征晶体管高频特性的参数。

（1）截止频率（cut-off frequency）f_β

共发射极电路的电流放大系数 β 将随工作频率的上升而下降，当 β 值下降至低频值 β_0 的 $1/\sqrt{2}$ 时的频率称为 β 截止频率，用 f_β 表示，如图3-3-6所示。

可以证明

$$\beta = \frac{\beta_0}{1 + j\dfrac{f}{f_\beta}} \tag{3-3-29}$$

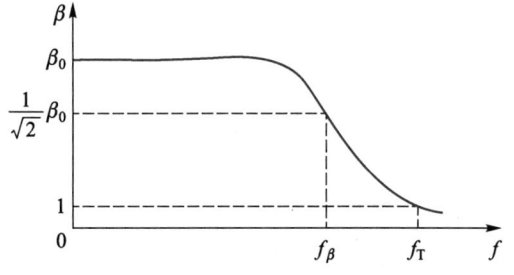

图3-3-6 截止频率和特征频率

其绝对值为

$$|\beta| = \frac{\beta_0}{\sqrt{1+\left(\dfrac{f}{f_\beta}\right)^2}} \qquad (3-3-30)$$

由于 β_0 比 1 大得多，当频率为 f_β 时，$|\beta|$ 值虽下降到 $\beta_0/\sqrt{2}$，但仍比 1 大很多，因此晶体管还能起放大作用。

（2）特征频率（characteristic frequency）f_T

当频率升高，$|\beta|$ 下降至 1 时，这时的频率称为特征频率，用 f_T 表示，如图 3-3-6，由式（3-3-30）得

$$\frac{\beta_0}{\sqrt{1+\left(\dfrac{f_T}{f_\beta}\right)^2}} = 1 \qquad (3-3-31)$$

所以

$$f_T = f_\beta \sqrt{\beta_0^2 - 1} \qquad (3-3-32)$$

当 $\beta_0 \gg 1$ 时，上式可近似地写成

$$f_T \approx \beta_0 f_\beta \qquad (3-3-33)$$

特征频率 f_T 和电流放大系数 $|\beta|$ 之间还有下列简单的关系。因为 $\beta_0 \approx \dfrac{f_T}{f_\beta}$，由式（3-3-30）得

$$|\beta| = \frac{\beta_0}{\sqrt{1+\left(\dfrac{f}{f_\beta}\right)^2}} \approx \frac{\dfrac{f_T}{f_\beta}}{\sqrt{1+\left(\dfrac{f}{f_\beta}\right)^2}} \qquad (3-3-34)$$

当 $f \gg f_\beta$ 时，上式分母 $\sqrt{1+\left(\dfrac{f}{f_\beta}\right)^2} \approx \dfrac{f}{f_\beta}$，故得

$$|\beta| = \frac{f_T}{f} \text{ 或 } f_T = f|\beta| \qquad (3-3-35)$$

上式表明：当 $f \gg f_\beta$ 时，特征频率 f_T 等于工作频率 f 和晶体管在该频率 $|\beta|$ 的乘积。因此，知道了某晶体管的特征频率 f_T（由手册查得），就可以粗略地计算该管在某一工作频率 f 的电流放大系数 β。

（3）最高振荡频率 f_{max}

定义晶体管的功率增益 $A_p = 1$ 时的工作频率为最高振荡频率 f_{max}，可以证明

$$f_{max} \approx \frac{1}{2\pi} \sqrt{\frac{g_m}{4r_{bb'}C_{b'e}C_{b'c}}} \qquad (3-3-36)$$

f_{max} 表示一个晶体管所能适用的最高极限频率。在此频率工作时，晶体管已无法进行

功率放大，因此当 $f > f_{\max}$ 时，无论用什么方法都不能使晶体管产生振荡，这就是最高振荡频率名称的由来。

通常，为使电路工作稳定，且有一定的功率增益，晶体管的实际工作频率应在最高振荡频率的 $\frac{1}{3} \sim \frac{1}{4}$ 范围内。

以上三个频率参数的大小顺序是：$f_{\max}$ 最高，f_{T} 次之，f_{β} 最低。

（4）电荷储存效应（charge storage effect）

晶体管中，当 PN 结正向工作时，有大量的非平衡载流子注入。以电子导电的 PN 结为例，N 区向 P 区注入大量的电子，电子扩散到 P 区以后，在一定的路程 L_{n}（L_{n} 称为电子扩散长度）内一面继续扩散，一面与 P 区空穴复合消失。这样就在 P 区内部形成了电子的积累，并建立起一定的浓度分布。电子浓度在势垒区边界最大，沿 P 区逐渐减小。这些积累的电子从势垒区边界向 P 区内部扩散，就构成了正向电流。当某一时刻，PN 结突然由正向工作转为反向工作时，那么，在正向导电时积累在 P 区的大量电子就要被反向电场拉回到 N 区。但由于积累的电子电荷不会立即消失，所以在开始的瞬间，反向电流很大。经过一定时间后，这些积累的电子一部分流回到 N 区，一部分在 P 区中复合掉。这时反向电流也恢复到正常情况下的反向漏电流值。这种正向导电时少数载流子积累的现象，叫作电荷储存效应。由于这一效应使晶体管从正向工作快速转为反向工作时，不能立即获得小的反向饱和电流，反而瞬间通过大电流。当晶体管在高频应用时，输入交流信号从正半周到负半周的瞬间，在输出端也有电流通过，从而使输入电流和输出电流之间出现相位差，引起电流放大系数下降。在乙类和丙类放大器中会引起波形失真，降低电源效率，甚至使放大器不能正常地工作。因此，电荷储存效应使晶体管的高频性能变差。

3.4　单调谐回路谐振放大器

图 3-4-1（a）为一个简化的单调谐回路谐振放大器的原理电路图，为了突出核心讨论点，图中省略了实际应用中不可或缺的辅助电路组件，如偏置电路等。从图中可以观察到，集电极的负载由 LC 单调谐回路构成，该回路调谐至放大器的中心工作频率。集电极电路与 LC 回路之间的连接采用了自耦变压器形式的抽头设计，而下级负载则通过变压器耦合的抽头方式与上级电路相连。

微视频 3.4
单调谐回路
指标计算

这种自耦变压器与变压器耦合的组合设计，其优势在于能够有效降低本级输出导纳与下级晶体管输入导纳 Y_{L} 对 LC 回路性能的不利影响。此外，通过选择一次线圈的抽头位置以及一次、二次线圈之间的匝数比，可以实现负载导纳与晶体管输出导纳之间的良好匹配，进而优化功率传输效率，确保放大器获得最大的功率增益。

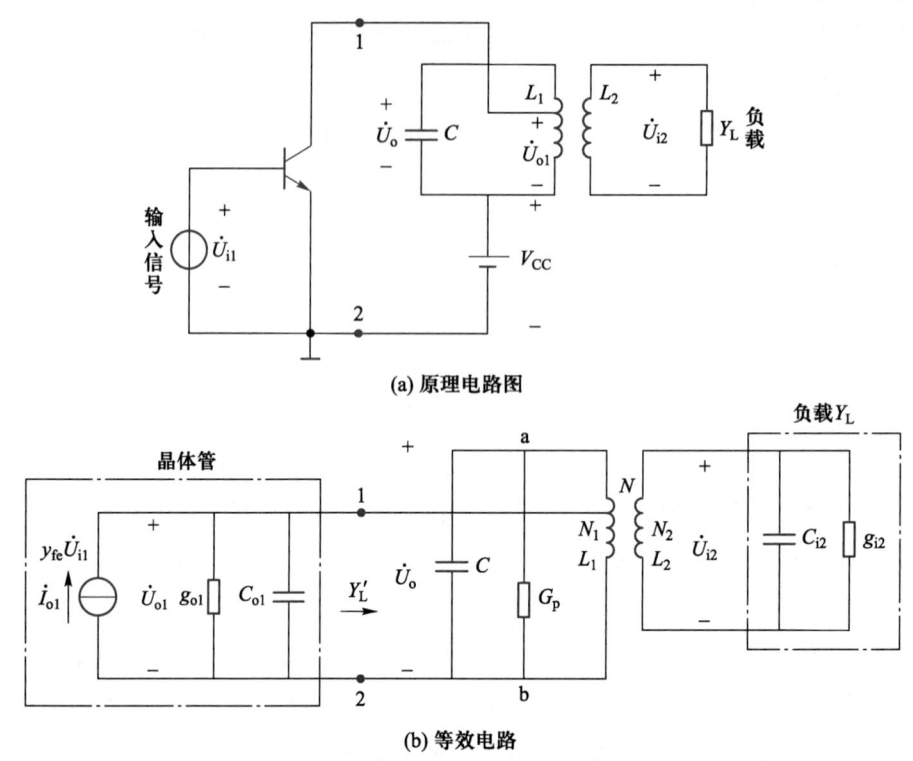

(a) 原理电路图

(b) 等效电路

图 3-4-1 单调谐回路谐振放大器的原理电路图与等效电路

本章所讨论的是小信号放大器，因而都工作于甲类，晶体管的作用可用上节所讨论的 Y 参数或混合 π 等效电路来表示。此处只画出集电极部分的 Y 参数等效电路，如图 3-4-1（b）所示。图中：

$\dot{I}_{o1} = y_{fe}\dot{U}_{i1}$ 代表晶体管放大作用的等效电流源；

g_{o1}、C_{o1} 代表晶体管的输出电导与输出电容；

$G_p = \dfrac{1}{R_p}$ 代表回路本身的损耗；

$Y_L = g_{i2} + j\omega C_{i2}$ 代表负载导纳，通常也就是下一级晶体管的输入导纳。

由图 3-4-1（b）可见，小信号放大器是等效电流源与线性网络的组合，因而可用线性网络理论来求解。

3.4.1 电压增益

由式（3-3-11）可得放大器的电压增益为

$$\dot{A}_u = \frac{\dot{U}_{o1}}{\dot{U}_{i1}} = \frac{-y_{fe}}{y_{oe} + Y'_L} \tag{3-4-1}$$

此处 $y_{oe} = y_{o1} = g_{o1} + j\omega C_{o1}$ 为晶体管的输出导纳；Y'_L 为晶体管在输出端 1、2 两点之间看来的负载导纳，即下级晶体管输入导纳与 LC 谐振回路折算至 1、2 两点间的等效导纳。

显然，$y_{oe}+Y'_L$ 可以看成是 1、2 两点之间的总等效导纳。

为了计算方便，可用式（2-5-23）将图 3-4-1（b）的所有元件参数都折算到 LC 回路两端，得到图 3-4-2（a），再进一步可化简为图 3-4-2（b）。可见，它就是第 2 章所讨论的并联谐振回路。图中：

$$y_{oe}+Y'_L, \quad g'_{o1}=p_1^2 g_{o1}, \quad g'_{i2}=p_2^2 g_{i2}, \quad C'_{o1}=p_1^2 C_{o1}, \quad C'_{i2}=p_2^2 C_{i2}$$

$$p_1=\frac{N_1}{N}, \quad p_2=\frac{N_2}{N}, \quad G'_p=G_p+g'_{o1}+g'_{i2}, \quad C_\Sigma=C+C'_{o1}+C'_{i2}$$

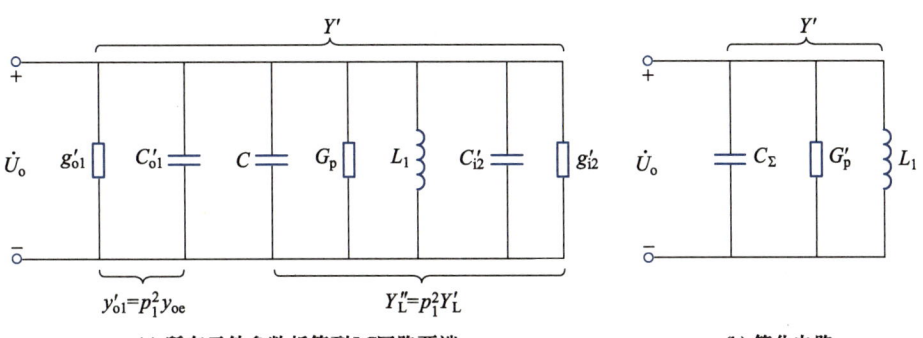

(a) 所有元件参数折算到LC回路两端　　　　　　　　(b) 简化电路

图 3-4-2　单调谐放大器的电路参数都折算到 LC 回路两端时的等效负载网络

由图 3-4-2 可知，从 LC 回路两端看来的总等效导纳为

$$Y'=p_1^2(y_{oe}+Y'_L) \tag{3-4-2}$$

于是式（3-4-1）的电压增益可写成

$$\dot{A}_u=\frac{\dot{U}_{o1}}{\dot{U}_{i1}}=-\frac{p_1^2 y_{fe}}{Y'} \tag{3-4-3}$$

但由图 3-4-1（a）可知，本级的实际电压增益应为 $\dfrac{\dot{U}_{i2}}{\dot{U}_{i1}}$。因此

$$\dot{A}_u=\frac{\dot{U}_{i2}}{\dot{U}_{i1}}=\frac{\left(\dfrac{N_2}{N_1}\right)\dot{U}_{o1}}{\dot{U}_{i1}}=\frac{\left(\dfrac{p_2}{p_1}\right)\dot{U}_{o1}}{\dot{U}_{i1}}=-\frac{p_1 p_2 y_{fe}}{Y'} \tag{3-4-4}$$

由图 3-4-2（b）可知

$$Y'=G'_p+j\left(\omega C_\Sigma-\frac{1}{\omega L_1}\right) \tag{3-4-5}$$

p_1、p_2 与 y_{fe} 为常数，因此，式（3-4-4）所表示的电压增益随频率的变化与 Y' 并联谐振曲线形式相同。

在谐振点（$\omega=\omega_0$），$\omega_0 C_\Sigma=\dfrac{1}{\omega_0 L_1}$，$Y'=G'_p$，因此得到谐振点的电压增益为

$$\dot{A}_{u0} = -\frac{p_1 p_2 y_{fe}}{G'_p} = -\frac{p_1 p_2 y_{fe}}{G_p + g'_{o1} + g'_{i2}} \qquad (3-4-6)$$

为了获得最大的功率增益，应适当选取 p_1 与 p_2 的值，使负载导纳 Y_L 能与晶体管电路的输出导纳相匹配。匹配的条件为

$$g'_{i2} = g'_{o1} + G_p = \frac{G'_p}{2} \qquad (3-4-7)$$

亦即

$$p_2^2 g_{i2} = p_1^2 g_{o1} + G_p \qquad (3-4-8)$$

通常 LC 回路本身的损耗 G_p 很小，与 $p_1^2 g_{o1}$ 相比可以忽略，因而上式变为

$$p_2^2 g_{i2} \approx p_1^2 g_{o1} = \frac{G'_p}{2} \qquad (3-4-9)$$

于是，求得匹配时所需的接入系数值为

$$p_1 = \sqrt{\frac{G'_p}{2g_{o1}}}, p_2 = \sqrt{\frac{G'_p}{2g_{i2}}} \qquad (3-4-10)$$

将式（3-4-9）、式（3-4-10）代入式（3-4-6），即得在匹配时的电压增益为

$$(A_{u0})_{max} = -\frac{y_{fe}}{2\sqrt{g_{o1}g_{i2}}} \qquad (3-4-11)$$

【例 3.1】某高频管在 25 MHz 时，共发射极接法的 Y 参数为 $g_o = 0.1 \times 10^{-3}$ S，$g_i = 10^{-2}$ S，$|y_{fe}| = 30$ mS。则当它作为 25 MHz 放大器时，在匹配状态的电压增益为多少？

解
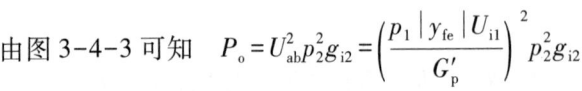
$$(A_{u0})_{max} = -\frac{y_{fe}}{2\sqrt{g_{o1}g_{i2}}} = \frac{-30 \times 10^{-3}}{2\sqrt{0.1 \times 10^{-3} \times 10^{-2}}} = -15 \qquad \blacksquare$$

3.4.2 功率增益

在非谐振点计算功率增益是很复杂的，一般用处不大。因此下面只讨论谐振时的功率增益。

在谐振时，图 3-4-1（b）可简化为如图 3-4-3 所示的等效电路。此时的功率增益为

$$A_{p0} = \frac{P_o}{P_i} \qquad (3-4-12)$$

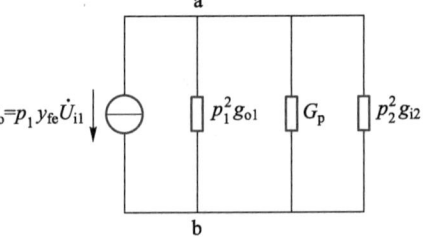

图 3-4-3　谐振时的简化等效电路

式中，P_i 为放大器的输入功率；P_o 为输出端负载 g_{i2} 上获得的功率。

由图 3-4-1 可知　$P_i = U_{i1}^2 g_{i1}$

由图 3-4-3 可知　$P_o = U_{ab}^2 p_2^2 g_{i2} = \left(\dfrac{p_1 |y_{fe}| U_{i1}}{G'_p}\right)^2 p_2^2 g_{i2}$

因此谐振时的功率增益为

$$A_{p0} = \frac{P_{\mathrm{o}}}{P_{\mathrm{i}}} = \frac{p_1^2 p_2^2 g_{\mathrm{i}2} \mid y_{\mathrm{fe}} \mid^2}{g_{\mathrm{i}1} (G_{\mathrm{p}}')^2} = (A_{u0})^2 \frac{g_{\mathrm{i}2}}{g_{\mathrm{i}1}} \tag{3-4-13}$$

式中，$g_{\mathrm{i}1}$ 为本级放大器的输入端电导；$g_{\mathrm{i}2}$ 为下一级晶体管的输入电导。

若采用相同的晶体管，则 $g_{\mathrm{i}1} = g_{\mathrm{i}2}$，因此得

$$A_{p0} = (A_{u0})^2 \tag{3-4-14}$$

在忽略回路损耗 G_{p} 时，由式（3-4-14）得匹配时的最大功率增益为

$$(A_{p0})_{\max} = \frac{\mid y_{\mathrm{fe}} \mid^2}{4 g_{\mathrm{o}1} g_{\mathrm{i}2}} \tag{3-4-15}$$

考虑 G_{p} 损耗后，引入插入损耗（insertion loss）K_1，有

$$K_1 = \frac{\text{回路无损耗时的输出功率} P_1}{\text{回路有损耗时的输出功率} P_1'}$$

由图 3-4-3，不考虑 G_{p} 时，负载 $p_2^2 g_{\mathrm{i}2}$ 上所获得的功率为

$$P_1 = U_{ab}^2 (p_2^2 g_{\mathrm{i}2}) = \left(\frac{I_{\mathrm{o}}}{p_1^2 g_{\mathrm{o}1} + p_2^2 g_{\mathrm{i}2}} \right)^2 (p_2^2 g_{\mathrm{i}2}) \tag{3-4-16}$$

在考虑 G_{p} 后，负载此 $p_2^2 g_{\mathrm{i}2}$ 上所获得的功率为

$$P_1' = U_{ab}^2 (p_2^2 g_{\mathrm{i}2}) = \left(\frac{I_{\mathrm{o}}}{p_1^2 g_{\mathrm{o}1} + p_2^2 g_{\mathrm{i}2} + G_{\mathrm{p}}} \right)^2 (p_2^2 g_{\mathrm{i}2}) \tag{3-4-17}$$

回路的无载 Q 值为

$$Q_0 = \frac{1}{G_{\mathrm{p}} \omega_0 L} \text{或} \ G_{\mathrm{p}} = \frac{1}{\omega_0 L Q_0} \tag{3-4-18}$$

它的有载 Q 值为

$$Q_{\mathrm{L}} = \frac{1}{(p_1^2 g_{\mathrm{o}1} + p_2^2 g_{\mathrm{i}2} + G_{\mathrm{p}}) \omega_0 L} \tag{3-4-19}$$

即

$$p_1^2 g_{\mathrm{o}1} + p_2^2 g_{\mathrm{o}2} = \frac{1}{Q_{\mathrm{L}} \omega_0 L} - G_{\mathrm{p}} = \frac{1}{\omega_0 L} \left(\frac{1}{Q_{\mathrm{L}}} - \frac{1}{Q_0} \right) \tag{3-4-20}$$

将以上的 P_1、P_1'、Q_0 与 Q_{L} 的关系式代入 K_1 表示式，即得

$$K_1 = \frac{P_1}{P_1'} = \left(\frac{p_1^2 g_{\mathrm{o}1} + p_2^2 g_{\mathrm{i}2} + G_{\mathrm{p}}}{p_1^2 g_{\mathrm{o}1} + p_2^2 g_{\mathrm{i}2}} \right)^2 = \left[\frac{\dfrac{1}{\omega_0 L Q_{\mathrm{L}}}}{\dfrac{1}{\omega_0 L} \left(\dfrac{1}{Q_{\mathrm{L}}} - \dfrac{1}{Q_0} \right)} \right]^2 = \left(\frac{1}{1 - \dfrac{Q_{\mathrm{L}}}{Q_0}} \right)^2 \tag{3-4-21}$$

如用分贝（dB）表示，则有

$$K_1(\mathrm{dB}) = 10 \lg \left[1 \Big/ \left(1 - \frac{Q_{\mathrm{L}}}{Q_0} \right)^2 \right] = 20 \lg \left[1 \Big/ \left(1 - \frac{Q_{\mathrm{L}}}{Q_0} \right) \right] \tag{3-4-22}$$

式（3-4-22）说明，回路的插入损耗和 Q_L/Q_0 有关。Q_L/Q_0 越小，损耗就越小。考虑插入损耗后，匹配时的最大功率增益成为

$$(A_{p0})_{\max} = \frac{|y_{\text{fe}}|^2}{4g_{o1}g_{i2}}\left(1 - \frac{Q_L}{Q_0}\right)^2 \tag{3-4-23}$$

此时的电压增益为

$$(A_{u0})_{\max} = \frac{|y_{\text{fe}}|}{2\sqrt{g_{o1}g_{i2}}}\left(1 - \frac{Q_L}{Q_0}\right) \tag{3-4-24}$$

最后应说明，从功率传输的观点来看，希望满足匹配条件，以获得 $(A_{p0})_{\max}$。但从降低噪声的观点来看，必须使噪声系数（衡量系统内部噪声的大小，将在 3.10 节介绍）最小，这时可能不能满足最大功率增益条件。可以证明，采用共发射极电路时，最大功率增益与最小噪声系数可近似地同时获得满足。而在工作频率较高时，则采用共基极电路可以同时获得最小噪声系数与最大功率增益。

3.4.3 通频带与选择性

由式（3-4-3）与式（3-4-6）可得放大器的相对电压增益为

$$\frac{\dot{A}_u}{\dot{A}_{u0}} = \frac{G'_p}{Y'} = G'_p Z' \tag{3-4-25}$$

式中

$$Z' = \frac{1}{Y'} = \frac{1}{G'_p + \text{j}\left(\omega C_\Sigma - \dfrac{1}{\omega L_1}\right)} = \frac{1}{G'_p\left(1 + \text{j}\,\dfrac{2Q_L\Delta f}{f_0}\right)} \tag{3-4-26}$$

此处 $f_0 = \dfrac{1}{2\pi\sqrt{L_1 C_\Sigma}}$ 为谐振频率；

$\Delta f = f - f_0$ 为工作频率 f 对谐振频率 f_0 的失谐；

$Q_L = \dfrac{\omega_0 C_\Sigma}{G'_p} = \dfrac{1}{\omega_0 L_1 G'_p}$ 为回路的有载品质因数。

由此得到

$$\frac{A_u}{A_{u0}} = \frac{1}{\sqrt{1 + \left(\dfrac{2Q_L\Delta f}{f_0}\right)^2}} \tag{3-4-27}$$

式（3-4-27）与式（2-7-19）完全相似，因此得到通频带为

$$2\Delta f_{0.7} = \frac{f_0}{Q_L} \tag{3-4-28}$$

此时 $\dfrac{A_u}{A_{u0}} = \dfrac{1}{\sqrt{2}}$。可见 Q_L 越高，则通频带越窄。

【例 3.2】 广播接收机的中频 $f_0 = 465\,\text{kHz}$，$2\Delta f_{0.7} = 8\,\text{kHz}$，则所需中频回路 Q_L 值为多少？

解
$$Q_L = \frac{f_0}{2\Delta f_{0.7}} = \frac{465 \times 10^3}{8 \times 10^3} = 58$$

若为雷达接收机，$f_0 = 30\,\text{MHz}$，$2\Delta f_{0.7} = 10\,\text{MHz}$，则所需中频回路的 Q_L 值为 $Q_L = 30/10 = 3$，这时需在中频调谐回路上并联一定数值的电阻，以增大回路的损耗，使 Q_L 值降低到所需之值。■

电压增益 A_u 也可用 $2\Delta f_{0.7}$ 来表示。因为回路损耗电导 G_p' 可表示为

$$G_p' = \frac{\omega_0 C_\Sigma}{Q_L} = \frac{2\pi f_0 C_\Sigma}{f_0 / 2\Delta f_{0.7}} = 4\pi C_\Sigma \Delta f_{0.7} \tag{3-4-29}$$

代入式（3-4-6）得

$$\dot{A}_{u0} = -\frac{p_1 p_2 y_{fe}}{G_p'} = -\frac{p_1 p_2 y_{fe}}{4\pi \Delta f_{0.7} C_\Sigma} \tag{3-4-30}$$

此式说明，晶体管选定以后（即 y_{fe} 值已经确定），接入系数不变时，放大器的谐振电压增益 A_{u0} 只决定于回路的总电容 C_Σ 和通频带 $2\Delta f_{0.7}$ 的乘积。电容越大，通频带 $2\Delta f_{0.7}$ 越宽，则增益 A_{u0} 越小。

显然，电容 C_Σ 越大，通频带 $2\Delta f_{0.7}$ 越宽，则要求 G_p' 大，亦即 G_p 加大，使 Q_L / Q_0 的比值变大，所以电压增益就越小。

因此要想既得到高增益，又保证足够宽的通频带，除了选用 $|y_{fe}|$ 较大的晶体管外，还应该尽量减小谐振回路的总电容量 C_Σ。但是，C_Σ 也不可能很小，在极限的情况下，回路不外接电容（图 3-4-2 中的 C_Σ），回路电容由晶体管的输出电容、下级晶体管的输入电容、电感线圈的分布电容和安装电容等组成。另外，这些电容都属于不稳定电容（随着晶体管电压变化或更换晶体管等而改变），其改变会引起谐振曲线不稳定，使通频带改变。因此，从谐振曲线稳定性的观点来看，希望外加电容变大，亦即 C_Σ 大，以使不稳定电容的影响相对减小。

通常，对宽带放大器而言，要使增益大，则要求 C_Σ 尽量小。这时谐振曲线不稳定是次要的，因为频带很宽。反之，对窄频带放大器，则要求 C_Σ 大些（外加电容大），使谐振曲线稳定（不会使通频带改变，以致引起频率失真）。这时因频带窄，增益是够大的。

放大器的选择性是用矩形系数这个指标来表示的，其定义为 $K_{r0.1} = \dfrac{2\Delta f_{0.1}}{2\Delta f_{0.7}}$，即归一化谐振曲线对应 0.1 时的带宽与通频带带宽的比值。

将 $\dfrac{A_u}{A_{u0}} = 0.1$ 代入式（3-4-27），解之得

$$2\Delta f_{0.1} = \sqrt{10^2 - 1}\,\frac{f_0}{Q_L} \tag{3-4-31}$$

由式（3-4-28）可得

$$2\Delta f_{0.7} = \frac{f_0}{Q_L} \qquad (3\text{-}4\text{-}32)$$

所以矩形系数

$$K_{r0.1} = \frac{2\Delta f_{0.1}}{2\Delta f_{0.7}} = \sqrt{10^2 - 1} \approx 9.95 \qquad (3\text{-}4\text{-}33)$$

上面所得结果表明，单调谐回路放大器的矩形系数远大于1。也就是说，它的谐振曲线和矩形相差较远，所以其邻道选择性差。这是单调谐回路放大器的缺点。

3.4.4 级间耦合网络

图 3-4-1 所示的单调谐放大器的负载网络是采用自耦变压器-变压器耦合的方式，除了这种耦合网络方式之外，还可以采用如图 3-4-4 所示的几种级间耦合网络形式。图 3-4-4 中 (a)、(b)、(d) 属于电感耦合电路，图 3-4-4 (c) 是电容耦合电路。图 3-4-4 (a)、(b)、(c) 适用于共发射极电路，它们的特点是调谐回路通过降压形式接入后级的晶体管，以使后级晶体管的低输入电阻与前级的高输出电阻相匹配。前级晶体管可以用线圈抽头方式接入回路，也可以直接跨在回路两端。图 3-4-4 (d) 并联-串联式主要用于输入电阻很低的共基极电路。因为这时输入电阻太小，用前面的办法，二次线圈匝数太少，实际上难以实现。在这种情况下，二次电路用串联谐振电路，就更为有利。

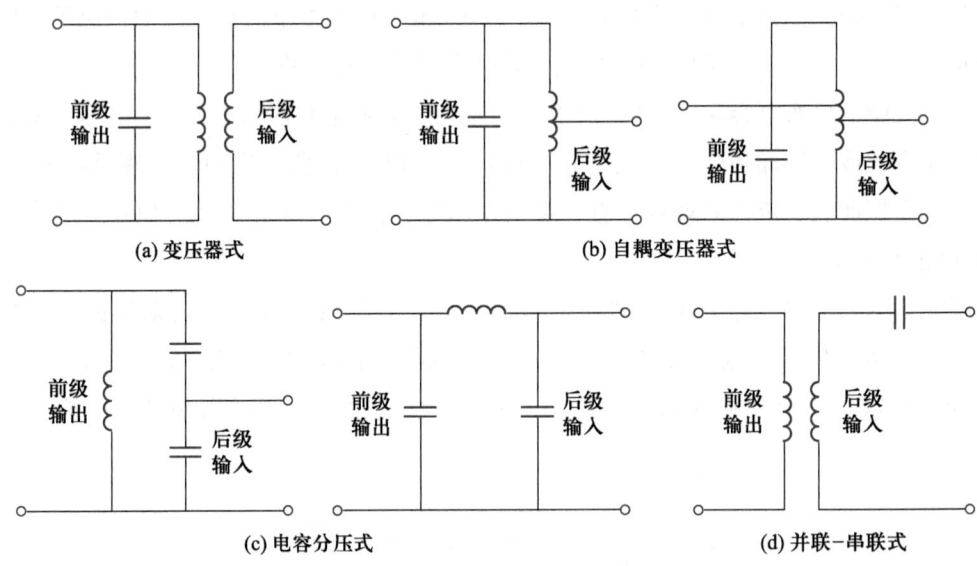

图 3-4-4　单调谐放大器的级间耦合网络形式

【例 3.3】 设计一个中频放大器，指标如下：中心频率 $f_0 = 465\ \text{kHz}$，带宽 $2\Delta f_{0.7} = 8\ \text{kHz}$。负载 Z_L 为下级一个完全相同的晶体管的输入阻抗，采用自耦变压器-变压器耦合网络。

解 选用某高频小功率晶体管，当 $U_{CE}=6\,\text{V}$，$I_E=2\,\text{mA}$ 时，它的 Y 参数为

$$g_{ie}=1.2\,\text{ms}, \quad C_{ie}=12\,\text{pF}; \quad g_{oe}=400\,\mu\text{S}, \quad C_{oe}=9.5\,\text{pF}$$

$$|y_{fe}|=58.3\,\text{mS}, \quad \varphi_{fe}=-22°; \quad |y_{re}|=310\,\mu\text{S}, \quad \varphi_{re}=-88.8°$$

设暂不考虑 y_{re} 的作用，得输入导纳

$$Y_i \approx y_{ie}=g_{ie}+\text{j}\omega C_{ie}=\left[1.2\times10^{-3}+\text{j}\omega_0(12\times10^{-12})\right]\text{S}$$

$$=(1.2+\text{j}0.035)\,\text{mS}$$

输出导纳 $\qquad\qquad Y_o \approx y_{oe}=g_{oe}+\text{j}\omega C_{oe}=(0.4+\text{j}0.027\,8)\,\text{mS}$

设采用图 3-4-1（a）的原理性电路，加上各种辅助元件，单调谐放大器的设计举例如图 3-4-5 所示。图中，R_1、R_2 为偏置电路，它们的值应经过实际调整，以使 $I_E=2\,\text{mA}$。C_1 为旁路电容，它的阻抗在 465 kHz 时应远小于 R_2。例如若 $R_2=5\,\text{k}\Omega$，则 C_1 可选为 0.05～0.1 μF。R_e 是为偏置稳定而加的射极电阻，一般典型数值为 500～1 000 Ω。旁路电容 C_e 仍可用 0.05～0.1 μF。$R_c C_c$ 为去耦电路，是为了消除多级放大器各级通过电源 V_{CC} 所引起的寄生耦合，一般可取 $R_c=500\,\text{k}\Omega$ 左右，C_c 取 0.05 μF。

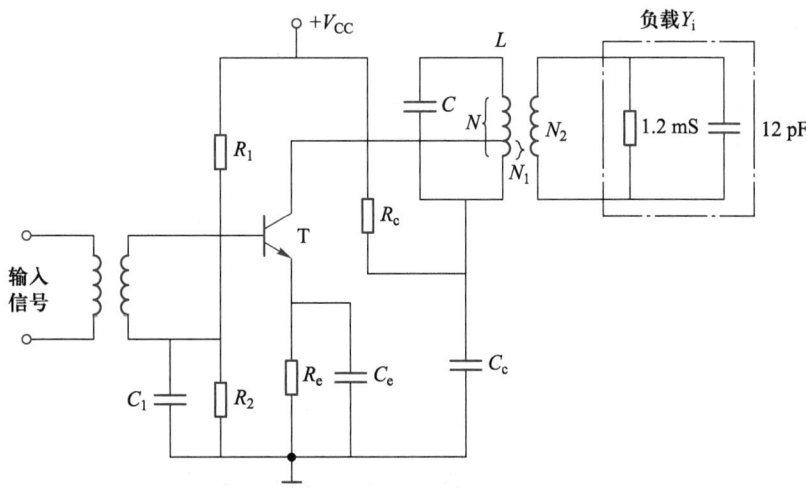

图 3-4-5 单调谐放大器的设计举例

设选取回路总电容 $C_\Sigma=200\,\text{pF}$，则回路电感为

$$L=\frac{1}{\omega_0^2 C_\Sigma}=\frac{1}{(2\pi\times465\times10^3)^2\times200\times10^{-12}}\,\text{H}=586\,\mu\text{H}$$

若回路的空载品质因数 $Q_0=100$，则回路损耗电导为

$$G_p=\frac{1}{Q_0\omega_0 L}=\frac{1}{100\times2\pi\times465\times10^3\times586\times10^{-6}}\,\text{S}=5.84\,\mu\text{S}$$

再由通频带为 8 kHz，中心频率为 465 kHz 的条件，求得回路有载品质因数 $Q_L=57$。由此求得并联到 LC 回路上的总损耗电导为

$$G_p'=\frac{1}{Q_L\omega_0 L}=\frac{1}{57\times2\pi\times465\times10^3\times586\times10^{-6}}\,\text{S}=10.2\,\mu\text{S}$$

又已知 $g_{i2} = 1.2 \text{ mS}$，$g_{o1} = 400 \text{ μS}$。求得在匹配时的一次抽头比为

$$p_1 = \frac{N_1}{N} = \sqrt{\frac{G'_p}{2g_{o1}}} = \sqrt{\frac{10.2 \times 10^{-6}}{2 \times 400 \times 10^{-6}}} = 0.113$$

一次、二次线圈的匝数比为

$$p_2 = \frac{N_2}{N} = \sqrt{\frac{G'_p}{2g_{i2}}} = \sqrt{\frac{10.2 \times 10^{-6}}{2 \times 1.2 \times 10^{-3}}} = 0.065$$

如果根据 $L = 586 \text{ μH}$ 已求得一次线圈的匝数 $N = 200$，则可求得 $N_1 = 0.113 \times 200$ 匝 $= 22.6$ 匝，$N_2 = 0.065 \times 200$ 匝 $= 13$ 匝。

最后求本级的增益

$$(A_{u0})_{\max} = \frac{y_{fe}}{2\sqrt{g_{o1}g_{i2}}} = \frac{58.3 \times 10^{-3}}{2\sqrt{400 \times 10^{-6} \times 1.2 \times 10^{-3}}} = 42.07$$

或以功率增益 $(A_{p0})_{\max}$ 表示，则

$$(A_{p0})_{\max} = (A_{u0})_{\max}^2 = 1\ 770$$

以分贝表示，则

$$(A_{p0})_{\max} = 10\lg 1\ 770 = 32 \text{ dB}$$

考虑到回路的插入损耗

$$K_1 = 20\lg \frac{1}{1 - \dfrac{Q_L}{Q_0}} = 20\lg \frac{1}{1 - \dfrac{57}{100}} = 7.33 \text{ dB}$$

因而净功率增益为

$$(A'_{p0})_{\max} = (A_{p0})_{\max} - K_1 = (32 - 7.33) \text{ dB} = 24.67 \text{ dB} \quad \blacksquare$$

3.5　多级单调谐回路谐振放大器

若单级放大器的增益不能满足要求，就要采用多级放大器。

假如放大器有 m 级，各级的电压增益分别为 $A_{u1}, A_{u2}, \cdots, A_{um}$，显然，总增益 A_m 是各级增益的乘积，即

$$A_m = A_{u1} \cdot A_{u2} \cdot \cdots \cdot A_{um} \tag{3-5-1}$$

如果多级放大器是由完全相同的单级放大器组成的，即

$$A_{u1} = A_{u2} = \cdots = A_{um} \tag{3-5-2}$$

那么，整个放大器的总增益是

$$A_m = A_{u1}^m \tag{3-5-3}$$

m 级相同的放大器级联时，它的谐振曲线可由下式表示：

$$\frac{A_m}{A_{m0}} = \frac{1}{\left[1 + \left(\frac{2Q_L \Delta f}{f_0}\right)^2\right]^{\frac{m}{2}}} \tag{3-5-4}$$

它等于各单级谐振曲线的乘积。所以级数越多，谐振曲线越尖锐，如图 3-5-1 所示。这时选择性虽很好，但通频带却变窄了。

对 m 级放大器而言，通频带的计算应满足下式：

$$\frac{1}{\left[1 + \left(\frac{Q_L 2\Delta f_{0.7}}{f_0}\right)^2\right]^{\frac{m}{2}}} = \frac{1}{\sqrt{2}} \tag{3-5-5}$$

解上式，可求得 m 级放大器的通频带 $(2\Delta f_{0.7})_m$ 为

$$(2\Delta f_{0.7})_m = \sqrt{2^{1/m} - 1}\, \frac{f_0}{Q_L} \tag{3-5-6}$$

在上式中，$\frac{f}{Q_L}$ 等于单级放大器的通频带 $2\Delta f_{0.7}$。因此 m 级和单级放大器的通频带具有如下的关系：

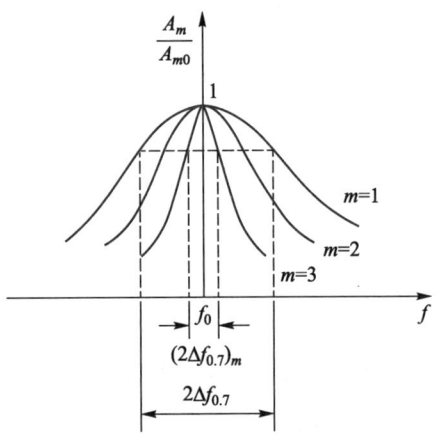

图 3-5-1 多级放大器的谐振曲线

$$(2\Delta f_{0.7})_m = \sqrt{2^{1/m} - 1} \times 2\Delta f_{0.7} \tag{3-5-7}$$

由于 m 是大于 1 的整数，所以 $\sqrt{2^{1/m} - 1}$ 必定小于 1。因此，m 级相同的放大器级联时，总的通频带比单级放大器的通频带缩小了。级数越多，m 越大，总通频带越小，如图 3-5-1 所示。

如果要求 m 级的总通频带等于原单级的通频带，则每级的通频带要相应地加宽，即必须降低每级回路的 Q_L。这时

$$Q_L = \sqrt{2^{1/m} - 1}\, \frac{f_0}{2\Delta f_{0.7}} \tag{3-5-8}$$

式中，$\sqrt{2^{1/m} - 1}$ 称为带宽缩减因子。

利用式（3-5-4），采取和在单级时求矩形系数的同样方法，可求得 m 级单调谐放大器的矩形系数为

$$K_{r0.1} = \frac{(2\Delta f_{0.1})_m}{(2\Delta f_{0.7})_m} = \sqrt{\frac{100^{1/m} - 1}{2^{1/m} - 1}} \tag{3-5-9}$$

【例 3.4】 若 $f_0 = 30\,\text{MHz}$，所需通频带为 $4\,\text{MHz}$，试分析选择合适的谐振放大器。

解 在单级（$m=1$）时，所需回路 $Q_L = \frac{f_0}{2\Delta f_{0.7}} = \frac{30}{4} = 7.5$；$m=2$ 时，所需 $Q_L = \sqrt{2^{1/2} - 1} \times \frac{30}{4} = 4.83$；$m=3$ 时，所需 $Q_L = \sqrt{2^{1/3} - 1} \times \frac{30}{4} = 3.82$。■

由此可见，m 越大，每级回路所需的 Q_L 值越低。亦即当通频带一定时，m 越大，则每级所能通过的频带应越宽。例如在本例中，$(2\Delta f_{0.7})_m = 4\,\mathrm{MHz}$，则当 $m=2$ 时，单级通频带为 $2\Delta f_{0.7} = \dfrac{(2\Delta f_{0.7})_m}{\sqrt{2^{1/2}-1}} = 6.2\,\mathrm{MHz}$；$m=3$ 时，单级 $(2\Delta f_{0.7})_m = \dfrac{4}{\sqrt{2^{1/3}-1}}\,\mathrm{MHz} = 7.85\,\mathrm{MHz}$。

由式（3-4-30）可知，当电路参数给定时，$2\Delta f_{0.7}$ 越大，则单级增益应越低。亦即，加宽通带是以降低增益为代价的。

由式（3-5-9）可列出 $K_{r0.1}$ 与 m 的关系如表 3-5-1 所示。

表 3-5-1　$K_{r0.1}$ 与 m 的关系

m	1	2	3	4	5	6	7	8	9	10	∞
$K_{r0.1}$	9.95	4.8	3.75	3.4	3.2	3.1	3.0	2.94	2.92	2.9	2.56

由表 3-5-1 可见，当级数 m 增加时，放大器的矩形系数有所改善。但是，这种改善是有限度的。级数越多，$K_{r0.1}$ 的变化越缓慢；即使级数无限加大，$K_{r0.1}$ 也只有 2.56，离理想的矩形（$K_{r0.1}=1$）还有很大的差距。

由以上分析可见，单调谐回路放大器的选择性较差，增益和通频带的矛盾比较突出。为了改善选择性和解决这个矛盾，可采用双调谐回路放大器。

3.6　双调谐回路谐振放大器

双调谐回路谐振放大器具有频带较宽、选择性较好的优点。如图 3-6-1（a）所示是一种常用的双调谐回路放大器线路。集电极电路采用互感耦合的谐振回路作负载，被放大的信号通过互感耦合加到二次放大器的输入端。晶体管 T_1 的集电极在一次线圈的接入系数为 p_1，下一级晶体管 T_2 的基极在二次线圈的接入系数为 p_2。另外，假设一次、二次回路本身的损耗都很小（回路 Q 较大，G_p 很小，这是符合实际情况的），可以忽略。

图 3-6-1（b）表示双调谐回路放大器的高频等效电路。为了讨论方便，把图 3-6-1（b）的电流源 $y_{fe}\dot{U}_i$ 及输出导纳（$g_{oe}C_{oe}$）折合到 L_1C_1 的两端，负载导纳（即下一级的输入导纳 $g_{ie}C_{ie}$）折合到 $g_{ie}C_{ie}$ 的两端。变换后的等效电路和元件值，如图 3-6-1（c）所示。

在实际应用中，一次、二次回路都调谐到同一中心频率 f_0。为了分析方便，假设两个回路元件参数相同，即电感 $L_1 = L_2 = L$；一次、二次回路总电容 $C_1 + p_1^2 C_{oe} \approx C_2 + p_2^2 C_{ie} = C$；折合到一次、二次回路的导纳为 $p_1^2 g_{oe} \approx p_2^2 g_{ie} = g$；回路谐振角频率 $\omega_1 = \omega_2 = \omega_o = 1/\sqrt{LC}$；一次、二次回路有载品质因数 $Q_{L1} = Q_{L2} \approx 1/(g\omega_0 L) = \omega_0 C/g$。由图 3-6-1（c）可知，它是一个典型的并联型互感耦合回路，因而 2.6 节所得的一切结论对图 3-6-1（c）都是适用的。考虑到抽头系数 p_1、p_2，可以得出电压增益的表达式为

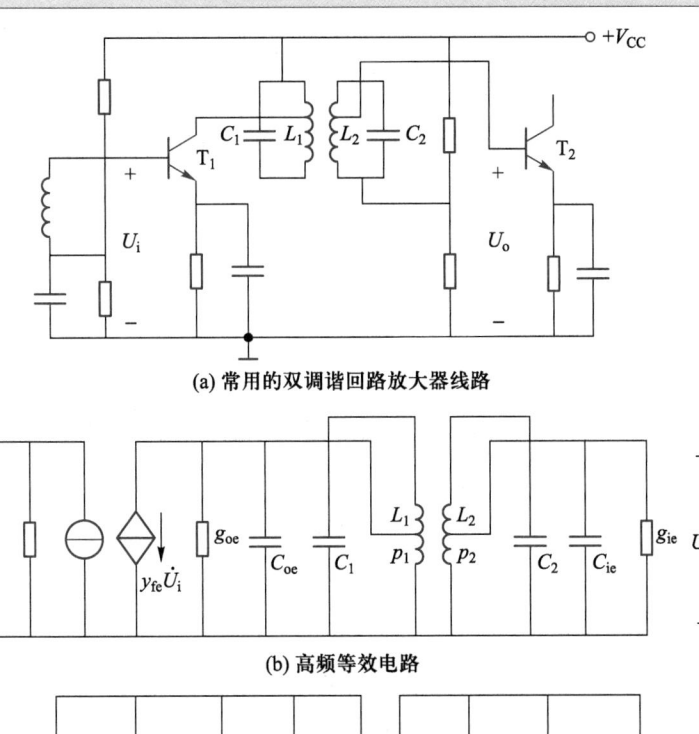

(a) 常用的双调谐回路放大器线路

(b) 高频等效电路

(c) 变换后的等效电路和元件值

图 3-6-1　双调谐回路放大器及其等效电路

$$A_u = \frac{p_1 p_2 \left| y_{\mathrm{fe}} \right|}{g} \cdot \frac{\eta}{\sqrt{(1 - \xi^2 + \eta^2) + 4\xi^2}} \tag{3-6-1}$$

在谐振时，$\xi = 0$，得

$$A_{u0} = \frac{\eta}{1 + \eta^2} \cdot \frac{p_1 p_2 \left| y_{\mathrm{fe}} \right|}{g} \tag{3-6-2}$$

由式（3-6-2）可见，双调谐回路放大器的电压增益也与晶体管的正向传输导纳 $\left| y_{\mathrm{fe}} \right|$ 成正比，与回路的电导 g 成反比。另外，A_{u0} 与耦合参数 η 有关。根据 η 的不同，可分为下列三种情况：

（1）弱耦合 $\eta < 1$，谐振曲线在 f_0（$\xi = 0$）处出现峰值。此时

$$A_{u0} = \frac{\eta}{1 + \eta^2} \cdot \frac{p_1 p_2 \left| y_{\mathrm{fe}} \right|}{g} \tag{3-6-3}$$

随着 η 的增加，A_{u0} 的值增加。

（2）临界耦合 $\eta = 1$，谐振曲线较平坦，在 f_0（$\xi = 0$）处，出现最大峰值。此时

$$A_{u0} = \frac{p_1 p_2 \left| y_{fe} \right|}{g} \qquad (3-6-4)$$

（3）强耦合 $\eta > 1$，谐振曲线出现双峰，两个峰点位置在

$$\xi = \pm\sqrt{\eta^2 - 1} \qquad (3-6-5)$$

此时

$$A_{u0} = \frac{p_1 p_2 \left| y_{fe} \right|}{2g} \qquad (3-6-6)$$

与 $\eta = 1$ 的峰值相同。

三种情况的曲线如图 3-6-2 所示。下面是在三种情况下，双调谐回路放大器的谐振曲线表示式为

$$\frac{A_u}{A_{u0}} = \frac{1+\eta^2}{\sqrt{(1-\xi^2+\eta^2)^2 + 4\xi^2}} \qquad (3-6-7)$$

强耦合 $\eta > 1$ 时有

$$\frac{A_u}{A_{u0}} = \frac{2\eta}{\sqrt{(1-\xi^2+\eta^2)^2 + 4\xi^2}} \qquad (3-6-8)$$

临界耦合 $\eta = 1$ 时有

$$\frac{A_u}{A_{u0}} = \frac{2}{\sqrt{4+\xi^4}} \qquad (3-6-9)$$

这是较常用的情况。

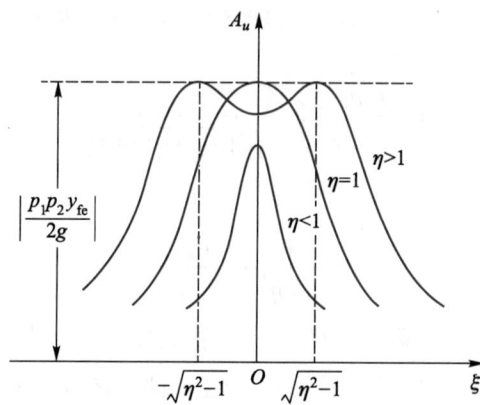

图 3-6-2 对应于不同的 η，双调谐回路放大器的谐振曲线

因此，很容易求出临界耦合时的通频带$\left(\text{令} \dfrac{A_u}{A_{u0}} = \dfrac{1}{\sqrt{2}} \right)$：

$$2\Delta f_{0.7} = \sqrt{2}\,\frac{f_0}{Q_L} \qquad (3-6-10)$$

调谐放大器的通频带是 f_0/Q_L，对比可见，在回路有载品质因数 Q_L 相同的情况下，临界耦合双调谐回路放大器的通频带等于单调谐回路放大器通频带的 $\sqrt{2}$ 倍。

为了说明双调谐回路放大器的选择性优于单调谐回路放大器，先求出临界耦合时的矩形系数。根据定义，当 $A_u/A_{u0} = 1/10$ 时，代入式（3-6-9），得

$$\frac{2}{\sqrt{4+\left(\dfrac{2Q_L\Delta f_{0.1}}{f_{0.7}}\right)^4}} = \frac{1}{10} \tag{3-6-11}$$

解之得

$$2\Delta f_{0.1} = \sqrt[4]{100-1}\frac{\sqrt{2}f_0}{Q_L} \tag{3-6-12}$$

因此矩形系数为

$$K_{r0.1} = \frac{2\Delta f_{0.1}}{2\Delta f_{0.7}} = \sqrt[4]{100-1} = 3.15 \tag{3-6-13}$$

可见，双调谐回路放大器的矩形系数远比单调谐回路放大器的小，它的谐振曲线更接近于矩形。

如为 m 级（$\eta = 1$）双调谐放大器，则同样可以证明其矩形系数为

$$K_{r0.1} = \sqrt[4]{\frac{10^{2/m}-1}{2^{1/m}-1}} \tag{3-6-14}$$

上面只讨论了临界耦合的情况，这种情况在实际中应用较多。弱耦合时，放大器的谐振曲线与单调谐回路放大器的相似，通频带较窄，选择性也较差。强耦合时，虽然通频带变得更宽，矩形系数也更接近于 1，但谐振曲线顶部出现凹陷，回路的调节也较麻烦。因此，双调谐回路只在与临界耦合级配合时或特殊场合才采用。

3.7 谐振放大器的稳定性与稳定措施

3.7.1 谐振放大器的稳定性

前面已指出，小信号放大器的工作稳定性是重要的性能指标之一。这里将进一步讨论和分析谐振放大器工作不稳定的原因，并提出一些提高放大器稳定性的措施。

上面所讨论的放大器，都是假定工作在稳定状态，即输出电路对输入端没有影响（$y_{re} = 0$）。或者说，晶体管是单向工作的，输入可以控制输出，而输出则不影响输入。但实际上，由于晶体管存在着反向传输导纳 y_{re}（或称 y_{12}），使得输出电压 U_o 可以反作用到输入端，引起输入电流 I_i 的变化。这就是反馈作用。

y_{re} 的反馈作用可以从表示放大器输入导纳 Y_i 的式（3-3-6）中看出，即

$$Y_i = y_{ie} - \frac{y_{fe}y_{re}}{y_{oe}+Y'_L} = y_{ie} + Y_F \tag{3-7-1}$$

式中，第一部分 y_{ie} 是输出端短路时晶体管（共射连接时）本身的输入导纳；第二部分 Y_F 是通过 y_{re} 的反馈引起的输入导纳，它反映了负载导纳 Y_L' 的影响。

如果放大器输入端也接有谐振回路（或前级放大器的输出谐振回路），那么输入导纳 Y_i 并联在放大器输入端回路后，放大器等效输入端回路如图 3-7-1 所示。当没有反馈导纳 Y_F 时，输入端回路是调谐的。y_{ie} 中电纳部分 b_{ie} 的作用，已包括在 L 或 C 中；而 y_{ie} 中电导部分 g_{ie} 以及信号源内电导 g_s 的作用则是使回路有一定的等效品质因数 Q_L 值。然而由于反馈导纳 Y_F 的存在，就改变了输入端回路的正常情况。

Y_F 可改写成

$$Y_F = g_F + jb_F \tag{3-7-2}$$

式中，g_F 和 b_F 分别为电导部分和电纳部分。它们除与 y_{fe}、y_{re}、y_{oe} 和 Y_L' 有关外，还是频率的函数；随着频率的不同，其值也不同，且可能为正或负。图 3-7-2 表示了反馈电导 g_F 随频率变化的关系曲线。

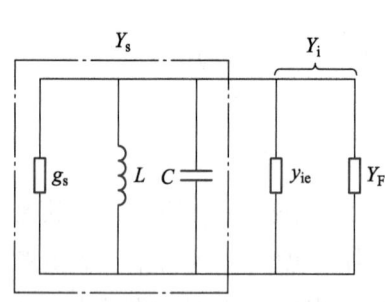

图 3-7-1　放大器等效输入端回路

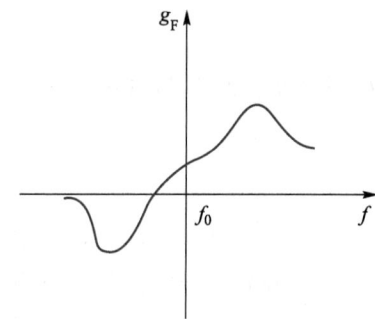

图 3-7-2　反馈电导 g_F 随频率变化的关系曲线

由于反馈导纳的存在，使放大器输入端的电导发生变化（考虑 g_F 作用），也使得放大器输入端回路的电纳发生变化（考虑 b_F 作用）。前者改变了回路的等效品质因数 Q_L 值，后者引起回路的失谐。这些都会影响放大器的增益、通频带和选择性，并使谐振曲线产生畸变，如图 3-7-3 所示。特别值得注意的是，g_F 在某些频率上可能为负值，即呈负电导性，使回路的总电导减小，Q_L 增加，通频带减小，增益也因损耗的减小而增加。这也可理解为负电导 g_F 供给回路能量，出现正反馈。g_F 的负值越大，这种影响越严重。如果反馈到输入端回路的电导 g_F 的负值恰好抵消了回路原有电

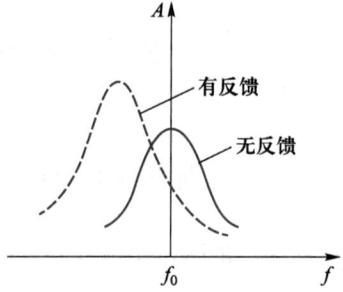

图 3-7-3　反馈导纳对放大器谐振曲线的影响

导 $g_s + g_{ie}$ 的正值，则输入端回路总电导为零，反馈能量抵消了回路的损耗能量，放大器处于自激振荡工作状态，这是绝对不能允许的。即使 g_F 的负值还没有完全抵消 $g_s + g_{ie}$ 的正值，放大器虽然没有自激，但已倾向于自激。这时放大器的工作也是不稳定的，称为潜在不稳定，这种情况同样是不允许的。因此必须设法克服或降低晶体管内部反馈的影响，使

放大器远离自激，能稳定地工作。

上面说明了放大器工作不稳定甚至可能产生自激的原因，下面分析放大器不产生自激和远离自激的条件。

回到图 3-7-1，这时总导纳为 $Y_s + Y_i$。当总导纳为

$$Y_s + Y_i = 0 \qquad (3-7-3)$$

时，表示放大器反馈的能量抵消了回路损耗的能量，且电纳部分也恰好抵消。这时放大器产生自激。所以，放大器产生自激的条件是

$$Y_s + y_{ie} - \frac{y_{fe} y_{re}}{y_{oe} + Y_L'} = 0 \qquad (3-7-4)$$

即

$$\frac{(Y_s + y_{ie})(y_{oe} + Y_L')}{y_{fe} y_{re}} = 1 \qquad (3-7-5)$$

晶体管反向传输导纳 y_{re} 越大，则反馈越强，上式左边数值就越小。它越接近 1，放大器越不稳定。反之，上式左边数值越大，则放大器越稳定。因此，上式左边数值的大小，可作为衡量放大器稳定与否的标准。

下面对上式复数形式的表示法作进一步推导，找出实用的稳定条件。参阅图 3-7-1，在式（3-7-4）与式（3-7-5）中，有

$$Y_s + y_{ie} = g_s + g_{ie} + j\omega C + \frac{1}{j\omega L} + j\omega C_{ie} = (g_s + g_{ie})(1 + j\xi_1) \qquad (3-7-6)$$

式中

$$\xi_1 = Q_1 \left(\frac{f}{f_0} - \frac{f_0}{f} \right)$$

$$f = \frac{1}{2\pi \sqrt{L(C + C_{ie})}}$$

$$Q_1 = \frac{\omega_0 (C + C_{ie})}{(g_s + g_{ie})}$$

若用幅值与相角形式表示，则

$$Y_s + y_{ie} = (g_s + g_{ie}) \sqrt{1 + \xi_1^2} \, e^{j\psi_1} \qquad (3-7-7)$$

式中

$$\psi_1 = \arctan \xi_1 \qquad (3-7-8)$$

同理，输出回路部分也可求得相同形式的关系式

$$y_{oe} + Y_L' = (g_{oe} + G_L) \sqrt{1 + \xi_2^2} \, e^{j\psi_2} \qquad (3-7-9)$$

式中

$$\psi_2 = \arctan \xi_2 \qquad (3-7-10)$$

假设放大器输入、输出回路相同，即 $\xi = \xi_1 = \xi_2$，$\psi_1 = \psi_2 = \psi$，并将式（3-7-7）和式（3-7-9）代入式（3-7-5），可得

$$\frac{(g_{\mathrm{s}}+g_{\mathrm{ie}})(g_{\mathrm{oe}}+G_{\mathrm{L}})(1+\xi^2)\mathrm{e}^{\mathrm{j}2\psi}}{|y_{\mathrm{fe}}||y_{\mathrm{re}}|\mathrm{e}^{\mathrm{j}(\varphi_{\mathrm{fe}}+\varphi_{\mathrm{re}})}}=1 \tag{3-7-11}$$

式中 φ_{fe} 和 φ_{re} 分别为 y_{fe} 和 y_{re} 的相角。

要满足式（3-7-11），必须分别满足幅值和相位两个条件，即

$$\frac{(g_{\mathrm{s}}+g_{\mathrm{ie}})(g_{\mathrm{oe}}+G_{\mathrm{L}})(1+\xi^2)}{|y_{\mathrm{fe}}||y_{\mathrm{re}}|}=1 \tag{3-7-12}$$

和

$$2\psi=\varphi_{\mathrm{fe}}+\varphi_{\mathrm{re}} \tag{3-7-13}$$

由式（3-7-13）相位条件可得

$$2\arctan\xi=\varphi_{\mathrm{fe}}+\varphi_{\mathrm{re}} \tag{3-7-14}$$

于是

$$\xi=\tan\frac{\varphi_{\mathrm{fe}}+\varphi_{\mathrm{re}}}{2} \tag{3-7-15}$$

式（3-7-12）说明，只有在晶体管的反向传输导纳 $|y_{\mathrm{re}}|$ 足够大时，该式左边部分才可能减小到 1，满足自激的幅值条件。而当 $|y_{\mathrm{re}}|$ 较小时，左边的分数值总是大于 1 的。$|y_{\mathrm{re}}|$ 越小，分数值越大，离自激条件越远，放大器越稳定。因此，通常采用式（3-7-12）的左边量

$$S=\frac{(g_{\mathrm{s}}+g_{\mathrm{ie}})(g_{\mathrm{oe}}+G_{\mathrm{L}})(1+\xi^2)}{|y_{\mathrm{re}}||y_{\mathrm{fe}}|} \tag{3-7-16}$$

作为判断谐振放大器工作稳定性的依据，称为谐振放大器的稳定系数（stability factor）。若 $S=1$，放大器将自激，只有当 $S\gg1$ 时，放大器才能稳定工作，一般要求稳定系数 S 为 5~10。

实际中，工作频率远低于晶体管的特征频率，这时 $y_{\mathrm{fe}}=|y_{\mathrm{fe}}|$，即 $\varphi_{\mathrm{fe}}=0$。并且反向传输导纳 y_{re} 中，电纳起主要作用，即 $y_{\mathrm{re}}\approx-\mathrm{j}\omega_0C_{\mathrm{re}}$，$\varphi_{\mathrm{re}}\approx-90°$。将这些条件代入式（3-7-15），可得自激的相位条件为 $\xi=-1$。这说明当放大器调谐于 f_0 时，在低于 f_0 的某一频率上（$\xi=-1$），满足相位条件，可能产生自激。这是由于当 $\xi=-1$ 时（即 $f<f_0$），放大器的输入和输出回路（并联回路）都呈感性，再经反馈电容 C_{re} 的耦合，形成电感反馈三端振荡器（振荡器知识将在第 5 章介绍）。

将上述近似条件（$y_{\mathrm{fe}}=|y_{\mathrm{fe}}|$，$\varphi_{\mathrm{fe}}=0$；$y_{\mathrm{re}}\approx-\mathrm{j}\omega_0C_{\mathrm{re}}$，$\varphi_{\mathrm{re}}\approx-90°$）代入式（3-7-16），并假定 $g_{\mathrm{s}}+g_{\mathrm{ie}}=g_1$，$g_{\mathrm{oe}}+G_{\mathrm{L}}=g_2$，则得

$$S=\frac{2g_1g_2}{\omega_0C_{\mathrm{re}}|y_{\mathrm{fe}}|} \tag{3-7-17}$$

上式表明，要使 S 远大于 1，除选用 C_{re} 尽可能小的放大管外，回路的谐振电导 g_1 和 g_2 应越大越好。

如前所述，放大器的电压增益可写成

$$A_{u0} = \frac{|y_{\text{fe}}|}{g_2} \tag{3-7-18}$$

由此可见，放大器的稳定与增益的提高是相互矛盾的，增大 g_2 以提高稳定系数，必然降低增益。

当 $g_1 = g_2$ 时，将 $g_2 = \frac{|y_{\text{fe}}|}{A_{u0}}$ 代入式（3-7-17），可得

$$A_{u0} = \sqrt{\frac{2|y_{\text{fe}}|}{S\omega_0 C_{\text{re}}}} \tag{3-7-19}$$

取 $S = 5$，得

$$(A_{u0})_S = \sqrt{\frac{|y_{\text{fe}}|}{2.5\omega_0 C_{\text{re}}}} \tag{3-7-20}$$

式中，$(A_{u0})_S$ 是保持放大器稳定工作所允许的电压增益，称为稳定电压增益。通常，为保证放大器能稳定工作，其电压增益 A_{u0} 不允许超过 $(A_{u0})_S$。因此，式（3-7-20）可用以检验放大器是否稳定工作。

必须指出：上面只讨论了通过 y_{re} 的内部反馈所引起的放大器不稳定，并没有考虑外部其他途径反馈的影响。这些影响包括输入、输出端之间的空间电磁耦合，公共电源的耦合等。外部反馈的影响在理论上是很难讨论的，必须在去耦电路和工艺结构上采取措施。

3.7.2 消除反馈的方法

如前所述，由于晶体管存在着 y_{re} 的反馈，导致晶体管的输出要影响输入端，因此当晶体管用作放大器时，y_{re} 的存在是有害的，可能引起放大器工作不稳定。这点在上节已详细讨论过，本小节将研究如何消除 y_{re} 的反馈。

消除反馈的方法有两种：一种是消除 y_{re} 的反馈作用，称为"中和法"；另一种是使 G_{L}（负载电导）或 g_{s}（信号源电导）的数值加大，因而使得输入或输出回路与晶体管失去匹配，称为"失配法"。

中和法是在晶体管的输出和输入端之间引入一个附加的外部反馈电路（中和电路），以抵消晶体管内部 y_{re} 的反馈作用。由于 y_{re} 中包含电导分量和电容分量，因此外部反馈电路也包括电阻分量 R_{N} 和电容分量 C_{N} 两部分，并要使通过 R_{N}、C_{N} 的外部反馈电流正好与通过 y_{re} 所产生的内部反馈电流相位差 $180°$，从而互相抵消，变双向器件为单向器件。

显然，严格的中和是很难达到的，因为晶体管的反向传输导纳 y_{re} 是随频率而变化的，因而只能对一个频率起到完全中和的作用。而且，在生产过程中，由于晶体管参数的离散性，合适的中和电阻与电容量需要在每个晶体管的实际调整过程中确定，较麻烦且不宜大量生产。

目前，由于晶体管制造技术的发展（y_{re} 减小），且要求调整简化，中和法已基本不用。

为此，重点讨论失配法。

失配是指：信号源内阻不与晶体管输入阻抗匹配；晶体管输出端负载阻抗不与本级晶体管的输出阻抗匹配。

如果把负载导纳 Y_L' 取得比晶体管输出导纳 y_{oe} 大得多，即 $y_{oe} \ll Y_L'$，那么由式（3-3-6）可见，输入导纳 $Y_i = y_{ie} - y_{re} y_{fe} / (y_{oe} + Y_L') \approx y_{ie}$。即 Y_i 式中的第二项 Y_F 很小，可以近似地认为 Y_i 就等于 y_{ie}，消除了由于 y_{re} 的反馈作用对 Y_i 的影响。

失配法的典型电路是共射-共基级联放大器，其交流等效电路如图 3-7-4 所示。图中由两个晶体管组成级联电路，前一级是共射电路，后一级是共基电路。由于共基电路的特点是输入阻抗很低（亦即输入导纳很大）和输出阻抗很高（亦即输出导纳很小），当它和共射电路连接时，相当于共射放大器的负载导纳很大。根据前一小节讨论已知，在 Y_L' 很大（$y_{oe} \ll Y_L'$）时，$Y \approx y_{ie}$，即晶体管内部反馈的影响相应地减弱，甚至可以不考虑内部反馈的影响，因此，放大器的稳定性就得到提高。所以共射-共基级联放大器的稳定性比一般共射放大器的稳定性高得多。共射级在负载导纳很大的情况下，虽然电压增益很小，但电流增益仍较大，而共基级虽然电流增益接近 1，但电压增益却较大，因此级联后功率增益较大。

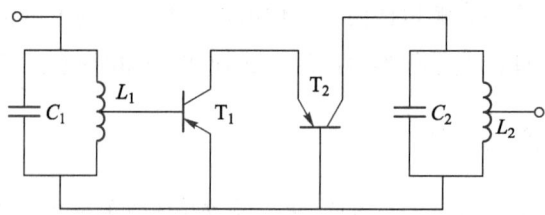

图 3-7-4　共射-共基级联放大器的交流等效电路

下面对共射-共基级联放大器进行简单的定量分析。

分析的方法是把两个级联晶体管看成一个复合管，如图 3-7-5 所示。这个复合管的 Y 参数由两个晶体管的电压、电流和 Y 参数决定。如两个级联晶体管是同一型号的，它们的 Y 参数可认为是相同的。我们只要知道这个复合管的等效 Y 参数，就可以把这类放大器看成是一般的共射级放大器。

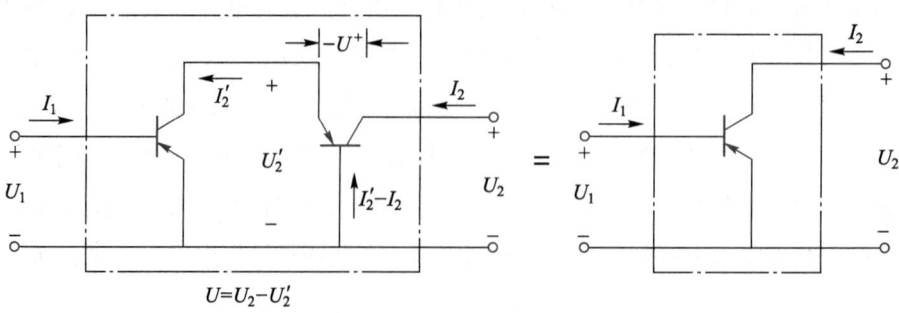

图 3-7-5　把级联晶体管看成一个复合管

可以证明，复合管的等效导纳参数为

$$y_i' = \frac{y_{ie}y_\Sigma + \Delta y}{y_\Sigma + y_{oe}} \tag{3-7-21}$$

$$y_r' = \frac{y_{re}(y_{re} + y_{oe})}{y_\Sigma + y_{oe}} \tag{3-7-22}$$

$$y_f' = \frac{y_{fe}(y_{fe} + y_{oe})}{y_\Sigma + y_{oe}} \tag{3-7-23}$$

$$y_o' = \frac{(\Delta y + y_{oe}^2)}{y_\Sigma + y_{oe}} \tag{3-7-24}$$

式中，y_i'、y_r'、y_f'、y_o' 分别代表复合管的四个 Y 参数，有

$$y_\Sigma = y_{ie} + y_{re} + y_{fe} + y_{oe} \tag{3-7-25}$$

$$\Delta y = y_{ie}y_{oe} - y_{re}y_{fe} \tag{3-7-26}$$

在一般的工作频率范围内，下列条件是成立的，即为

$$y_{ie} \gg y_{re}; \quad y_{fe} \gg y_{ie}; \quad y_{fe} \gg y_{oe}; \quad y_{fe} \gg y_{re}$$

因此

$$y_\Sigma \approx y_{fe}$$

$$
\begin{aligned}
y_i' &\approx \frac{y_{ie}y_{fe} + y_{ie}y_{oe} - y_{re}y_{fe}}{y_{fe} + y_{oe}} \\[1em]
&\approx y_{ie} - \frac{y_{re}y_{fe}}{y_{fe} + y_{oe}} \approx y_{ie}
\end{aligned}
\tag{3-7-27}
$$

$$y_r' \approx \frac{y_{re}(y_{re} + y_{oe})}{y_{fe} + y_{oe}} \approx \frac{y_{re}}{y_{fe}}(y_{re} + y_{oe}) \tag{3-7-28}$$

$$y_f' \approx \frac{y_{fe}(y_{re} + y_{oe})}{y_{fe} + y_{oe}} \approx y_{fe} \tag{3-7-29}$$

$$
\begin{aligned}
y_o' &= \frac{y_{ie}y_{oe} - y_{re}y_{fe} + y_{oe}^2}{y_{fe} + y_{oe}} \\[1em]
&\approx \frac{y_{fe}\left[\left(\dfrac{y_{ie}y_{oe}}{y_{fe}}\right) - y_{re} + \left(\dfrac{y_{oe}^2}{y_{fe}}\right)\right]}{y_{fe}}
\end{aligned}
\tag{3-7-30}
$$

$$\approx \left[\left(\frac{y_{ie}y_{oe}}{y_{fe}}\right) - y_{re} + \left(\frac{y_{oe}^2}{y_{fe}}\right)\right] \approx -y_{re}$$

由此可见，输入导纳 y_i' 和正向传输导纳 y_f' 大致与单管情况相等，而反向传输导纳 y_r' 远小于单管的 y_{re}（$|y_r'|$ 约为 $|y_{re}|$ 的三十分之一），这说明级联放大器的工作稳定性大大提高。其次，复合管的输出导纳 y_o' 也只是单管输出导纳 y_{oe} 的几分之一。这说明级联放大器的输出端可以直接和阻抗较高的调谐回路相匹配，不再需要抽头接入。

另外，由于 y_f' 基本上和单管情况的 y_{fe} 相等，因此，用谐振回路的这类放大器的增益

计算方法也和单管共射电路的增益计算方法相同。

　　失配法的优点是放大器工作稳定，在生产过程中无须调整，因此非常方便，适用于大量生产。并且这种方法除能防止放大器自激外，对电路中某些参数的变化（如 y_{oe}）还可起改善作用。两管组成的级联放大电路与单管共射放大器的总增益近似相等。

　　此外，共射-共基电路的另一主要优点是噪声系数小。这是由于共发射极的输入阻抗高，可以保证输入端有较大的电压传输系数，这对于提高信噪比有利。而且共射-共基电路工作稳定，可以允许有较高的功率增益，更有利于抑制后面各级的噪声。因此，共射-共基电路已成为典型的低噪声电路。

　　图 3-7-6 是一个雷达接收机的前置中放级，前两级是共射-共基级联电路，末级是共射电路。放大器的中心频率为 30 MHz，通频带为 10 MHz～11 MHz，增益为 20～30 dB。输入端灵敏度约为 5 μV～6 μV。CG36 为国产优良的低噪声管，使整个放大器的噪声系数可小于 2 dB。

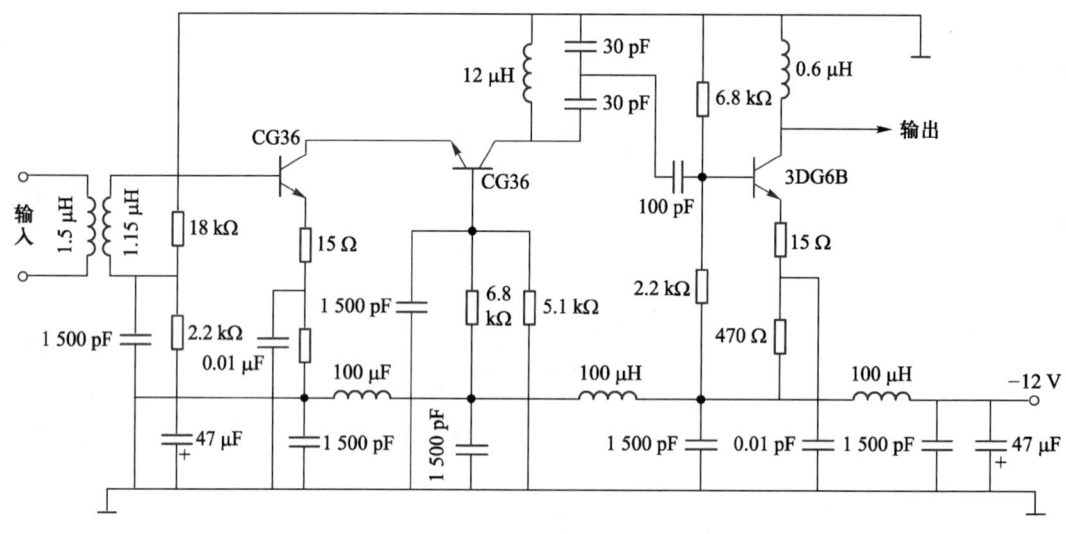

图 3-7-6　共射-共基前置中频放大器实例

　　与电源-12 V 连接的三个 100 μH 电感与四个 1 500 pF 的电容是去耦电滤波器，其作用是消除输出信号通过公共电源的内阻抗对前级产生的寄生反馈。

3.8　谐振放大器的常用电路和集成电路谐振放大器

　　前面几节我们讨论了各种晶体管谐振放大器的特性和分析方法以及放大器的稳定性和单向化问题。本节我们将介绍几种谐振放大器的常用电路，并简述集成电路谐振放大器。

3.8.1 谐振放大器常用电路举例

图 3-8-1 表示国产某调幅通信机接收部分所采用的二级共射-共基级联中频放大器电路。

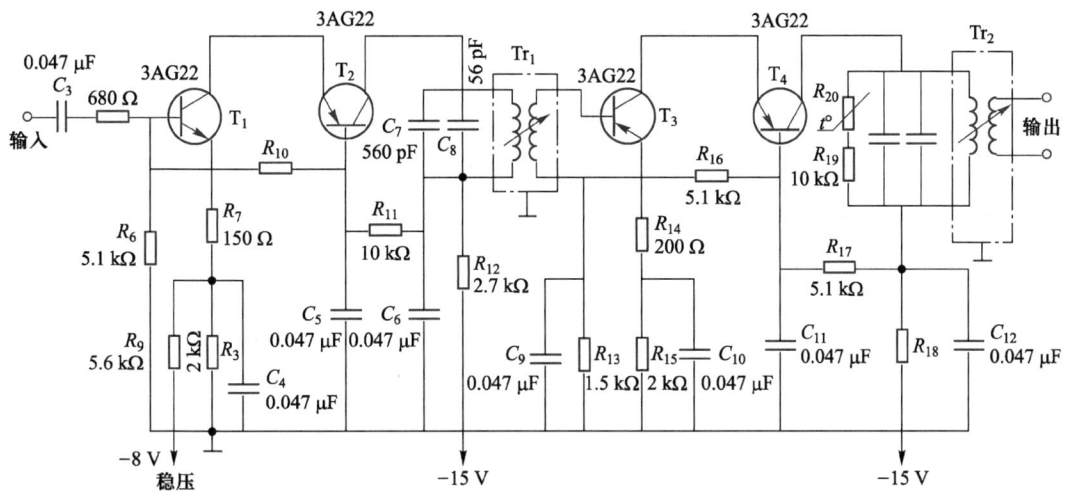

图 3-8-1 二级共射-共基级联中频放大器电路

第一中放级由晶体管 T_1 和 T_2 组成共射-共基级联电路，电源电路采用串馈供电，R_6、R_{10}、R_{11} 为这两个管子的偏置电阻，R_7 为负反馈电阻，用来控制和调整中放增益。R_8 为发射极温度稳定电阻。R_{12}、C_6 为本级中放的去耦电路，防止中频信号电流通过公共电源引起不必要的反馈。变压器 Tr_1 和电容 C_7、C_8 组成单调谐回路。

C_4、C_5 为中频旁路电容器。人工增益控制电压通过 R_9 加至 T_1 的发射极，改变控制电压（-8 V）即可改变本级的直流工作状态，达到增益控制的目的。

耦合电容 C_3 至 T_1 的基极之间加接的 680 Ω 电阻是防止可能产生寄生振荡（自激振荡）用的，是否加入该电阻，可根据具体情况而定。

第二级中频放大器由晶体管 T_3 和 T_4 组成共射-共基级联电路，基本上和第一级中频放大器相同，仅回路上多了并联电阻，即 R_{19} 和 R_{20} 的串联值。电阻 R_{19} 和热敏电阻 R_{20} 串联后作低温补偿，使低温时灵敏度不降低。

在调整合适的情况下，应该保持两个管子的管压降接近相等。这时能充分发挥两个管子的作用，使放大器达到最佳的直流工作状态。

上面介绍了谐振回路放大器的常用电路。目前还广泛应用非调谐回路式放大器，即由各种滤波器（满足选择性和通频带要求）和线性放大器（满足放大量）组成。

采用这种形式有如下优点：

（1）将选择性回路集中在一起，有利于微型化。例如，采用石英晶体滤波器和线性集成电路放大器后，体积能够做得很小。

（2）稳定性好。对多级谐振放大器而言，因为晶体管的输出和输入阻抗随温度变化较大，所以温度变化时会引起各级谐振曲线形状的变化，影响了总的选择比和通频带。在更换晶体管时也是如此。但集中滤波器仅接在放大器的某一级，因此晶体管的影响很小，提高了放大器的稳定性。

（3）电性能好。通常将集中滤波器接在放大器组的低信号电平处（例如，在接收机的混频和中放之间）。这样可使噪声和干扰首先受到大幅度的衰减，提高信噪比。多级谐振放大器是做不到这一点的。另外，若与多级谐振放大器采用相同的回路数（指 LC 集中滤波器），各回路线圈的品质因数 Q 也相同时，集中滤波器的矩形系数更接近 1，选择性更好。这是由于晶体管的影响很小，所以有效品质因数 Q_L 变化不大。

（4）便于大量生产。集中滤波器作为一个整体，可单独进行生产和调试，大大缩短了整机生产周期。

下面介绍这类放大器的常用电路。

如图 3-8-2 所示为国产某通信机中放级采用的窄带差接桥型石英晶体滤波电路。晶体管 T 为中放级；R_1、R_2、R_3 和 C_1、C_2 组成直流偏置电路；R_4、C_3 组成去耦电路。J_T、C_N、L_1、L_2 组成滤波电路。J_T 为石英晶体；C_N 为调节电容器，改变电容量可改变电桥平衡点位置，从而改变通带；L_1、L_2 为调谐回路的对称线圈；L_3 组成第二调谐回路。由图 3-8-2 可见，J_T、C_N、L_1、L_2 组成如图 3-8-3 所示的等效电桥。

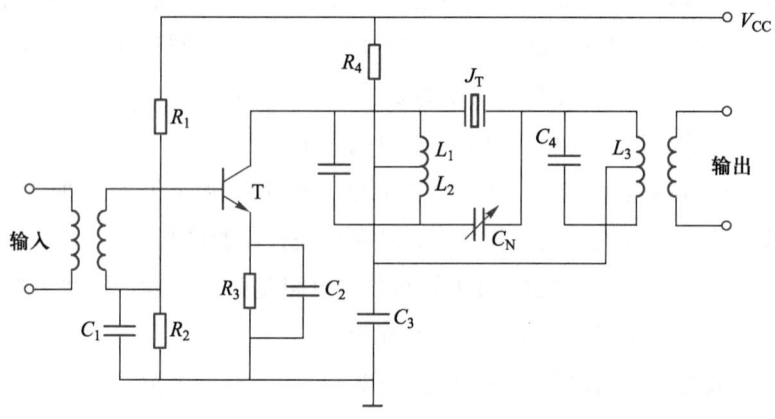

图 3-8-2　窄带差接桥型石英晶体滤波电路

当调节 C_N 使 $C_N = C_0$ 时（C_0 为石英晶体的静电容），C_0 的作用被平衡，放大器的输出取决于石英晶体的串联谐振特性。

当 $C_N > C_0$ 时，必然在低于 ω_q 的某个频率上晶体所呈现的容抗等于 C_N 的容抗。这时电桥平衡，无输出。

当 $C_N < C_0$ 时，必然在高于 ω_p 的某个频率上晶体所呈现的容抗等于 C_N 的容抗。这时电桥平衡，无输出。

因此，调节 C_N 可改变通带宽度，亦可使电桥平衡点对准干扰信号频率，这样，电桥就对干扰信号衰减最大。

L_3 组成的第二回路，其线圈抽头是可变的，如前所述，改变抽头（即改变 p^2）可改变等效阻抗的大小，它一方面起着阻抗匹配的作用，另一方面也可适当改变通带，由它影响等效品质因数 Q_L 的值。

如图 3-8-4 所示为采用单片陶瓷滤波器提高放大器选择性的中频放大器电路。陶瓷滤波器接在中频放大器的发射极电路里取代旁路电容器。由于陶瓷滤波器 2L 工作在 465 kHz 上，因此对 465 kHz 信号呈现极小的阻抗；此时负反馈最小，增益最大。而对离 465 kHz 稍远的频率，滤波器呈现较大的阻抗，使负反馈加大，增益下降，因而提高了此中放级的选择性。

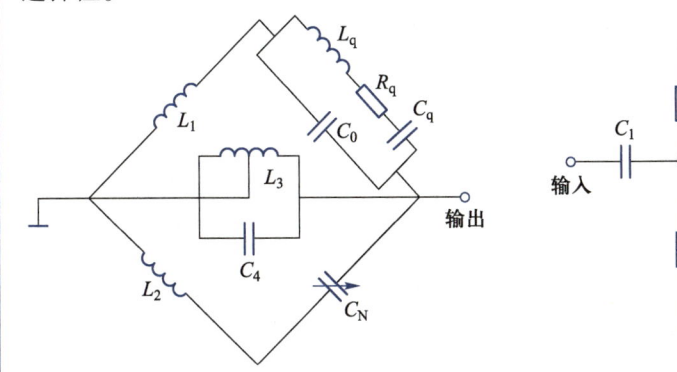

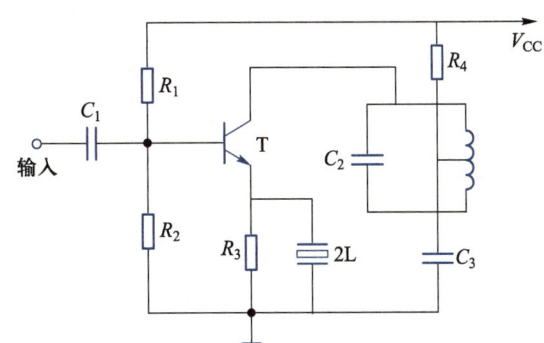

图 3-8-3 窄带差接桥型石英晶体滤波器等效电桥电路

图 3-8-4 采用单片陶瓷滤波器提高放大器选择性的中频放大器电路

最后，介绍采用表面声波滤波器（SAWF）的中频放大器电路。

表面声波滤波器通常都用作中频放大器的滤波器。如前所述，由于它的插入损耗与匹配条件有关，所以它的接入必须实现良好的匹配。此外，就是在匹配条件基本满足时，它的总插入损耗也比较大，通常为 6~10 dB，所以还必须采用预中频放大器电路，以保证中频放大器的总增益。如图 3-8-5 所示就是应用的预中频放大器电路。

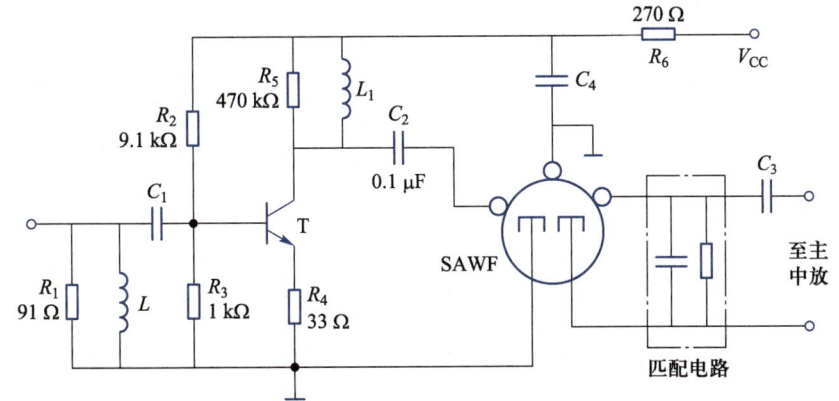

图 3-8-5 采用表面声波滤波器的预中频放大器电路

图 3-8-5 中，T 为放大管，R_2、R_3、R_4 组成偏置电路，其中 R_4 还产生交流负反馈，以改善幅频特性。L 的作用是提高晶体管的输入电阻（在中心频率 f_0 附近与晶体管输入电

容组成并联谐振电路）以提高前级（对接收机来说是变频级）负载回路的有载 Q_L 值，这有利于提高整机的选择性和抗干扰能力。为了保证良好的匹配，其输出端一般经过一匹配电路（如图所示）后再接到有宽带放大特性的主中频放大器（一般为多级 RC 放大器）。

3.8.2 集成电路谐振放大器

随着电子技术的不断发展，高频电子线路目前也在从分立元件向集成电路化方向发展。

在谐振放大器中，主要应用线性集成电路（也称模拟集成电路）。它具有可靠性高（不像分立元件电路需要许多外部引线和焊点连接）；性能好（减少外部连线引起的引线电感、分布电容和寄生反馈等有害作用）；体积小；重量轻；便于安装调试和适合于大量生产等优点。

目前线性集成电路大多由多个 NPN 型晶体管和少量电阻、电容组成。放大器或其他电路中所需要的大电阻、大电容和电感均必须外接。所以，现在的集成电路谐振放大器还是由担负放大信号的集成电路（简称"功能块"）和具有一定带宽的选择性回路（单回路、双回路或各种滤波器）两部分组成，另外加接一些大电阻和大电容所组成的附属电路，如滤波去耦电路等。

如图 3-8-6 所示为国产单片调频-调幅收音机集成块（ULN-2204）中的调幅-调频中频放大器。

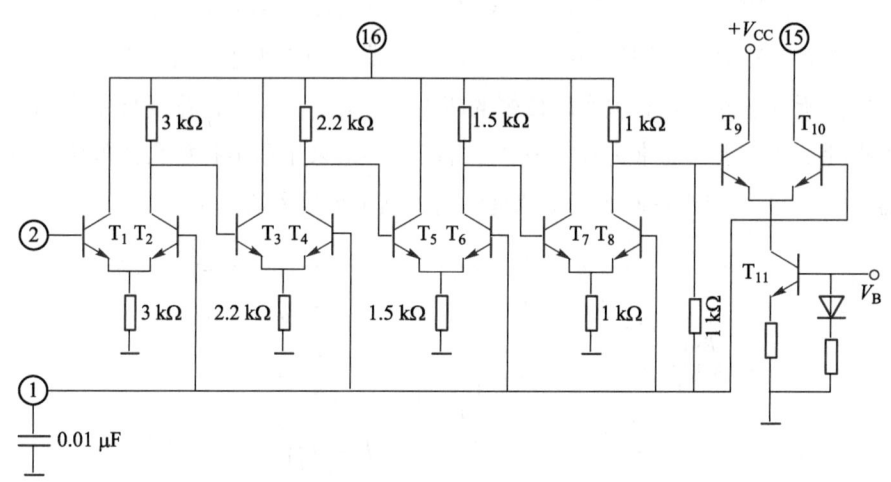

图 3-8-6　ULN-2204 集成块的中放部分

由于直接耦合差分电路可以克服零点漂移，级联时可以省略大容量隔直流电容，且有好的频率特性，因此在实现较大规模的集成电路时，差分电路用得较多。ULN-2204 集成块的中频放大器，就是由五级差分电路直接级联而成的；前四级差分放大（T_1、T_2、T_3、T_4、T_5、T_6、T_7、T_8）都是以电阻作负载的共集-共基放大电路，它们保证了高频工作时的稳定性；末级差分放大是采用恒流管 T_{11} 的共集-共基放大对管（T_9 和 T_{10}）。

从调频或调幅变频器输出的各变频分量中，经过集中选择性滤波器，选出调频中频信号（10.7 MHz）或调幅中频信号（465 kHz），接到放大器的输入端②、①。经放大后，在T_{10}管输出端⑮再用集中选择性滤波器作负载并经鉴频或检波检出音频信号。放大器的各级直流电源接图中的⑯。V_{CC}、V_B分别由集成电路中的控制电路及稳压电路供给。

如图 3-8-7 所示为电视接收机的图像中频放大器和 AGC（automatic gain control，自动增益控制）集成块（HA1144）中的图像中放部分。图像中放由两级放大器组成，$T_9 \sim T_{14}$和T_{16}构成第一级中放，T_{16}为电流源和 AGC 受控级。其中T_9、T_{11}和T_{10}、T_{12}构成共集-共射组合管的差分放大电路。采用这种组合管可以提高放大器的输入阻抗，以减少调谐器（高频头）的负载。

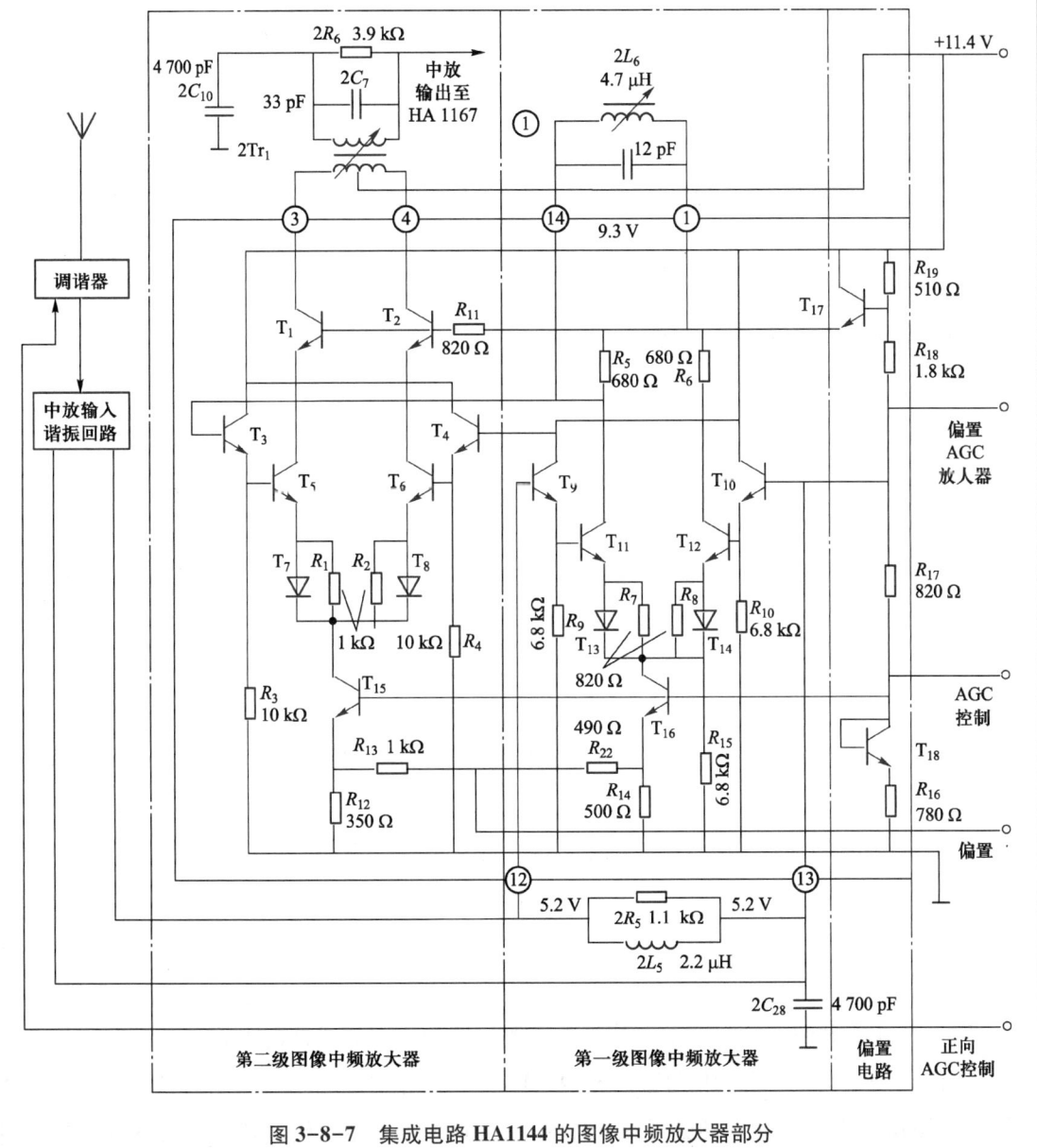

图 3-8-7　集成电路 HA1144 的图像中频放大器部分

由于电容 $2C_{28}$ 把信号旁路接地，所以中频信号为单端输入，经⑫脚送至 T_9 的基极，信号经差分对管 T_{11} 和 T_{12} 放大后，分别由它们的集电极输送到引线①和⑭脚。$2L_6$ 与第一中放级的输出和第二中放级的输入电容以及外接的 12 pF 电容构成低 Q 带通谐振回路。$T_1 \sim T_6$ 和 T_{15} 构成第二中放级。T_{15} 为电流源，T_3 和 T_4 构成对称的射极跟随输入级。T_5、T_6 以及 T_1、T_2 构成差分式共射—共基电路。③和④两脚为第二中放级的输出，接平衡式耦合变压器 $2Tr_1$ 的一次侧。第二中放级为双端输入和双端输出的变型差分电路。变压器 $2Tr_1$ 的二次一端通过 $2C_{10}$ 接底板，即由双端输出变为单端输出，然后接至集成块 HA1167（由第三图像中放、视频检波、消隐、自动杂波抑制、同步分离和 AGC 电压检波电路组成）。

另外，T_{11}、T_{12} 和 T_5、T_6 都加有自动增益控制（AGC）。T_{17}、T_{18} 和 T_{33}（在集成块另外部分）以及电阻 R_{16}、R_{17}、R_{18} 和 R_{19} 构成内稳压电源和偏置网络。

3.9　场效应管高频小信号放大器

使用场效应管时，和一般晶体管一样，也可用 Y 参数进行设计和计算。Y 参数的定义也与晶体管的相同。

在高频应用时，场效应管有下列特点：

（1）场效应管在正常工作时，栅极电流甚微，所以输入阻抗很高，一般在 $10^7\ \Omega$ 以上。

（2）场效应管是多数载流子控制器件，所以对核辐射的抵抗能力强（多数载流子在电场作用下作漂移运动，受核辐射影响小）。

（3）场效应管在饱和区的输出电阻比一般晶体管放大区的输出电阻大，其值约为 $10\ \mathrm{k\Omega} \sim 1\ \mathrm{M\Omega}$。输入电阻和输出电阻较大是有利的，当场效应管用作调谐放大器时，能提高其选择性。

（4）场效应管的转移特性是平方律特性，因此采用它做高频小信号放大级和混频级时，可以大大减少失真和外部干扰。

（5）场效应管的正向传输导纳远小于晶体管，因此用作调谐放大器时，增益比晶体管的小。

本节将讨论场效应管高频小信号放大器的特点和具体电路，讨论中以结型场效应管为例。

3.9.1　共源放大器

图 3-9-1 为共源场效应管 Y 参数等效电路。图中，点划线框内为管子本身的等效电路。$\dot{I}_s$ 和 Y_s 分别为信号源和信号源内导纳；Y_L 为负载导纳；y_{is} 和 y_{fs} 分别为管子本身输出端短路时的输入导纳和正向传输导纳；y_{rs} 和 y_{os} 分别为管子本身输入端短路时的反向传输

导纳和输出导纳。

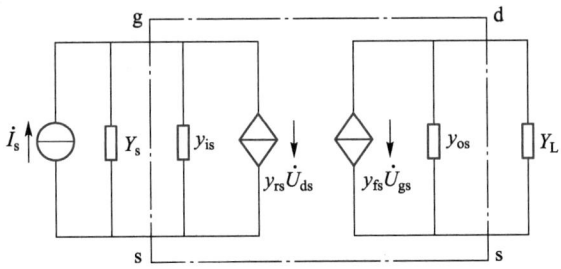

图 3-9-1 共源场效应管 Y 参数等效电路

图 3-9-2 表示场效应管共源电路的模拟等效电路。图中 C_{gd} 表示栅漏极之间的电容；C_{ds}、g_{ds} 表示漏源极之间的电容和电导；$g_{fs}\dot{U}_{gs}$ 表示栅源电压 $\dot{U}_{gs}$ 经放大后漏源等效电流源。

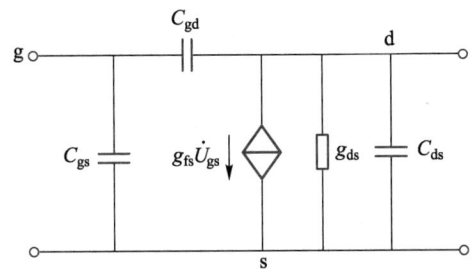

图 3-9-2 场效应管共源电路的模拟等效电路

由图 3-9-1 和图 3-9-2 求得场效应管共源电路的 Y 参数与管子参数（模拟参数）之间的关系为

$$y_{is} = j\omega(C_{gs} + C_{gd}) \tag{3-9-1}$$

$$y_{rs} = -j\omega C_{gd} \tag{3-9-2}$$

$$y_{fs} = -g_{gs} - j\omega C_{gd} \approx -g_{fs} \tag{3-9-3}$$

$$y_{os} = g_{ds} + j\omega(C_{gd} + C_{ds}) \tag{3-9-4}$$

与单回路晶体管共发射极放大器相同，在 $y_{rs} = 0$ 的情况下（单向化后），单回路场效应管共源放大器的电压增益为

$$A_u = -\frac{y_{fs}}{y_{os} + Y_L} \tag{3-9-5}$$

在谐振时，电压增益为

$$A_{u0} = \frac{-g_{fs}}{g_{ds} + G_L} \tag{3-9-6}$$

通常 $g_{ds} \ll G_L$，所以

$$A_{u0} \approx \frac{-g_{fs}}{G_L} = -g_{fs}R_L \tag{3-9-7}$$

式中，R_L 为负载电阻。

图 3-9-3 表示场效应管共源极放大器电路。L_1C_1 为输入回路，L_2C_3 为输出回路，分别调谐于信号频率。场效应管共源电路的输入、输出阻抗都很高，对回路的影响可以忽略，因此回路不需抽头接入。R_1 和 C_2 组成自给偏压电路，供给需要的直流偏压。R_2 和 C_4 组成去耦电路，消除高频通过公共电源的反馈。C_5、C_6 为耦合电容，分别与后级和前级耦合。当频率低时，该电路尚能正常工作。但由于场效应管的 $y_{rs} = -j\omega C_{gd}$ 不能忽略，因此可能产生自激。这时须采用与晶体管谐振放大器相同的中和电路。

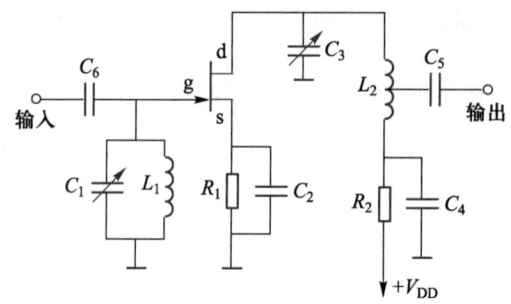

图 3-9-3　场效应管共源极放大器电路

3.9.2　共栅放大器

可以证明，场效应管共栅电路的 Y 参数为

$$y_{ig} \approx g_{fs} + j\omega(C_{gs} + C_{gd} + C_{ds}) \tag{3-9-8}$$

$$y_{rg} = -(g_{ds} + j\omega C_{ds}) \tag{3-9-9}$$

$$y_{fg} = -(g_{fs} + g_{ds}) - j\omega(C_{gd} + C_{ds}) \approx -g_{fs} \tag{3-9-10}$$

$$y_{og} = g_{ds} + j\omega(C_{gd} + C_{ds}) \tag{3-9-11}$$

由上式并与共源电路的 Y 参数比较可见，共栅电路的输入导纳 y_{ig} 很大（即输入阻抗很小，约 $100 \sim 1\,000\,\Omega$），反向传输导纳 y_{rg} 较小（g_{ds} 较小，$C_{ds} \ll C_{gd}$）。因此，共栅电路反馈小，电路稳定性高。正向传输导纳 y_{fg} 和输出导纳 y_{og} 跟共源电路相同。

同样，在 $y_{rg} = 0$ 的情况下，共栅放大器在谐振时的电压增益为

$$A_{u0} = \frac{g_{fg}}{g_{og} + G_L} \approx g_{fg}R_L \approx -g_{fs}R_L \tag{3-9-12}$$

如图 3-9-4 所示为典型的共栅极场效应管高频放大器电路。这种电路的内反馈很小，无须使用单向化，在整个工作频段上都是稳定的。L_1、C_3 为输入回路，抽头接至场效应管（共栅电路输入阻抗低）；L_2、C_4 为输出回路，两回路都调谐于信号频率。源极电路中的电阻 R_1 给场效应管提供了必要的栅偏压，用电容 C_2 旁路高频。电阻 R_2 和电容 C_5 组成去耦电路。C_1 和 C_6 为耦合电容，分别与后级和前级耦合。当频率低时，该电路尚能正常工作。但由于场效应管的 $y_{rs} = -j\omega C_{gd}$ 不能忽略，因此可能产生自激。这时须采用与晶体管谐

振放大器相同的中和电路。

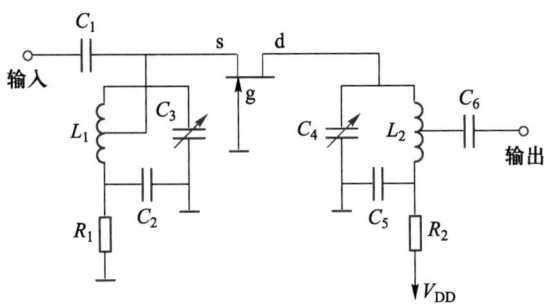

图 3-9-4　共栅极场效应管高频放大电路

3.9.3　共源–共栅级联放大器

与晶体管电路相同，场效应管也能采用级联电路。二者取长补短，以获得较好的性能。

如图 3-9-5 所示为性能较好、采用较多的场效应管共源–共栅级联放大器。第一级（T_1）为共源电路；第二级（T_2）为共栅电路。由式（3-9-5）可见，共栅电路的输入导纳 $y_{ig} = g_{fs} + j\omega(C_{gd} + C_{gs})$，即输入电导为 g_{fs}。而由式（3-9-7）可见，共源电路的谐振电压增益 $A_{u0} = g_{fs} \cdot R_L$。式中，$R_L$ 为负载电阻。

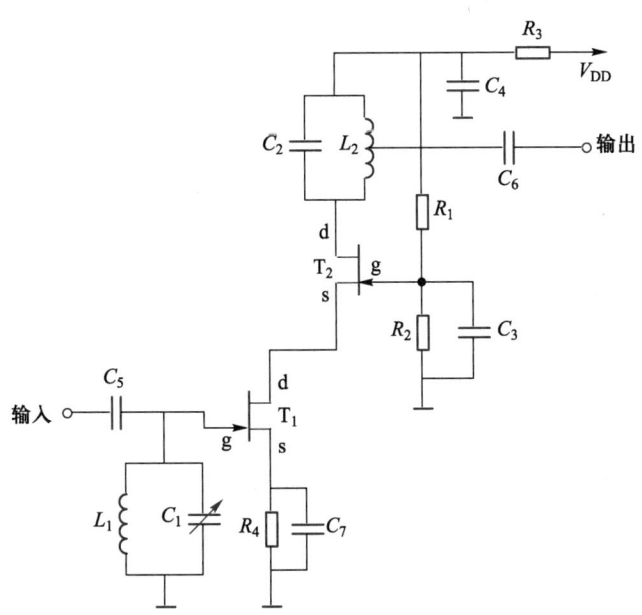

图 3-9-5　场效应管共源–共栅级联放大器

级联后，共源电路的负载电阻 R_L 即为共栅电路的输入电阻$\left(\dfrac{1}{g_{fs}}\right)$，所以，共源电路的谐振电压增益为

$$A_{u0} = g_{fs} \cdot \frac{1}{g_{fs}} = 1$$

由于此级无电压增益，因而不会产生自激，工作是稳定的。共栅电路本身内部反馈很小，工作稳定，不会自激，因此级联后工作是稳定的。虽然第一级的电压增益只有 1，但是由于阻抗变换的关系，有一定的电流增益。而作为共栅放大器的 T_2 有较大的电压增益 $A_{u0} = g_{fg}R_L$［参看式（3-9-12）］，因此级联电路能得到一定的电压增益和功率增益。

3.10 放大器中的噪声

目前电子设备的性能在很大程度上与干扰（interfrence）和噪声（noise）有关。例如，接收机的理论灵敏度可以非常高，但是考虑了噪声以后，实际灵敏度就不可能做得很高。而在通信系统中，提高接收机的灵敏度比增加发射机的功率更为有效。在其他电子仪器中，它们的工作准确性、灵敏度等也与噪声有很大的关系。另外，由于各种干扰的存在，大大影响了接收机的工作。因此，研究各种干扰和噪声的特性，以及降低干扰和噪声的方法，是十分必要的。

干扰与噪声的分类如下：

干扰一般指外部干扰，可分为自然的和人为的干扰。自然干扰有天电干扰、宇宙干扰和大地干扰等。人为干扰主要有工业干扰和无线电台的干扰。

噪声一般指内部噪声，也可分为自然的和人为的噪声。自然噪声有热噪声、散粒噪声和闪烁噪声等。人为噪声来源于无关的其他信号源，如开关接触噪声、工业点火辐射等，本节主要讨论自然噪声。

3.10.1 内部噪声的来源与特点

放大器的内在噪声主要源自电路中的电阻、谐振电路以及各类电子元件（如电子管、晶体管、场效应晶体管及集成电路等）内部微观层面的带电粒子无规律运动。这种无序运动展现出一种随机起伏特性，即在任意给定的时间段（0~T）内，连续两次观测可能会得到截然不同的结果，随机过程示意图如图 3-10-1 所示。鉴于其随机性，起伏噪声无法通过单一确定的时间函数来精确描述。然而，它遵循着严格的统计规律，因此，我们能够通过分析其概率分布特征来全面而准确地刻画这种噪声的特性。

（1）起伏噪声电压的平均值

起伏噪声电压的平均值可表示为

$$\bar{u}_n = \lim_{T \to \infty} \frac{1}{T} \int_0^T u_n(t) \, \mathrm{d}t \tag{3-10-1}$$

式中，$u_n(t)$ 为噪声起伏电压，$\bar{u}_n$ 为平均值，它代表 $u_n(t)$ 的直流分量。起伏噪声电压的平均值如图 3-10-2 所示。

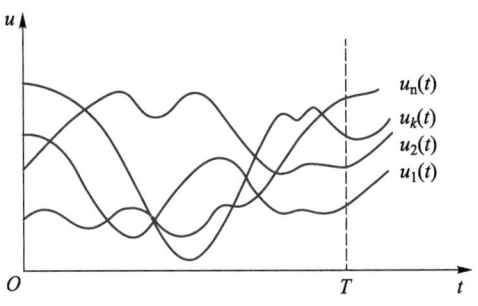

图 3-10-1 随机过程示意图

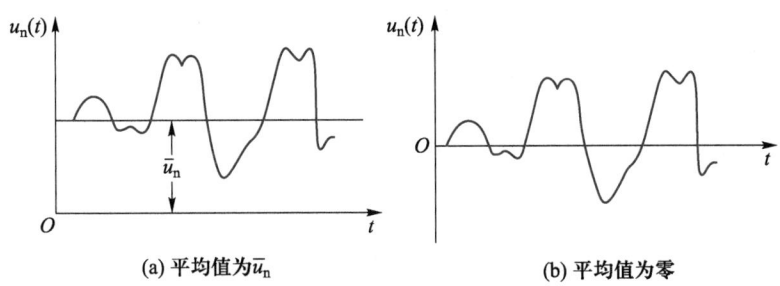

(a) 平均值为 $\overline{u}_n$ (b) 平均值为零

图 3-10-2 起伏噪声电压的平均值

由于起伏噪声电压的变化是不规则的，没有一定的周期，因此应在长时间（$T \to \infty$）内取平均值，才有意义。

（2）起伏噪声电压的均方值

一般更常用起伏噪声电压的均方值（root mean square value）来表示噪声的起伏强度，均方值的求法如下：

由图 3-10-2（a）可见，起伏噪声电压 $u_n(t)$ 围绕其平均值 $\overline{u}_n$ 上下起伏，在某一瞬间 t 的起伏强度为

$$\Delta u_n(t) = u_n(t) - \overline{u}_n \qquad (3\text{-}10\text{-}2)$$

显然，$\Delta u_n(t)$ 也是随机的，并且有时为正，有时为负，所以从长时间来看，$\Delta u_n(t)$ 的平均值应为零。但是，将 $\Delta u_n(t)$ 平方后再取其平均值，就具有一定的数值，称为起伏噪声电压的均方值，或称方差，以 $\overline{\Delta u_n^2(t)}$ 表示，有

$$\overline{\Delta u_n^2(t)} = \overline{[u_n(t) - \overline{u}_n]^2} = \lim_{T \to \infty} \frac{1}{T} \int_0^T [\Delta u_n(t)]^2 \mathrm{d}t$$
$$= \lim_{T \to \infty} \frac{1}{T} \int_0^T [u_n(t) - \overline{u}_n]^2 \mathrm{d}t = \overline{u_n^2} \qquad (3\text{-}10\text{-}3)$$

由于 $\overline{u}_n$ 代表直流分量，不表示噪声电压的起伏强度，因此可将图 3-10-2（a）的横轴向上移动一个数值 $\overline{u}_n$，如图 3-10-2（b）所示。这时起伏噪声电压的均方值为

$$\overline{u_n^2} = \lim_{T \to \infty} \frac{1}{T} \int_0^T u_n^2(t) \, \mathrm{d}t \qquad (3\text{-}10\text{-}4)$$

式中，$\overline{u_n^2}$ 表示起伏噪声电压的均方值，它代表功率的大小。方均根值 $\sqrt{\overline{u_n^2}}$ 则表示起伏噪声电压交流分量的有效值，通常用它与信号电压的大小作比较，称为信号噪声比（signal noise ratio），简称信噪比。

（3）非周期噪声电压的频谱（frequency spectrum）

起伏噪声源自电路中电阻、电子器件等内部带电微粒的无序运动。这种无规则运动所导致的起伏噪声电流与电压，可以视为由大量极短时间 τ（$10^{-13} \sim 10^{-14}$ s）的脉冲相互叠加而成。这些短脉冲呈现出非周期性的特性，即它们并不遵循固定的重复模式。基于这一特点，我们可以采用一种分而治之的方法：首先深入分析单个脉冲的频谱特性，随后通过适当的数学方法将这些单脉冲的频谱特性综合起来，以求得整个起伏噪声电压的频谱全貌。

对于一个脉冲宽度为 τ，振幅为 1 的单位脉冲，如图 3-10-3（a）所示，其振幅频谱密度为

$$|F(\omega)| = \tau \frac{\sin(\omega\tau/2)}{\omega\tau/2} = \frac{1}{\pi f} \sin \pi f \tau \tag{3-10-5}$$

$|F(\omega)|$ 与频率 f 的关系曲线如图 3-10-3（b）所示，它的第一个零值点在 $1/\tau$ 处。由于电阻和电子器件噪声所产生的单个脉冲宽度 τ 极小，在整个无线电频率 f 范围内，τ 远小于信号周期 T，$T = 1/f$，因此 $\pi f \tau = \pi f/T \ll 1$，这时 $\sin \pi f \tau \approx \pi f \tau$，式（3-10-5）变为

$$|F(\omega)| \approx \tau \tag{3-10-6}$$

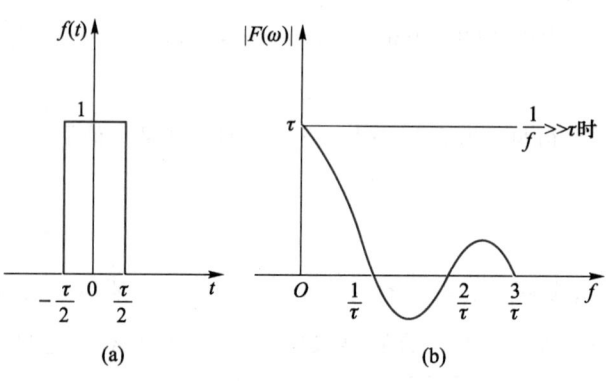

图 3-10-3　单个噪声脉冲的波形及其频谱

式（3-10-6）表明：单个噪声脉冲电压的振幅频谱密度 $|F(\omega)|$ 在整个无线电频率范围内可看成是均等的。

噪声电压是由无数单个脉冲电压的随机叠加构成的。理论上，若各脉冲间相位关系固定，整个噪声电压的振幅频谱可以通过将每个脉冲的振幅频谱中相同频率分量直接相加得到。然而，由于噪声电压的随机性，各脉冲电压间缺乏确定的相位关系，导致相同频率分量间的相位关系也不确定，因此不能简单通过直接叠加来得出整个噪声电压的振幅频谱。

尽管如此，噪声电压的功率频谱却是可以明确确定的。当噪声电压作用于 1 Ω 电阻

时，电阻内损耗的平均功率等于各频率分量振幅平方在电阻上损耗功率的总和。由于单个脉冲的振幅频谱在各个频率上分布均匀，其功率频谱亦呈现均匀分布。因此，整个噪声电压的功率频谱是通过各个脉冲功率频谱的叠加得到的，同样保持均匀分布。基于这一特性，我们常用功率频谱（简称功率谱）来描述起伏噪声电压的频率特性。

（4）起伏噪声的功率谱

由式（3-10-4）可得

$$\overline{u_n^2(t)} = \overline{u_n^2} = \lim_{T \to \infty} \frac{1}{T} \int_0^T \Delta u_n^2(t)\,\mathrm{d}t \qquad (3\text{-}10\text{-}7)$$

可表明噪声功率。因为 $\int_0^T \Delta u_n^2(t)\,\mathrm{d}t$ 表示 $u_n(t)$ 在 $1\ \Omega$ 电阻上于时间区间（$0 \sim T$）内的全部噪声能量。它被 T 除，即得平均功率 P。对于起伏噪声而言，当时间无限增长时，平均功率 P 趋近于一个常数，且等于起伏噪声电压的均方值（方差）。亦即

$$\overline{u_n^2(t)} = \lim_{T \to \infty} P = \lim_{T \to \infty} \frac{1}{T} \int_0^T \Delta u_n^2(t)\,\mathrm{d}t \qquad (3\text{-}10\text{-}8)$$

若以 $S(f)\,\mathrm{d}f$ 表示频率在 f 与 $f+\mathrm{d}f$ 之间的平均功率，则总的平均功率为

$$P = \int_0^\infty S(f)\,\mathrm{d}f \qquad (3\text{-}10\text{-}9)$$

因此最后得

$$\overline{u_n^2} = \lim_{T \to \infty} \frac{1}{T} \int_0^T \Delta u_n^2(t)\,\mathrm{d}t = \int_0^\infty S(f)\,\mathrm{d}f \qquad (3\text{-}10\text{-}10)$$

式中，$S(f)$ 称为噪声功率谱密度，单位为 W/Hz。

根据上面的讨论可知，起伏噪声的功率谱在极宽的频带内具有均匀的密度，如图 3-10-4 所示。在实际无线电设备中，只有位于设备的通频带 Δf_n 内的噪声功率才能通过。

由于起伏噪声的频谱在极宽的频带内具有均匀的功率谱密度. 因此起伏噪声也称白噪声（white noise）。"白"字来自光学，即白（色）

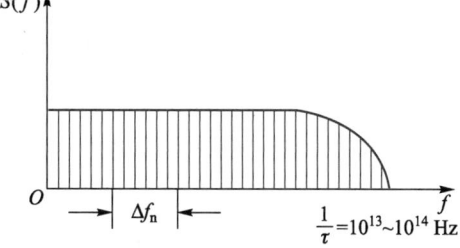

图 3-10-4　起伏噪声的功率谱

光是在整个可见光的频带内具有平坦的频谱。必须指出，真正的白噪声是没有的。因为从式（3-10-10）可见，当 $S(f)$ 为常数时，$\int_0^\infty S(f)\,\mathrm{d}f$ 趋于无穷大，这当然是不可能的。因此，白噪声是指在某一个频率范围内，$S(f)$ 为常数。

3.10.2　电阻热噪声

我们知道，导体是由于金属内自由电子的运动而导电的，电阻也是如此。电阻中的带电微粒（自由电子）在一定温度下，受到热激发后，在导体内部做大小和方向都无规则的

运动（热骚动）。由于电子的质量很轻（约为 $9.1066×10^3$ kg），其运动速度即使在室温下（293 K）也是很大的，而两次碰撞之间的间隔时间却极短，约为 $10^{-12} \sim 10^{-14}$ s。每个电子在两次碰撞之间行进时，就产生一持续时间很短的脉冲电流。许多这样随机热骚动的电子所产生的这种脉冲电流的组合，就在电阻内部形成了无规律的电流。在一足够长的时间内，其电流平均值等于零，而瞬时值就在平均值的上下变动，称为起伏电流。起伏电流流经电阻 R 时，电阻两端就会产生噪声电压 u_n 和噪声功率。若以 $S(f)$ 表示噪声的功率谱密度，则由热运动理论和实践证明，对于电阻的热噪声，其功率谱密度为

$$S(f) = 4kTR \tag{3-10-11}$$

如上所述，由于功率谱密度表示单位频带内的噪声电压均方值，故噪声电压的均方值 $\overline{u_n^2}$（噪声功率）为

$$\overline{u_n^2} = 4kTR\Delta f_n \tag{3-10-12}$$

或表示为噪声电流的均方值

$$\overline{i_n^2} = 4kTG\Delta f_n \tag{3-10-13}$$

以上各式中，k 为玻耳兹曼常数（Boltzmann constant），等于 $1.38×10^{-23}$ J/K；T 为电阻的绝对温度，单位为 K；Δf_n 为如图 3-10-4 所示的带宽或电路的等效噪声带宽；R（或 G）为 Δf_n 的电阻（或电导）值，单位为 Ω（或 S）。

因此，噪声电压的有效值为

$$\sqrt{\overline{u_n^2}} = \sqrt{4kTR\Delta f_n} \tag{3-10-14}$$

例如，若 $R = 1$ kΩ，$\Delta f_n = 500$ kHz，$T = 300$ K（27℃），则

$$\sqrt{\overline{u_n^2}} = \sqrt{4×1.38×10^{-23}×300×10^3×500×10^3}\ \text{V} = 2.88×10^{-6}\ \text{V} = 2.88\ \mu\text{V}$$

由线圈与电容组成的并联谐振电路所产生的噪声电压均方值为

$$\overline{u_n^2} = 4kTR_p\Delta f_n \tag{3-10-15}$$

式中，R_p 为谐振电路的谐振电阻。

显然，就产生噪声的原因来说，纯电抗是不会产生噪声的，因为纯电抗元件没有损耗电阻。谐振电路所产生的噪声仍是由阻抗中的损耗电阻产生的。对于如图 3-10-5（a）所示的电路来说，损耗电阻 r 所产生的噪声电压均方值为

$$\overline{u_{nr}^2} = 4kTr\Delta f_n \tag{3-10-16}$$

在谐振时，折算到 a、b 两端的电压均方值为

$$\begin{aligned}
\overline{u_n^2} &= \overline{u_{nr}^2} \cdot Q^2 \\
&= 4kTr\Delta f_n \left(\frac{\omega L}{r}\right)^2 \\
&= 4kTr\left(\frac{\omega^2 L^2}{r^2}\right)\Delta f_n \\
&= 4kTR_p\Delta f_n
\end{aligned} \tag{3-10-17}$$

如图 3-10-5（b）所示，因此可得式（3-10-15）。

应该指出，热运动电子速度比外电场作用下的电子漂移速度大得多，因此，噪声电压与外加电动势产生并通过导体的直流电流无关，所以可认为无规则的热运动与直线运动（漂移）是彼此独立的。

为便于运算，把电阻 R 看作一个噪声电压源（或电流源）和一个理想无噪声的电阻串联（或并联），电阻的噪声等效电路如图 3-10-6 所示。多个电阻串联时，总噪声电压等于各个电阻所产生的噪声电压的均方值之和。多个电阻并联时，总噪声电流等于各个电导所产生的噪声电流的均方值之和。这是由于每个电阻的噪声都是电子的无规则热运动所产生，任何两个噪声电压必然是独立的，所以只能按功率相加（用均方值电压或均方值电流相加）。

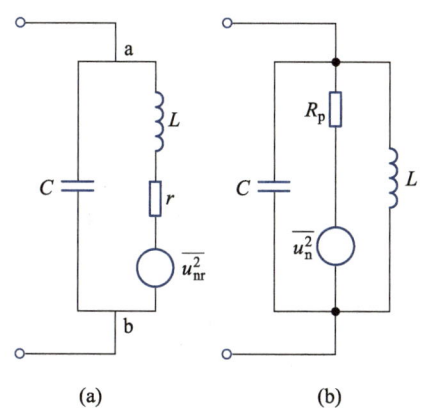

(a)　　　(b)

图 3-10-5　谐振回路的噪声

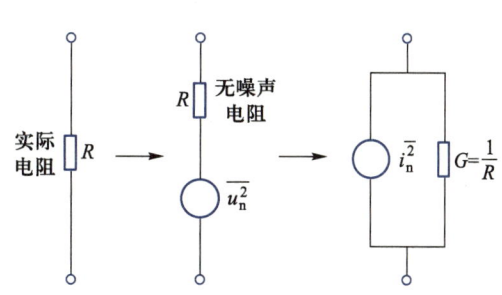

图 3-10-6　电阻的噪声等效电路

【例 3.5】 计算如图 3-10-7 所示并联电阻两端的噪声电压，设 R_1 和 R_2 所处的温度 T 相同。

解　先利用电流源进行计算，如图 3-10-8 所示。由式（3-10-13）得

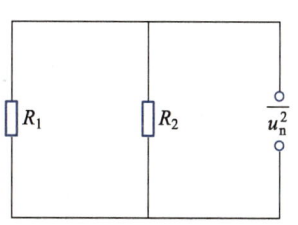

图 3-10-7　并联电阻两端噪声
电压的计算

$$\overline{i_{n1}^2} = 4kTG_1\Delta f_n, \quad G_1 = \frac{1}{R_1}$$

$$\overline{i_{n2}^2} = 4kTG_2\Delta f_n, \quad G_2 = \frac{1}{R_2}$$

因此，
$$\overline{i_n^2} = \overline{i_{n1}^2} + \overline{i_{n2}^2} = 4kT(G_1 + G_2)\Delta f_n$$

所以，
$$\overline{u_n^2} = \frac{\overline{i_n^2}}{G_1 + G_2} = 4kT\Delta f_n \frac{R_1 R_2}{R_1 + R_2}$$

再利用图 3-10-9 电压源进行计算。

$\overline{u_{n1}^2}$ 在 1、1 端所产生的噪声电压均方值为

$$\overline{u_{n1}'^2} = \frac{\overline{u_{n1}^2}}{(R_1 + R_2)^2} R_2^2$$

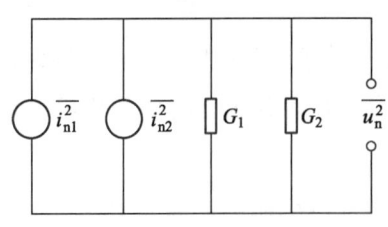

图 3-10-8 利用电流源计算噪声

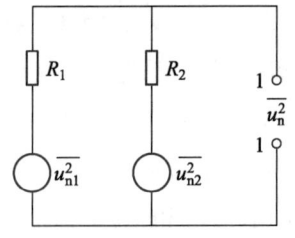

图 3-10-9 利用电压源计算噪声

$\overline{u_{n2}^2}$ 在 1、1 端所产生的噪声电压均方值为

$$\overline{u_{n2}'^2} = \frac{\overline{u_{n2}^2}}{(R_1 + R_2)^2} R_1^2$$

所以

$$\overline{u_n^2} = \overline{u_{n1}'^2} + \overline{u_{n2}'^2} = 4kT\Delta f_n \frac{R_1 R_2}{R_1 + R_2}$$

显然，两种计算方法得到的结果是相同的。■

3.10.3 天线热噪声

天线等效电路由辐射电阻（radiation resistance）R_A 和电抗 X_A 组成。辐射电阻只表示天线接收或辐射信号功率，它不同于天线导体本身的电阻（天线导体本身电阻近似等于零）。所以就天线本身而言，热噪声是非常小的。但是，天线周围的介质微粒处于热运动状态。这种热运动产生扰动的电磁波辐射（噪声功率），而这种扰动辐射被天线接收，然后又由天线辐射出去。当接收与辐射的噪声功率相等时，天线和周围介质处于热平衡状态，因此天线中存在噪声的作用。热平衡状态下，天线中热噪声电压为

$$\overline{u_n^2} = 4kT_A R_A \Delta f_n \tag{3-10-18}$$

式中，R_A 为天线辐射电阻；T_A 为天线等效噪声温度（equivalent noise temperature）。

若天线无方向性，且处于绝对温度为 T 的无界限均匀介质中，则

$$T_A = T, \overline{u_n^2} = 4kTR_A \Delta f_n \tag{3-10-19}$$

天线的等效噪声温度 T_A 与天线周围介质的密度和温度分布以及天线的方向性有关。例如，频率高于 300 MHz，用锐方向性天线做实际测量，当天线指向天空时，$T_A \approx 10\,\text{K}$；当天线指向水平方向时，由于地球表面的影响，$T_A \approx 40\,\text{K}$。

除此以外，还有来自太阳、银河系及月球的无线电辐射的宇宙噪声。这种噪声在空间的分布是不均匀的，且与时间（昼夜）和频率有关。

通常，银河系的辐射较强，其影响主要在米波及更长波段（1.5 m、1.85 m、3 m、15 m）。长期观测表明，这种影响是稳定的。太阳的影响最大又极不稳定，它与太阳的黑子数及日辉（即太阳大爆发）有关。

3.10.4 晶体管的噪声

晶体管的噪声主要有热噪声、散粒噪声、分配噪声和 $1/f$ 噪声。其中热噪声和散粒噪

声为白噪声，其余一般为有色噪声（color noise）。

（1）热噪声（thermal noise）

和电阻一样，在晶体管中，电子不规则的热运动同样会产生热噪声。这类由电子热运动所产生的噪声，主要存在于基极电阻 $r_{bb'}$ 内。发射极和集电极电阻的热噪声一般很小，可以忽略。

（2）散粒噪声（shot noise）

由于少数载流子通过 PN 结注入基区时，即使在直流工作情况下也是随机的量，即单位时间内注入的载流子数目不同，因而到达集电极的载流子数目也不同，由此引起的噪声叫散粒噪声。散粒噪声具体表现为发射极电流以及集电极电流的起伏现象。

（3）分配噪声（distribution noise）

晶体管发射极区注入基区的少数载流子中，一部分经过基极区到达集电极形成集电极电流，一部分在基区复合。载流子复合时，其数量时多时少（存在起伏）。分配噪声就是集电极电流随基区载流子复合数量的变化而变化所引起的噪声，亦即由发射极发出的载流子分配到基极和集电极的数量随机变化而引起。

（4）$1/f$ 噪声或称闪烁噪声（flicker noise）

它主要在低频范围产生影响（它的噪声频谱与频率 f 近似成反比）。它的产生原因目前尚有不同见解。在实践中知道，它与半导体材料制作时表面清洁处理和外加电压有关，在高频工作时通常不考虑它的影响。

根据上面的讨论，可以得出晶体管工作于高频且接成共基极电路时，包括噪声电流与电压源的 T 形等效电路如图 3-10-10 所示。图中

$$r_c = r_{b'c}$$

$$r_e = r_{b'e}(1-\alpha_0)$$

$$r_b = r_{bb'}$$

$$g_m = \frac{\alpha_0}{r_e}$$

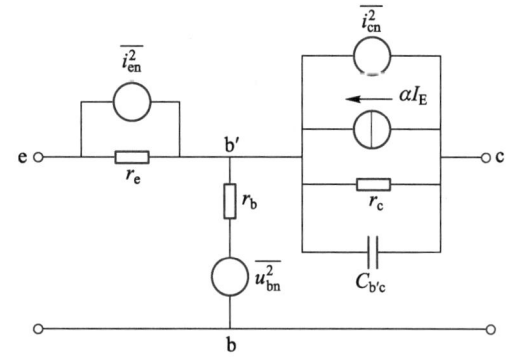

图 3-10-10　包括噪声电流与
电压源的 T 形等效电路

在基极中的噪声源是 r_b 中的热噪声，其值为

$$\overline{u_{bn}^2} = 4kTr_b\Delta f_n \qquad (3-10-20)$$

发射极臂中的噪声电流源表示载流子不规则运动所引起的散粒噪声，其值为

$$\overline{i_{en}^2} = 2qI_E\Delta f_n \qquad (3-10-21)$$

式中，q 是电子电荷，其值为 1.6×10^{-19} C；I_E 是发射极直流电流，单位为 A。

实验证明，频率对 $\overline{i_{en}^2}$ 的影响可以忽略。

在集电极臂中的噪声电流源表示少数载流子复合不规则所引起的分配噪声，其值为

$$\overline{i_{cn}^2} = 2qI_C\left(1 - \frac{|\dot{\alpha}|^2}{\alpha_0}\right)\Delta f_n \tag{3-10-22}$$

式中，I_C 是集电极直流电流，单位为 A；α 是共基极状态的电流放大系数；α_0 是相应于零频率的 α 值。

由上所述可知，基极臂中的是热噪声，发射极臂中的是散粒噪声，集电极臂中的是分配噪声。

由于 α 是频率的函数，它与 α_0 的关系为

$$\dot{\alpha} = \frac{\alpha_0}{1 + \mathrm{j}f/f_\alpha} \tag{3-10-23}$$

式中，f_α 为 α 截止频率$\left($当 $f = f_\alpha$ 时，$|\dot{\alpha}| = \dfrac{\alpha_0}{\sqrt{2}}\right)$。

在低频时，$\alpha \approx \alpha_0$，因此 $\overline{i_{cn}^2} \ll \overline{i_{en}^2}$。但随着频率的升高，$\alpha$ 下降，基区复合电流增大，因而分配噪声随之增加，亦即 $\overline{i_{cn}^2}$ 随着频率的升高而增大。

当 f 趋于零时，$|\dot{\alpha}| \to \alpha_0$，由式（3-10-22）得 $\overline{i_{cn}^2}$ 具有最小值

$$(\overline{i_{cn}^2})_{\min} = 2qI_C(1 - \alpha_0)\Delta f_n \tag{3-10-24}$$

随着频率的增高，在 $f < \sqrt{1 - \alpha_0}\,f_\alpha$ 时，$\overline{i_{cn}^2}$ 基本上是常数。而当 $f > \sqrt{1 - \alpha_0}\,f_\alpha$ 时，$\overline{i_{cn}^2}$ 随 f 增长很快。

如令 f_1 是 $1/f$ 噪声的频率上限，$f_2 = \sqrt{1 - \alpha_0}\,f_2$，由上面讨论可知，在 $f_1 < f < f_2$ 的区间，晶体管的噪声几乎不变。而在 $f < f_1$ 与 $f > f_2$ 时，噪声均将上升。因此可得出晶体管的噪声系数 F_n 与频率的关系曲线如图 3-10-11 所示。图中 $0 \sim f_1$ 为 $1/f$ 噪声区，一般 f_1 在 1 000 Hz 以下。$f > f_2$ 为高频噪声区。$f_1 < f < f_2$ 频率范围内，F_n 基本不变。

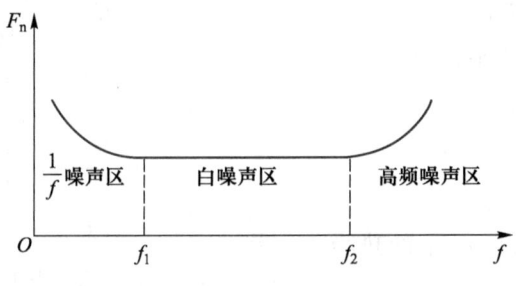

图 3-10-11　晶体管的噪声特性

附带说明，对二极管而言，只考虑散粒噪声，没有分配噪声，且热噪声很小，可以忽略。二极管的散粒噪声公式与式（3-10-21）完全相似，只需将该式中的 I_E 换成二极管电流 I_D 即可。

3.10.5　场效应管的噪声

场效应管的噪声也有四个来源：

（1）由栅极内的电荷不规则起伏所引起的噪声

这种噪声称为散粒噪声。对结型场效应管来说，则由通过 PN 结的漏电流引起的噪声电流均方值为

$$\overline{i_{ng}^2} = 2qI_G\Delta f_n \tag{3-10-25}$$

式中，q 为电子电荷量，I_G 为栅极漏电流。

（2）沟道内的电子不规则热运动所引起的热噪声

场效应管的沟道电阻由栅极电压控制。因此和任何其他电阻一样，沟道电阻中载流子的热运动也会产生热噪声，它可用一个与输出阻抗并联的噪声电流源来表示：

$$\overline{i_{nd}^2} = 4kTg_{fs}\Delta f_n \tag{3-10-26}$$

式中，g_{fs} 为场效应管的跨导。

也可将这种噪声折合到栅极来计算。为此，引入等效噪声电阻 R_n。所谓等效噪声电阻，就是在该电阻两端所获得的噪声电压等于换算到栅极电路中的沟道热噪声。

由式（3-10-20）知，在等效噪声电阻 R_n 两端所产生的噪声电压均方值为

$$\overline{u_n^2} = 4kTR_n\Delta f_n \tag{3-10-27}$$

将此电阻接入栅极，再把场效应管当作无噪声的，就可得到该场效应管漏极电路中的起伏电流均方值为

$$\overline{i_{nd}^{2\prime}} = \overline{u_n^2}\,|y_{fs}|^2 = 4kTR_n\Delta f_n\,|y_{fs}|^2 \tag{3-10-28}$$

而根据等效噪声电阻的意义，$\overline{i_{nd}^2} = \overline{i_{nd}^{2\prime}}$，得到 $R_n = \dfrac{g_{fs}}{|y_{fs}|^2}$。当工作频率较低时，$y_{fs} \approx g_{fs}$，得 $R_n = \dfrac{1}{g_{fs}}$。

因此，折合到栅极时，沟道热噪声也可用噪声电压源表示为

$$\overline{u_{n1}^2} = 4kT\left(\frac{1}{g_{fs}}\right)\Delta f_n \tag{3-10-29}$$

（3）漏极和源极之间的等效电阻噪声

在漏极和源极之间，栅极的作用达不到的部分可用等效串联电阻 R 表示。由此会产生电阻热噪声，其大小可由下式表示：

$$\overline{u_{n2}^2} = 4kTR\Delta f_n \tag{3-10-30}$$

（4）闪烁噪声（或称 $1/f$ 噪声）

和晶体管相同，在低频端，噪声功率与频率成反比地增大。关于它的产生机理，目前还有不同的见解。定性地说，这种噪声是由于 PN 结的表面发生复合、雪崩等引起的。

通常，第一种和第二种噪声是场效应管噪声的主要来源，其中第二种噪声占比最大。

3.11 噪声的表示和计算方法

上节介绍了噪声的来源。现在来研究噪声的表示方法。总的来说，可以用噪声系数、噪声温度、等效噪声频带宽度等来表示噪声。

3.11.1 噪声系数

在电路某一指定点处的信号功率 P_s 与噪声功率 P_n 之比，称为信号噪声比，简称信噪比（signal noise radio），以 P_s/P_n（或 S/N）表示。

放大器噪声系数（noise figure）F_n 是指放大器输入端信号噪声比 P_{si}/P_{ni} 与输出端信号噪声比 P_{so}/P_{no} 的比值，有

$$F_n = \frac{P_{si}/P_{ni}}{P_{so}/P_{no}} = \frac{输入信噪比}{输出信噪比} \tag{3-11-1}$$

用分贝数表示为

$$F_n(\text{dB}) = 10\lg\frac{P_{si}/P_{ni}}{P_{so}/P_{no}} \tag{3-11-2}$$

如果放大器是理想无噪声的线性网络，那么，其输入端的信号与噪声得到同样的放大，亦即输出端的信噪比与输入端的信噪比相同，于是 $F_n = 1$ 或 $F_n(\text{dB}) = 0\,\text{dB}$。若放大器本身有噪声，则输出噪声功率等于放大后的输入噪声功率和放大器本身的噪声功率之和。显然，经放大器后，输出端的信噪比比输入端的信噪比低，则 $F_n > 1$。因此，F_n 表示信号通过放大器后，信号噪声比变坏的程度。

式（3-11-1）也可写成另一种形式：

$$F_n = \frac{P_{si}/P_{ni}}{P_{so}/P_{no}} = \frac{P_{no}}{P_{ni}A_p} \tag{3-11-3}$$

式中，$A_p = P_{so}/P_{si}$ 为放大器的功率增益。

$P_{ni}A_p$ 表示信号源内阻产生的噪声通过放大器放大后在输出端所产生的噪声功率，用 P_{noI} 表示，则式（3-11-3）可写成

$$F_n = P_{no}/P_{noI} \tag{3-11-4}$$

上式表明，噪声系数 F_n 仅与输出端的两个噪声功率 P_{no}、P_{noI} 有关，而与输入信号的大小无关。

实际上，放大器的输出噪声功率 P_{no} 是由两部分组成的：一部分是 $P_{noI} = P_{ni}A_p$；另一部分是放大器本身（内部）产生的噪声在输出端上呈现的噪声功率 $P_{no\,II}$。即

$$P_{no} = P_{noI} + P_{no\,II} \tag{3-11-5}$$

所以，噪声系数又可写成

$$F_{\mathrm{n}} = 1 + \frac{P_{\mathrm{no}\,\mathrm{II}}}{P_{\mathrm{noI}}} \qquad (3\text{-}11\text{-}6)$$

由式（3-11-6）也可看出噪声系数与放大器内部噪声的关系。实际上放大器总是要产生噪声的，即 $P_{\mathrm{no}\,\mathrm{II}} > 0$，因此，$F_{\mathrm{n}} > 1$。$F_{\mathrm{n}}$ 越大，表示放大器本身产生的噪声越大。

用式（3-11-1）、式（3-11-4）与式（3-11-6）来表示噪声系数是完全等效的。在计算具体电路的噪声系数时，用式（3-11-4）与式（3-11-6）比较方便。

应该指出，噪声系数的概念仅仅适用于线性电路，因此可用功率增益来描述。对于非线性电路，由于信号和噪声、噪声和噪声之间会相互作用，即使电路本身不产生噪声，在输出端的信噪比也会和输入端的信噪比不同。因此，噪声系数的概念就不能适用。所以通常所说的接收机的噪声系数是指检波器以前的线性部分（包括高频放大、变频和中频放大）。对于变频器，虽然它本质上是一种非线性电路，但它对信号而言，只产生频率搬移，输出电压则随输入信号幅度成正比地增大或减小。因此可以把它近似地看作是线性变换。幅度的变化用变频增益表示，信号和噪声能满足线性叠加的条件。

另外，近年来又提出点噪声系数和平均噪声系数的概念。由于实际网络通带内不同频率点的传输系数是不完全相等的，所以其噪声系数也不完全一样。为此，在不同的特定频率点，分别测出其对应的单位频带内的信号功率与噪声功率，然后再计算出各自的噪声系数，此系数称为点噪声系数。

而某一频率范围内网络的平均噪声系数，则定义为

$$F_{\mathrm{n(AV)}} = \frac{\displaystyle\int F_{\mathrm{n}}(f) A_{p}(f) \, \mathrm{d}f}{\displaystyle\int A_{p}(f) \, \mathrm{d}f} \qquad (3\text{-}11\text{-}7)$$

式中，$F_{\mathrm{n}}(f)$ 和 $A_{p}(f)$ 分别为网络噪声系数和功率增益对频率的函数。为了计算和测量的方便，噪声系数也可以用额定功率（rated power）和额定功率增益的关系来定义。为此，先引入额定功率（资用功率）的概念。

额定功率是指信号源所能输出的最大功率。表示额定功率和噪声系数定义的电路如图 3-11-1 所示，为了使信号源有最大输出功率，必须使放大器的输入电阻 R_{i} 与信号源内阻 R_{s} 相匹配，亦即应使 $R_{\mathrm{s}} = R_{\mathrm{i}}$。因而额定输入信号功率为

$$P'_{\mathrm{si}} = \frac{u_{\mathrm{s}}^{2}}{4R_{\mathrm{s}}} \qquad (3\text{-}11\text{-}8)$$

额定输入噪声功率为

$$P'_{\mathrm{ni}} = \frac{\overline{u_{\mathrm{n}}^{2}}}{4R_{\mathrm{s}}} = \frac{4kTR_{\mathrm{s}}\Delta f_{\mathrm{n}}}{4R_{\mathrm{s}}} = kT\Delta f_{\mathrm{n}} \qquad (3\text{-}11\text{-}9)$$

由此可见，额定输入信号（噪声）功率只是信号源的一个属性，它仅取决于信号源本身的参数——内阻和电动势，而与放大器的输入电阻和负载电阻无关。

当 $R_{\mathrm{s}} \neq R_{\mathrm{i}}$ 时，额定信号功率数值不变，但这时额定信号功率不表示实际的信号功率。

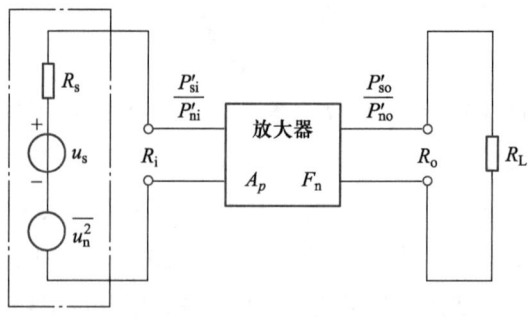

图 3-11-1 表示额定功率和噪声系数定义的电路

输出端的情况也是一样。当输出端匹配（$R_o = R_L$）时，输出端的额定信号功率 P'_{so} 和额定噪声功率 P'_{no} 不匹配时，输出端的额定信号功率和额定噪声功率数值不变，但不表示输出端的实际信号功率。

下面介绍额定功率增益的概念。

额定功率增益是指放大器（或线性四端网络）的输入端和输出端分别匹配时（$R_s = R_i$，$R_o = R_L$）的功率增益，即

$$A_{pH} = P'_{so} / P'_{si} \qquad (3-11-10)$$

与额定功率的概念相同，放大器不匹配时，仍然存在额定功率增益。因此，噪声系数 F_n 也可定义为

$$F_n = \frac{P'_{si} / P'_{ni}}{P'_{so} / P'_{no}} \qquad (3-11-11)$$

将式（3-11-9）与式（3-11-10）代入式（3-11-11），可得

$$F_n = \frac{P'_{no}}{kT \Delta f_n A_{pH}} \qquad (3-11-12)$$

式（3-11-11）与式（3-11-12）是假定放大器的输出端和输入端分别匹配时，计算噪声系数的公式。但即使不匹配，以上二式仍是成立的。说明如下：

不匹配时，额定功率 P' 与实际功率 P 之间存在如下的关系：

$$P = P' \cdot q \qquad (3-11-13)$$

式中，q 称为失配系数（mismatch coefficient），其意义是：由于电路失配，$q < 1$，因而使实际功率小于额定功率。对放大器来说，如输入端与输出端的失配系数分别为 q_i 和 q_o，则噪声系数 F_n 可写成

$$F_n = \frac{P_{si} / P_{ni}}{P_{so} / P_{no}} = \frac{P'_{si} q_i / P'_{ni} q_i}{P'_{so} q_o / P'_{no} q_o} = \frac{P'_{si} / P'_{ni}}{P'_{so} / P'_{no}} \qquad (3-11-14)$$

与式（3-11-11）相同。

3.11.2 噪声温度

表示放大器（四端网络）内部噪声的另一种方法是将内部噪声折算到输入端，放大器

本身则被认为是没有噪声的理想器件。若折算到输入端后的额定输入噪声功率为 P''_{ni}，则经放大后的额定输出噪声功率 $P'_{no2}=P''_{ni}A_{pH}$。考虑到原有的噪声 $P'_{ni}=kT\Delta f_n$，若以 P'_{no1} 代表 $A_{pH}P'_{ni}$，并令 $P''_{ni}=kT_i\Delta f_n$，则式（3-11-12）可改写为

$$F_n=\frac{P'_{no}}{P'_{no1}}=\frac{P'_{no1}+P'_{no2}}{P'_{no1}}=1+\frac{P'_{no2}}{P'_{no1}}$$

$$=1+\frac{A_{pH}kT_i\Delta f_n}{A_{pH}kT\Delta f_n}=1+\frac{T_i}{T}$$

（3-11-15）

或

$$T_i=(F_n-1)T$$

（3-11-16）

此处，T_i 称为噪声温度（noise temperature）。

当 $T_i=0$（内部无噪声）时，$F_n=1$（0 dB）；而当 $T_i=T=290\,K$（室温）时，$F_n=2$（3 dB）。

由于总的输出端噪声功率为

$$P'_{no}=P'_{no1}+P'_{no2}=A_{pH}kT\Delta f_n+A_{pH}kT_i\Delta f_n$$

$$=A_{pH}k(T+T_i)\Delta f_n$$

（3-11-17）

上式说明，放大器内部产生的噪声功率，可看作是由它的输入端接上一个温度为 T_i 的匹配电阻所产生的；或者看作与放大器匹配的噪声源内阻 R_s 在工作温度 T 上再加温度 T_i 后，所增加的输出噪声功率。这就是噪声温度 T_i 所代表的物理意义，亦即噪声温度可代表相应的噪声功率。

令 $T=290\,K$，根据式（3-11-16）可以进行噪声系数 F_n 和噪声温度 T_i 的换算，噪声系数与噪声温度关系如表 3-11-1 所示。

表 3-11-1　噪声系数与噪声温度关系

$F_n/(dB)$	0	0.3	0.5	0.8	1.0	2.0	4.0	8.0	10.0
T_i/K	0	20	35	58	76	171	443	1 556	2 637

T_i 与 F_n 都可以表征放大器内部噪声的大小。两种表示没有本质的区别。但通常，噪声温度可以较精确地比较内部噪声的大小。例如，若 $T=290\,K$，当 $F_n=1.1$ 时，$T_i=29\,K$；$F_n=1.05$ 时，$T_i=14.5\,K$。由此可见，噪声温度变化范围要远大于噪声系数变化范围。这就是往往采用噪声温度来表示系统噪声的基本原因。

近年来，随着半导体工艺技术的发展和进步，出现了大量的低噪声器件，使无线电设备（例如接收机）前端的噪声系数明显降低。加上各种制冷技术的应用，更减小了设备及电路的噪声系数，例如，常温参量放大器的噪声系数 F_n 已降至 1~3 dB，而用液体氦和气体氮制冷的参量放大器，其噪声系数 F_n 仅为 0~2 dB。

3.11.3 多级放大器的噪声系数

设有二级级联放大器，如图 3-11-2 所示。系数分别为 A_{pH1}、F_{n1} 和 A_{pH2}、F_{n2}，通频带均为 Δf_n。

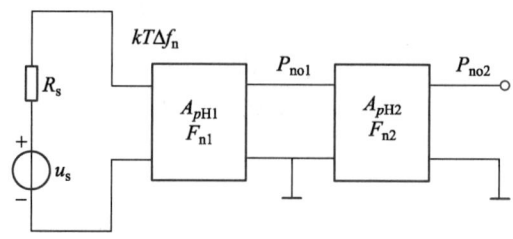

图 3-11-2 二级级联放大器示意图

如前所述，第一级额定输入噪声功率（由信号源内阻产生）为 $kT\Delta f_n$ [见式（3-11-9）]。由式（3-11-12）可见，第一级额定输出噪声功率为

$$P'_{no1} = kT\Delta f_n F_{n1} A_{pH1} \tag{3-11-18}$$

显然，第一级额定输出噪声功率 P'_{no1} 是由两部分组成：一部分是经放大后的信号源噪声功率 $kT\Delta f_n A_{pH1}$；另一部分是第一级放大器本身产生的输出噪声功率 P_{n1}。因此

$$P_{n1} = P'_{no1} - kT\Delta f_n A_{pH1} = kT\Delta f_n F_{n1} A_{pH1} - kT\Delta f_n A_{pH1}$$
$$= (F_{n1} - 1) kT\Delta f_n A_{pH1} \tag{3-11-19}$$

同理，第二级放大器额定输出噪声功率 P'_{no2} 也由两部分组成：一部分是第一级放大器输出的额定输出噪声功率 P_{no1} 经第二级放大后的输出部分，等于 $P'_{no1} A_{pH2}$；另一部分是第二级放大器本身附加输出的噪声功率 P_{n2}，而 P_{n2} 可用求 P_{n1} 同样的方法得到。但应注意，必须将二级放大器断开，将信号源（包括内阻）直接接到第二级的输入端，因为 P_{n2} 是第二级放大器本身产生的输出噪声功率，应与第一级采用相同的信号源噪声进行计算。所以

$$P_{n2} = (F_{n2} - 1) kT\Delta f_n A_{pH2} \tag{3-11-20}$$

这样，第二级放大器额定输出噪声功率为

$$P'_{no2} = P'_{no1} A_{pH2} + (F_{n2} - 1) kT\Delta f_n A_{pH2} \tag{3-11-21}$$

再将 $P'_{no1} = kT\Delta f_n F_{n1} A_{pH1}$ 代入上式，可得

$$P'_{no2} = kT\Delta f_n F_{n1} A_{pH1} A_{pH2} + (F_{n2} - 1) kT\Delta f_n A_{pH2} \tag{3-11-22}$$

按照噪声系数的定义 [见式（3-11-12）]，二级放大器的噪声系数为

$$(F_n)_{1\cdot2} = \frac{P'_{no2}}{A_{pH} kT\Delta f_n}$$

$$= \frac{kT\Delta f_n F_{n1} A_{pH1} A_{pH2} + (F_{n2} - 1) kT\Delta f_n A_{pH2}}{A_{pH1} A_{pH2} kT\Delta f_n} \tag{3-11-23}$$

$$= F_{n1} + \frac{F_{n2} - 1}{A_{pH1}}$$

采用同样的方法，可以求得 n 级级联放大器的噪声系数为

$$(F_\mathrm{n})_{1\cdot 2\cdots n} = F_\mathrm{n1} + \frac{F_\mathrm{n2}-1}{A_{p\mathrm{H1}}} + \frac{F_\mathrm{n3}-1}{A_{p\mathrm{H1}}A_{p\mathrm{H2}}} + \cdots + \frac{F_\mathrm{nn}-1}{A_{p\mathrm{H1}}A_{p\mathrm{H2}}\cdots A_{p\mathrm{H}(n-1)}} \tag{3-11-24}$$

由式（3-11-24）可见，多级放大器（包括接收机的线性电路部分）总的噪声系数主要取决于前面第一、第二级，而和后面各级的噪声系数几乎没有多大关系。这是因为 $A_{p\mathrm{H}}$ 的乘积很大，所以后面各级的影响很小。最主要的是由第一级放大器的噪声系数 F_n1 和额定功率增益 $A_{p\mathrm{H1}}$ 所决定。F_n1 小，则总的噪声系数小；$A_{p\mathrm{H1}}$ 大，则使后级的噪声系数在总的噪声系数中所起的作用减小。因此，在多级放大器中，最关键的是第一级，不仅要求它的噪声系数低，而且要求它的额定功率增益尽可能高。

3.11.4 灵敏度

当系统的输出信噪比（$P_\mathrm{so}/P_\mathrm{no}$）给定时，有效输入信号功率 P'_si 称为系统灵敏度（sensitivity），与之相对应的输入电压称为最小可检测信号。

在信号源内阻与放大器输入端电阻匹配时，输入信号功率为

$$P'_\mathrm{si} = \frac{u_\mathrm{s}^2}{4R_\mathrm{s}} \tag{3-11-25}$$

此时的输入噪声功率为 ［见式（3-11-9）］

$$P'_\mathrm{ni} = kT\Delta f_\mathrm{n} \tag{3-11-26}$$

根据式（3-11-11）可得灵敏度为

$$P'_\mathrm{si} = F_\mathrm{n}(kT\Delta f_\mathrm{n})\left(\frac{P'_\mathrm{so}}{P'_\mathrm{no}}\right) \tag{3\ 11-27}$$

【例 3.6】 在一个输入阻抗等于 $50\,\Omega$，噪声系数 F_n 为 $8\,\mathrm{dB}$，带宽为 $2.1\,\mathrm{kHz}$ 的系统中，若给定的输出信噪比为 $1\,\mathrm{dB}$。问最小输入信号是多少？设温度为 $290\,\mathrm{K}$。

解 式（3-11-27）可改写成

$$10\lg P'_\mathrm{si} = 10\lg F_\mathrm{n} + 10\lg(kT\Delta f_\mathrm{n}) + 10\lg\left(\frac{P'_\mathrm{so}}{P'_\mathrm{no}}\right)$$

$$= 8 + 10\lg(1.38\times10^{-23}\times290\times2\,100) + 1$$

$$= -161.8\,\mathrm{dB}$$

因此得出 $\qquad\qquad P'_\mathrm{si} = 6.61\times10^{-17}\,\mathrm{W}$ （灵敏度）

由 $P'_\mathrm{si} = \dfrac{u_\mathrm{s}^2}{4R_\mathrm{s}}$，此时 $R_\mathrm{s} = 50\,\Omega$，因此得出

$$u_\mathrm{s} = 0.11\,\mu\mathrm{V} \quad\text{（最小可检测输入信号电压）} \quad\blacksquare$$

3.11.5 等效噪声频带宽度

3.9.1 小节已指出，起伏噪声是功率谱密度均匀的白噪声。现在来研究它通过线性四

端网络后的情况，并引出等效噪声频带宽度的概念。

设四端网络的电压传输系数为 $A(f)$，输入端的噪声功率谱密度为 $S_i(f)$，则输出端的噪声功率谱密度 $S_o(f)$ 为

$$S_o(f) = A^2(f) S_i(f) \qquad (3\text{-}11\text{-}28)$$

因此，若作用于输入端的 $S_i(f)$ 为白噪声，白噪声通过线性网络时功率谱的变化如图 3-11-3 所示，通过如图 3-11-3（a）所示的功率传输系数 $A^2(f)$ 的线性网络后，输出端的噪声功率谱密度如图 3-11-3（b）所示。显然，白噪声通过有频率选择性的线性网络后，输出噪声不再是白噪声，而是有色噪声了。

由式（3-10-10）可得出输出端的噪声电压均方值为

$$\overline{u_{on}^2} = \int_0^\infty S_o(f)\,\mathrm{d}f = \int_0^\infty S_i(f) A^2(f)\,\mathrm{d}f \qquad (3\text{-}11\text{-}29)$$

即如图 3-11-3（b）所示的 $S_o(f)$ 曲线与横坐标轴 f 之间的面积就表示输出端噪声电压的均方值 $\overline{u_{on}^2}$。

下面引入等效噪声带宽（equivalent noise bandwidth）Δf_n 的概念，以简化噪声的计算。

等效噪声带宽是按照噪声功率相等（几何意义即面积相等）来等效的。如图 3-11-4 所示，使宽度为 Δf_n、高度为 $S_o(f_0)$ 的矩形面积与曲线 $S_o(f)$ 下的面积相等，Δf_n 即为等效噪声带宽。由于面积相等，所以起伏噪声通过这样两个特性不同的网络后，具有相同的输出均方值电压。

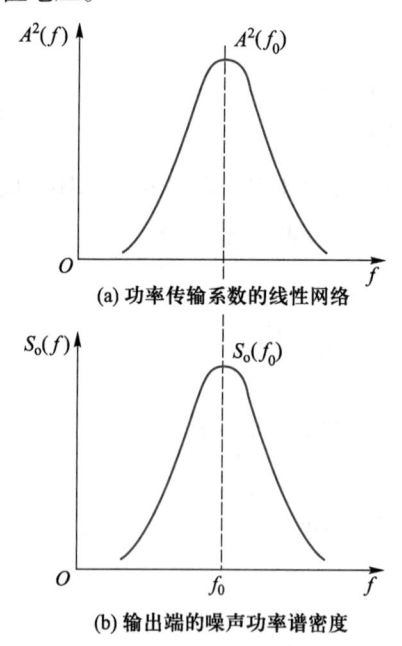

(a) 功率传输系数的线性网络

(b) 输出端的噪声功率谱密度

图 3-11-3　白噪声通过线性网络时功率谱的变化

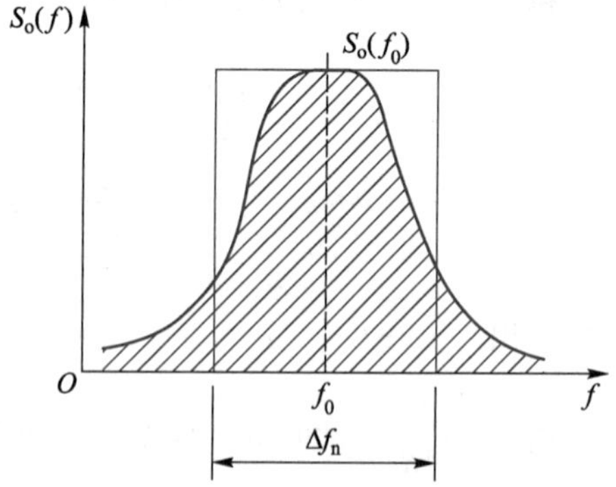

图 3-11-4　等效噪声带宽示意图

根据功率相等的条件，可得

$$\int_0^\infty S_o(f)\,\mathrm{d}f = S_o(f_0)\,\Delta f_n \qquad (3\text{-}11\text{-}30)$$

由于输入端噪声功率谱密度 $S_i(f)$ 是均匀的，将式（3-11-28）代入式（3-11-30），可得

$$\Delta f_n = \frac{\int_0^\infty A^2(f)\,\mathrm{d}f}{A^2(f_0)} \qquad (3\text{-}11\text{-}31)$$

回到式（3-11-29），线性网络输出端的噪声电压均方值为

$$\begin{aligned}
\overline{u_{on}^2} &= S_i(f) \int_0^\infty A^2(f)\,\mathrm{d}f \\
&= S_i(f) A^2(f_0) \int_0^\infty \frac{A^2(f)}{A^2(f_0)}\mathrm{d}f \qquad (3\text{-}11\text{-}32) \\
&= S_i(f) A^2(f_0)\,\Delta f_n
\end{aligned}$$

由式（3-10-11）可知 $S_i(f) = 4kTR$
所以

$$\overline{u_{on}^2} = 4kTR A^2(f_0)\,\Delta f_n \qquad (3\text{-}11\text{-}33)$$

由此可见，电阻热噪声（起伏噪声）通过线性四端网络后，输出的均方值电压就是该电阻在频带 Δf_n 内的均方值电压的 $A^2(f_0)$ 倍。通常 $A^2(f_0)$ 是知道的，所以，只要求出 Δf_n，就很容易算出 $\overline{u_{on}^2}$。如将 $A^2(f_0)$ 归一化为 1，则得式（3-10-12）所表示的电阻热噪声。对于其他（例如晶体管）噪声源来说，只要它的噪声功率谱密度为均匀的（白噪声），都可以用 Δf_n 来计算其通过线性网络后输出端噪声电压的均方值。

3.11.6 减小噪声系数的措施

根据上面讨论的结果，可提出如下减小噪声系数的措施：

（1）选用低噪声元器件

在放大或其他电路中，电子器件的内部噪声起着重要作用。因此，改进电子器件的噪声性能和选用低噪声的电子器件，就能大大降低电路的噪声系数。

对晶体管而言，应选用 r_b（$r_{bb'}$）和噪声系数 F_n 小的管子（可由手册查得，但 F_n 必须是高频工作时的数值）。除采用晶体管外，目前还广泛采用场效应管做放大器和混频器，因为场效应管的噪声电平低，尤其是最近发展起来的砷化镓金属半导体场效应管（MESFET），它的噪声系数可低到 $0.5 \sim 1\ \mathrm{dB}$。

在电路中，还必须谨慎地选用其他能引起噪声的电路元件，其中最主要的是电阻元件，宜选用结构精细的金属膜电阻。

（2）正确选择晶体管放大级的直流工作点

图 3-11-5 表示某晶体管的 F_n 与 I_E 的关系曲线。从图中可以看出，对于一定的信号源内阻 R_s，存在着一个使 F_n 最小的最佳电流 I_E 值。因为 I_E 改变时，直接影响晶体管的参数。当参数为某一值，满足最佳条件时，可使 F_n 达到最小值。另外，如 I_E 太小，晶体管功率增

益太低，使 F_n 上升；如 I_E 太大，又由于晶体管的散粒和分配噪声增加，也使 F_n 上升。所以 I_E 为某一值时，F_n 可以达到最小。从图 3-11-5 中还可看出，对于不同的信号源内阻 R_s，最佳的 I_E 值也不同。

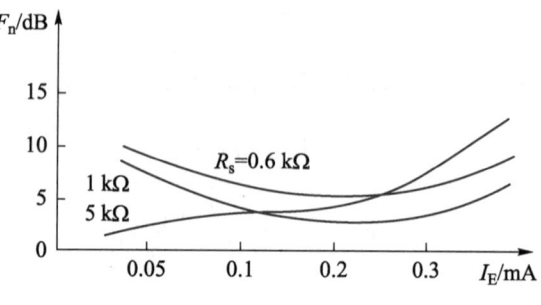

图 3-11-5　某晶体管 F_n 与 I_E 的关系曲线

除此之外，F_n 还分别与晶体管的 U_{CB} 和 U_{CE} 有关。但通常 U_{CB} 和 U_{CE} 对 F_n 的影响不大。电压低时，F_n 略有下降。

（3）选择合适的信号源内阻 R_s

信号源内阻 R_s 变化时，也影响 F_n 的大小。当 R_s 为某一最佳值时，F_n 可达到最小。晶体管共射和共基电路在高频工作时，这个最佳内阻为几十到三四百欧姆（当频率更高时，此值更小）。在较低频率范围内，这个最佳内阻为 $500 \sim 2\,000\ \Omega$，此时最佳内阻和共发射极放大器的输入电阻相近。因此，用共发射极放大器获得最小噪声系数的同时，亦能获得最大功率增益。在较高频工作时，最佳内阻和共基极放大器的输入电阻相近，因此，可用共基极放大器，使最佳内阻值与输入电阻相等，这样就同时获得最小噪声系数和最大功率增益。

（4）选择合适的工作带宽

根据上面的讨论，噪声电压都与通带宽度有关。接收机或放大器的带宽增大时，接收机或放大器的各种内部噪声也增大。因此，必须严格选择接收机或放大器的带宽，使之既不过窄，能满足信号通过时对失真的要求，又不至过宽，以免信噪比下降。

（5）选用合适的放大电路

以前介绍的共射-共基级联放大器、共源-共栅级联放大器都是优良的高稳定和低噪声电路。

（6）热噪声是内部噪声的主要来源之一，所以降低放大器特别是接收机前端主要器件的工作温度，对减小噪声系数是有意义的。对灵敏度要求特别高的设备来说，降低噪声温度是一个重要措施。例如，卫星地面站接收机中常用的高频放大器就是"冷参放"（制冷至 $20 \sim 80\ \text{K}$ 的参量放大器）。其他器件组成的放大器制冷后，噪声系数也有明显的降低。

3.12 仿真——高频小信号放大电路

3.12.1 单调谐回路谐振放大器仿真

利用立创 EDA 实现对单调谐回路谐振放大器的仿真电路如图 3-12-1 所示。

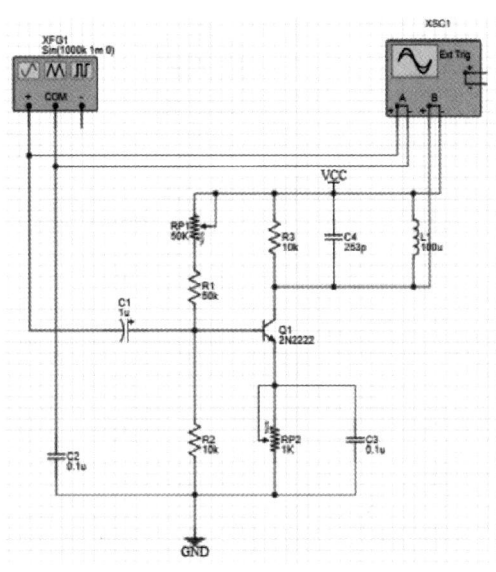

图 3-12-1 单调谐回路谐振放大器的仿真电路

其仿真结果如图 3-12-2 所示。

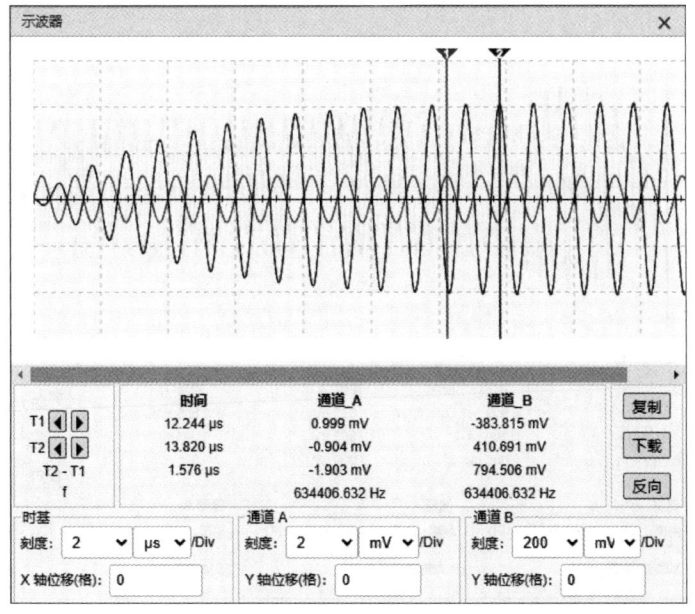

图 3-12-2 单调谐回路谐振放大器的仿真结果

思考题：

（1）如何计算放大倍数？

（2）电路图中哪些器件参数会影响放大倍数？请设计相应的实验进行验证。

3.12.2 多级单调谐回路谐振放大器仿真

利用立创 EDA 实现对多级单调谐回路谐振放大器的仿真电路如图 3-12-3 所示。

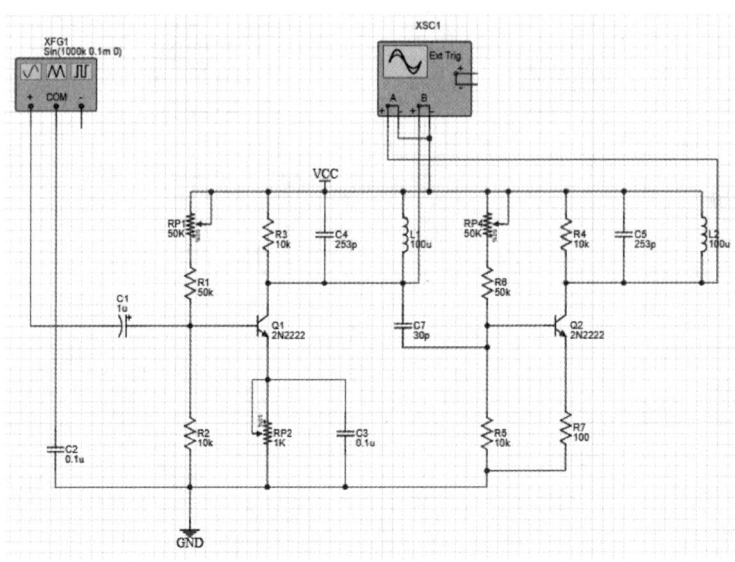

图 3-12-3　多级单调谐回路谐振放大器的仿真电路

其仿真结果如图 3-12-4 所示。

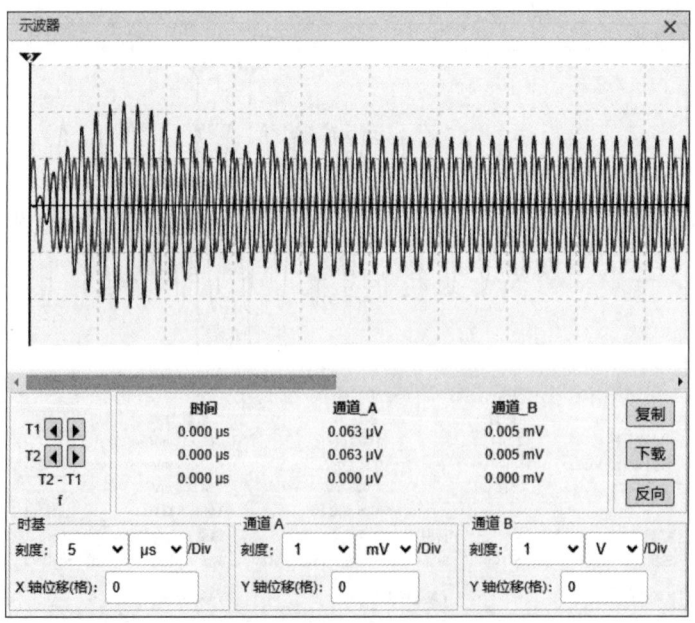

图 3-12-4　多级单调谐回路谐振放大器的仿真结果

思考题：

（1）如何计算电压放大倍数？与单级放大进行对比分析。

（2）电路图中哪些器件参数会影响放大倍数？请设计相应的实验进行验证。

（3）电容 C_7 是起什么作用的？该电容值大小选择会对电路产生什么影响？

3.13 前沿——小信号放大器最新研究方向

小信号放大器设计主要在提高电压增益、降低噪声系数（减少功耗）等方面开展研究工作，涉及新型半导体材料、集成电路与芯片技术、低噪声与高增益技术等领域。

1. 新型半导体材料

利用如氮化镓、碳化硅等宽禁带半导体材料，可使高频小信号放大器能够实现更高的功率密度、更低的功耗和更好的热稳定性。如 HMC1087F10 这一款 8 W 氮化镓功率放大器，采用 +28 V 直流电源的静态功耗仅为 850 mA。

2. 集成电路与芯片技术

集成化：随着集成电路技术的发展，高频小信号放大器逐渐实现高度集成化，将多个功能模块集成在一个芯片上，提高了系统的可靠性和紧凑性。

单片微波集成电路（MMIC）：MMIC 技术使得高频小信号放大器在微波频段具有更好的性能和更低的成本，广泛应用于卫星通信、雷达系统等领域。例如，相控阵雷达通过控制每个天线单元发射或接收电信号的幅度或相位信息来改变阵列等效波束的方向和强度，这种技术也依赖于 MMIC 技术来实现，MMIC 技术能够支持大规模天线阵列的集成，从而提高雷达波束扫描的灵活性和可控性。

3. 低噪声与高增益技术

低噪声放大器（LNA）：低噪声放大器是高频小信号放大器的重要组成部分，通过采用先进的低噪声技术，如噪声匹配网络、噪声消除电路等，降低放大器的噪声系数，提高系统的信噪比。

高增益技术：通过优化放大器的电路结构和制造工艺，实现更高的增益，以满足对信号放大性能的严格要求。

4. 自适应技术

在高频小信号放大器中引入自适应滤波器，可以根据信号的变化自动调整滤波器的参数，提高信号的传输质量和稳定性。在高频通信系统中，信号在传输过程中往往会受到信道特性的影响，如多径效应、频率选择性衰落等，这些都会导致信号失真。通过引入自适应滤波器，可以实时估计信道的特性，并自动调整滤波器的参数，以补偿信道的影响，实现信号的均衡。如 LTE、5G 等系统中，自适应滤波器被广泛应用于信道均衡器中，以提高信号在复杂环境下的传输质量。

思考题与习题

3.1　晶体高频小信号为什么一般都采用共发射极电路？

3.2　晶体管低频放大器与高频小信号放大器的分析方法有什么不同？高频小信号放大器能否用特性曲线来分析，为什么？

3.3　为什么在高频小信号放大器中要考虑阻抗匹配问题？

3.4　小信号放大器的主要性能指标有哪些？设计时遇到的主要问题是什么？解决办法是什么？

3.5　某晶体管的特征频率 $f_T = 250$ MHz，$\beta_0 = 50$。求该管在 $f = 1$ MHz，20 MHz 和 50 MHz 时的 β 值。

3.6　说明 f_β、f_T 和 f_{max} 的物理意义。为什么 f_{max} 最高，f_T 次之，f_β 最低？f_{max} 受不受电路组态的影响？请分析说明。

3.7　某晶体管在 $V_{CE} = 0$，$I_E = 1$ mA 时的 $f_T = 250$ MHz，又 $r_{bb'} = 70\ \Omega$，$C_{b'c} = 3$ pF，$\beta_0 = 50$。求该管在频率 $f = 10$ MHz 时的共射电路的 Y 的参数。

3.8　试证明 m 级（$\eta = 1$）双调谐放大器的矩形系数为

$$K_{r0.01} = \sqrt[4]{\frac{10^{2/m} - 1}{2^{1/m} - 1}}$$

3.9　在习题图 3-1 中，晶体管的直流工作点是 $V_{CE} = 8$ V，$I_E = 2$ mA；工作频率 $f_0 = 10.7$ MHz；调谐回路采用中频变压器 $L_{1-3} = 4\ \mu$H，$Q_0 = 100$，其抽头为 $N_{2-3} = 20$ 匝，$N_{4-5} = 5$ 匝。试计算放大器的下列各值：电压增益、功率增益、通频带、回路插入损耗和稳定系数 S（设放大器和前级匹配 $g_s = g_{ie}$）。晶体管在 $V_{CE} = 8$ V，$I_E = 2$ mA 时参数如下：

$$g_{ie} = 2\ 860\ \mu S;\quad C_{ie} = 18\ pF;$$
$$g_{oe} = 200\ \mu S;\quad C_{oe} = 18\ pF;$$
$$|y_{fe}| = 45\ mS;\quad \varphi_{fe} = -54°;$$
$$|y_{re}| = 0.31\ mS;\quad \varphi_{re} = -88.5°。$$

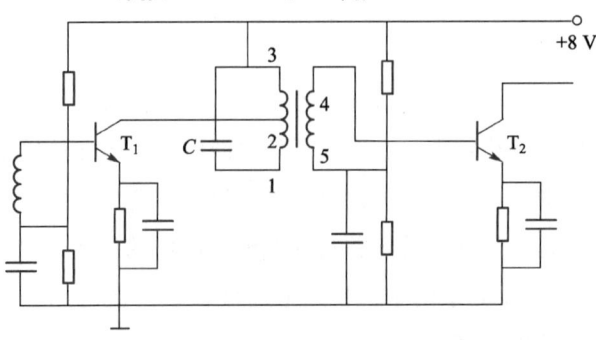

习题图 3-1

3.10 习题图 3-2 表示一单调谐回路中频放大器。已知工作频率 $f_0 = 10.7\,\text{MHz}$，回路电容 $C_2 = 56\,\text{pF}$，回路电感 $L = 4\,\mu\text{H}$，L 的参数 $N = 20$，$Q_0 = 100$，接入系数 $p_1 = p_2 = 0.3$。晶体管 T_1 的主要参数为：$f_T \geqslant 250\,\text{MHz}$，$r_{bb'} = 70\,\Omega$，$C_{b'e} \approx 3\,\text{pF}$，$y_{ie} = (0.15 + j1.45)\,\text{mS}$，$y_{oe} = (0.082 + j0.73)\,\text{mS}$，$y_{fe} = (38 - j4.2)\,\text{mS}$。静态工作点电流由 R_1、R_2、R_3 决定，现 $I_E = 1\,\text{mA}$，对应的 $\beta_0 = 50$。

（1）求单级电压增益 A_{u0}；

（2）求单级通频带 $2\Delta f_{0.7}$；

（3）求四级的总电压增益 $(A_{u0})_4$；

（4）求四级的总通频带 $2(\Delta f_{0.7})_4$；

（5）如四级的总通频带 $2(\Delta f_{0.7})_4$ 保持和单级的通频带 $2\Delta f_{0.7}$ 相同，则单级的通频带应加宽多少？四级的总电压增益下降多少？

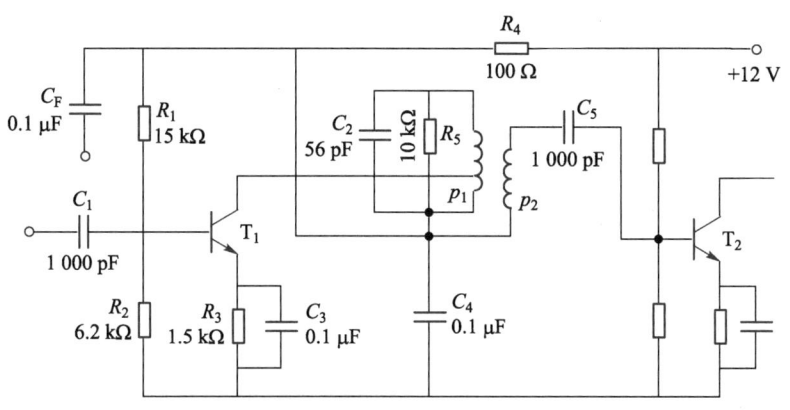

习题图 3-2

3.11 设计一个中频放大器。要求：采用电容耦合双调谐放大器，一、二级抽头 $p_1 = 0.3$，$p_2 = 0.3$；中频频率为 $1.5\,\text{MHz}$；中频放大器增益大于 $60\,\text{dB}$；通频带为 $30\,\text{kHz}$；矩形系数 $K_{r0.1} < 1.9$；放大器工作稳定；回路电容选用 $500\,\text{pF}$，回路线圈品质因数 $Q_0 = 80$。已知晶体管在 $I_E = 1\,\text{mA}$、$f = 1.5\,\text{MHz}$ 时，参数如下：

$$g_{ie} = 1000\,\mu\text{S}; \quad C_{ie} = 74\,\text{pF}; \quad g_{oe} = 18\,\mu\text{S}; \quad C_{oe} = 18\,\text{pF};$$

$$y_{fe} = 3600\underline{/-4.3°}\,\mu\text{S}; \quad y_{re} = 33\underline{/-93°}\,\mu\text{S}。$$

另外，中放前的变频器也采用双调谐回路做负载。

3.12 为什么晶体管在高频工作时要考虑单向化问题，而在低频工作时，则可不必考虑？

3.13 影响谐振放大器稳定性的因素是什么？反馈导纳的物理意义是什么？

3.14 用晶体管 CG30 做一个 $30\,\text{MHz}$ 中频放大器，当工作电压 $U_{CE} = 8\,\text{V}$，$I_E = 2\,\text{mA}$ 时，其 Y 参数是：

$$y_{ie} = (2.86 + j3.4)\,\text{mS}; \quad y_{re} = (0.08 - j0.3)\,\text{mS};$$

$$y_{fe} = (26.4 - j36.4)\ \text{mS};\qquad y_{oe} = (0.2 + j1.3)\ \text{mS}。$$

求此放大器的稳定电压增益$(A_{u0})_S$，要求稳定系数$S \geqslant 5$。

3.15　场效应管高频小信号放大器与晶体管的比较有哪些优缺点？其适用范围如何？

3.16　如习题图 3-3 所示的双调谐电感耦合电路中，设第一级放大器的输出导纳和第二级放大器的输入导纳分别是：$g_o = 20 \times 10^{-6}\ \text{S}$、$C_o = 4\ \text{pF}$；$g_i = 0.62 \times 10^{-6}\ \text{S}$、$C_i = 40\ \text{pF}$。$|y_{fe}| = 40 \times 10^{-3}\ \text{S}$，工作频率$f_0 = 465\ \text{kHz}$，中频变压器一次、二次线圈的空载 Q 值均为 100，线圈抽头为$N_{1-2} = 73$ 匝，$N_{3-4} = 73$ 匝，$N_{4-5} = 1$ 匝，$N_{5-6} = 13.5$ 匝，L_1 和 L_2 为紧耦合。

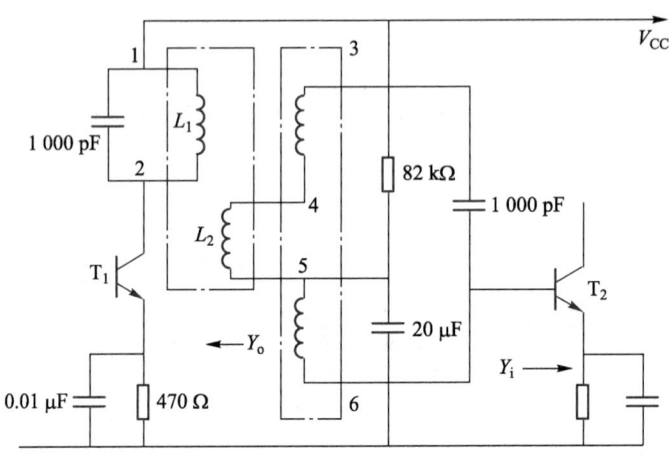

习题图 3-3

求：（1）电压方法倍数；（2）通频带和矩形系数。

3.17　设某晶体管共射连接时其 Y 参数为 y_{ie}、y_{fe}、y_{re}、y_{oe}；共基连接时其 Y 参数为 y_{ib}、y_{fb}、y_{rb}、y_{ob}；共集连接时其 Y 参数为 y_{ic}、y_{fc}、y_{rc}、y_{oc}；现将两个这种晶体管级联，假设 $y_{fe} \gg y_{ie} \gg y_{oe} \gg y_{re}$，试证明：

（1）共集-共基级联时，其复合管的 Y 参数为

$$y_i' \approx y_{ie}$$

$$y_r' \approx \frac{y_{re}}{y_{fe}}(y_{re} + y_{oe})$$

$$y_f' \approx y_{fe}$$

$$y_o' \approx -y_{re}$$

（2）共射-共基级联时，其复合管的 Y 参数为

$$y_i'' \approx \frac{y_{ie}}{2}$$

$$y_r'' \approx \frac{y_{ie}}{2y_{fe}}(y_{re} + y_{oe})$$

$$y_f'' \approx -\frac{y_{fe}}{2}$$

$$y_o'' \approx \frac{y_{oe}}{2}$$

3.18 晶体管和场效应管噪声的主要来源是哪些？为什么场效应管的内部噪声较小？

3.19 一个 $1\,000\,\Omega$ 电阻在温度 290 K 和 10 MHz 频带内工作，试计算它两端产生的噪声电压和噪声电流的方均根值。

3.20 三个电阻 R_1、R_2 和 R_3，其温度保持在 T_1、T_2 和 T_3。如果电阻串联连接，并看成等效于温度 T 的单个电阻 R，求 R 和 T 的表示式。如果电阻改为并联连接，求 R 和 T 的表示式。

3.21 某晶体管的 $r_{bb'} = 70\,\Omega$，$I_E = 1\,\text{mA}$，$\alpha_0 = 0.95$，$f_\alpha = 500\,\text{MHz}$，求在室温 19℃、通频带为 200 kHz 时，此晶体管在频率为 10 MHz 时的各噪声源数值。

3.22 试证明如习题图 3-4 所示并联谐振回路的等效噪声带宽为

$$\Delta f_n = \frac{\pi f_0}{2Q}$$

3.23 某接收机的前端电路由高频放大器、晶体混频器和中频放大器组成。已知晶体混频器的功率传输系数 $K_{pc} = 0.2$，噪声温度 $T_i = 60\,\text{K}$，中频放大器的噪声系数 $F_n = 6\,\text{dB}$。现用噪声系数为 3 dB 的高频放大器来降低接收机的总噪声系数。如果要使总噪声系数降低到 10 dB，则高频放大器的功率增益至少要几分贝？

3.24 如习题图 3-5 所示，不考虑 R_L 的噪声，求虚线内线性网络的噪声系数 F_n。

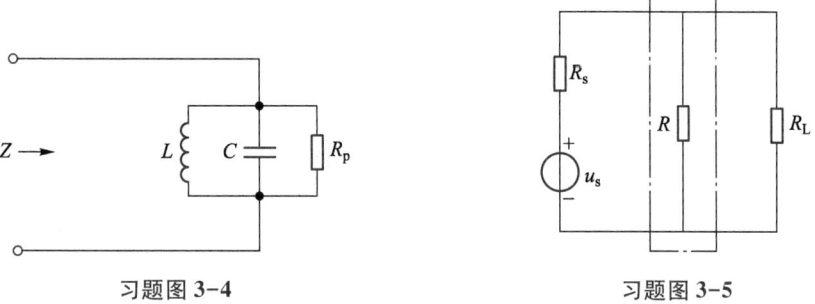

习题图 3-4　　　　　　　　　　习题图 3-5

3.25 如习题图 3-6 所示，虚线框内为一线性网络，G 为扩展通频带的电导，画出其噪声等效电路，并求其噪声系数 F_n。

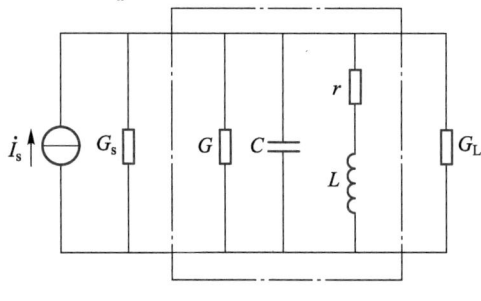

习题图 3-6

3.26 有 A、B、C 三个匹配放大器，它们的特性如下：

放大器	功率增益/dB	噪声系数
A	6	1.7
B	12	2.0
C	20	4.0

现把这三个放大器级联，放大一低电平信号，问此三个放大器如何连接，才能使总的噪声系数最小，最小值为多少？

3.27 当接收机线性级输出端的信号功率对噪声功率的比值超过 40 dB 时，接收机会输出满意的结果。该接收机输入级的噪声系数是 10 dB，损耗为 8 dB，下一级的噪声系数为 3 dB，并具有较高的增益。若输入信号功率对噪声功率的比为 $1×10^5$，问这样的接收机构造形式是否满足要求，是否需要一个前置放大器？若前置放大器增益为 10 dB，则其噪声系数应为多少？

第 4 章
高频功率放大电路

4.1 导　　课

在无线通信系统接收机中，按照信息传输基本理论，若想保证解调出来的基带信号无失真，得到较好的解调效果，则要求接收到的高频已调波信号功率和传输过程中引入的噪声信号的功率之比要尽可能高，即信噪比要大。随着传输距离的加大，信号在传输过程中的功率衰减增大，为了在接收端可以获得较高信噪比，需要发射机对信号的发射功率进行放大，再将信号通过天线发送出去。这章我们将研究高频功率放大电路，具体而言，包括以下几个问题：

（1）高频功放电路有什么特点呢？它和前一章讲述的高频小信号放大电路有什么不同？（4.2 节）

（2）效率是功放所关心的重要指标，在电路中如何设计来提高功放电路的效率呢？功率的计算方法是什么呢？（4.3.1 小节）

（3）在功放电路中，晶体管相当于一个非线性元件，如何描述这样的元件呢？功放电路的功率和效率如何计算呢？（4.3.2 小节）

（4）当输入信号变化时，输出的功率和效率将如何变化？（4.3.2 小节）

（5）输入和输出信号之间的关系可用负载线描述，但是负载线会受到电路参数的影响而发生改变，哪些参数会影响负载线？（4.3.2 小节）

（6）为了提高高频功放效率，实际功放电路要考虑哪些因素，这些因素如何实现？（4.3.3 小节）

（7）除了丙类功放，还有哪些功放电路？（4.4~4.5 节）

（8）前面章节介绍的是窄带信号的功放电路，若是输入信号为宽带信号，那么应该使用什么样的电路呢？（4.6 节）

4.2 概　　述

在低频电子线路中，为了获得足够大的输出功率，必须采用低频功率放大器。这种低频功率放大器一般是指工作在甲类或乙类（推挽输出）或甲乙类的放大器，效率不会超过78.5%。同样地，在高频电子线路中，为了获得足够大的输出功率，也必须采用高频功率放大器。不过，由于高频的特殊性，高频功率放大器既可以工作在甲类或甲乙类状态，也可以工作在丙类或丁类，甚至戊类状态，效率可以高于78.5%。在有线通信中，常常也需要高频功率放大器，比如闭路电视等。由此可见，高频功率放大器是通信发送设备的重要组成部分。

高频功率放大器是用于放大高频信号并获得足够大的输出功率的放大器，它广泛用于发射机、高频加热装置和微波功率源等电子设备中。

高频功率放大器与低频功率放大器相比，主要有以下几点不同：

（1）工作波段和相对频带宽度不同

虽然低频功率放大器的工作频率低，但是相对频带宽度非常宽。比如，放大频率为20 Hz~20 kHz 的低频信号，高低频率之比达到 1 000∶1；中心频率为 0.5×（20 000+20）Hz = 10 010 Hz，频带宽度为（20 000−20）Hz = 19 980 Hz，相对频带宽度为 19 980 Hz/10 010 Hz = 2.0。调频广播的载波频率范围为 88~108 MHz，高低频率之比仅为 1.23∶1；中心频率为 0.5×（80+108）MHz = 94 MHz，频带宽度为（108−88）MHz = 20 MHz，相对频带宽度为 20 MHz/94 MHz = 0.2。它们的工作频率至少差 3 个数量级，相对频带宽度是 10 倍的关系。由于工作频率和相对频带宽度不同，决定了低频功率放大器采用无调谐负载，比如电阻、变压器等，而窄带高频功率放大器一般都采用谐振回路作负载。

（2）采用的工作状态一般不同

低频功率放大器一般是在甲类、乙类（推挽输出）或甲乙类状态下工作。虽然窄带高频功率放大器可以工作在甲类或乙类（推挽输出）或甲乙类状态，但是为了提高效率，往往工作在丙类或丁类，甚至戊类状态。

（3）工作原理一般不同

低频功率放大器是一种线性放大器，电路中有源器件工作于放大区。而对于实现窄带信号高频功放的放大器，则工作在丙类、丁类或戊类状态，电路中有源器件工作于截止区，是一种非线性电路。

高频功率放大器主要分为窄带与宽带两大类。窄带高频功率放大器，因其常利用具有频率选择特性的谐振网络作为负载，故亦称作谐振功率放大器。为了提升效率，这类放大器往往工作在乙类、丙类乃至丁类或戊类状态。具体而言，当需要放大等幅信号（诸如载波信号或调频信号）时，谐振功率放大器常工作在丙类状态；而针对高频调幅信号的放大，为减少失真，则倾向于乙类工作状态，此类放大器亦被称为线性功率放大器。为了进一步提升效率，近年来丁类谐振功率放大器应运而生，其特点在于使电子元件工作在开关状态。

另一方面，宽带高频功率放大器则采用了工作频带很宽的传输线变压器作为负载，实现了高效的功率合成。由于摒弃了谐振网络，这种放大器能够在极宽的频率范围内工作，而无须进行复杂的调谐操作。

在高频功率放大器中，有源器件可以采用晶体管或场效应管或电子管，其中，电子管是最古老的元件。晶体管和场效应管与电子管相比，具有体积小、重量轻、耗电少、寿命长等优点，因此，它们一出现，就获得了迅速的发展。在低频电子线路、脉冲与数字电路、高频电子线路等电路中，晶体管和场效应管已经或正在取代电子管，成为电子元器件中的主力军，为电子技术的发展谱写新的篇章。但是，到目前为止，晶体管和场效应管并没有完全取代电子管。比如，在高频功率放大器中，当输出功率达到几百瓦以上时，电子管仍然占优势。

高频功率放大器的技术指标包括输出功率、效率、功率增益、带宽和谐波抑制度等。这几项指标往往是互相矛盾的，对于不同应用，要有所兼顾。它的主要技术指标是输出功率和效率。

由于高频功率放大器的输出功率比较大，耗能比较多，所以工作频率就显得非常重要。放大器的基本原理都是利用输入基极的信号去控制集电极的直流电源，让这个直流电源输出的功率转变为与输入信号频谱结构相同的输出信号的功率（线性放大）。显然，这个转换的效率不会是 100% 的，因为电子元器件本身还要消耗功率，比如，电阻、晶体管、场效应管、电子管等。事实上，这个电流源输出的功率一部分转变为交流输出功率，另一部分主要以热能的形式被集电极或漏极或阳极所消耗，称为耗散功率。工作效率的提高，意味着更加节能，同时，也意味着晶体管或场效应管或电子管本身发热的程度更低，使用寿命更长。

本章主要讨论丙类高频谐振功率放大器的工作原理、特性以及技术指标的计算、具体电路的分析内容，对宽带高频功率放大器作简要的介绍。

4.3　丙类高频功率放大器的工作原理

4.3.1　电路结构、工作原理

由于晶体管的工作情况与频率有极密切的关系，通常可以把它的工作频率范围划分成如下三个区域：

（1）低频区 $f < 0.5 f_{\beta}$

微视频 4.3
丙类高频功率放大器的工作原理

（2）中频区 $0.5f_\beta < f < 0.2f_T$

（3）高频区 $0.2f_T < f < f_T$

通常，f_β 与 f_T 之间的关系为 $f_T \approx \beta f_\beta$。晶体管在低频区工作时，可以不考虑它的等效电路中的电抗分量与载流子渡越时间等影响。此时能用与分析电子管高频功率放大器相类似的方法来分析计算晶体管电路，内容比较成熟。中频区的分析计算要考虑晶体管各个结电容的作用。高频区则需进一步考虑电极引线电感的作用。因此，中频区和高频区的严格分析与计算是相当困难的。本书将从低频区来说明晶体管高频功率放大器的工作原理。

1. 效率提升分析

在"低频电子线路"课程中，我们了解到无论是晶体管放大器还是电子管放大器，它们的核心工作机制都类似：通过接收并处理输入至基极（对于晶体管）或栅极（对于电子管）的信号，来调控集电极（晶体管）或阳极（电子管）上直流电源所提供的直流功率。这一调控过程旨在将直流功率有效转换为交流信号功率，进而实现信号的放大与输出。然而，值得注意的是，这种转换效率并非完美无缺，即并非所有直流功率都能完全转化为交流输出功率。实际上，除了转化为交流输出的部分外，还有相当一部分功率会以热能的形式在集电极（或阳极）区域耗散掉，这部分被称为集电极（或阳极）耗散功率。为方便起见，下面只讨论晶体管电路，但所得到的结论同样适用于电子管电路。

设 $P_=$ 为直流电源供给的直流功率，P_o 为交流输出信号功率，P_c 为集电极耗散功率，那么，根据能量守恒定律应有

$$P_= = P_o + P_c \tag{4-3-1}$$

为了说明晶体管放大器的转换能力，采用集电极效率 η_c，其定义为

$$\eta_c = \frac{P_o}{P_=} = \frac{P_o}{P_o + P_c} \tag{4-3-2}$$

由上式可以得出以下两点结论：

（1）为了提升晶体管的性能，我们可以减少集电极耗散功率 P_c。一旦集电极耗散功率得到有效控制并降低，集电极效率 η_c 自然会相应提升。在给定 $P_=$ 时，晶体管的交流输出功率 P_o 将会显著增加。

（2）在确保晶体管的集电极耗散功率 P_c 不超过其设计或安全规定的限制范围内，通过提升集电极效率 η_c，我们可以显著增强晶体管的交流输出功率 P_o。这意味着，在保持热稳定性与器件安全的前提下，集电极效率的提高能够带来交流输出功率的大幅增长。对于这一点可说明如下：

由式（4-3-2）得

$$P_o = \left(\frac{\eta_c}{1-\eta_c}\right) P_c \tag{4-3-3}$$

如果 $\eta_c = 20\%$（甲类放大），则由上式得 $(P_o)_1 = 1/4 P_c$；如果 $\eta_c = 75\%$（丙类放大），

则得到$(P_o)_2 = 3P_c$。显然，$(P_o)_2 = 12(P_o)_1$。由此可见，对于给定的晶体管，在同样的集电极耗散功率P_c的条件下，当η_c由20%提高到75%时，输出功率提高12倍。可见，提高集电极效率对输出功率有极大的影响。当然，这时输入直流功率也要相应地提高，才能在P_c不变的情况下，增加输出功率。高频功率放大器就是从这方面入手，来提高输出功率与效率的。

高频功率放大器的基本电路如图4-3-1所示。

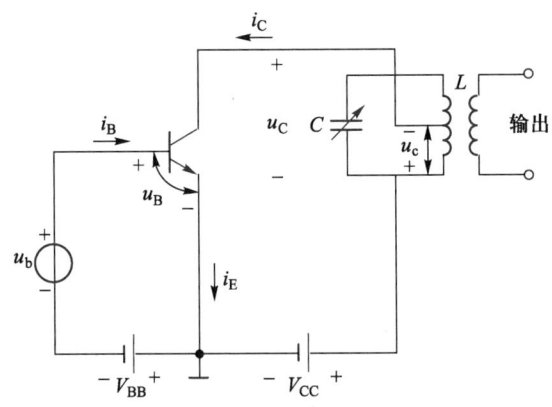

图 4-3-1　高频功率放大器的基本电路

高频功率放大器的基本电路如图4-3-1所示。本章用到的变量符号含义如下：V_{CC}为集电极电路的直流电源电压；V_{BB}为基极电路的直流偏压；u_c为集电极回路交流输出电压，振幅为U_{cm}；u_b为基极交流信号电压，振幅为U_{bm}；u_C为集电极到发射极的瞬时电压，最小值为u_{Cmin}；u_B为基极到发射极的瞬时电压，最大值为u_{Bmax}；i_C为集电极瞬时总电流，最大值为i_{Cmax}；i_B为基极瞬时电流；i_E为发射极瞬时电流；$2\theta_c$为集电极电流的导通角；θ_c为集电极电流的半导通角。各部分电压极性与电流的正方向已示于图4-3-1中，凡是电流方向与电压极性符合图中规定方向与极性的，就认为是正的。

对于如图4-3-1所示的高频功率放大电路，我们应该如何减小集电极耗散功率呢？由于任一元件（呈电阻性）上的耗散功率等于通过该元件的电流与该元件两端电压的乘积，因此晶体管的集电极耗散功率在任何瞬间总是等于集电极瞬时电压u_C与集电极瞬时总电流i_C的乘积。如果使i_C只有在u_C最低的时候才能通过，那么集电极耗散功率自然会大为减小。由此可见，要想获得高的集电极效率，放大器的集电极电流应该是脉冲状（时关时开），即电流导通角小于180°时（丙类工作状态），此时基极直流偏压V_{BB}使得基极处于反向偏置状态。从折线的观点看，基极偏压V_{BB}等于U_{BZ}时，电流截止，即为乙类工作状态（导通角等于180°）。当$V_{BB} < U_{BZ}$时，即为丙类工作状态（导通角小于180°），这时V_{BB}可以正向偏置（基极接V_{BB}正极，发射极接V_{BB}负极）或反向偏置（基极接V_{BB}负极，发射极接V_{BB}正极），视导通角$2\theta_c$与激励电压U_{bm}的大小而定，但大多数情况采用反向偏置。

对于如图4-3-1所示的NPN型管来说，只有在激励信号u_b为正值的一段时间（$+\theta_c$至$-\theta_c$）内才有集电极电流产生，如图4-3-2（a）所示。图中，将晶体管的转移特性理想化为一条直线交横轴于 U_{BZ}，U_{BZ} 称为截止电压。硅管的 U_{BZ} 为 $0.4 \sim 0.6\,\text{V}$，锗管的 U_{BZ} 为 $0.2 \sim 0.3\,\text{V}$。由图可知，$2\theta_c$ 是在一周期内的集电极电流导通角，因此，θ_c 可称为半流通角或截止角（意即 $\omega t = \theta_c$ 时，电流被截止）。由图 4-3-2（a）可以看出（图中 V_{BB} 取绝对值）

$$U_{bm}\cos\theta_c = U_{BZ} + V_{BB} \tag{4-3-4}$$

故得

$$\cos\theta_c = \frac{U_{BZ} + V_{BB}}{U_{bm}} \tag{4-3-5}$$

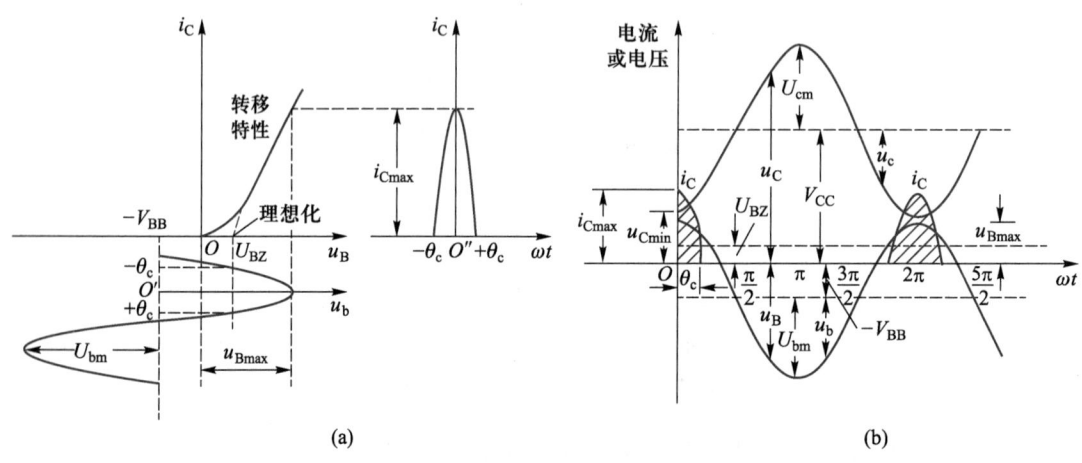

图 4-3-2　高频功率放大器中各部分电压与电流的关系

必须强调指出，由于集电极瞬时总电流 i_C 是周期脉冲状，可展开成傅里叶级数形式，即包括直流、基频、二次谐波、高次谐波等无穷多分类，相对仅有基频分量的输入信号，失真严重。但由于在集电极电路内采用并联谐振回路（或其他形式的选频网络），回路谐振于输入信号的基频，那么回路对基频呈现很大的纯电阻性，而对谐波的阻抗则很小，可认为短路。因此，i_C 流经并联谐振电路产生的电势降 u_C 也几乎只含有基频，i_C 失真虽然很大，但由于谐振回路的这种滤波作用，仍然能得到正弦波形的输出。

【例 4.1】试求如图 4-3-1 所示的并联谐振电路各次谐波与基频的阻抗值之比。已知回路 $Q = \dfrac{\omega L}{r} = 10$，回路谐振于基频。

解　并联谐振阻抗为

$$(Z_p)_\omega = R_p = p^2\frac{L}{Cr} = p^2 Q\omega L$$

对于谐波 $n\omega$ 的阻抗为

$$(Z_p)_{n\omega} = p^2\frac{(r + \mathrm{j}n\omega L)\dfrac{1}{\mathrm{j}n\omega C}}{r + \mathrm{j}\left(n\omega L - \dfrac{1}{n\omega C}\right)}$$

此处 p 为接入系数。

由于 $Q = \dfrac{\omega L}{r} = 10 \gg 1$，因此 $n\omega L \gg r$，同时注意到 $\omega^2 LC = 1$，于是上式

$$(Z_{\mathrm{p}})_{n\omega} \approx p^2 \frac{n\omega L}{\mathrm{j}n\omega C\left(n\omega L - \dfrac{1}{n\omega C}\right)} = -\mathrm{j}\frac{n}{(n^2-1)Q}p^2 Q\omega L$$

$$= -\mathrm{j}\frac{n}{(n^2-1)Q}(Z_{\mathrm{p}})_{\omega}$$

由此可知，回路对高次谐波呈电容性阻抗。它的绝对值与基频谐振阻抗的比值为

$$\left|\frac{(Z_{\mathrm{p}})_{n\omega}}{(Z_{\mathrm{p}})_{\omega}}\right| = \frac{n}{(n^2-1)Q}$$

在本例中，$Q = 10$。因此当 n 为 2~5 时，

$$\left|\frac{(Z_{\mathrm{p}})_{2\omega}}{(Z_{\mathrm{p}})_{\omega}}\right| = \frac{2}{(4-1)10} = \frac{1}{15} = 0.066\ 7, \qquad \left|\frac{(Z_{\mathrm{p}})_{3\omega}}{(Z_{\mathrm{p}})_{\omega}}\right| = \frac{3}{(9-1)10} = \frac{3}{80} = 0.037\ 5,$$

$$\left|\frac{(Z_{\mathrm{p}})_{4\omega}}{(Z_{\mathrm{p}})_{\omega}}\right| = \frac{4}{(16-1)10} = \frac{2}{75} = 0.026\ 7, \qquad \left|\frac{(Z_{\mathrm{p}})_{5\omega}}{(Z_{\mathrm{p}})_{\omega}}\right| = \frac{5}{(25-1)10} = \frac{1}{48} = 0.020\ 8 \quad \blacksquare$$

由此可见，随着谐波次数增加，其阻抗相对基频阻抗越来越小，即使是阻抗较大的二次谐波阻抗，也只是谐波阻抗的 1/15，可以忽略其影响。因此虽然 i_{c} 呈周期脉冲状，但回路两端的电压以及由这电压所产生的回路电流仍然是正弦波。

回路的这种滤波作用也可从能量的观点来解释，回路是由储能元件 L（可以储存磁能）和 C（可以储存电能）组成的。在集电极电流流过时，回路储存能量；而在电流截止时，回路释放能量。这样就维持了回路中振荡电流的连续性。

由于回路对基频呈纯电阻性阻抗，当集电极瞬时电流 i_{C} 最大时，回路上所产生的电压降 u_{c} 为最大值 U_{cm}，则集电极瞬时电压 u_{C} 为最小值 $u_{\mathrm{Cmin}} = V_{\mathrm{CC}} - U_{\mathrm{cm}}$，也是基极瞬时电压 u_{B} 达到最大值 $u_{\mathrm{Bmax}} = -V_{\mathrm{BB}} + U_{\mathrm{bm}}$ 的时刻。所以，集电极瞬时电压 u_{C} 与基极瞬时电压 u_{B} 的相位差正好等于 180°。这时所得到的 u_{C}、u_{B}、i_{C} 等的波形和相位关系，如图 4-3-2（b）所示。由图可知，i_{C} 只在 u_{C} 很小的时间流过，因此集电极耗散功率减小，集电极效率提升，且 u_{Cmin} 越低，效率就越高。

如果增大基极偏压（反向），而保持 V_{CC} 和 U_{bm} 不变，那么，i_{c} 的导通角 $2\theta_{\mathrm{c}}$ 将减小，从而能获得更高的效率。$2\theta_{\mathrm{c}}$ 越小，效率越高。但当 $2\theta_{\mathrm{c}}$ 过小时，集电极电源 V_{CC} 提供的直流功率下降得太大（直流功率是 V_{CC} 与 i_{c} 的直流分量的乘积，$2\theta_{\mathrm{c}}$ 减小，i_{c} 的直流分量减小），因此即使效率很高，输出功率反而可能减小。由此可知，在 θ_{c} 的选择上，输出功率与集电极效率之间是存在矛盾的。为了兼顾输出功率与效率，应适当选取 θ_{c}，一般取为 70° 左右。

各部分电压极性与电流的正方向已示于图 4-3-1 中，凡是电流方向与电压极性符合图中规定方向与极性的，就认为是正的。

2. 功率计算

参阅图 4-3-1 与图 4-3-2, 可知

$$u_C = V_{CC} - U_{cm}\cos\omega t \qquad (4\text{-}3\text{-}6)$$

此处略去了回路的直流电阻所产生的电压降, 因为它通常很小。同时还假定集电极回路谐振于激励信号频率。

集电极电流脉冲可分解为傅里叶级数, 即

$$i_C = I_{C0} + I_{cm1}\cos\omega t + I_{cm2}\cos2\omega t + I_{cm3}\cos\omega t + \cdots \qquad (4\text{-}3\text{-}7)$$

直流电源 V_{CC} 所供给的直流功率为

$$P_= = V_{CC} I_{C0} \qquad (4\text{-}3\text{-}8)$$

由于回路对基频谐振呈纯电阻 R_p, 对其他谐波的阻抗很小, 且呈容性, 因此, 只有基频电流与基频电压才能产生输出功率。此时, 回路的基频功率为

$$P_o = \frac{1}{2}U_{cm}I_{cm1} = \frac{U_{cm}^2}{2R_p} = \frac{1}{2}I_{cm1}^2 R_p \qquad (4\text{-}3\text{-}9)$$

回路阻抗值可写成

$$R_p = \frac{U_{cm}}{I_{cm1}} = \frac{V_{CC} - u_{Cmin}}{I_{cm1}} = \frac{U_{cm}^2}{2P_o} \qquad (4\text{-}3\text{-}10)$$

直流输入功率与回路交流功率 P_o 之差就是晶体管的集电极耗散功率, 即

$$P_c = P_= - P_o \qquad (4\text{-}3\text{-}11)$$

放大器的集电极效率为

$$\eta_c = \frac{P_o}{P} = \frac{\frac{1}{2}U_{cm}I_{cm1}}{V_{CC}I_{C0}} = \frac{1}{2}\xi g_1(\theta_c) \qquad (4\text{-}3\text{-}12)$$

式中, $\xi = \dfrac{U_{cm}}{V_{CC}}$, 为集电极电压利用系数; $g_1(\theta_c) = \dfrac{I_{cm1}}{I_{C0}}$ 称为波形系数, 它是通角 θ_c 的函数; θ_c 越小, 则 $g_1(\theta_c)$ 越大。下节将讨论此结论。

式 (4-3-12) 说明, ξ 越大 (即 U_{cm} 越大或 u_{Cmin} 越小), θ_c 越小, 则效率 η_c 越高。

以上对高频谐振功率放大器的工作原理和功率、效率的数量关系, 做了初步研究。必须指出, 为了深刻理解谐振功率放大器的工作原理, 并进而掌握以后讨论的分析方法, 应牢固记清图 4-3-2 (b) 所示的电压与电流波形、两者之间的关系, 以及各种符号的物理意义。图 4-3-2 (b) 对于掌握谐振功率放大器的工作原理非常重要。

4.3.2 折线分析法

1. 晶体管特性曲线的理想化及其解析式

为了对高频功率放大器进行分析与计算, 关键在于求出电流的直流分分量 I_{C0} 与基频分量 I_{cm1}。只要求出了这两个数值, 其他问题就可迎刃而解。解决这个问题的方法有图解

法与折线近似分析法两种。图解法是从晶体管的实际静态特性曲线入手，从图上取得若干点，然后求出电流的直流分量与交流分量。图解法是从客观实际出发的，应该说，准确度是比较高的。但这对于电子管来说是正确的。而晶体管特性的离散性较大，因此一般手册并不给出它的特性曲线。即使有曲线，也只能作为参考，并不一定能符合实际选用的晶体管特性。这也就失去了图解法准确度高的优点。同时图解法又难以进行概括性的理论分析。基于以上这些原因，对于晶体管电路来说，我们只讨论折线近似分析法。

折线近似分析法是一种简化电子器件特性曲线分析的方法。其核心在于，首先将复杂的电子器件特性曲线进行理想化处理，即采用一条或多条直线段（构成折线）来近似替代原曲线。通过这种方式，将原本复杂的特性曲线转化为一系列简单的数学表达式，极大地简化了分析过程。

在实际应用中，一旦获得了这些数学表达式的具体参数（即电子器件的相关参数），就可以直接进行计算，而无须依赖完整的特性曲线数据。然而，折线近似分析法在提供便利的同时，也伴随着准确性相对较低的缺点。它可能无法完全精确地反映电子器件在所有工作条件下的实际性能。但对于目前晶体管电路的分析而言，由于技术限制，我们往往只能进行定性的估算，因此，折线近似法作为一种实用且有效的工具，被广泛地采用。

在对晶体管特性曲线进行折线化之前，必须说明，由于晶体管特性与温度的关系很密切，因此，以下的讨论都是假定在温度恒定的情况。此外，因为实际上最常用共发射极电路，所以以后的讨论只限于共发射极组态。

晶体管的静态特性曲线在折线法中主要用到的有两组：输出特性曲线与转移特性曲线。输出特性曲线是指基极电流（电压）恒定时，集电极电流与集电极电压的关系曲线。转移特性曲线是指集电极电压恒定时，集电极电流与基极电压的关系曲线。

首先讨论输出特性曲线的折线化。如图 4-3-3（a）所示为晶体管的实际输出特性曲线。晶体管是电流控制元件，特性曲线 $i_B \sim i_C$ 是线性的。因而在 i_B 为定值时的实际输出特性曲线为等间隔的。图 4-3-3（a）中采用 u_B 为定值，是为了便于采用折线法。因为 u_B 的变化也反映 i_B 的变化，因此这样的处理还是可行的。但应注意，由于输入特性曲线 $i_B \sim u_B$ 是非线性的，因此，u_B 为定值的输出特性曲线族的间隔不是等距离的，图 4-3-3（a）绘成等间隔的曲线族，当然是不严格的。

仔细观察曲线族，发现它们可以用如图 4-3-3（b）所示的折线族来近似表示[图 4-3-3（b）是输出特性的理想化]。直线 1（称为临界线）将晶体管的工作区分为饱和区与放大区：在它的左方为饱和区，右方为放大区（当然，在靠近横轴处，$i_C \approx 0$，为截止区）。这一点在"低频电子线路"中已经讲过了。

在高频功率放大器中，又常根据集电极电流是否进入饱和区，将它的工作状态分为三种：

（1）欠压工作状态（under voltage state）：当放大器的集电极电流峰值位于临界线右侧时，表明集电极电流尚未达到饱和区，此时伴随的是交流输出电压相对较低的情况。

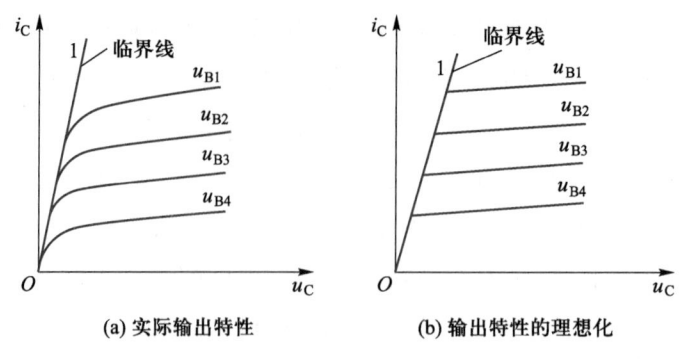

(a) 实际输出特性　　　　　(b) 输出特性的理想化

图 4-3-3　晶体管输出特性及其理想化

（2）过压工作状态（over voltage state）：若集电极电流的峰值穿越临界线，进入其左侧的饱和区，则表明电流已达到或超过饱和水平，此时交流输出电压会显著增高。

（3）临界工作状态（critical state）：当集电极电流的最大值落在临界线上时，这种状态被称为临界工作状态，它标志着集电极电流正处于即将进入或刚刚离开饱和区的边缘。

这样的分类有助于工程师根据实际需求调整和优化功率放大器的工作条件，以达到最佳的性能表现。可见，最重要的是表征这条临界线的方程。它是一条通过原点，斜率为 g_{cr} 的直线。因此，临界线方程可写为

$$i_C = g_{cr} u_C \qquad (4\text{-}3\text{-}13)$$

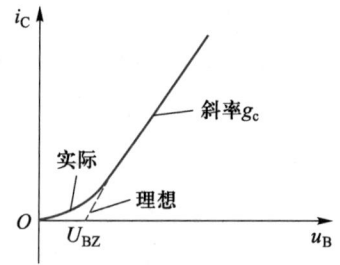

再来讨论转移特性的理想化。图 4-3-4 表示晶体管的静态转移特性及其理想化。将实际曲线理想化后，可用交横轴于 U_{BZ} 的一条直线来表示。U_{BZ} 为截止电压。若用 g_c 代表这条直线的斜率，则

$$g_c = \left.\frac{\Delta i_C}{\Delta u_B}\right|_{u_C = 常数} \qquad (4\text{-}3\text{-}14)$$

图 4-3-4　晶体管静态转移特性及其理想化

g_c 称为跨导，一般约为几十至几百毫西门子。此时理想化静态特性可用下式表示：

$$i_C = g_c(u_B - U_{BZ}) \quad （适用于 u_B > U_{BZ} 时） \qquad (4\text{-}3\text{-}15)$$

式（4-3-13）与式（4-3-15）是折线近似分析法的基础。

2. 集电极余弦电流脉冲的分解

由图 4-3-4 已知，当晶体管静态转移特性曲线理想化后，丙类工作状态的集电极电流脉冲是尖顶余弦脉冲。这适用于欠压或临界状态。如为过压状态，则电流波形为凹顶脉冲。不论是哪种情况，这些电流都是周期性脉冲序列，可以用傅里叶级数求系数的方法，来求出它的直流、基波与各次谐波的数值。下面只讨论尖顶余弦脉冲电流的分解。参阅图 4-3-5，一个尖顶余弦脉冲的主要参量是脉冲高度 i_{Cmax} 与导通角 $2\theta_c$，知道了

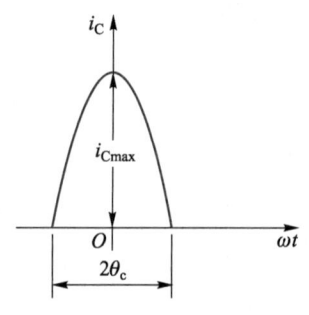

图 4-3-5　尖顶余弦脉冲

这两个值，脉冲的形状便可完全确定。

由式（4-3-15）可得晶体管的内部特性为

$$i_C = g_c(u_B - U_{BZ}) \tag{4-3-16}$$

它的外部电路关系式为

$$u_B = -V_{BB} + U_{bm}\cos\omega t \tag{4-3-17}$$

$$U_C = V_{CC} - U_{cm}\cos\omega t \tag{4-3-18}$$

可得

$$i_C = g_c(-V_{BB} + U_{bm}\cos\omega t - U_{BZ}) \tag{4-3-19}$$

当 $\omega t = \theta_c$ 时，$i_C = 0$，代入上式得

$$0 = g_c(-V_{BB} + U_{bm}\cos\theta_c - U_{BZ}) \tag{4-3-20}$$

即

$$\cos\theta_c = \frac{V_{BB} + U_{BZ}}{U_{bm}} \tag{4-3-21}$$

式（4-3-21）与式（4-3-5）完全相同。因此，知道了 U_{bm}、V_{BB} 与 U_{BZ} 的值，θ_c 的值便完全确定。

将式（4-3-19）与式（4-3-20）相减，即得

$$i_C = g_c U_{bm}(\cos\omega t - \cos\theta_c) \tag{4-3-22}$$

当 $\omega t = 0$ 时，$i_C = i_{Cmax}$，因此

$$i_{Cmax} = g_c U_{bm}(1 - \cos\theta_c) \tag{4-3-23}$$

当跨导 g_c、激励电压 U_{bm} 与半导通角 θ_c 已知后，由式（4-3-23）即可求出 i_{Cmax} 之值。

将式（4-3-22）与式（4-3-23）相除，即得

$$\frac{i_C}{i_{Cmax}} = \frac{\cos\omega t - \cos\theta_c}{1 - \cos\theta_c} \tag{4-3-24}$$

或

$$i_C = i_{Cmax}\left(\frac{\cos\omega t - \cos\theta_c}{1 - \cos\theta_c}\right) \tag{4-3-25}$$

式（4-3-25）即为尖顶余弦脉冲的解析式，它完全取决于脉冲高度 i_{Cmax} 与半导通角 θ_c。

若将尖顶脉冲分解为傅里叶级数

$$i_C = I_{C0} + I_{cm1}\cos\omega t + I_{cm2}\cos2\omega t + I_{cm3}\cos3\omega t + \cdots \tag{4-3-26}$$

则由傅里叶系数

$$\begin{aligned} I_{C0} &= \frac{1}{2\pi}\int_{-\pi}^{+\pi} i_C \mathrm{d}(\omega t) = \frac{1}{2\pi}\int_{-\theta_c}^{+\theta_c} i_C \mathrm{d}(\omega t) \\ &= \frac{1}{2\pi}\int_{-\theta_c}^{+\theta_c} i_{Cmax}\left(\frac{\cos\omega t - \cos\theta_c}{1 - \cos\theta_c}\right)\mathrm{d}(\omega t) \\ &= i_{Cmax}\left(\frac{1}{\pi}\cdot\frac{\sin\theta_c - \theta_c\cos\theta_c}{1 - \cos\theta_c}\right) \end{aligned} \tag{4-3-27}$$

$$I_{cm1} = \frac{1}{\pi} \int_{-\theta_c}^{+\theta_c} i_C \cos\omega t\, \mathrm{d}(\omega t)$$

$$= i_{Cmax}\left(\frac{1}{\pi} \cdot \frac{\theta_c - \sin\theta_c\cos\theta_c}{1 - \cos\theta_c}\right) \qquad (4\text{-}3\text{-}28)$$

$$I_{cmn} = \frac{1}{\pi} \int_{-\theta_c}^{+\theta_c} i_C \cos n\omega t\, \mathrm{d}(\omega t)$$

$$= i_{Cmax}\left[\frac{2}{\pi} \cdot \frac{\sin n\theta_c\cos\theta_c - n\cos n\theta_c\sin\theta_c}{n(n^2-1)(1-\cos\theta_c)}\right] \qquad (4\text{-}3\text{-}29)$$

以 $n=2$，3，…等值代入式（4-3-29），即可得二次、三次、…谐波分量的振幅。

以上诸式可简写成

$$\left.\begin{array}{l} I_{C0} = i_{Cmax}\alpha_0(\theta_c) \\[4pt] I_{cm1} = i_{Cmax}\alpha_1(\theta_c) \\[4pt] I_{cmn} = i_{Cmax}\alpha_n(\theta_c) \end{array}\right\} \qquad (4\text{-}3\text{-}30)$$

式中 α_0，α_1，…，α_n 等是 θ_c 的函数，称为尖顶余弦脉冲的分解系数，它们是

$$\alpha_0(\theta_c) = \frac{\sin\theta_c - \theta_c\cos\theta_c}{\pi(1-\cos\theta_c)}$$

$$\alpha_1(\theta_c) = \frac{\theta_c - \cos\theta_c\sin\theta_c}{\pi(1-\cos\theta_c)} \qquad (4\text{-}3\text{-}31)$$

$$\alpha_n(\theta_c) = \frac{2}{\pi} \cdot \frac{\sin n\theta_c\cos\theta_c - n\cos n\theta_c\sin\theta_c}{n(n^2-1)(1-\cos\theta_c)}$$

α_0，α_1，…，α_n 等与 θ_c 的关系如图4-3-6和附录1所示。

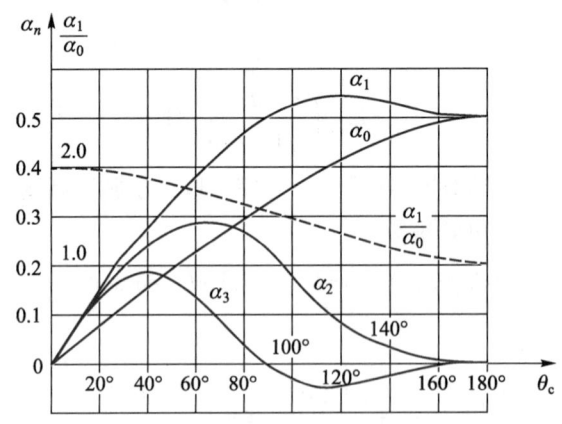

图4-3-6　尖顶脉冲的分解系数与 θ_c 的关系

由图4-3-6可以看出，α_1 的最大值为0.536。此时 $\theta_c \approx 120°$。这就是说，当 $\theta_c \approx 120°$ 时，I_{cm1}/i_{Cmax} 达到最大值。因此，在 i_{Cmax} 与负载阻抗 R_p 为某定值的情况下，输出功率 $P_o =$

$\dfrac{1}{2}I_{\text{cm1}}^2R_{\text{p}}$ 将达至最大值。这样看来，$\theta_{\text{c}}=120°$ 应该是最佳半导通角了。但事实上不会取用这个 θ_{c} 值，因为这时放大器工作于甲乙类状态，集电极效率太低。具体效率可以带入下式：

$$\eta_{\text{c}}=\dfrac{P_{\text{o}}}{P_{=}}=\dfrac{1}{2}\dfrac{U_{\text{cm}}I_{\text{cm1}}}{V_{\text{CC}}I_{\text{C0}}}=\dfrac{1}{2}\xi\dfrac{\alpha_1(\theta_{\text{c}})}{\alpha_0(\theta_{\text{c}})}=\dfrac{1}{2}\xi g_1(\theta_{\text{c}}) \tag{4-3-32}$$

式中，$\xi=\dfrac{U_{\text{cm}}}{V_{\text{cc}}}$ 为电压利用率，$g_1(\theta_{\text{c}})=\dfrac{\alpha_1(\theta_{\text{c}})}{\alpha_0(\theta_{\text{c}})}$ 为波形系数，已示于图 4-3-6。由这条曲线可知，θ_{c} 越小，α_1/α_0 就越大。在极端情况下 $\theta_{\text{c}}=0°$ 时，$g_1(\theta_{\text{c}})=\dfrac{\alpha_1(\theta_{\text{c}})}{\alpha_0(\theta_{\text{c}})}=2$ 达最大值。如果此时 $\xi=1$，则 η_{c} 可达 100%。当然这种状态是不能用的，因为这时效率虽然最高，但 $i_{\text{C}}=0$，没有功率输出。当 $\theta_{\text{c}}\approx120°$ 时，虽然输出功率最大，但 $g_1(\theta_{\text{c}})$ 因太小而效率过低。因此，为了兼顾功率与效率，最佳半导通角取 70°。

由图 4-3-6 还可以看出：$\theta_{\text{c}}=60°$ 时，α_2 达到最大值；$\theta_{\text{c}}=40°$ 时，α_3 达到最大值。这些数值是设计倍频器的参考值。

3. 高频功率放大器的动态特性与负载特性

通常，高频功率放大器的工作状态取决于四个因素：负载 R_{p}、V_{CC}、V_{BB}、U_{bm}，而这四个因素是可调的，为了正确使用放大器，就必须了解各种工作状态的优缺点以及四个因素如何影响工作状态的。如果三个电压参数保持不变，那么工作状态就取决于 R_{p}。电流、电压、功率与效率等随 R_{p} 而变化的曲线，就叫作负载特性或负载特性曲线。在讨论负载特性之前，应先讨论动态特性。

动态特性是相对静态特性而言的。我们知道，晶体管的静态特性是在集电极电路内没有负载阻抗的条件下获得的。例如，维持集电极电压 u_{C} 不变，改变基极电压 u_{B}，就可求出 $i_{\text{C}}\sim u_{\text{B}}$ 静态特性曲线族。如果集电极电路有负载阻抗，则当改变 u_{B} 使 i_{C} 变化时，由于负载上有电压降，就必然同时引起 u_{C} 的变化。这样，在考虑了负载的反作用后，所获得的 u_{C}、u_{B} 与 i_{C} 的关系曲线就叫作动态特性曲线。最常用的是当 u_{B}、u_{C} 同时变化时，表示 $i_{\text{C}}\sim u_{\text{C}}$ 关系的动态特性曲线，有时也叫负载线。由于晶体管特性曲线实际上不是直线，因此，真实的动态特性曲线也不是直线。但是，当晶体管静态特性曲线理想化为折线，而且放大器工作在负载回路谐振状态（即负载为纯电阻性）时，动态特性曲线是一条直线。

由以前的讨论已知，当放大器工作于谐振状态时，它的外部电路关系式为

$$u_{\text{B}}=-V_{\text{BB}}+U_{\text{bm}}\cos\omega t \tag{4-3-33}$$

$$u_{\text{C}}=V_{\text{CC}}-U_{\text{cm}}\cos\omega t \tag{4-3-34}$$

由以上二式消去 $\cos\omega t$，得

$$u_{\text{B}}=-V_{\text{BB}}+U_{\text{bm}}\dfrac{V_{\text{CC}}-u_{\text{C}}}{U_{\text{cm}}} \tag{4-3-35}$$

另一方面，晶体管的折线化方程为式（4-3-15）

$$i_C = g_c(u_B - U_{BZ}) \tag{4-3-36}$$

动态特性应同时满足外部电路关系式（4-3-35）与内部关系式（4-3-36）。将式（4-3-35）代入式（4-3-36），即可得出在 $i_C\text{-}u_C$ 坐标平面上的动态特性曲线（负载线）方程为

$$
\begin{aligned}
i_C &= g_c \left[-V_{BB} + U_{bm} \frac{V_{CC} - u_C}{U_{cm}} - U_{BZ} \right] \\
&= -g_c \left(\frac{U_{bm}}{U_{cm}} \right) \left[u_C - \frac{U_{bm} V_{CC} - U_{BZ} U_{cm} - V_{BB} U_{cm}}{U_{bm}} \right] \\
&= g_d (u_C - U_0)
\end{aligned}
\tag{4-3-37}
$$

显然，式（4-3-37）表示一条斜率为 $g_d = -g_c U_{bm}/U_{cm}$、截距为

$$
\begin{aligned}
U_0 &= \frac{U_{bm} V_{CC} - U_{BZ} U_{cm} - V_{BB} U_{cm}}{U_{bm}} = \frac{U_{bm} V_{CC} - U_{cm} U_{bm} \cos\theta_c}{U_{bm}} \\
&= V_{CC} - U_{cm} \cos\theta_c
\end{aligned}
\tag{4-3-38}
$$

的直线，如图 4-3-7 中 AB 线所示。

动态特性直线的作法是：

（1）在 u_C 轴上取 B 点，使 $OB = U_0$，从 B 作斜率为 g_d 的直线 BA，则 BA 即为欠压状态的动态特性。

（2）当 $\omega t = 0°$，$u_C = u_{Cmin} = V_{CC} - U_{cm}$，$u_B = u_{Bmax} = -V_{BB} + U_{bm}$。求出 A 点。

（3）令 $u_C = V_{CC}$，求出此时 i_C，即为 Q 点，其中 BQ 段表示电流截止期内的动态负载线，用虚线表示。

作出动态负载线后，由它和静态特性曲线的相应交点，即可求出对应各种不同输出电压的 i_C 值，从而得出相应的 i_C 脉冲波形，如图 4-3-7 所示。

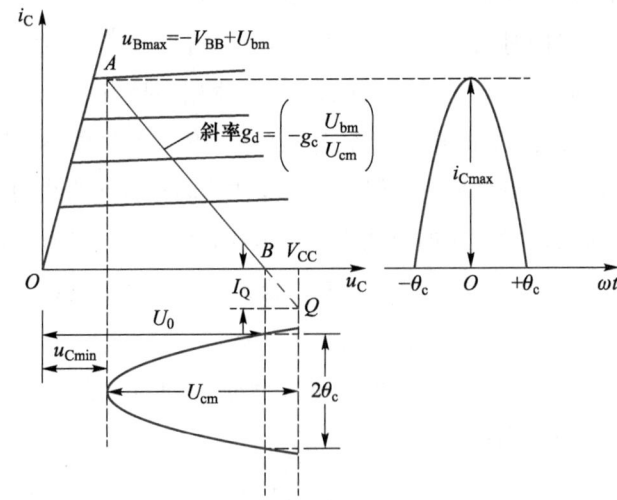

图 4-3-7　$i_C\text{-}u_C$ 坐标平面上的动态特性曲线的作法与相应的 i_C 波形

用类似的方法，如果式（4-3-36）中含有 u_C，则从式（4-3-35）与式（4-3-36）中消去 u_C，即可得出在 i_C-u_B 坐标平面的动态特性曲线。它是一条位于如图 4-3-3 所示静态特性曲线下方的一条直线（斜率为正）。因此，这里应补充说明，在图 4-3-2 中所用的静态转移特性实际上应该是动态特性。但在实际工作中，晶体管工作于放大区和截止区时，i_C 几乎不受集电极电压变化的影响，因而在 i_C-u_B 平面上的动态特性曲线几乎和静态特性曲线重合。因此，在 i_C-u_B 平面，可以用静态特性来表示动态特性。事实上，式（4-3-36）中，i_C 只取决于 u_B，也可说明这一特点。

现在继续讨论 i_C-u_C 平面上的动态特性曲线问题。它的斜率与负载阻抗有关。负载阻抗越大，亦即在它上面产生的交流输出电压 U_{cm} 越大，负载线的斜率$\left(g_d = -g_c \dfrac{U_{bm}}{U_{cm}} \right)$越小。

因此，放大器的工作状态随着负载的不同而变化。图 4-3-8 示出对应于各种不同负载阻抗值 R_p 的动态特性曲线以及相应的集电极电流脉冲波形：

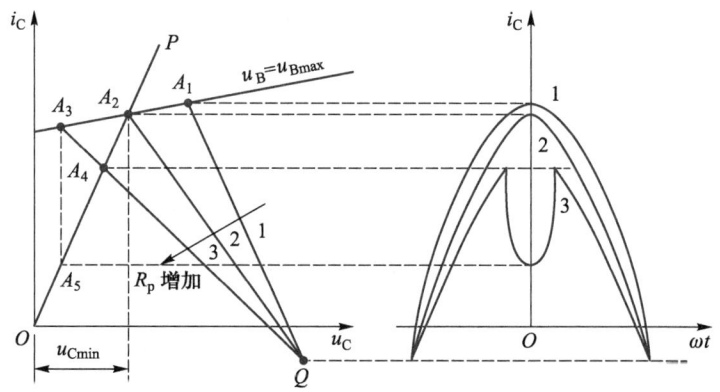

图 4-3-8 由动态特性曲线求集电极电流脉冲波形

（1）动态特性曲线 1 描绘的是 R_p 较小因而 U_{cm} 也较小的情形，称为欠压工作状态。此状态下，它与静态特性曲线 $u_B = u_{Bmax}$ 的交点 A_1 直接决定了集电极电流脉冲的峰值。显然，在此条件下，电流波形呈现出尖锐顶部的余弦脉冲形状，如图 4-3-8 的右侧所示。

（2）随着 R_p 的增加，动态曲线的斜率逐渐趋于平缓，同时输出电压也相应提升。这一过程持续至静态特性曲线 $u_B = u_{Bmax}$ 与临界线 OP 的交点 A_2 处（在动态特性曲线 2 上），放大器进入临界工作状态。在这一阶段，电流波形依然保持为尖顶余弦脉冲。

（3）当 R_p 继续增大时，动态特性曲线斜率逐渐减小，输出电压 U_{cm} 也随之增大，系统进入了过压工作状态。动态特性曲线 3 正是这一状态的体现。值得注意的是，一旦动态曲线穿越临界点，集电极电流将不再沿原趋势上升，而是沿着临界线逐渐下降，导致电流脉冲顶部呈现凹陷状。动态曲线 3 与临界线的交汇点决定了脉冲的最大高度。此外，通过从动态特性曲线 3 与静态特性曲线的交点作垂线，垂线与临界线的交点（记作 A_5 点）的纵坐标，则直接反映了电流脉冲凹陷处的具体高度。

由此可见，当 V_{CC}、V_{BB}、U_{bm} 等维持不变时，变动 R_p 会引起电流脉冲的变化，同时也就引起 U_{cm}、P_o 与 η 等的变化。各个电流、电压、功率与效率等随 R_p 而变化的曲线就是负载特性曲线。负载特性曲线是高频功率放大器的重要特性之一。我们可以借助于动态特性与由此而产生的集电极电流脉冲波形的变化，来定性地说明负载特性。

仔细观察图 4-3-8，可以得出：

（1）当工作在欠压区至临界线的范围内时，随着 R_p 逐渐增大，集电极电流脉冲的最大值 i_{Cmax} 以及半导通角 θ_c 的变化都不大。R_p 增加，仅仅使 i_{Cmax} 略有减小。因此，在欠压区内的 I_{C0} 与 I_{cm1} 几乎维持常数，仅随 R_p 的增加而略有下降。

（2）进入过压区后，集电极电流脉冲开始下凹，而且凹陷程度随着 R_p 的增大而急剧加深，致使 I_{C0} 与 I_{cm1} 也急剧下降。如图 4-3-9（a）所示，I_{C0}、I_{cm1} 随 R_p 而变化，再由 $U_{cm}=I_{cm1}R_p$ 的关系式看出，在欠压区由于 I_{cm1} 变化很小，因此 U_{cm} 随 R_p 的增加而直线上升。

（3）进入过压区后，由于 I_{cm1} 随 R_p 的增加而显著下降，因此 U_{cm} 随 R_p 的增加而很缓慢地上升。

（4）总之，欠压时 I_{cm1} 几乎不变，过压时 U_{cm} 几乎不变。因而可以把欠压状态的放大器当作一个理想电流源，而把过压状态的放大器当作一个理想电压源。

直流输入功率 $P_= = V_{CC}I_{C0}$。由于 V_{CC} 不变，因此 $P_=$ 曲线与 I_{C0} 曲线的形状相同。交流输出功率 $P_o = \dfrac{1}{2}U_{cm}I_{cm1}$，因此 P_o 曲线可以通过 U_{cm} 与 I_{cm1} 两条曲线相乘求出来。由图 4-3-9（b）看出，在临界状态，P_o 达到最大值。这就是为什么我们在设计高频功率放大器时，如果从输出功率最大着眼，就应力求它工作在临界状态的原因。

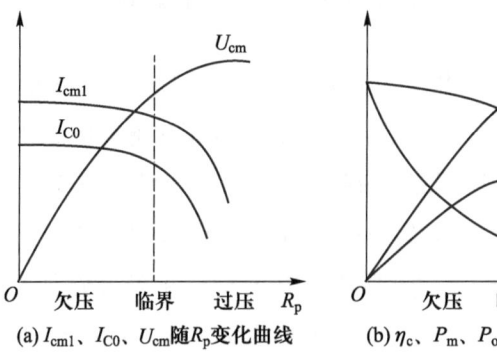

(a) I_{cm1}、I_{C0}、U_{cm} 随 R_p 变化曲线　　(b) η_c、P_m、P_o、P_c 随 R_p 变化曲线

图 4-3-9　负载特性曲线

集电极耗散功率 $P_c = P_= - P_o$，故 P_c 曲线可由 $P_=$ 与 P_o 曲线相减而得。由图 4-3-9 知，在欠压区内，当 R_p 减小时，P_c 上升很快。当 $R_p = 0$ 时，P_c 达到最大值，可能使晶体管烧坏，必须避免发生这种情况。

效率 $\eta_c = \dfrac{P_o}{P_=}$，在欠压时，$P_=$ 变化很小，所以 η_c 随 P_o 的增加而增加；到达临界状态后，

开始时因为 P_o 的下降没有 $P_=$ 下降快，因而 η_c 继续增加，但增加很缓慢。随着 R_p 的继续增加，P_o 因 I_{cm1} 的急速下降而下降，因而 η_c 略有减小。由此可知，在靠近临界的弱过压状态出现 η_c 的最大值。

三种工作状态的优缺点综合如下：

（1）临界状态的优点是：输出功率最大，η_c 也较高，可作为最佳工作状态，通常位于发射机末级的放大器工作在这种状态。

（2）过压状态的优点是：当负载阻抗变化时，输出电压比较平稳；在弱过压时，效率可达最高，但输出功率有所下降。它常用于需要维持输出电压比较平稳的场合，例如发射机的中间放大级。

（3）欠压状态的输出功率与效率都比较低，而且集电极耗散功率大，输出电压又不够稳定，因此一般较少采用。但在某些场合，例如基极调幅，就是利用改变 V_{BB} 使电路工作于欠压状态，这将在下面讨论。

总之，掌握负载特性对于实际调整谐振功率放大器的工作状态是很有用的。

4. 各极电压对工作状态的影响

以上着重讨论了负载阻抗 R_p 对放大器工作状态的影响。现在来研究各极电压变化时，对放大器工作状态的影响。讨论这个问题对于在工作中指导高频功率放大器的调整是有实际意义的。以后课程的学习会知道，调幅作用可以依靠改变各极电压的方法来实现。

（1）改变 V_{CC} 对工作状态的影响

通常，V_{CC} 保持不变，但在集电极调幅电路中，是依靠改变 V_{CC} 来实现调幅过程的。因此，有必要研究当 R_p、V_{BB}、U_{bm} 保持不变，只改变 V_{CC} 时，放大器工作状态的变化，为集电极调幅学习作一些理论准备。

观察图 4-3-8，如果 R_p、V_{BB}、U_{bm} 不变，亦即动态线斜率与 u_{Bmax} 的值都不变，且假设放大器原工作于临界状态（图 4-3-8 中的动态线 2），那么，当 V_{CC} 增加时，Q 点向右移动，显然，放大器将进入欠压区。反之，当 V_{CC} 减小时，Q 点向左移动，放大器将进入过压区。根据前面的讨论已知，在欠压区，电流几乎恒定不变；进入过压区后，电流便随过压程度的加强而下降（V_{CC} 越小，过压程度越强）。因此得到如图 4-3-10（a）所示的 I_{cm1}、I_{C0} 随 V_{CC} 变化的曲线。由于 $P_= = V_{CC}I_{C0}$，$P_o = \dfrac{1}{2}I_{cm1}^2 R_p \propto I_{cm1}^2$，$P_c = P_= - P_o$，因而可以从已知的 I_{C0}、I_{cm1} 得出 $P_=$、P_o、P_c 随 V_{CC} 变化的曲线，如图 4-3-10（b）所示。由图可以看出，在欠压区，V_{CC} 对 I_{cm1} 与 P_o 的影响很小。电极调幅作用是通过改变 V_{CC} 来改变 I_{cm1} 与 P_o 才能实现的，因此，在欠压区不能获得有效的调幅作用，必须工作于过压区，才能产生有效的调幅作用。

（2）改变 U_{bm} 或 V_{BB} 对工作状态的影响

首先讨论当 V_{CC}、V_{BB} 与 R_p 不变时，只改变激励电压 U_{bm} 对工作状态的影响。观察

图 4-3-8，当 U_{bm} 增加，即 $u_{Bmax} = -V_{BB} + U_{bm}$ 增加时，静态特性曲线将向上方平移。因此，如果原来工作于临界状态，那么，这时放大器将进入过压状态。反之，当 U_{bm} 减小时，放大器将转入欠压状态。

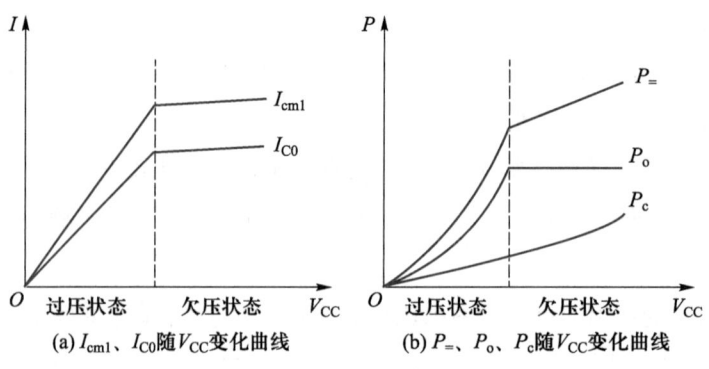

(a) I_{cm1}、I_{C0}随V_{CC}变化曲线　　　(b) $P_=$、P_o、P_c随V_{CC}变化曲线

图 4-3-10　V_{CC}对工作状态的影响

集电极电流脉冲的最大值 i_{Cmax} 是与 U_{bm} 成正比的［见式（4-3-23）］，因此，在欠压状态，随着 U_{bm} 的减小，I_{C0} 与 I_{cm1} 亦随之减小。进入过压状态后，由于电流脉冲出现凹顶，因此，U_{bm} 增加时，虽然脉冲振幅增加，但凹陷深度也增大，故 I_{C0}、I_{cm1} 的增长很缓慢。这样，就得到如图 4-3-11（a）所示的电流变化曲线。在过压区，I_{cm1}、I_{C0} 接近于恒定，在欠压区，电流随 U_{bm} 的下降而下降。

再由式（4-3-6）、式（4-3-9）与式（4-3-11）中的 $P_=$、P_o 与 P_c 公式可知，$P_=$ 的曲线形状与 I_{C0} 曲线相同；P_o 曲线形状与 I^2_{cm1} 曲线相同；P_c 则由二者之差求出，因此得到图 4-3-11（b）曲线。

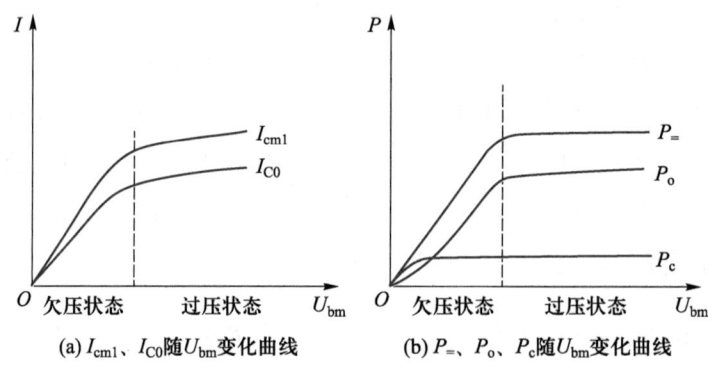

(a) I_{cm1}、I_{C0}随U_{bm}变化曲线　　　(b) $P_=$、P_o、P_c随U_{bm}变化曲线

图 4-3-11　U_{bm}对工作状态的影响

由 $u_{Bmax} = -V_{BB} + U_{bm}$ 可知，增加 U_{bm} 等效于减小 V_{BB} 的绝对值，二者都会使 u_{Bmax} 产生同样的变化。因此，只要将 U_{bm} 增加的方向改为 $|V_{BB}|$ 减小的方向，即可得出当 V_{CC}、U_{bm} 与 R_p 不变，只改变 V_{BB} 时，各电流与功率的变化规律。显然，在过压区，V_{BB} 或 U_{bm} 的变化对 I_{cm1} 的影响很小。只有在欠压区，V_{BB} 或 U_{bm} 才能有效地控制 I_{cm1} 的变化。因此，基极调幅

（相当于改变 V_{BB}）与已调波放大（相当于改变 U_{bm}）都应工作于欠压状态。

5. 工作状态的计算（估算）举例

我们已经知道，对晶体管高频功率放大器进行精确计算是困难的，一般只能进行工程估算。这里举一个例子来说明如何进行这种估算。

【例 4.2】 有一个用硅 NPN 外延平面型高频功率管 3DA1（见附录 2）做成的谐振功率放大器，已知 $V_{CC} = 24$ V，$P_o = 2$ W，工作频率 = 1 MHz。试求它的能量关系。由晶体管手册已知其有关参数：$f_T > 70$ MHz，A_p（功率增益）$\geqslant 13$ dB，$I_{Cmax} = 750$ mA，$U_{CE(sat)}$（集电极饱和压降）$\geqslant 1.5$ V，$P_{CM} = 1$ W。

解 （1）由前面的讨论已知，工作状态最好选用临界状态。作为工程近似估算，可以认为此时集电极最小瞬时电压为

$$u_{Cmin} = U_{CE(sat)} = 1.5 \text{ V}$$

$$V_{cm} = V_{CC} - u_{Cmin} = (24 - 1.5) \text{ V} = 22.5 \text{ V}$$

（2）由式（4-3-10）得

$$R_p = \frac{U_{cm}^2}{2P_o} = \frac{(22.5)^2}{2 \times 2} \Omega = 126.6 \ \Omega$$

$$I_{cm1} = \frac{U_{cm}}{R_p} = \frac{22.5}{126.6} \text{ A} = 0.178 \text{ A} = 178 \text{ mA}$$

（3）选取 $\theta_c = 70°$，则由图 4-3-6 可知

$$\alpha_0(70°) = 0.253, \quad \alpha_1(70°) = 0.436$$

（4）由式（4-3-30）得

$$i_{Cmax} = \frac{I_{cm1}}{\alpha_1(70°)} = \frac{178}{0.436} \text{ mA} = 408 \text{ mA} < 750 \text{ mA}$$

未超出电流安全工作范围。

（5） $$I_{C0} = i_{Cmax}\alpha_0(70°) = 408 \times 0.253 \text{ mA} = 103 \text{ mA}$$

（6）由式（4-3-8）得

$$P_= = V_{CC}I_{C0} = 24 \times 103 \times 10^{-3} \text{ W} = 2.472 \text{ W}$$

（7）由式（4-3-11）得

$$P_c = P_= - P_o = (2.472 - 2) \text{ W} = 0.472 \text{ W} < P_{CM}(1 \text{ W})$$

（8）由式（4-3-12）得

$$\eta_c = \frac{P_o}{P_=} = \frac{2}{2.472} = 81\%$$

（9）由功率增益的定义

$$A_p = 10\lg \frac{输出功率}{激励功率} = 10\lg \frac{P_o}{P_i}$$

在本例中，$A_p = 13$ dB，$P_o = 2$ W，因此求得所需的基极激励功率为

$$P_b = P_i = \frac{P_o}{\lg^{-1}\left(\dfrac{A_p}{10}\right)} = \frac{2}{\lg^{-1}(1.3)} = \frac{2}{20}\,\text{W} = 0.1\,\text{W} \quad \blacksquare$$

以上估算的结果可以作为实际调试的依据。

在结束本节时，必须再一次着重指出，折线近似计算法对于电子管高频放大器来说，是一个比较成熟的工程计算方法。这种方法比较简便，具有相当可靠的准确度。但对于晶体管来说，折线法只适用于工作频率低的场合。频率进入中频与高频区，便会由于晶体管的内部物理过程，使实际数值与计算数值有很大的不同。实际输出电流要小得多，而且有额外相移。因此，在晶体管电路中使用折线法时，必须注意这一点。

4.3.3 放大器的馈电线路和匹配网络

1. 馈电线路

要想使高频功率放大器正常工作，晶体管各电极必须有相应的馈电电源。无论是集电极电路还是基极电路，它们的馈电方式都可以分为串联馈电与并联馈电两种基本形式。但无论是哪一种馈电方式，都应遵循下列几条基本组成原则：

（1）直流电流 I_{C0} 是产生能量的源泉，它由 V_{CC} 经管外电路输至集电极，除了晶体管的内阻外，没有其他电阻消耗能量。因此要求管外电路对 I_{C0} 来说的等效电路如图 4-3-12（a）所示。

（2）高频基波分量 I_{cm1} 应通过负载回路，以产生所需要的高频输出功率。因此，I_{cm1} 只应在负载回路上产生电压降，其余的部分对于 I_{cm1} 来说，都应该是短路的。所以，对于 I_{cm1} 的等效电路应如图 4-3-12（b）所示。

（3）高频谐波分量 I_{cmn} 是"副产品"，不应消耗功率（倍频器除外）。因此管外电路对 I_{cmn} 来说，应该尽可能接近于短路，如图 4-3-12（c）所示。

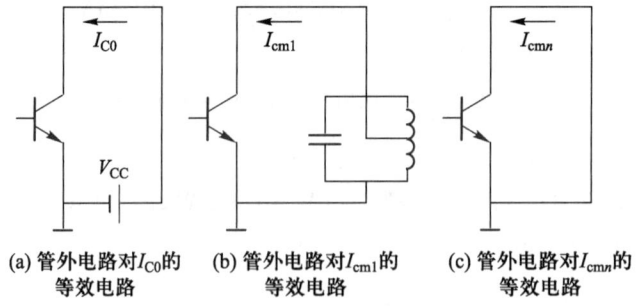

(a) 管外电路对I_{C0}的　　(b) 管外电路对I_{cm1}的　　(c) 管外电路对I_{cmn}的
　　等效电路　　　　　　　　等效电路　　　　　　　　等效电路

图 4-3-12　集电极电路对不同频率电流的等效电路

要满足以上几条原则，可以采用如图 4-3-13 所示的馈电形式（串联馈电与并联馈电，简称串馈与并馈）。

串馈是指电子器件、负载回路和直流电源这三者以串联形式连接，而并馈则是将这三部分以并联的方式连接。

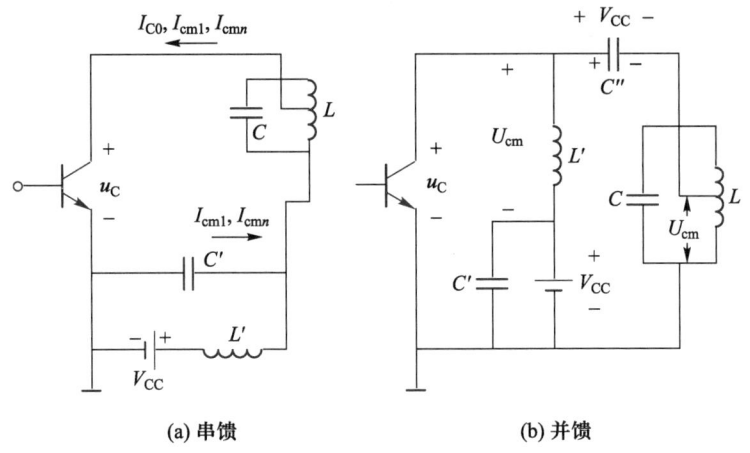

(a) 串馈　　　　　　　　　　　(b) 并馈

图 4-3-13　集电极电路的馈电形式

图中，LC 代表负载回路；L' 为高频扼流圈，它对直流短路，而对高频电流呈很大阻抗，可认为是开路，可阻止高频电流流经公用电源内阻而产生能量损耗，同时也可避免各级之间由于公用电源而产生的寄生耦合；C' 是高频旁路电容，C'' 是隔直电容，它们对高频应呈现很小阻抗，可认为短路。

引入 L'、C'、C'' 的目的，就是使电路能满足上述组成电路的三条原则。它们的数值视工作频率范围而定，原则上应使 L' 的阻抗远大于回路阻抗 R_p，C' 与 C'' 的阻抗则应远小于 R_p。

图 4-3-13 中，为什么 V_{CC} 一定要放在靠近"地"电位的一端？能否和负载电路 LC［图 4-3-13（a）］或扼流圈 L'［图 4-3-13（b）］互换一下位置？

仅从工作原理而言，互换位置看似可行。然而，在实际应用中，这样的互换是严格禁止的。原因在于电源与"地"之间不可避免地存在较大的杂散电容。一旦位置互换，这些杂散电容将直接与负载回路并联，成为回路总电容的一部分。于是，杂散电容的存在将显著限制电路能够工作的最高频率，因为它增加了回路对高频信号的容抗，从而降低了高频信号的传输效率。更为严重的是，由于杂散电容的值往往不够稳定，其变化可能引发电路工作状态的波动，导致电路整体不稳定，影响信号的完整性和系统的可靠性。

因此，为了确保电子线路的稳定性和性能，直流电源的一端必须牢固接地。这不仅是防止高频干扰、减少杂散电容影响的有效措施，也是电子线路馈电设计中必须遵循的一项基本原则。

应该指出，所谓串馈或并馈，仅仅是指电路的结构形式。对于电压来说，无论是串馈还是并馈，直流电压与交流电压总是串联的，这可以从图 4-3-13（b）看得很清楚。由晶体管集电极到地的电位差，无论是从扼流圈 L' 与 V_{CC} 这条支路或从 C' 与负载回路这条支路来看，都是相等的。因此，L' 承担全部交流输出电压 U_{cm}，隔直电容 C'' 则承担全部直流电压 V_{CC}。所以无论是从哪个支路来看，U_{cm} 与 V_{CC} 总是串联的，因而基本关系式 $u_C = V_{CC} -$

$U_{cm}\cos\omega t$ 对这两种电路都适用。也就是说，对这两种电路的工作状态的分析和计算没有什么不同。

对于基极电路来说，同样也有串馈与并馈两种形式，如图 4-3-14 所示。其中，如图 4-3-14（a）所示是串馈电路，如图 4-3-14（b）所示是并馈电路。图中，C' 为高频旁路电容，C'' 为隔直电容，L' 为高频扼流圈。在实际电路中，工作频率较低或工作频带较宽的功率放大器往往采用互感耦合，可采用图 4-3-14（a）的形式。对于甚高频段的功率放大器，由于采用电容耦合比较方便. 所以几乎都是用图 4-3-14（b）的馈电形式。

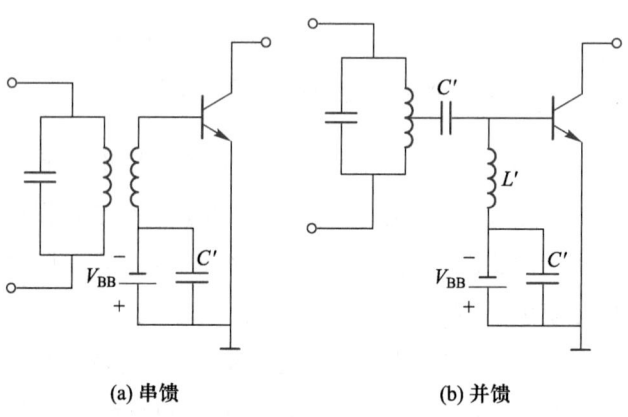

(a) 串馈　　　　　　　　(b) 并馈

图 4-3-14　基极馈电的两种形式

在以上的电路中，偏置电压 V_{BB} 都用电池的形式来表示。实际上，V_{BB} 单独用电池供给是不方便的，因而常采用以下的方法来产生 V_{BB}：

（1）利用基极电流的直流分量 I_{B0} 在基极偏置电阻 R_b 上产生所需要的偏置电压 V_{BB}，如图 4-3-15（a）所示。

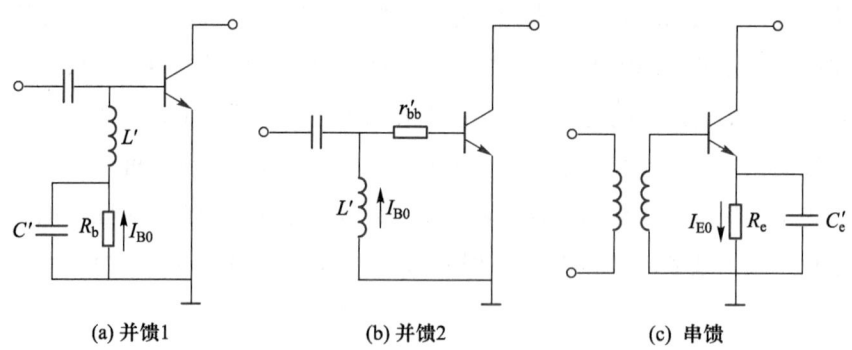

(a) 并馈1　　　　　(b) 并馈2　　　　　(c) 串馈

图 4-3-15　几种常用的产生基极偏压的方法

（2）利用基极电流在基极扩散电阻 $r_{bb'}$ 上产生所需要的 V_{BB}，如图 4-3-15（b）所示。由于 $r_{bb'}$ 很小，因此所得到的 V_{BB} 也小，且不够稳定。因而一般只在需要小的 V_{BB}（接近乙类工作）时，才采用这种电路。

（3）利用发射极电流的直流分量 I_{E0} 在发射极偏置电阻 R_e 上产生所需要的 V_{BB}，如图 4-3-15（c）所示。这种自给偏置的优点是能够自动维持放大器的工作稳定。当激励加大时，I_{E0} 增大，使偏压加大，因而又使 I_{E0} 的相对增加量减小；反之，当激励减小时，I_{E0} 减小，偏压也减小，因而 I_{E0} 的相对减小量也减小。这就使放大器的工作状态变化不大。

在以上电路中；图 4-3-15（a）、（b）是并馈，（c）是串馈。

2. 输出、输入与级间耦合回路

高频功率放大器的级与级之间或放大级与负载之间，都要采用一定形式的回路，这个回路一般是四端网络。如果四端网络是用以与下级放大器的输入端相连接，则叫作级间耦合网络或下级的输入匹配网络（input matching circuit）；如果是用以输出功率至负载，则叫作输出匹配网络（output matching circuit）。以下重点讨论输出匹配网络问题，对输入匹配网络与级间耦合网络只作简要的介绍。

（1）输出匹配网络

放大器与负载之间的回路用四端网络耦合如图 4-3-16 所示。这个四端网络应完成的任务是：

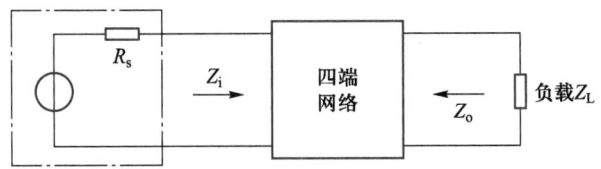

图 4-3-16　放大器与负载之间的回路用四端网络耦合

① 使负载阻抗与放大器所需要的最佳阻抗相匹配，以保证放大器传输到负载的功率最大，即它起着匹配网络的作用。

② 抑制工作频率范围以外的频率，即它应有良好的滤波作用。

③ 在有几个电子器件同时输出功率的情况下，保证它们都能有效地传送功率到负载，但同时又应尽可能地使这几个电子器件彼此隔离，互不影响。

本节主要研究用什么网络形式来完成前两个任务，即匹配与滤波作用。至于完成第三个任务的问题，将在 4.6 一节中解决。最常见的输出回路形式是如图 4-3-17 所示的复合输出回路。这种电路是将天线（负载）回路通过互感或其他形式与集电极调谐回路相耦合。图中介于电子器件与天线回路之间的 $L_1 C_1$ 回路就叫做中介回路；R_A、C_A 分别代表天线的辐射电阻与等效电容；L_n、C_n 为天线回路的调谐元件，它们的作用是使天线回路处于串联谐振状态，以获得最大的天线回路电流 i_A，亦即使天线辐射功率达到最大。

除了如图 4-3-18 所示的等效电路外，还可以用其他形式的四端网络，例如 π 形、T

形网络等。但不论是哪种选频网络，从集电极向右方看去，它们都应当等效于一个并联谐振回路，如图4-3-18所示。以互感耦合电路为例，由耦合电路的理论可知，当天线回路调谐到串联谐振状态时，它反映到L_1C_1中介回路的等效电阻为

$$r' = \frac{\omega^2 M^2}{R_A} \tag{4-3-39}$$

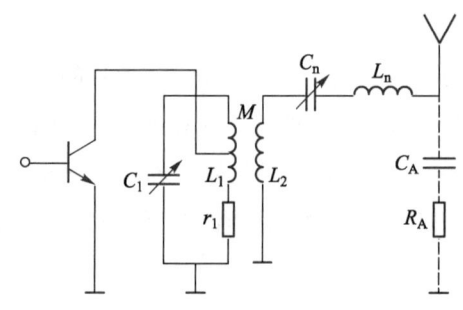
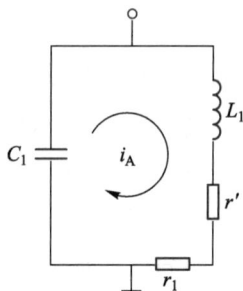

图 4-3-17　复合输出回路（为简化电路，
省略了直流电源及辅助元件 L'、C'、C''）

图 4-3-18　等效电路

因而等效回路的谐振阻抗为

$$R'_p = \frac{L_1}{C_1(r_1+r')} = \frac{L_1}{C_1\left(r_1+\dfrac{\omega^2 M^2}{R_A}\right)} \tag{4-3-40}$$

由上式显然可知，改变 M，就可以在不影响回路调谐的情况下，调整中介回路的等效阻抗 R'_p，以达到阻抗匹配的目的。耦合越紧，即互感 M 越大，则反映等效电阻 r' 越大，回路的等效阻抗 R'_p 也就下降越多。在复合输出回路中，即使负载（天线）断路，对电子器件也不致造成严重的损害，而且它的滤波作用要比简单回路优良，因而获得广泛的应用。

这里应该说明，由于高频功率放大器工作于非线性状态，因此线性电路的阻抗匹配（负载阻抗与电源内阻相等）这一概念不能适用于它。因为在非线性（丙类）工作时，电子器件的内阻变动剧烈：通流时，内阻很小；截止时，内阻近于无穷大。因此输出电阻不是常数。所谓匹配时内阻等于外阻，也就失去了意义。因此，高频功率放大器的阻抗匹配概念是：在给定的电路条件下，改变负载回路的可调元件，使电子器件送出额定的输出功率 P 至负载，这就叫作达到了匹配状态。

为了使器件的输出功率绝大部分能送到负载 R_A 上，即希望 $r' \gg$ 回路损耗电阻 r_1。衡量回路传输能力优劣的标准，通常以输出至负载的有效功率与输入到回路的总交流功率之比来代表。这个比值叫作中介回路的传输效率 η_k，简称中介回路效率。由图 4-3-18 可知：

$$\eta_k = \frac{\text{回路送至负载的功率}}{\text{电子器件送至回路的总功率}} \qquad (4\text{-}3\text{-}41)$$

$$= \frac{i_A^2 r'}{i_A^2 (r_1 + r')} = \frac{r'}{r_1 + r'} = \frac{(\omega M)^2}{r_1 R_A + (\omega M)^2}$$

设

$$\left.\begin{array}{l} R_p = \text{无负载时的回路谐振阻抗} = \dfrac{L_1}{C_1 r_1} \\[3mm] R_p' = \text{有负载时的回路谐振阻抗} = \dfrac{L_1}{C_1 (r_1 + r')} \\[3mm] Q_0 = \text{无负载时的回路 } Q \text{ 值} = \dfrac{\omega L_1}{r} \\[3mm] Q_L = \text{有负载时的回路 } Q \text{ 值} = \dfrac{\omega L_1}{r_1 + r'} \end{array}\right\} \qquad (4\text{-}3\text{-}42)$$

代入式（4-3-41）得

$$\eta_k = \frac{r'}{r_1 + r'} = 1 - \frac{r_1}{r_1 + r'} = 1 - \frac{R_p'}{R_p} = 1 - \frac{Q_L}{Q_0} \qquad (4\text{-}3\text{-}43)$$

式（4-3-43）说明，要想回路的传输效率高，则 Q_0 越大越好，Q_L 越小越好，也就是说，中介回路本身的损耗越小越好。

在广播波段，线圈的 Q_0 值为 $100 \sim 200$。Q_L 应如何选取呢？从提高回路传输效率角度，应使 Q_L 尽可能地小；但从回路滤波作用角度，Q_L 又应该足够人。为兼顾两者，Q_L 值一般不应小于 10。但在功率很大的放大器中，Q_L 也有低于 10 的情况。

以上的讨论虽然是以互感耦合回路为例得出的，但对于其他形式的匹配网络也是适用的。

【例 4.3】 在如图 4-3-1 所示的电路中，假设一次、二次回路都谐振于工作频率 1 MHz，R_A 为天线辐射电阻，其值为 37 Ω。此处放大器用晶体管 3DA1，其工作条件与例 4.2 相同。试求 M、L_1 与 C_1 之值应为多少，才能使天线与 3DA1 相匹配。设 $Q_0 = 100$，$Q_L = 10$，为了计算简便，假设回路的接入系数 $p = 0.2$。

解 由例 4.2 已知所需的回路阻抗 $R_p' = 126.6\,\Omega$。根据谐振回路的理论可知

$$R_p' = p^2 Q_L \omega L_1$$

因此得

$$L_1 = \frac{R_p'}{p^2 Q_L \omega} = \frac{126.6}{(0.2)^2 2\pi \times 10^6 \times 10}\,\text{H} = 50.4\,\mu\text{H}$$

于是

$$C_1 = \frac{1}{\omega^2 L_1} = \frac{1}{(2\pi \times 10^6)^2 \times 50.4 \times 10^{-6}}\,\text{F} = 0.5\,\text{nF}$$

由于二次回路处于谐振状态，因此它反映到一次的耦合电阻为

$$r' = \frac{\omega^2 M^2}{R_A} \quad 或 \quad \omega M = \sqrt{r' R_A}$$

但由式（4-3-43）可知

$$\frac{Q_0}{Q_L} = 1 + \frac{r'}{r_1}$$

因此得

$$\frac{r'}{r_1} = \frac{Q_0}{Q_L} - 1 = 10 - 1 = 9$$

将 $Q_0 = 100$ 代入 $Q_0 = \frac{\omega L_1}{r_1}$ 得

$$r_1 = \frac{\omega L_1}{Q_0} = \frac{2\pi \times 10^6 \times 50.4 \times 10^{-6}}{100} \Omega = 3.17\ \Omega$$

由此得

$$r' = 9 \times 3.17\ \Omega = 28.53\ \Omega$$

最后得

$$M = \frac{\sqrt{r' R_A}}{\omega} = \frac{\sqrt{28.53 \times 37}}{2\pi \times 10^6} \text{H} = 5.17\ \mu\text{H} \quad \blacksquare$$

最后介绍其他形式的匹配网络的设计与计算问题。如图 4-3-19 所示的两种 π 形匹配网络是其中的形式之一（也可以用 T 型网络）。图的下方注明了相应的计算公式。图中，R_2 代表终端（负载）电阻，R_1 代表由 R_2 折合到左端的等效电阻，故接线用虚线表示。下面扼要说明上述计算公式是如何得出的。

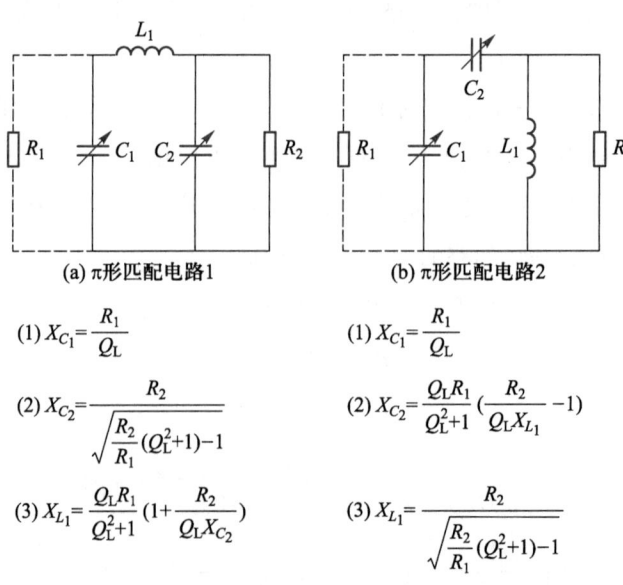

(a) π形匹配电路1   (b) π形匹配电路2

(1) $X_{C_1} = \dfrac{R_1}{Q_L}$

(2) $X_{C_2} = \dfrac{R_2}{\sqrt{\dfrac{R_2}{R_1}(Q_L^2 + 1) - 1}}$

(3) $X_{L_1} = \dfrac{Q_L R_1}{Q_L^2 + 1}\left(1 + \dfrac{R_2}{Q_L X_{C_2}}\right)$

(1) $X_{C_1} = \dfrac{R_1}{Q_L}$

(2) $X_{C_2} = \dfrac{Q_L R_1}{Q_L^2 + 1}\left(\dfrac{R_2}{Q_L X_{L_1}} - 1\right)$

(3) $X_{L_1} = \dfrac{R_2}{\sqrt{\dfrac{R_2}{R_1}(Q_L^2 + 1) - 1}}$

图 4-3-19　两种 π 形匹配网络

用第 2 章的串、并联阻抗互换的等效公式，可将图 4-3-19（a）的 R_1C_1 与 R_2C_2 换为串联形式，得到如图 4-3-20 所示的等效电路。为了方便，图中不再绘出虚线。图中

$$
\left.
\begin{aligned}
R_1' &= \frac{X_{C_1}^2}{R_1^2 + X_{C_1}^2} R_1 \\[2mm]
R_2' &= \frac{X_{C_2}^2}{R_2^2 + X_{C_2}^2} R_2 \\[2mm]
X_{C_1'} &= \frac{R_1^2}{R_1^2 + X_{C_1}^2} X_{C_1} \\[2mm]
X_{C_2'} &= \frac{R_2^2}{R_2^2 + X_{C_2}^2} X_{C_2}
\end{aligned}
\right\}
\qquad (4\text{-}3\text{-}44)
$$

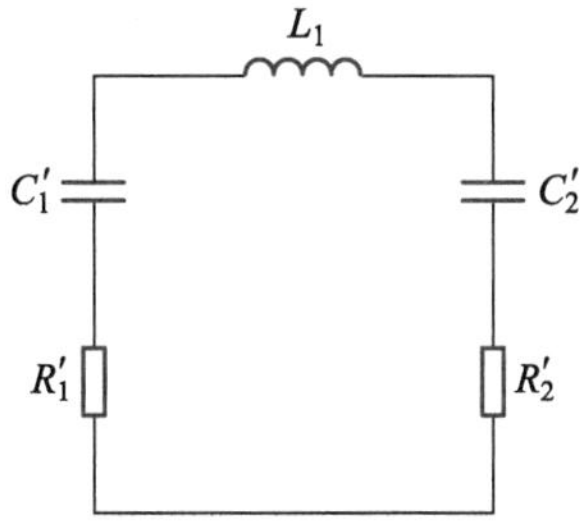

图 4-3-20　等效电路

设计回路时，应求出 L_1、C_1、C_2 的值，已知负载电阻 R_2 与电子器件要求的匹配电阻 R_1。匹配网络必须满足阻抗匹配与回路谐振两个条件。为了解出三个未知数 L_1、C_1、C_2，还必须再假设一个初始条件，通常已知网络输入端的 Q_L 为

$$
Q_L = \frac{R_1}{X_{C_1}} \quad \text{或} \quad X_{C_1} = \frac{R_1}{Q_L}
$$

网络的匹配条件为

$$
R_1' = R_2' \qquad (4\text{-}3\text{-}45)
$$

网络的谐振条件为

$$
X_{L_1} = X_{C_1'} + X_{C_2'} \qquad (4\text{-}3\text{-}46)
$$

由式（4-3-44）、式（4-3-45）与式（4-3-46）三个条件出发；并代入式（4-3-44），即可得出如图 4-3-19（a）所示的计算公式，解得 C_1、C_2、L_1 之值。

图 4-3-19（b）以及其他形式（例如 T 形）的匹配网络，都可根据上述三个条件，导出计算公式。这里不一一列举。

由于 X_{C_2}、X_{L_1} 等应为实数，因此由图 4-3-19（a）下方的 X_{C_2} 公式可知必须满足下列条件：

$$
(1 + Q_L^2)\frac{R_2}{R_1} - 1 > 0 \quad \text{或} \quad \frac{R_2}{R_1} > \frac{1}{(1 + Q_L^2)} \qquad (4\text{-}3\text{-}47)
$$

上式就是适用于 π 型网络时，R_1 与 R_2 之间的关系。二型网络对于晶体管与电子管电路都适用。

【例 4.4】有一个输出功率为 2 W 的高频功率放大器，负载电阻 $R_2 = 50\ \Omega$，$V_{CC} = 24\ \text{V}$，$f = 50\ \text{MHz}$，$Q_L = 10$，试求 π 形匹配网络的元件值。

解　（1）由式（4-3-10）求出

$$R_{\mathrm{p}} = R_1 = \frac{U_{\mathrm{cm}}^2}{2P_\mathrm{o}} \approx \frac{V_{\mathrm{CC}}^2}{2P_\mathrm{o}} = \frac{24^2}{2 \times 2}\,\Omega = 144\,\Omega$$

（2）由图 4-3-19（a）得

$$X_{C_1} = \frac{R_1}{Q_\mathrm{L}} = \frac{144}{10}\,\Omega = 14.4\,\Omega$$

故得

$$C_1 = \frac{1}{\omega X_{C_1}} = \frac{1}{2\pi \times 50 \times 10^6 \times 14.4}\,\mathrm{F} = 0.22\,\mathrm{nF}$$

又

$$X_{C_2} = \frac{R_2}{\sqrt{\left(1 + Q_\mathrm{L}^2\right)\dfrac{R_2}{R_1} - 1}} = \frac{50}{\sqrt{\left(1 + 10^2\right)\dfrac{50}{144} - 1}}\,\Omega = 8.57\,\Omega$$

故得

$$C_2 = \frac{1}{\omega X_{C_2}} = \frac{1}{2\pi \times 50 \times 10^6 \times 8.57}\,\mathrm{F} = 0.37\,\mathrm{nF}$$

$$X_{L_1} = \frac{Q_\mathrm{L} R_1}{Q_\mathrm{L}^2 + 1}\left(1 + \frac{R_2}{Q_\mathrm{L} X_{C_2}}\right)$$

又

$$= \frac{10 \times 144}{10^2 + 1}\left(1 + \frac{50}{10 \times 8.57}\right)\,\Omega$$

$$= 22.6\,\Omega$$

故得

$$L_1 = \frac{X_{L_1}}{\omega} = \frac{22.6}{2\pi \times 50 \times 10^6}\,\mathrm{H} = 72\,\mathrm{nH} \quad \blacksquare$$

（2）输入匹配网络与级间耦合网络

上面所讨论的输出回路是用于多级高频功率放大器（例如发送设备）的末级的。至于末级以前的各级（主振级除外）都叫作中间级。虽然这些中间级的用途不尽相同，例如可作为缓冲、倍频或功率放大等，但它们的集电极回路都是用来馈给下一级所需要的激励功率的。这些回路就叫作级间耦合回路。而对于下级被推动级来说，这些回路就是输入匹配网络。因此以下的讨论不再区分级间耦合回路与输入匹配网络。

以前在讨论放大器的工作状态时已经谈到，由于末级和中间级的电平和负载状态不同，因而对它们的要求也就有差别。对于输出回路，应力求输出功率大，效率高。由于天线阻抗（R_A 与 C_A）在正常情况下是不变的，故可以使它与集电极回路匹配，使末级工作于临界状态，以获得最大的输出功率。这时，回路的传偍效率 η_k 也很高。但对于级间耦合回路来说，情形就不同了。级间耦合回路的负载是下一级的基极输入阻抗，它的值随激励电压的大小和电子器件本身工作状态的变化而改变，反映到前级回路（级间耦合回路），就使这个回路的等效阻抗变化，从而引起前级工作状态的变化。如果前级工作于欠压状态，那么，它的输出电压将不稳定，这是我们所不希望的。因为对于中间级来说，最主要的是应该保证它的输出电压稳定，以供给下级稳定的激励电压，而效率则降为次要问题。由于中间级工作于低电平，效率低一些对整机来讲影响不大。

为了达到保证送给下级以稳定激励电压的目的，对于中间级应采取如下措施：

① 中间放大级工作于过压状态，此时它等效为一个理想电压源，其输出电压几乎不随负载变化。这样，尽管后级的输入阻抗是变化的，但该级所得到的激励电压仍然是稳定的。

② 降低级间耦合回路的效率 η_k。因为回路效率降低，意味着回路本身损耗加大，这样就使下级输入电路的损耗功率相对来说显得不重要了，也就是减弱了下级对本级工作状态的影响。中间级的，η_k 一般取为 0.1~0.5，也就是中间级的输出功率应为后一级所需激励功率的 2~10 倍。

由于晶体管的基极电路输入阻抗很低，而且功率越大的管子，它的输入阻抗就越低，因而对于晶体管电路来说，匹配问题就显得更重要。

在发射极接地时，晶体管的等效输入电路如图 4-3-21 所示。图中，$r_{bb'}$ 为基极扩散电阻。它的值与输出功率成反比，对于 5 W 以下的晶体管，基极扩散电阻为 5~20 Ω；对于 5~10 W 级的晶体管，基极扩散电阻为 1~5 Ω。$C_{b'e}$ 为发射结电容，它为几百至上千皮法（例如 f = 500 MHz，I_{em} = 100 mA 时，$C_{b'e}$ 约为 1 300 pF）。C_{be} 为管壳引线等引入的分布电容，它的值为几至几十皮法。L_b 与 L_e 为电极引线电

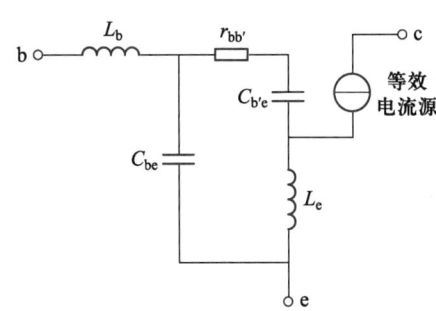

图 4-3-21　晶体管等效输入电路

感，它的值约为 1 nH，因而在频率不太高时，可以忽略 L_b、L_e 的影响。由上述电路参量的数量级可见，在频率较低时，晶体管等效输入阻抗是一个电阻与电容相串联。这个输入阻抗值是很低的，而且功率越大，输入阻抗越低。当频率升高至电极引线电感的作用（L_e 的影响比 L_b 大，因为 I_{em1} 通过它产生反馈）不能忽略时，输入阻抗可能变成感性的。在中间某一频率，输入阻抗会呈现纯电阻性。

由上述可知，功率晶体管的输入阻抗很低，而且功率越大，输入阻抗就越低，一般为十分之几欧姆（大功率管）至几十欧姆（较小的功率管）。输入匹配网络的作用就是使晶体管的低输入阻抗能与内阻比这输入阻抗高得多的信号源相匹配。通常对绝大多数功率晶体管来说，它的输入阻抗可以认为是电阻 $r_{bb'}$ 与电容 C_i 串联组成。输入匹配网络应抵消 C_i 的作用，使它对信号源呈现纯电阻性。图 4-3-22 为输入匹配网络示例。下面有计算公式，证明的方法也是从匹配与谐振两个条件出发，再假设一个 Q_L 值，应用串、并联阻抗互换公式，即可得出计算 X_{L_1}、X_{C_1}、X_{C_2} 的公式。图中 L_1 除用以抵消 C_i 的作用外，还与 C_1、C_2 谐振。这种电路适用于使低的输入阻抗 R_2 与高的输出阻抗 R_1 相匹配。以上仅举一例，此

外还有各种不同形式的匹配网络，请参阅有关参考书。

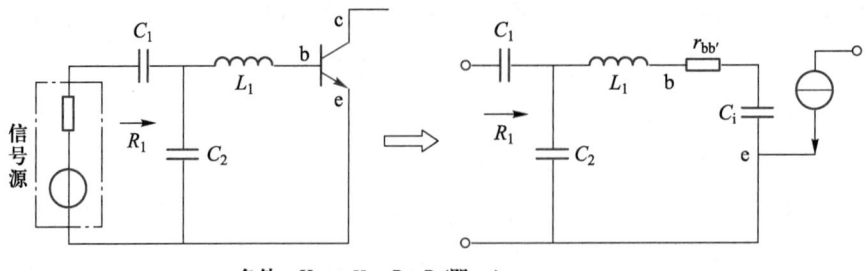

条件：$X_{L_1} \gg X_{C_1}$，$R_1 > R_2$（即$r_{bb'}$）

计算公式

(1) $X_{L_1} = Q_L R_2 = Q_L r_{bb'}$

(2) $X_{C_1} = R_1 \sqrt{\dfrac{r_{bb'}(Q_L^2+1)}{R_1} - 1}$

(3) $X_{C_2} = \dfrac{r_{bb'}(Q_L^2+1)}{Q_L} \cdot \dfrac{1}{\left(1 - \dfrac{X_{C_1}}{Q_L R_1}\right)}$

图4-3-22　输入匹配网络举例

应当指出，本节的输出匹配网络以π型为例，输入匹配网络以T型为例，只是为了便于说明问题。事实上，各种类型的匹配网络既可用于输出电路，也可用于输入电路，视实际电路要求而定。匹配网络在高频功率放大器中占有很重要的地位。匹配网络设计和调整良好，就能保证放大器工作于最佳状态。正确设计与调整匹配网络，具有十分重要的意义。

4.4　集成谐振功率放大电路

在当前的民用和国防通信等领域中，高频电路已成为电子系统中必不可少的部分。功率放大器主要用于微波与射频电路的发射端。在发射端中，功率放大器的主要作用是放大射频信号，并且以高效率输出大功率。射频信号的功率放大，其实质是在输入射频信号的控制下将电流直流功率转换成高频功率。

性能良好的功率放大器能够在指定的频率范围内向其负载提供足够的功率，对输入信号提供足够的增益，如果传输的信号是非恒包络信号，功率放大器还需有较好的线性度以保证信号不失真，故功率放大器的性能直接关系到发射端的系统性能。对于一个系统的射频发射端，功率放大器的功率占发射电路功率的大部分，因此，功率放大器有较高的直流至高频功率转换效率，可有效改善发射电路的功耗需求，这对便携式系统工作时间延长有重要意义。

以通信系统为例，在任何无线通信系统中，功率放大器都是关键的系统部件之一，每一个发射机都需要功率放大器，高性能的功率放大器芯片对射频与微波电路发射端的功能实现有着重要意义。由于无线通信技术的发展和需求，目前的功率放大器向微波单片集成方向发展。高频大输出功率的功率放大器芯片需求越来越大。

目前，已经出现了一些集成高频功率放大器件。例如日本三菱公司的 M57704 系列、美国摩托罗拉公司的 MHW 系列，工作在 VHF 和 UHF 频段，器件体积小，可靠性高，外接元件少，输出功率一般在几瓦至十几瓦之间。其中，三菱公司 M55704 系列高频功放是一种厚膜混合集成电路，包括多个型号，属于窄带谐振功放，频率范围为 335~512 MHz，可用于移动通信系统和便携式仪器中。其电特性参数为：当 $E_c = 12.5\,\text{V}$，$P_i = 0.2\,\text{W}$，$Z_L = 50\,\Omega$ 时，输出功率 $P_o = 13\,\text{W}$，功率增益 $A_p = 18.1\,\text{dB}$，效率为 35%~40%。美国摩托罗拉公司 MHW105 功放器件频率范围为 68~88 MHz，电特性参数为：当 $E_c = 7.5\,\text{V}$，最小功率增益 $G_p = 37\,\text{dB}$，$Z_L = 50\,\Omega$ 时，输出功率 $P_o = 13\,\text{W}$，效率为 40%。MHW 系列中有些型号是专为便携式射频应用而设计的，可用于移动通信系统中的功率放大，可用于工商业便携式射频仪器。

4.5　丁类和戊类高频功率放大器

4.5.1　丁类（D 类）功率放大器

前文已多次提到，高频功率放大器的主要问题是如何尽可能地提高它的输出功率与效率。只要将效率稍许提高一点，就能在同样的器件耗散功率条件下，大大提高输出功率。甲、乙、丙类放大器就是沿着不断减小电流半导通角 θ_c 的途径，来不断提高放大器效率的。

但是，θ_c 的减小是有一定限度的。因为 θ_c 太小时，效率虽然很高，但因 I_{cm1} 下降太多，输出功率反而下降。要想维持 I_{cm1} 不变，就必须加大激励电压，这有可能因激励电压过大，使管子被击穿，因此必须另辟蹊径。丁类、戊类等放大器就是采用固定 θ_c 为 90° 但尽量降低管子的耗散功率的办法，来提高功率放大器的效率。具体而言，丁类放大器的晶体管工作于开关状态：导通时，管子进入饱和区，器件内阻接近于零；截止时，电流为零，器件内阻接近于无穷大。这样，就使集电极功耗大为减小，效率大大提高。在理想情况下，丁类放大器的效率可达 100%。

晶体管丁类放大器都是由两个晶体管组成的，它们轮流导电，来完成功率放大任务。控制晶体管工作于开关状态的激励电压波形可以是正弦波，也可以是方波。晶体管丁类放大器有两种类型的电路，一种是电流开关型，另一种是电压开关型，它们的原理图分别如图 4-5-1（a）与（b）所示。

在电流开关型电路中，两管推挽工作，电源 V_{CC} 通过大电感 L' 供给一个恒定电流 I_{CC}。两管轮流导电（饱和），因而回路电流方向也随之轮流改变。

在电压开关型电路中，两管是与电源电压 V_{CC} 串联的。当上面的晶体管导通（饱和）时，下面的晶体管截止，A 点的电压接近于 V_{CC}；当上面的晶体管截止时，下面的晶体管饱和导通，A 点的电压接近于零。因而 A 点的电压波形即为矩形波。

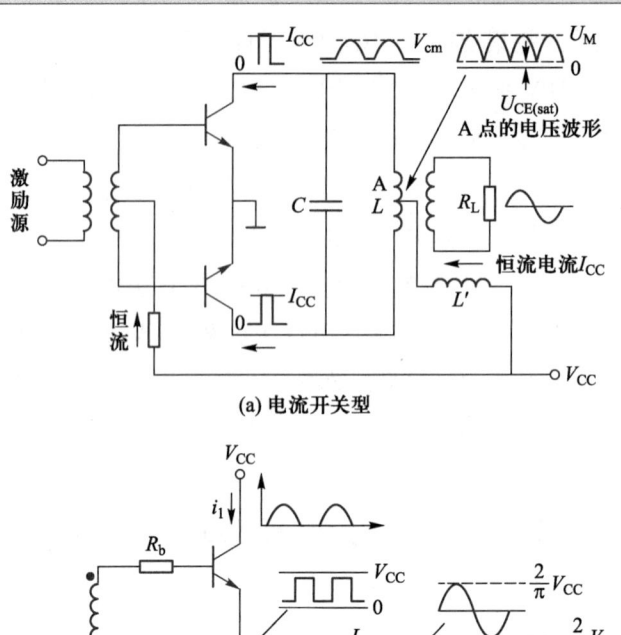

(a) 电流开关型

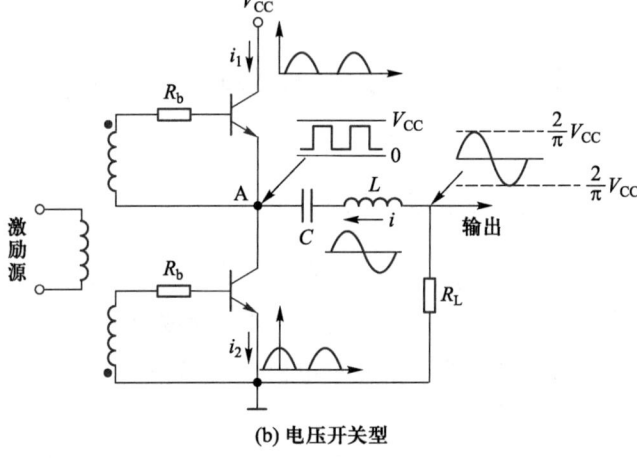

(b) 电压开关型

图 4-5-1　晶体管丁类放大器原理图

图 4-5-1 （a） 与 （b） 分别示出各点的电压与电流波形。

现在以电流开关型电路为例进行分析。

参阅图 4-5-1 （a），这个电路与推挽电路非常相似，但有两点不同之处：一个是集电极回路中点不是地电位（推挽电路此点则在交流地电位）；另一个是在 V_{CC} 电路中串接了大电感 L'。加入 L' 的目的是利用通过电感的电流不能突变的原理，使 V_{CC} 供给一个恒定的电流 I_{CC}。因此当两管轮流导电时，每管的电流波形是矩形脉冲。当 LC 回路谐振时，在它两端所产生的正弦波电压与集电极方波电流中的基波电流分量同相。电流开关型放大器的谐振回路中心点的电压波形如图 4-5-2 所示。两个晶体管的集电极-发射极瞬时电压 u_{CE} 的波形如图 4-5-2 （a）、（b） 所示。在开关转换的瞬间，回路电压等于零。因而此时中心抽头 A 点的电压等于晶体管的饱和压降 $U_{CE(sat)}$。当晶体管导通，集电极电流的基波分量为最大时，回路中 A 点电压等于最大值 U_M。因而 A 点电压的波形如图 4-5-2 （c） 所示。在这点处的电压平均值等于电源电压 V_{CC}。因此

$$V_{CC} = \frac{1}{\pi} \int_{-\frac{\pi}{2}}^{+\frac{\pi}{2}} \left[(U_M - U_{CE(sat)}) \cos\omega t + U_{CE(sat)} \right] d\omega t$$

$$(4-5-1)$$

$$= \frac{2}{\pi} (U_M - U_{CE(sat)}) + U_{CE(sat)}$$

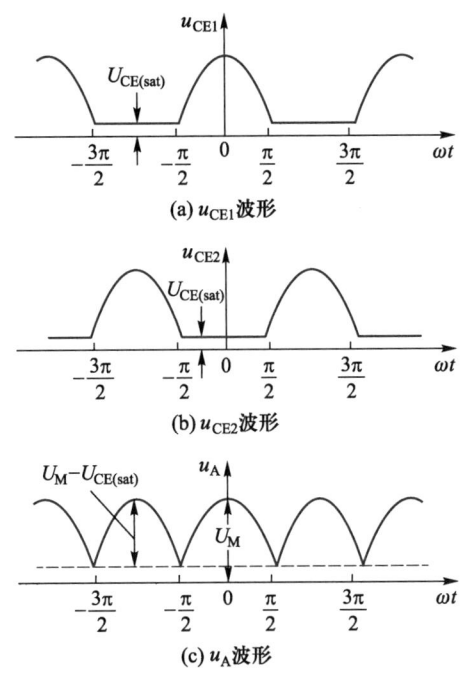

(a) u_{CE1} 波形

(b) u_{CE2} 波形

(c) u_A 波形

图 4-5-2　电流开关型放大器的谐振回路中心点的电压波形

由此得到

$$U_M = \frac{\pi}{2}(V_{CC} - U_{CE(sat)}) + U_{CE(sat)} \tag{4-5-2}$$

集电极回路两端交流电压的峰值为

$$U_{cm} = 2(U_M - U_{CE(sat)}) = \pi(V_{CC} - U_{CE(sat)}) \tag{4-5-3}$$

它的方均根值为

$$U_c = \frac{U_{cm}}{\sqrt{2}} = \frac{\pi}{\sqrt{2}}(V_{CC} - U_{CE(sat)}) \tag{4-5-4}$$

假设负载 R_L 反射到回路两端，使回路呈现的负载阻抗等于 R_p'。由于每管通过的电流是振幅等于 I_{CC} 的矩形波，它的基频分量振幅等于 $2/\pi I_{CC}$，因此，在回路两端产生的基频电压振幅为

$$U_{cm} = \left(\frac{2}{\pi}I_{CC}\right) R_p' \tag{4-5-5}$$

将式（4-5-3）代入式（4-5-5），即得

$$I_{CC} = \frac{\pi U_{cm}}{2R_p'} = \frac{\pi^2}{2R_p'}(V_{CC} - U_{CE(sat)}) \tag{4-5-6}$$

输出功率为

$$P_o = \frac{U_{cm}^2}{2R_p'} = \frac{\pi^2}{2R_p'}(V_{CC} - U_{CE(sat)})^2 \tag{4-5-7}$$

直流输入功率为

$$P_= = V_{CC}I_{CC} = \frac{\pi^2}{2R_p'}(V_{CC} - U_{CE(sat)})V_{CC} \tag{4-5-8}$$

因而集电极耗散功率为

$$P_c = P_= - P_o = \frac{\pi^2}{2R_p'}(V_{CC} - U_{CE(sat)})U_{CE(sat)} \tag{4-5-9}$$

由此得集电极效率为

$$\eta_c = \frac{P_o}{P_=} = \frac{V_{CC} - U_{CE(sat)}}{V_{CC}} = 1 - \frac{U_{CE(sat)}}{V_{CC}} \tag{4-5-10}$$

由此可见，晶体管的饱和压降 $U_{CE(sat)}$ 越小，η_c 就越高。若 $U_{CE(sat)} \to 0$，$\eta_c \to 100\%$。这是丁类放大器的主要优点。

在电流开关型电路中，电流是方波，两管轮流导电是从截止立即转入饱和，或从饱和立即转入截止。实际上，电流的这种转换是需要时间的。频率低时，转换时间可以忽略不计。但当工作频率高时，这一开关转换时间便不容忽视，因而工作频率上限受到限制。从这一点来看，电压开关型电路要好一些。因为参阅图 4-5-1（b）可知，它们的电流 i_1 或 i_2 是正弦半波，不是突变的。对于如图 4-5-1（b）所示的电压开关型电路，可以将它简化为如图 4-5-3（a）所示的电路，图中 R_{s1} 与 R_{s2} 分别代表两个晶体管导通时的内阻，R 为电感 L 的电阻。如果 $R_s = R_{s1} = R_{s2}$，并将 R 并入 R_L，则可进一步简化为图 4-5-3（b）所示的电路。假设 LC 回路对开关频率谐振，则由于电压方波的振幅为 V_{CC}，它的基波分量振幅等于 $(2/\pi)V_{CC}$，因而负载 $R_L'(= R_L + R)$ 上的输出电压为

$$u_o' = \left[\frac{\frac{2}{\pi}V_{CC}}{R_L' + R}R_L'\right]\cos\omega t \tag{4-5-11}$$

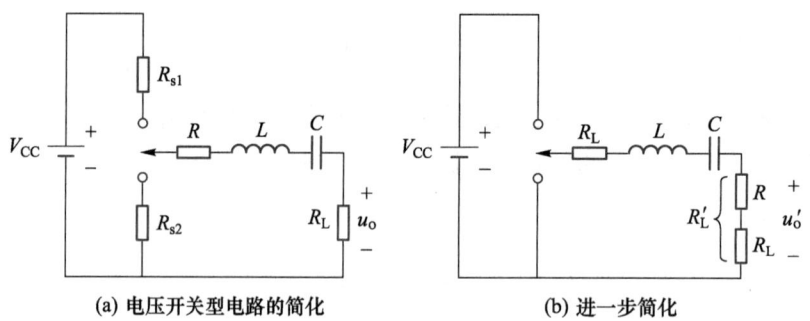

(a) 电压开关型电路的简化　　　　　(b) 进一步简化

图 4-5-3　电压开关型电路的输出等效电路

输出电压峰值为

$$U_{om}' = \frac{2V_{CC}}{\pi(R_L' + R)}R_L' \tag{4-5-12}$$

电源供给的电流为半波正弦［见图 4-5-1（b）］，其振幅为 U_{om}'/R_L'。因此集电极平均电流为

$$I_{CC} = \frac{1}{2\pi} \int_{-\frac{\pi}{2}}^{+\frac{\pi}{2}} \frac{V_{CC}}{\pi(R_L' + R_s)} \cos\omega t \mathrm{d}\omega t$$

$$= \frac{2V_{CC}}{\pi^2(R_L' + R_s)} \tag{4-5-13}$$

输出到谐振回路的交流功率为

$$P_o' = \frac{U_{om}'^2}{2R_L'} = \frac{2V_{CC}^2 R_L'}{\pi^2(R_L' + R_s)^2} \tag{4-5-14}$$

直流输入功率为

$$P_= = V_{CC} I_{CC} = \frac{2V_{CC}^2}{\pi^2(R_L' + R_s)} \tag{4-5-15}$$

因此集电极效率为：

$$\eta_c = \frac{P_o'}{P_=} = \frac{R_L'}{R_L' + R_s} \tag{4-5-16}$$

集电极耗散功率为

$$P_c = P_= - P_o' = \frac{2V_{CC}^2}{\pi^2(R_L' + R_s)} - \frac{2V_{CC}^2 R_L'}{\pi^2(R_L' + R_s)^2}$$

$$= \frac{2V_{CC}^2}{\pi^2(R_L' + R_s)} \left(\frac{R_s}{R_L' + R_s}\right) \tag{4-5-17}$$

将式（4-5-13）的关系代入，式（4-5-17）可简化为

$$P_c = V_{CC} I_{CC} \left(\frac{R_s}{R_L' + R_s}\right) = P_= \left(\frac{R_s}{R_L' + R_s}\right) \tag{4-5-18}$$

由式（4-5-16）与（4-5-18）显然可以看出，晶体管饱和内阻 R_s 越小（即饱和压降器越小），则 η_c 越高，P_c 越小。当 $R_s \to 0$ 时，$\eta_c \to 100\%$，$P_c \to 0$。这一结论是和电流开关型电路一致的。

【例 4.5】设计一个丁类电压开关型放大器，已知条件：工作频率 100 kHz；在 50 Ω 负载上有 12 V（有效值）的输出电压；回路有载 Q 值为 14，无载 Q 值为 100。

解 参阅图 4-5-1（b），设 $X_L = \omega L$，则

$$\text{有载 } Q \text{ 值} = Q_L = \frac{X_L}{R + R_L}$$

$$\text{无载 } Q \text{ 值} = Q_0 = \frac{X_L}{R}$$

从以上二式中消去 R，得出 X_L 与 R_L 的关系为

$$X_L = \frac{R_L Q_L Q_0}{Q_0 - Q_L}$$

代入已知条件 $R_L = 50\,\Omega$，$Q_0 = 100$，$Q_L = 14$，得

$$X_L = \frac{50 \times 14 \times 100}{100 - 14}\ \Omega = 814\ \Omega$$

故得

$$L = \frac{X_L}{\omega} = \frac{814}{2\pi \times 100 \times 10^3}\ \mathrm{H} = 1.29\ \mathrm{mH}$$

$$C = \frac{1}{\omega^2 L} = \frac{1}{(2\pi \times 100 \times 10^3)^2 \times 1.29 \times 10^{-3}}\ \mathrm{F} = 1\,964\ \mu\mathrm{F}$$

输出电压峰值 $\qquad V_{\mathrm{om}} = 12\sqrt{2}\ \mathrm{V} \approx 17\ \mathrm{V}$

因此，输出电流峰值为

$$I_{\mathrm{om}} = \frac{U_{\mathrm{om}}}{R_L} = \frac{17}{50}\ \mathrm{A} = 340\ \mathrm{mA}$$

由式（4-5-12），略去晶体管饱和电阻 R_s，并注意 $R_L' = R_L + R$，$U_{\mathrm{om}} = \dfrac{R_L}{R_L + R} U_{\mathrm{om}}'$，得

$$V_{\mathrm{CC}} = \frac{\pi(R_L + R)}{2R_L} U_{\mathrm{om}} = \frac{\pi}{2}\left(\frac{Q_0}{Q_0 - Q_L}\right) U_{\mathrm{om}}$$

$$= \left[\frac{\pi}{2}\left(\frac{100}{100 - 14}\right) \times 17\right]\ \mathrm{V} = 31.1\ \mathrm{V}$$

$$I_{\mathrm{CC}} = \frac{I_{\mathrm{cm}}}{\pi} = \frac{340}{\pi}\ \mathrm{mA} = 108\ \mathrm{mA}$$

考虑到晶体管实际上有饱和电阻 R_s 的电压。为此可适当提高集电极的电源的电压。此处可取 $V_{\mathrm{CC}} = 32\ \mathrm{V}$。

因此，直流输入功率 $\qquad P_{=} = V_{\mathrm{CC}} I_{\mathrm{CC}} = 32 \times 108 \times 10^{-3}\ \mathrm{W}$

$$= 3.456\ \mathrm{W}$$

交流输出功率 $\qquad P_{\mathrm{o}} = \dfrac{U_{\mathrm{om}}^2}{2R_L} = \dfrac{(17)^2}{2 \times 50}\ \mathrm{W} = 2.89\ \mathrm{W}$

回路损耗功率 $\qquad P_Q = \dfrac{1}{2} I_{\mathrm{om}}^2 R = \dfrac{1}{2} I_{\mathrm{om}}^2 \left(\dfrac{X_L}{Q_0}\right) = \dfrac{1}{2} \times 0.34^2 \times \dfrac{814}{100}\ \mathrm{W}$

$$= 0.47\ \mathrm{W}$$

集电极耗散功率 $\qquad P_{\mathrm{c}} = P_{=} - P_{\mathrm{o}} - P_Q = 0.096\ \mathrm{W}$

集电极效率 $\qquad \eta_{\mathrm{c}} = \dfrac{P_{\mathrm{o}} + P_Q}{P_{=}} = \dfrac{2.89 + 0.47}{3.456} \times 100\% = 97.2\%$

总效率 $\qquad \eta = \dfrac{P_{\mathrm{o}}}{P_{=}} = \dfrac{2.89}{3.456} \times 100\% = 83.6\%$

假设基极激励电流为集电极电流的 1/10，以保证饱和，则基极最大电流 $I_{\mathrm{bm}} = 34\ \mathrm{mA}$。为了开关速度快，则激励开关电压应足够高。设所需激励电压峰值为 2.7 V，晶体管在

基极电流为峰值时的 $U_{BE} = 1\,V$，则基极所需串联电阻 $R_b = \dfrac{2.7-1}{34\times10^{-3}}\Omega = 50\,\Omega$，可采用标称

值 $47\,\Omega$，因而总的激励功率为

$$P_d = \frac{1}{2}I_{bm}^2 R_b + \left(\frac{2}{\pi}I_{bm}\right)U_{BE}$$

$$= \left[\frac{1}{2}\times(34\times10^{-3})^2\times47 + \left(\frac{2}{\pi}\times34\times10^{-3}\right)\times1\right]W$$

$$= 0.049\,W$$

$$= 49\,mW$$

因此，本放大器的功率增益为

$$A_p = \frac{P_o}{P_d} = \frac{2.89}{0.049} = 59 \text{ 或 } 10\lg59 = 17.7\,dB \quad \blacksquare$$

与通常的丙类放大器相比，丁类放大器有如下优点：由于它是两管工作，输出中最低谐波是三次的，而不是二次的，因此，谐波输出较小；效率高（典型值超过 90%，这是主要的优点），因而特别适用于功率放大器。尤其是因为晶体管饱和压降很小，就更宜于采用丁类工作。丁类放大器的缺点是：由于在开关转换瞬间的器件功耗随开关频率的上升而加大，因此频率上限受到限制。从频率上限这方面来比较，电压开关型电路要比电流开关型好，因为它的电流是半波正弦的，而不是突变的方波。当频率升高后，丁类放大器的效率下降，就失去了相对于丙类放大器的优点。而且在开关转换瞬间，晶体管可能同时导电或同时断开，就可能由于二次击穿作用使晶体管损坏。为了克服这一缺点，可在电路上加以改进，就构成了下一小节要讨论的戊类放大器。

4.5.2　戊类（E 类）功率放大器

晶体管丁类放大器总是由两个晶体管组成的，而戊类放大器则是单管工作于开关状态。它的特点是选取适当的负载网络参数，以使它的瞬态响应最佳。也就是说，当开关导通（或断开）的瞬间，只有当器件的电压（或电流）降为零后，才能导通（或断开）。这样，即使开关转换时间与工作周期相比较已相当长，也能避免在开关器件内瞬时产生大的电压或电流。这就避免了在开关转换瞬间内的器件功耗，从而克服了丁类放大器的缺点。

如图 4-5-4（a）所示为戊类放大器的基本电路，图中，L_0C_0 为串联调谐回路，C_1 为晶体管的输出电容，C_2 为外加电容，以使放大器获得所期望的性能，同时也消除了在丁类放大器中由 C_1 所引起的功率损失，因而提高了放大器的效率。

为了分析图 4-5-4（a），将它绘成如图 4-5-4（b）所示的等效电路。在分析时，有如下几点假设：

（1）扼流圈 L' 的阻抗足够大，因而流经它的 I_{CC} 为恒定值；

（2）串联调谐回路 L_0C_0 的 Q 值足够高（考虑了 R_L 的影响），因而输出电流（亦即输

出电压）为正弦波形；

（3）晶体管作用相当于一个开关 S，它或者接通（两端电压为零），或者断开（通过它的电流为零），但在接通与断开互相转换的极短瞬间除外；

（4）电容 C 与电压无关。

当开关 S 接通时，集电极电压 $u_C(\theta)=0$，因此通过电容 C 的电流 $i_C(\theta)$ 也等于零，集电极电流 $i_S(\theta)=I_{CC}-i_o(\theta)$。当 S 断开时，$i_S(\theta)=0$，因此电容电流 $i_C(\theta)=I_{CC}-i_o(\theta)$。由并联电容 C 的充电情况，可以得出集电极电压 $u_C(\theta)$ 的波形。如图 4-5-5 所示为戊类放大器各部分的电压与电流波形。为了使放大器的效率高，在 S 刚接通的瞬间，集电极电压波形的斜率 $\mathrm{d}u_C(\theta)/\mathrm{d}\theta$ 应等于零，也要求此时的集电极电流等于零，最佳工作状态如图 4-5-5 所示。由于 S 从断到通的瞬间，集电极电压与电流均等于零，因而在转换瞬间的功率损耗可忽略不计，效率自然提高。为了获得这一最佳工作状态，应适当选择 $B=\omega C$ 与电抗 X 的值。相关文献给出，当输出电路的 Q 值给定时，可用下列经验公式获得最佳运用状态时的 X 与 B 值为

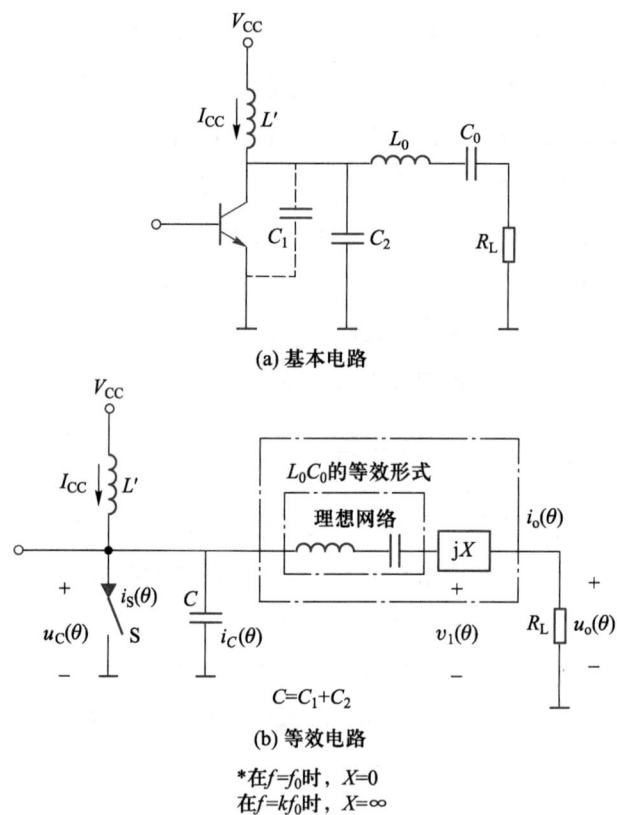

(a) 基本电路

(b) 等效电路

*在 $f=f_0$ 时，$X=0$
在 $f=kf_0$ 时，$X=\infty$

图 4-5-4　戊类放大器的电路

$$X=\frac{1.110Q}{Q-0.67}R_L \qquad (4-5-19)$$

$$B=\frac{0.1836}{12.5}\times\left(1+\frac{0.81\times Q}{Q^2+4}\right) \qquad (4-5-20)$$

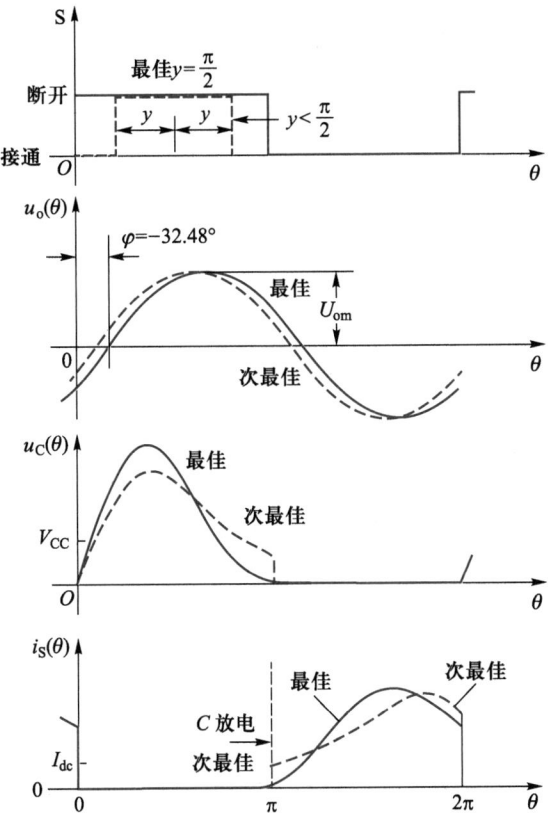

图 4-5-5 戊类放大器各部分的电压、电流波形

输出电压

$$U_{om} \approx 1.074 V_{CC} \qquad (4-5-21)$$

输出功率

$$P_o \approx 0.577 \times \frac{V_{CC}^2}{R_L} \qquad (4-5-22)$$

输入电流

$$I_{CC} = \frac{V_{CC}}{1.734 R_L} \qquad (4-5-23)$$

峰值集电极电压

$$u_{Cmax} \approx 3.56 V_{CC} \qquad (4-5-24)$$

【例 4.6】 设计一个戊类放大器，工作频率为 4 MHz，输出到 12.5 Ω 上的功率为 25 W。假定晶体管是理想的，输出电路的 Q 值为 5。

解 由式（4-5-22）可得

$$V_{CC} = \sqrt{\frac{P_o R_L}{0.577}}\,V = \sqrt{\frac{25 \times 12.5}{0.577}}\,V = 23.3\,V$$

由式（4-5-24）得

$$u_{Cmax} = 3.56 V_{CC} = 82.9\,V$$

由式（4-5-23）得

$$I_{CC} = \frac{V_{CC}}{1.734 R_L} = \frac{23.3}{1.734 \times 12.5} \text{A} = 1.075 \text{ A}$$

由式（4-5-20）得

$$B = \frac{0.1836}{12.5} \times \left(1 + \frac{0.81 \times 5}{5^2 + 4}\right) = 0.0167$$

由此得出
$$C = 666 \text{ pF}$$

由于 $Q = \dfrac{1}{\omega C_0 R_L}$ 得出 $\dfrac{1}{\omega C_0} = (5 \times 12.5) \, \Omega = 62.5 \, \Omega$

所以
$$C_0 = 637 \text{ pF}$$

由式（4-5-19）得 $X = 16.02 \, \Omega$，由此求得 L_0 的电抗至少应为 $16.02 \, \Omega + 62.5 \, \Omega = 78.52 \, \Omega$，因此 $L_0 = 3.12 \, \mu\text{H}$。$L'$ 的电抗至少应为 $10 R_L = 125 \, \Omega$，因此 L' 至少应为 $4.97 \, \mu\text{H}$。∎

4.6 宽带高频功率放大电路（传输线变压器）

现代通信的发展趋势之一是在宽波段工作范围内能采用自动调谐技术，以便于迅速转换工作频率。为了满足上述要求，可以在发射机的中间各级采用宽带高频功率放大器，它不需要调谐回路，就能在很宽的波段范围内获得线性放大。但为了只输出所需的工作频率，发射级末级（有时还包括末前级）还要采用调谐放大器。当然，所付出的代价是输出功率和功率增益都降低了。因此，一般来说，宽带功率放大器适用于中、小功率级。对于大功率设备来说，可以采用宽带功放作为推动级，同样也能节约调谐时间。

最常见的宽带高频功率放大器是利用宽带变压器做耦合电路的放大器。宽带变压器有两种形式：一种是利用普通变压器的原理，只是采用高频磁心，可工作到短波波段；另一种是利用传输线原理与变压器原理二者结合的所谓传输线变压器，这是最常用的一种宽带变压器。

低频功率放大器的功率、效率和阻抗匹配等问题可以通过低频变压器耦合电路来实现，而且它的相对频带也很宽，一般从几十赫兹到一万多赫兹，高低端频率之比可达几百甚至上千。低频变压器的构造示意图如图 4-6-1（a）所示。它是依靠铁心中的公共磁通 Φ 将一次线圈（匝数 N_1）的能量传输到二次线圈（匝数 N_2）中。对于理想变压器来说，应该是对所有频率的能量都能同样传输过去，即通频带应为无限宽。但实际上，低频变压器的频率特性大致如图 4-6-1（b）所示（示例），即：在中间一段是平坦的；在低频端，由于一次电感不可能为无穷大（这是理想变压器的条件），因而频率响应下降。在高频端，则由于线圈漏电感与分布电容的影响，在某一频率可能产生串联谐振，频率响应出现高峰。然后随频率的升高，它的输出电压因分布电容的旁路作用而迅速下降。因此，普通铁心变压器不能用于高频。

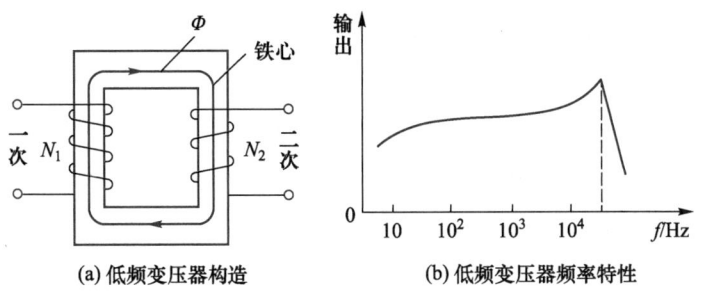

(a) 低频变压器构造　　　　　　　(b) 低频变压器频率特性

图 4-6-1　低频变压器构造及其频率特性示例

为了使变压器工作于高频，并展宽工作频带，可采取以下几项措施：

（1）尽量减小线圈的漏感与分布电容。为此，可将一次、二次线圈绕在环形铁氧体做的磁心上，匝数要少，匝间距离要大。

（2）减小磁心的功率损耗。可采用高频铁氧体作磁心，例如镍锌（NXO 系列）。

（3）为了展宽低频响应，要求一次线圈的电感大。为此，应采用高磁导率磁心，加大环形磁心截面积，适当增加匝数。

由以上几条来看，展宽低频响应与改善高频响应之间是有矛盾的。解决矛盾的方法是采用高磁导率磁心。这样，可以在较少的线圈匝数下，获得较高的励磁电感（满足低频要求），同时漏感与分布电容也小（满足高频要求）。但通常磁导率高的磁心，它的磁心功率损耗也大，因此应采用能在高频工作的高磁导率磁心。例如采用相对磁导率为几十的高频高磁导率铁氧体磁心，其频率可自几百千赫至几十兆赫，波段覆盖系数可达几十到一百。

由于高频变压器遵循变压器原理，因而线圈漏感与分布电容仍然是限制它工作到更高频率的主要因素。为了克服这个困难，必须另辟蹊径。

把传输线的原理应用于变压器，就可以提高工作频率的上限，并解决宽带问题。这种变压器用传输线（例如，两根紧靠的平行线、扭绞线、带状传输线或同轴线等）绕在高磁导率的铁心磁环上，如图 4-6-2（a）所示为一个 1:1 的传输线变压器结构示意图。磁心用高频铁氧体磁环，材料为锰锌（MXO）或镍锌（NXO）。频率较高时，以用镍锌材料为宜。磁环直径小的只有几毫米，大的有几十毫米，视功率大小而定。一般 15 W 功率放大器用直径为 10~20 mm 的磁环即可。这种变压器的结构简单、轻便、价廉、频带很宽（可从几百千赫至几百兆赫），因而在宽带高频功率放大器中获得了广泛的应用。

图 4-6-2（b）是传输线变压器的电路表示形式，（c）是用普通变压器表示的电路形式。为了比较，它们的一次、二次都有一端接地。图 4-6-2（b）和（c）在电路连接上完全相同。由图 4-6-2（c）可以看出，如果是普通变压器，则负载 1、2 两端可以对地隔离，也可以任意一端接地。但作为传输线变压器，则必须是 1、4（或 2、3）两端同时接地才行。由电源 1、3 端看来的阻抗应等于负载阻抗 R_L（等于传输线的特性阻抗 R_c），但输出电压与输入电压反相，所以它相当于一个 1:1 阻抗反相变压器。

应该指出，传输线变压器的工作原理既然是传输线原理与变压器原理的结合，那么它的工作也可分为两种方式：一种是按照传输线方式来工作，即在它两个线圈中通过大小相等、方向相反的电流，磁心中的磁场正好互相抵消。因此，磁心没有功率损耗，磁心对传输线的工作没有什么影响。这种工作方式称为传输线模式。另一种是按照变压器方式工作，此时线圈中有激磁电流，并在磁心中产生公共磁场，有铁心功率损耗。这种工作方式称为变压器模式。传输线变压器通常同时存在着这两种模式，或者说，传输线变压器正是利用这两种模式来适应不同的功用的。

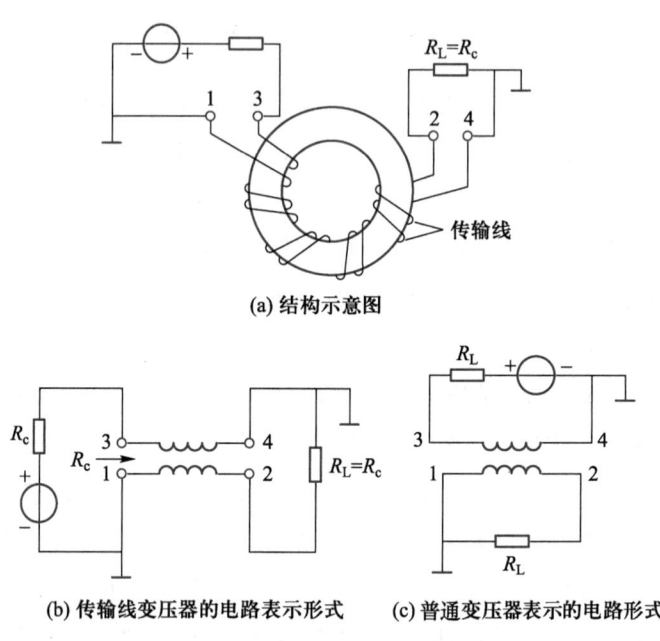

(a) 结构示意图

(b) 传输线变压器的电路表示形式　　(c) 普通变压器表示的电路形式

图 4-6-2　1:1 传输线变压器

　　为什么这种变压器具有良好的频率特性呢？这是由它的传输线工作模式所决定的。普通变压器绕组间的分布电容是限制它的工作带宽的主要因素，而在传输线变压器中，绕组间的分布电容则成为传输线特性阻抗的一个组成部分。因而这种变压器可以在很宽的频带（可达几百兆赫）范围内获得良好的响应。这种变压器极适合于作为高频宽带耦合网络之用。

　　如上所述，传输线变压器存在着两种工作方式：在高频率时，传输线模式起主要作用，此时一次、二次之间的能量传输主要依靠线圈之间分布电容的耦合作用；在低频率时，变压器模式起主要作用，一次、二次之间的能量传输主要依靠线圈的磁耦合作用。为了扩展低频响应范围，应该加大一次线圈的电感量，但同时线圈总长度又不能过大（理由详见后面对图 4-6-5 的讨论），因此采用高频磁心来解决圈数少，而一次线圈电感量又足够大的问题。

　　现在讨论一种最常用的 1:4（或 4:1）阻抗传输线变压器，它的结构示意图与电路表示形式分别示于图 4-6-3（a）、（b）、（c）。图 4-6-4 表示一典型 1:4 阻抗变换器的频率特性的实验结果。下降 3 dB 的带宽自 200 kHz 至 715 MHz，可见频带是很宽的。

　　这种传输线变压器是将绕组看成两根平行的传输线，它可以起一个 1:4 阻抗变换作用，使 2、3 两端的 $R_{\text{L}} = 4R_{\text{s}}$ 折合到 2、4 两端等于 $R_{\text{L}}/4$，以与电源内阻相匹配。从图 4-6-3（b）与（c）的等效电路很容易看出这种阻抗变换关系这种 1:4 的阻抗变换关系也可以从 2、4 两端向右方看去的输入阻抗 Z_i 的公式来证明。

参阅如图 4-6-3（b）所示的电流、电压关系。由传输线的理论可知（假设传输线没有损耗，式中 U、I 均为有效值）

$$\dot{U}_1 = \dot{U}_2\cos\alpha l + \mathrm{j}\dot{I}_2 Z_{\text{c}}\sin\alpha l \tag{4-6-1}$$

$$\dot{I}_1 = \dot{I}_2\cos\alpha l + \mathrm{j}\frac{\dot{U}_2}{Z_{\text{c}}}\sin\alpha l \tag{4-6-2}$$

式中，α 为传输线的相移常数（rad/m）；l 为传输线长度；Z_{c} 为传输线的特性阻抗。

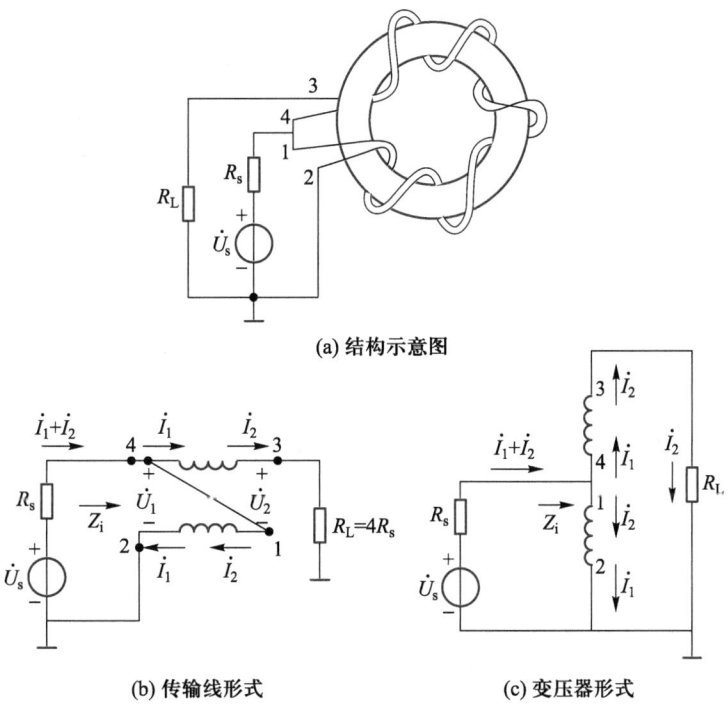

(a) 结构示意图

(b) 传输线形式　　　　(c) 变压器形式

图 4-6-3　1:4 阻抗变换器

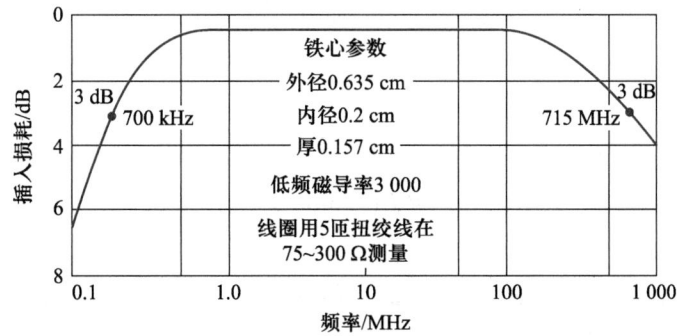

图 4-6-4　某典型 1:4 阻抗变换器的频率特性（实验结果）

由图 4-6-3（b）显然可知，2、4 端的输入阻抗为

$$Z_i = \frac{\dot{U}_1}{\dot{I}_1 + \dot{I}_2} = \frac{\dot{U}_2\cos\alpha l + j\dot{I}_2 Z_c \sin\alpha l}{\dot{I}_2(1+\cos\alpha l) + j\dfrac{\dot{U}_2}{Z_c}\sin\alpha l}$$

$$= Z_c\left[\frac{\dfrac{\dot{U}_2}{\dot{I}_2}\cos\alpha l + jZ_c\sin\alpha l}{Z_c(1+\cos\alpha l) + j\dfrac{\dot{U}_2}{\dot{I}_2}\sin\alpha l}\right] \tag{4-6-3}$$

另一方面，从负载 R_L 两端看来应有

$$\dot{I}_2 R_L = \dot{U}_1 + \dot{U}_2 = \dot{U}_2(1+\cos\alpha l) + j\dot{I}_2 Z_c\sin\alpha l \tag{4-6-4}$$

即

$$\frac{\dot{U}_2}{\dot{I}_2} = \frac{R_L - jZ_c\sin\alpha l}{1+\cos\alpha l} \tag{4-6-5}$$

将式（4-6-5）代入式（4-6-4）并化简，即得

$$Z_i = Z_c\left[\frac{R_L\cos\alpha l + jZ_c\sin\alpha l}{2Z_c(1+\cos\alpha l) + jR_L\sin\alpha l}\right] \tag{4-6-6}$$

当 $\alpha l \to 0$ 时，由上式得 $Z_i = \dfrac{R_L}{4} = R_s$，即此时 Z_i 与电源内阻 R_s 相匹配，传输功率达到最大值。

事实上，由图 4-6-3（b）或（c），可以列出回路方程

$$\dot{U}_s = (\dot{I}_1 + \dot{I}_2)R_s + \dot{U}_1 \tag{4-6-7}$$

$$\dot{U}_s = (\dot{I}_1 + \dot{I}_2)R_s - \dot{U}_2 + \dot{I}_2 R_L \tag{4-6-8}$$

从式（4-6-7）、式（4-6-8）与式（4-6-1）、式（4-6-2）中消去了 $\dot{I}_1$、$\dot{U}_1$、$\dot{U}_2$ 值，求出 $\dot{I}_2$，得

$$\dot{I}_2 = \frac{\dot{U}_s(1+\cos\alpha l)}{R_L\cos\alpha l + 2R_s(1+\cos\alpha l) + j\left(\dfrac{R_s R_L + Z_c^2}{Z_c}\right)\sin\alpha l} \tag{4-6-9}$$

因此输出功率为

$$P_o = \dot{I}_2^2 R_L = \frac{\dot{U}_s^2(1+\cos\alpha l)^2 R_L}{[R_L\cos\alpha l + 2R_s(1+\cos\alpha l)]^2 + j\left(\dfrac{R_s R_L + Z_c^2}{Z_c}\right)^2\sin^2\alpha l} \tag{4-6-10}$$

要使输出功率达到最大，即达到匹配状态，应满足 $\left.\dfrac{dP_o}{dR_L}\right|_{l=0}$ 的条件，于是得到匹配条件为

$$R_L = 4R_s \text{ 或 } R_s = \frac{R_L}{4} \tag{4-6-11}$$

这一结果与由输入阻抗关系所求出的结果完全相同。因此，这个传输线变压器相当于一个 1:4 阻抗变换器。

应当着重指出，上述阻抗变换结果从形式上来看，也可由图 4-6-3（c）变压器电路直接看出来。但变压器形式的电路不能说明插入损耗等问题，这些问题必须用传输线的概念来说明。

从上面的讨论已知，1:4 的传输线变压器两端的阻抗相差四倍，那么我们应如何选取传输线的特性阻抗 Z_c 呢？观察式（4-6-10）可知，只有分母的第二项含有特性阻抗 Z_c。因此，为了使传输功率最大，则最佳的 Z_c 值应该是使分母中的第二项最小。由

$$\frac{\mathrm{d}}{\mathrm{d}Z_c}\left(\frac{R_sR_L+Z_c^2}{Z_c}\right)=0 \tag{4-6-12}$$

求出最佳特性阻抗为

$$Z_c=R_{c(\mathrm{opt})}=\sqrt{R_sR_L}=2R_s \tag{4-6-13}$$

这时传输线变压器两端均处于最佳匹配状态。当 $\alpha l\to 0$（即频率不高）时，R_L 上的功率达到极大值。但是随着工作频率的提高，αl 不再能忽略。这时，电流、电压沿传输线传播会产生相位移。因而会减小 R_L 上的输出功率。为了估计此时输出功率的减小程度，常用插入损耗来表示。

插入损耗的定义为

$$\text{插入损耗(dB)}=10\lg\frac{P_{so}}{P_o} \tag{4-6-14}$$

式中，P_{so} 代表由信号源 $\dot{U}_s$ 所能供给的最大功率（匹配时），它的值为

$$P_{so}=\frac{\dot{U}_s^2}{4R_s} \tag{4-6-15}$$

P_o 代表 R_L 上实际获得的功率，它由式（4-6-6）来计算。因此插入损耗可由下式计算：

$$\text{插入损耗(dB)}=10\lg\frac{P_{so}}{P_o}$$

$$=10\lg\frac{[R_L\cos\alpha l+2R_s(1+\cos\alpha l)]^2+\mathrm{j}\left(\dfrac{R_sR_L+Z_c^2}{Z_c}\right)^2\sin^2\alpha l}{4R_sR_L(1+\cos\alpha l)^2} \tag{4-6-16}$$

在 $R_L=4R_s$（4:1 阻抗变换）情况下，上式化简为

$$\text{插入损耗(dB)}=10\lg\frac{(1+3\cos\alpha l)^2+\left(\dfrac{R_sR_L+Z_c^2}{Z_c}\right)\sin^2\alpha l}{4(1+\cos\alpha l)^2} \tag{4-6-17}$$

在最佳状态 $Z_c=2R_s$ 时，有

$$\text{插入损耗(dB)}=10\lg\frac{(1+3\cos\alpha l)^2+4\sin^2\alpha l}{4(1+\cos\alpha l)^2} \tag{4-6-18}$$

根据以上诸式即可算出 1:4 阻抗变换器的插入损耗。图 4-6-5 就是根据式（4-6-17）算出的、对应各种不同的特胜阻抗 Z_c 的插入损耗与传输线长度的关系。由图可以看出，Z_c 越偏离最佳值 $R_{c(opt)}$，则插入损耗越大，因而应尽可能使 Z_c 值接近 $R_{c(opt)}$ 值。

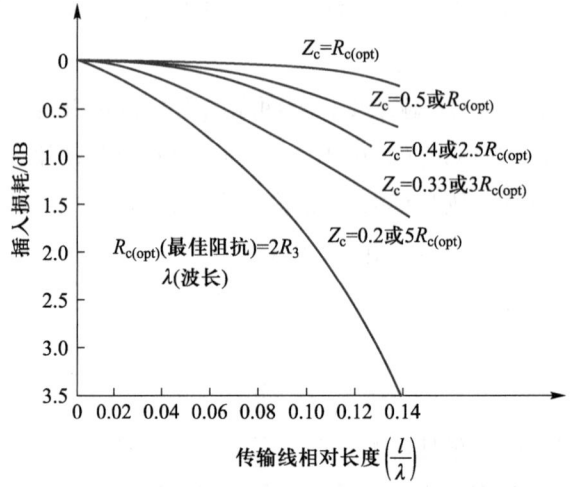

图 4-6-5　对应不同的 Z_c 值，1:4 阻抗变换器的插入损耗与传输线长度的关系

上述结论也可以从式（4-6-6）的输入阻抗 Z_i 与 αl 的关系来说明它的物理意义。由该式，当 $\alpha l=0$ 时，$Z_i=\dfrac{R_L}{4}=R_s$ 为匹配状态。随着 αl 的逐渐增加，Z_i 逐渐偏离匹配值，因而产生插入损耗。当 $l=\dfrac{\lambda}{2}$，即 $\alpha l=\dfrac{2\pi}{\lambda}l=\pi$ 时，Z_i 趋于无穷大，输出功率下降为零，插入损耗趋于无穷大。物理意义是传输线产生了全反射，负载上完全得不到功率。

由上述讨论可知，为了使高频端的响应良好（即插入损耗小），即传输线处于近似匹配的工作状态，就必须采用尽可能短的绕组，使 αl 很小。在大多数情况下，传输线长度取为最短波长的 $\dfrac{1}{8}$ 或更小。但为了保证低频响应良好，除采用高磁导率的磁心外，还必须有一定的绕组长度，以使一次绕组有足够大的感抗。一般应使这一感抗在最低工作频率比变压器的输入阻抗大三倍以上。为此，可用以下的经验公式来估算所需的绕组长度：

在高频端

$$l_{max} \leqslant \frac{18\,000n}{f_u} \tag{4-6-19}$$

式中，f_u 为最高工作频率（MHz）；n 为常数，一般取 0.08 左右。

在低频端

$$l_{min} \geqslant \frac{50R_L}{\left(1+\dfrac{\mu}{\mu_0}\right)f_1} \tag{4-6-20}$$

式中，f_1 为最低工作频率（MHz）；μ/μ_0 为相对磁导率。

第 4 章　高频功率放大电路

【例 4.7】 设计一个工作频率为 30 ~ 80 MHz 的传输线变压器，已知负载阻抗 $R_L = 50 \, \Omega$，磁心的相对磁导率 $\dfrac{\mu}{\mu_0} = 15$。

解 取 n 为 1，由式（4-6-19）得

$$l_{\max} \leqslant \frac{18\,000 \times 0.08n}{80} \, \text{cm} = 18 \, \text{cm}$$

由式（4-6-20）得

$$l_{\min} \geqslant \frac{50 \times 50}{(1+15) \times 30} \, \text{cm} = 5.2 \, \text{cm}$$

l 的值可在 5.2 cm ~ 18 cm 之间选取。由此可见，绕组长度值的选取范围是较宽的。■

应该说明，传输线变压器的特性阻抗决定于绕组所用导线的粗细，绕制的松紧等。最简单的绕组是用两根绝缘线（漆包线也可以）绕制成的。为了保证线间的耦合良好，常把这两根线扭绞起来成为扭绞线对来绕制，也可用同轴线或带状传输线来绕制。线径的粗细要视传输线的阻抗与功率大小等而定。例如，采用涂有透明胶的 0.9 mm 松扭绞线对的变换器特性阻抗 $Z_c = 50 \, \Omega$，在工作频率 2 ~ 100 MHz、输出功率为 100 W 时，磁心不饱和。采用导线直径为 0.44 mm 构成的松扭绞线对的变换器，可得特性阻抗为 25 Ω。

利用传输线变压器的宽频带特性，即可构成宽带功率放大器。图 4-6-6 是这种宽带放大器的典型电路，图中的 Tr_1、Tr_2 与 Tr_3 就是宽带传输线变压器。Tr_1 与 Tr_2 串接是为了进行阻抗变换，以使 T_2 的低输入阻抗变换为 T_1 所需的高负载阻抗。为了使放大器的特性良好，每一级都加了电压负反馈电路（T_1 中的 1 800 Ω 与 47 Ω 串联，T_2 中的 1 200 Ω 与 12 Ω 串联）。为了避免寄生耦合，每级的集电极电源都有电容滤波，它们都由大小不同的三个电容组成，分别对不同的频率滤波。其他元件的作用与一般放大器相同。由于没有采用调谐回路，不言而喻，这种放大器应工作于甲类状态。输出级应采用推挽电路，以减小谐波输出。若采用乙类或丙类工作状态，则必须在它后面加入适当的滤波器，以滤除谐波。

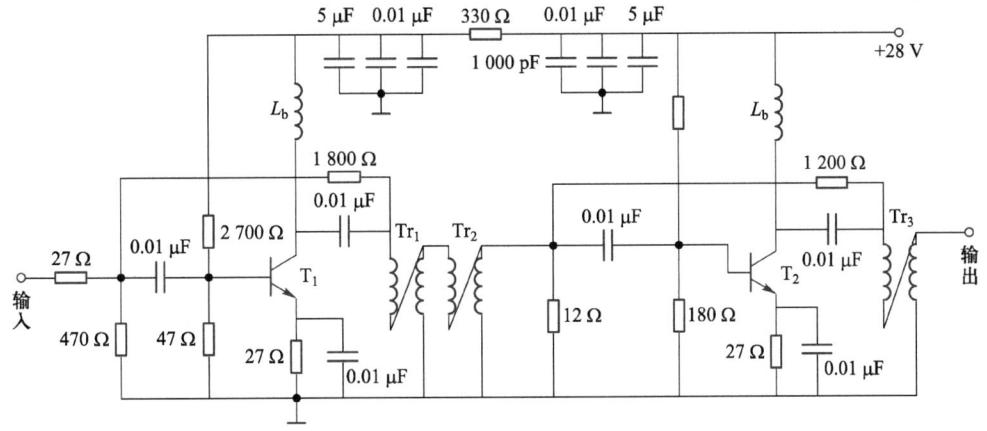

图 4-6-6 宽频带变压器耦合放大器电路举例

宽带功率放大器的主要缺点是效率低，一般只有 20%。这是为了获得足够带宽所必须付出的代价。

最后应指出，精心制作的高频变压器可以获得 150 kHz ~ 30 MHz 的带宽工作范围。由于传输线变压器还适用于功率合成器（power combiner），因此这里只讨论了传输线变压器耦合放大器。高频变压器耦合放大器在原理上没有什么独特处，故不进行讨论。

4.7 仿真——高频功率放大电路

如图 4-7-1 所示，利用立创 EDA 仿真工具实现对余弦脉冲的功率放大。

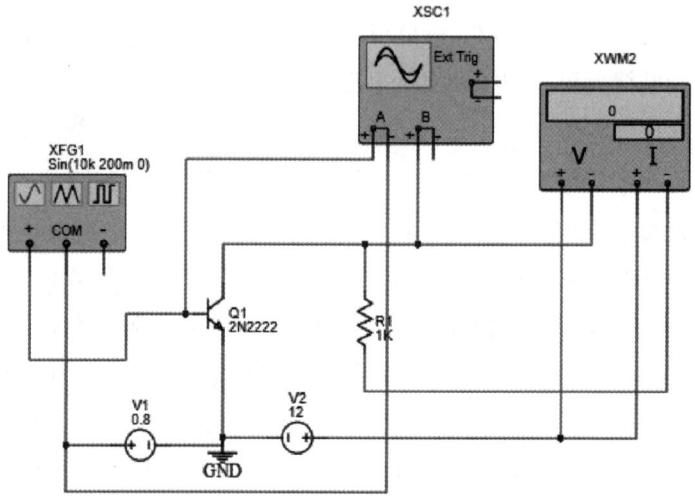

图 4-7-1　丙类放大余弦脉冲电路图

利用上述电路可以实现对余弦脉冲的功率放大，余弦脉冲功率放大结果如图 4-7-2 所示。

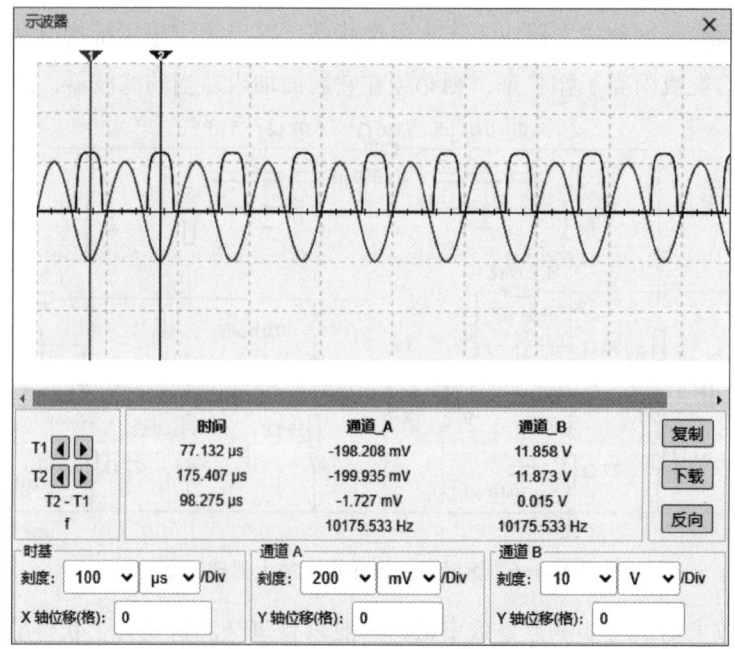

图 4-7-2　余弦脉冲功率放大结果

思考题：

（1）如何在负载中加入 *LC* 选频网络，从而获得目标频率信号？

（2）如何测量功率放大倍数？

4.8 前沿——功率放大器最新研究方向

功率放大器设计主要围绕着提高功率和提升效率两方面开展研究工作，领域可包括材料与制造工艺、高效能电路设计与优化、集成化与模块化设计、散热与热管理技术以及环保与可持续发展。

1. 新型半导体材料与制造工艺

（1）材料创新：氮化镓（GaN）和碳化硅（SiC）等宽禁带半导体材料因其出色的电子迁移率、高击穿电场和低导通电阻等特性，正成为高频功率放大器领域的热门选择。这些材料能够显著提升放大器的功率密度和效率，同时降低功耗和减少热量产生。在毫米波频段，GaN 功放能够实现远超传统硅基功放的性能，许多无线通信设备制造商和雷达系统供应商都采用 GaN 功放作为其产品的核心部件，以提高系统的整体性能和可靠性。在电动汽车、太阳能逆变器、风力发电系统等领域的电力电子设备中，SiC 功放已成为关键部件之一。

（2）制造工艺：随着制造工艺的进步，如高电子迁移率晶体管（HEMT）技术的发展，高频功率放大器在高频段的表现得到了显著提升。这些先进的制造工艺使得放大器在保持高性能的同时，能够进一步缩小尺寸，提高集成度。如狼速（Wolfspeed）的 CGHV96100F2 是一个在碳化硅衬底上的氮化镓 HEMT 功率放大器，具有出色的功率附加效率。其拥有 8.4~9.6 GHz 的工作频段、145 W 的输出功率、10 dB 的功率增益和 40% 的功率附加效率。该功率放大器广泛应用于船用雷达、天气监控、空中管制、海上船舶交通管制、端口安全以及通信等领域。

2. 高效能电路设计与优化

（1）新型电路结构：如 Doherty、Envelope Tracking 等高效能电路结构的应用，使得高频功率放大器在保持高输出功率的同时，能够显著提高效率并减少功耗。这些结构通过优化信号路径和能量转换过程，实现了更高效的功率放大。Doherty 功放采用双功放架构（主功放和辅助功放），通过有源负载调制技术，根据信号强度动态调整功放的负载，以提高功率放大器的效率和线性度，特别适用于高功率应用。Envelope Tracking（包络跟踪）技术通过实时跟踪射频信号的包络变化，动态调整功率放大器的供电电压，确保放大器在给定输出功率下以最高效率运行，从而显著降低功耗，提升电池续航。

（2）智能控制算法：引入智能控制算法，如自适应预失真技术，可以实时调整放大器的参数，以补偿非线性失真和提高信号质量。这些算法通过监测和分析输入信号的特性，自动调整放大器的增益、相位和频率响应等参数，确保输出信号的准确性和稳定性。自适应预失真技术是在功率放大器前插入一个能够自动调整其特性的预失真器，以补偿功率放大器的非线性失真，从而实现输出信号的线性化。

3. 集成化与模块化设计

（1）高度集成化：随着集成电路技术的发展，高频功率放大器逐渐实现高度集成化。将多个功能模块集成在一个芯片或模块上，可以显著减少元件数量和布线复杂度，提高系统的可靠性和紧凑性。同时，集成化设计还有助于降低制造成本和提高生产效率。

（2）模块化设计：模块化设计使得高频功率放大器可以根据不同的应用场景和需求进行灵活配置和扩展。通过更换或升级模块中的部分元件或电路，可以实现放大器性能的优化和升级，满足不断变化的市场需求。

4. 散热与热管理技术

（1）高效散热结构：高频功率放大器在工作过程中会产生大量热量，因此散热性能对于放大器的稳定性和可靠性至关重要。采用高效散热结构，如热管散热、液冷散热等先进技术，可以有效地将热量从放大器内部导出并散发到外部环境中去，确保放大器在高功率密度和高温环境下的正常工作。

（2）热管理技术：通过引入热管理技术，如热仿真分析和热管理策略等，可以对放大器的热性能进行精确预测和控制。这些技术可以帮助设计者优化散热结构和热管理策略，提高放大器的热稳定性和可靠性。

5. 环保与可持续发展

随着环保意识的提高和可持续发展理念的普及，高频功率放大器也开始注重绿色能源技术的应用。例如，采用太阳能、风能等可再生能源作为供电来源的放大器系统正在逐步兴起。这些系统不仅有助于减少对传统能源的依赖和碳排放量，还能够在一定程度上提高能源利用效率和经济性。如碳化硅功率半导体在光伏逆变器中，相比于传统的硅基 IGBT 具有更低的导通损耗和开关损耗，能够显著提高光伏逆变器的转换效率。例如，SiC 基逆变器能将转换效率由 96% 提升至 99% 以上，能量损耗可降低 50% 以上。

思考题与习题

4.1　为什么低频功率放大器不能工作于丙类？而高频功率放大器则可工作于丙类？

4.2　提高放大器的效率与功率，应从哪几方面入手？

4.3　丙类放大器为什么一定要用调谐回路作为集电极（阳极）负载？回路为什么一定要调到谐振状态？回路失谐将产生什么结果？

4.4　某一晶体管谐振功率放大器，设已知 $V_{CC} = 24\text{ V}$，$I_{C0} = 250\text{ mA}$，$P_o = 5\text{ W}$，电压利用系数 $\xi = 1$。试求 $P_=$、η_c、R_p、I_{cm1}、电流半导通角 θ_c（用折线法）。

4.5 在习题图 4-1 中：

（1）当电源电压为 V_{CC}（图中 C 点）时，动态特性曲线为什么不是从 $u_c = V_{CC}$ 的 C 点画起，而是从 Q 点画起？

（2）当 θ_c 为多少时，从 C 点画起？

（3）电流脉冲是从 B 点才开始发生的，在 BQ 这段区间并没有电流，为何此时有电压降 BC 存在？物理意义是什么？

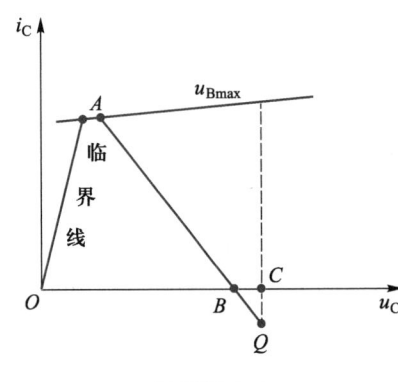

习题图 4-1

4.6 晶体管放大器工作于临界状态，$\eta_c = 70\%$，$V_{CC} = 12\text{ V}$，$U_{cm} = 10.8\text{ V}$，回路电流 $I_k = 2\text{ A}$（有效值），回路电阻 $R = 1\ \Omega$。试求 θ_c 和 P_c。

4.7 晶体管放大器工作于临界状态，$R_p = 200\ \Omega$，$I_{C0} = 90\text{ mA}$，$V_{CC} = 30\text{ V}$，$\theta_c = 90°$。试求 P_o 和 η_c。

4.8 试证谐振功率放大器输出至谐振回路 R_p 的功率恰等于谐振回路电阻 R 所消耗的功率。

4.9 高频大功率晶体管 3DA4 参数为 $f_T = 100\text{ MHz}$，$\beta = 20$，集电极最大允许耗散功率 $P_{CM} = 20\text{ W}$，饱和临界线跨导 $g_{cr} = 0.8\text{ S}$，用它做成 2 MHz 的谐振功率放大器，选定 $V_{CC} = 24\text{ V}$，$\theta_c = 70°$，$i_{Cmax} = 2.2\text{ A}$，并工作于临界状态。试计算 R_p、P_o、P_c、η_c 与 $P_=$。

4.10 放大器工作于临界状态，根据理想化负载特性曲线，求出 R_p 在以下两种情况时，P_o 如何变化？

（1）R_p 增加一倍；

（2）R_p 减小一半。

4.11 已知某晶体管功率放大器，工作频率 = 100 MHz，$R_L = 50\ \Omega$，$P_o = 1\text{ W}$，$V_{CC} = 12\text{ V}$，饱和压降 $U_{CE(sat)} = 0.5\text{ V}$，$C_{b'c} = 40\text{ pF}$。试设计一个 π 形匹配网络。

4.12 在调谐某一晶体管谐振功率放大器时，发现输出功率与集电极效率正常，但所需激励功率过大，试提出一个解决方案。假设为固定偏压。

4.13 试比较下列两种放大器的输出功率与效率：

（1）输入与输出信号均为正弦波，电流为尖顶余弦脉冲（丙类）；

（2）输入与输出信号均为方波，电流为方波脉冲（丁类）；

假定在这两种情况下的电压与电流幅度均相等，负载回路也相同。

4.14 设计一个丁类放大器，要求在 1.8 MHz 时输出 1 000 W 功率至 50 Ω 负载。设 $U_{CE(sat)} = 1$ V，$\beta = 20$，$V_{CC} = 48$ V。采用电流开关型电路。

4.15 设计一个电压开关型丁类放大器，在 2~30 MHz 波段内向 50 Ω 负载输送 4 W 功率。设 $V_{CC} = 36$ V，$U_{CE(sat)} = 1$ V，$\beta = 15$。

4.16 设计一个戊类放大器，工作频率为 50 MHz，输出 15 W 功率至 50 Ω 负载，$V_{CC} = 36$ V，假设 $U_{CE(sat)} = 1$ V。

4.17 使用传输线变压器混合网络将 4 个 100 W 的功率放大器合成为 400 W 输出功率，已知负载电阻为 50 Ω。

4.18 试从物理意义上解释，电流导通角相同时，倍频器的效率比放大状体的效率低。

4.19 二次倍频器工作于临界状态，$\theta_c = 60°$。如激励电压的频率提高一倍，而幅度不变，问负载功率和工作状态将如何变化？

4.20 试证明如习题图 4-2 所示的两个相同的传输线变压器所连接的阻抗变换器电路，由 A 点向右看去的阻抗为

$$R_i = 9R_L$$

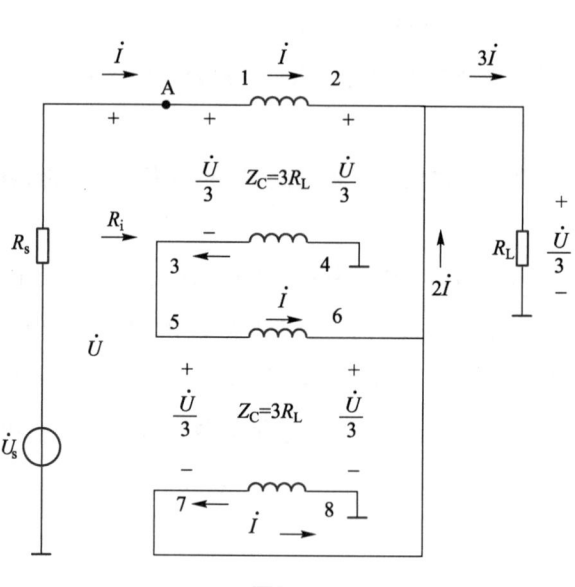

习题图 4-2

4.21 某谐振功率放大器工作于临界状态，功率管用 3DA4，其参数 $f_T = 100$ MHz，$\beta = 20$，集电极最大耗散功率为 20 W，饱和临界线跨导 $g_{cr} = 1$ S，转移特性如习题图 4-3 所示。已知 $V_{CC} = 24$ V，$|V_{BB}| = 1.45$ V，$U_{BZ} = 0.6$ V，$Q_0 = 10$。求集电极输出功率 P_o 和天线功率 P_A。

4.22 某谐振功率放大器的中介回路与天线回路均已调好，功率管的转移特性如习题图 4-3 所示。已知 $|V_{BB}| = 1.5$ V，$U_{BZ} = 0.6$ V，$\theta_c = 70°$，$V_{CC} = 24$ V，$\xi = 0.9$。中介回路的 $Q_0 = 100$，$Q_L = 10$。试计算集电极输出功率 P_o 和天线功率 P_A。

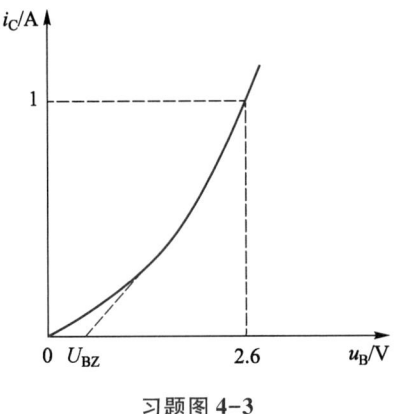

习题图 4-3

第 5 章
正弦波振荡器

5.1 导　　课

　　无线通信系统的发射端，需要将待传输的信息转换成电信号加载到高频载波信号上发射出去，而通常高频载波信号是正弦波形式，因此需要研究能够产生高频正弦波信号的功能电路。高频正弦波是信息传递的载体，它是如何产生，以及如何评价它的稳定程度，是本章研究的两个方面，现在我们将叩开振荡器之门。本章内容具体包括以下几点：

　　（1）高频正弦波振荡器有什么特点？它需要计算的指标有哪些？我们该如何评价振荡器呢？（5.2 节）

　　（2）振荡器开始振荡是什么样子？它的起振条件是什么？振荡器起振后，它能否稳定地产生正弦波？它的稳定条件是什么？振荡器稳定工作后，它的工作效率如何，导通角是多少呢？（5.3.1 小节）

　　（3）互感耦合振荡器是我们接触的第一类振荡器，如何判断其是正反馈？电容反馈振荡器是应用最广泛的振荡器，这是为什么呢？它难道是"完美无瑕"的吗？电感反馈振荡器与电容反馈振荡器各自的优缺点是什么？（5.3.2 小节）

　　（4）振荡频率稳定度是振荡器的重要指标，如何定义稳定度？如何推导出这个抽象定义的数学表达式，进而从本质上认知提高稳定度的办法呢？（5.3.3 小节）

　　（5）高稳定振荡器的产生就是一次"追求卓越、勇攀高峰"科学家精神的完美体现。电容反馈振荡器为什么稳定度不高？克拉泼振荡器是如何提升稳定度的？而西勒振荡器是解决了克拉泼振荡器存在的哪个问题？（5.3.4 小节）

　　（6）我们身边的哪些设备中有石英晶体？石英晶体为什么能作为振荡器？它有几种使用方法？（5.4 节）

（7）除了上述反馈型振荡器，还有哪几种振荡器，它们的原理是什么？（5.5 节～5.7 节）

5.2 概　　述

振荡电路是指在没有外加输入信号的条件下，自动将直流电源提供的能量转换为具有一定频率、波形和振幅的交变振荡信号输出的电路。而正弦波振荡器电路则是在没有外加输入信号的条件下，自动将直流电源提供的能量转换为具有一定频率的等幅正弦波。即电路在接通 V_{CC} 后，电路输出的信号 $u(t) = U_m \sin(\omega t + \varphi)$ 或 $u(t) = U_m \cos(\omega t + \varphi)$。正弦波振荡器从频域表示的功能框图如图 5-2-1 所示。

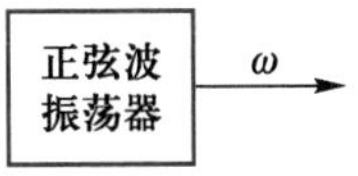

振荡器在通信领域中的应用极广。在无线电通信、广播和电视发射机中，正弦波振荡器用来产生运载信息的载波信号；在超外差接收机中，正弦波振荡器用来产生"本地振荡"信号以便与接收的高频信号进行混频；在测量仪器中，正弦波振荡器作为信号发生器、时间标准、频率标准等。

图 5-2-1　正弦波振荡器的功能模块

振荡器的种类很多，按振荡器产生的波形，可分为正弦波振荡器和非正弦波振荡器。按产生振荡的原理，可分为反馈型和负阻型两大类。反馈型是由放大器和具有选频作用的正反馈网络组成。负阻型是由具有负阻特性的二端有源器件与振荡回路组成。

振荡电路的主要技术指标是，振荡频率、频率稳定度、振荡幅度和振荡波形等。对于每一个振荡器来说，首要的指标是振荡频率和频率稳定度。对于不同的设备，在频率稳定度上是有不同要求的。

5.3　反馈型 *LC* 振荡电路

5.3.1　反馈型 *LC* 振荡原理

1. 振荡的建立与起振条件

如图 5-3-1 所示电路是一个调谐放大器和一个反馈网络组成的振荡原理电路。设谐振放大器的谐振角频率为 ω_0，并令其谐振电压增益 $\dot{A}$ 为 L_1C 回路两端的输出电压 $\dot{U}_c$ 和输入电压 $\dot{U}_i$ 的比值，即 $\dot{A} = \dot{U}_c / \dot{U}_i = Ae^{j\varphi_A}$。其中，$A$ 为电压增益的模，φ_A 为放大器引入的相移，表示 $\dot{U}_c$ 和 $\dot{U}_i$ 的相位差。另外，$\dot{U}_c$ 由 L_1 通过互感 M 耦合到 L_2 上的电压为 $\dot{U}_f$，令 $\dot{F} = \dot{U}_f / \dot{U}_c = Fe^{j\varphi_F}$ 称为反馈系数，其中，F 为反馈系数的模，φ_F 为 $\dot{U}_f$ 和 $\dot{U}_c$ 的相位差。因为谐振放大器的功能是对小信号进行放大，当 S 合至 1，输入一个角频率 ω_0 的电压信号 $\dot{U}_i$ 时，则

$$\dot{U}_c = \dot{A}\dot{U}_i \qquad (5\text{-}3\text{-}1)$$

$$\dot{U}_f = \dot{F}\dot{U}_c = \dot{A}\dot{F}\dot{U}_i = AF\,\dot{U}_i e^{j(\varphi_A + \varphi_F)} \qquad (5\text{-}3\text{-}2)$$

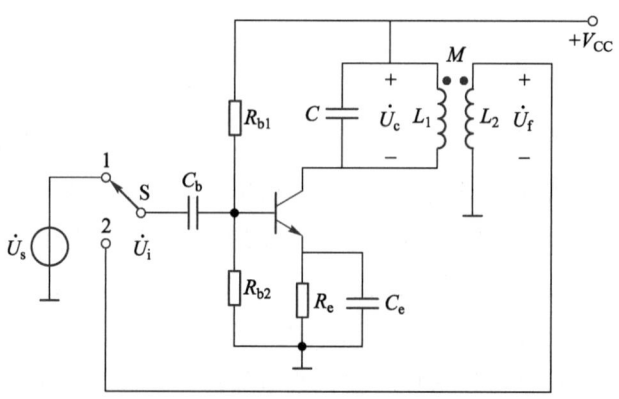

图 5-3-1　互感耦合 LC 振荡电路

若满足 $AF=1$，$\varphi_A + \varphi_F = 2n\pi\,(n=0,1,2,\cdots)$ 时，可得 $\dot{U}_f = \dot{U}_i$。再将 S 合至 2，此时放大器与反馈网络就构成了振荡器。即在没有 $\dot{U}_i$ 输入的条件下，放大器仍由输出电压 $\dot{U}_c$。说明放大器的净输入电压时由反馈电压 $\dot{U}_f$ 提供，此时电路失去放大信号的功能，而称为一个振荡器。可见，振荡器维持振荡的条件是

$$AF=1 \qquad (5\text{-}3\text{-}3)$$

$$\varphi_A + \varphi_F = 2n\pi\,(n=0,1,2,\cdots) \qquad (5\text{-}3\text{-}4)$$

作为自激振荡器，原始输入电压不可能外加。那么，振荡器的原始输入电压 $\dot{U}_i$ 是怎样提供的呢？在振荡器电路接通电源的瞬间，晶体管的电流将从零跃变到某一数值，集电极电流的跃变在谐振回路中将激起振荡。因为回路具有选频作用，回路两端只建立振荡频率的等于回路谐振频率中的正弦电压 $\dot{U}_c$，但是这个 $\dot{U}_c$ 往往很小。$\dot{U}_c$ 通过互感耦合得到反馈电压 $\dot{U}_f$，$\dot{U}_f$ 加至晶体管的输入端，这就是振荡器的原始输入电压 $\dot{U}_i$。$\dot{U}_i$ 通过放大得到的 $\dot{U}_c$，$\dot{U}_c$ 数值很小是不可能得到振荡输出电压的。即电路仅仅满足式（5-3-3）和式（5-3-4）的条件是不能构成自激振荡的。

为了得到自激振荡的输出电压，使振荡能建立起来，电路必须满足

$$A_0 F > 1 \qquad (5\text{-}3\text{-}5)$$

$$\varphi_A + \varphi_F = 2n\pi\,(n=0,1,2,\cdots) \qquad (5\text{-}3\text{-}6)$$

其中，A_0 为电源接通时的电压增益。式（5-3-5）和式（5-3-6）称为振荡器的起振条件。式（5-3-5）是起振的振幅条件，式（5-3-6）是起振的相位条件。

若如图 5-3-1 所示电路满足式（5-3-5）和式（5-3-6），则电路在接通电源的瞬间，晶体管的电流从零跃变到某一数值，在 LC 谐振回路上得到的电压 $\dot{U}_c$ 经互感耦合产生 $\dot{U}_f$，

这个电压也就是原始输入激励信号电压$\dot{U}_i$，这个电压虽然很小，但由于满足$A_0F>1$，则$\dot{U}_i$经晶体管放大在L_1C回路两端得到电压$\dot{U}_c$，通过反馈网络又得到$\dot{U}_f$，而$\dot{U}_f>\dot{U}_i$经过多次循环，一个与L_1C回路自然谐振频率相同的正弦振荡电压就建立起来。

$A_0F>1$的物理意义是振荡为增幅振荡。输出信号经放大和反馈后回到输入端的信号比原输入信号要大，即振荡能够从低值电压经过多次反馈后增大，说明自激振荡能够建立起来。$\varphi_A+\varphi_F=2n\pi(n=0,1,2,\cdots)$的物理意义是振荡器闭环相位差为零，即为正反馈。正反馈加增幅振荡就能保证振荡能建立起来。

2. 振荡的平衡与平衡条件

振荡建立起来之后，振幅会不会无限增大呢？随着反馈回来的输入振幅的不断增大，谐振放大器的放大特性从线性变成非线性。这是因为随着输入振幅的增大，晶体管特性的线性区有限，信号的增大会使工作状态进入非线性区，集电极电流i_C从线性不失真到非线性失真。i_C为失真电流时，发射极电流i_E也为失真电流，其中的基波和谐波电流流经旁路电容C_e，而直流分量I_{E0}流经R_e会产生附加的直流偏置电压$I_{E0}R_e$，使放大器的直流静态工作点向非线性区偏移，进入非先线性区。

根据折线分析法可知，集电极电流将变成脉冲状。谐振回路取出的电压是集电极电流的基波分量I_{c1}和谐振电路R_p的积。这时放大器的电压增益为谐振回路基波电压U_{c1}和输入电压U_i的比值，即

$$A=\frac{U_{c1}}{U_i}=\frac{I_{cm1}R_p}{U_{im}}=\frac{i_{Cmax}\alpha_1(\theta_c)R_p}{U_{im}} \tag{5-3-7}$$
$$=g_c(1-\cos\theta_c)\alpha_1(\theta_c)R_p$$

起振时的A_0，是小信号放大，半导通角$\theta_c=180°$，故$A_0=g_cR_p$，即

$$A=A_0(1-\cos\theta_c)\alpha_1(\theta_c)=A_0u(\theta_c) \tag{5-3-8}$$

当振幅增大进入非线性工作状态后，半导通角$\theta_c<180°$，故A下降，直到$\dot{A}\dot{F}=1$达到平衡状态。用$\dot{A}$和$\dot{F}$的模和相角表示可得

$$Ae^{j\varphi_A}Fe^{j\varphi_F}=1 \tag{5-3-9}$$

即

$$AF=1 \tag{5-3-10}$$
$$\varphi_A+\varphi_F=2n\pi(n=0,1,2,\cdots) \tag{5-3-11}$$

由式（5-3-8）和式（5-3-10）得

$$AF=A_0Fu(\theta_c)=1 \tag{5-3-12}$$

可见，在已知A_0F值后，即可确定自激振荡器平衡后的导通角θ_c。例如，当$A_0F=2$时，$u(\theta_c)=0.5$，$\theta_c=90°$，平衡后的工作状态为乙类；当$A_0F>2$时，$u(\theta_c)<0.5$，$\theta_c<90°$，平衡后的工作状态为丙类；当$1<A_0F<2$，$0.5<u(\theta_c)<1$，$90°<\theta_c<180°$，平衡后的工作状态为甲乙类。也就是振荡器起振后由甲类工作状态逐渐向甲乙类、乙类或丙类工作状态过渡。

最后工作于什么状态完全由 A_0F 值决定。

电压增益 $\dot{A}$ 与晶体管和谐振回路的参数有关。处于平衡状态时，输出电压 $\dot{U}_{c1}=\dot{I}_{c1}\dot{Z}_{p1}$，即 $\dot{A}=\dot{I}_{c1}\dot{Z}_{p1}/\dot{U}_i=\dot{Y}_{fe}\dot{Z}_{p1}$，可得平衡条件的另一表达形式 $\dot{Y}_{fe}\dot{Z}_{p1}F=1$，即

$$\dot{Y}_{fe}\dot{Z}_{p1}F=1 \tag{5-3-13}$$

$$\varphi_Y+\varphi_Z+\varphi_F=2n\pi\,(n=0,1,2,\cdots) \tag{5-3-14}$$

式中，$\dot{Y}_{fe}=Y_{fe}\mathrm{e}^{\mathrm{j}\varphi_Y}$ 称为晶体管的平均正向传输导纳；φ_Y 为集电极基波分量 $\dot{I}_{c1}$ 与基极输入电压 $\dot{U}_i$ 的相位差；$\dot{Z}_{p1}=Z_{p1}\mathrm{e}^{\mathrm{j}\varphi_Z}$ 称为谐振回路的基波阻抗；φ_Z 为 $\dot{U}_{c1}$ 与 $\dot{I}_{c1}$ 之间的相位差；$\dot{F}=F\mathrm{e}^{\mathrm{j}\varphi_F}$，称为反馈系数；$\varphi_F$ 表示 $\dot{U}_f$ 与 $\dot{U}_{c1}$ 之间的相位差。

当振荡器的频率较低时，$\dot{U}_i$ 与 $\dot{I}_{c1}$、$\dot{I}_{c1}$ 与 $\dot{U}_{c1}$、$\dot{U}_{c1}$ 与 $\dot{U}_f$ 都可认为是同相的，也就是说 $\varphi_Y+\varphi_Z+\varphi_F=0$ 满足相位条件。

当振荡器的频率较高时，$\dot{I}_{c1}$ 总是滞后 $\dot{U}_i$，即 $\varphi_Y<0$。而反馈系数相角 φ_F 也因频率高使 $\varphi_F\neq0$，即 $\varphi_Y+\varphi_F\neq0$，若要保持相位平衡条件，只有回路工作于失谐状态以产生一个相角 φ_Z。这样振荡器的实际工作频率不等于回路的固有的谐振频率 f_0，Z_{p1} 也不呈现为纯电阻。

3. 振荡平衡状态的稳定条件

所谓"稳定"，是指当振荡器面临外部因素的变动，导致其原有的平衡条件受到破坏时，振荡器能够通过内部的调节机制，在新的环境下重新建立起稳定的振荡状态。一旦外部因素消失，电路应能自动恢复至原先的平衡状态，这种恢复能力体现了振荡器的稳定性。稳定条件进一步细分为振幅稳定条件和相位稳定条件。

（1）振幅稳定条件

如图 5-3-2（a）所示的是反馈型振荡器的放大器的电压增益 A 与振幅 U_c 的关系（即反馈型振荡器的振荡特性）。起振时，电压增益为 A_0，随着 U_c 的增大，A 逐渐减小。反馈系数 F 则仅取决于外电路参数，与振幅大小无关。将其特性也画在图中，可见 Q 点满足振幅平衡条件 $AF=1$。若因某一外因的变化使得反馈系数 F 增大，则变换后 $1/F$ 是减小的，对应的 $AF>1$ 为增幅振荡，使得平衡点从 Q 点变到 Q_1 点又满足 $AF=1$，进入新的平衡，结果使得输出电压 U_c 增大。当外因去掉后，反馈系数 F 又恢复到原值，而 Q_1 点对应的 A 值比恢复后的 $1/F$ 要小，即 $AF<1$，为衰减振荡，工作点由 Q_1 自动返回到 Q 点，又满足 $AF=1$。振幅恢复到原平衡值。同样，当 F 减小时，平衡点从 Q 点变到 Q_2 点，振荡幅度 U_c 减小。外因去掉后，也会自动从 Q_2 点返回 Q 点。因此 Q 点为稳定平衡点。Q 点是稳定平衡点的原因是 A 随 U_c 变化的特性曲线是负斜率，即

$$\left.\frac{\partial A}{\partial U_c}\right|_{U_c=U_{cQ}}<0 \tag{5-3-15}$$

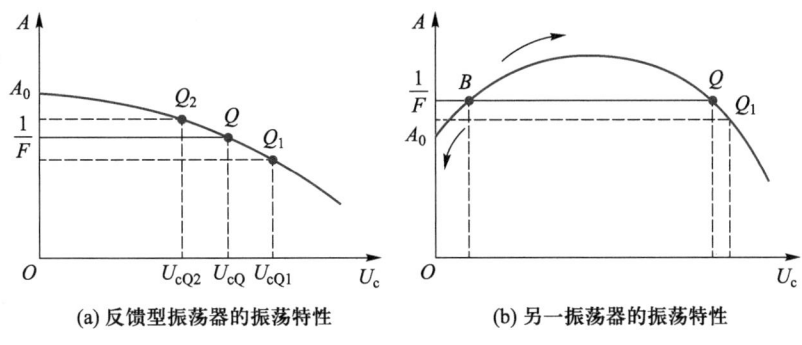

(a) 反馈型振荡器的振荡特性　　　　(b) 另一振荡器的振荡特性

图 5-3-2　自激振荡的振荡特性

并非所有的平衡点都是稳定的，图 5-3-2（b）给出了另一振荡器的振荡特性。因为晶体管的静态工作点选得较低，处在截止的非线性区，Y_{fe} 很小，A_0 很小。显然，在 F 较小时，会出现两个平衡点，即 Q 点和 B 点。Q 点为稳定平衡点，而 B 点不满足式（5-3-14），因此为不稳定点。但反馈系数 F 因某一外因变化而增大时，则 $1/F$ 减小。对应的 B 点的 A 大于变化后的 $1/F$ 为增幅振荡，使振幅增大到新的平衡点 Q_1，达到新的平衡。当外因被去掉后，反馈系数 F 返回原值，对应的 $AF<1$，为衰减振荡，到 Q 点则达到平衡，而不会返回 B 点。同样，若 F 减小，则 $A<1/F$，为衰减振荡，振荡直到振幅为零而停振。这种特性必须外加一个较大的激励信号，振幅超过 B 点，电路才自动进入 Q 点，因此称其为硬激励振荡。对于如图 5-3-2（a）所示无须外加激励的振荡条件称为软激励振荡。

（2）相位稳定条件

如图 5-3-3 所示是以角频率 ω 为横坐标，φ_Z 为纵坐标，对应某一 Q 值的并联谐振回路的相频特性曲线。根据相位平衡条件

$$\varphi_Z = -(\varphi_Y + \varphi_F) = -\varphi_{YF} \quad (5\text{-}3\text{-}16)$$

为了表示出平衡点，将纵坐标也用与 φ_Z 等值的 $-\varphi_{YF}$ 来标度。由图可知，在振荡频率 ω_c 处相位平衡条件才满足。若因外界某种因素使振荡器的相位发生变化，例如 φ_{YF} 增大到 φ'_{YF}，即产生了一个增量 $\Delta\varphi_{YF}$，从而破坏了原来的工作于 ω_c 时的平衡条件。由于产生正的 $\Delta\varphi_{YF}$，就意味着反馈电压 $\dot{U}_f$ 超前原有输入电压 $\dot{U}_i$ 一个相角。相位超前就意味着周期缩短，

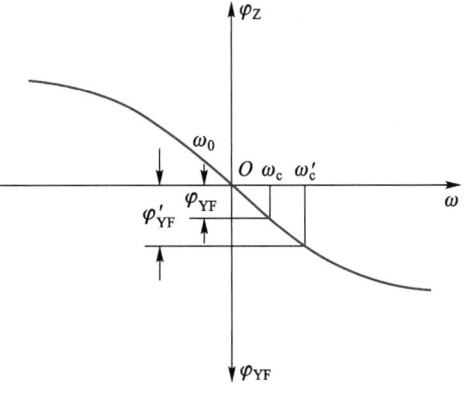

图 5-3-3　并联回路的相频特性

如果振荡电压不断地放大、反馈、再放大，如此循环下去，反馈到基极电压相位将一次比一次超前，周期不断缩小，频率不断增加。由于频率的不断增加，并联谐振回路的相移 φ_Z 就会减小，即引入 $-\Delta\varphi_Z$ 的变化。当变化到 $|-\Delta\varphi_Z| = \Delta\varphi_{YF}$ 时，则相位平衡条件达到新的平

衡。反之，去掉外因后，相当于在 φ'_{YF} 的基础上引入了 $-\Delta\varphi_{YF}$ 的变化，调整过程与上述过程相反，则可返回原振荡频率 ω_c 的状态。

这样的调整过程是由于并联谐振回路的相频特性曲线的斜率为负所决定，即

$$\frac{\partial\varphi_Z}{\partial\omega}<0 \tag{5-3-17}$$

故相位平衡条件的稳定条件可用式（5-3-17）来表示。

5.3.2　反馈型 *LC* 振荡器

反馈型 *LC* 振荡电路按反馈耦合元件的类型分为互感耦合振荡电路、电容反馈振荡电路和电感反馈振荡电路。

1. 互感耦合振荡电路

图 5-3-4 是最常用的反馈型振荡电路之一。因为它的正反馈信号是通过电感 L_1 和 L_2 之间的互感 *M* 来耦合，所以通常称为互感耦合振荡器。

因为放大器是共基极放大，为同相放大。要满足正反馈，则要求 e 端和 c 端的极性相同。其同名端如图 5-3-4 所示。若 c 端和 e 端的极性相反，则这个电路就根本没有产生振荡的可能。

互感耦合振荡电路除了如图 5-3-4 所示的共基调基型外，还可接成如图 5-3-5（a）所示的共射调基型和如图 5-3-5（b）所示的共基调射型。这两种电路要满足相位平

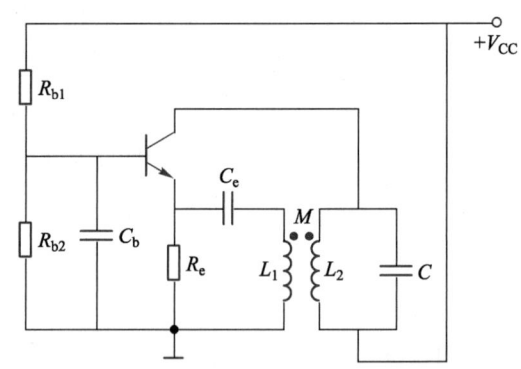

图 5-3-4　互感耦合振荡电路

衡条件，L_1 和 L_2 的同名端必须如图 5-3-5 所示。这两种由于基极和发射极之间的输入阻抗比较低，为了不过多地影响回路的 *Q* 值，故在"调基""调射"电路中晶体管与调谐回路的连接采用部分接入。

判断互感耦合振荡器是否可能振荡，通常是以能否满足相位平衡条件，即是否构成正反馈为判断准则。判断方法是采用瞬时极性法。以图 5-3-4 为例，因为是共基极放大，反馈信号从发射极 e 输入。设反馈输入交流信号电压瞬时对地为高电位，由于同相放大，集电极 c 对地瞬时电压也为高电位，通过互感耦合，L_2 同名端对地也为高电位，再通过耦合电容加至发射极 e，正好与原信号电压同相位，满足正反馈，即有可能产生振荡。若同名端改变，则反馈回来的信号构成负反馈，不可能产生振荡。对于如图 5-3-5 所示电路的判断，读者可以根据瞬时极性法自己练习分析判断。

互感耦合振荡器的振荡频率可近似由调谐回路的 L_1 和 C 决定。例如，如图 5-3-5 所示电路的振荡频率为

$$f_0 \approx \frac{1}{2\pi\sqrt{L_1 C}} \tag{5-3-18}$$

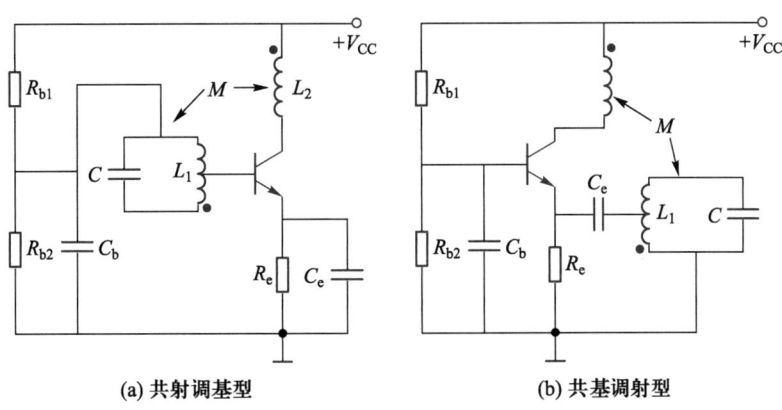

(a) 共射调基型　　　　　　(b) 共基调射型

图 5-3-5　互感耦合振荡电路

2. 电容反馈振荡电路

如图 5-3-6 所示是电容反馈振荡电路。晶体管的三个极分别连接于回路电容的三端，称为电容三点式振荡器，也称为考比兹（Colpitts）振荡器。图 5-3-6（a）中，R_1、R_2、R_e 为偏置电阻，C_e 为旁路电容，C_b 为耦合隔直电容，L_c 为高频扼流圈。

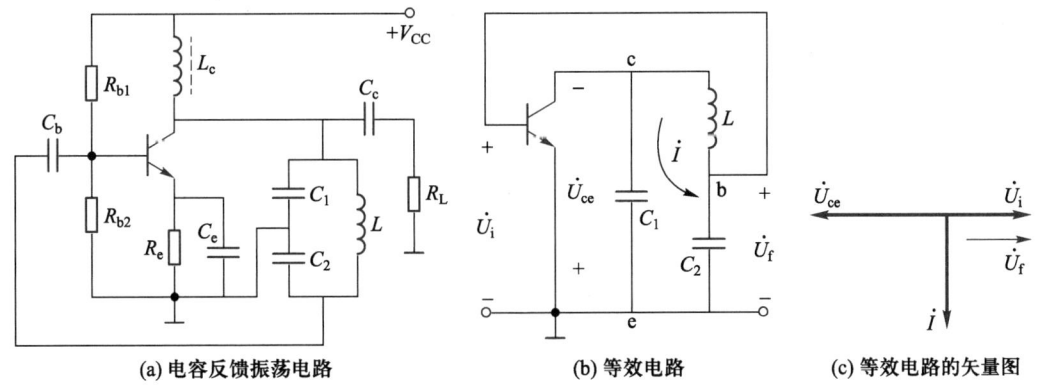

(a) 电容反馈振荡电路　　　　　(b) 等效电路　　　　　(c) 等效电路的矢量图

图 5-3-6　电容反馈振荡器

（1）相位平衡

设放大器相移为 180°，忽略谐振回路的损耗，可以画出如图 5-3-6（b）所示等效电路。现用相图［如图 5-3-6（c）所示］来证明这种电路是符合相位平衡条件的。设输入电压为 $\dot{U}_i$，输出电压为电容 C_1 两端电压 $\dot{U}_{ce}$，其相位与 $\dot{U}_i$ 相差 180°，又设谐振回路中电流为 $\dot{I}$，根据流过电容器中的电流超前电压 90°，则 $\dot{I}$ 超前 $\dot{U}_{ce}$ 相位 90°。同理，$\dot{I}$ 流过 C_2，在 C_2 上建立电压 $\dot{U}_{be}$，滞后 $\dot{I}$ 为 90°。反馈电压 $\dot{U}_f = \dot{U}_{be}$ 与 $\dot{U}_{ce}$ 相位相反，与 $\dot{U}_i$ 相位相同，故满足相位平衡条件。

（2）起振条件

起振时放大器时工作于小信号放大状态。根据振幅起振条件应满足 $A_0F>1$。其中 A_0 为小信号方法状态时的电压增益。图 5-3-7（a）是由图 5-3-6（a）得来的交流小信号等效电路。因为外部的反馈作用远大于晶体管的内部反馈，故可以忽略晶体管的内部反馈，即 $y_{fe} \approx 0$。而图 5-3-7（b）是简化后的等效电路。其中，$C_1' = C_1 + C_{oe}$，$C_2' = C_2 + C_{ie}$，g_0' 是电感 L 的内电导 g_0 折合到 ce 两端的电导值，即 $g_0' = p_1^2 g_0$，$p_1 = (C_1' + C_2')/C_2'$，小信号放大状态时的电压增益为

$$A_0 = \frac{\dot{U}_c}{\dot{U}_i} = \frac{|y_{fe}|}{g_\Sigma} \tag{5-3-19}$$

其中，$g_\Sigma = g_{oe} + g_L + g_0' + p^2 g_{ie}$，$g_L = 1/R_L$，$p = C_1'/C_2'$。

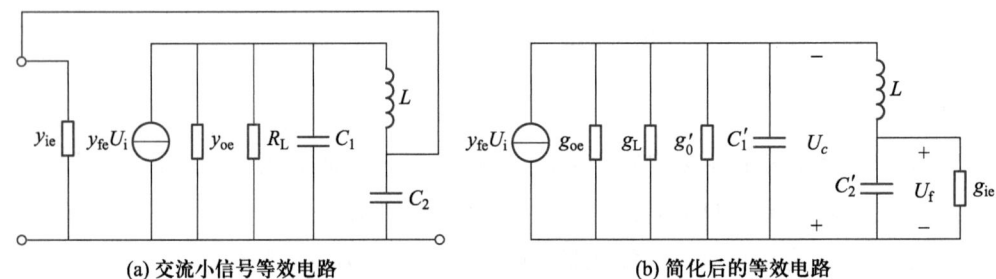

(a) 交流小信号等效电路　　　(b) 简化后的等效电路

图 5-3-7　起振分析等效电路

电路的反馈系数 F 为（忽略各个 g 的影响）

$$F = \frac{\dot{U}_f}{\dot{U}_c} = \frac{C_1'}{C_2'} \tag{5-3-20}$$

则起振条件 $A_0F = \dfrac{|y_{fe}|}{g_\Sigma} \cdot \dfrac{C_1'}{C_2'} > 1$，即

$$|y_{fe}| > \frac{C_2'}{C_1'} \cdot g_\Sigma \tag{5-3-21}$$

式（5-3-21）为振幅起振条件。为了说明起振的一些关系，可将式（5-3-21）变换为

$$|y_{fe}| > \frac{1}{F} g_\Sigma = \frac{1}{F}(g_{oe} + g_L + g_0' + p^2 g_{ie})$$

$$= \frac{1}{F}(g_{oe} + g_L + g_0') + F g_{ie} \tag{5-3-22}$$

由式（5-3-22）第一项表示输出电导和负载电导对振荡的影响，F 越大，越容易振荡。第二项表示输入电导对振荡的影响，g_{ie} 和 F 越大，越不容易起振。可见，考虑晶体管输入电导对回路的加载作用时，反馈系数 F 并不是越大越容易起振。由式（5-3-22）还可以看出，在晶体管参数 g_{oe}、g_{ie}、y_{fe} 一定的情况下，可以通过改变 g_L、F 来保证起振。

F 一般选取 $0.1\sim0.5$。

（3）振荡频率

振荡器的振荡频率在忽略 g_{ie} 等的影响时，根据相位平衡条件可得其近似式为

$$\omega_0 = \frac{1}{\sqrt{LC_\Sigma}} \tag{5-3-23}$$

其中，$C_\Sigma = C_1'C_2'/(C_1'+C_2')$。

如果考虑 g_{ie}、g_{oe}、g_L 等的影响，实际振荡频率 $\omega_c > \omega_0$，只不过差值不大，通常用 ω_0 近似代替计算。

3. 电感反馈振荡电路

如图 5-3-8 所示是电感反馈振荡电路。因电源 V_{CC} 处于交流地电位，因此发射极对高频来说是与 L_1、L_2 的抽头相连的，反馈取自电感支路，因为晶体管的三个极交流连接于回路电感的三端，称为电感三点式振荡器，也称为哈特莱（Hartley）振荡器。图中，R_1、R_2、R_e 为偏置电路，C_e 为旁路电容，C_c 为耦合隔直电容。

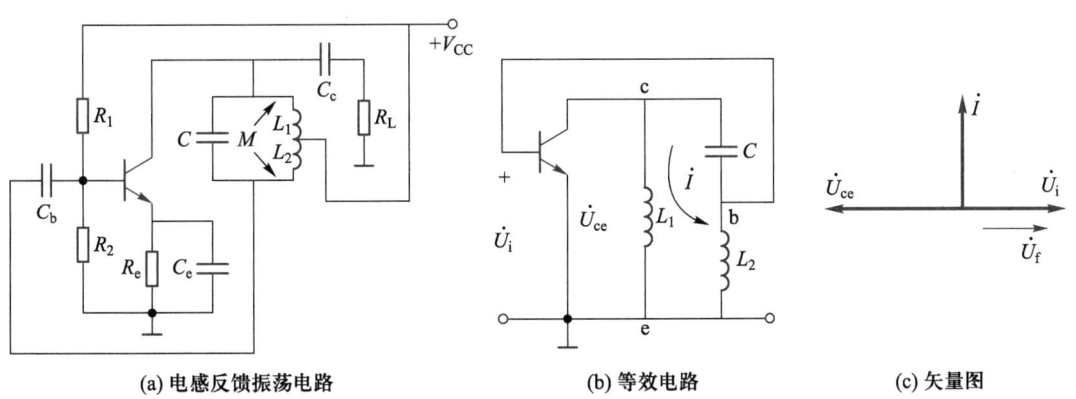

(a) 电感反馈振荡电路　　　　(b) 等效电路　　　　(c) 矢量图

图 5-3-8　电感反馈振荡电路

（1）相位平衡条件

与电容三点式分析相似，忽略谐振回路的损耗，并假设放大器的相移为 180°。可以画出如图 5-3-8（b）、（c）所示等效电路和相图。设输入电压为 $\dot{U}_i$，输出电压为电感 L_1 两端电压 $\dot{U}_{ce}$，其相位与 $\dot{U}_i$ 相差 180°。设谐振回路中电流为 $\dot{I}$，根据电流假设方向和电感上电流滞后电压 90°，可得 $\dot{U}_f$ 和 $\dot{U}_i$ 同相，故满足相位平衡条件。

（2）起振条件

设在晶体管的 ce 两端接有 R_L，若反馈系数不考虑 g_{ie}、g_{oe}、C_{oe}、C_{ie} 的影响时，可得

$$F = \frac{L_2+M}{L_1+M} \tag{5-3-24}$$

由起振条件 $A_0F > 1$，同样可得出

$$|y_{fe}|>Fg_{ie}+\frac{1}{F}(g_{oe}+g_L+g_0') \tag{5-3-25}$$

当线圈绕在封闭磁芯的磁环上时，线圈两部分为紧耦合，反馈系数 F 近似等于两线圈的匝比，即 $F\approx N_2/N_1$。

（3）振荡频率

由相位平衡条件，并考虑 g_{ie} 的影响，可以用与电容三点式相同的方法令 $Y_{fe}Z_pF$ 的虚部为零得到振荡频率

$$\omega=\frac{1}{\sqrt{LC+(g_{oe}+g_L+g_0')g_{ie}(L_1L_2-M^2)}} \tag{5-3-26}$$

其中，$L=L_1+L_2+2M$。

对于工程计算来说，分母的第二项较小，可近似表示为

$$\omega=\frac{1}{\sqrt{LC}} \tag{5-3-27}$$

（4）电感三点式与电容三点式振荡电路的比较

① 振荡频率

电容三点式振荡电路相较于电感三点式振荡电路，往往能够实现更高的振荡频率。这一差异主要源于两者的电路结构特性。在电感三点式振荡电路中，晶体管的极间电容通常与电感元件 L_1、L_2 并联。随着振荡频率的提升，极间电容的影响逐渐增强，可能导致电路中的支路电抗特性发生变化，进而破坏了原本需要的相位平衡条件，限制了能够稳定振荡的最高频率。

相反，在电容三点式振荡电路中，晶体管的极间电容则是与电路中的电容元件 C_1、C_2 并联，使得即便在频率发生变化时，电路的阻抗性质保持相对稳定，不会因极间电容的介入而轻易改变，从而确保了相位平衡条件的持续满足。因此，电容三点式振荡电路能够支持更高的振荡频率而不失稳。

② 振荡电压

在产生的振荡电压波形方面，电容三点式振荡电路要优于电感三点式振荡电路。这一优势源于两者在谐波处理上的差异。在稳定振荡状态下，晶体管因工作于非线性区域，除了产生基波电压外，还会伴随产生少量的谐波电压，这些谐波电压的大小与振荡回路的 Q 值紧密相关。

在电容三点式振荡电路中，由于基极与发射极之间接入了电容，该电容对谐波信号呈现出极低的阻抗，从而有效抑制了谐波电压的幅度。因此，集电极电流中的谐波分量以及整个回路中的谐波电压均被显著减小，最终输出的电压波形更为纯净，畸变较小。

相反，电感三点式振荡电路在基极与发射极之间的连接特性上，并不具备电容三点式那样的谐波抑制能力。这导致谐波电压在回路中相对较大，当谐波通过电感反馈时，其幅度可能进一步放大，从而影响了输出电压波形的质量，使其相较于电容三点式振荡电路而

言，表现出较差的波形特性。

5.3.3 振荡器的频率稳定措施

1. 频率稳定度的定义

振荡器的频率稳定度是衡量其性能优劣的关键指标之一，它直接反映了振荡器在实际工作中保持频率恒定的能力。频率稳定度的大小通常用频率偏差来描述，即振荡器的实际工作频率 f 与标称频率 f_c 之间的差异。频率偏差分为绝对偏差和相对偏差两种形式。

绝对偏差定义为实际振荡频率与指定标称频率之间的差值：

$$\Delta f = |f - f_c| \tag{5-3-28}$$

相对偏差则是这一差值与标称频率的比值，用于更直观地反映频率偏离的百分比：

$$\frac{\Delta f}{f_c} = \frac{|f - f_c|}{f_c} \tag{5-3-29}$$

频率稳定度通常定义为特定时间间隔内，振荡器频率相对偏差的最大值，用 $\Delta f_{max}/f_c|_{时间间隔}$ 表示。该值越小，意味着振荡器的频率越稳定。根据时间间隔的长短，频率稳定度可细分为以下三类：

（1）长期频率稳定度：关注的是长时间尺度（如一天以上至几个月）内频率的相对变化。这种变化往往源于振荡器内部元器件的自然老化过程。

（2）短期频率稳定度：考察的是较短时间间隔（如小时、分钟或秒）内频率的波动。影响短期频率稳定度的因素主要包括环境温度的波动、电源电压的不稳定等外部条件。

（3）瞬时频率稳定度：聚焦于极短时间（如秒或毫秒级）内的频率变动，这类变化通常具有随机性，并伴随着相位的随机波动。其主要原因是振荡器内部的噪声干扰。

目前，一般的短波、超短波发射机的相对频率稳定度 $\Delta f/f_c$ 在 $10^{-4} \sim 10^{-5}$ 量级，一些军用、大型发射机及精密仪器的振荡器的相对频率稳定度可达 10^{-8} 量级甚至更高。

2. 振荡器的频率稳定度的表达式

振荡器的振荡频率是由相位平衡条件决定的，根据相位平衡条件

$$\varphi_Y + \varphi_Z + \varphi_F = 0 \tag{5-3-30}$$

由如图 5-3-3 所示并联回路的相频特性可知，不同的 φ_{YF} 对应不同的振荡频率 ω_c。当 $\varphi_{YF} = 0$ 时，振荡频率 $\omega_c = \omega_0$；$\varphi_{YF} \neq 0$ 时，$\omega_c = \omega_0 + \Delta\omega$，而 $\Delta\omega$ 是由 φ_{YF} 和并联谐振回路的相频特性决定的。从并联谐振回路的相频特性

$$\varphi_Z = -\arctan 2Q \frac{\Delta\omega}{\omega_0} \tag{5-3-31}$$

可得

$$-\arctan 2Q\frac{\Delta\omega}{\omega_0}+\varphi_{YF}=0 \tag{5-3-32}$$

$$\tan\varphi_{YF}=2Q\frac{\Delta\omega}{\omega_0} \tag{5-3-33}$$

$$\Delta\omega=\frac{\omega_0}{2Q}\tan\varphi_{YF} \tag{5-3-34}$$

式（5-3-34）表明，由于 φ_{YF} 的存在，振荡器的振荡频率 ω_c 偏离谐振回路的谐振频率 ω_0 为 $\Delta\omega$，故振荡器的工作频率为

$$\omega_c=\omega_0+\Delta\omega=\omega_0\left(1+\frac{1}{2Q}\tan\varphi_{YF}\right) \tag{5-3-35}$$

式（5-3-35）表明，振荡器的振荡频率 ω_c 是 ω_0、φ_{YF} 和 Q 的函数，这三者的变化都将会引起频率不稳。在实际电路中，由于外因的变化引起 φ_{YF}、Q、ω_0 的变化都不大，则实际振荡频率的变化可写成

$$\Delta\omega_c=\frac{\partial\omega_c}{\partial\omega_0}\Delta\omega_0+\frac{\partial\omega_c}{\partial\varphi_{YF}}\Delta\varphi_{YF}+\frac{\partial\omega_c}{\partial Q}\Delta Q \tag{5-3-36}$$

由式（5-3-35）可得

$$\frac{\partial\omega_c}{\partial\omega_0}=1+\frac{1}{2Q}\tan\varphi_{YF} \tag{5-3-37}$$

$$\frac{\partial\omega_c}{\partial\varphi_{YF}}=\frac{\omega_0}{2Q}\frac{1}{\cos^2\varphi_{YF}} \tag{5-3-38}$$

$$\frac{\partial\omega_c}{\partial Q}=-\frac{\omega_0}{2Q^2}\tan\varphi_{YF} \tag{5-3-39}$$

将其代入（5-3-36）并考虑到 Q 较大，φ_{YF} 较小，$\frac{1}{2Q}\tan\varphi_{YF}\ll 1$，可得

$$\Delta\omega_c=\Delta\omega_0+\frac{\omega_0}{2Q}\frac{1}{\cos^2\varphi_{YF}}\Delta\varphi_{YF}-\frac{\omega_0\tan\varphi_{YF}}{2Q^2}\Delta Q \tag{5-3-40}$$

$$\frac{\Delta\omega_c}{\omega_0}=\frac{\Delta\omega_0}{\omega_0}+\frac{1}{2Q\cos^2\varphi_{YF}}\Delta\varphi_{YF}-\frac{\tan\varphi_{YF}}{2Q^2}\Delta Q \tag{5-3-41}$$

考虑到 $\Delta\omega$ 相对 ω_0 较小，则 $\omega_c\approx\omega_0$，代入上式可得

$$\frac{\Delta\omega_c}{\omega_c}\approx\frac{\Delta\omega_c}{\omega_0}=\frac{\Delta\omega_0}{\omega_0}+\frac{1}{2Q\cos^2\varphi_{YF}}\Delta\varphi_{YF}-\frac{\tan\varphi_{YF}}{2Q^2}\Delta Q \tag{5-3-42}$$

式（5-3-42）是 LC 振荡器频率稳定度的一般表达式。

3. 振荡器的稳频措施

凡是影响 ω_0、φ_{YF}、Q 的外部因素都会引起 $\Delta\omega_c/\omega_c$ 的变化。这些外部干扰因素众多，包括但不限于温度波动、电源电压的不稳定、振荡器负载的突变、机械振动的影响、环境

湿度的变化、气压的波动以及外部电磁场的干扰等。这些因素通过直接或间接的方式作用于振荡电路，既可能直接影响回路中的电感和电容等元件的性能，也可能改变晶体管的工作点及其电气参数，从而引发振荡频率的不稳定现象。简而言之，它们共同作用，对振荡器的频率稳定性构成了挑战。因此，振荡器稳频措施有以下几个：

（1）减小外因的变化：温度变化可以采用恒温措施，使温度变化尽可能缩小。电源电压变化可以采用稳压电源提高电压稳定度。负载变化可采用射随器以减小负载变化对振荡器的影响。湿度变化时可以采用将电感线圈密封或者固化。机械振动可以采用减震措施。电磁场影响可采用屏蔽措施等。这些措施只能达到减小外因变化的影响。

（2）提高电路参数抗外因变化的能力：根据式（5-3-42）可知，$\Delta\omega_0$ 和 ΔQ 越小，频率稳定度越高，而 $\Delta\omega_0$ 取决于 ΔL 和 ΔC_Σ。因而，可选用正温度系数的电感和负温度系数的回路电容进行温度补偿。另外，减小晶体管极间电容的不稳定量对 ΔC_Σ 的影响，也就是将晶体管的极间电容通过电路的部分接入方式减小 ΔC_Σ。这一点是高稳定度振荡器提高频率稳定度的主要方式。选用高 Q 的电感和参数稳定的电容，能减小外因变化而引起的 ΔQ。

（3）选用 φ_{YF} 小的电路形式：根据式（5-3-42）可知，φ_{YF} 越小，频率稳定度越高。因为电容三点式的反馈支路是电容，其 φ_{YF} 比采用电感反馈的电感三点式要小，在高稳定度的振荡器中是选用电容三点式电路形式的。

5.3.4 高稳定度的 LC 振荡器

1. 频率稳定原理

从图 5-3-9 一般电容三点式等效电路所示的电容三点式振荡电路的等效电路可知，晶体管的输出电容 C_{oe} 和输入电容 C_{ie}，分别与回路电容 C_1、C_2 相并联。这些电容的变化直接影响到振荡频率。因为 C_{oe}、C_{ie} 与工作状态和外界条件有关，当外因引起 C_{ie}、C_{oe} 分别变化 ΔC_i 和 ΔC_o 时，将会引起回路总电容发生变化，从而引起振荡频率的变化。

微视频 5.3.4
高稳定度的
振荡器

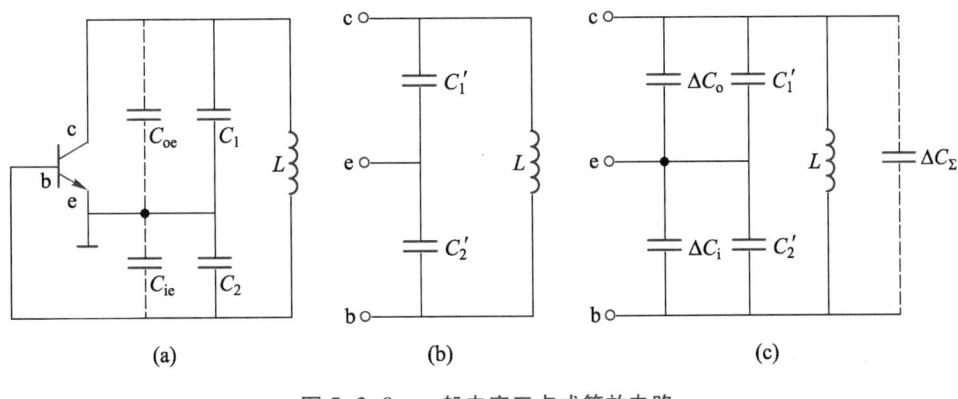

图 5-3-9　一般电容三点式等效电路

设 C_{oe}、C_{ie} 没变化时，回路总电容 $C_{\Sigma}=C_1'C_2'/(C_1'+C_2')$ 对应的振荡频率为

$$f=\frac{1}{2\pi\sqrt{LC_{\Sigma}}} \tag{5-3-43}$$

其中，$C_1'=C_1+C_{oe}$，$C_2'=C_2+C_{ie}$。

当 C_{oe} 变化 ΔC_o，C_{ie} 变化 ΔC_i 时，总电容的增量

$$\Delta C_{\Sigma}=p_1^2\Delta C_o+p_2^2\Delta C_i \tag{5-3-44}$$

其中

$$p_1=\frac{C_{\Sigma}}{C_1'}=\frac{C_2'}{C_1'+C_2'} \tag{5-3-45}$$

$$p_2=\frac{C_{\Sigma}}{C_2'}=\frac{C_1'}{C_1'+C_2'} \tag{5-3-46}$$

可得总电容增量相对于总电容的变化量为

$$\frac{\Delta C_{\Sigma}}{C_{\Sigma}}=\frac{p_1^2}{C_{\Sigma}}\Delta C_o+\frac{p_2^2}{C_{\Sigma}}\Delta C_i \tag{5-3-47}$$

从式（5-3-47）可以看出，要提高频率稳定度必须减小 $\Delta C_{\Sigma}/C_{\Sigma}$。在 L、C_{Σ}、ΔC_o 和 ΔC_i 一定的条件下，应同时减小 p_1 和 p_2。对于一般电容三点式振荡器来说，由式（5-3-45）和（5-3-46）可知，增大 C_1 减小 C_2 可使 p_1 减少，而同时引起 p_2 增大，反之，p_2 减小则 p_1 增大，不可能同时减小 p_1 和 p_2。

可见，一般电容三点式振荡器的频率稳定度不可能太高。要提高频率稳定度从电路形式上应使电路的 p_1 和 p_2 同时减小。下面介绍的高稳定度振荡器就是根据这一特点设计的。

2. 克拉泼（Clapp）振荡电路

如图 5-3-10 所示是克拉泼振荡电路及等效电路，其特点是在振荡回路中加一个与电感串接的小电容 C_3，并且满足 $C_3 \ll C_1'$，$C_3 \ll C_2'$，因此得回路总电容为

$$C_{\Sigma}=\frac{C_1'C_2'C_3}{C_1'C_2'+C_2'C_3+C_1'C_3}\approx C_3 \tag{5-3-48}$$

ΔC_o 和 ΔC_i 等效到 L 两端的总电容增量为

$$\Delta C_{\Sigma}=p_1^2\Delta C_o+p_2^2\Delta C_i \tag{5-3-49}$$

其中，p_1 为 ΔC_o 折合到电感 L 两端的接入系数；p_2 为 ΔC_i 折合到电感 L 两端的接入系数。

不稳定电容相对总电容的变化量为

$$\frac{\Delta C_{\Sigma}}{C_{\Sigma}}=\frac{p_1^2}{C_{\Sigma}}\Delta C_o+\frac{p_2^2}{C_{\Sigma}}\Delta C_i \tag{5-3-50}$$

其中，$p_1=C_{\Sigma}/C_1'\approx C_3/C_1'$，$p_2=C_{\Sigma}/C_2'\approx C_3/C_2'$。因为 C_3 比 C_1 和 C_2 都小很多，故 p_1、p_2 可以同时减小。再则振荡频率主要决定于 C_3，在电路中 C_1、C_2 可以取得较大，解决了一般电容三点式不能解决的难题。

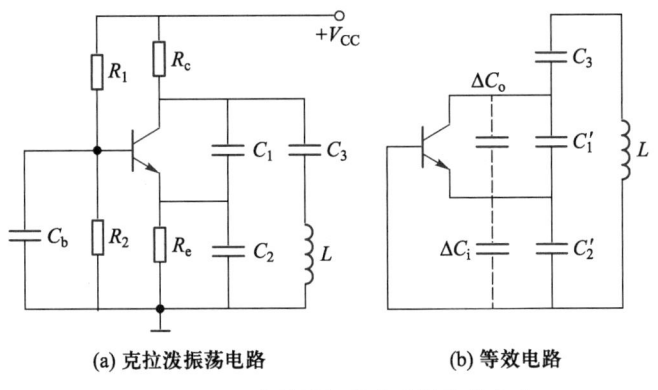

(a) 克拉泼振荡电路　　　　　(b) 等效电路

图 5-3-10　克拉泼振荡电路及等效电路

从提高频率稳定度的角度出发，克拉泼振荡电路引入了 C_3，且保证 $C_3 \ll C_1$，$C_3 \ll C_2$，这样降低了不稳定电容变化对回路总电容的直接影响。同时，C_1、C_2 可以增大，可进一步增强电路的稳定性。这是克拉泼振荡电路的优点。但是，由于 C_3 的接入，电感的损耗电导 g_0 折合到 c、e 两端的 g_0' 增大，从而对电路的起振造成不利影响。换言之，克拉泼振荡电路在提升频率稳定性的同时，也提高了对起振条件的严格要求，设计时要在两者之间进行权衡。

克拉泼振荡电路因其特性，常被用作固定频率振荡器。尽管通过调整 C_3 可以在一定范围内调节振荡频率，但这种调整同时也会引发 p_1、p_2 的变化，这对电路的整体性能可能带来不利影响。因此，在设计时需要对这些因素进行综合考虑。

电路振荡频率的估算可近似用 $f_0 = 1/2\pi\sqrt{LC_\Sigma}$ 计算。

3. 西勒（Silcr）振荡电路

如图 5-3-11 所示是另一种改进型的电容反馈振荡器及等效电路，这种振荡器称为西勒振荡器，它可以认为是克拉泼振荡电路的改进电路，它的主要特点就是与电感 L 并联一可变电容 C_4。这种电路保持了克拉泼振荡电路中晶体管与回路耦合弱的特点，频率稳定度高。因为 C_4 改变振荡频率，且接入系数 p_1、p_2 不受 C_4 的影响，所以在整个波段中振荡振幅比较平稳。这两点使西勒振荡电路能在较宽范围内调节频率，在实际运用中较多采用这种电路。

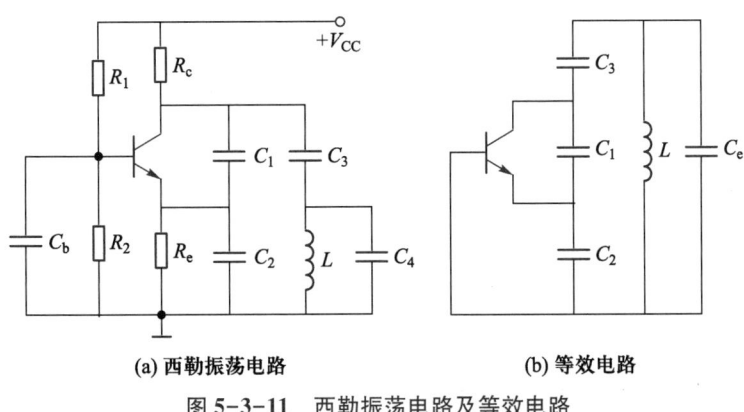

(a) 西勒振荡电路　　　　　　(b) 等效电路

图 5-3-11　西勒振荡电路及等效电路

$$f = \frac{1}{2\pi\sqrt{LC_\Sigma}} \tag{5-3-51}$$

其中

$$C_\Sigma = \frac{C_1'C_2'C_3}{C_1'C_2' + C_2'C_3 + C_1'C_3} + C_4 \tag{5-3-52}$$

5.4 晶体振荡电路

克拉泼振荡电路和西勒振荡电路的频率稳定度较高是因为接入了电容 C_3。由于回路电感的 Q 值不可能做得很高，因为限制了 C_3 的进一步减小，其频率稳定度只能达 10^{-4} 量级。对于稳定度要求更高的振荡器必然要将 C_3 减小到很小，同时要将电感的 Q 值大幅提高。石英晶体振荡器是采用石英谐振器作为振荡回路元件的电路。因为石英谐振器具有极高的 Q 值和良好的稳定性，它具有很高的频率稳定度，为 $10^{-5} \sim 10^{-11}$ 量级。

5.4.1 石英晶体的等效电路

石英晶体的特点是具有压电效应。所谓压电效应，就是当晶片受某一方向的机械力（如压力和张力），就会在晶片的两个面上产生异号电荷，这称为正压电效应。当在这两个面上施加电压时，晶体又会发生形变，称为逆压电效应。这两种效应是同时产生的。因此若在晶片两端加上交变电压，晶体就会产生周期振动，同时由于电荷的周期变化，又会有交流电流流过晶体。不同型号的晶体，具有不同的机械自然谐振频率。当外加电信号频率等于晶体固有的机械谐振频率时，晶体的振动幅度最强，感应的电压也最大，表现出电谐振。

如图 5-4-1 所示是石英谐振器的电路符号及等效电路，图中 L_q、C_q、r_q 分别表示石英晶体的动态电感、动态电容和动态电阻，电容 C_0 称为石英晶体的静态电容。石英晶体的动态电感一般可从几十毫亨到几亨甚至几百亨；动态电容很小，一般为 10^{-3} pF 量级；动态电阻很小，一般几欧至几百欧；品质因数为 $10^{-5} \sim 10^{-6}$ 量级；静态电容 C_0 为 $2 \sim 5$ pF。

根据电抗定理，等效电路必然有两个谐振频率，一个是串联谐振频率 ω_q，另一个是并联谐振频率 ω_p，而且 $\omega_q < \omega_p$，它的表达式为

$$\omega_q = \frac{1}{\sqrt{L_q C_q}} \tag{5-4-1}$$

$$\omega_p = \frac{1}{\sqrt{L_q \dfrac{C_q C_0}{C_q + C_0}}} \tag{5-4-2}$$

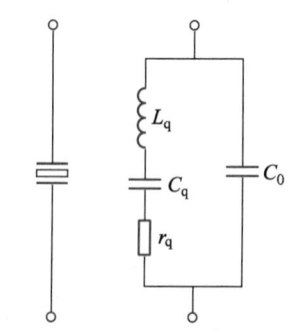

(a) 电路符号　　(b) 等效电路

图 5-4-1　石英谐振器的电路
符号和等效电路

因为 $C_0 \gg C_q$，利用二项式展开，并忽略高次项，可得

$$\omega_p = \omega_q \sqrt{1 + \frac{C_q}{C_0}} \approx \omega_q \left(1 + \frac{C_q}{2C_0}\right) \tag{5-4-3}$$

由式（5-4-3）可见，ω_p 比 ω_q 稍大，$\omega_p - \omega_q = \omega_q C_q / 2C_0$ 很小。

5.4.2 石英谐振器的阻抗特性

由图 5-4-1（b）等效电路可得，石英谐振器等效电路的总阻抗为

$$Z_e = \frac{r_q + j\left(\omega L_q - \dfrac{1}{\omega C_q}\right)}{r_q + j\left(\omega L_q - \dfrac{1}{\omega C_q} - \dfrac{1}{\omega C_0}\right)} \cdot \frac{1}{j\omega C_0} = R_e + jX_e \tag{5-4-4}$$

当 r_q 可以忽略时，上式可近似为

$$Z_e = -j\frac{1}{\omega C_0} \cdot \frac{\omega L_q - \dfrac{1}{\omega C_q}}{\omega L_q - \dfrac{1}{\omega C_q} - \dfrac{1}{\omega C_0}} = -j\frac{1}{\omega C_0} \cdot \frac{1 - \dfrac{\omega_q^2}{\omega^2}}{1 - \dfrac{\omega_p^2}{\omega^2}} = jX_e$$

$$\tag{5-4-5}$$

根据式（5-4-5），可以画出晶体的阻抗频率特性曲线如图 5-4-2 所示。由图可看出，当 $\omega < \omega_q$ 和 $\omega > \omega_p$ 时，$X_e < 0$，负电抗的物理意义是在该频率范围内晶体等效为电容；当 $\omega_q < \omega < \omega_p$ 时，$X_e > 0$，晶体等效为电感；当 $\omega = \omega_q$ 时，$X_e = 0$，晶体为串联谐振，相当于短路；当 $\omega = \omega_p$ 时，$X_e \to \infty$，晶体为并联谐振。

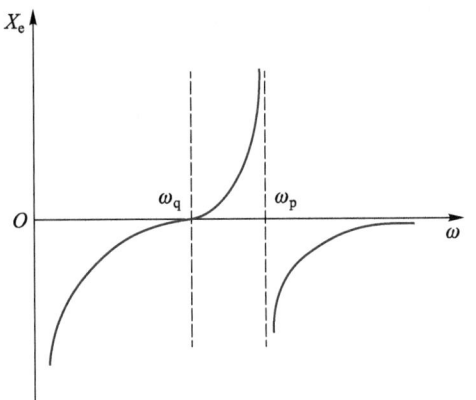

图 5-4-2 晶体的阻抗频率特性

5.4.3 晶体振荡电路

晶体振荡电路主要被划分为两大类别：第一类是串联型晶体振荡器，其中晶体以其串联谐振频率工作，作为具有高 Q 值的串联谐振元件直接串联在电路的正反馈支路中，起到关键的谐振作用。另一类则是并联型晶体振荡器，此类型中的晶体工作在串联谐振频率与并联谐振频率之间的某个频率点上，它在此区间内表现为一个等效的高 Q 电感元件，被接入振荡电路中，以此实现振荡功能。

（1）并联型晶体振荡器

并联型晶体振荡器的工作原理和一般三点式 LC 振荡器相类似，其不同之处在于，它用一个晶体替换了振荡电路中的一个电感元件。这种替代通常发生在晶体管的 c-b 或 b-e 之间（如图 5-4-3 所示），分别称为皮尔斯晶体振荡器和密勒晶体振荡器。

如图 5-4-4（a）所示是一个典型的并联型晶体振荡电路。晶体管的基极对高频接地，

而晶体接在晶体管集电极和基极之间。只有当振荡器工作频率 ω 位于晶体串联谐振频率与

并联谐振频率之间时，晶体才表现出电感特性。C_1 和 C_2 为回路的另外两个电抗元件。振荡回路的等效电路如图 5-4-4（b）所示。由图可知，只要将石英晶体等效为电感，就是电容三点式振荡电路。

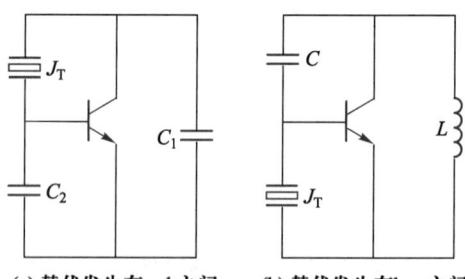

(a) 替代发生在c-b之间　　**(b) 替代发生在b-e之间**

图 5-4-3　并联型晶体振荡器的
两种基本类型

电路的振荡角频率 $\omega_0 = 1/\sqrt{L_q C_\Sigma}$，若令 $C_L = C_1 C_2/(C_1 + C_2)$ 称为负载电容，则

$$C_\Sigma = \frac{(C_0 + C_L) C_q}{C_0 + C_L + C_q} \quad (5-4-6)$$

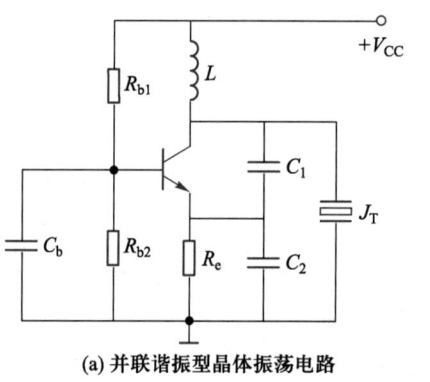
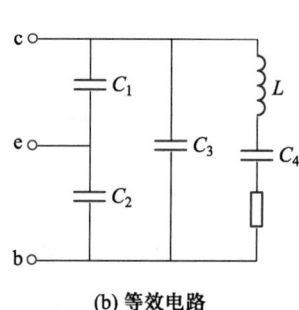

(a) 并联谐振型晶体振荡电路　　　**(b) 等效电路**

图 5-4-4　并联谐振型晶体振荡电路及等效电路

故

$$\omega_0 = \frac{1}{\sqrt{L_q \dfrac{(C_0 + C_L) C_q}{C_0 + C_L + C_q}}} = \omega_q \sqrt{1 + \frac{C_q}{C_0 + C_L}} \quad (5-4-7)$$

因为 $C_q/C_0 + C_L \ll 1$，将上式展开为二项式

$$\omega_0 \approx \omega_q \left[1 + \frac{C_q}{2(C_0 + C_L)} \right] \quad (5-4-8)$$

式（5-4-8）表明电路振荡频率与石英晶体的串联谐振频率以及负载电容 C_L 密切相关。而振荡频率的稳定性主要取决于晶体串联谐振频率的稳定性。由于外部电路元件与晶体振荡回路之间的耦合非常微弱，因此晶体振荡器回路有很高的稳定性。由图 5-4-4（b）可知，晶体管不稳定的极间电容对振荡回路的接入系数为

$$p_1 = \frac{C_2}{C_1 + C_2} \cdot \frac{C_q}{C_0 + C_L + C_q} \quad (5-4-9)$$

$$p_2 = \frac{C_1}{C_1 + C_2} \cdot \frac{C_q}{C_0 + C_L + C_q} \quad (5-4-10)$$

$$\Delta C_\Sigma = p_1^2 \Delta C_o + p_2^2 \Delta C_i \qquad (5-4-11)$$

由上面三个式子可见，耦合极弱，不稳定电容影响极小，故频率稳定度高。

如图 5-4-5（a）所示是皮尔斯晶体振荡电路，晶体等效为电感，其交流等效电路示于图 5-4-5（b）。由图可知，它与克拉泼振荡电路的形式完全类似。图中，C_1 表示 C_3 与 C_T 之和，它的作用是通过 C_T 微调晶体振荡器的振荡频率，同时也进一步减弱振荡电路与晶体的耦合。

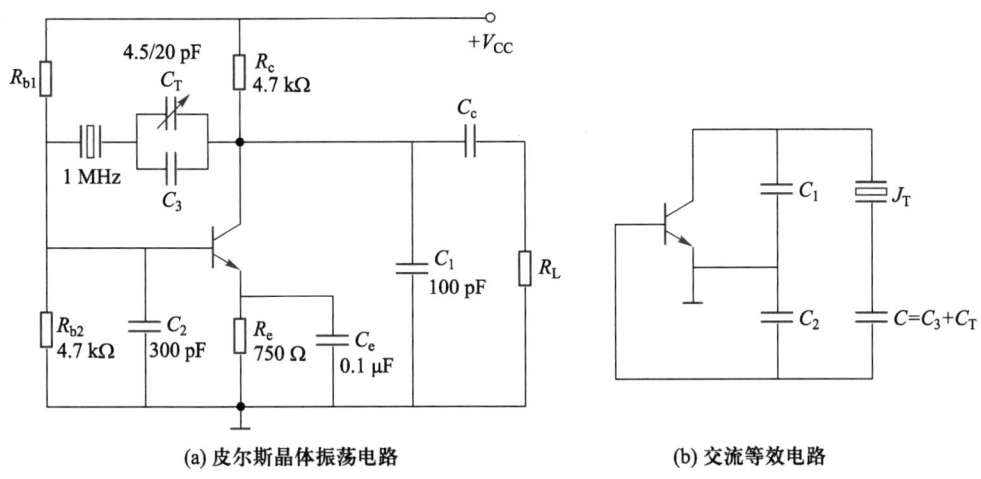

(a) 皮尔斯晶体振荡电路　　　　　　　　(b) 交流等效电路

图 5-4-5　皮尔斯晶体振荡电路及交流等效电路

（2）串联型晶体振荡器

串联型晶体振荡器的特点在于它使晶体在串联谐振频率上工作，并作为短路元件直接串联在三点式振荡电路的反馈路径中。图 5-4-6（a）展示了一个实用的 5 MHz 串联型晶体振荡电路实例。在这个电路中，谐振回路的谐振频率等于晶体的串联谐振频率。当振荡频率恰好等于晶体的串联谐振频率时，晶体在电路中表现为短路，从而满足振荡所需的相位平衡条件。

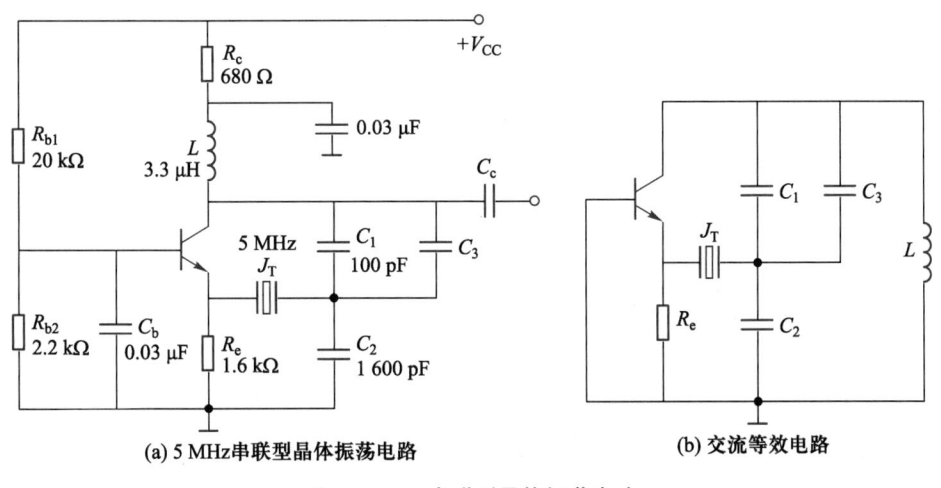

(a) 5 MHz串联型晶体振荡电路　　　　　　　　(b) 交流等效电路

图 5-4-6　串联型晶体振荡电路

関于其稳频机制，当振荡频率偏离理想的串联谐振频率时，晶体的电抗特性将不再简单地表现为短路，而是会根据工作频率等效为电容（当频率偏低时）或电感（当频率偏高时）。这种特性变化会在反馈支路中引入一个额外的相移，这个相移会作为一种自我调节机制，将偏离的频率拉回到串联谐振频率上。通过这种自我调节和反馈调整，串联型晶体振荡器能够确保输出频率的高度稳定性。

（3）泛音晶体振荡器

在需要处理较高工作频率的场合，泛音晶体振荡器成为了优选方案。与基频晶体振荡器相比，泛音晶体振荡器在电路设计上存在着显著的区别。对于泛音晶体振荡器而言，首要的任务是确保振荡器的谐振回路能够精确地调整至所需的奇次泛音频率上，以实现目标频率的稳定振荡。同时，为了避免不必要的干扰和性能下降，还必须采取有效措施来抑制可能在基频或低次泛音上产生的振荡。这种抑制措施是确保泛音晶体振荡器在高频率下稳定运行的关键。

为了达到这一目的，在三点式振荡电路中，常有并联谐振回路来代替反馈支路中的某一元件，以保证只在要求的奇次泛音上满足相位平衡条件，在基频和低次泛音上则不满足相位平衡条件。例如，要求振荡频率为五次泛音，则电路的谐振回路的谐振频率为五次泛音频率，而采用一并联谐振回路取代电容三点式振荡器的反馈支路中的 C_1，并联回路的谐振频率选在低于五次泛音频率，高于三次泛音频率上。这样对五次泛音频率并联回路等效为电容，满足相位平衡条件。而对于三次泛音频率和基频等效为电感，不满足相位平衡条件，不能振荡。

5.5　压控振荡器

5.5.1　振荡原理

一般来说振荡电路振荡频率的改变需要调节振荡回路的元件数值来实现。例如，LC 振荡器需要采用手动的方式改变振荡回路的 L 或 C 值。但是在许多设备中，希望能实现自动调节振荡器的振荡频率。压控振荡器就能适应自动调节频率的需要。所谓压控振荡器是振荡器的振荡频率随外加控制电压变化而变化，通常用 VCO（voltage-controlled oscillator）表示。

压控振荡器的实现方法大致可划分为两类。第一类是通过调整 LC 振荡器中的电感或电容元件的数值来实现频率控制。当前，最为普遍的应用是通过改变变容二极管的反向电压值来达成频率的调控。这类振荡电路，多以正弦波振荡器为主，例如第8章中详尽阐述的变容二极管直接调频电路，便是压控振荡器的一个典型实例。

另一类方法则是通过调整高频多谐振荡器中电容充放电的电流强度来实现频率的调

控，这类振荡电路的输出信号通常为方波。随着集成电路技术的飞速进步，市场上涌现出众多性能卓越的集成压控振荡器产品，它们不仅性能稳定可靠，还极大地简化了外部电路设计，使用方便。因此，在构建压控振荡器时，通常推荐采用单片集成振荡电路，以实现高效便捷的解决方案。

具体而言，对于输出正弦波的 LC 振荡器，多数采用变容二极管来实现对振荡回路的频率调整。而对于输出方波的集成压控振荡器，则因其高度集成的特性，无须额外添加元件，仅凭控制电压即可直接实现频率的精确控制。

压控振荡器的控制特性通常用输出角频率 ω_0 与输入控制电压 u_c 之间的关系曲线（如图 5-5-1 所示）来描述。在这条曲线上，u_c 为零时的角频率 $\omega_{0,0}$ 称为自由振荡角频率，它表示无外部控制电压下的自然振荡频率。而曲线在 $\omega_{0,0}$ 处的斜率 K_0 称为控制灵敏度，它是衡量控制电压变化对振荡频率调整的速度。

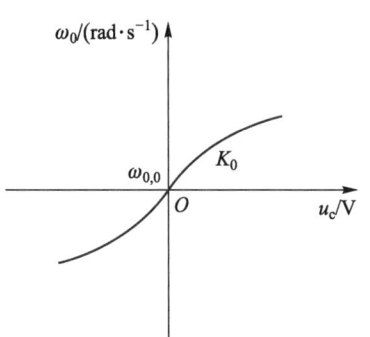

图 5-5-1　压控振荡器的控制特性

在通信或测量仪器中，输入控制电压往往是欲传输或欲测量的信号（调制信号）。压控振荡器常被称为调频器，因为它能够依据输入信号的变化动态地调整输出信号的频率，从而产生调频信号。

此外，在自动频率控制（AFC）环路和锁相环（PLL）环路等复杂系统中，输入控制电压扮演着误差信号电压的角色。这些环路通过比较参考信号与反馈信号之间的差异，生成误差信号电压，并将其作为输入控制电压施加于压控振荡器上。在这样的架构中，压控振荡器作为环路中的一个关键受控部件，根据误差信号电压的指示调整其输出频率，以实现系统的频率稳定或相位锁定。

压控振荡器根据其设计原理，主要可划分为 LC 压控振荡器、RC 压控振荡器和晶体压控振荡器三大类别。

压控振荡器所关心的技术指标包括：

（1）高的频率稳定度；

（2）具备高控制灵敏度以便快速响应输入控制电压的变化；

（3）调频范围宽以满足不同应用场景的需求；

（4）频偏与控制电压之间呈现良好的线性关系，便于精确调控；

（5）易于集成，以适应现代电子系统的小型化、集成化趋势。

在具体类型上，晶体压控振荡器以其极高的频率稳定度著称，但在调频范围上则相对受限，适合对频率精度要求极高而对调频灵活性要求不高的场合。相反，RC 压控振荡器虽然频率稳定度相对较低，但其调频范围宽广，且因其在单片集成电路中的广泛应用而备受青睐，特别适用于需要宽范围调频且对频率稳定度要求不是特别严苛的场景。LC 压控振荡器则介于两者之间，平衡了频率稳定度与调频范围的需求，是一种广泛使用的折中方案。

5.5.2 *LC* 压控振荡器

在任何一种 *LC* 振荡器中，将压控可变电抗元件插入振荡回路就可形成 *LC* 压控振荡器。早期的压控可变电抗元件是电抗管，后来大都使用变容二极管。图 5-5-2 是克拉泼型 *LC* 压控振荡器的原理电路。图中，T 为晶体管，*L* 为回路电感，C_1、C_2、C_v 为回路电容，C_v 为变容二极管反向偏置时呈现出的容量；C_1、C_2 通常比 C_v 大得多。当输入控制电压 u_c 改变时，C_v 随之变化，因而改变振荡频率。这种压控振荡器的输出频率与输入控制电压之间的关系为

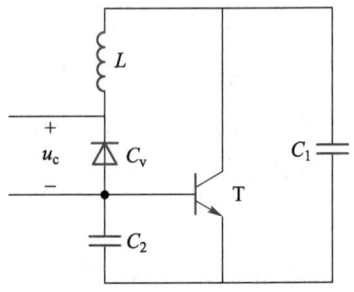

$$\omega_0 \approx \frac{1}{\sqrt{LC_0}}\left(1+\frac{u_c}{\varphi}\right)^{\gamma/2} \qquad (5\text{-}5\text{-}1)$$

式中，C_0 是零反向偏压时变容二极管的电容量；φ 是变容二极管的结电压；γ 是结电容变化指数。为了得到线性控制特性，可以采取各种补偿措施。

图 5-5-2 克拉泼型 *LC* 压控振荡器原理电路

5.5.3 晶体压控振荡器

在利用石英晶体实现频率稳定的振荡器设计中，通过将变容二极管与石英晶体串联连接，可以构建出晶体压控振荡器。为了拓宽此类振荡器的调频范围，一种有效方法是选用经过 AT 切割工艺处理并基于其基本频率的石英晶体。此外，在电路设计中引入能够展宽调频范围的特殊变换网络，也是增强调频灵活性的关键措施。

当频率需求进入微波频段时，反射速调管振荡器（通过反射极电压控制频率）和磁控管振荡器（利用阳极电压调节频率）等器件同样展现了压控振荡器的特性，即通过电压变化实现对振荡频率的精确调控。压控振荡器的应用领域极为广泛，其集成化趋势成为推动技术进步的重要方向，旨在实现更小的体积、更高的性能和更低的成本。

然而，在石英晶体压控振荡器的设计中，始终存在着一个挑战，即如何在保证高频率稳定度的同时，进一步扩大其调频范围。这一矛盾需要持续的技术创新和材料科学研究来解决。特别是随着深空通信技术的快速发展，对压控振荡器的内部噪声电平提出了前所未有的低要求，以确保信号在极长距离传输中的清晰度和可靠性。因此，开发具有极低噪声电平的压控振荡器成为未来研究的重点方向之一。

5.5.4 VCO 作用和应用电路

压控振荡器常被用在信号发生器、电子音乐中用来制造变调、锁相回路、通信设备中的频率合成器，其作用主要包括两个方面：

（1）利用压控振荡器来控制频率

高频压控振荡器的电压控制频率部分，通常是用变容二极管 C 与电感 L 所接成的 LC 谐振电路。提高变容二极管的逆向偏压，二极管内的空泛区会加大，两导体面之距离一变长，电容就降低了，此 LC 电路的谐振频率，就会被提高。反之，降低逆向偏压时，二极管内的电容变大，频率就会降低。

而低频压控振荡器则依照不同频率而选择不同的方法，例如以改变对电容的充电速率为手段来得到一个电压控制的电流源。

（2）电压控制的晶振器

压控石英振荡器（voltage-controlled crystal oscillator，VCXO）通常被使用在下列场合：当频率需要在小范围内调整时、当正确的频率或相位对于振荡器而言十分重要时、利用不同电压来当作控制源的振荡器、用来分散在某个频率范围内的干扰使该频段不受到太大的影响。压控石英振荡器的典型频率变化在数十个 ppm 之间，这是因为高品质系数的石英振荡器只会产生少量的频率范围位移。

当射频电路发射电波时会有热量产生而发生频率漂移，而使得温度补偿压控石英振荡器（temperature-compensated VCXO，TCVCXO）被广泛地使用，因为 TCVCXO 不会受到温度的影响而改变其压电特性。

下面对 VCO 的应用电路举例说明。某彩色电视接收机 VHF 调谐器中第 6～12 频段的本振电路如图所示电路中，控制电压 V_c 为 0.5～30 V，改变这个电压，就使变容管的结电容发生变化，从而获得频率的变化。由图 5-5-3 可见，这是一个典型的西勒振荡电路，振荡管呈共集电极组态，振荡频率为 170～220 MHz，这种通过改变直流电压来实现频率调节的方法，通常称为电调谐，与机械调谐相比，它有很大的优越性。

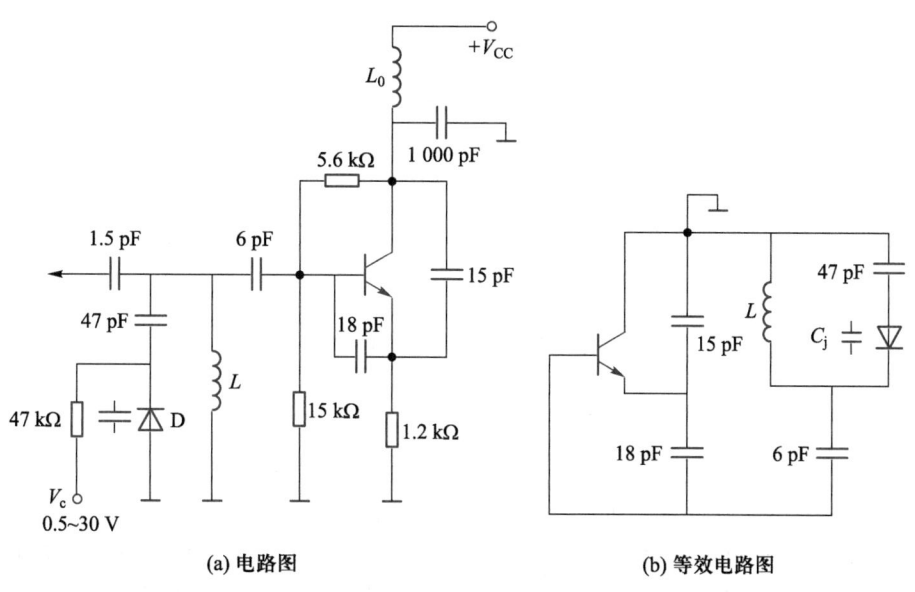

图 5-5-3　VCO 的应用电路

5.6 负阻振荡器

负阻振荡器是利用负阻器件与 LC 谐振回路共同构成的一种正弦波振荡器，主要工作在 100 MHz 以上的超高频段。最早应用的负阻振荡器是隧道二极管振荡器。20 世纪 60 年代中期以后，陆续出现了许多新型的微波半导体负阻器件，其振荡频率范围已扩展到几十吉赫兹以上。因为负阻振荡器主要用于超高频及微波波段，振荡回路多为分布参量的腔体、带状线，这是属于微波电子线路研究的范围。本节只介绍负阻的概念和负阻振荡器的基本工作原理，不对具体实用电路进行分析。

5.6.1 负阻的概念

负阻器件是指它的增量电阻为负值的器件。以隧道二极管为例，它的伏安特性如图 5-6-1 所示。若将静态工作点设置在负阻区（AB 段），并加上微弱正弦电压 $u = U_m\sin\omega t$，即管子两端电压为

$$u_D = V_Q + u = V_Q + U_m\sin\omega t \tag{5-6-1}$$

则通过管子的电流为

$$i_D = I_Q + i = I_Q - I_m\sin\omega t \tag{5-6-2}$$

式中的"负号"表明，由于负阻特性，使交流电流与所加交流电压呈现反相。

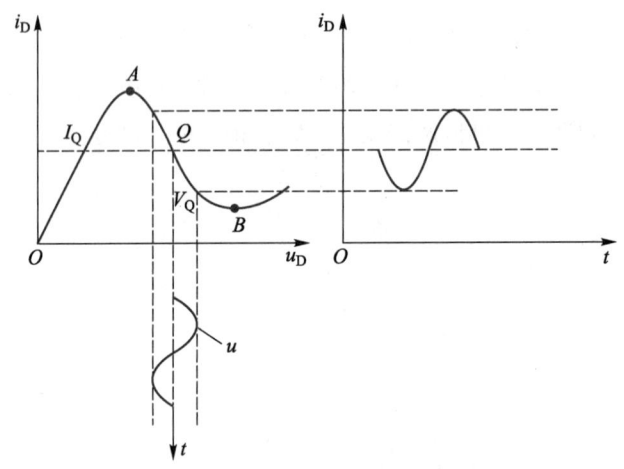

图 5-6-1 隧道二极管特性

因此，器件所消耗的平均功率为

$$P = \frac{1}{2\pi}\int_0^{2\pi} u_D i_D \, d(\omega t) = V_Q I_Q - \frac{1}{2}U_m I_m \tag{5-6-3}$$

从式（5-6-3）可以看出，器件所消耗的功率由两部分组成。第一部分是器件的工作点选在 Q 点时所消耗的直流功率 $V_Q I_Q$，这部分功率是由直流电源提供的，第二部分交流功

率 $-\frac{1}{2}U_\mathrm{m}I_\mathrm{m}$，负号表明器件消耗的是负交流功率，即器件是向外输出交流功率。这说明负阻器件的负阻区具有将直流功率的一部分转换为交流功率的作用。因此，可以利用负阻区的这一作用构成负阻振荡器。

　　根据负阻器件伏安特性的不同，可以把负阻器件分为两大类，即电压控制型负阻器件和电流控制型负阻器件。电压控制型负阻器件的伏安特性如图 5-6-1 所示。其特点是，电流 i 是电压 u 的单值函数，对于任一电压值 u，只有一个对应的电流值 i。在负阻区（AB 段），电压增大，电流减小，能将直流电能转换成交流电能。隧道二极管属于电压控制型负阻器件。电流控制型负阻器件的伏安特性可认为是将电压控制型负阻器件的伏安特性的横坐标 u 改为 i，纵坐标 i 改为 u。其特点是电压 u 是电流 i 的单值函数，对于任意电流值 i，只有一个对应的电压值。在负阻区，电流增大，电压减小，能将直流电能转换为交流电能。单结型晶体管属于电流控制型负阻器件。

5.6.2　负阻振荡原理

1. 负阻振荡器的组成条件

负阻振荡器的组成一般有以下几个条件：

（1）负阻振荡器一般由负阻器件和 LC 选频网络两部分组成。

（2）建立合适的静态工作点，使负阻器件工作于负阻特性区域内。对于电压控制型负阻器件应该用低内阻的直流电压源（恒压源）来供电，而电源的内阻应远小于负阻器件的直流等效电阻。对于电流控制型负阻器件应该用高内阻的直流电流源（恒流源）来供电，而且电源内阻应比负阻器件的等效直流电阻要大。

（3）负阻器件应和 LC 振荡回路正确连接。电压控制型负阻器件应与并联谐振回路相连接，电流控制型负阻器件应与串联谐振回路相连接。

（4）电压控制型负阻振荡器，负阻器件与谐振回路以并联方式连接。设回路谐振电阻为 R_p，负阻器件的负阻为 $-r_\mathrm{d}$。显然，$r_\mathrm{d}<R_\mathrm{p}$ 时为增幅振荡。$r_\mathrm{d}=R_\mathrm{p}$ 时为等幅振荡。$r_\mathrm{d}>R_\mathrm{p}$ 时为衰减振荡。其起振条件是 $r_\mathrm{d}<R_\mathrm{p}$，平衡条件是 $r_\mathrm{d}=R_\mathrm{p}$。而电流控制型负阻振荡器，负阻器件与谐振回路以串联形式连接。设串联谐振回路总损耗电阻为 r，负阻器件的负阻为 $-r_\mathrm{d}$。显然，$r_\mathrm{d}>r$ 时为增幅振荡，$r_\mathrm{d}=r$ 时为等幅振荡，$r_\mathrm{d}<r$ 时为衰减振荡。其起振条件是 $r_\mathrm{d}>r$，平衡条件是 $r_\mathrm{d}=r$。

2. 负阻振荡电路

　　如图 5-6-2 所示是电压控制型负阻振荡器及等效电路。负阻器件为隧道二极管。R_1 为电流降压电阻，R_2 的阻值很小，用以降低直流电源 V 的等效内阻。电容 C_1 对交流呈现短路。这样一来，隧道二极管就获得了低内阻的直流电源供电，对交流来说，它与 LC 振荡回路是并联的。LC 谐振回路的谐振电阻为 R_p。隧道二极管的等效电路是电容 C_d

与$-r_\mathrm{d}$的并联电路。

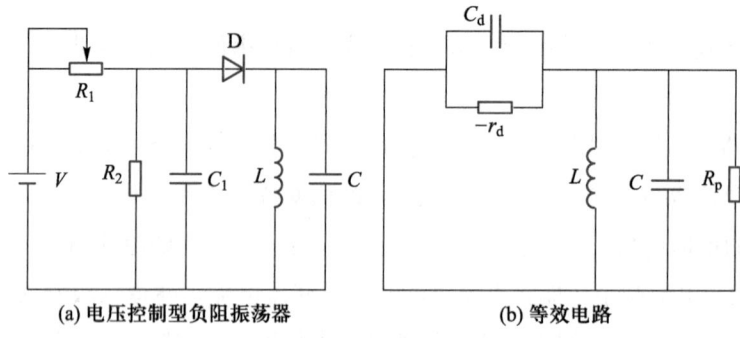

(a) 电压控制型负阻振荡器　　　　　(b) 等效电路

图 5-6-2　电压控制型负阻振荡器及等效电路

从等效电路中可看出，振荡频率为

$$\omega_0 = \frac{1}{\sqrt{L(C_\mathrm{d}+C)}} \tag{5-6-4}$$

显然，电路的起振条件为$r_\mathrm{d}<R_\mathrm{p}$。平衡条件为$r_\mathrm{d}=R_\mathrm{p}$。

从图 5-6-2 知，在静态工作点 Q 处，伏安特性曲线的负斜率较大，即器件有较小的负电阻值。随着信号幅度的加大，负电阻的绝对值也在加大，特别是在负阻区两端的弯曲部分，负阻增加得很快。也就是电路满足起振条件$r_\mathrm{d}<R_\mathrm{p}$后，振荡幅度越来越大，负电阻的绝对值增大到$r_\mathrm{d}=R_\mathrm{p}$时，电路达到等幅振荡。

5.7　集成振荡电路

5.7.1　集成晶体振荡器模块

首先介绍一下美信公司的晶体振荡模块，其分为几类：温度补偿晶体振荡器、压控晶体振荡器和晶体振荡器。下面主要针对晶体振荡器进行阐述。

表 5-7-1 是典型的晶体振荡器型号和指标描述，可以根据应用所需的频率、频率输出类型、频率稳定度、供应电压、封装、运行温度等指标来选择合适型号的晶体振荡器。

表 5-7-1　典型的晶体振荡器型号和指标描述

型号	描述	频率/MHz	频率输出类型	频率稳定度（−40℃ ～ +85℃）（±ppm/yr）	供应电压/V	封装/引脚	运行温度/℃
DS4125	DS4-X0系列晶振	125	LVDS LVPECL	35	3.3±5%	LCCC/10	−40～+85
DS4150	DS4-X0系列晶振	150	LVDS LVPECL	35	3.3±5%	LCCC/10	−40～+85

型号	描述	频率/MHz	频率输出类型	频率稳定度(−40℃~+85℃)(±ppm/yr)	供应电压/V	封装/引脚	运行温度/℃
DS4155	DS4-X0系列晶振	155.52	LVDS LVPECL	35	3.3±5%	LCCC/10	−40~+85
DS4160	DS4-X0系列晶振	160	LVDS LVPECL	35	3.3±5%	LCCC/10	−40~+85
DS4622	DS4-X0系列晶振	622.08	LVDS LVPECL	35	3.3±5%	LCCC/10	−40~+85
DS4625	3.3V双输出LVPECL时钟振荡器	100/125/150/156.25/200	LVPECL	35	3.3±10%	LCCC/10	−40~+70,−40~+85
DS4776	DS4-X0系列晶振	77.76	LVDS LVPECL	35	3.3±5%	LCCC/10	−40~+85

表 5-7-1 中，DS4625 是美信公司 2009 年推出的双输出 LVPECL 晶体振荡器，设计用于要求苛刻的通信系统。该器件产生两路 100~625 MHz 范围的高频输出，允许设计人员使用单个器件替换两个分立的振荡器。DS4625 采用 5 mm×3.2 mm LCC 封装，尺寸比传统方案（5 mm×7 mm）减小了 55%。器件具有业内领先的抖动性能，适合大电流（95~105 mA，典型值）、高频（>100 MHz）、差分输出（LVPECL）应用。DS4625 可理想用于光纤通道、以太网、10G 以太网、SONET/SDH、InfiniBand ®、GPON、BPON、PCI Express ®以及 SAS/SATA 等需要高性能时钟信号的通信系统。

DS4625 很好地解决了高频、大电流设计中小尺寸陶瓷封装常见的散热问题。集成散热焊盘为晶体提供有效的散热通道，确保在−40℃~+70℃温度范围内可靠工作。DS4625 采用基频 AT 切晶体技术制造（无泛音），基于 PLL 的低噪声振荡器采用美信的 SiGe 工艺设计。整个设计方案具有<±7 ppm（10 年以上）的超低老化率和优异的频率稳定性，由电压、温度、初始容差和老化引起的变化小于±50 ppm。DS4625 能够以更小的封装尺寸提供同等级别的抖动性能，在−40℃~+70℃较宽的温度范围内具有更好的稳定性（分别为±50 ppm 和±100 ppm 或更大）。

尽管三次泛音振荡器设计具有稳定的相位抖动指标和良好的温度稳定性，但随着封装尺寸和晶振尺寸的减小，会出现所不希望的杂散分量。杂散分量通常受温度影响较大，导致频率明显偏离所要求的标称值。此外，三次泛音设计将最大工作频率限制在大约 200 MHz。

DS4625 采用可靠的 LC-PLL 集成电路设计，利用基频 AT 切晶体技术，不会产生导致较大频偏的杂散分量。此外，基于 PLL 的设计可以很容易地实现 622.08 MHz 甚至更高的工作频率。DS4625 的标准工作频率组合包括：100/150 MHz、125/125 MHz、125/156.25 MHz、150/150 MHz 和 150/200 MHz。图 5-7-1 为 DS4625 的典型应用电路。

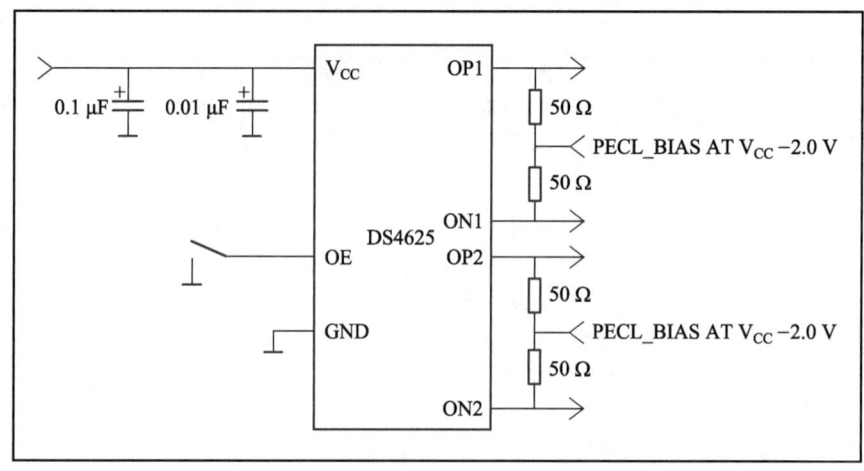

图 5-7-1　DS4625 的典型应用电路

5.7.2　集成压控振荡电路

图 5-7-2 是摩托罗拉公司的集成振荡电路 MC1648 的内部电路图。该振荡器由差分对管振荡电路、偏置电路和放大电路三部分组成。差分对管振荡电路是由 T_6、T_7、T_8 管组成，其中，T_6 的基极和 T_7 的集电极相连，而 T_7 的集电极与基极之间外接并联 LC 谐振回路，调谐于振荡频率。从交流通路来看，该振荡电路实际上是 T_6 和 T_7 组成共基极联放大的正反馈振荡电路。振荡信号从 T_7 集电极送给 T_4 基极，经 T_4 共射放大供给 T_3 和 T_2 组成的单端输入和单端输出的差分放大级进行放大，然后经 T_1 组成射随器输出。振荡电路的偏置电路由 T_9、T_{10} 和 T_{11} 组成。

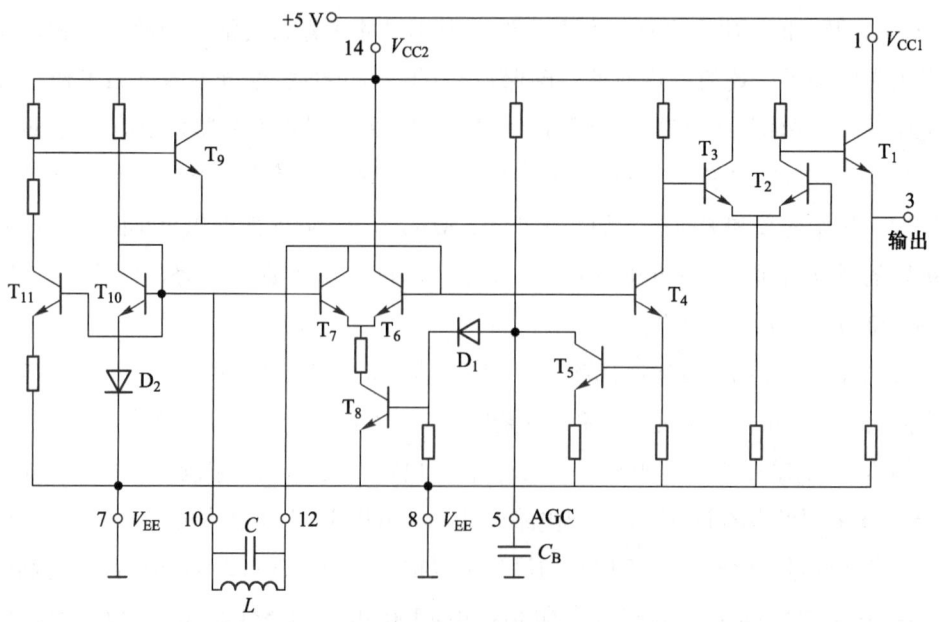

图 5-7-2　集成振荡电路 MC1648 的内部电路图

为了提高振荡的稳幅性能，振荡信号经 T_4 射随和 T_5 放大加到二极管 D_1 上，控制 T_8 管的恒流值 I_0，引脚 5 外接电容 C_B 为滤波电容，用来滤除高频分量。当振荡电压振幅因某一原因增大时，T_5 管的集电极平均电位下降，经 D_1 使 I_0 减小，从而使振荡幅度降低。反之，若振荡信号振幅减小，T_5 管的集电极平均电位增高，I_0 增大，而使振荡幅度增大。这是一个自动调整环节。

MC1648 的振荡频率可达 200 MHz，可以产生正弦波振荡器，也可以产生方波振幅。在单电源供电时，在引脚 5 外接电容 C_B，引脚 12 和引脚 10 之间接入 LC 并联谐振回路，则输出为正弦波。而要求输出方波时，应在引脚 5 上外加正电压，使差分对管振荡电路的 I_0 增大，振荡电路的输出振荡电压增大，经 T_4、T_3、T_2 放大后，将它变换为方波电压输出。

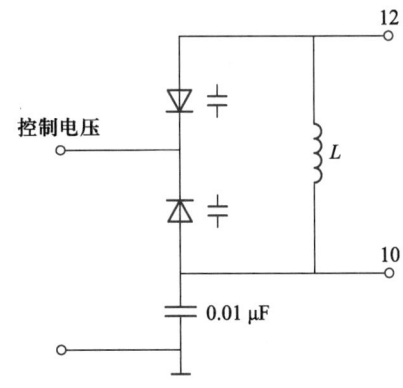

MC1648 集成振荡电路也能够实现压控振荡的功能，只要将振荡回路中的电容 C 用变容二极管代替就可实现压控振荡。如图 5-7-3 所示是构成压控振荡器的回路，在锁相频率合成中应用较多。

图 5-7-3　构成压控振荡器的回路

5.8　仿真——正弦波振荡电路

5.8.1　克拉泼振荡电路仿真

如图 5-8-1 所示，利用立创 EDA 仿真工具实现对克拉泼振荡电路的仿真。

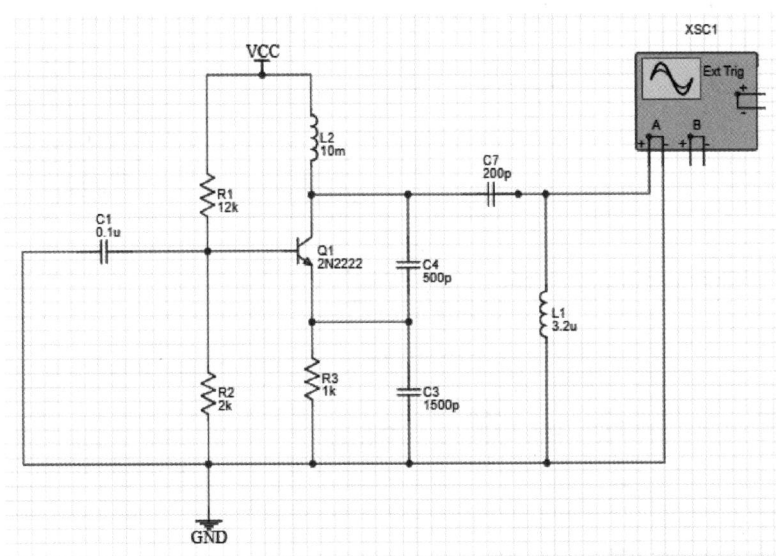

图 5-8-1　克拉泼振荡电路仿真

其仿真结果如图 5-8-2 所示。

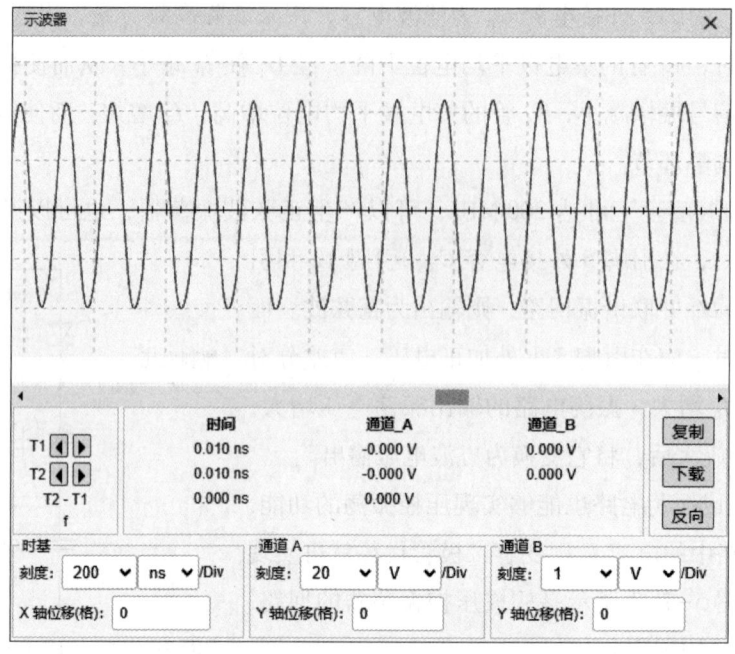

图 5-8-2 克拉泼振荡电路仿真结果

思考题：

（1）通过设置不同的电容电感值，总结起振规律；

（2）分析振荡频率理论值与实际值的差异性来源。

5.8.2 西勒振荡电路仿真

如图 5-8-3 所示，利用立创 EDA 仿真工具实现对西勒振荡电路的仿真。

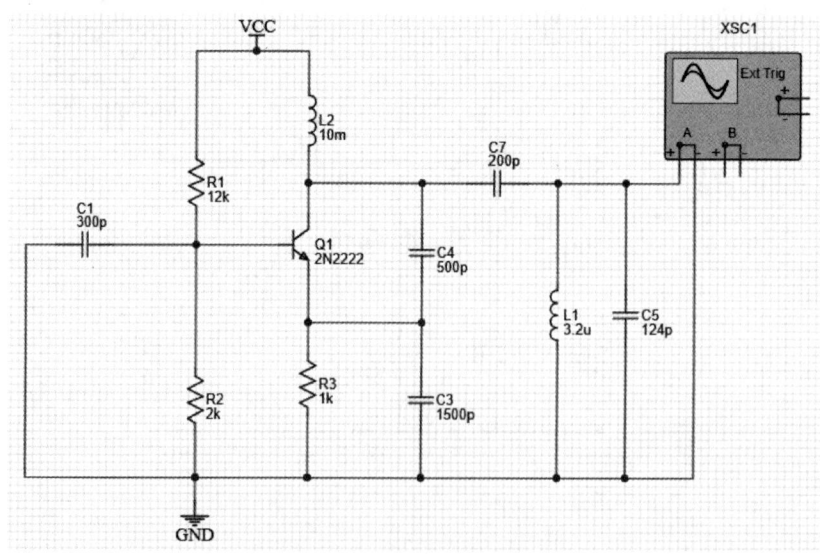

图 5-8-3 西勒振荡电路仿真

其仿真结果如图 5-8-4 所示。

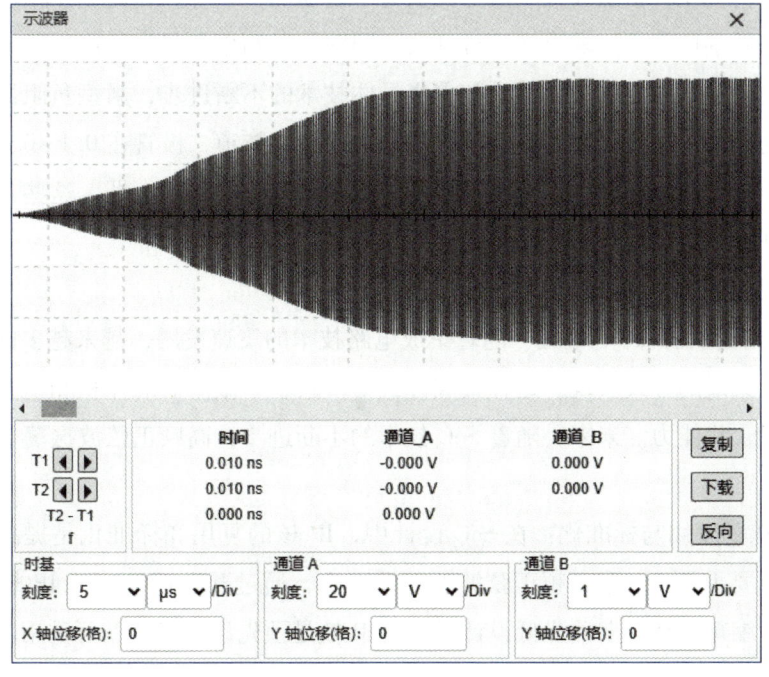

图 5-8-4 西勒振荡电路仿真结果

思考题：

（1）通过设置不同的电容电感值，总结起振规律；

（2）分析振荡频率理论值与实际值的差异性来源；

（3）比较西勒电路和克拉泼电路的稳定性。

5.9 前沿——振荡器最新研究方向

高频正弦波振荡器主要关心振荡器频率和频率稳定度，其前沿技术主要体现在以下几个方面：

1. 振荡器的优化

石英晶体振荡器的优化：石英晶体振荡器作为高频正弦波振荡器的重要组成部分，其性能直接影响振荡器的整体表现。当前，研究者们致力于通过优化石英晶体的切割方式、镀银工艺以及封装技术，来进一步提高振荡器的频率稳定度和可靠性。此外，随着新材料的发展，如钽酸锂、镓酸锂等压电材料的出现，也为高频正弦波振荡器提供了新的选择。以 TXC 晶振公司的 SMD3225 型石英晶体振荡器为例，其频率稳定度可以达到极高的水平。这种振荡器的频率稳定度可以达到 $10^9/$ 日甚至更高，这意味着对于一个 10 MHz 的振荡器来说，其频率在一天内的变化通常不超过 0.1 Hz。这种高精度的频率稳定性确保了系统能够长时间保持准确的时间基准和频率输出，从而满足各种高精度应用的需求。

负阻器件的优化：负阻器件如隧穿二极管、雪崩晶体管等，在高频正弦波振荡器中发挥着重要作用。这些器件能够直接连接到谐振回路中，利用负阻抗效应去抵消回路中的损耗，从而产生出稳定的正弦波振荡。随着半导体技术的不断进步，新型负阻器件的研发和应用也将成为高频正弦波振荡器的前沿技术之一。例如隧道二极管在 0.1~0.5 V 的电压范围内表现出负阻特性，主要应用于高频领域，如微波振荡器和放大器。这些二极管通过量子隧穿效应在特定电压范围内展示负阻特性。

2. 集成电路与片上系统（SoC）的集成化

（1）高频振荡器的片上集成：随着集成电路技术的飞速发展，越来越多的高频振荡器开始采用片上集成的方式实现。这种集成方式不仅减小了振荡器的体积和重量，还提高了其可靠性和抗干扰能力。未来，随着 SoC 技术的不断进步，高频正弦波振荡器将更加小型化、集成化。

（2）IP 核的复用与标准化：在 SoC 设计中，IP 核的复用和标准化是提高设计效率和降低成本的重要手段。对于高频正弦波振荡器而言，通过开发标准化的 IP 核并实现其复用，可以大大缩短设计周期并降低设计成本。IP 核是预先设计好的、可重用的集成电路模块，用于加速芯片设计过程。

3. 数字化与智能化技术

（1）数字控制技术：通过数字控制器对振荡器的参数进行精确调节和实时监控，可以实现对振荡频率、振幅等参数的精确控制。此外，数字控制技术还可以实现振荡器的自适应调节和故障诊断等功能。

（2）智能算法的应用：智能算法如机器学习、深度学习等在高频正弦波振荡器中的应用也逐渐增多。这些算法可以通过对振荡器运行数据的分析和处理，实现对振荡器性能的优化和预测性维护等功能。例如，通过引入深度学习算法，可以对振荡器的输出信号进行实时监控和分析，从而优化其参数设置。

4. 频率稳定度与抗干扰能力的提升

（1）高精度稳频技术：为了提高高频正弦波振荡器的频率稳定度，研究者们不断探索高精度稳频技术。例如，通过采用恒温槽等稳频措施，可以将振荡器的频率稳定度提高到极高水平。

（2）抗干扰技术的发展：随着电磁环境的日益复杂，抗干扰技术成为高频正弦波振荡器必须面对的重要问题。研究者们通过优化电路设计、采用抗干扰材料以及引入滤波技术等手段，不断提高振荡器的抗干扰能力。例如通过在电路设计中引入铁氧体材料，这些材料能够有效吸收和屏蔽电磁干扰，显著提高抗干扰能力。这种改进不仅提高了振荡器在复杂电磁环境中的可靠性，还提升了整体性能。

思考题与习题

5.1 什么是振荡器的起振条件、平衡条件和稳定条件？各有什么物理意义？它们与振荡器电路参数有何关系？

5.2 反馈型 LC 振荡器从起振到平衡，放大器的工作状态是怎样变化的？它与电路的哪些参数有关？

5.3 为了满足下列电路起振的相位条件，给习题图 5-1 中互感耦合线圈标注正确的同名端，并说明各电路的名称。

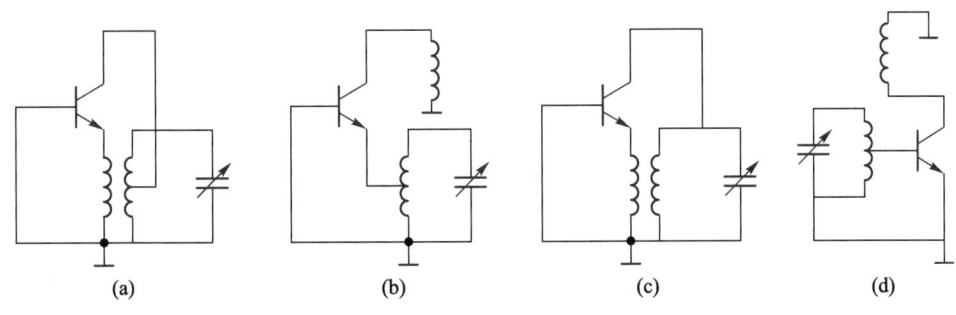

(a)　　　(b)　　　(c)　　　(d)

习题图 5-1

5.4 试从振荡器的相位条件出发，判断如习题图 5-2 所示各高频等效电路中，哪些可能振荡，哪些不可能振荡，能振荡的线路属于哪种电路。

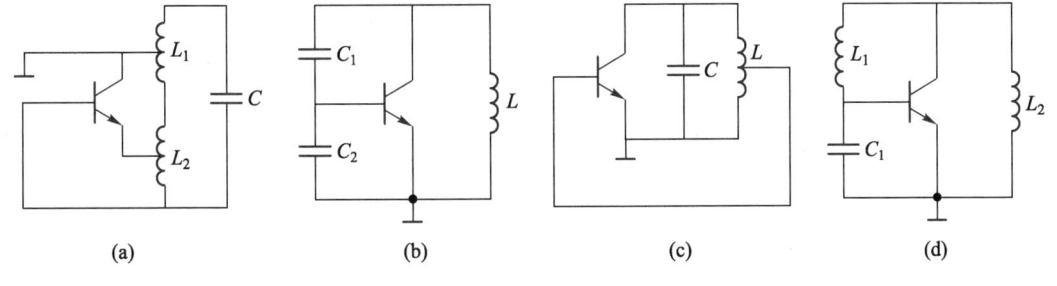

(a)　　　(b)　　　(c)　　　(d)

习题图 5-2

5.5 习题图 5-3 为三回路振荡器的等效电路，设有以下四种情况：

（1） $L_1C_1>L_2C_2>L_3C_3$

（2） $L_1C_1<L_2C_2<L_3C_3$

（3） $L_1C_1=L_2C_2>L_3C_3$

（4） $L_1C_1<L_2C_2=L_3C_3$

试分析上述四种情况是否可能振荡，振荡频率 f_0 与回路谐振频率有何关系。

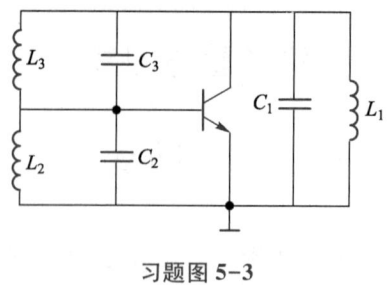

习题图 5-3

5.6 LC 回路的谐振频率 $f_0 = 10\,\text{MHz}$，晶体管在 $10\,\text{MHz}$ 时的相移 $\varphi_Y = -20°$，反馈电路的相移 $\varphi_F = 3°$。

试求回路 $Q_L = 10$ 及 $Q_L = 20$ 时电路的振荡频率 f_c，并比较 Q_L 的高低对电路性能有什么影响。

5.7 若晶体管的不稳定电容 $\Delta C_{ce} = 0.2\,\text{pF}$，$\Delta C_{be} = 1\,\text{pF}$，$\Delta C_{cb} = 0.2\,\text{pF}$，求考毕兹电路和克拉泼振荡电路在中心频率处的频率稳定度 $\left|\dfrac{\Delta f_c}{f_c}\right|$。其 $C_1 = 300\,\text{pF}$，$C_2 = 900\,\text{pF}$，$C_3 = 20\,\text{pF}$。设振荡器的振荡频率 $f_c = 10\,\text{MHz}$。

5.8 如习题图 5-4 所示为 LC 振荡器。

（1）试说明振荡电路各元件的作用；

（2）若电感 $L = 1.5\,\mu\text{H}$，要使振荡频率为 $49.5\,\text{MHz}$，则 C 应调到何值？

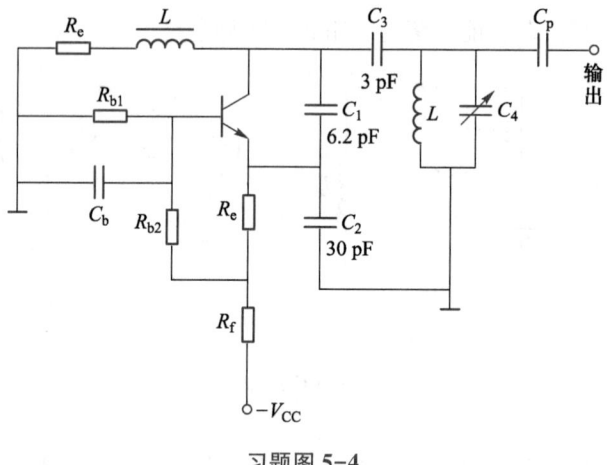

习题图 5-4

5.9 若晶体的参数为 $L_q = 19.5\,\text{H}$，$C_q = 0.000\,21\,\text{pF}$，$C_0 = 5\,\text{pF}$，$r_q = 110\,\Omega$。

（1）求串联谐振频率 f_q；

（2）并联谐振频率 f_p 与 f_q 相差多少？

（3）求晶体的品质因数 Q_q 和等效并联谐振电阻 R_q。

5.10 如习题图 5-5 所示是两个晶体振荡电路，试画出它们的高频等效电路，并指出它们是哪一种振荡器。图（a）的 4.7 μH 电感在线路中起什么作用？

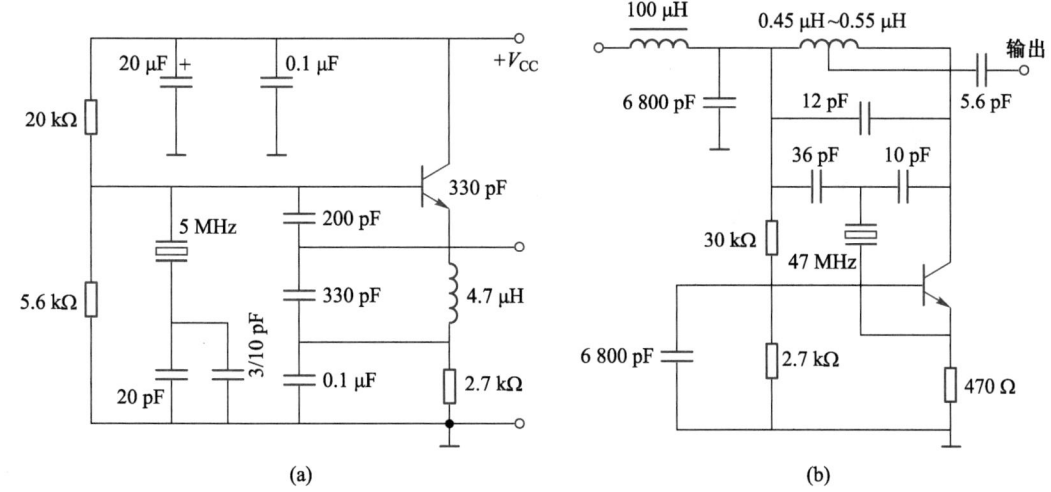

习题图 5-5

第6章
振幅调制及检波

6.1 导　课

"嘀……嘀……"，这个声音想必大家并不陌生，战争片中的《永不消逝的电波》就是幅度调制，它还是传播距离最远的广播方式。它是怎么工作的呢？这种"嘀……嘀……"代表的信息如何提取呢？

无线通信中信息的传递离不开电信号。为了满足尺寸合适天线和同时传输多路信号的需求，在信息发送前会将信息转换成电信号，并将这些电信号"加载"到高频载波信号上，然后借助天线将这些信号发送出去。而接收端则是从接收到的这些高频电磁波中恢复原始的信息。这个过程被称为调制和解调。在无线通信系统的设计中，调制器和解调器扮演着至关重要的角色，它们是发射和接收系统的核心部件。

本章主要聚焦于对载波信号幅度的调制技术，以及相应调幅信号的解调方法。本章具体包括以下几点：

（1）如何从表达式、时域、频域三个角度理解振幅调制？（6.3 节）

（2）利用二极管的非线性特性，我们可以实现调幅功能。单二极管、两个二极管、四个二极管都可以搭建二极管调幅电路，三者的区别在哪里？（6.4 节）

（3）晶体管也可以实现调幅功能，此时晶体管调幅电路与晶体管功率放大电路有什么区别和联系？（6.5 节）

（4）利用模拟乘法器也可以实现调幅，其电路结构是什么样子？而模拟乘法器是利用双差分对晶体管实现的，这是如何做到的？（6.6 节）

（5）信息已经调制到载波的幅度上了，如何还原这些信息呢？不同的幅度调制信号，其还原的电路是一样的吗？（6.7 节）

（6）二极管大信号包络检波电路虽然只有三个元件，但是三个元件选择不当，会造成失真，那么选择原则是什么呢？（6.7.1 小节）

（7）二极管小信号检波电路是什么样子呢？与大信号检波电路有什么不同呢？指标结

果有何差异呢?（6.7.2 小节）

（8）二极管信号检波都是针对 AM 信号，另外两种调幅信号 DSB、SSB 信号如何解调呢?（6.8 节）

6.2　概　　述

在无线通信系统中，原始的电信号，即直接从信息转换而来的信号，我们称之为基带信号。为了满足在信道中高效且稳定地传输，通信系统通常在发送设备中选择将基带信号进行调制处理。调制利用基带信号（也称为调制信号）去动态调整载波的某个参数，比如振幅、频率或相位，使其随着基带信号的变化而相应改变。如果被控制的是载波的振幅，则称为振幅调制，简称调幅；如果被控制的是载波的瞬时频率，则称为频率调制，简称调频；如果被控制的是载波的瞬时相位，则称为相位调制，简称调相。

与调制相对应的过程是解调，这通常发生在接收设备中。为了成功还原原始信息，接收设备必须采用与发送设备相匹配的解调技术。分别相对应于调幅、调频和调相，调幅的解调过程我们称之为检波，调频的解调过程称为鉴频，而调相的解调过程则称为鉴相。由于调制与解调都是一种频谱变换过程，调制与解调的实现要采用非线性电路。

至于为什么不能直接发射基带信号，而需要先进行调制处理，这主要是基于工程实践的考虑。直接发射基带信号在技术上存在诸多困难，而调制技术则能显著提升信号传输的效率和稳定性。调制技术的优势主要体现在以下几个方面：

（1）有利于发射与接收

在无线电通信系统中，信号的传输依赖于发射机通过天线将电磁波辐射到空间中，而接收机则利用天线来捕获这些传输过来的无线电波。根据天线相关理论，天线能够有效地辐射或接收信号，其尺寸至少需达到信号波长的十分之一（或与信号波长相比拟）。这意味着，如果工作频率上升，信号的波长会相应地缩短，应使用尺寸更小的天线来辐射和接收信号。

（2）有利于实现信道复用

在无线通信中，每个独立传输的信号通常只占用较小的带宽，这个带宽往往小于整个信道的带宽。为了更有效地利用频谱资源，调制技术被广泛应用。通过调制，不同信号的频谱可以被移动到频谱上的不同位置，确保它们之间互不重叠。这样一来，同一个信道内就可以同时传输多路信号，从而提高了频谱的利用率。

（3）有利于改善系统性能

调制技术能够将基带信号的频谱扩展到更宽的频带范围内。在通信系统中，输出信噪比是衡量系统性能的重要指标，它与信号的带宽密切相关。通过增加信号的带宽，通信系统能够更好地抵御外部干扰，因为更宽的带宽意味着信号能够在更大的频谱范围内分散能量，从而减少干扰对信号的影响。因此，通过调制技术增加信号带宽，可以提高通信系统的抗干扰能力，进一步改善其整体性能。

6.2.1 普通调幅波的数学表示式及其频谱

振幅调制是一种信号处理技术，调幅波波形如图 6-2-1 所示，其中，我们利用一个待传输的信息信号（通常称为调制信号），记为 $u_\Omega(t)$，来动态地调整一个高频载波信号的振幅。这一过程使得载波信号的振幅能够按照调制信号的波形线性地变化。振幅调制是指用需传送的信息（调制信号）$u_\Omega(t)$ 去控制高频载波振荡电压的振幅，使其随调制信号 $u_\Omega(t)$ 线性关系变化。即如果载波信号电压为 $u_c(t)=U_{cm}\cos\omega_c t$，调制信号为 $u_\Omega(t)$，那么普通调幅波的振幅 $U'_m(t)$ 为

$$U'_m(t)=U_{cm}+k_a u_\Omega(t) \tag{6-2-1}$$

则普通调幅波的数学表示式为

$$u(t)=U'_m(t)\cos\omega_c t=[U_{cm}+k_a u_\Omega(t)]\cos\omega_c t \tag{6-2-2}$$

普通调幅波也称为标准调幅波，可用 AM 表示。

设调制信号电压 $u_\Omega(t)$ 为

$$u_\Omega(t)=U_{\Omega m}\cos\Omega t=U_{\Omega m}\cos2\pi Ft \tag{6-2-3}$$

其中，Ω 和 F 分别为调制信号的角频率（rad/s）和频率（Hz），通常满足 $\omega_c\gg\Omega$。根据调幅波的定义

$$u(t)=U_{cm}(1+m_a\cos\Omega t)\cos\omega_c t \tag{6-2-4}$$

式（6-2-4）代表单频调制下的普通调幅波表达，其中涉及的函数称为包络函数，它描绘了调幅波在每个高频周期内的峰值轨迹。调幅指数（m_a）通过比例系数（k_a）与调制信号的最大幅度（$U_{\Omega m}$）和载波幅度（U_{cm}）之比来定义，即 $m_a=k_a U_{\Omega m}/U_{cm}$。普通调幅波的波形特征在于，其包络形状直接反映了调制信号的形状，这种特性称为不失真调制。观察调幅波，可以直接从波形上识别出包络的最大值 U_{max} 和最小值 U_{min} 分别为 $U_{max}=U_{cm}(1+m_a)$ 和 $U_{min}=U_{cm}(1-m_a)$，故可得

$$m_a=\frac{U_{max}-U_{min}}{U_{max}+U_{min}} \tag{6-2-5}$$

在不失真调制条件下，调幅指数 m_a 应满足 $m_a\leqslant1$。一旦 m_a 超过 1，已调波的包络将不再准确反映调制信号的形状，导致严重失真，此现象称为过调幅，应极力避免。过调幅波形如图 6-2-2 所示。

为了阐述调制的特性，频域表示法（即频谱图）常被采用。式（6-2-4）可通过三角恒等式展开，以展示其频谱成分。

$$u(t)=U_{cm}\cos\omega_c t+\frac{1}{2}m_a U_{cm}\cos(\omega_c+\Omega)t+\frac{1}{2}m_a U_{cm}\cos(\omega_c-\Omega)t \tag{6-2-6}$$

单频调制的调幅波由三个频率分量构成：载波 ω_c、上边频 $\omega_c+\Omega$ 及下边频 $\omega_c-\Omega$，其

频谱图如图 6-2-3 所示。载波分量不携带信息，而信息则完全蕴含于上、下边频分量中。边频的振幅与调制信号的振幅相关，且边频虽属高频段，却反映了调制信号与载波之间的频率关系。

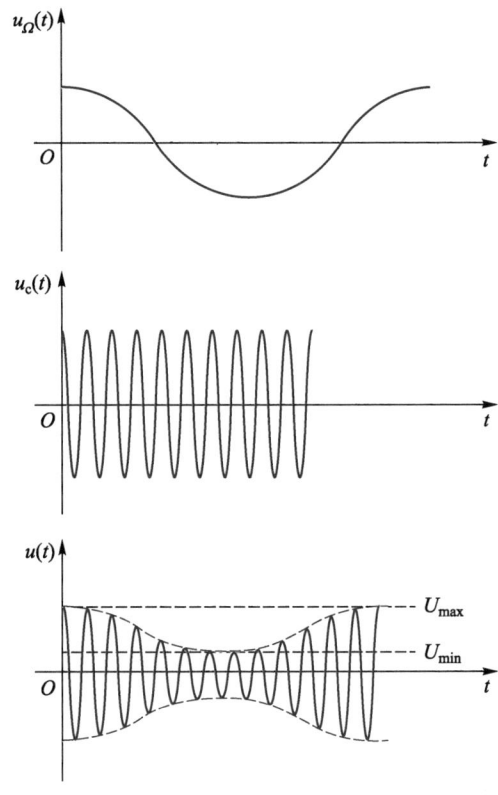

图 6-2-1　调幅波波形

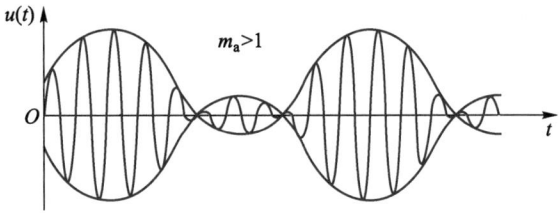

图 6-2-2　过调幅波形

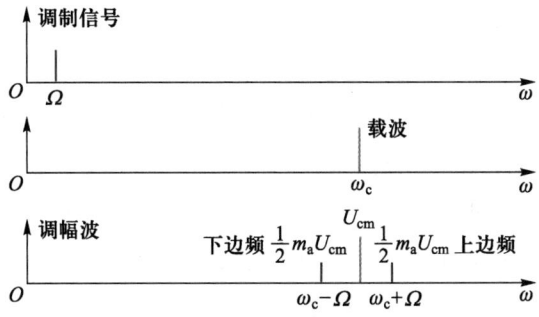

图 6-2-3　单频调制的调幅波频谱示意图

复杂调制信号（如调幅广播中的语音信号，频率范围约 50 Hz～3.5 kHz）经调制后，各频率分量均生成对应的上边频和下边频，叠加后形成上边频带和下边频带，多音调制的调幅波频谱示意图如图 6-2-4 所示。由于上、下边频振幅相同且成对，故频谱相对于载波呈对称分布，其数学表达式可概括表达。

$$u(t) = U_{cm}\cos\omega_c t + \frac{U_{cm}}{2}\sum_{i=1}^{n} m_i\left[\cos(\omega_c + \Omega_i)t + \cos(\omega_c - \Omega_i)t\right] \qquad (6-2-7)$$

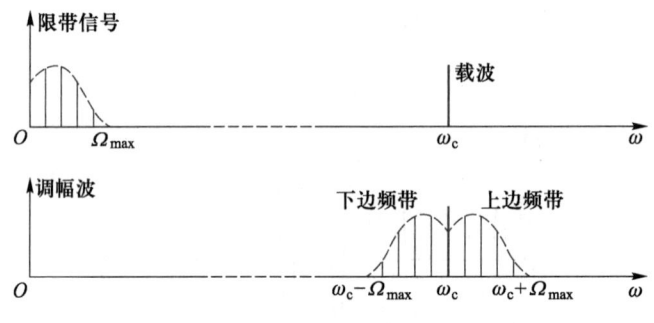

图 6-2-4　多音调制的调幅波频谱示意图

从调幅波的频谱图来观察，调制过程实际上是一种频谱的线性搬移。在这个过程中，原本处于低频段的调制信号频谱，通过调制被整体搬移到载波频率的周围，从而形成了位于载波频率两侧的上边频带和下边频带。这样的操作使得原本低频的信号能够在更高的频段上进行传输，提高了信号传输的效率和抗干扰能力。

6.2.2　普通调幅波的功率关系

为探究调幅波中各频率分量的功率分布，可将调幅波电压施加于电阻 R，此时 R 上消耗的功率可分别对应于各频率分量进行表示：

（1）载波功率：
$$P_{oT} = \frac{1}{2} \cdot \frac{U_{cm}^2}{R} \qquad (6-2-8)$$

（2）每个边频功率：
$$P_{\omega_c+\Omega} = P_{\omega_c-\Omega} = \frac{1}{2}\left(\frac{m_a U_{cm}}{2}\right)^2 \frac{1}{R} = \frac{1}{4}m_a^2 P_{oT} \qquad (6-2-9)$$

（3）调制一周内的平均总功率
$$P_{oav} = P_{oT} + P_{\omega_c+\Omega} + P_{\omega_c-\Omega} = \left(1 + \frac{m_a^2}{2}\right)P_{oT} \qquad (6-2-10)$$

调幅波输出功率随 m_a 增加而增大。当 $m_a = 1$ 时，载波功率 P_{oT} 为平均总功率 P_{oav} 的 2/3，而上、下边频（携带信息）的功率总和仅为 P_{oav} 的 1/3，表明载波（不携带信息）占据了总输出功率的 2/3。从能量使用的角度来看，普通调幅制在传输信号时存在显著的能量浪费现象。特别是考虑到实际调幅波的平均调幅指数仅为 0.3，这意味着大部分能量并未被有效地用于传输信息，而是被无谓地消耗掉了，这成为普通调幅制的一个固有缺点。因此，在现代通信系统中，除了中短波无线电广播系统仍然采用这种调制方式外，其他通信系统都倾向于采用更为高效、能量利用率更高的调制技术。这样不仅能减少能量的浪费，还能提升通信系统的整体性能。

6.2.3 抑制载波的双边带调幅信号和单边带调幅信号

载波无信息承载功能，且传输时消耗大量功率。为提升功率利用效率，减少浪费，需优化传输策略。可以只传输调幅信号的上边频和下边频，而不发送载波本身。这种处理方式被称为抑制载波的双边带调幅（double side band），简称 DSB。通过这种调制方式，我们可以更加高效地利用功率资源，提升通信系统的整体效率。这种信号的数学表达式为

$$u(t) = u_\Omega(t)u_c(t) = U_{\Omega m}\cos\Omega t \cdot U_{cm}\cos\omega_c t$$
$$= \frac{1}{2}U_{\Omega m}U_{cm}\left[\cos(\omega_c+\Omega)t+\cos(\omega_c-\Omega)t\right] \tag{6-2-11}$$

与普通调幅波相比，双边带调幅信号的振幅为 $U_{\Omega m}U_{cm}\cos\Omega t$，普通调幅波高频信号的振幅为 $U_{cm}(1+m_a\cos\Omega t)$，显然，$m_a \leqslant 1$ 的条件下，双边带的振幅 $U_{\Omega m}U_{cm}\cos\Omega t$ 可正可负，而普通调幅波的振幅不可能出现负值。因此单频调制的双边带信号波形如图 6-2-5 所示。双边带（DSB）信号调制时，包络随调制信号波动，但这种波动不再精确、直接映射低频调制信号的原始变化规律。在调制信号的电压过零点，即从一个半周期到另一个半周期的转变点，双边带信号的高频相位会发生一个突然的 180° 相位翻转。这种相位翻转是双边带信号的一个重要特性，反映了调制信号对高频载波相位的调制影响。另外，双边带调幅波和普通调幅波占有相同的频谱宽度为 $2F_{max}$。

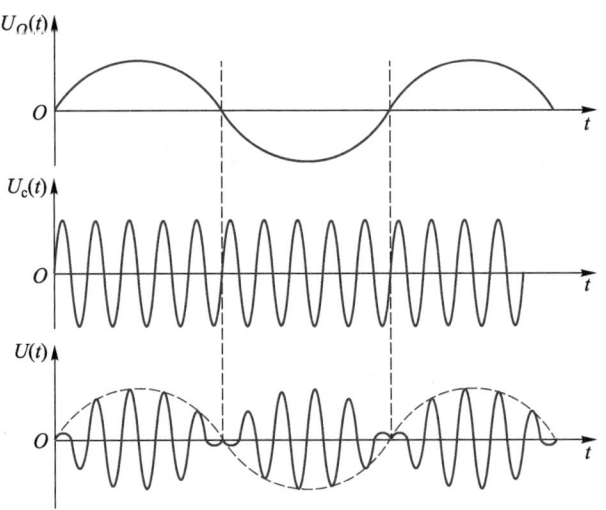

图 6-2-5 单频调制的双边带信号波形

DSB 信号的一大亮点在于其不包含载波成分，确保所有发射功率聚焦于边带，从而完全用于信息传输，显著提升了功率利用效率，相较于传统 AM 技术展现出更高的能效。更进一步，鉴于 DSB 信号的单一边带已足以承载全部调制信息，我们可以灵活选择抑制其中

一边带，仅传输另一边带，即实现单边带调幅（SSB）。这种 SSB 方式在保持信息完整性的同时，有效缩减了带宽占用，促进了频谱资源的高效利用。其数学表示式为

$$u(t) = \frac{1}{2} U_{\Omega m} U_{cm} \cos(\omega_c + \Omega) t \qquad (6-2-12)$$

或

$$u(t) = \frac{1}{2} U_{\Omega m} U_{cm} \cos(\omega_c - \Omega) t \qquad (6-2-13)$$

单边带调幅（SSB）波相较于双边带调幅（DSB）波而言，其频谱宽度显著缩小至后者的一半，这意味着 SSB 在频带资源的使用上更为高效。因此，SSB 在通信系统中被广泛应用。对于单频调制的 SSB 信号，其波形保持了一定的幅度稳定性，但不同于原载波电压，因为它包含了用于信息传输的特征。

6.2.4 振幅调制电路的功能

振幅调制电路的功能是将输入的调制信号和载波信号经过调制电路变换成高频调幅信号输出。

振幅调制电路的功能也可用输入、输出信号的频谱关系来表示。如图 6-2-6 所示是三种调幅电路的输入、输出信号的频谱关系。由图可知三种电路的输入信号都是调制信号和载波信号，其频率分别为 Ω 和 ω_c。而输出信号则不同，普通调幅波调幅电路输出频谱为 ω_c、$\omega_c \pm \Omega$，双边带调幅电路输出频谱为 $\omega_c \pm \Omega$，单边带调幅电路输出频谱为 $\omega_c + \Omega$ 或 $\omega_c - \Omega$。

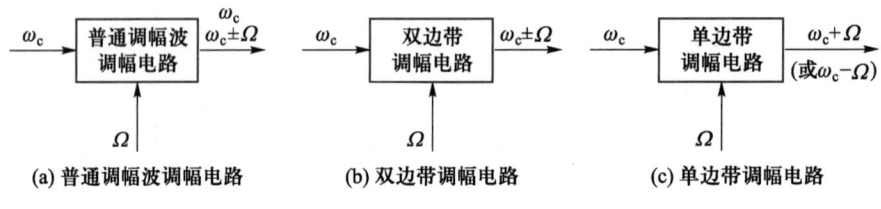

图 6-2-6　三种调幅电路的输入、输出信号的频谱关系

由于调制过程涉及将调制信号的频谱移到载波的两侧，从而形成新的频谱成分，因此需要利用非线性器件来实现。具体来说，上下边频率成分的生成是通过将调制信号与载波信号相乘而实现的。因此，所选用的非线性器件必须具备乘法功能。常见的实用非线性器件包括二极管、场效应管、晶体管等。随着集成电路技术的进步，双差分模拟乘法器已成为一种普遍的解决方案。

6.3　二极管调幅电路

通过将二极管作为主要的非线性元件，并结合输入和输出回路，可以构建出二极管调幅电路。接下来将介绍这个电路的结构和工作原理。

6.3.1 单二极管开关状态调幅电路

在二极管 D 同时受到两个频率不同、振幅差异显著的电压 $u_1(t)$ 和 $u_2(t)$ 作用时，若 $u_2(t)$ 的振幅远大于 $u_1(t)$，则二极管的导通与截止行为几乎完全由 $u_2(t)$ 主导，呈现出一种近似的开关工作模式。图 6-3-1 为单二极管开关状态调幅电路，其中 $u_1(t)$ 作为微弱信号，对二极管 D 的影响微乎其微，而 $u_2(t)$ 作为强信号，决定了二极管的主要工作状态。因此，可以将二极管 D 视为在 $u_2(t)$ 的控制下，进行理想的开关操作。

微视频 6.3
二极管
调幅电路

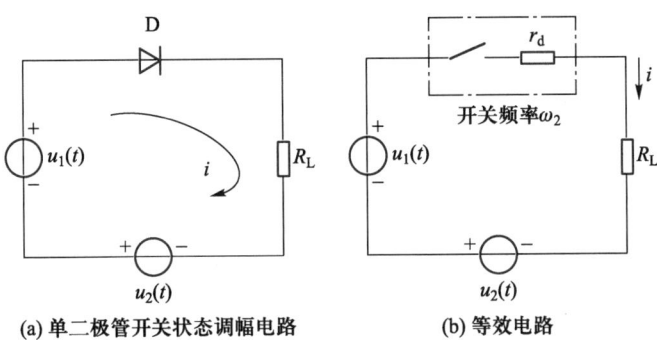

(a) 单二极管开关状态调幅电路　　　　(b) 等效电路

图 6-3-1　单二极管开关状态调幅电路

设

$$u_1(t) = U_{1m}\cos\omega_1 t \tag{6-3-1}$$

$$u_2(t) = U_{2m}\cos\omega_2 t \tag{6-3-2}$$

在 $u_2(t)$ 的正半周，二极管导通，通过负载 R_L 的电流为

$$i = \frac{1}{r_d + R_L}\left[u_1(t) + u_2(t)\right] \tag{6-3-3}$$

其中，在 $u_2(t)$ 的负半周期内，由于二极管 D 处于截止状态，此时其导通电阻 r_d 在电路中相当于开路，因此通过负载的电流为零。电流 i 在这一阶段可以表示为

$$i = \begin{cases} \dfrac{1}{r_d + R_L}\left[u_1(t) + u_2(t)\right] & u_2(t) > 0 \\ 0 & u_2(t) < 0 \end{cases} \tag{6-3-4}$$

若将二极管的开关作用以开关函数式来表示，可得

$$K(\omega t) = \begin{cases} 1 & u_2(t) > 0 \\ 0 & u_2(t) < 0 \end{cases} \tag{6-3-5}$$

则电流可表示成

$$i = \frac{1}{r_d + R_L}K(\omega t)\left[u_1(t) + u_2(t)\right] \tag{6-3-6}$$

鉴于 $u_2(t)$ 是一个周期性信号，开关函数 $K(\omega t)$ 同样展现出周期性，且其周期与 $u_2(t)$

保持一致。图 6-3-2 直观地描绘了开关函数波形，在 $u_2(t)$ 控制下，开关函数 $K(\omega t)$ 以矩形脉冲序列的形式呈现，每个脉冲的振幅均为 1，且这些脉冲的角频率与 $u_2(t)$ 的角频率 ω_2 相匹配。

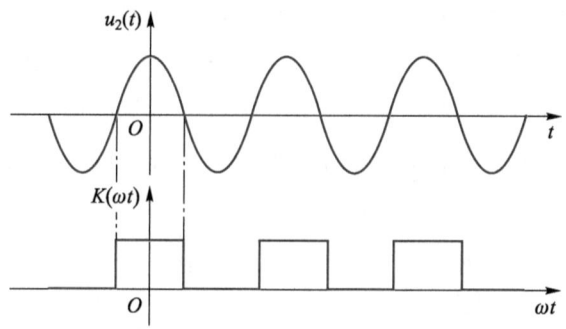

图 6-3-2　开关函数波形

因为 $K(\omega t)$ 是角频率为 ω 的周期函数，故可将其展开为傅里叶级数，用 $K(\omega_2 t)$ 表示。

$$K(\omega_2 t) = \frac{1}{2} + \frac{2}{\pi}\cos\omega_2 t - \frac{2}{3\pi}\cos 3\omega_2 t + \frac{2}{5\pi}\cos 5\omega_2 t - \cdots$$

$$= \frac{1}{2} + \sum_{n=1}^{\infty} \frac{2(-1)^{n+1}}{(2n-1)\pi}\cos(2n-1)\omega_2 t \tag{6-3-7}$$

显然，开关函数 $K(\omega_2 t)$ 的傅里叶展开式中只含直流分量、ω_2 及其奇次谐波分量。

将式（6-3-7）代入式（6-3-6）中可得

$$i = \frac{1}{r_d + R_L}\left[\frac{1}{2} + \sum_{n=1}^{\infty} \frac{2(-1)^{n+1}}{(2n-1)\pi}\cos(2n-1)\omega_2 t\right](U_{1m}\cos\omega_1 t + U_{2m}\cos\omega_2 t)$$

可以看出，电流 i 中包含以下频谱成分：

（1）u_1 和 u_2 的频率成分 ω_1 和 ω_2；

（2）u_1 和 u_2 的和频和差频 $\omega_1 + \omega_2$、$\omega_1 - \omega_2$；

（3）u_1 的频率和 u_2 的各奇次谐波频率的和频和差频，即 $(2n-1)\omega_2 \pm \omega_1$；

（4）u_2 的偶次谐波频率；

（5）直流成分。

高频载波 ω_2 作为信息的载体，被低频调制信号 ω_1 所调制。此过程通过单二极管在开关状态下完成，实现调幅。随后，输出信号经过一个精心设计的带通滤波器，其中心频率设定为 ω_c，且通频带宽度略大于 2Ω，以确保能够传递调制后的关键频率成分。因此，在负载上获得的输出电压主要包含三个频率：载波频率 ω_c 及其两侧边带频率 $\omega_c + \Omega$ 和 $\omega_c - \Omega$，这构成了典型的普通调幅波。综上所述，该电路专门用于生成普通调幅波，利用单二极管的开关状态进行调制。

6.3.2　二极管平衡调幅电路

二极管平衡调幅电路如图 6-3-3 所示。设图中的变压器为理想变压器，其中 Tr_1 的一次、二次匝数比为 $1:1$，Tr_2 的一次、二次匝数比为 $1:2$，Tr_3 的一次、二次匝数比为 $2:1$。在 Tr_2 一次输入调制电压 $u_\Omega(t) = U_{\Omega m}\cos\Omega t$。在 Tr_1 端输入载波电压 $u_c(t) = U_{cm}\cos\omega_c t$。在 U_{cm} 足够大的条件下，二极管 D_1、D_2 均工作于受 $u_c(t)$ 控制的开关状态，其导通电阻为 r_d。

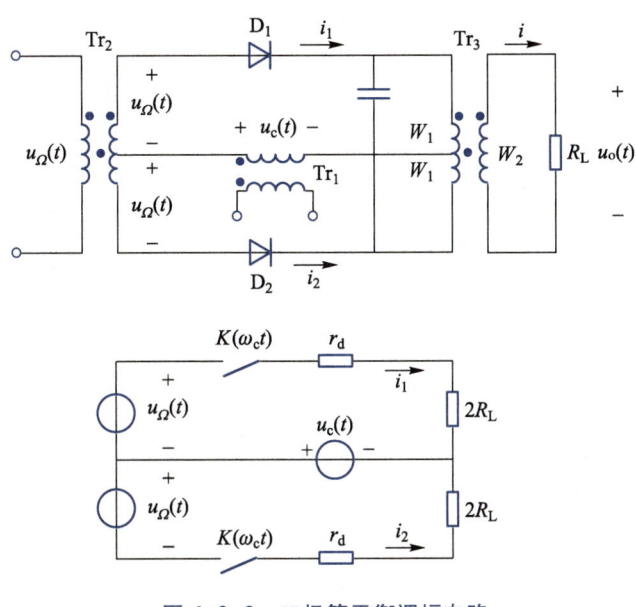

图 6-3-3　二极管平衡调幅电路

　　流过二极管 D_1 的电流标记为 i_1，按如图 6-3-3 所示方向流动；同时，流过二极管 D_2 的电流标记为 i_2，其方向也与图示一致。根据变压器 Tr_3 的一次、二次匝数比为 $2:1$，且一次侧为中心抽头的特定条件，二次负载 R_L 折合到一次等效电阻为 $4R_L$，对应到有中心抽头的每一部分，则为 $2R_L$。在开关模式下，$u_c(t)$ 作为大信号，控制 D_1 和 D_2 的通断。D_1 和 D_2 均在 $u_c(t)$ 的正半周导通，负半周截止，遵循相同的开关规律 $K(\omega_c t)$。因此，电流 i_1 和 i_2 的流动也受这一规律支配，即

$$i_1 = \frac{1}{r_d + 2R_L} K(\omega_c t)\left[u_c(t) + u_\Omega(t)\right] \tag{6-3-8}$$

　　基于变压器 Tr_3 的同名端设定及假设的二次电流 i 流向，i_1 与 i_2 流经 Tr_3 一次侧时方向相反，所以，电流 i 为

$$
\begin{aligned}
i = i_1 - i_2 &= \frac{2u_\Omega(t)}{r_d + 2R_L} K(\omega_c t) \\
&= \frac{2U_{\Omega m}\cos\Omega t}{r_d + 2R_L}\left(\frac{1}{2} + \frac{2}{\pi}\cos\omega_2 t - \frac{2}{3\pi}\cos 3\omega_2 t + \cdots\right) \\
&= \frac{U_{\Omega m}}{r_d + 2R_L}\Bigl[\cos\Omega t + \frac{2}{\pi}\cos(\omega_c + \Omega) + \frac{2}{\pi}\cos(\omega_c - \Omega)t - \\
&\qquad \frac{2}{3\pi}\cos(3\omega_c + \Omega)t - \frac{2}{3\pi}\cos(3\omega_c - \Omega)t + \cdots\Bigr]
\end{aligned} \tag{6-3-9}
$$

由上式可见，i 中包含 Ω、$\omega_c \pm \Omega$、$3\omega_c \pm \Omega$ 等频率分量。由于采用开关状态和平衡抵消的措施，很多不需要的频率分量在 i 中已不存在。通过中心频率为 ω_c、带宽为 2Ω 的带通滤波器滤波，只有 $\omega_c \pm \Omega$ 频率成分的电流流过负载 R_L，在 R_L 上建立双边带调幅波的电压。

6.3.3 环形调制器

环形调制器结构如图 6-3-4（a）所示，其独特之处在于额外增加了两个二极管 D_3 和 D_4，它们的极性分别与 D_1 和 D_2 相反。这种设计确保了当 D_1 和 D_2 处于导通状态时，D_3 和 D_4 则截止；反之亦然。因此，D_3 和 D_4 的接入并不干扰 D_1 和 D_2 的正常工作。基于此，环形调制器可视为由两个平衡调制器组合而成，分别如图 6-3-4（b）和图 6-3-4（c）所示。在图 6-3-4（b）的电路中，二极管 D_1 和 D_2 仅在输入信号 $u_c(t)$ 的正半周期内导通，其导通状态由开关函数 $K(\omega_c t)$ 控制。此时，通过输出负载电阻 R_L 的电流，即为环形调制器在该工作状态下产生的输出电流。

$$i_{\text{I}} = i_1 - i_2 = \frac{2u_\Omega(t)}{2R_L + r_d} K(\omega_c t) \tag{6-3-10}$$

在图 6-3-4（c）的电路中，二极管对在 $u_c(t)$ 的负半周期内导通，由开关函数 $K(\omega_c t - \pi)$ 控制。这一设计使得在负半周期内，有电流通过输出负载 R_L，形成环形调制器在负半周的输出电流

$$i_{\text{II}} = i_4 - i_3 = \frac{2u_\Omega(t)}{2R_L + r_d} K(\omega_c t - \pi) \tag{6-3-11}$$

式中，$K(\omega_c t - \pi) = \dfrac{1}{2} - \dfrac{2}{\pi}\cos\omega_c t + \dfrac{2}{3\pi}\cos 3\omega_c t - \dfrac{2}{5\pi}\cos 5\omega_c t + \cdots$

因此，流过 R_L 的总电流为

$$i = i_{\text{I}} - i_{\text{II}} = \frac{2u_\Omega(t)}{2R_L + r_d}\left[K_1(\omega_c t) - K_1(\omega_c t - \pi) \right]$$

$$= \frac{2U_{\Omega m}\cos\Omega t}{2R_L + r_d}\left(\frac{4}{\pi}\cos\omega_c t - \frac{4}{3\pi}\cos 3\omega_c t + \cdots \right) \tag{6-3-12}$$

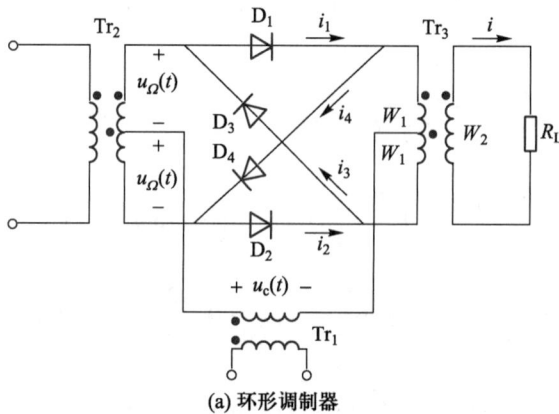

(a) 环形调制器

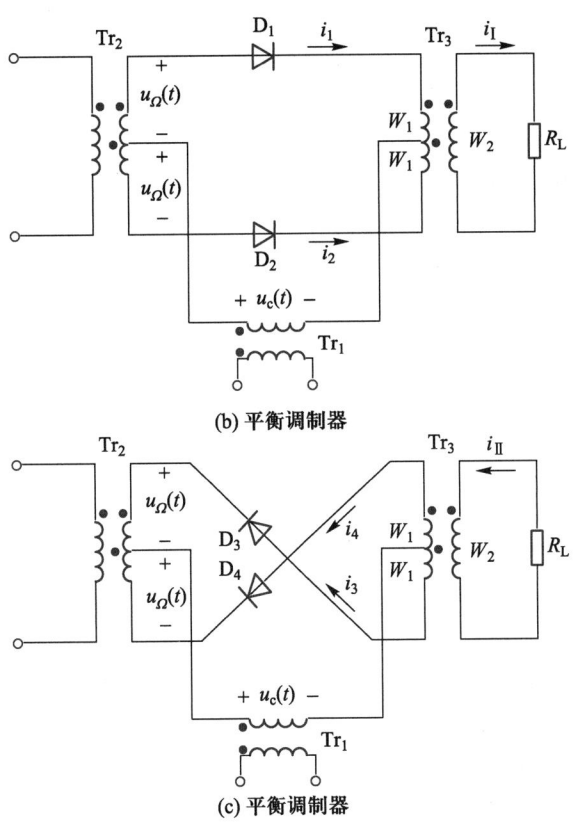

(b) 平衡调制器

(c) 平衡调制器

图 6-3-4　环形调制器

由上式可见，与平衡调制器比较，进一步抵消了 Ω 分量，而且各分量的振幅加倍。通过带通滤波器可取出频率为 $\omega_c \pm \Omega$ 的电流在 R_L 上建立的双边带调幅电压。

【例 6.1】某调幅电路如图 6-3-5 所示，两个二极管伏安特性相同，调制电压 $u_\Omega(t) = U_{\Omega m}\cos(\Omega t)$，载波电压 $u_c(t) = U_{cm}\cos(\omega_c t)$，并且 $\omega_c \gg \Omega$，$U_{cm} \gg U_{\Omega m}$。

（1）这个电路能否实现振幅调制作用？

（2）如果能实现调制，分析其输出电流频谱，如果不能实现振幅调制，写出理由。

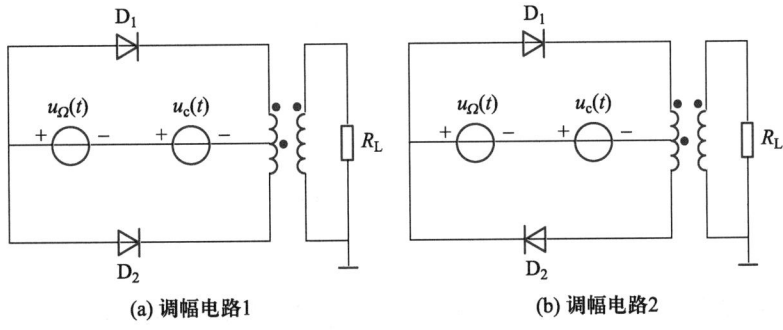

(a) 调幅电路1　　　　　　　　　　(b) 调幅电路2

图 6-3-5　某调幅电路图

解　$i_1 = \dfrac{1}{r_d + 2R_L} K(\omega_c t)[u_c(t) + u_\Omega(t)]$

$i_2 = \dfrac{1}{r_d + 2R_L} K(\omega_c t)[u_c(t) + u_\Omega(t)]$

$i = i_1 - i_2 = 0$　因此（a）不能实现调幅作用。

$i_1 = \dfrac{1}{r_d + 2R_L} K(\omega_c t)[u_c(t) + u_\Omega(t)]$

$i_2 = \dfrac{1}{r_d + 2R_L} K(\omega_c t - \pi)[-u_c(t) - u_\Omega(t)]$

$i = i_1 + i_2 = \dfrac{1}{r_d + 2R_L}[u_c(t) + u_\Omega(t)][K(\omega_c t) - K(\omega_c t - \pi)]$

存在 $\omega_c + \Omega$ 成分，因此（b）可实现调幅作用。■

6.4　晶体管调幅电路

将晶体管作为主要的非线性元件，并结合输入和输出回路，可以构建出晶体管调幅电路。下面将简要介绍这个电路的结构和工作原理。

6.4.1　集电极调幅电路

图 6-4-1 展示了集电极调幅电路，其中低频调制信号 $u_\Omega(t)$ 与丙类放大器的直流电源 V_{CT} 串联，使有效集电极电压 V_{CC} 随调制信号波动。电容器 C' 作为高频旁路，确保高频信号不流经调制变压器二次和 V_{CT}，对高频呈现短路效应，对调制信号则保持开路状态。

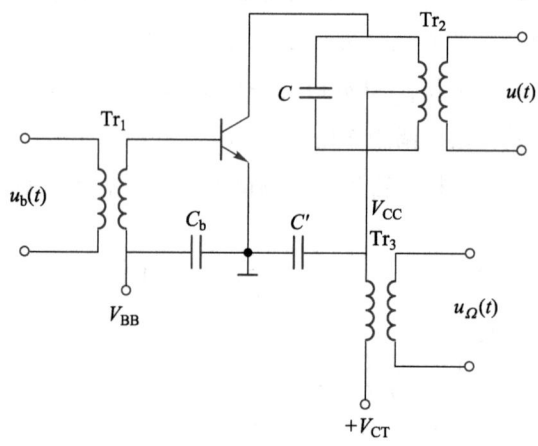

图 6-4-1　集电极调幅电路

在丙类高频功率放大器中，固定基极偏置 V_{BB}、高频激励振幅 U_{Bm} 及集电极阻抗 R_p，仅调整有效集电极电压 V_{CC}，即可改变集电极电流脉冲的幅度。因此，集电极调幅需运行在过压状态，以确保调制效果。

在集电极调制中，即高电平调制，只能生成标准的调幅波形。若希望电路具有高输出功率和高效率，其功率和效率的关系该如何确定呢？

设基极激励信号电压为 $u_B = U_{Bm}\cos\omega_c t$，则基极瞬时电压为 $u_{BC} = V_{BB} + U_{Bm}\cos\omega_c t$，又设集电极调制信号电压为 $u_\Omega(t) = U_{\Omega m}\cos\Omega t$，则集电极有效电源电压为

$$V_{CC} = V_{CT} + U_{\Omega m}\cos\Omega t = V_{CT}(1 + m_a\cos\Omega t) \tag{6-4-1}$$

式中，调幅指数 $m_a = U_{\Omega m}/V_{CT}$。

由此可见，要想得到100%的调幅，则调制信号电压的峰值应等于直流电压 V_{CT}。

在线性调幅时，由集电极有效电源电压 V_{CC} 所供给的集电极电流的直流分量 I_{C0} 和集电极电流的基波分量 I_{C1m} 与 V_{CC} 成正比。理想化静态调幅特性如图6-4-2所示。

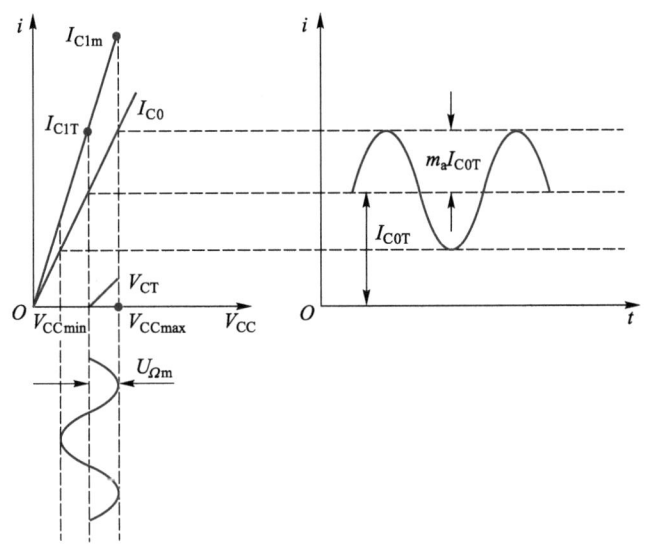

图6-4-2 理想化静态调幅特性

当 $V_{CC} = V_{CT} + U_{\Omega m}\cos\Omega t = V_{CT}(1 + m_a\cos\Omega t)$ 时，则

$$I_{C0} = I_{C0T}(1 + m_a\cos\Omega t) \tag{6-4-2}$$

$$I_{C1m} = I_{C1T}(1 + m_a\cos\Omega t) \tag{6-4-3}$$

在载波状态时，$u_\Omega(t) = 0$。此时 $V_{CC} = V_{CT}$、$I_{C0} = I_{C0T}$、$I_{C1m} = I_{C1T}$。其对应的功率和效率分别为

直流电源 V_{CT} 输入功率 $P_{=T} = V_{CT}I_{C0T}$

载波输出功率 $P_{oT} = \dfrac{1}{2}I_{C1T}^2 R_p$

集电极损耗功率 $P_{CT} = P_{=T} - P_{oT}$

集电极效率 $\eta_{CT} = P_{oT}/P_{=T}$

当处于调幅波峰（最大点）时，电流和电压都达到最大值：

$$V_{\text{CCmax}} = V_{\text{CT}}(1+m_a)$$

$$I_{\text{C0max}} = I_{\text{C0T}}(1+m_a)$$

$$I_{\text{C1max}} = I_{\text{C1T}}(1+m_a)$$

则对应的各项功率和效率为

有效电源输入功率

$$P_{=\text{max}} = V_{\text{CCmax}}I_{\text{C0max}}$$

$$= V_{\text{CT}}(1+m_a) \cdot I_{\text{C0T}}(1+m_a) = P_{=\text{T}}(1+m_a)^2$$

高频输出功率

$$P_{\text{omax}} = \frac{1}{2}I_{\text{C1max}}^2 R_p = \frac{1}{2}I_{\text{C1T}}^2(1+m_a)^2 R_p = P_{\text{oT}}(1+m_a)^2$$

集电极损耗功率

$$P_{\text{Cmax}} = P_{=\text{max}} - P_{\text{omax}} = (P_{=\text{T}} - P_{\text{oT}})(1+m_a)^2 = P_{\text{CT}}(1+m_a)^2$$

集电极效率

$$\eta_{\text{max}} = \frac{P_{\text{omax}}}{P_{=\text{max}}} = \frac{P_{\text{oT}}}{P_{=\text{T}}} = \eta_{\text{CT}}$$

以上各式说明，在调制波峰处所有的功率都是载波状态相应功率的 $(1+m_a)^2$ 倍，集电极效率不变。

在调制信号（音频）一周内的电流与功率的平均值

$$I_{\text{C0av}} = \frac{1}{2\pi}\int_{-\pi}^{\pi} I_{\text{C0}}\,\mathrm{d}(\Omega t) = \frac{1}{2\pi}\int_{-\pi}^{\pi} I_{\text{C0T}}(1+m_a\cos\Omega t)\,\mathrm{d}(\Omega t) = I_{\text{C0T}}$$

可见，在线性调幅过程中，集电极的平均直流电流会保持不变。

由集电极有效电源电压 V_{CC} 供给被调放大器总平均功率为

$$P_{=\text{av}} = \frac{1}{2\pi}\int_{-\pi}^{\pi} V_{\text{CC}}I_{\text{C0}}\,\mathrm{d}(\Omega t)$$

$$= \frac{1}{2\pi}\int_{-\pi}^{\pi} V_{\text{CT}}(1+m_a\cos\Omega t)I_{\text{C0T}}(1+m_a\cos\Omega t)\,\mathrm{d}(\Omega t)$$

$$= V_{\text{CT}}I_{\text{C0T}} + \frac{m_a^2}{2}V_{\text{CT}}I_{\text{C0T}} \tag{6-4-4}$$

$$= P_{=\text{T}}\left(1 + \frac{m_a^2}{2}\right)$$

式中，由集电极直流电源 V_{CT} 所供给的平均功率则为

$$P_= = P_{=\text{T}} = V_{\text{CT}}I_{\text{C0T}} \tag{6-4-5}$$

由调制信号源 $u_\Omega(t)$ 所供给的平均功率为

$$P_\Omega = P_{=\text{av}} - P_= = \frac{m_a^2}{2}V_{\text{CT}}I_{\text{C0T}} = \frac{m_a^2}{2}P_{=\text{T}} \tag{6-4-6}$$

在调制一周期内的平均输出功率为

$$P_{\text{oav}} = \frac{1}{2\pi} \int_{-\pi}^{\pi} I_{\text{C1m}}^2 \frac{1}{2} R_{\text{p}} \mathrm{d}(\Omega t)$$

$$= \frac{1}{2\pi} \int_{-\pi}^{\pi} I_{\text{C1T}}^2 \frac{1}{2} (1 + m_{\text{a}} \cos \Omega t)^2 R_{\text{p}} \mathrm{d}(\Omega t)$$

$$= \frac{1}{2} I_{\text{C1T}}^2 R_{\text{p}} \left(1 + \frac{m_{\text{a}}^2}{2}\right)$$

$$= P_{\text{oT}} \left(1 + \frac{m_{\text{a}}^2}{2}\right)$$

(6-4-7)

在调制信号一周期内平均集电极损耗功率为

$$P_{\text{Cav}} = P_{=\text{av}} - P_{\text{oav}} = (P_{=\text{T}} - P_{\text{oT}}) \left(1 + \frac{m_{\text{a}}^2}{2}\right) = P_{\text{CT}} \left(1 + \frac{m_{\text{a}}^2}{2}\right) \tag{6-4-8}$$

在调制一周内的平均集电极效率则为

$$\eta_{\text{Cav}} = \frac{P_{\text{oav}}}{P_{=\text{av}}} = \frac{P_{\text{oT}} \left(1 + \dfrac{m_{\text{a}}^2}{2}\right)}{P_{=\text{T}} \left(1 + \dfrac{m_{\text{a}}^2}{2}\right)} = \eta_{\text{CT}} \tag{6-4-9}$$

综上所述，可得出如下几点结论：

（1）调制信号周期内，平均功率是载波频率功率的某倍数，具体倍数取决于调制深度。

（2）总输入功率源自 V_{CT} 和 $u_{\Omega}(t)$。V_{CT} 提供直流功率支持载波生成，而 $u_{\Omega}(t)$ 则贡献边带功率所需的平均输入功率 P_{Ω}。

（3）集电极平均损耗功率较载波点损耗增加，增量与 $m_{\text{a}}^2/2$ 成正比。选择晶体管时应确保最大允许功率 P_{Cm} 大于平均损耗功率 P_{Cav}。

（4）调制过程通常维持高效率，确保集电极调幅电路高效运行，但效率稳定性受多种因素影响。

（5）调制信号源 $u_{\Omega}(t)$ 作为功率源，其功率需求随集电极调幅功率增大而增加，是大功率集电极调幅的主要限制因素。

6.4.2　基极调幅电路

图 6-4-3 是基极调幅电路。图中 C_1、C_3 为高频旁路电容；C_2 为低频旁路电容；Tr_1 为高频变压器；Tr_2 为低频变压器；LC 回路谐振于载波频率 ω_{c}，通频带为 $2\Omega_{\max}$。

基极调幅电路通过调整基极偏压 V_{BB}，在丙类功率放大器中，于电源电压 V_{CC}、信号振幅 U_{Bm} 和谐振电阻 R_{p} 恒定的条件下，利用输出电流随 V_{BB} 变化的特性实现调幅。然而，由于集电极电流中直流分量 I_{C0} 与调制分量 I_{C1m} 随 V_{BB} 变化的线性区间有限，导致调制范围受限。这是基极调幅电路的一个显著特点。为了说明基极调幅电路的特点，以下仅通过线性调幅状态下功率和效率的关系进行分析和说明。图 6-4-4 是基极调幅特性。

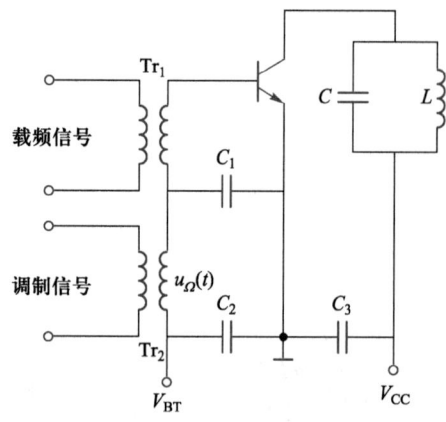

图 6-4-3　基极调幅电路

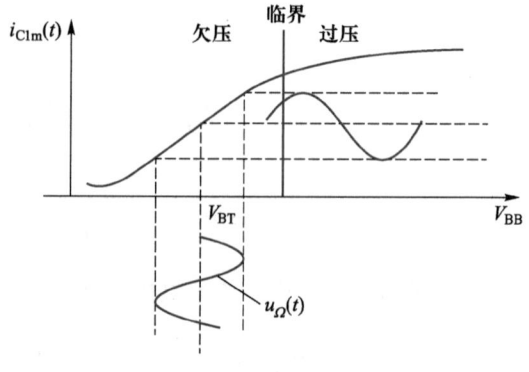

图 6-4-4　基极调幅特性

设在调制电压变化范围内，I_{C0}、I_{C1m} 与 V_{BB} 的关系是线性的，且调制信号 $u_\Omega(t) = U_{\Omega m}\cos\Omega t$，令 $m_a = U_{\Omega m}/V_{BT}$，则

$$V_{BB} = V_{BT} + U_{\Omega m}\cos\Omega t = V_{BT}(1 + m_a\cos\Omega t)$$

$$I_{C0} = I_{C0T}(1 + m_a\cos\Omega t)$$

$$I_{C1} = I_{C1T}(1 + m_a\cos\Omega t)$$

在载波状态时，$u_\Omega(t) = 0$，$V_{BB} = V_{BT}$，$I_{C0} = I_{C0T}$，$I_{C1m} = I_{C1T}$，则载波状态的功率与效率为

直流电源输入功率 $P_{=T} = V_{CC}I_{C0T}$

载波输出功率 $P_{oT} = \dfrac{1}{2}I_{C1T}^2 R_p$

集电极损耗功率 $P_{CT} = P_{=T} - P_{oT}$

集电极效率 $\eta_{CT} = P_{oT}/P_{=T}$

在调制波峰处，$\cos\Omega t = 1$。$V_{BB} = V_{BT}(1 + m_a)$，$I_{C0} = I_{C0T}(1 + m_a)$，$I_{C1m} = I_{C1T}(1 + m_a)$，则

直流电源输入功率 $P_{=max} = V_{CC}I_{C0max} = P_{=T}(1 + m_a)$

高频输出功率 $P_{omax} = \dfrac{1}{2}I_{C1max}^2 R_p = \dfrac{1}{2}I_{C1T}^2(1 + m_a)^2 R_p = P_{oT}(1 + m_a)^2$

集电极效率 $\eta_{max} = P_{omax}/P_{=max} = (1 + m_a)\eta_{CT} > \eta_{CT}$

在调制信号一周内，平均输入功率 $P_{=av}$

$$P_{=av} = \frac{1}{2\pi}\int_{-\pi}^{+\pi} V_{CC}I_{C0}\,\mathrm{d}(\Omega t) = V_{CC}I_{C0T} = P_{=T}$$

平均输出功率 $P_{oav} = (P_{=av} - P_{oav}) < P_{CT}$

集电极平均效率 η_{Cav}

$$\eta_{Cav} = P_{oav}/P_{=av} = \eta_{CT}(1 + m_a^2/2) > \eta_{CT}$$

由以上的讨论可知，基极调幅电路的特点是：

（1）要求工作在欠压状态以实现有效调制；

（2）载波与边带功率均由直流源 V_{CC} 统一供给；

（3）调制期间，电路效率会随调制过程波动；

（4）$P_{Cav}<P_{CT}$，选取晶体管时应按照 $P_{CT}<P_{CM}$ 的条件选取。

6.5　模拟乘法器调幅电路

模拟乘法器是一种电子器件，用于实现两个模拟信号（如电压或电流）的乘法操作。此器件拥有两个输入接口（标记为 x 和 y 输入端）及一个输出接口，构成了一个三端口非线性有源组件。模拟乘法器的电路符号如图 6-5-1 所示。它的传输特性方程为

$$u_o(t)=Ku_x(t)u_y(t) \tag{6-5-1}$$

式中，K 为乘法器的增益系数，单位为 V^{-1}。

模拟乘法器的电路种类多样，用于频率变换的专用模拟乘法器也有多种型号，比如 MC1496、MC1596、XCC、BG314、AD630 等。然而，实际中常见的乘法器往往并非具备理想的相乘特性。因此，在使用过程中，需要根据具体电路情况采取相应的措施，以满足频率变换的需求。

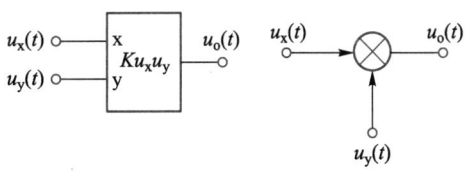

图 6-5-1　模拟乘法器的电路符号

6.5.1　双差分对管振幅调制电路

如图 6-5-2 所示是常用的双差分对管振幅调制电路。它由两个单差分对管电路 T_1、T_2、T_5 和 T_3、T_4、T_6 组合而成。图中，u_1 加在两个单差分对管的输入端，u_2 加在 T_5 和 T_6 的输入端。

首先分析 T_5 和 T_6 组成差分对管的电流电压关系，根据晶体管的特性知

$$i_5=I_S\mathrm{e}^{\frac{q}{kT}u_{BE5}}, \quad i_6=I_S\mathrm{e}^{\frac{q}{kT}u_{BE6}}$$

在每个晶体管的 $\beta\gg1$ 条件下，恒流源 I_0 为

$$I_0=i_5+i_6=i_5(1+i_6/i_5)=i_5(1+\mathrm{e}^{-\frac{q}{kT}u_2})$$

则

$$i_5=I_0/(1+\mathrm{e}^{-\frac{qu_2}{kT}})=\frac{I_0}{2}\left(1+\mathrm{th}\frac{qu_2}{2kT}\right) \tag{6-5-2}$$

$$i_6=I_0/(1+\mathrm{e}^{\frac{qu_2}{kT}})=\frac{I_0}{2}\left(1-\mathrm{th}\frac{qu_2}{2kT}\right) \tag{6-5-3}$$

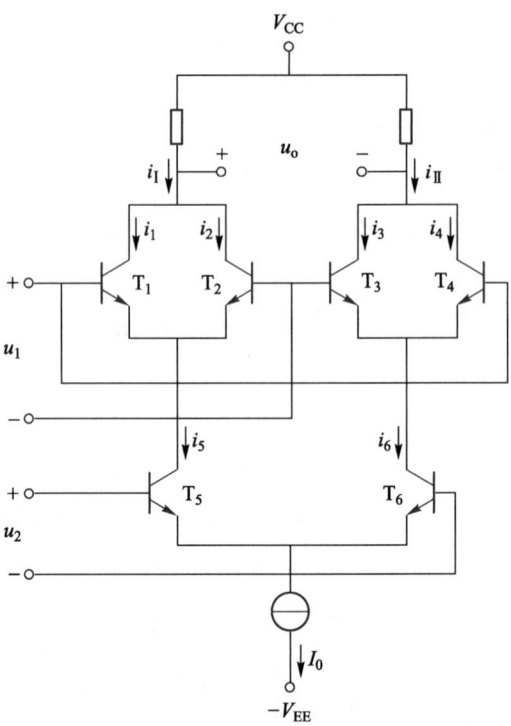

V_{CC}

u_o

i_I $+$ $-$ i_{II}

i_1 i_2 i_3 i_4

T_1 T_2 T_3 T_4

$+$

u_1

$-$

i_5 i_6

$+$

T_5 T_6

u_2

$-$

I_0

$-V_{EE}$

图 6-5-2　双差分对管振幅调制电路

$$i_5 - i_6 = I_0 \operatorname{th} \frac{qu_2}{2kT} \qquad (6\text{-}5\text{-}4)$$

式中，q 为电子电荷；k 为玻尔兹曼常数；T 为热力学温度，$T = 290\,\mathrm{K}$；I_0 为恒流源；u_2 为差模输入电压。

对于 T_1、T_2 和 T_3、T_4 组成的差分对，根据式（6-5-2）和式（6-5-3），可得

$$i_1 = \frac{i_5}{2}\left(1 + \operatorname{th} \frac{qu_1}{2kT}\right), \quad i_2 = \frac{i_5}{2}\left(1 - \operatorname{th} \frac{qu_1}{2kT}\right)$$

$$i_3 = \frac{i_6}{2}\left(1 - \operatorname{th} \frac{qu_1}{2kT}\right), \quad i_4 = \frac{i_6}{2}\left(1 + \operatorname{th} \frac{qu_1}{2kT}\right)$$

当双端输出时，输出电压 u_o 正比于 $i_I - i_{II}$，其中，$i_I = i_1 + i_3$，$i_{II} = i_2 + i_4$。于是输出电流 i 可写成

$$i = i_I - i_{II} = (i_1 + i_3) - (i_2 + i_4) = (i_1 - i_2) - (i_4 - i_3)$$

$$= (i_5 - i_6)\operatorname{th} \frac{qu_1}{2kT} \qquad (6\text{-}5\text{-}5)$$

代入上述各式，可得

$$i = I_0 \operatorname{th} \frac{qu_1}{2kT} \operatorname{th} \frac{qu_2}{2kT} \qquad (6\text{-}5\text{-}6)$$

根据双曲正切函数的性质，当 u_1 和 u_2 都小于 $26\,\mathrm{mV}$ 时，式（6-5-6）可近似为

$$i = I_0 \text{th}\frac{qu_1}{2kT}\text{th}\frac{qu_2}{2kT} = K_M u_1 u_2 \tag{6-5-7}$$

式中，$K_M = I_0\left(\dfrac{q}{2kT}\right)^2$，此外，只有两个输入信号振幅都小于 26 mV 时，才能实现理想相乘，

若将 u_1 用载波电压 $u_c(t) = U_{cm}\cos\omega_c t$ 代替，u_2 用调制电压 $u_\Omega(t) = U_{\Omega m}\cos\Omega t$ 代替，则可实现

双边带调幅。在实际电路中为使输出电压频谱
纯净，仍需接一个中心频率为 ω_c 的带通滤
波器。

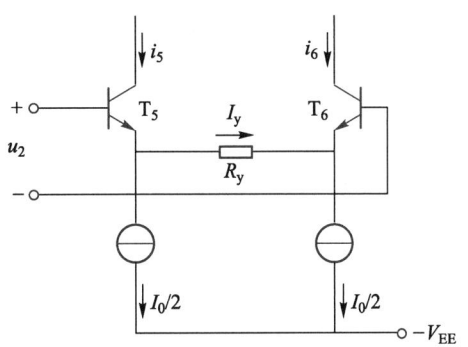

图 6-5-3　引入负反馈的差分对电路

为了增强 u_2 的动态响应能力，一个有效的
策略是在 T_5 与 T_6 的发射极节点间引入一个负反
馈电阻 R_y，同时，将原有的恒流源 I_0 分割为两
个等值的 $I_0/2$ 恒流源进行供给。这种做法在集
成模拟乘法器的设计中颇为常见，旨在优化性
能。图 6-5-3 描绘了这种引入负反馈的差分对
电路，其中 R_y 上的电流被标记为 I_y，流向遵循图示方向。这样的调整有助于拓宽电路的动
态操作区间，提升整体性能。

$$I_y = i_{E5} - \frac{I_0}{2} = i_{E5} - \frac{i_{E5} + i_{E6}}{2} = \frac{i_{E5} - i_{E6}}{2}$$

输入电压 u_2 为

$$u_2 = u_{BE5} + I_y R_y - u_{BE6} = u_{BE5} - u_{BE6} + \frac{(i_{E5} - i_{E6})R_y}{2}$$

因为 $i_{E5} = I_S e^{\frac{q}{kT}u_{BE5}}$，$i_{E6} = I_S e^{\frac{q}{kT}u_{BE6}}$，则

$$u_{BE5} - u_{BE6} = \frac{kT}{q}\ln\frac{i_{E5}}{i_{E6}}$$

所以

$$u_2 = \frac{kT}{q}\ln\frac{i_{E5}}{i_{E6}} + \frac{(i_{E5} - i_{E6})R_y}{2} \tag{6-5-8}$$

当 R_y 足够大，满足深度负反馈条件，即

$$\frac{(i_{E5} - i_{E6})R_y}{2} \gg \frac{kT}{q}\ln\frac{i_{E5}}{i_{E6}}$$

则式（6-5-8）可写成

$$u_2 \approx \frac{(i_{E5} - i_{E6})R_y}{2} \approx \frac{(i_5 - i_6)R_y}{2} \tag{6-5-9}$$

即

$$i_5 - i_6 = \frac{2u_2}{R_y} \tag{6-5-10}$$

代入式（6-5-5），得

$$i = \frac{2}{R_y} u_2 \text{th} \frac{q}{2kT} u_1 \qquad (6\text{-}5\text{-}11)$$

式（6-5-11）说明，当加入负反馈电阻 R_y 后，双差分对模拟乘法器输出电流与 u_1、u_2 的关系。

值得注意的是，因为 $i_{E5}+i_{E6}=I_0$，且 i_{E5}、i_{E6} 均为正值，故 u_2 的最大动态范围为

$$-\frac{I_0}{2} \leq \frac{u_2}{R_y} \leq \frac{I_0}{2} \qquad (6\text{-}5\text{-}12)$$

6.5.2　MC1596G 平衡调幅电路

如图 6-5-4 所示是用模拟乘法器 MC1596G 构成的平衡调幅电路。偏置电阻 R_B 使 $I_0 = 2\,\text{mA}$；R_1 和 R_2 向 7 端和 8 端提供偏压，8 端为交流地电位；51 Ω 电阻为与传输电缆特性阻抗匹配；两个 10 kΩ 电阻与 R_p 构成的电路，用来对载波信号调零。

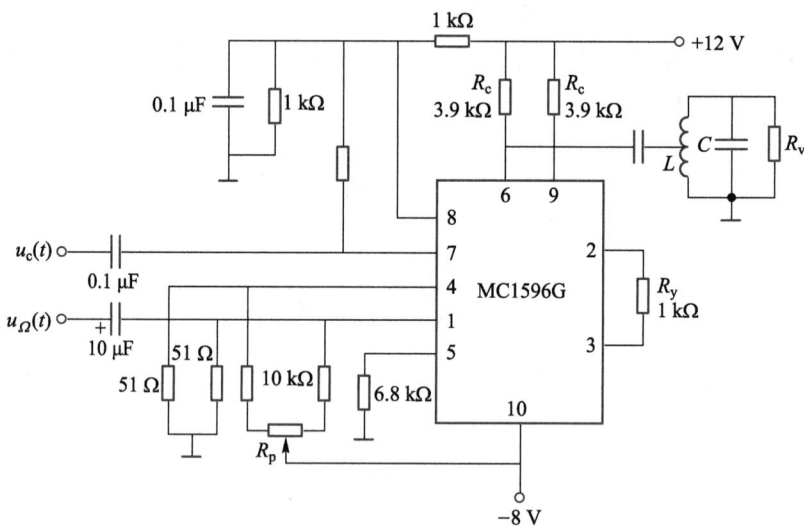

图 6-5-4　MC1596G 平衡调幅电路

载波信号 $u_c(t) = U_{cm}\cos\omega_c t$，在 $U_{cm} \gg 2kT/q$ 的条件下，其行为可近似为开关函数形式：

$$\text{th}\frac{qu_c}{2kT} = \begin{cases} +1 & -\pi/2 < \omega_c t \leq \pi/2 \\ -1 & \pi/2 < \omega_c t \leq 3\pi/2 \end{cases} \qquad (6\text{-}5\text{-}13)$$

上式的傅里叶级数展开式为

$$\text{th}\frac{qu_c}{2kT} = \frac{4}{\pi}\cos\omega_c t - \frac{4}{3\pi}\cos3\omega_c t + \frac{4}{5\pi}\cos5\omega_c t - \cdots \qquad (6\text{-}5\text{-}14)$$

通过在 2 端与 3 端接入反馈电阻 $R_y = 1\,\text{k}\Omega$，我们实现了对输入调制信号 $u_\Omega(t) = U_{\Omega m}\cos\Omega t$ 的线性范围扩展。这一设计使得输出的电流 $i = i_I - i_{II}$，能够按照式（6-5-11）所描述的关系进行精确表达：

$$i = \frac{2}{R_y} u_\Omega \text{th} \frac{q}{2kT} u_c$$

$$= \frac{2}{R_y} U_{\Omega m} \cos\Omega t \left(\frac{4}{\pi}\cos\omega_c t - \frac{4}{3\pi}\cos3\omega_c t + \frac{4}{5\pi}\cos5\omega_c t - \cdots \right) \tag{6-5-15}$$

若在输出端加入一个中心频率为 ω_c、带宽为 2Ω 的带通滤波器，则取出的差值电流为

$$\Delta i = \frac{8}{\pi R_y} U_{\Omega m} \cos\Omega t \cos\omega_c t \tag{6-5-16}$$

显然，经滤波取出的电流分量为双边带信号。

图 6-5-4 展示了采用单端输出方式的电路结构，其中集电极电阻 R_c 用于对电流进行取样。基于这一配置，单端输出时的电压 u_{OM} 可以直接通过集电极电阻上的压降来表示为

$$u_{OM} = \frac{1}{2} i R_c = \frac{R_c}{R_y} u_\Omega \text{th} \frac{q}{2kT} u_c \tag{6-5-17}$$

若带通滤波器带内电压传输系数为 A_{BP}，则信号通过该滤波器后的输出电压将受到 A_{BP} 的调制：

$$u_o = A_{BP} \frac{R_c}{R_y} \frac{4}{\pi} U_{\Omega m} \cos\Omega t \cos\omega_c t \tag{6-5-18}$$

如图 6-5-4 所示电路中，R_p 作为载波调零电位器，用于精确调整 MC1596G 的 4 脚与 1 脚间的直流电位差至零，确保产生的是无载波的双边带调幅信号。若该电位差不为零，则会引入载波分量，导致信号转变为传统调幅波。

这是一个抑制载波的双边带调幅波。

6.6 二极管检波电路

针对接收到的幅度调制信号，接收端需要使用解调电路来还原原始的调制信号。解调电路的构造类似于调制电路，包括输入回路、非线性元件和输出回路。本节重点介绍了利用二极管作为非线性元件的解调电路。

6.6.1 大信号包络检波

大信号包络检波涉及高频输入信号，其振幅超过 $0.5\,\text{V}$。它利用二极管的单向导电性：正向偏置时导通，允许电流通过并为电容 C 充电；反向偏置时截止，此时电容 C 通过电阻 R 缓慢放电。由于信号幅度大且二极管频繁切换状态，可采用折线近似法来简化和分析电路的工作过程。

微视频 6.6
大信号包络检波

1. 大信号检波的工作原理

图 6-6-1 展示的是一个基于大信号检波原理的电路结构，它集成了输入回路、二极管 D 以及一个 RC 低通滤波器作为其核心组成部分。

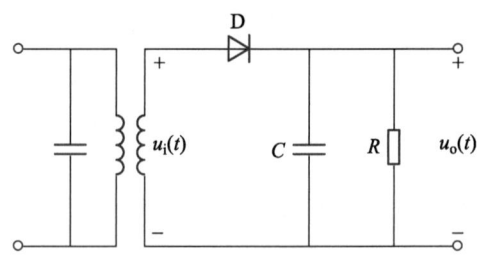

图 6-6-1　基于大信号检波原理的电路结构

当输入信号 $u_i(t)$ 为高频等幅波，电路启动后，由于低通滤波器的电容 C 初态无电压，载波正半周期时二极管导通，高频电压通过二极管迅速为 C 充电（因充电时间常数 $r_d C$ 较小）。随着 C 充电，输出电压 $u_o(t)$ 上升，直至某点 $t=t_1$，当 $u_i(t)$ 与 $u_o(t)$ 相等时，二极管截止。随后，随着 $u_o(t)$ 超过 $u_i(t)$，二极管保持截止，C 通过电阻 R 缓慢放电（因放电时间常数 RC 远大于充电时间常数）。至 $t=t_2$ 时，两者电压再次相等，随后周期性地重复充电-放电过程，直至达到动态平衡。在稳态下，由于二极管正向导通时间短暂且放电时间常数远大于高频周期，输出电压 $u_o(t)$ 的波动极小，呈现为以高频角频率变化的锯齿状等幅波形，输入等幅波时检波过程如图 6-6-2 所示。实际应用中，由于瞬态过程短暂，分析大信号检波时主要聚焦于稳态行为。

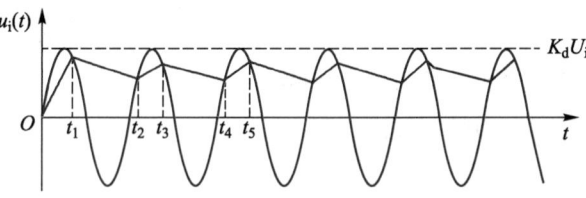

图 6-6-2　输入等幅波时检波过程

在调幅波信号输入下，充放电波形与等幅波输入时相似，但输出电压 $u_o(t)$ 的变化趋势严格跟随输入信号的包络线。这意味着，随着输入调幅波信号包络的起伏，输出电压 $u_o(t)$ 也相应变化，两者形状一致。输入调幅波时检波过程如图 6-6-3 所示。

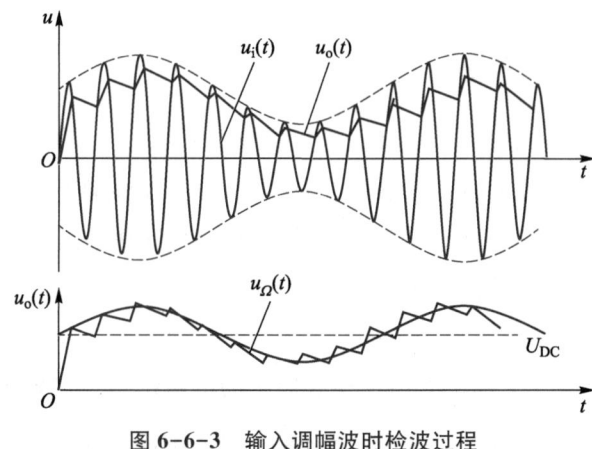

图 6-6-3　输入调幅波时检波过程

2. 大信号检波器的分析

二极管检波器工作时处于非线性状态，其输出电压由滤波电容的充放电过程决定。输出电压会全部反馈到二极管的两端。因此，对于这种电路进行严格的数学分析通常需要解非线性微分方程，这是相当复杂的。一般情况下，可以采用工程近似方法对其稳定状态进行分析。

对于大信号检波，二极管的伏安特性可近似用折线表示，其数学表示式为

$$i_d = \begin{cases} g_d(u_d - U_{BZ}) & u_d \geqslant U_{BZ} \\ 0 & u_d < U_{BZ} \end{cases} \tag{6-6-1}$$

对于输入的大信号而言，U_{BZ} 可以忽略不计，大信号检波二极管伏安特性曲线如图 6-6-4（a）所示，大信号检波电路图如图 6-6-4（b）所示，二极管电压 u_d 为输入 u_i 与输出 u_o 之差，即 $u_d = u_i - u_o$。若输入 u_i 为 $U_{im}\cos\omega_i t$ 形式，则 u_d 同样受此关系影响：

$$u_d = -u_o + U_{im}\cos\omega_i t \tag{6-6-2}$$

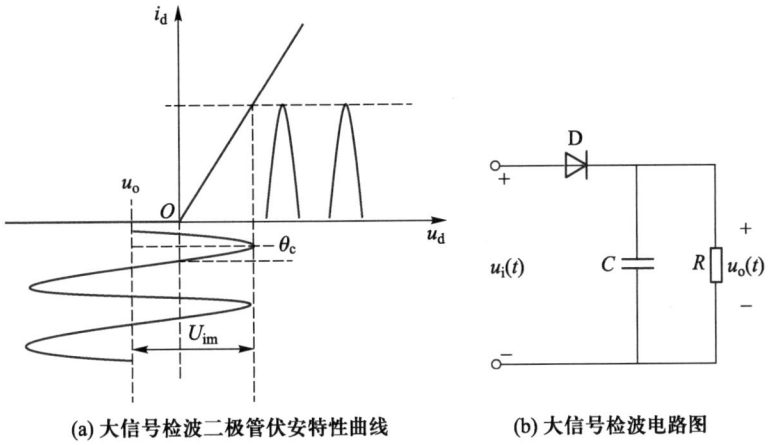

(a) 大信号检波二极管伏安特性曲线　　　　(b) 大信号检波电路图

图 6-6-4　大信号检波原理图

二极管电流 i_d 为 ω_i 频率的周期余弦脉冲，半导通角为 θ_c，最大振幅为 I_{max}。类似高频功率放大器折线分析，i_d 可分解为直流、基波及各谐波分量。

$$i_d = I_0 + I_{1m}\cos\omega_i t + I_{2m}\cos2\omega_i t + \cdots + I_{nm}\cos n\omega_i t$$

直流分量 $I_0 = \alpha_0(\theta_c)I_{max}$，基波振幅 $I_1 = \alpha_1(\theta_c)I_{max}$，$n$ 次谐波振幅 $I_{nm} = \alpha_n(\theta_c)I_{max}$，各分量均受 θ 影响。

$$\text{而}\alpha_0(\theta) = \frac{1}{\pi}\frac{\sin\theta - \theta\cos\theta}{1 - \cos\theta}$$

$$\alpha_1(\theta) = \frac{1}{\pi}\frac{\theta - \sin\theta\cos\theta}{1 - \cos\theta}$$

$$\alpha_n(\theta) = \frac{2}{\pi}\frac{\sin n\theta\cos\theta - n\cos n\theta\sin\theta}{n(n^2-1)(1-\cos\theta)}(n>1)$$

电流分量的特性由电流脉冲的最大值 I_M 和半导通角 θ_c 共同确定，当 $u_d > U_{BZ}$ 时

$$i_d = g_d(-u_o + U_{im}\cos\omega_i t - U_{BZ})\tag{6-6-3}$$

由图 6-6-4 可知，当 $\omega_i t = \theta_c$ 时，$i_d = 0$ 可得

$$g_d(-u_o + U_{im}\cos\theta_c - U_{BZ}) = 0$$

因此

$$\cos\theta_c = \frac{u_o + U_{BZ}}{U_{im}}\tag{6-6-4}$$

当 $\omega_i t = 0$ 时，$i_d = I_{max}$，可得

$$I_{max} = g_d(-u_o + U_{im} - U_{BZ}) = g_d U_{im}\left(1 - \frac{U_{BZ} + u_o}{U_{im}}\right) = g_d U_{im}(1 - \cos\theta_c)\tag{6-6-5}$$

可得

$$I_0 = \frac{1}{\pi r_d} U_{im}(\sin\theta_c - \theta_c\cos\theta_c)\tag{6-6-6}$$

$$I_{1m} = \frac{1}{\pi r_d} U_{im}(\theta_c - \sin\theta_c\cos\theta_c)\tag{6-6-7}$$

式中，r_d 为二极管的导通电阻，$r_d = 1/g_d$，经低通滤波器的输出电压为

$$u_o = I_0 R = = \frac{R}{\pi r_d} U_{im}(\sin\theta_c - \theta_c\cos\theta_c)\tag{6-6-8}$$

将式（6-6-8）除以 $\cos\theta_c$，并将式（6-6-4）代入，得

$$\frac{u_o}{u_o + U_{BZ}} U_{im} = \frac{R}{\pi r_d} U_{im}(\tan\theta_c - \theta_c)\tag{6-6-9}$$

在 $U_{BZ} = 0$ 或 $u_d < U_{BZ}$ 的条件下，式（6-6-9）可写成

$$\tan\theta_c - \theta_c = \frac{\pi r_d}{R}\tag{6-6-10}$$

在 θ_c 很小的条件下，（$\theta < \pi/6\,\mathrm{rad}$），$\tan\theta_c$ 可展开成级数

$$\tan\theta_c = \theta_c + \frac{1}{3}\theta_c^3 + \frac{2}{15}\theta_c^5 + \cdots\tag{6-6-11}$$

忽略高次项，代入式（6-6-10）中，可得

$$\theta_c \approx \sqrt[3]{\frac{3\pi r_d}{R}}\,\mathrm{rad}\tag{6-6-12}$$

由式（6-6-12）可知，在 $U_{BZ} = 0$，$\theta_c < \pi/6\,\mathrm{rad}$ 的条件下，半导通角 θ_c 仅受检波器电路参数 r_d 和 R 的影响，与输入高频信号振幅 U_{im} 无关，确定电路后，θ_c 对输入波形类型（等幅或调幅）保持不变。

在此应说明的是，检波二极管的导通电阻 r_d 通常比负载电阻 R 要小很多，$\theta_c < \pi/6\,\mathrm{rad}$

的条件是容易满足的。而 $U_{BZ}=0$ 的条件，可以采用给检波电路加固定偏压的方法来获得。图 6-6-5 给出了加固定偏压的检波电路。

由式（6-6-4）可得，输入电压为高频等幅波时的检波输出电压为

$$u_o = u_{im}\cos\theta_c - U_{BZ} = u_{im}\cos\theta_c \quad (6-6-13)$$

对于调幅波输入 $u_i = U_{im}(1+m_a\cos\Omega t)\cos\omega_i t$，高频周期内 Ω 导致的振幅变化可视为恒定，代入式（6-6-13），则检波输出电压为

$$u_o = U_{im}(1+m_a\cos\Omega t)\cos\theta_c \quad (6-6-14)$$

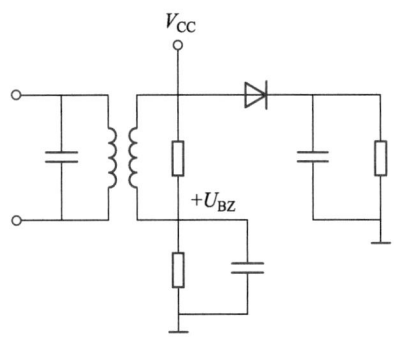

图 6-6-5　加固定偏压的检波电路

3. 大信号检波器的技术指标

（1）电压传输系数

若输入电压为 $u_i = U_{im}\cos\omega_i t$ 的等幅波时，则检波器的输出电压 $u_i = U_{im}\cos\theta_c$。根据输入为等幅波时电压传输系数的定义，则

$$K_d = \frac{U_{im}\cos\theta_c}{U_{im}} = \cos\theta_c \quad (6-6-15)$$

若输入电压为 $u_i = U_{im}(1+m_a\cos\Omega t)\cos\omega_i t$ 的调幅波，检波器的输出电压 $u_o = U_{im}(1+m_a\cos\Omega t)\cos\theta_c$。根据调幅波的电压传输系数的定义，可得

$$K_d = \frac{U_{im}m_a\cos\theta_c}{U_{im}m_a} = \cos\theta_c \quad (6-6-16)$$

（2）等效输入电阻 R_{id}

检波器通常被用作前级电路的负载，因此其等效输入电阻会对前级电路的特性产生影响。举例来说，若检波器前级为调谐放大器，检波器等效输入电阻将作为调谐放大器的负载，从而影响调谐回路的品质因数 Q_L。这意味着放大器的电压增益和通频带将与检波器的输入电阻相关。因此，必须探讨影响检波器等效输入电阻由哪些量来决定。

等效输入电阻可定义为输入高频电压振幅与流经检波二极管时基波高频电流振幅的比值。即

$$R_{id} = \frac{U_{im}}{I_{1m}} \quad (6-6-17)$$

由电流余弦脉冲分解公式，可得电流脉冲中的基波分量振幅为

$$I_{1m} = I_{max}\alpha_1(\theta) = \frac{1}{\pi r_d}U_{im}(\theta_c - \sin\theta_c\cos\theta_c)$$

所以

$$R_{id} = \frac{U_{im}}{I_{1m}} = \frac{\pi r_d}{\theta_c - \sin\theta_c\cos\theta_c} \quad (6-6-18)$$

将式（6-6-10）代入式（6-6-18）得

$$R_{id} = \frac{\tan\theta_c - \theta_c}{\theta_c - \sin\theta_c \cos\theta_c} R \qquad (6\text{-}6\text{-}19)$$

将 $\tan\theta$、$\sin\theta$、$\cos\theta$ 分别展开成级数：

$$\tan\theta = \theta + \frac{1}{3}\theta^3 + \frac{2}{15}\theta^5 + \cdots$$

$$\cos\theta = 1 - \frac{1}{2!}\theta^2 + \frac{1}{4!}\theta^4 - \cdots$$

$$\sin\theta = \theta - \frac{1}{3!}\theta^3 + \frac{1}{5!}\theta^5 - \cdots$$

并代入式（6-6-19），通常 θ_c 很小，可忽略高次项，可得

$$R_{id} = \frac{\left(\theta_c + \frac{1}{3}\theta_c^3\right) - \theta_c}{\theta_c - \left(\theta_c - \frac{1}{3!}\theta_c^3\right)\left(1 - \frac{1}{2!}\theta_c^2\right)} R = \frac{\frac{1}{3}\theta_c^3}{\frac{1}{3!}\theta_c^3 + \frac{1}{2!}\theta_c^3} R = \frac{1}{2} R \qquad (6\text{-}6\text{-}20)$$

（3）失真

检波器在实现对调幅信号进行解调时，为了取出原调制频率 Ω，通常要有隔直电容 C_c 作为耦合电容与下级输入电阻 R_L 相连接，在 R_L 上即可取出所需的调制信号。如图 6-6-6 所示为一个考虑耦合电容 C_c 的检波电路。

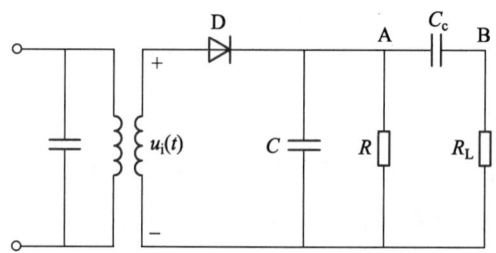

图 6-6-6　考虑耦合电容的检波电路

检波器的失真可分频率失真、非线性失真、惯性失真和负峰切割失真。

① 频率失真

对于 $\Omega_{min} \sim \Omega_{max}$ 调制频率的调幅波输入，检波器 A 点含直流与 $\Omega_{min} \sim \Omega_{max}$ 频率，B 点仅含 $\Omega_{min} \sim \Omega_{max}$。RC 低通滤波器通过电容 C 滤除载波，需满足特定条件以有效滤除高频分量，为此应满足

$$\frac{1}{\omega_i C} \ll R \qquad (6\text{-}6\text{-}21)$$

若 C 值过大，对 Ω_{max} 而言，其容抗会旁路部分信号，且不同 Ω 的旁路效果各异，导致频率失真。为避免此现象，需确保 C 的容抗对 Ω_{max} 不产生显著旁路效应，为此应满足

$$\frac{1}{\Omega_{max} C} \gg R \qquad (6\text{-}6\text{-}22)$$

C_c 容抗影响 Ω_{min} 输出电压，导致 $\Omega_{min} \sim \Omega_{max}$ 间电压降不同，B 点电压出现频率失真。为避免失真，需确保 C_c 在 Ω_{min} 时电压降极小，必须满足

$$\frac{1}{\Omega_{min}C} \ll R_L \qquad (6\text{-}6\text{-}23)$$

② 非线性失真

实际二极管的伏安特性在起始部分呈现出一定的弯曲，但在分析大信号检波器时，我们通常采用折线来近似表示。根据伏安特性，当电压较小时，电流的变化比较缓慢，而当电压较大时，电流增加得更快。因此，当检波器输入为调幅波时，调幅波包络的正半周会导致较大的电流变化，从而产生较大的检波器输出电压；而在调幅波包络的负半周，二极管的电流变化速度较慢，单位输入电压引起的电流变化小，检波输出电压小，这样就造成了检波器输出电压正、负半周的不对称。这种波形的不对称是由于二极管的伏安特性非线性引起的信号失真。

检波器的输出电压实为二极管反向偏置电压，它形成负反馈机制：高输出增强反馈，抑制电压上升；低输出时反馈减弱，电压变化较自由。此反向偏压有效约束了二极管电流的变动区间，显著降低了非线性失真。检波器的负载电阻增大，则反向偏压增强，进一步抑制非线性失真。因此，在大信号应用中，二极管检波器的失真通常维持在较低水平。

③ 惰性失真

RC 低通滤波器在检波器中作用显著，R 值增大时，检波器电压传输系数 K_d 提升，等效输入电阻 R_{id} 也增大，有助于减小非线性失真。然而，R 的增大也导致 RC 时间常数上升，可能引发惰性失真问题。因此，需权衡 R 的选择以平衡失真与响应时间。

大信号检波器是利用二极管单向导电性和电容 C 的充电放电来实现的。在正常情况下，在高频电压一周内，二极管导通一次。导通时，电容 C 经二极管内阻 r_d 被充电。截止时，电容 C 通过负载电阻 R 放电。充放电过程所产生的锯齿波，其平均值与高频信号电压的包络一致。

惰性失真如图 6-6-7 所示，二极管导通时对电容 C 充电。因为充电时间常数 $r_d C$ 较小，充电快。二极管截止时电容 C 通过 R 放电。RC 值过大，电容放电迟缓，使电容电压

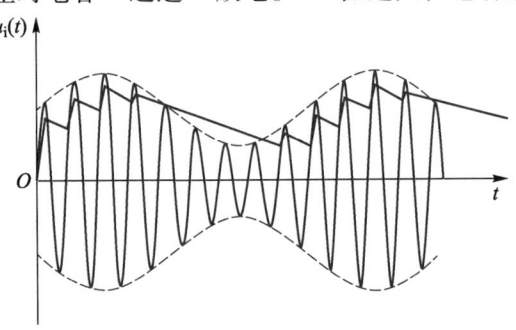

图 6-6-7　惰性失真

长期高于输入电压，迫使二极管持续截止。这导致输出电压滞后于输入变化，引发惰性失真，即输出无法紧跟输入波动。唯有输入振幅超越输出时，二极管方再导通。惰性失真根源在于电容放电缓慢，输出难以捕捉输入瞬变。反之，若电容电压变化快于调幅波振幅变动，惰性失真则可避免。即

$$\left| \frac{\mathrm{d}u_C}{\mathrm{d}t} \right| \geqslant \left| \frac{\mathrm{d}U'_{\mathrm{im}}}{\mathrm{d}t} \right|$$

设输入高频调幅波为 $u_\mathrm{i} = U_{\mathrm{im}}(1 + m_\mathrm{a}\cos\Omega t)\cos\omega_\mathrm{i}t$，其振幅为 $U'_{\mathrm{im}} = U_{\mathrm{im}}(1 + m_\mathrm{a}\cos\Omega t)$。振幅变化速度为

$$\left| \frac{\mathrm{d}U'_{\mathrm{im}}}{\mathrm{d}t} \right| = m_\mathrm{a}\Omega U_{\mathrm{im}}\sin\Omega t \tag{6-6-24}$$

电容器 C 通过电阻 R 放电，放电时通过 C 的电流为

$$i_C = C\frac{\mathrm{d}u_C}{\mathrm{d}t}$$

通过 R 的电流为

$$i_R = \frac{u_C}{R}$$

因为 $i_C = i_R$，即

$$C\frac{\mathrm{d}u_C}{\mathrm{d}t} = \frac{u_C}{R}$$

所以

$$\frac{\mathrm{d}u_C}{\mathrm{d}t} = \frac{u_C}{RC} \tag{6-6-25}$$

设大信号检波器的电压传输系数 $K_\mathrm{d} \approx 1$，则

$$u_C = U_{\mathrm{im}}(1 + m_\mathrm{a}\cos\Omega t)K_\mathrm{d} = U_{\mathrm{im}}(1 + m_\mathrm{a}\cos\Omega t)$$

代入式（6-6-25）可得

$$\frac{\mathrm{d}u_C}{\mathrm{d}t} = \frac{U_{\mathrm{im}}}{RC}(1 + m_\mathrm{a}\cos\Omega t) \tag{6-6-26}$$

不产生惰性失真的条件为

$$\left| \frac{\mathrm{d}u_C}{\mathrm{d}t} \right| \geqslant \left| \frac{\mathrm{d}U'_{\mathrm{im}}}{\mathrm{d}t} \right|$$

令 $A = \left| \dfrac{\mathrm{d}U'_{\mathrm{im}}}{\mathrm{d}t} \right| \Big/ \left| \dfrac{\mathrm{d}u_C}{\mathrm{d}t} \right|$，则不产生惰性失真的条件为 $A \leqslant 1$。

将式（6-6-24）和式（6-6-26）代入 A 的表达式，得

$$A = RC\Omega \left| \frac{m_\mathrm{a}\sin\Omega t}{1 + m_\mathrm{a}\cos\Omega t} \right|$$

因为 A 是 t 的函数，只有 $A_{\max} \le 1$，为了确保不出现惰性失真，我们需要计算 A 对 t 的导数 dA/dt，并找到使得该导数等于 0 的条件或范围，可以求得

$$A_{\max} = RC\Omega \frac{m_{\mathrm{a}}}{\sqrt{1-m_{\mathrm{a}}^2}} \qquad (6\text{-}6\text{-}27)$$

式中 Ω 为调幅信号中的调制信号的角频率。

因此，不产生惰性失真的条件是

$$RC\Omega \frac{m_{\mathrm{a}}}{\sqrt{1-m_{\mathrm{a}}^2}} \le 1 \qquad (6\text{-}6\text{-}28)$$

若调幅波为多频调制，其调制信号的角频率为 $\Omega_{\min} \sim \Omega_{\max}$，则不产生惰性失真的条件是

$$RC\Omega_{\max} \frac{m_{\mathrm{a}}}{\sqrt{1-m_{\mathrm{a}}^2}} \le 1 \qquad (6\text{-}6\text{-}29)$$

$$RC\Omega_{\max} \le \frac{\sqrt{1-m_{\mathrm{a}}^2}}{m_{\mathrm{a}}} \qquad (6\text{-}6\text{-}30)$$

④ 负峰切割失真

为了将调制信号 Ω 传送到下级负载 R_{L} 上，采用隔直耦合电容 C_{c} 来实现，其电路如图 6-6-6所示。当输入电压为调幅波 $u_{\mathrm{i}} = U_{\mathrm{im}}(1+m_{\mathrm{a}}\cos\Omega t)\cos\omega_{\mathrm{i}} t$ 时，检波器输出 $u_{\mathrm{A}} = U_{\mathrm{im}}(1+m_{\mathrm{a}}\cos\Omega t)\cos\theta$，而 $u_{\mathrm{B}} = m_{\mathrm{a}}U_{\mathrm{im}}\cos\Omega t\cos\theta$，在电容 C_{c} 上建立电压为直流 $U_{\mathrm{im}}\cos\theta$。因为 C_{c} 的电容量大，其上电压可认为在 Ω 一周内保持不变。这个电压再通过 R 和 R_{L} 的分压，将会在电阻 R 上建立分压 U_R。这个电压对二极管 D 来说是反向偏压。若输入调幅信号在振幅低谷时，其电压值低于二极管的截止电压 U_R，则二极管 D 会停止导电，导致输出电压波形在底部出现削平现象。图 6-6-8 是其波形图，通常称其为负峰切割失真。

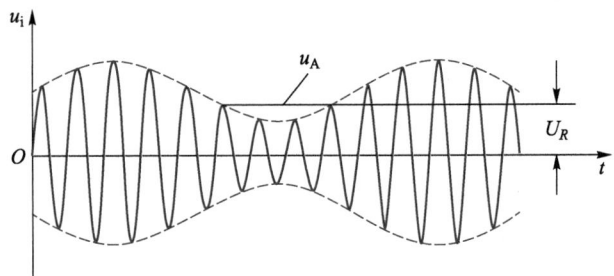

图 6-6-8　负峰切割失真波形

由上述讨论可见，不产生负峰切割失真的条件是输入调幅波的振幅的最小值必须大于或等于 U_R。假设 $K_{\mathrm{d}} = \cos\theta = 1$，即

$$U_{\mathrm{im}}(1-m_{\mathrm{a}}) \ge U_R = \frac{R}{R+R_{\mathrm{L}}}U_{\mathrm{im}}$$

可得

$$m_{\mathrm{a}} \leqslant \frac{R_{\mathrm{L}}}{R+R_{\mathrm{L}}} = \frac{R_\Omega}{R} \qquad (6\text{-}6\text{-}31)$$

其中，$R_\Omega = R_{\mathrm{L}}R/(R+R_{\mathrm{L}})$。

由式（6-6-31）可见，当 m_{a} 一定时，R_Ω 越接近于 R，负峰切割失真越不易产生，而提高 R_Ω 需要提高 R_{L}。在实际应用中，为了提高 R_{L}，可在检波器和下级放大器之间插入一级射极跟随器，另外还可以将直流负载电阻 R 分成两部分再与下级连接。减小交直流负载差别的检波电路如图 6-6-9 所示。

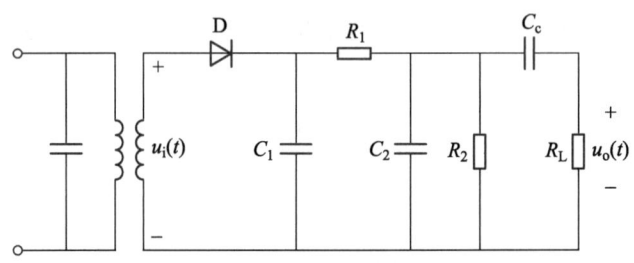

图 6-6-9　减小交直流负载差别的检波电路

电路中直流负载电阻与交流负载电阻分别为

$$R = R_1 + R_2$$

$$R_\Omega = R_1 + R_{\mathrm{L}}R_2/(R_2 + R_{\mathrm{L}})$$

显然，当 R 一定时，R_1 越大则交、直流负载电阻差别就越小，负峰切割失真也就不易产生。但是由于 R_1、R_2 的分压作用，使有用的输出电压也减小了。因此应兼顾二者，通常取 $R_1 = (0.1 \sim 0.2)R_2$。

为了提高检波器的高频滤波能力，进一步滤去高频分量，在电路中的 R_2 上并接了电容 C_2。滤波电路的时间常数为

$$RC = (R_1 + R_2)C_1 + R_2C_2$$

通常取 $C_1 = C_2$。

6.6.2　小信号包络检波

小信号检波技术，适用于高频输入信号振幅很小（不超过 0.2 V）的情况，它巧妙利用二极管的非线性伏安特性曲线之弯曲段，执行频率至电压的转换，随后借助低通滤波器完成检波任务。此技术广泛称为平方律检波法。

1. 小信号检波的工作原理

图 6-6-10 展示的是小信号二极管检波器的核心电路结构。由于输入信号较小，需额外施加偏置电压 V_{Q}，以确保二极管在静态时工作于其伏安特性曲线弯曲段的 Q 点，从而优化检波效果。

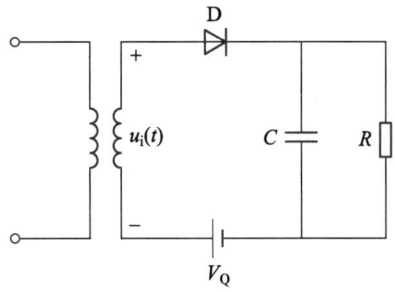

图 6-6-10　小信号二极管检波器的核心电路结构

　　输入为对称调幅信号时，二极管电流 i_d 因非线性伏安特性而呈现非对称失真形态，输入为小信号调幅信号时的工作过程如图 6-6-11 所示。此失真过程产生了额外的频率分量，其中涵盖了原调制信号 Ω 的电流成分 I_Ω。通过后续滤波处理，这些频率分量被筛选，最终还原出原始的调制信号。

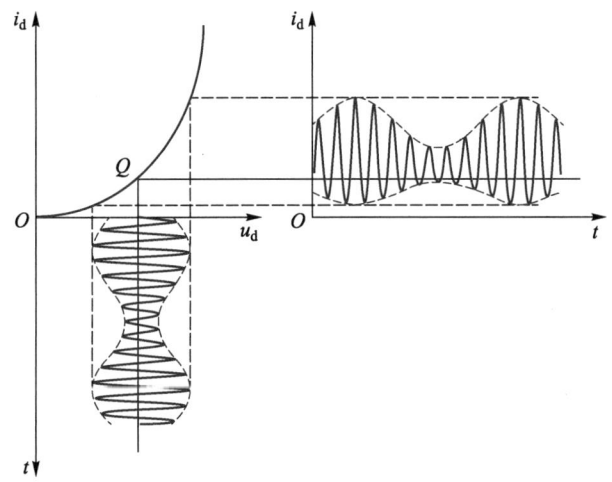

图 6-6-11　输入为小信号调幅信号时的工作过程

2. 小信号检波器的分析

　　二极管的伏安特性在工作点 Q 附近，可用泰勒级数展开，即

$$i_d = b_0 + b_1(u_d - V_Q) + b_2(u_d - V_Q)^2 + b_3(u_d - V_Q)^3 + \cdots \tag{6-6-32}$$

　　鉴于二极管小信号检波器的输出电压十分微弱，其反馈至输入端的反向影响可视为微乎其微，因此在实际分析中常予以忽略不计，因此可得

$$u_d = u_i + V_Q$$

则 $i_d = b_0 + b_1 u_i + b_2 u_i^2 + b_3 u_i^3 + \cdots$

　　当 u_i 较小时，可忽略其高次项，可得

$$i_d = b_0 + b_1 u_i + b_2 u_i^2 \tag{6-6-33}$$

式中，$b_0 = I_Q$ 为二极管偏置电流；b_1 和 b_2 为工作点处泰勒级数的展开式系数。

　　当输入为等幅波 $u_i = U_{im}\cos\omega_i t$ 时，得

$$i_d = I_Q + b_1 U_{im}\cos\omega_i t + b_2 U_{im}^2 \cos^2\omega_i t$$

$$= I_Q + b_1 U_{im}\cos\omega_i t + \frac{1}{2}b_2 U_{im}^2(1+\cos 2\omega_i t) \tag{6-6-34}$$

经过低通滤波器的处理，我们提取出了直流电流增量 $b_2 U_{im}^2/2$，这一增量直接体现了二极管在检波过程中的作用效果。同时，也获得了输出电压的相应增量 $b_2 U_{im}^2 R/2$，这一增量与二极管的检波性能紧密相关。

当输入信号为调幅波形式，即 $u_i = U_{im}(1+m_a\cos\Omega t)\cos\omega_i t$，且载波频率 ω_i 远大于调制频率 Ω 时，可近似认为在一个载波周期内，$U_{im}(1+m_a\cos\Omega t)$ 的值相对稳定，记为 U'_{im}。在此条件下，检波器的输出电压增量主要由这一稳定值决定。

$$\frac{1}{2}b_2 U'^2_{im}R = \frac{1}{2}b_2 R U_{im}^2(1+m_a\cos\Omega t)^2$$

$$= \frac{1}{2}b_2 R U_{im}^2 + \frac{1}{4}b_2 R m_a^2 U_{im}^2 + b_2 m_a R U_{im}^2\cos\Omega t + \frac{1}{4}b_2 R m_a^2 U_{im}^2\cos 2\Omega t$$

随后，该电压增量通过电容 C_c 进行隔直耦合，并在电阻 R 上产生电压：

$$b_2 m_a R U_{im}^2\cos\Omega t + \frac{1}{4}b_2 R m_a^2 U_{im}^2\cos 2\Omega t$$

分析此电压时，我们发现除了包含调制频率 Ω 的分量外，还出现了 2Ω 的频率成分，这标志着信号在检波过程中产生了非线性失真，即原始信号的波形在转换过程中发生了形状上的改变。

3. 小信号检波器的主要技术指标

输入为等幅波时，小信号检波器的电压传输系数为

$$K_d = \frac{\frac{1}{2}b_2 U_{im}^2 R}{U_{im}} = \frac{1}{2}b_2 U_{im}R \tag{6-6-35}$$

而输入为调幅波时，小信号检波器的电压传输系数为

$$K_d = \frac{b_2 m_a U_{im}^2 R}{m_a U_{im}} = b_2 U_{im}R \tag{6-6-36}$$

上述公式揭示了小信号检波器的电压传输系数 K_d 并非固定值，而是随着输入高频电压振幅的增大而线性增加，呈现出一种正比关系。当输入高频电压振幅 U_{im} 很小时，电压传输系数 K_d 也很小，即检波效率很低，这是小信号检波器的缺点。

在小信号检波器的应用场景中，鉴于负载端电压降的微小性，加之二极管始终维持导通状态，我们可以合理地将检波器的等效输入电阻简化为二极管的导通电阻 r_d，这一近似处理能够有效地反映检波器的电气特性。

小信号检波器的非线性失真系数为

$$K_f = \frac{\sqrt{U_{2\Omega m}^2 + U_{3\Omega m}^2 + \cdots}}{U_{\Omega m}} = \frac{\frac{1}{4}b_2 m_a^2 U_{im}^2}{b_2 m_a U_{im}^2} = \frac{1}{4}m_a$$

可见，调制系数 m_a 越大，则 K_f 越大，失真越严重。非线性失真大是小信号检波器的又一个缺点。

鉴于小信号检波器的输出电压与输入信号振幅的平方之间存在的正比关系，该检波器常被应用于信号功率的测量中，成为评估信号强度的一种有效手段。

6.7 同步检波器

同步检波器，作为解调工具，专注于还原被抑制的双边带或单边带信号。其核心特性在于依赖一个外部施加的电压，该电压的频率与相位需精确匹配于被抑制载波，以确保解调过程的准确性。正因如此，它被命名为"同步检波器"，恰如其分地体现了其对外部同步信号的高度依赖。

外加载波信号电压融入同步检波器的过程可采用两种方式：一是直接将该信号与接收到的信号在检波环节相乘，随后通过低通滤波器处理，以恢复原始的调制信号，如图 6-7-1（a）所示；另一种则是将外加载波信号与接收信号相加，随后利用包络检波器提取信号的包络，进而获取原始的调制信息，其流程如图 6-7-1（b）所示。

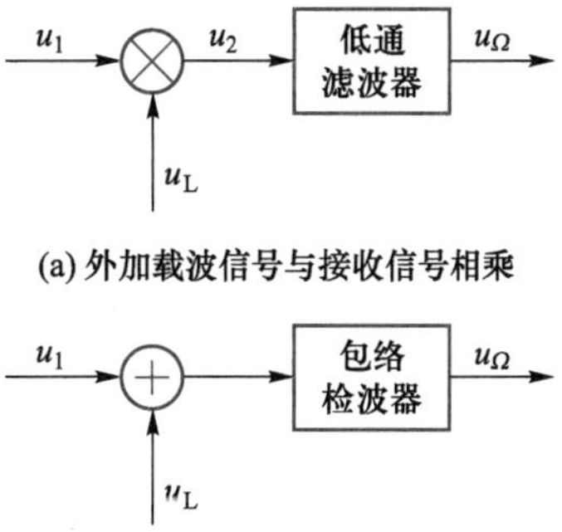

接下来，我们聚焦于图 6-7-1（a）中所示的乘积检波器进行分析。假定输入的调制信号为双边带形式，且其中的载波分量已被抑制，记作 u_1，即

$$u_1 = U_{1m}\cos\Omega t\cos\omega_1 t \tag{6-7-1}$$

本地载波电压为

$$u_L = U_{Lm}\cos(\omega_0 t+\varphi) \tag{6-7-2}$$

(a) 外加载波信号与接收信号相乘

(b) 外加载波信号与接收信号相加

图 6-7-1 同步检波器

当本地载波信号的角频率 ω_0 精确匹配于输入信号载波的角频率 ω_1，即满足 $\omega_0 = \omega_1$ 的条件时，尽管两者之间的相位可能存在差异，这里用 φ 来表示这种相位差。在此情况下，若相乘器的传输系数为 1（即无衰减地传递信号），则相乘操作的结果将反映出这一相位差异对输出信号的影响。

$$
\begin{aligned}
u_2 &= U_{1m}U_{Lm}\cos\Omega t\cos\omega_1 t\cos(\omega_1 t+\varphi) \\
&= \frac{1}{2}U_{1m}U_{Lm}\cos\varphi\cos\Omega t+\frac{1}{4}U_{1m}U_{Lm}\cos\left[(2\omega_1+\Omega)t+\varphi\right] \\
&\quad +\frac{1}{4}U_{1m}U_{Lm}\cos\left[(2\omega_1-\Omega)t+\varphi\right]
\end{aligned} \tag{6-7-3}
$$

经过低通滤波器处理，去除了位于 $2\omega_1$ 附近的高频成分后，即可提取出频率为 Ω 的低频信号，有

$$u_\Omega = \frac{1}{2}U_{1m}U_{Lm}\cos\varphi\cos\Omega t \tag{6-7-4}$$

根据式（6-7-3），低频信号的输出幅度与相位差 φ 的余弦值成正比。当相位差 φ 为零时，即本地载波与输入信号载波完全同相，低频信号的电压达到最大值。随着相位差 φ 的增大，输出电压逐渐减小。因此，在理想条件下，除了要求两者的角频率必须一致外，还期望它们的相位也能完全匹配，以实现最佳的信号检测效果，这种检测方法也就是前文提及的"同步检波"。

单边带信号的解调流程与上述讨论的双边带信号类似，因此不再赘述。

若输入信号为包含载波频率的调制波，则可通过一个以 ω_0 为中心频率的窄带滤波器，直接从该调制波中提取出所需的本地载波频率。

环形或桥式调制器架构，在稍作调整后即能担当同步检波器的角色，具体做法是将原本音频信号的输入端口替换为双边带或单边带信号，从而实现乘积检波功能。另外，模拟乘法器同样适用，只需将输入调整为双边带或单边带信号，即可执行乘积检波操作。

对于如图 6-7-1（b）所示的电路，合成输入信号为

$$u = u_1 + u_0$$

在该图中，u_L 为本振电压 $U_{Lm}\cos\omega_0 t$。设 u_1 为单边带信号 $U_{1m}\cos(\omega_0+\Omega)t$，则

$$
\begin{aligned}
u &= U_{1m}\cos(\omega_0+\Omega)t + U_{Lm}\cos\omega_0 t \\
&= U_{1m}\cos\omega_0 t\cos\Omega t + U_{Lm}\cos\omega_0 t - U_{1m}\sin\omega_0 t\sin\Omega t \\
&= U_m\cos(\omega_0 t+\theta)
\end{aligned}
\tag{6-7-5}
$$

式中

$$U_m = \sqrt{(U_{Lm}+U_{1m}\cos\Omega t)^2 + (U_{1m}\sin\Omega t)^2} \tag{6-7-6}$$

$$\theta = \arctan\frac{-U_{1m}\sin\Omega t}{U_{Lm}+U_{1m}\cos\Omega t} \tag{6-7-7}$$

由此可见，合成信号的包络 U_m 及其相角 θ 均受到调制信号的动态调控，因此，采用包络检波器构建的同步检波系统在提取调制信号时，难免会受到一定程度的影响而产生失真。为了将这种失真控制在可接受的范围内，必须确保载波电压 U_{Lm} 显著大于调制信号的最大幅度 U_{1m}。分析如下：

式（6-7-6）可改写为

$$
\begin{aligned}
U_m &= U_{Lm}\left[1+2\frac{U_{1m}}{U_{Lm}}\cos\Omega t+\left(\frac{U_{1m}}{U_{Lm}}\right)^2\right]^{\frac{1}{2}} \\
&\approx U_{Lm}\left(1+2\frac{U_{1m}}{U_{Lm}}\cos\Omega t\right)^{\frac{1}{2}}
\end{aligned}
\tag{6-7-8}
$$

接下来，我们将探讨本地载波的生成方式，并分析当本地载波的频率、相位与输入信号的载波频率、相位不一致时，这些差异可能带来的具体影响。

在单边带接收机中，有多种实现本地载波频率与输入信号载波频率同步的方法。

一种方法是，发射机在发送单边带信号的同时，也发送一个经过适度抑制的载波（常称为导频）。接收机捕获这一导频信号后，能据此调整其内部的本地载波振荡器，使其频率精确匹配输入信号的载波频率。另一种可靠的方法则是，在发射机和接收机中均采用高稳定性的石英晶体振荡器作为信号载波振荡器，从而确保两者之间的频率高度一致。

若本地载波的频率、相位未能与输入信号的载波频率、相位精确对齐，将会引发信号失真现象，并可能导致输出信号的幅度减弱等不利影响。

首先，我们探讨本地载波与输入信号载波相位相同但频率存在差异的情况，这种不匹配会导致解调过程中的失真。具体地，当两者频率偏差为 $\Delta\omega=\omega_0-\omega_1$，在解调形如式（6-7-9）所示的双边带信号时，乘积检波器经过滤波处理后，所得的低频信号将呈现出特定的形式，该形式反映了频率偏差对解调结果的具体影响：

$$u_\Omega = \frac{1}{2}U_{1\mathrm{m}}U_{\mathrm{Lm}}\cos\Omega t\cos\Delta\omega t \qquad (6-7-9)$$

观察式（6-7-9）可明确，频率偏差 $\Delta\omega$ 不仅调制了输出低频信号的幅度，还导致了信号的失真现象。

当对形如 $U_{1\mathrm{m}}\cos(\omega_0+\Omega)t$ 的单边带信号进行解调处理时，通过一系列计算步骤，我们可以解析出输出信号中包含的低频分量，其表现形式具有独特性，即

$$u_\Omega = \frac{1}{2}U_{1\mathrm{m}}U_{\mathrm{Lm}}\cos(\Omega\pm\Delta\omega)t \qquad (6-7-10)$$

式中，加减号分别对应 ω_0 高于 ω_1 和低于 ω_1 的情况。

由式（6-7-10）可见，输出低频偏移了 $\Delta\omega$，同样产生失真。

其次，讨论输入信号载波和本地载波频率相同，而相位不同的情况

由式（6-7-4）可见，$\cos\varphi$ 减小低频信号的输出幅度，但不会引起失真。但是，若 φ 是随机变化的，则输出信号也会起伏性衰减，影响解调质量。

6.8 数字信号调幅与解调

当载波信号的幅度被数字信号所调制时，这一过程称为数字调幅或称为幅度键控（ASK）。在二进制编码的场景下，这种调制方式特别被称为二进制振幅键控（2ASK）。

解调数字调幅信号与解调模拟调幅信号类似。对于 2ASK 信号的解调，通常使用振幅检波器来完成。具体而言，有两种主要方法：包络解调法和相干解调法。

6.8.1 数字信号调幅的基本原理

设二进制数字为数字序列 a_n

$$a_n = \begin{cases} 1 & \text{概率为 } P \\ 0 & \text{概率为 } 1-P \end{cases} \qquad (6\text{-}8\text{-}1)$$

将 a_n 通过基带信号形成器转换成单极性基带矩形序列 $S(t)$

$$S(t) = \sum_n a_n g(t - nT_s) \qquad (6\text{-}8\text{-}2)$$

式中，$g(t)$ 为持续时间为 T_s 的矩形脉冲。

如果用模拟乘法器 $u = K_M u_1 u_2$ 将 $S(t)$ 与载波信号 $u_c(t) = U_m\cos\omega_c t$ 相乘，可得数字调幅波 $u(t)$ 为

$$u(t) = K_M \left[\sum_n a_n g(t - nT_s) \right] U_m\cos\omega_c t \qquad (6\text{-}8\text{-}3)$$

数字信号调幅的原理框图如图 6-8-1 所示。其输出 2ASK 信号波形图如图 6-8-2 所示。

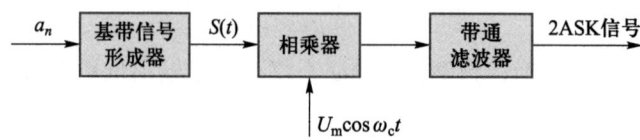

图 6-8-1　数字信号调幅的原理框图

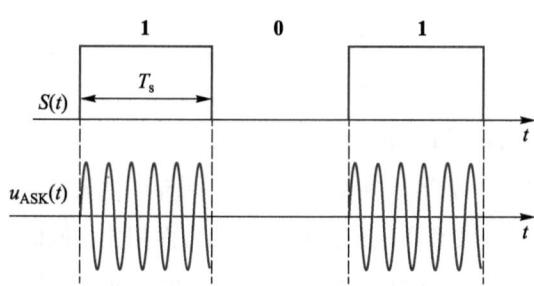

图 6-8-2　2ASK 信号波形图

6.8.2　数字信号调幅的实现方法

1. 乘法器实现法

利用相乘原理实现 2ASK，与模拟信号调幅相似，可以利用模拟乘法器来实现。如图 6-8-3 所示，利用环形数字调幅电路来实现 2ASK。其中输入载波信号加到 1、2 端，而基带数字信号加到 5、6 端。因为基带数字信号的性质决定 5 端电压始终大于或等于 6 端的电压，二极管 D_3、D_4 始终截止，实际上可不用，只有 D_1、D_2 的导通受基带数字信号控制。当信号源传输"**1**"信号时，D_1 与 D_2 处于导通状态，导致在 3 和 4 端口输出载波信号；相反，若信号源传输"**0**"信号，则 D_1 与 D_2 截止，使得 3 和 4 端口无信号输出。2ASK 信号如

图 6-8-2 所示。

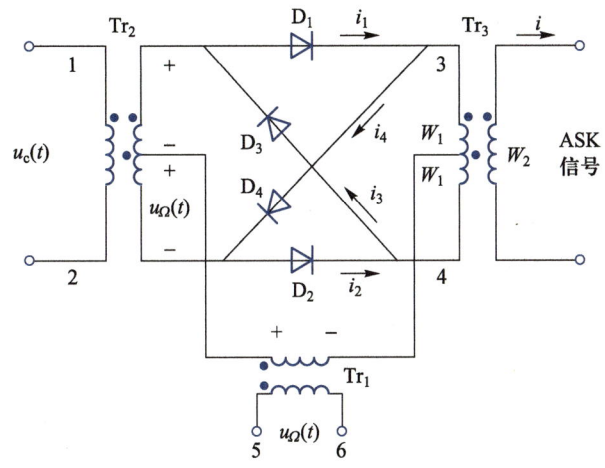

图 6-8-3　环形数字调幅电路

2. 键控法

利用电键的开闭来操控载波振荡的输出，是生成 2ASK 信号的另一种有效方式。图 6-8-4 直观展示了键控法产生 2ASK 信号的原理框图。

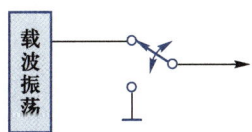

图 6-8-4　键控法产生 2ASK 信号的原理框图

6.8.3　数字调幅信号的解调方法

1. 包络解调法

如图 6-8-5 所示是 2ASK 信号包络解调的原理框图。带通滤波器精准地允许 2ASK 信号无损通过，随后通过包络检波技术提取其包络信息。紧接其后的低通滤波器，则负责滤除任何高频干扰，确保基带包络信号的纯净传输。为了优化数字解调效果，系统进一步引

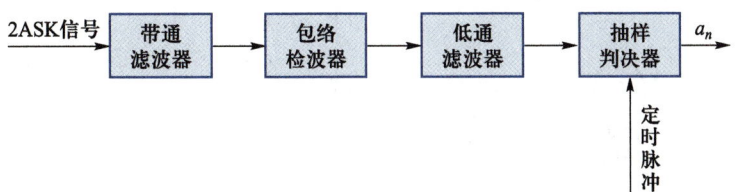

图 6-8-5　2ASK 信号包络解调的原理框图

入了抽样判决器，该组件集成了抽样、判决与码元重建功能，常被视为译码的关键部分。包络检波器的输出，即基带包络，在经历抽样与判决过程后，成功实现了码元的再生，从而准确无误地恢复了原始数字序列 a_n。

2. 相干解调法

相干解调，亦称为同步解调，其原理与模拟调幅信号的同步检波相似。该方法采用乘法器来实现同步检测，即将接收到的信号与本地产生的同步载波相乘，随后通过低通滤波器滤除高频分量，再经过抽样判决器进行信号恢复，最终得到原始的数字序列 a_n。图 6-8-6 展示了 2ASK 信号相干解调的原理框图。

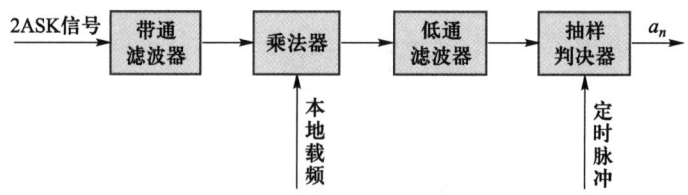

图 6-8-6　2ASK 信号相干解调的原理框图

6.9　仿真——振幅调制与包络检波

6.9.1　二极管调幅电路仿真

单个二极管仿真电路、二极管平衡调幅仿真电路以及二极管环形调幅仿真电路如图 6-9-1~图 6-9-3 所示。

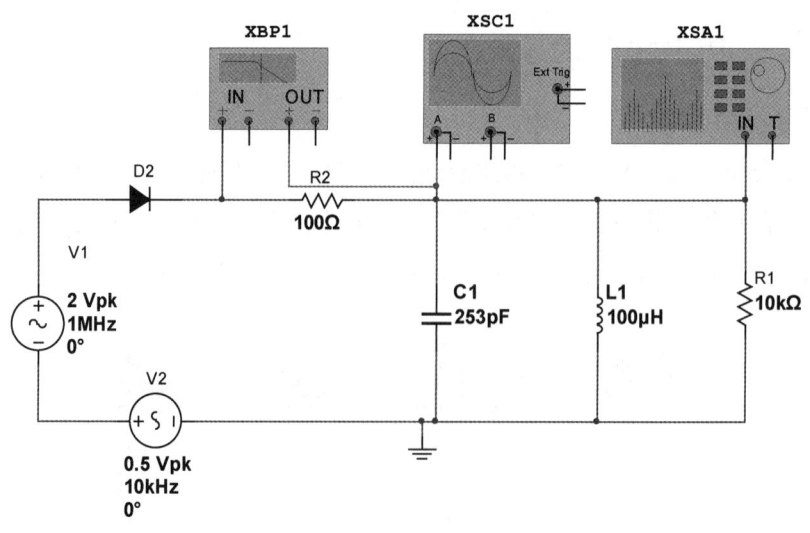

图 6-9-1　单二极管仿真电路

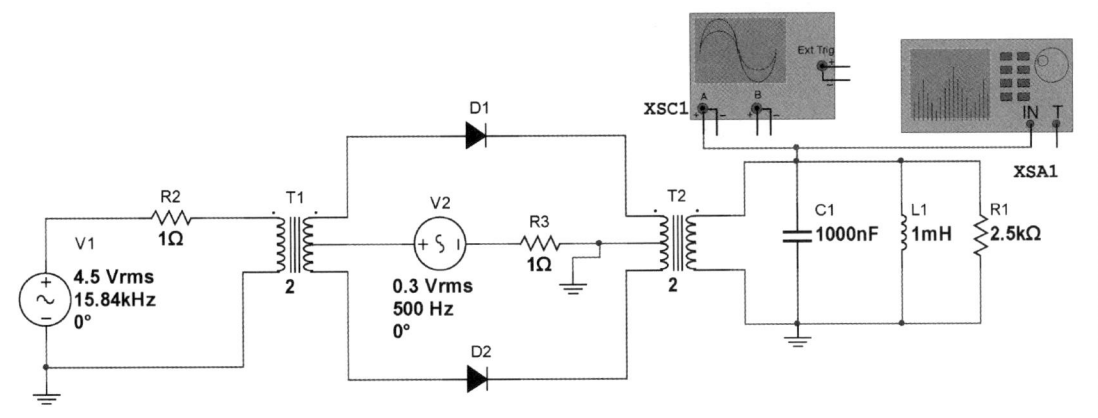

图 6-9-2　二极管平衡调幅仿真电路

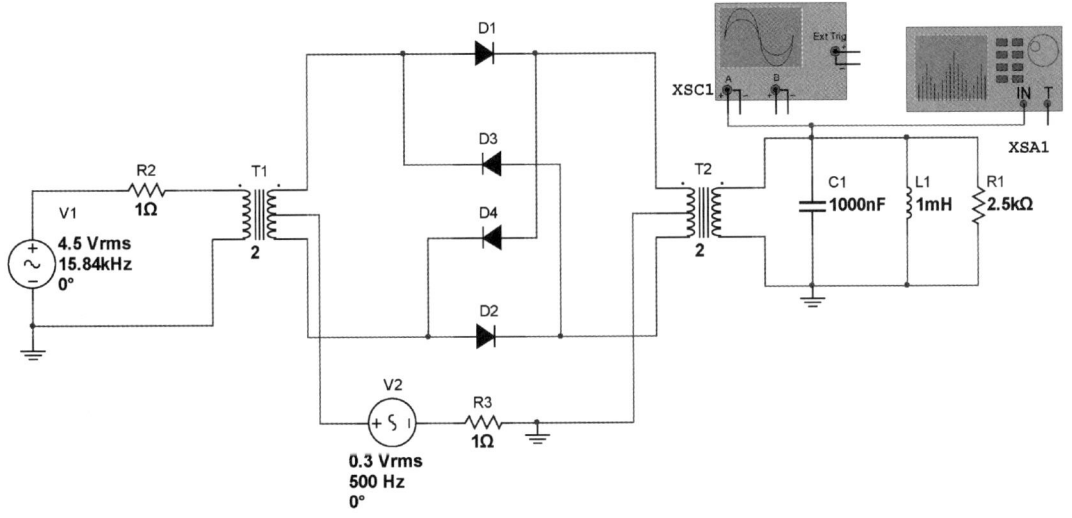

图 6-9-3　二极管环形调幅仿真电路

思考题：

（1）对比分析调幅结果；

（2）二极管环形调幅信号（DSB）能否产生标准 AM 信号？

6.9.2　包络检波仿真

大信号包络检波仿真电路如图 6-9-4 所示。

思考题：

（1）调整电路参数，复现惰性失真和负峰切割失真情况；

（2）总结不发生上述失真的条件。

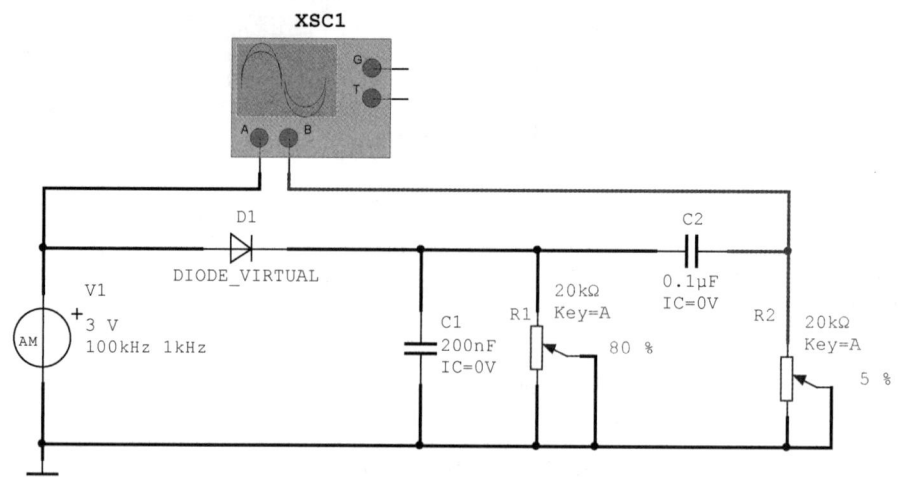

图 6-9-4　大信号包络检波仿真电路

6.10　前沿——调幅和检波最新研究方向

1. 调幅技术

（1）数字化调幅技术：随着数字信号处理技术的快速发展，数字化调幅技术逐渐成为研究热点。通过数字信号处理器（DSP）等数字设备，可以实现更加精确和灵活的调幅过程。这种技术不仅可以提高调制效率，还可以减少模拟电路中的噪声和失真。如亚德诺半导体技术有限公司的 AD9959 是一种四通道 500 MSPS 的直接数字频率合成器（DDS），并内置了 10 位 DAC。这款芯片具备优秀的调幅性能指标，能够在宽频带内进行精确的幅度调制。

（2）高效能调幅电路：为了满足现代通信系统对高效率和低功耗的需求，研究者们不断优化调幅电路的设计。例如，采用新型半导体材料（如 GaN、SiC）和先进的制造工艺，可以设计出具有更高功率密度和更低功耗的调幅电路。如微芯科技公司的 ICP2840。该芯片基于 GaN-on-SiC 技术，具有高效率和高线性输出功率。在 27.5 ~ 31 GHz 频段内，ICP2840 的连续波输出功率为 9 W，脉冲输出功率为 10 W，并具有 22 dB 的增益和 22% 的功率附加效率。该芯片满足 5G 和卫星通信的需求，同时由于 GaN-on-SiC 技术，其功耗和热性能也得到优化。

（3）多载波调幅技术：在一些高级通信系统中，为了提高频谱利用率和传输容量，会采用多载波调幅技术。这种技术将多个载波信号进行调幅处理，并通过频分复用（FDM）等方式进行传输。多载波调幅技术［例如正交频分复用（OFDM）］在无线通信中被广泛应用，尤其是在 4G 和 5G 移动通信系统中。如 Wi-Fi 技术，特别是 IEEE 802.11a/g/n/ac/ax 标准，这些标准都利用了 OFDM 技术。

2. 检波技术

（1）软件检波技术：随着数字信号处理技术的发展，软件检波技术逐渐兴起。这种技术通过对放大后的交变信号进行采样和数字化处理，利用软件算法实现信号的检波和解调。软件检波技术具有灵活性和可重配置性强的优点，适用于需要频繁改变检波参数的应用场景。如数字无线通信系统中的软件定义无线电（SDR），在 SDR 系统中，放大后的无线信号首先被数字化采样，然后通过软件实现各种信号处理功能，如滤波、解调、解码等。由于这些功能都是由软件算法实现的，用户可以很容易地通过修改软件来支持不同的调制方式、编码方式或频段。这种灵活性使得 SDR 系统在面对不同的通信标准、频谱管理需求或更新的通信协议时能够快速适应。

（2）新型检波器件：为了提高检波效率和精度，研究者们不断探索新型检波器件。例如，采用高性能的二极管（如肖特基二极管、锗二极管等）作为检波元件，可以降低检波死区电压并提高检波灵敏度。此外，还有一些基于特殊材料（如石墨烯、碳纳米管等）的新型检波器件正在研究中。肖特基二极管因其低正向电压和高开关速度，能够实现高达几百吉赫兹的工作频率，并减少检波死区电压。锗二极管则在低频信号检波中表现优异，其低正向电压使其在低信号检测中具有高灵敏度。基于石墨烯的检波器件，由于其卓越的电导性和高电子迁移率，能够提供太赫兹级别的工作频率，并在红外线和微波探测中实现高精度响应。碳纳米管检波器件则凭借其高导电性和高热导性，适用于吉赫兹至太赫兹级别的频率响应，提供极高的灵敏度和低的检波死区电压。这些新型材料和器件的应用推动了检波技术的进步。

思考题与习题

6.1　已知载波电压为 $u_c(t)=U_{cm}\cos \omega_c t$，调制信号如习题图 6-1 所示，$f_c \gg 1/T_\Omega$，分别画出 $m_a=0.5$ 和 $m_a=1$ 两种情况下所对应的普通调幅波波形。

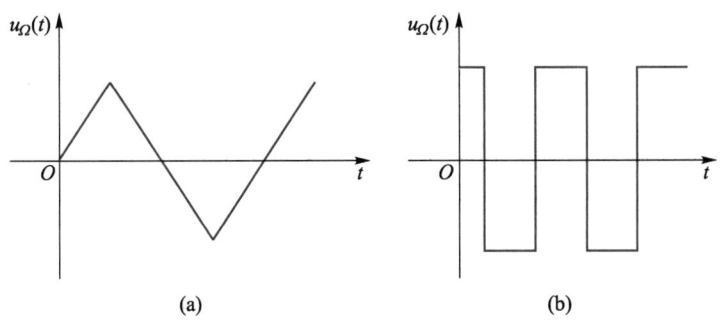

习题图 6-1

6.2　设某一广播电台的信号电压 $u(t)=20(1+0.3\cos 6\,280t)\cos 6.33\times 10^6 t$ mV，问此电台的频率是多少？调制信号的频率是多少？

6.3　为什么调制必须利用电子器件的非线性特性才能实现？它和小信号放大在本质上有什么不同？

6.4　有一调幅波，载波功率为 $100\,\mathrm{W}$，试求当 $m_a=1$ 与 $m_a=0.3$ 时的总功率、边频功率和每一边频的功率。

6.5　某发射机输出级在负载 $R_L=100\,\Omega$ 上的输出信号 $u(t)=4(1+0.5\cos\Omega t)\cos\omega_c t\,\mathrm{V}$，试求总的输出功率、载波功率和边频功率。

6.6　试指出下列电压是什么已调波。写出已调波的电压表示式，并指出它们在单位电阻上消耗的平均功率及相应的频谱宽度。

（1）　$u(t)=[\,2\cos(4\pi\times10^6 t)+0.1\cos(3\,996\pi\times10^3 t)+0.1\cos(4\,004\pi\times10^3 t)\,]\,\mathrm{V}$

（2）　$u(t)=\{4\cos(2\pi\times10^6 t)+1.6\cos[\,2\pi\times(10^6+10^3)\,t\,]+0.4\cos[\,2\pi\times(10^6+10^4)\,t\,]+$
$1.6\cos[\,2\pi\times(10^6-10^3)\,t\,]+0.4\cos[\,2\pi\times(10^6-10^4)\,t\,]\}\,\mathrm{V}$

6.7　试画出下列已调波的波形和频谱图。已知 $\omega_c\gg\Omega$，并说明它们是什么波。

（1）　$u(t)=5\cos\Omega t\cos\omega_c t\,\mathrm{V}$

（2）　$u(t)=5\cos[\,(\Omega+\omega_c)\,t\,]\,\mathrm{V}$

（3）　$u(t)=(5+3\cos\Omega t)\cos\omega_c t\,\mathrm{V}$

6.8　单二极管调幅电路如习题图 6-2 所示，输入的载波信号 $u_c(t)=U_{cm}\cos\omega_c t$ 和调制信号 $u_\Omega(t)=U_{\Omega m}\cos\Omega t$ 都为小信号，在偏置电压 V_Q 作用下，二极管偏置电流为 I_Q，在工作点附近二极管特性为 $i_D=I_Q+b_1(u_D-V_Q)+b_2(u_D-V_Q)^2+b_3(u_D-V_Q)^3+\cdots$，试分析：

（1）　流过负载电阻的电流包含哪些频率成分？应采用什么样的滤波器才能取出调幅波？

（2）　与单二极管开关状态调幅电路相比较，分析说明开关状态调幅特点是什么？

6.9　双二极管平衡调幅电路如习题图 6-3 所示，在输入的载波信号 $u_c(t)=U_{cm}\cos\omega_c t$ 和调制信号 $u_\Omega(t)=U_{\Omega m}\cos\Omega t$ 都为小信号时，二极管的偏置电压应怎样加入？二极管的特性应怎样选取？并分析没有带通滤波器时，输出电流中所含有的频谱成分，与 $u_c(t)$ 为大信号时的开关状态调幅相比较有什么不同？

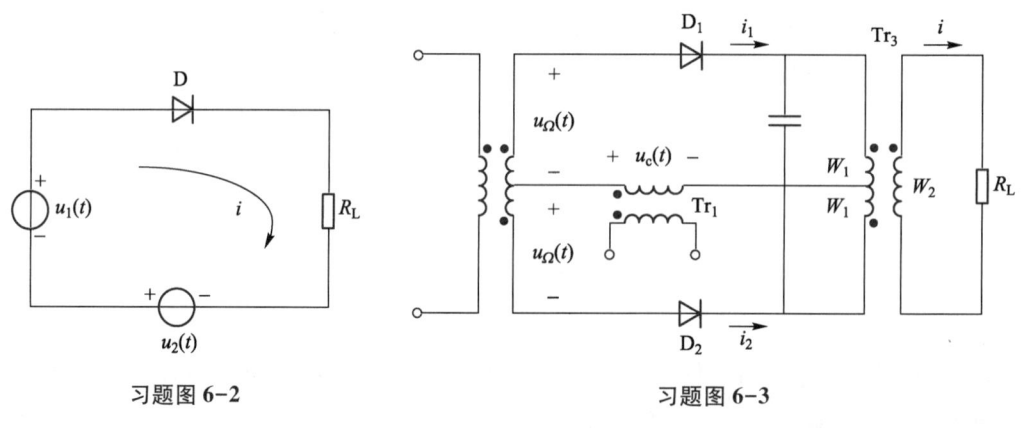

习题图 6-2　　　　　　　　　　　　习题图 6-3

6.10 二极管平衡调制器电路如习题图 6-4 所示。载波信号 $u_c(t) = U_{cm}\cos\omega_c t$ 和调制信号 $u_\Omega(t) = U_{\Omega m}\cos\Omega t$ 的注入位置如习题图 6-4 所示，$U_{cm} \gg U_{\Omega m}$，求 $u(t)$ 的表示式（输出调谐回路的中心频率为 ω_c）。

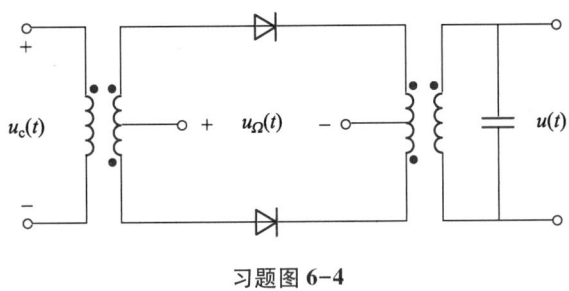

习题图 6-4

6.11 某调幅电路如习题图 6-5 所示。图中 D_1、D_2 的伏安特性相同，均为自原点出发、斜率为 g_d 的直线，设调制电压 $u_\Omega(t) = U_{\Omega m}\cos\Omega t$，载波电压 $u_c(t) = U_{cm}\cos\omega_c t$，并且 $\omega_c \gg \Omega$，$U_{cm} \gg U_{\Omega m}$。

（1）试问这两个电路是否都能实现振幅调制作用？

（2）在能实现振幅调制的电路中，试分析其输出电流的频谱。

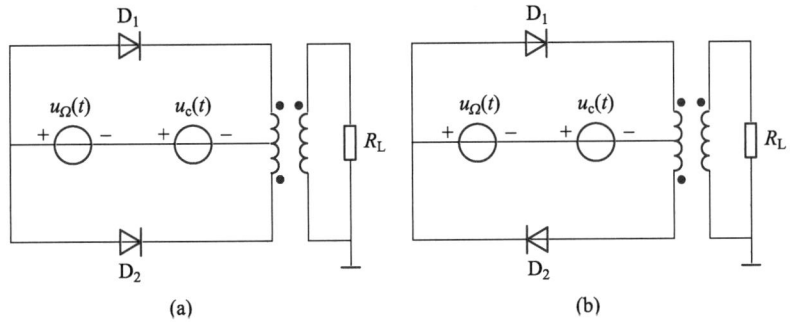

(a)   (b)

习题图 6-5

6.12 如习题图 6-6 所示电路中，调制信号电压 $u_\Omega(t) = U_{\Omega m}\cos\Omega t$，载波电压 $u_c(t) = U_{cm}\cos\omega_c t$，并且 $\omega_c \gg \Omega$，$U_{cm} \gg U_{\Omega m}$，二极管伏安特性相同，均为从原点出发、斜率为 g_d 的直线，试问图中电路能否实现双边带调制？为什么？

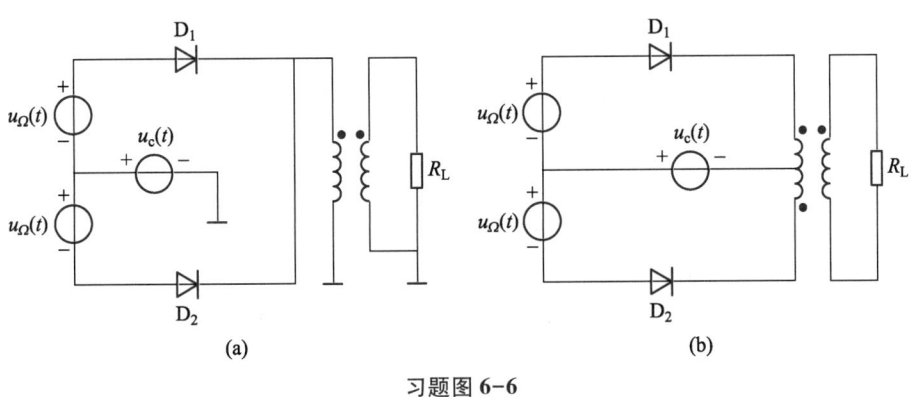

(a)   (b)

习题图 6-6

6.13 二极管环形调制器如习题图 6-7（a）所示，设四个二极管的伏安特性完全一致，均为自原点出发、斜率为 g_d 的直线。调制信号 $u_\Omega(t) = U_{\Omega m}\cos\Omega t$，载波电压 $u_c(t)$ 为如习题图 6-7（b）所示的对称方波，重复周期为 $T_c = 2\pi/\omega_c$，并且有 $U_{cm} > U_{\Omega m}$，试求输出电流的频谱分量。

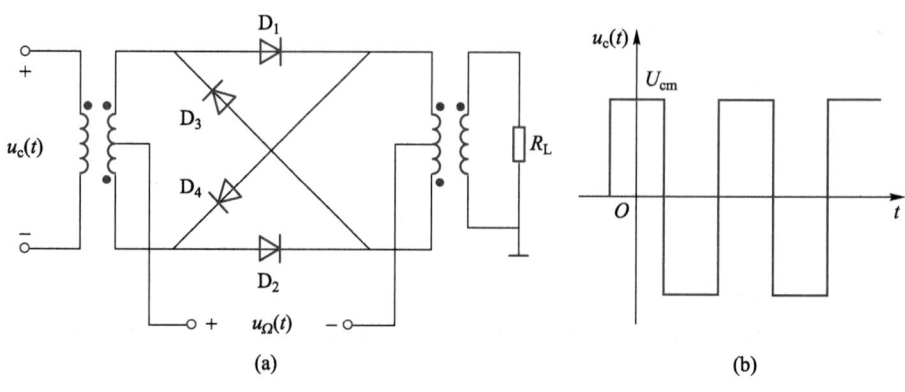

习题图 6-7

6.14 振幅检波器必须有哪几个组成部分？各部分作用如何？如习题图 6-8（a）~（d）所示各电路能否检波？设 RC 为正常值，二极管为折线特性。

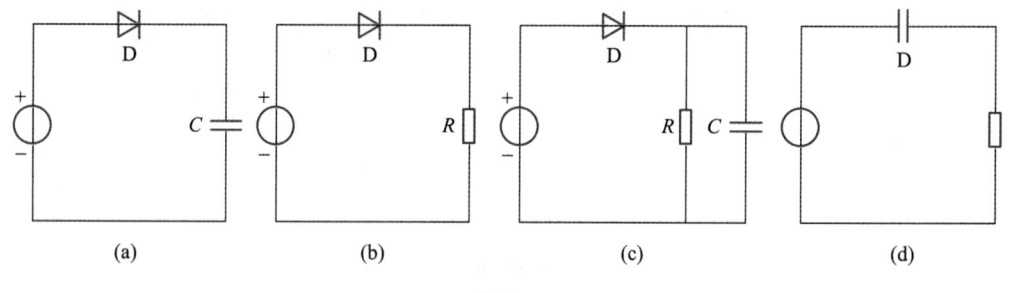

习题图 6-8

6.15 检波电路如习题图 6-9 所示，二极管 $r_d = 100\ \Omega$，$U_{BZ} = 0$，输入电压 $u_i = 1.2(1 + 0.5\cos10\pi\times10^3 t)\cos2\pi\times465\times10^3 t$ V，试计算输出电压 u_A 和 u_B，等效输入电阻 R_{id}，并判断能否产生负峰切割失真和惰性失真。

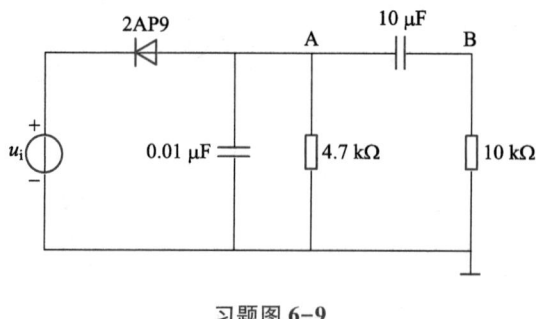

习题图 6-9

6.16 二极管检波电路如习题图 6-10 所示。已知输入电压 $u_i(t) = 2[1+0.6\cos(2\pi\times 10^3 t)]\cos(2\pi\times 10^6 t)$ V，检波器负载电阻 $R = 5\,\text{k}\Omega$，二极管导通电阻 $r_d = 80\,\Omega$，$U_{BZ} = 0$，试求：

（1）检波器电压传输系数 K_d；

（2）检波器输出电压 u_A；

（3）保证输出波形不产生惰性失真时的最大负载电容 C。

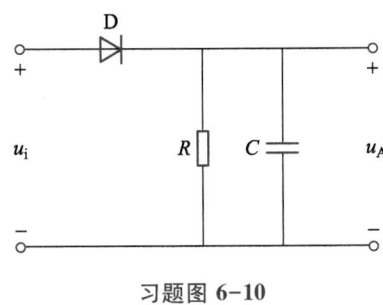

习题图 6-10

6.17 二极管检波电路如习题图 6-11 所示。已知 $R = 5\,\text{k}\Omega$，$R_L = 10\,\text{k}\Omega$，$C = 0.01\,\mu\text{F}$，$C_c = 20\,\mu\text{F}$，输入调幅波的载波频率为 $465\,\text{kHz}$，最高调制频率为 $5\,\text{kHz}$，调幅波振幅的最大值为 $20\,\text{V}$，最小值为 $5\,\text{V}$，二极管导通电阻 $r_d = 60\,\Omega$，$U_{BZ} = 0$，试求：

（1）u_A、u_B；

（2）能否产生惰性失真和负峰切割失真？

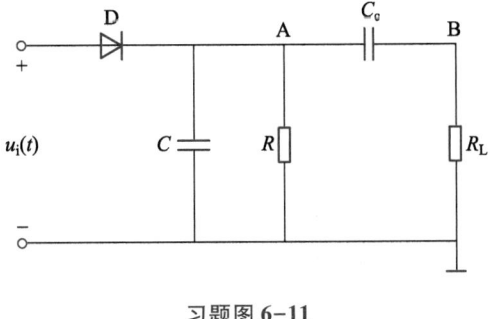

习题图 6-11

6.18 二极管检波电路如习题图 6-11 所示。$R_L = 5\,\text{k}\Omega$，其他电路参数与习题 6.17 相同，输入信号电压为

$$u_i(t) = 1.2\cos(2\pi\times 465\times 10^3 t) + 0.36\cos(2\pi\times 462\times 10^3 t) + 0.36\cos(2\pi\times 468\times 10^3 t) \text{ V}$$

试求：

（1）调幅波的调幅指数 m_a、调制信号频率 F，并写出调幅波的数学表达式；

（2）会不会产生惰性失真或负峰切割失真？

（3）u_A、u_B；

（4）画出 A、B 点的瞬时电压波形图。

6.19　二极管检波电路如习题图 6-11 所示。$u_i(t)$ 为调幅信号电压，其调制信号频率 $f = 100 \sim 10\,000$ Hz，$C = 0.01$ μF，$R = 5$ kΩ，$R_L = 10$ kΩ，$C_c = 20$ μF，$r_d = 60$ Ω，$U_{BZ} = 0$。试问：

（1）不产生惰性失真，m_a 最大值应为多少？

（2）不产生负峰切割失真，m_a 最大值应为多少？

（3）不产生惰性失真和负峰切割失真，m_a 应为多少？

6.20　二极管包络检波电路如习题图 6-12 所示。已知：$f = 465$ Hz，单频调制指数 $m_a = 0.3$，$R_P = 0 \sim 5.1$ kΩ，为不产生负峰切割失真，R_P 的滑动点应放在什么位置？

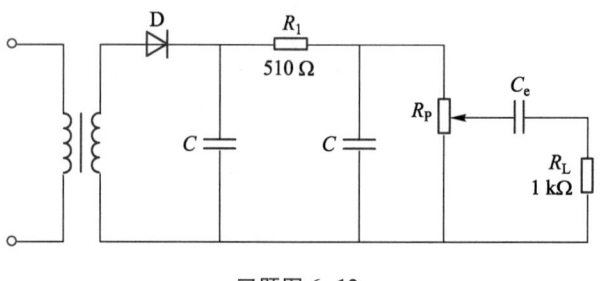

习题图 6-12

6.21　同步检波电路如习题图 6-13 所示，乘法器的乘积因子为 K，本地载频信号电压 $u_0 = \cos(\omega_c t + \varphi)$。若输入信号电压 u_i 分别为

（1）双边带调幅波

$$u_i = (\cos\Omega_1 t + \cos\Omega_2 t)\cos\omega_c t$$

（2）单边带调幅波

$$u_i = \cos(\omega_c + \Omega_1)t + \cos(\omega_c + \Omega_2)t$$

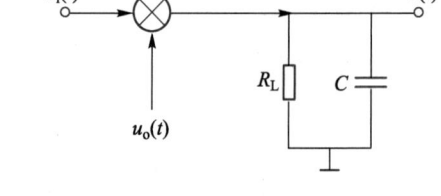

习题图 6-13

试分别写出两种情况下输出电压 $u(t)$ 的表达式，并说明有否失真。假设：$Z_L(\omega_c) \approx 0$，$Z_L(\Omega) \approx R_L$。

6.22　设乘积同步检波器中，$u_i(t) = U_{im}\cos\Omega t\cos\omega_i t$，而 $u_0 = U_{0m}\cos(\omega_i + \Delta\omega)t$，并且 $\Delta\omega < \Omega$，试画出检波器输出电压频谱。在这种情况下能否实现不失真解调？

6.23　设乘积同步检波器中，$u_i = U_{im}\cos(\omega_i + \Delta\omega)t$，即 u_i 为单边带信号，而 $u_0 = U_{0m}\cos(\omega_i t + \varphi)$，试问当 φ 为常数时能否实现不失真解调？

6.24　试用相乘器、相加器、滤波器组成产生下列信号的框图：

（1）AM 信号

（2）DSB 信号

（3）SSB 信号

（4）2ASK 信号

第 7 章
混频电路

7.1 导　　课

空中有众多电台，想收听其中一个电台怎么办？当收听不同电台时，接收电路应该如何设计才可以保证性能最佳呢？

在无线通信接收机系统中，通常会将射频段的高频信号进行频率转换，变为适合解调的中频信号。例如，在超外差式 AM 收音机中，电台的射频信号通过频率变换被转换为固定的中频信号，通常是 465 kHz。在无线通信发射机系统中，通常先将基带信号加载到中频信号上，然后对中频已调波进行频率变换，生成适合发射和远距离传输的射频已调信号。

本章重点介绍构成超外差式电台的基本单元——混频电路，具体包括：

（1）混频电路的核心是乘积项，与我们学过的哪个功能电路相类似？变频器和混频器有什么区别？它的功能具体是什么？（7.2 节）

（2）二极管混频器和二极管调幅器有哪点不同？（7.3 节）

（3）晶体管作为通信电子线路的核心元件，几乎在每个功能电路中都能见到它的身影，在混频电路中晶体管的等效模型又是什么？（7.4 节）

（4）模拟乘法器哪些性能好过二极管和晶体管，这是为什么呢？（7.5 节）

（5）混频器的核心是乘法器，但乘法器会引入干扰和失真，如何抑制干扰和失真是混频器重点关心的问题。面对众多的干扰怎么处理呢？（7.6 节）

7.2 概　　述

频率变换旨在将一个已调制信号的载波频率从一个频段（如高频）转换到另一个频段（如中频），或者反过来，即从中频转换到高频，而在这一转换过程中，信号原有的调制特性（如振幅、相位或频率的调制方式）保持不变。执行这一任务的电路组件称为混频器或变频电路，它们统称为变频设备，专门用于实现信号频率的转换而不影响其调制信息的完整性。混频器的功能结构如图 7-2-1 所示。

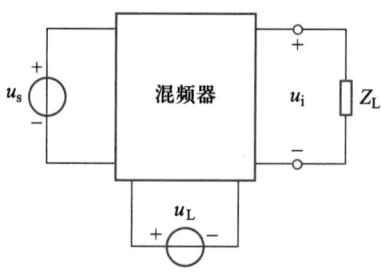

图 7-2-1　混频器的功能结构

　　高频调幅波的变频波如图 7-2-2 所示，是一个具体的例子，输入高频调幅波 u_s 的载频范围为 1.7~6 MHz，与本振等幅波 u_L 的频率范围为 2.165~6.465 MHz，经混频后，输出频率为 （2.165~6.465）MHz-（1.7~6）MHz=0.465 MHz（u_s 和 u_L 的频率在此处计算中均取平均值）的中频调幅波 u_i。对于调制规律，输出中频调幅波与输入高频调幅波是完全一致的，亦即变频前与变频后的频谱结构相同，只是中心频率由 f_s 改变为 f_I，产生了频谱搬移。但应注意，高频已调信号的上、下边频搬移到中频位置后，分别成了下、上边频。变频前后的频谱图如图 7-2-3 所示。

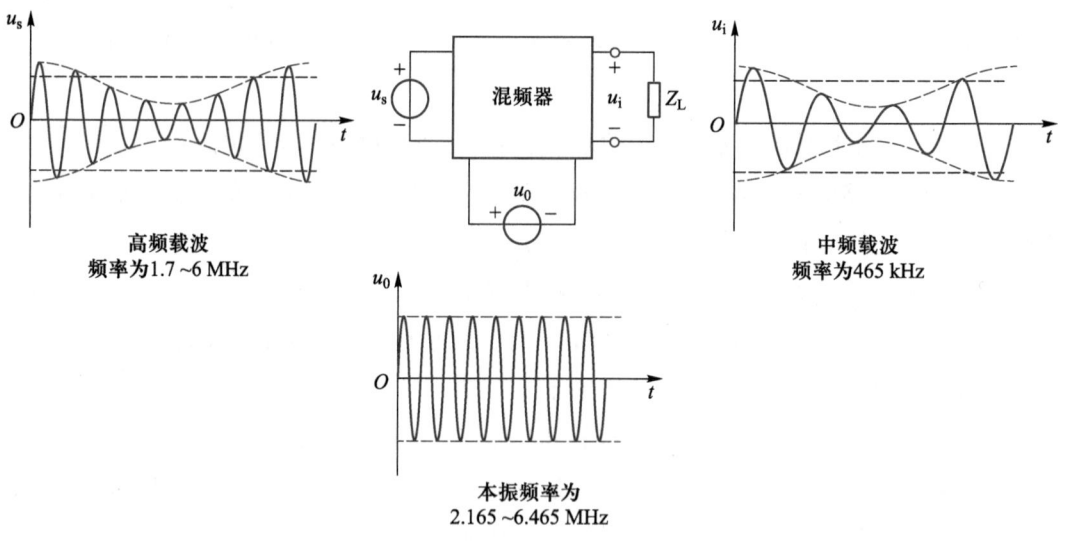

图 7-2-2　高频调幅波的变频波

　　与其他频率变换电路一样，为了完成频率变换，必须有二极管、晶体管、场效应管、差分对管、模拟乘法器等非线性元器件，完成频率的非线性变换，然后通过选频网络选出所需要的频率分量 ω_I。因此一般变频器由输入回路、非线性元器件、带通滤波器和本地振荡器四部分构成，混频器的组成如图 7-2-4 所示。

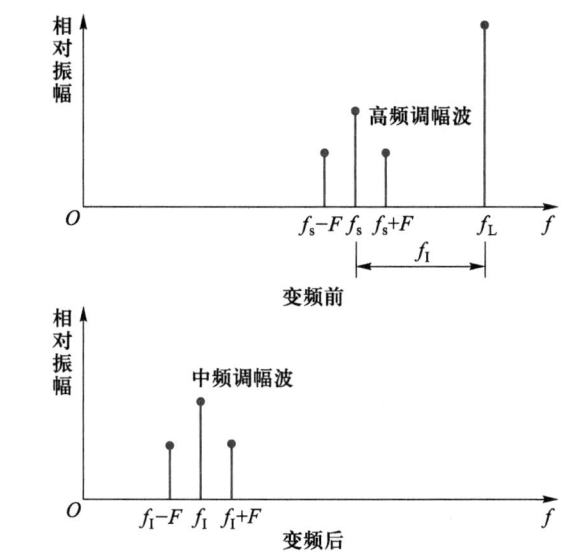

图 7-2-3　变频前后的频谱图

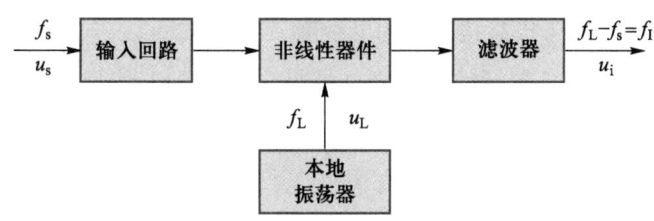

图 7-2-4　混频器的组成

　　在实际应用中，高频信号也可能被转换为更高但固定的高中频信号。在这种情况下，与高频转换为中频相似，是在保持调制规律与之前相同的情况下，将已调制的高频信号的载波频率变为更高的高中频。在频谱上，这相当于将已调制信号的频谱从高频位置移动到高中频位置，各频谱分量的相对大小和彼此间的距离不会发生变化。输出的高中频可以是本振信号频率与输入信号频率的差频，也可以是它们的和频。

　　为简化运算，假定输入到混频器的两个信号都是正弦波，且设混频器的伏安特性为

$$i = b_0 + b_1 u + b_2 u^2 \tag{7-2-1}$$

则将 $u = u_s + u_L = U_{sm}\cos\omega_s t + U_{Lm}\cos\omega_L t$ 代入上式，即得

$$i = b_0 + b_1 U_{sm}\cos\omega_s t + b_1 U_{Lm}\cos\omega_L t + \frac{1}{2}b_2 U_{sm}^2 +$$

$$\frac{1}{2}b_2 U_{sm}^2\cos2\omega_s t + \frac{1}{2}b_2 U_{Lm}^2 + \frac{1}{2}b_2 U_{Lm}^2\cos2\omega_L t + \tag{7-2-2}$$

$$b_2 U_{sm} U_{Lm}\left[\cos(\omega_L - \omega_s)t + \cos(\omega_L + \omega_s)t\right]$$

　　因此，当两个不同频率的高频电压作用于非线性器件时，电流中不仅包含基波（ω_s、ω_L）成分，同时由于平方项的存在，还产生了许多新的频率成分（即直流、二次谐波、和频与差频等）。通常，振幅为 $b_2 U_{sm} U_{Lm}$ 且与输入信号电压振幅成正比的差频分量 $\omega_L - \omega_s$ 就

是变频所需要的中频成分 ω_1。只要在输出端接上一个中心频率为 ω_1 的滤波网络，就能选出中频成分，而滤除其他成分。

以上是假设 u_s 是正弦波的情况。如果 u_s 是调幅波，即它的振幅 U_{sm} 按照调制规律而变化，则由式（7-2-2）可知，输出中频电流 $b_2 U_{sm} U_{Lm} \cos(\omega_L - \omega_s)t$ 的振幅与 U_{sm} 成正比，亦即按同样调制规律而变化。这样，就完成了变频作用。

最后介绍一下变频器的主要技术指标。

（1）变频增益：变频器中频输出电压振幅 U_{im} 与高频输入信号电压振幅 U_{sm} 之比，称为变频电压增益或变频放大系数，变频电压增益表示如下：

$$A_{uc} = \frac{U_{im}}{U_{sm}} \qquad (7-2-3)$$

另一种表示方法为变频功率增益：

$$A_{pc} = \frac{\text{中频输出信号功率 } P_i}{\text{高频输入信号功率 } P_s} \qquad (7-2-4)$$

显然，提高变频增益有助于提高接收机的灵敏度。

（2）失真和干扰：失真包括频率失真（线性失真）和非线性失真。组合频率、交叉调制、互调干扰、阻塞和倒易混频等干扰的产生原因可能是非线性失真。这些干扰是变频器特有的问题，后续章节将详细讨论。

（3）选择性：接收有用信号（中频）并排除干扰信号的能力取决于中频输出回路的选择性是否良好。

（4）噪声系数：变频器的噪声系数对接收设备的总噪声系数影响显著，因此应尽量降低噪声系数。这需要精心选择器件和工作点电流。

7.3　二极管混频电路

二极管混频电路的工作原理与二极管平衡型调制和环形调制电路相似，因此电路结构也类似，分为二极管平衡型混频电路和二极管环形混频电路两类。这些电路具有组合频率少、动态范围大、噪声小、本振电压无反向辐射等优点，但其变频增益小于 1。

7.3.1　二极管平衡型混频器

图 7-3-1（a）是二极管平衡型混频器的原理性电路，（b）是它的等效电路。从图 7-3-1 中可以看到变压器 Tr_1 和 Tr_2 的中心抽头两边是对称的。由图可见，信号电压 $u_s = U_{sm} \cos \omega_s t$ 反相加在两个二极管 D_1 和 D_2 上；振荡电压 $u_L = U_{Lm} \cos \omega_L t$ 同相地加在 D_1 和 D_2 上。如果 $U_{Lm} > U_{sm}$，则 D_1 和 D_2 工作于开关状态，其开关频率为 $\omega_L / 2\pi$。可得此时的开关函数为

$$K(\omega_{\mathrm{L}}t) = \frac{1}{2} + \frac{2}{\pi}\cos\omega_{\mathrm{L}}t - \frac{2}{3\pi}\cos3\omega_{\mathrm{L}}t + \frac{2}{5\pi}\cos5\omega_{\mathrm{L}}t - \cdots \qquad (7\text{-}3\text{-}1)$$

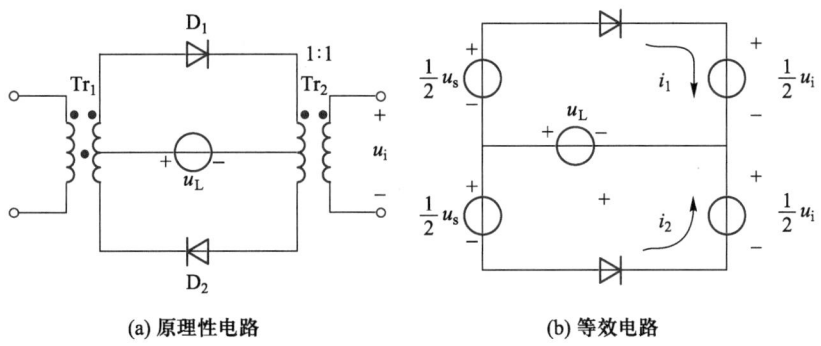

(a) 原理性电路　　　　　　　　　(b) 等效电路

图 7-3-1　二极管平衡型混频器

可以分别求出 i_1 与 i_2。有

$$i_1 = \frac{1}{r_{\mathrm{d}}} K(\omega_{\mathrm{L}}t)\left(\frac{1}{2}u_{\mathrm{s}} + u_{\mathrm{L}} - \frac{1}{2}u_{\mathrm{i}}\right) \qquad (7\text{-}3\text{-}2)$$

$$i_2 = \frac{1}{r_{\mathrm{d}}} K(\omega_{\mathrm{L}}t)\left(u_{\mathrm{L}} - \frac{1}{2}u_{\mathrm{s}} + \frac{1}{2}u_{\mathrm{i}}\right) \qquad (7\text{-}3\text{-}3)$$

经过变压器 Tr_2 的作用，输出应与 $i_1 - i_2$ 成比例。因此

$$i = i_1 - i_2 = \frac{1}{r_{\mathrm{d}}} K(\omega_{\mathrm{L}}t)(u_{\mathrm{s}} - u_{\mathrm{i}})$$

$$= \frac{1}{r_{\mathrm{d}}}\left(\frac{1}{2} + \frac{2}{\Pi}\cos\omega_{\mathrm{L}}t - \frac{2}{3\pi}\cos3\omega_{\mathrm{l}}t + \frac{2}{5\pi}\cos5\omega_{\mathrm{l}}t + \cdots\right)(U_{\mathrm{sm}}\cos\omega_0 t - U_{\mathrm{Im}}\cos\omega_{\mathrm{I}}t) \qquad (7\text{-}3\text{-}4)$$

由式（7-3-4）可知，混频器输出的频率分量为 ω_{s}，ω_{I}，$\omega_{\mathrm{L}} \pm \omega_{\mathrm{s}}$，$\omega_{\mathrm{L}} \pm \omega_{\mathrm{I}}$，$3\omega_{\mathrm{L}} \pm \omega_{\mathrm{s}}$，$3\omega_{\mathrm{L}} \pm \omega_{\mathrm{I}}$，$\cdots$，二极管平衡混频器的设计显著减少了输出信号中不必要的频率组合分量，特别的是，它的输入端并不包含本振角频率 ω_{L} 及其谐波分量的电压。具体而言，缺少 ω_{L} 意味着本地振荡器不会向外部发射反向辐射；同时，由于没有 $n\omega_{\mathrm{L}}$ 的存在，即使输出中频回路的选择性不够强，也不会对第一级中放的工作点造成任何负面影响，即本振电压不会通过第一中放级的发射结进行检波，从而确保了工作点的稳定。

7.3.2　二极管环形混频器（双平衡混频器）

目前，在应用中广泛采用环形混频器，这一做法可以进一步抑制混频器中某些非线性频率分量的产生。图 7-3-2 展示了环形混频器的原理电路。本振电压通过输入和输出变压器 Tr_1、Tr_2 的中心抽头引入，四个二极管均以开关状态工作。图中显示了各电流和电压的极性，其中实线箭头表示本振电压在负半周期时的电流方向，虚线箭头表示本振电压在正半周期时的电流方向。由图 7-3-2 可以看出，这个电路相当于两个平衡混频器的组合。

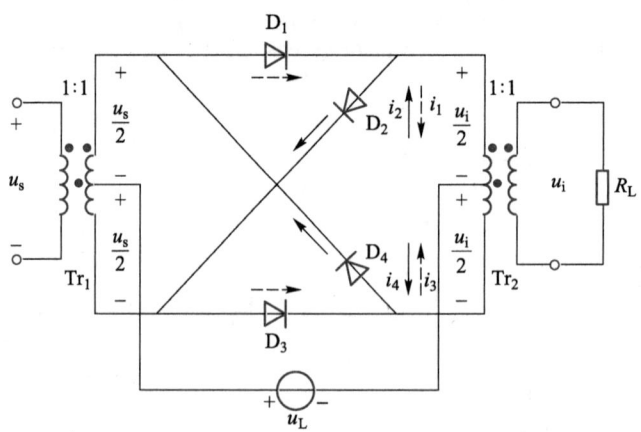

图 7-3-2 环形混频器的原理电路

在本振电压的正半周，二极管 D_1 与 D_3 导通，D_2 与 D_4 截止。此时，混频器相当于一个二极管反相型平衡混频器，如图 7-3-3 所示。

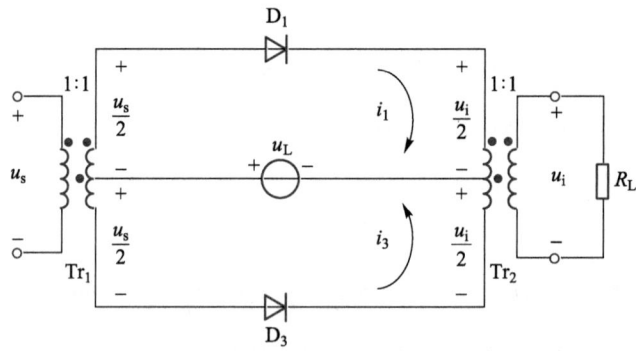

图 7-3-3 本振电压正半周的二极管环形混频器

这与上面分析的平衡混频器完全一样。由式（7-3-4）可见，输出变压器 Tr_2 的一次电流为

$$i' = i_1 - i_3 = \frac{1}{r_d} K(\omega_L t)(u_s - u_i) \tag{7-3-5}$$

在本振电压的负半周，二极管 D_2 与 D_4 导通，D_1 与 D_3 截止。此时，混频器也相当于一个二极管平衡混频器，如图 7-3-4 所示。

输出变压器 Tr_2 一次产生的电流为

$$i'' = i_4 - i_2 = \frac{1}{r_d} K^*(\omega_L t)\left(-\frac{u_s}{2} - u_L - \frac{1}{2}u_i\right) - \frac{1}{r_d} K^*(\omega_L t)\left(\frac{u_s}{2} - u_L + \frac{1}{2}u_i\right) \tag{7-3-6}$$

$$= \frac{-1}{r_d} K^*(\omega_L t)(u_s + u_i)$$

式中，$K^*(\omega_L t)$ 是图 7-3-4 中本振电压极性的开关函数，它和 $K(\omega_L t)$ 的区别仅在于二者

在开关时间上相差半个振荡电压周期，开关函数的关系如图 7-3-5 所示。即

$$K^*(\omega_L t) = K(\omega_L t + \pi) \tag{7-3-7}$$

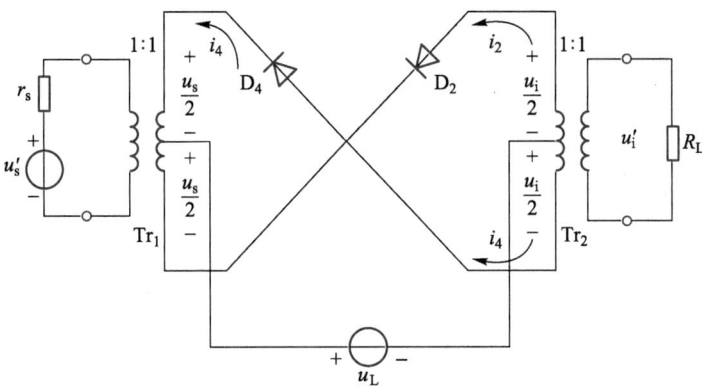

图 7-3-4　本振电压负半周的二极管环形混频器

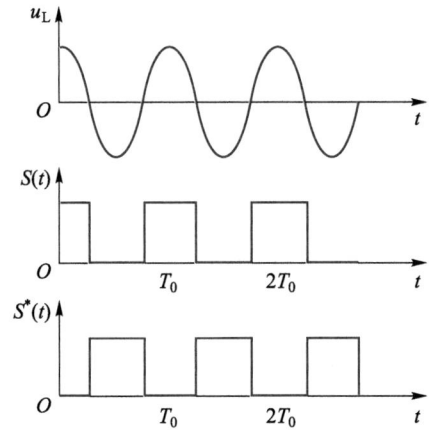

图 7-3-5　开关函数的关系

$K^*(\omega_L t)$ 可以写成

$$K^*(\omega_L t) = \frac{1}{2} + \frac{2}{\pi}\cos(\omega_0 t + \pi) - \frac{2}{3\pi}\cos(3\omega_0 t + 3\pi) + \cdots$$

$$= \frac{1}{2} - \frac{2}{\pi}\cos\omega_0 t + \frac{2}{3\pi}\cos\omega_0 t - \cdots \tag{7-3-8}$$

环形混频器的输出电流 $i = i' + i''$，由式（7-3-5）与式（7-3-6）得

$$i = \frac{1}{r_d}\left\{ \left[K(\omega_L t) - K^*(\omega_L t) \right] u_s - \left[K(\omega_L t) + K^*(\omega_L t) \right] u_i \right\} \tag{7-3-9}$$

由式（7-3-1）与式（7-3-8）得

$$K(\omega_L t) - K^*(\omega_L t) = \frac{4}{\pi}\cos\omega_L t - \frac{4}{3\pi}\cos 3\omega_L t + \cdots \tag{7-3-10}$$

$$K(\omega_{\mathrm{L}}t)+K^{*}(\omega_{\mathrm{L}}t)=1 \tag{7-3-11}$$

因此式（7-3-9）可改写为

$$i=\frac{1}{r_{\mathrm{d}}}\left(\frac{4}{\pi}\cos\omega_{\mathrm{L}}t-\frac{4}{3\pi}\cos3\omega_{\mathrm{L}}t+\cdots\right)u_{\mathrm{s}}-\frac{1}{r_{\mathrm{d}}}u_{\mathrm{i}} \tag{7-3-12}$$

若将 $u_{\mathrm{s}}=U_{\mathrm{s}}\cos\omega_{\mathrm{s}}t$ 代入式（7-3-12）可见，输出电流中除了和频 $\omega_{\mathrm{L}}+\omega_{\mathrm{s}}$、差频 $\omega_{\mathrm{L}}-\omega_{\mathrm{s}}$ 与中频 ω_{I} 成分之外，仅有 $3\omega_{\mathrm{L}}\pm\omega_{\mathrm{s}}$、$5\omega_{\mathrm{L}}\pm\omega_{\mathrm{s}}$、$\cdots$ 项，因此非线性结果进一步被抑制。

7.4　晶体管混频电路

二极管混频器在应用中面临的主要局限是其变频增益相对较低，这限制了其在需要高效变频转换场景中的应用。相反，晶体管混频器因其能提供更高的变频增益，在中短波接收机和精密测量仪器中得到了广泛应用，显著提升了信号处理的效率。但晶体管混频器也存在一些缺点：首先，它的动态范围较为有限，一般仅支持几十毫伏的输入信号变化，这限制了其处理大动态范围信号的能力；其次，晶体管混频过程中会产生较多的组合频率分量，这些不必要的频率成分可能引入严重的干扰，影响信号质量；再者，晶体管混频器本身产生的噪声相对较大，对信号的纯净度构成挑战；特别值得注意的是，在没有前置高频放大器的接收机系统中，晶体管混频器还可能面临一个独特的问题：本振电压有可能通过混频管内部的极间电容泄漏，进而从天线端辐射出去，形成所谓的"反向辐射"。下面将详细讨论晶体管混频电路的工作原理及特点。

图 7-4-1 显示了晶体管混频电路。图 7-4-1（a）中，在晶体管的基极与发射极之间施加本振电压 u_{L} 和信号电压 u_{s}，通过二者之间的非线性特性实现变频。实际上，晶体管混频器电路有多种形式，根据晶体管的组态和本振电压注入点的不同，有如图 7-4-1 所示的四种基本电路。图 7-4-1（a）和（b）均为共发射极混频电路，图 7-4-1（a）中信号电压和本振电压都由基极输入；（b）中的信号电压由基极输入，本振电压由发射极注入；图 7-4-1（c）和（d）均为共基极混频电路，图 7-4-1（c）中的信号电压和本振电压都由发射极输入，（d）中的信号电压由发射极输入，本振电压由基极注入。这四种电路组态各有其优缺点。

在图 7-4-1（a）的电路结构中，对于振荡电压而言，它采用的是共发射极（共射）配置，这一特点赋予了它较高的输入阻抗。因此，在作为混频器使用时，本地振荡电路能够更容易地达到起振条件，并且所需的本振注入功率相对较低，这是其显著优势。然而，由于信号输入电路与振荡电路之间是直接耦合的，它们之间的相互影响较为显著，可能导致所谓的"牵引现象"，特别是在 ω_{s} 与 ω_{L} 的相对频差较小时，这种现象尤为明显，从而限制了该电路在某些情况下的应用。

相比之下，图 7-4-1（b）的电路设计则通过从基极输入信号、从发射极注入本振电压的方式，有效降低了相互干扰引起的牵引现象的可能性。同时，对于本振电压而言，该电路相当于一个共基极（共基）电路，具有较低的输入阻抗，这有助于防止振荡电路的过激励，从而保证了振荡波形的良好形态和低失真度。虽然这种配置需要较大的本振注入功率，但通常这一需求仅在几十毫瓦的范围内，对于本振电路而言是完全可实现的，因此这种电路在实际应用中得到了广泛的采纳。

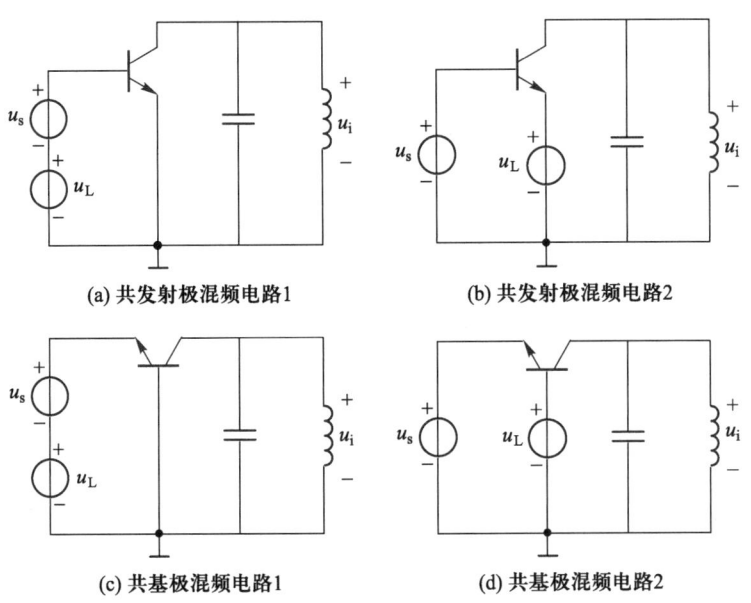

(a) 共发射极混频电路1　　　　　(b) 共发射极混频电路2

(c) 共基极混频电路1　　　　　(d) 共基极混频电路2

图 7-4-1　晶体管混频电路

至于图 7-4-1（c）和（d）两种电路，它们均采用了共基极混频电路的形式。在较低的工作频率下，这两种电路的变频增益较低且输入阻抗也不高，因此并不适合使用。然而，在高频工作环境下，共基电路的电流放大系数（f_α）远大于共发射极电路的电压放大系数（f_β），这使得它们的变频增益显著提高，从而在某些高频应用场景中成为了可行的选择。

下面把晶体管混频器看成线性参变元件进行分析。

加上信号电压 u_s 和振荡电压 u_L 后，晶体管的转移特性曲线如图 7-4-2 所示。

由于信号电压 u_s 很小，无论它工作在特性曲线的哪个区域，都可以认为特性曲线是线性的。而由于本振信号 u_L 很大，在混频过程中，混频管的跨导（即转移特性曲线的斜率）是按 u_L 的角频率 ω_L 周期性地变化的。这时，集电极电流 i_c 和输入电压 u_{BE} 可写成如下函数关系：

$$i_c = f(u_{BE}) = f(V_{BB} + u_0 + u_s) \tag{7-4-1}$$

式中，V_{BB} 为直流偏置电压。若信号电压 u_s 远小于本振电压 u_0，可得下式：

$$\begin{aligned} i_c = {}&(I_{c0} + I_{c1m}\cos\omega_L t + I_{c2m}\cos2\omega_L t + \cdots) + \\ &(g_0 + g_1\cos\omega_L t + g_2\cos2\omega_L t + \cdots) \cdot U_{sm}\cos\omega_s t \end{aligned} \tag{7-4-2}$$

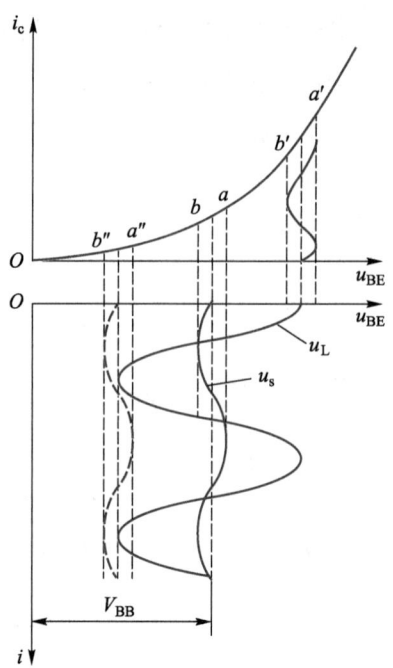

图 7-4-2　加电压后的晶体管转移特性曲线

若中频频差取差频 $\omega_I = \omega_L - \omega_s$，则由上式可得出中频电流分量为

$$i_i = U_{sm}\frac{g_1}{2}\cos(\omega_L - \omega_s)t \tag{7-4-3}$$

其振幅为

$$I_{im} = U_{sm}\frac{g_1}{2} \tag{7-4-4}$$

输出的中频电流振幅 I_{im} 与输入的高频信号电压振幅 U_{sm} 之比称为变频跨导 g_c，有

$$g_c = \frac{I_{im}}{U_{sm}} = \frac{1}{2}g_1 \tag{7-4-5}$$

晶体管的跨导 $g(t)$ 随本振信号 u_L 作周期性变化，可表示成

$$g(t) = g_0 + g_1\cos\omega_L t + g_2\cos2\omega_L t + \cdots \tag{7-4-6}$$

$$g_1 = \frac{2}{T}\int_{-\frac{T}{2}}^{\frac{T}{2}}g(t)\cos\omega_L t\mathrm{d}t \tag{7-4-7}$$

$g(t)$ 是一个复杂的函数，想用式（7-4-7）的积分关系求出 g_1 是很困难的。下面用图解法进行近似计算，适用于工程实际应用。

晶体管跨导 g 与 u_{BE} 的关系曲线（即混频器跨导随本振电压的变化情况）如图 7-4-3 所示。

设直流工作点选在曲线的线性部分的中间 Q 点处。同时认为，在本振电压 u_L 的作用下，跨导不超出线性范围。因此

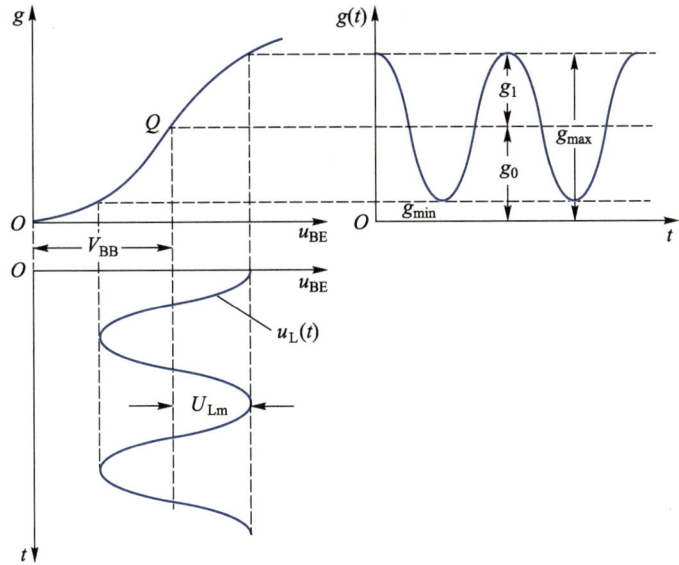

图 7-4-3　混频器跨导随本振电压的变化情况

$$g(t) = g_0 + g_1 \cos\omega_L t \tag{7-4-8}$$

式中，g_0 为工作点的跨导。

由图 7-4-3 可见

$$g_1 = \frac{g_{max} - g_{min}}{2} \approx \frac{g_{max}}{2} \tag{7-4-9}$$

而 Q 点的 $g_0 = \dfrac{g_{max} + g_{min}}{2} \approx \dfrac{g_{max}}{2}$，所以当 $g_{max} \gg g_{min}$ 时，可得

$$g_1 = g_0 = \frac{g_{max}}{2} \tag{7-4-10}$$

即在数值上，g_1 可看成等于工作点的跨导 g_0。因而变频跨导

$$g_c = \frac{1}{2}g_1 = \frac{1}{2}g_0 = \frac{1}{4}g_{max} \tag{7-4-11}$$

当晶体管被用作放大器时，为了最大化其电压和功率增益，通常会选择将工作点设定在 g_{max} 附近；然而，当晶体管转而用作混频器时，情况就不同了，根据式（7-4-11），混频过程中转换效率的系数 g_c 仅为放大器模式下 g_{max} 的 1/4。这意味着，在相同的负载条件下，混频器所能提供的变频电压增益仅仅是放大器时电压增益的 1/4，而变频功率增益更是降低到放大器时功率增益的 1/16。

知道了变频跨导 g_c，即可求出变频电压增益与变频功率增益，参阅如图 7-4-4 所示的晶体管混频器的等效电路。图中，g_{ie} 为输入电导；g_{oe} 为输出电导；g_c 为变频跨导；G_L 为负载电导。

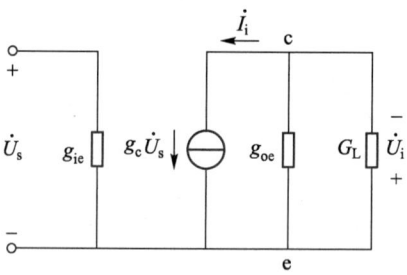

图 7-4-4 晶体管混频器的等效电路

由图 7-4-4 可得

$$U_i = \frac{g_c U_s}{g_{oe} + G_L} \tag{7-4-12}$$

因此变频电压增益为

$$A_{uc} = \frac{U_i}{U_s} = \frac{g_c}{g_{oe} + G_L} \tag{7-4-13}$$

变频功率增益

$$A_{pc} = \frac{U_i^2 G_L}{U_s^2 g_{ie}} = \frac{g_c^2}{(g_{oe} + G_L)^2} \cdot \frac{G_L}{g_{ie}} = A_{uc}^2 \frac{G_L}{g_{ie}} \tag{7-4-14}$$

当 $G_L = g_{oe}$ 时，变频功率增益达到最大，即

$$A_{pc\max} = \frac{g_c^2}{4 g_{ie} g_{oe}} \tag{7-4-15}$$

【**例 7.1**】已知混频晶体管的正向传输特性为

$$i_c = a_0 + a_2 u^2 + a_3 u^3$$

式中，$u = U_{sm}\cos\omega_s t + U_{Lm}\cos\omega_L t V_{BB}$，$U_{Lm} \gg U_{sm}$，混频器的中频 $\omega_I = \omega_L - \omega_s$，试求混频器的变频跨导 g_c。

解：$g(t) = \dfrac{\mathrm{d}i_c}{\mathrm{d}u}\bigg|_{u = u_L + V_{BB}}$

则：

$$g(t) = 2a_2(u_L + V_{BB}) + 3a_3(u_L + V_{BB})^2$$

$$= 2a_2 U_{Lm}\cos\omega_L t + 2a_2 V_{BB} + 3a_3 U_{Lm}^2 \cos^2\omega_L t + 6a_3 V_{BB} U_{Lm}\cos\omega_L t + 3a_3 V_{BB}^2$$

$$= 2a_2 V_{BB} + 3a_3 V_{BB}^2 + \frac{3}{2}a_3 U_{Lm}^2 + 2a_2 U_{Lm}\cos\omega_L t + 6a_3 V_{BB} U_{Lm}\cos\omega_L t + \frac{3}{2}a_3 U_{Lm}^2 \cos 2\omega_L t$$

式中，$\cos\omega_L t$ 前系数 $g_1 = 2a_2 U_{Lm} + 6a_3 V_{BB} U_{Lm}$

所以 $g_c = \dfrac{1}{2}g_1 = a_2 U_{Lm} + 3a_3 V_{BB} U_{Lm}$。 ■

7.5 差分对模拟乘法器混频电路

差分对模拟乘法器混频电路如图 7-5-1 所示。高频信号电压 $u_s = U_{sm}\cos\omega_s t$ 经变压器 Tr_1 推挽地（反相地）加在差分对晶体管 T_2 和 T_3 基极。本振信号电压 $u_L = U_{Lm}\cos\omega_L t$ 加在恒流晶体管 T_1 的基极，使总电流 I_k 随 ω_L 周期性地变化。因此，差分对管可以看成一个参数（跨导）在改变的线性元件。当高频信号电压通过此线性参变元件时，便产生各种频率分量，其中的差频（中频）电压 u_i 在变压器 Tr_2 二次侧输出。

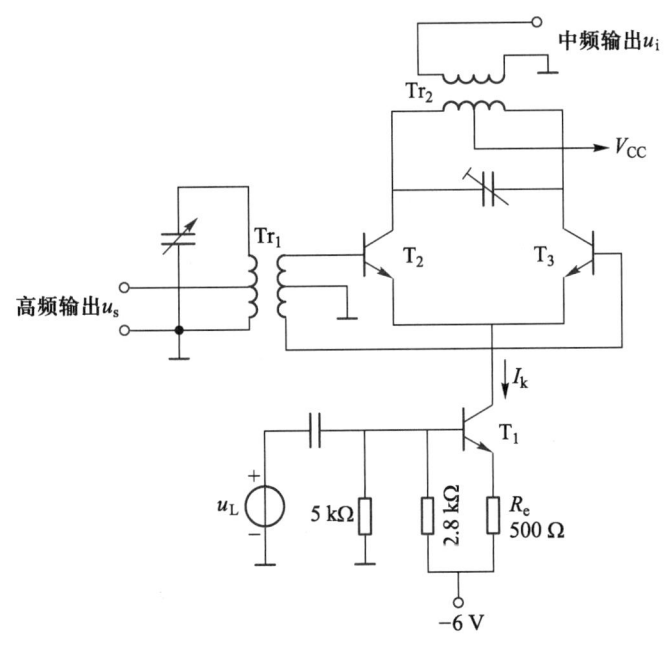

图 7-5-1　差分对模拟乘法器混频电路

同样地，可以将差分对混频器视为平衡混频器。高频信号电压以反相方式加在两个晶体管的基极上，而本振电压以同相方式加在两个晶体管的发射极上。经过非线性变换后，两个晶体管的输出电流在中频变压器中反相叠加，滤除其他频率分量后，输出中频分量电压。

因此，差分对混频器在管子完全相同，且输入和输出变压器完全对称的情况下，输出端主要为所需要的差频 $\omega_L-\omega_s$ 项，不包含本振角频率 ω_L 及其谐波，不包含信号角频率 ω_s 的偶次谐波，也不包含 u_s 的偶次方与 u_L 的相乘项所引起的组合频率。因此，差分对混频器抑制了许多组合频率，大大地减小了组合频率干扰。

7.6 混频器的干扰及失真

微视频 7.6
混频器的
干扰及失真

　　综合前面各节的讨论可知，混频器的非线性效应所带来的干扰问题至关重要，可能引发的干扰多种多样，其中包括组合频率干扰、副波道干扰、交叉调制与互相调制（即互调干扰）、阻塞现象与倒易混频等，这也是评估混频器质量的关键指标之一。接下来将逐一讨论这些干扰，并简要介绍克服干扰的方法。

7.6.1 组合频率干扰（干扰哨声）和副波道干扰

（1）组合频率干扰

在混频器的输出电流构成中，除了我们期望获得的差频（即中频）电流之外，还会不可避免地伴随产生一系列谐波频率和复杂的组合频率，这些频率包括但不限于 $3f_L$、$3f_s$、$2f_s-f_L$、$3f_s-f_L$、$2f_0-f_L$、$3f_L-f_s$、……。如果这些组合频率中的某些成分与中频 $f_I=f_L-f_s$ 相近，且恰好落在中频放大器的通带范围内，那么它们就会与中频信号（即我们需要的正确中频信号 f_I）一同被中频放大器所捕获并放大。随后，这些被放大的信号（包括中频信号和接近中频的组合频率）会传递到检波器上。由于检波器本身具有非线性特性，这些接近中频的组合频率会在检波过程中与中频信号 f_I 发生差拍效应，进而产生音频频率的信号。这些非预期的音频信号最终会在耳机或其他音频输出设备中表现为哨声等杂音。

　　组合频率 f_k 的通式可以写成

$$f_k = \pm pf_L \pm qf_s \qquad (7\text{-}6\text{-}1)$$

式中，p 和 q 为任意正整数，它们分别代表本振频率和信号频率的谐波次数。

　　显然，只要满足以下关系

$$f_k = \pm pf_L \pm qf_s \approx f_I \qquad (7\text{-}6\text{-}2)$$

组合频率 f_k 的干扰信号就能进入中频放大器，经差拍检波后，产生干扰哨声。

　　式（7-6-2）包括以下四种情况：

$$pf_L - qf_s \approx f_I$$
$$-pf_L + qf_s \approx f_I$$
$$pf_L + qf_s \approx f_I$$
$$-pf_L - qf_s \approx f_I$$

第四种情况是不存在的，第三种情况是不可能的。如取 $f_I=f_L-f_s$，则第一、二种情况可写成

$$f_s \approx \frac{p-1}{q-p}f_I; \quad f_s \approx \frac{p+1}{q-p}f_I \qquad (7\text{-}6\text{-}3)$$

将两式合写成一个公式，得

$$f_s \approx \frac{p \pm 1}{q - p} f_I \qquad (7\text{-}6\text{-}4)$$

上式说明，当中频 f_I 一定时，只要信号频率接近上式算出来的数值，就可能产生干扰哨声。

（2）副波道干扰

除了上述提到的混频器内部产生的谐波和组合频率干扰外，如果混频器前端的输入回路以及高频放大器的选择性未能达到理想标准，那么除了期望接收的有用信号之外，还可能有其他干扰信号趁机进入混频器系统。这些干扰信号一旦进入，就有可能与本地振荡器产生的频率谐波相互作用，进一步形成一系列接近中频频率的组合频率干扰。这类由非期望信号与本地振荡谐波组合而成的干扰，被特别称为"组合副波道干扰"。

干扰频率 f_n 与本振频率 f_L 满足下列关系时

$$p f_L - q f_n \approx f_I \quad \text{或者} \quad -p f_L + q f_n \approx f_I \qquad (7\text{-}6\text{-}5)$$

都会产生组合副波道干扰。式中，p 和 q 为正整数；f_n 为干扰频率。

由式（7-6-5）可以求出接收机调谐在信号频率 $f_s = f_L - f_I$ 时，产生组合副波道干扰的干扰信号频率为

$$f_n \approx \frac{1}{q}(p f_L \pm f_I) \qquad (7\text{-}6\text{-}6)$$

$$f_n \approx \frac{1}{q}\left[p f_s + (p \pm 1) f_I \right] \qquad (7\text{-}6\text{-}7)$$

在上述组合副波道干扰中，存在一些典型的干扰。典型的副波道干扰包括中频干扰和镜像频率干扰。

中频干扰是式（7-6-7）中取 $p=0$、$q=1$ 的情况，得 $f_n \approx f_I$。亦即干扰频率等于或接近于中频 f_I 时，干扰信号将被混频器和各级中频放大器放大，以干扰哨声的形式出现。

镜像频率干扰是式（7-6-7）中 $p=1$、$q=1$ 时产生的，此时 $f_n = 2f_I + f_s$。因为通常本振频率 $f_L = f_I + f_s$，因此这时 $f_n = f_L + f_I$。亦即，信号频率 f_s 比本振频率 f_L 低一个 f_I，干扰频率则比 f_L 高一个 f_I。二者对称地分布在 f_L 两侧，因此 f_n 称为镜像频率干扰，它与 f_L 差拍也产生 f_I，成为干扰信号。

除了混频器本身的特性导致的组合频率干扰和副波道干扰外，当干扰信号与有用信号同时进入混频器时，它们经过非线性变换也会产生接近中频 f_I 的分量，从而引起干扰。除了混频器可能产生这类干扰外，混频器之前的高频放大器也可能产生这类干扰。这些干扰包括交调、互调、阻塞干扰和相互混频等。接下来将对它们进行讨论。

7.6.2 交叉调制

当接收机的前端电路缺乏足够的选择性时，会面临一个关键问题：有用信号与干扰信

号可能同时涌入接收机的输入端口。若这两种信号均携带了音频调制信息，一个特定的干扰现象——交叉调制干扰，便有可能发生。具体表现是：当接收机精确调谐至有用信号的频率时，用户不仅能听到有用信号本身携带的信息，还能清晰地捕捉到来自干扰电台的调制信号。一旦接收机偏离了有用信号的频率，即发生失谐，干扰电台调制信号的可听度会逐渐减弱，直至随着有用信号的完全消失而彻底无法被感知。这种现象给人的感觉就像是干扰电台的调制信号被某种方式"转移"到了有用信号的载波之上，仅在接收机与有用信号同步时才会显现出来。

交叉调制产生的机理可由晶体管的转移特性 i_c-u_{BE} 的非线性特性来说明。

设输入的信号电压 $u_s = U_{sm}\cos\omega_s t$，干扰电压 $u_n = U_{nm}\cos\omega_n t$，则总的输入电压为

$$\Delta u = U_{sm}\cos\omega_s t + U_{nm}\cos\omega_n t \tag{7-6-8}$$

将 i_c 展开成泰勒级数形式：

$$
\begin{aligned}
i_c &= f(u_B + \Delta u) \\
&= f(u_B) + g\Delta u + \frac{1}{2}g'\Delta u^2 + \frac{1}{6}g''\Delta u^3 + \cdots
\end{aligned}
\tag{7-6-9}
$$

式中，u_B 控制晶体管工作点，在式（7-4-1）中，$u_B = V_{BB} + u_L$。

将式（7-6-8）代入上式，经三角变换后，取出信号基波电流，得

$$i_{c1} = \left(gU_{sm} + \frac{1}{4}g''U_{sm}U_{nm}^2 + \cdots\right)\cos\omega_s t \tag{7-6-10}$$

若 u_s 和 u_n 都是已调制信号，它们的振幅随音频而变，则可将式（7-6-10）中的 U_{sm} 代以 $U_{sm}(1+m_1\cos\Omega_1 t)$，$U_{nm}$ 代以 $U_{nm}(1+m_2\cos\Omega_2 t)$，经变换后，略去高次项，即得

$$i_{c1} = \left(gU_{sm} + \cdots + gU_{sm}m_1\cos\Omega_1 t + \cdots + \frac{1}{2}g''U_{sm}U_{nm}^2 m_2\cos\Omega_2 t + \cdots\right)\cos\omega_s t \tag{7-6-11}$$

式（7-6-11）中的第二项为有用信号 Ω_1 的调制，第三项为干扰信号 Ω_2 的调制。为了表示交叉调制的程度，定义

$$
\begin{aligned}
交叉调制系数\ k_f &= \frac{干扰信号所转移的调制}{有用信号的调制} \\
&= \frac{\frac{1}{2}g''U_{sm}U_{nm}^2 m_2}{gU_{sm}m_1} = \frac{1}{2}\cdot\frac{m_2}{m_1}\cdot\frac{g''}{g}U_{nm}^2
\end{aligned}
\tag{7-6-12}
$$

由上式可见，k_f 与 g'' 成正比，交叉调制干扰的产生原因是晶体管等电子元件的非线性特性，特别是其三次或更高次的非线性项。k_f 与有用信号的幅度大小 U_{sm} 无直接关联，但却显著地受到干扰信号振幅平方的影响，即干扰越强，交叉调制效应越显著。为了有效抑制交叉调制干扰，关键在于提升接收机前端电路的选择性，降低 U_{nm} 是一种有效的方法，尽管这通常依赖于外部环境的改善或信号源的控制。值得注意的是，交叉调制干扰的产生与否，主要取决于放大器或混频器等关键部件的非线性特性，而与干扰信号的具体频率无

直接关系。这意味着，只要干扰信号的强度足够大，能够穿透接收机前端电路的防护，就有可能触发交叉调制干扰。因此，交叉调制干扰被视为一种具有较大危害性的干扰形式，需要在接收机设计和使用过程中给予足够的重视和防范。

7.6.3 互相调制

当接收机同时接收到两个或多个干扰信号时，放大器的非线性特性会成为一个"调制器"，促使这些干扰信号之间发生相互混频。这一过程可能生成一系列新的频率分量，其中某些分量的频率会意外地接近或落入有用信号的频率范围内，形成所谓的互调干扰分量。这些干扰分量随后会与有用信号一同被接收机的中频系统捕获和处理。实际上，互调现象的发生遵循特定的数学关系，即当干扰信号的频率 ω_{n1}、ω_{n2} 与有用信号的频率 ω_s 之间满足下式关系时

$$\pm p\omega_{n1} \pm q\omega_{n2} = \omega_s \qquad (7\text{-}6\text{-}13)$$

即可产生互调现象。p、q 为正整数。由于频率不能为负，因此 $-p\omega_{n1} - q\omega_{n2}$ 不成立，其他三种情况都有可能发生。

与分析交叉调制情况类似，互调干扰是由于高放（或混频）级中的二次、三次和更高次非线性项所产生的。此外，干扰信号的幅度越大，互调干扰分量也越大。

7.6.4 阻塞现象与倒易混频

在无线通信系统中，当强大的干扰信号侵入接收机的输入端口时，若输入电路的抑制效能不足，将引发一系列严重后果。这种情况下，前端电路中的关键组件如放大器或混频器可能会被迫进入高度非线性的工作状态，这种非线性不仅显著降低了其处理信号的能力，还可能彻底扰乱甚至破坏内部晶体管的正常操作模式。具体表现为输出信号的信噪比急剧恶化，这就是所谓的"强信号阻塞"现象。在极端情况下，过强的信号还可能直接对晶体管的 PN 结造成物理损伤，如击穿现象，从而导致晶体管完全失效，形成"完全阻塞"的灾难性后果。

混频器作为信号处理的关键环节，其特有的干扰形式之一是"倒易混频"。这一现象源于混频器输入端口接收到的强干扰信号与来自本振源的杂散噪声之间的相互作用。倒易混频示意图如图 7-6-1 所示。图中，f_L 为本振频率，在本振信号两侧存在边带噪声，如虚线三角部分所示。f_s 是有用信号频率。f_s 与 f_L 混频后，产生中频 f_I。f_{n1} 与 f_{n2} 为两个干扰信号。它们与 f_L 混频后，产生的频率分量可能不在中频通带之内，因而不会引起干扰哨声。当干扰信号（f_{n1} 或 f_{n2}）与接收机本振源产生的边带噪声中的某些特定噪声分量发生混频作用时，一个潜在的问题出现了：这些

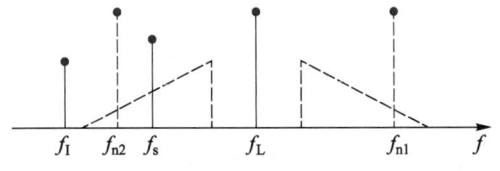

图 7-6-1　倒易混频示意图

混频产物可能恰好落在接收机的中频通带内，成为所谓的"中频噪声"。这种中频噪声的存在，会显著降低输出信号的信噪比，进而影响到接收机的整体性能，包括其实际灵敏度的下降。它实质上是利用本振源的边带噪声作为调制源，对较强的干扰信号进行了调制，因此被称为噪声调制。在这个过程中，原本作为潜在干扰的噪声和信号的角色发生了反转：原本可能是主要关注对象的干扰信号现在扮演了"载频"的角色，而原本可能被视为次要的边带噪声则成为了调制过程中的"输入信号"。这种调制过程与传统的混频操作在逻辑上呈现出一种"倒易"或"颠倒"的关系，故称为倒易混频。根据以上情况，为了避免发生倒易混频现象，需要确保本振频谱尽可能纯净。

7.6.5　克服干扰的措施

根据前面的讨论，各种干扰产生的主要原因包括前端电路选择性不佳、器件非线性、动态范围小以及中频选择不当等因素。因此，要克服这些干扰，需要考虑以下几个方面的具体措施：

（1）提高前端电路的选择性，对于抑制各种外部干扰起着至关重要的作用。有时，为了进一步抑制非线性干扰，我们还可以添加滤波器。

过去，为了提高前端电路的选择性，通常会增加调谐回路的数量，并增加高放级。但这样做会使整个电路结构变得复杂，而且增加高放级数量后，会加剧前端电路的非线性，减小动态范围，导致交调、互调、阻塞等干扰更为严重。因此，目前的趋势是采用没有高放级的高中频和固定滤波器，以进一步抑制干扰并简化整个电路结构。

（2）合理选择中频，可以大大减少组合频率干扰和副波道干扰，并在一定程度上抑制交调、互调等干扰。式（7-6-4）可以改写为

$$\frac{f_{\mathrm{s}}}{f_{\mathrm{I}}}=\frac{p\pm 1}{q-p} \tag{7-6-14}$$

这说明在接收机频率范围内，当中频 f_{I} 一定时，只要信号频率 f_{s} 满足上式，就可能产生组合频率干扰。因此，通过合理选择中频，可以显著减少组合频率干扰点落在接收频段内的数量。选用高中频时，接收频段内的干扰点数量［即满足式（7-6-14）的 $p+q=3$］。因此，高中频方案得到了采用。

此外，还可以考虑采用二次变频接收机。在这种方案中，第一中频采用高中频，以减少非线性干扰的影响。而第二中频则采用低中频，以满足增益和邻近波道选择性等要求。

（3）合理选用电子器件与工作点。在选择工作点时，应确保晶体管处于三次非线性最小的区域，以降低交调、互调和阻塞等干扰的产生。此外，采用交流负反馈可以减小晶体管的非线性特性，并扩大其动态范围。另外，由于场效应管的转移特性近似于平方律特性，因此使用场效应管作为放大器与混频器，对于改善互调、交调和阻塞干扰很有益。此外，差分对放大器具有较大的动态范围，因此将其用作高频放大器或混频器，也有助于改

善阻塞、交调和互调等干扰。

7.7　集成变频电路

下面举几个实际的集成变频电路的例子。图 7-7-1 展示了一个调幅通信机所采用的混频器电路。在这个电路中，高频调幅波（其载频为 1.7~6 MHz）从第二个高放的输出回路的二次加至混频管的基极。本振电压（频率为 2.165~6.465 MHz）通过电感耦合加至该管的发射极。集电极负载回路输出的是频率为 465 kHz 的中频调幅波。

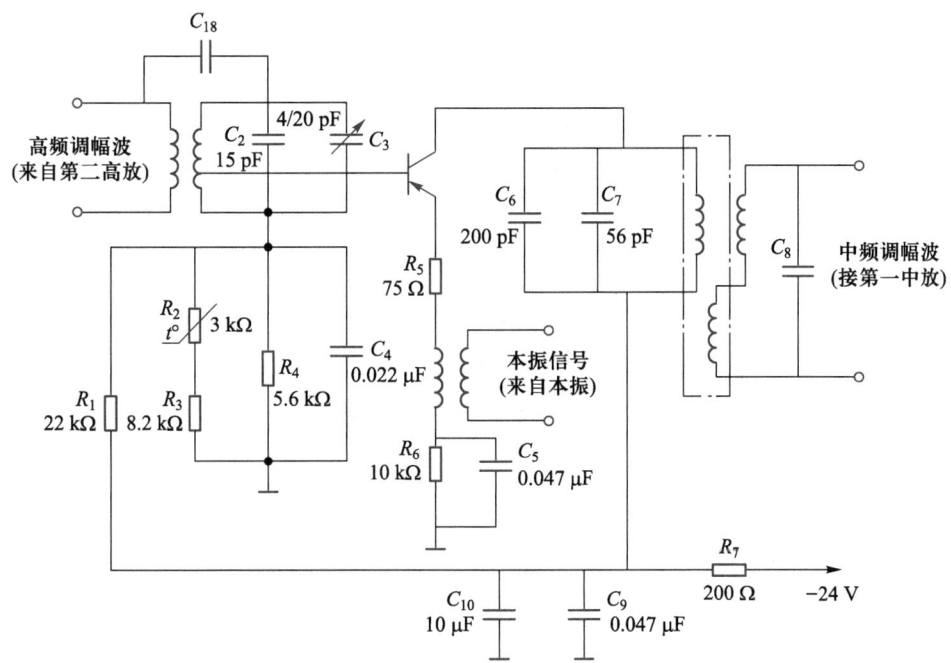

图 7-7-1　某调幅通信机混频器电路

电阻 R_1、R_2、R_3、R_4 和 R_6 共同组成混频管的偏置电路。R_2 为具有负温度系数的补偿电阻。R_5 为发射极交流负反馈电阻，用以改善混频管的非线性特性和扩大动态范围，以提高抗干扰的能力（见 7.2 节）。R_7 和 C_9、C_{10} 组成去耦电路。第二高放的二次回路调谐在高频信号频率上，它与一次回路除互感耦合外，还存在电容耦合（耦合电容 C_{18}）。

图 7-7-2 展示了一个变频器电路，也称为自激式变频器。在这个电路中，晶体管不仅完成混频的功能，还构成一个自激振荡器。信号电压被加到晶体管的基极上，振荡电压注入晶体管的发射极，在输入调谐回路上得到中频电压。在晶体管的发射极和地之间（也就是发射极和基极之间），接有调谐回路，调谐于本振频率 f_0。集电极和发射极间通过变压器 Tr_2 的正反馈作用完成耦合，所以适当地选择 Tr_2 的匝数比和连接的极性，能够产生并维持振荡。电阻 R_1、R_2 和 R_3 组成变频管的偏置电路。C_7 为耦合电容。振荡回路除 Tr_2 的

二次和主调电容 C_2 外，还有串联电容 C_5 和并联电容 C_4 共同组成的调谐回路，以达到统一调谐的目的。

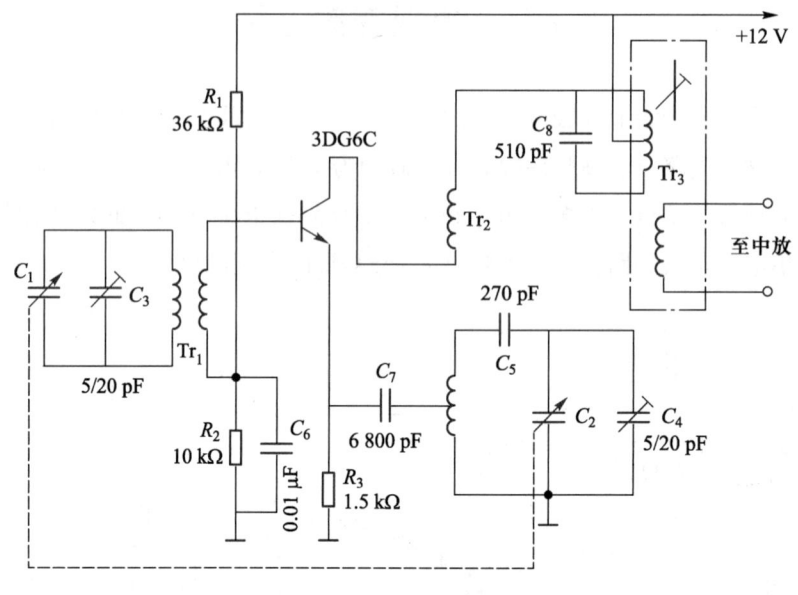

图 7-7-2　自激式变频器电路

如图 7-7-3 所示为由集成片 CXA1019 组成的调频/调幅接收机中模拟乘法器组成的混频器和前置中频放大器。高频信号经耦合电容器 C_2 送给混频器。由晶体管 $T_2 \sim T_7$、电流

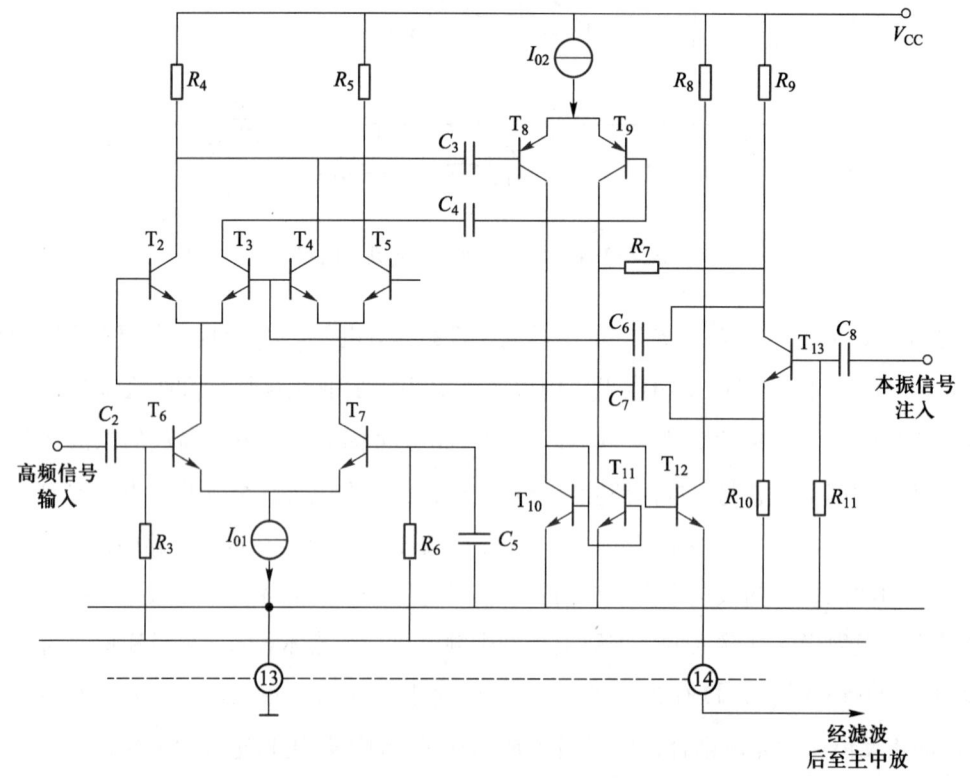

图 7-7-3　模拟乘法器组成的混频器和前置放大器

源I_{01}构成的四象限模拟乘法器作为混频器。当乘法器两管对称时，其输出信号中所包含的组合频率成分很少，减小了组合频率干扰，混频器的输出经电容C_3、C_4以差分方式送给前置中频放大器。

前置中频放大器由差分放大器和射极跟随器组成。差放由晶体管$T_8 \sim T_{11}$和电流源I_{02}构成，它兼起双端-单端变换作用。放大后的信号经由晶体管T_{12}构成的射极跟随器输出，经中频滤波器后至主中放。

本振信号经耦合电容C_8注入。晶体管T_{13}的作用是作为有源器件的缓冲放大器，供给混频器以差分输出，并将本地振荡器与混频器隔离。

7.8 仿真——混频电路

7.8.1 晶体管混频电路仿真

晶体管混频仿真电路如图 7-8-1 所示。

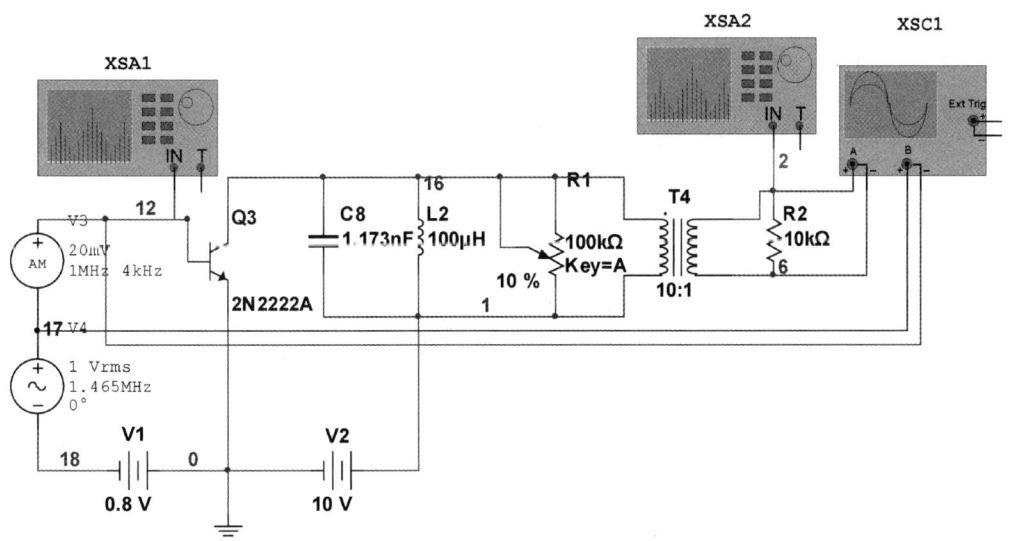

图 7-8-1 晶体管混频仿真电路

思考题：

（1）观察混频前后频谱的变化，中心频率和信号带宽；

（2）观察并分析带外干扰形成原因。

7.8.2 交调互调干扰的仿真

图 7-8-2 和图 7-8-3 分别为交调干扰和互调干扰的仿真电路。

（1）交调干扰仿真电路

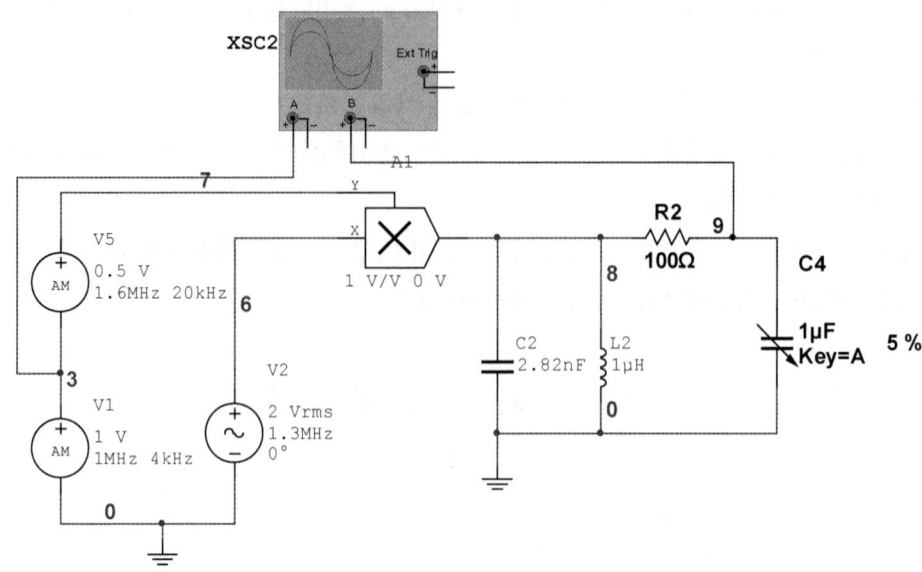

图 7-8-2　交调干扰仿真电路

（2）互调干扰仿真电路

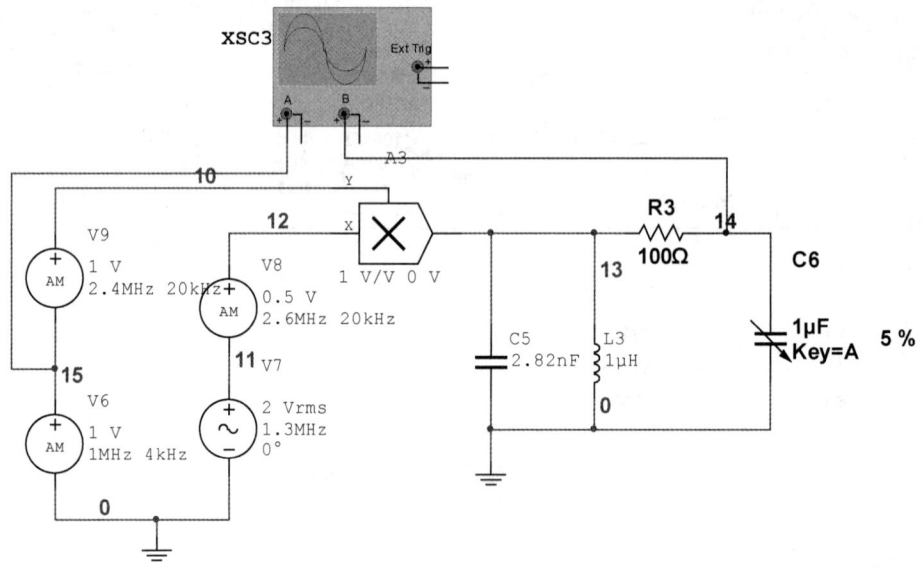

图 7-8-3　互调干扰仿真电路

思考题：

（1）观察各个干扰产生前后，输出波形的变化；

（2）分别从时域包络和频谱的变化出发，分析上述两种干扰的区别。

7.8.3 混频电路仿真

混频仿真电路如图 7-8-4 所示。

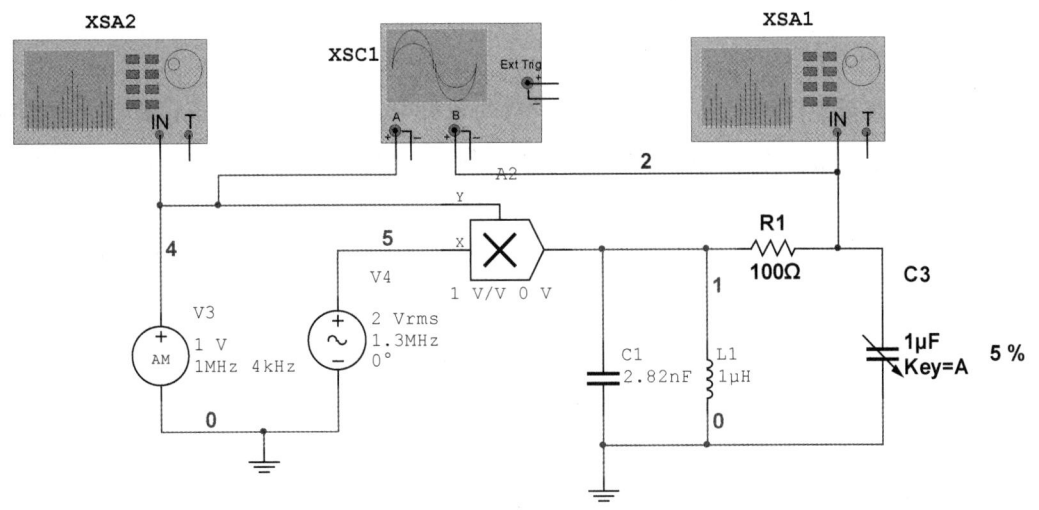

图 7-8-4 混频仿真电路

思考题：

（1）观察混频前后频谱变化；

（2）输入交换，对比仿真结果的不同。

7.9 前沿——混频电路最新研究方向

1. 数字混频技术

随着数字信号处理技术的发展，数字混频技术也逐渐受到关注。数字混频通过将模拟信号转换为数字信号，在数字域进行混频处理，最后再将处理后的数字信号转换回模拟信号。这种技术具有高精度、可编程性强、灵活性高等优点，尤其适用于需要高度灵活性和精确控制的通信系统。在软件定义无线电系统中，传统的硬件混频器被数字混频器取代。接收到的模拟无线信号首先通过模数转换器（ADC）转换为数字信号。然后，数字混频技术在数字域内对信号进行混频处理，通过数字信号处理器（DSP）或者现场可编程门阵列（FPGA）进行操作。这一过程使得信号可以在数字域内进行精确的频率调整和滤波，最后再通过数模转换器（DAC）将处理后的数字信号转换回模拟信号，发射出去。

2. 射频微电子混频器

在射频微电子领域，随着工艺技术的进步，出现了许多高性能的射频微电子混频器。这些混频器通常采用先进的半导体工艺制造，具有低噪声、高线性度、宽带宽等特点，能够满足现代通信系统对高性能混频器的需求。例如，HMC705 微波混频器的典型指标包括 2~18 GHz 的工作频率范围，转换增益 10 dB，输入第三阶截点（IP3）约 +20 dBm，噪声系数约 10 dB，带宽覆盖其整个频段，端口隔离度高达 30 dB，适用于高频信号的高线性度和低噪声应用。

3. 新型材料与技术

此外，随着新型材料（如石墨烯、二维材料等）和新技术（如量子计算、光子集成等）的发展，也为混频电路的创新提供了新的可能性。例如，基于新型材料的混频器可能具有更高的频率响应、更低的功耗或更独特的性能特点。新型材料和技术为混频电路带来了创新。例如，石墨烯混频器因其优异的电导性和高电子迁移率，能够在 THz 频段提供极低功耗和高频率响应，适用于高数据率的无线通信。基于过渡金属硫化物（TMDCs）的二维材料混频器则在中红外探测中展现出宽带和高灵敏度的性能，同时保持低功耗。量子计算混频器利用量子位的特殊性质，实现极低噪声和高精度频率调节，适用于量子信息处理。光子集成混频器则在高速光通信系统中，通过集成光子学技术提供低功耗和超高带宽，支持高速互联网和光纤通信网络。这些创新技术推动了混频电路的性能提升和应用拓展。

思考题与习题

7.1　电路如习题图 7-1 所示，试根据如习题图 7-2 所示的输入信号频谱，画出相乘器输出电压 $u_o'(t)$ 的频谱。已知各参考信号频率为：（a）600 kHz；（b）12 kHz；（c）560 kHz。

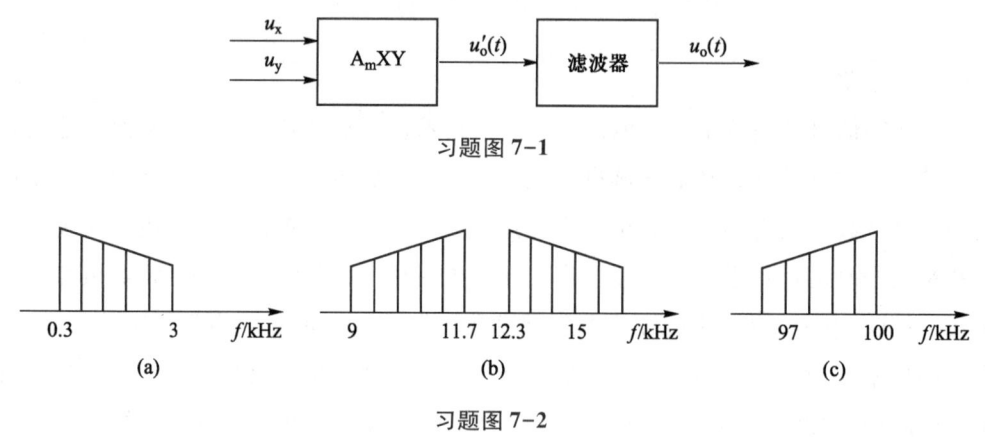

习题图 7-1

习题图 7-2

7.2　如习题图 7-3 所示晶体管混频电路中，晶体管在工作点展开的转移特性为 $i_c = a_0 + a_1 u_{be} + a_2 u_{be}^2$，其中 $a_0 = 0.5$ mA，$a_1 = 3.25$ mS，$a_2 = 7.5$ mA/V^2，若本振电压 $u_L = 0.16\cos(\omega_L t)$ V，$u_s = 10^{-3}\cos(\omega_c t)$ V，中频回路谐振阻抗 $R_P = 10$ kΩ，求该电路的混频电压增益 A_c。

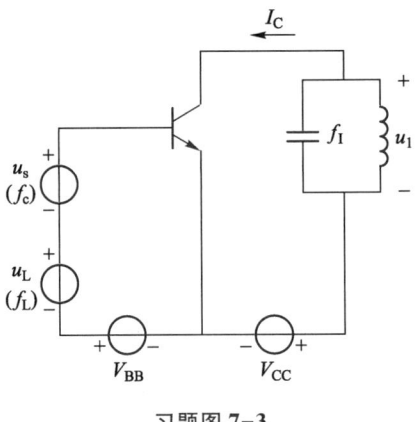

习题图 7-3

7.3 超外差式广播收音机，中频 $f_I = f_L = f_c = 465\,\text{kHz}$，试分析下列两种现象属于何种干扰：

(1) 当接收 $f_c = 560\,\text{kHz}$ 电台信号时，还能听到频率为 $1\,490\,\text{kHz}$ 强电台信号；

(2) 当接收 $f_c = 1\,460\,\text{kHz}$ 电台信号时，还能听到频率为 $730\,\text{kHz}$ 强电台信号。

7.4 混频器输入端除了有用信号 $f_c = 20\,\text{MHz}$ 外，同时还有频率分别为 $f_{N1} = 19.2\,\text{MHz}$，$f_{N2} = 19.6\,\text{MHz}$ 的两个干扰电压，已知混频器的中频 $f_I = f_L - f_c = 3\,\text{MHz}$，试问这两个干扰电压会不会产生干扰？

7.5 某超外差接收机工作频段为 $0.55 \sim 25\,\text{MHz}$，中频 $f_I = 455\,\text{kHz}$，本振 $f_L > f_s$。试问波段内哪些频率上可能出现较大的组合干扰（6 阶以下）？

7.6 试分析与解释下列现象：

(1) 在某地，收音机接收到 $1\,090\,\text{kHz}$ 信号时，可以收到 $1\,323\,\text{kHz}$ 的信号；

(2) 收音机接收 $1\,080\,\text{kHz}$ 信号时，可以听到 $540\,\text{kHz}$ 信号；

(3) 收音机接收 $930\,\text{kHz}$ 信号时，可同时收到 $690\,\text{kHz}$ 和 $810\,\text{kHz}$ 信号，但不能单独收到其中的一个台（例如另一电台停播）。

7.7 某发射机发出某一频率的信号。现打开接收机在全波段寻找（设无任何其他信号），发现在接收机度盘的三个频率（$6.5\,\text{MHz}$、$7.25\,\text{MHz}$、$7.5\,\text{MHz}$）上均能听到对方的信号，其中以 $7.5\,\text{MHz}$ 的信号最强。问接收机是如何收到的？设接收机的 $f_I = 0.5\,\text{MHz}$，$f_L > f_s$。

7.8 设变频器的输入端除有用信号（$f_s = 20\,\text{MHz}$）外，还作用着两个频率分别为 $f_{J1} = 19.6\,\text{MHz}$，$f_{J2} = 19.2\,\text{MHz}$ 的电压。已知中频 $f_I = 3\,\text{MHz}$，问是否会产生干扰？干扰的性质如何？

7.9 某超外差接收机中频 $f_I = 500\,\text{kHz}$，本振频率 $f_L < f_s$，在收听 $f_s = 1.501\,\text{MHz}$ 的信号时，听到哨声，其原因是什么？试进行具体分析（设此时无其他外来干扰）。

第 8 章
角度调制电路

8.1 导　课

角度调制相对于幅度调制性能有了提升，这是为什么呢？这是以牺牲什么为代价的呢？

在广播、通信和控制等各种系统中，调制技术起着至关重要的作用。除了振幅调制之外，频率调制（FM）和相位调制（PM）也被广泛采用。振幅调制通过线性变换实现频谱的映射，而频率调制与相位调制则通过引入非线性变换，使得已调信号的频谱结构显著区别于原始信号，呈现出更为复杂的分布形态。这一过程直接导致已调信号的带宽显著扩展，远超出原信号的带宽范围。值得注意的是，尽管角度调制技术（包括 FM 与 PM）在频带利用率方面不占优势，但其卓越的抗干扰与抗噪声能力却无可比拟。

频率调制和相位调制都是在保持振幅不变的情况下反映总相位变化的过程，它们之间的区别仅在于总相位变化的规律不同。由于频率与相位之间固有的微分与积分关联，调频与调相过程在本质上是紧密相连的，即调频必调相，调相必调频。因此，这两种调制方式可以统称为角度调制，或者简称为调角。

在本章中，将研究以下几个问题：

（1）不同于幅度调制，角度调制占据了很宽的频谱，这是为什么呢？为什么我们平时见到的都是 FM 电台，而不是 PM 电台？角度调制电路关心的指标有哪些呢？实现的电路有哪几种类型？（8.2 节）

（2）二极管是可以作为一个可变电容，它的原理是什么？（8.3 节）

（3）如何利用变容二极管实现调频功能？（8.4 节）

（4）晶体振荡器为何能提升直接调频电路的频率稳定度？（8.5 节）

（5）调相电路有哪几种类型，它们的原理是什么？（8.6 节）

8.2 概　　述

8.2.1　调角波的时域分析

对于任何高频振荡信号都可以表示为

$$u(t) = U_{\mathrm{m}}\cos\varphi(t) = U_{\mathrm{m}}\cos(\omega_{\mathrm{c}}t+\varphi_0) \tag{8-2-1}$$

设调制信号为 $u_{\Omega}(t)$，用其控制 $u(t)$ 的三个参数，即幅度 U_{m}、频率 ω_{c} 和相位 φ_0，可以实现对 $u(t)$ 的各种调制方式。

调制信号为 $u_{\Omega}(t)$ 的调幅波的振幅为 $U_{\mathrm{m}}(t) = U_{\mathrm{m}}[1+k_{\mathrm{a}}u_{\Omega}(t)]$，这里 k_{a} 表示调幅比例系数，设振荡频率 ω_{c} 为恒值，则相应调幅波的一般表达式为

$$u_{\mathrm{AM}}(t) = U_{\mathrm{m}}[1+k_{\mathrm{a}}u_{\Omega}(t)]\cos(\omega_{\mathrm{c}}t+\varphi_0) \tag{8-2-2}$$

（1）调相波

若调制信号 $u_{\Omega}(t) = U_{\Omega \mathrm{m}}\cos\Omega t$ 控制 $u(t)$ 的相位，且在调制过程中，$u(t)$ 的振幅 U_{m} 为恒值，而瞬时相位应在参数值 $\omega_{\mathrm{c}}t$ 上叠加上按调制信号规律变化的附加相角，即 $\Delta\varphi = k_{\mathrm{p}}u_{\Omega}(t)$，则 $\varphi(t) = \omega_{\mathrm{c}}t+k_{\mathrm{p}}u_{\Omega}(t)$，其中 k_{p} 表示调相比例系数（rad/V）。因而相应的调相波一般表达式为

$$u_{\mathrm{PM}} = U_{\mathrm{m}}\cos[\omega_{\mathrm{c}}t+k_{\mathrm{p}}u_{\Omega}(t)] \tag{8-2-3}$$

而调相波的瞬时角频率 $\omega(t)$ 为 $\varphi(t)$ 对时间的导数

$$\omega(t) = \frac{\mathrm{d}\varphi(t)}{\mathrm{d}t} = \omega_{\mathrm{c}}+k_{\mathrm{p}}\frac{\mathrm{d}u_{\Omega}(t)}{\mathrm{d}t} = \omega_{\mathrm{c}}+\Delta\omega(t) \tag{8-2-4}$$

式中，角频率变化量 $\Delta\omega(t) = k_{\mathrm{p}}\dfrac{\mathrm{d}u_{\Omega}(t)}{\mathrm{d}t}$。

（2）调频波

作为调频波，振幅 U_{m} 与调相波一样是不变的恒值，而瞬时频率在恒定的角频率上 ω_{c} 叠加上随调制信号规律变化的 $\Delta\omega(t) = k_{\mathrm{f}}u_{\Omega}(t)$，即

$$\omega(t) = \omega_{\mathrm{c}}+k_{\mathrm{f}}u_{\Omega}(t) \tag{8-2-5}$$

式中，k_{f} 表示调频比例系数（rad/V）。因而总的瞬时相位为

$$\varphi(t) = \omega_{\mathrm{c}}t + k_{\mathrm{f}}\int_0^t u_{\Omega}(\tau)\mathrm{d}\tau \tag{8-2-6}$$

则调频波的一般表达式为

$$u_{\mathrm{FM}}(t) = U_{\mathrm{m}}\cos\left[\omega_{\mathrm{c}}t + k_{\mathrm{f}}\int_0^t u_{\Omega}(\tau)\mathrm{d}\tau\right] \tag{8-2-7}$$

综上所述，无论调相波或调频波，$\omega(t)$ 和相位 $\varphi(t)$ 都同时受到调变，其区别仅在于按调制信号规律作线性变化的物理量不同，在调相波中是 $\Delta\varphi(t)$，在调频波中是 $\Delta\omega(t)$。

8.2.2　调角波的波形分析

为了直观简化分析，下面设单音调制信号 $u_\Omega(t) = U_{\Omega m}\cos\Omega t$，载波 $u_c(t) = U_{cm}\cos\omega_c t$，并且 $\omega_c \gg \Omega$，可分别写出调频波和调相波的表达式。

（1）调频波

调频波的瞬时角频率为

$$\omega(t) = \omega_c + k_f U_{\Omega m}\cos\Omega t = \omega_c + \Delta\omega_m\cos\Omega t \tag{8-2-8}$$

$\Delta\omega_m = k_f U_{\Omega m}$，称为调频波最大角频偏。式中，$\omega_c$ 是未调制的载波角频率，称为调频波的中心角频率。可得调频波的瞬时相位为

$$\varphi(t) = \int_0^t \omega(t)\,\mathrm{d}t = \omega_c t + \frac{\Delta\omega_m}{\Omega}\sin\Omega t = \omega_c t + m_f\sin\Omega t \tag{8-2-9}$$

令 $m_f = \dfrac{\Delta\omega_m}{\Omega}$，称为调频波的调制指数或表示调频波的最大相位偏移。m_f 可取任意整数，通常总大于 1。调频波波形如图 8-2-1 所示，单音调制的调频波可写为

$$u_{FM}(t) = U_m\cos\left[\omega_c t + m_f\sin\Omega t\right] \tag{8-2-10}$$

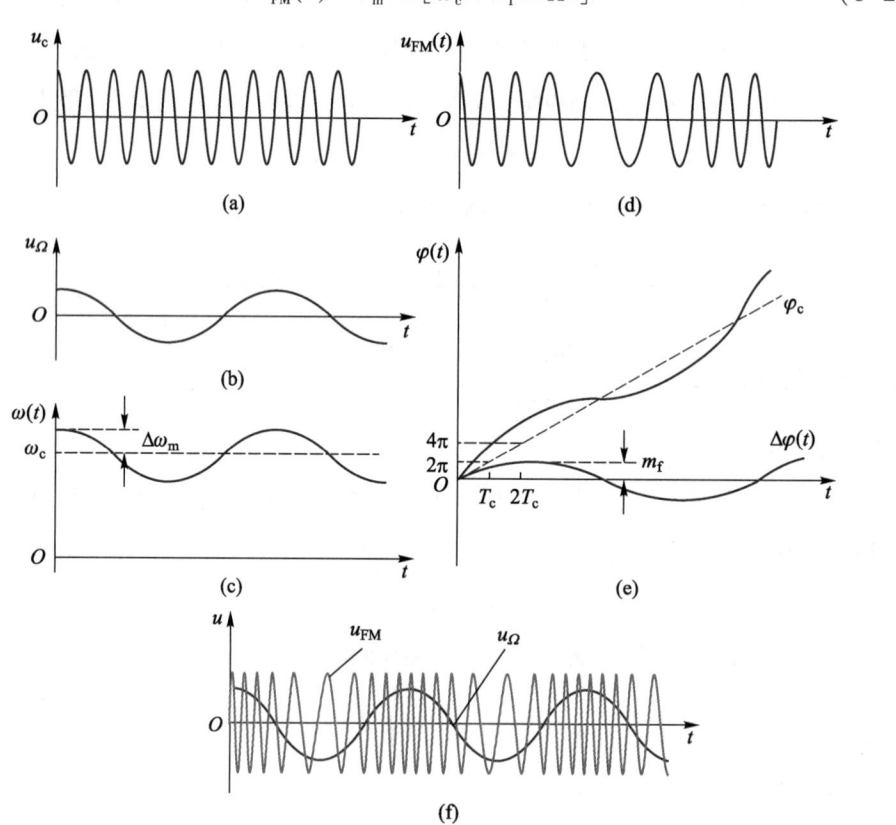

图 8-2-1　调频波波形

（2）调相波

调相波波形如图 8-2-2 所示。调相波的瞬时相位为

$$\varphi(t) = \omega_c t + k_p U_{\Omega m} \cos\Omega t = \omega_c t + m_p \cos\Omega t \qquad (8-2-11)$$

令 $m_p = k_p U_{\Omega m}$。于是调相波电压可表示为

$$u_{PM}(t) = U_m \cos(\omega_c t + m_p \cos\Omega t) \qquad (8-2-12)$$

式中，m_p 称为调相波的调制指数或表示调相波最大的相位偏移，由上式可求出调相波的瞬时角频率为

$$\omega(t) = \frac{\mathrm{d}\varphi(t)}{\mathrm{d}t} = \omega_c - k_p U_{\Omega m}\Omega\sin\Omega t = \omega_c - m_p\Omega\sin\Omega t \qquad (8-2-13)$$

由上式可见，调相波的最大角频偏为

$$\Delta\omega_m = m_p\Omega = k_p U_{\Omega m}\Omega \qquad (8-2-14)$$

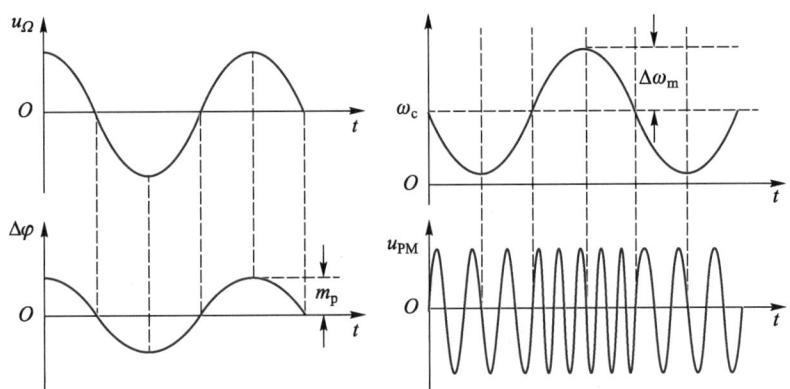

图 8-2-2 调相波波形

综上所述，单音调制的调频波和调相波两者的数学表达均可用 m_f（或 m_p），以及三个核心角频率参数 ω_c、Ω 和 $\Delta\omega_m$ 来刻画。其中，载波信号角频率 ω_c 为载波信号的基准，代表瞬时角频率变化的平均值；调制信号的角频率 Ω 则影响瞬时频率变化的速度；而最大角频偏 $\Delta\omega_m$ 则表示因调制作用导致的载波瞬时角频率的最大偏移程度。由上述分析可见，两种调制波在单音调制时都是简谐波，但其最大角频偏 $\Delta\omega_m$ 和调频指数 m_f（或调相指数 m_p）随 $U_{\Omega m}$ 和 Ω 的变化规律不同，各自的变化曲线如图 8-2-3 所示。在调频波中，$\Delta\omega_m$ 与 $U_{\Omega m}$ 成正比，而与 Ω 无关；m_f 则与 $U_{\Omega m}$ 成正比，而与 Ω 成反比。在调相波中，m_p 与 $U_{\Omega m}$ 成正比，而与 Ω 无关；$\Delta\omega_m$ 与 $U_{\Omega m}$ 和 Ω 乘积成正比。

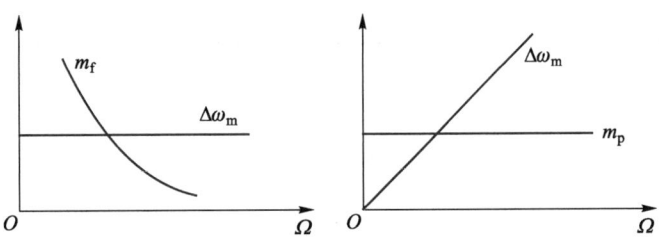

图 8-2-3 $U_{\Omega m}$ 一定时，$\Delta\omega_m$ 和 m_f（或 m_p）随 Ω 变化的曲线

【例 8.1】 已知某调频电路要求最大频偏 $\Delta f_{\mathrm{m}} = 75\,\mathrm{kHz}$，电路输出载波信号电压 $u_{\mathrm{c}}(t) = 5\cos 2\pi \times 10^{8} t\,\mathrm{V}$，调制信号 $u_{\Omega}(t) = 3\cos 2\pi \times 10^{3} t + 2\cos(2\pi \times 500 t)\,\mathrm{V}$，试写出调频波的数学表达式 $u(t)$。

解
$$k_{\mathrm{f}} = \frac{\Delta f_{\max}}{\mid u_{\Omega}(t) \mid_{\max}} = 15\,\mathrm{kHz/V}$$

$$m_{\mathrm{f1}} = \frac{k_{\mathrm{f}} U_{\Omega 1\mathrm{m}}}{\Omega_{1}} = \frac{15 \times 3}{1} = 45$$

$$m_{\mathrm{f2}} = \frac{k_{\mathrm{f}} U_{\Omega 2\mathrm{m}}}{\Omega_{2}} = \frac{15 \times 2}{0.5} = 60$$

$$u(t) = 5\cos(2\pi \times 10^{8} t + 45\sin 2\pi \times 10^{3} t + 60\sin 2\pi \times 500 t)\,\mathrm{V} \quad \blacksquare$$

8.2.3　调角波间关系

尽管调频波与调相波有共同点和不同点，由于频率和相位之间存在着内在联系，即

$$\omega(t) = \frac{\mathrm{d}\varphi(t)}{\mathrm{d}t} \text{ 或 } \varphi(t) = \int_{0}^{t} \omega(t)\,\mathrm{d}t \tag{8-2-15}$$

从中不难看出，若将调制信号 $u_{\Omega}(t)$ 先经过微分处理后，再对载波进行频率调制，那么所得到的已调制信号将是以 $u_{\Omega}(t)$ 为调制信号的调相波。类似地，如果先将 $u_{\Omega}(t)$ 进行积分处理，再对载波进行相位调制，那么对所得到的已调信号将是以 $u_{\Omega}(t)$ 为调制信号的调频波，这充分说明，可以通过调相实现调频的方法，也可以通过调频实现调相的方法，即调频与调相可以相互转化。

8.2.4　调角波的频谱结构和带宽

在确定调角信号传输系统的带宽时，对调角波（包括调频波与调相波）的频谱结构进行详尽剖析是一项重要的工作。实际上，在单频调制场景下，调频波和调相波不仅只是在数学表达式上相似，它们的频谱特性在很多方面也是共通的。因此，当我们讨论调频波的频谱时，这些分析同样适用于调相波。

由上小节可以看出，调频波和调相波都是时间的周期函数，因此可以展成傅里叶级数，则调频波［如式（8-2-16）］可展成

$$u_{\mathrm{FM}}(t) = U_{\mathrm{m}}\cos\omega_{\mathrm{c}} t \cdot \cos(m_{\mathrm{f}}\sin\Omega t) - U_{\mathrm{m}}\sin\omega_{\mathrm{c}} t \cdot \sin(m_{\mathrm{f}}\sin\Omega t) \tag{8-2-16}$$

式中

$$\cos(m_{\mathrm{f}}\sin\Omega t) = \mathrm{J}_{0}(m_{\mathrm{f}}) + 2\sum_{n=1}^{\infty} \mathrm{J}_{2n}(m_{\mathrm{f}})\cos 2n\Omega t \tag{8-2-17}$$

和

$$\sin(m_{\mathrm{f}}\sin\Omega t) = 2\sum_{n=0}^{\infty} \mathrm{J}_{2n+1}(m_{\mathrm{f}})\sin(2n+1)\Omega t \tag{8-2-18}$$

这里 n 均取正整数。$J_n(m_f)$ 是以 m_f 为参数的 n 阶第一类贝塞尔函数，$J_n(m_f) = \dfrac{1}{2\pi}$ $\displaystyle\int_{-\pi}^{\pi} e^{j(m_f \sin x - nx)} dx$，其数值均有表或曲线可查，整理可得

$$u_{FM}(t) = U_{cm} \sum_{n=-\infty}^{\infty} J_n(m_f) \cos(\omega_c + n\Omega)t \qquad (8-2-19)$$

当 n 为整数，$J_n(m_f)$（即一阶贝塞尔函数）曲线如图 8-2-4 所示，一阶贝塞尔函数值如表 8-2-1 所示。

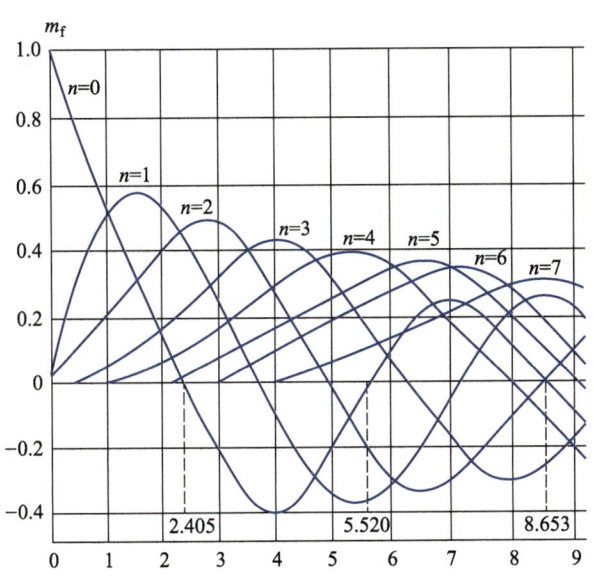

图 8-2-4　一阶贝塞尔函数曲线

表 8-2-1　一阶贝塞尔函数值

$n \backslash m_f$	0	0.5	1	2	3	4	5	6	7
0	1	0.939	0.765	0.224	-0.260	-0.397	-0.178	0.151	0.300
1		0.242	0.440	0.577	0.339	-0.066	-0.328	-0.277	-0.005
2		0.003	0.115	0.353	0.486	0.364	0.047	-0.243	-0.301
3			0.020	0.129	0.309	0.430	0.364	0.115	-0.168
4			0.003	0.034	0.132	0.281	0.391	0.358	0.158
5				0.007	0.043	0.132	0.261	0.362	0.348
6				0.001	0.011	0.049	0.131	0.246	0.339
7					0.003	0.015	0.053	0.130	0.234
8						0.004	0.018	0.057	0.120
9							0.006	0.021	0.056
10							0.002	0.007	0.024
11									0.008

由图表分析特点：

（1）调频波的频谱是由 $n=0$ 时的载波分量和 $n\geqslant1$ 时的无穷多个边带分量所组成；

（2）相邻两个频率分量间隔 Ω，载频分量和各边带分量的相对幅度由相应的贝塞尔函数值完全确定；

（3）有些边带分量的幅度可能超过载频分量的幅度。这是调频波频谱的一个重要特点；

（4）n 为奇数时，上下边带分量相位相反，振幅相同；

（5）理论上调频波的带宽应为无穷大，但从能量观点看，调频波能量的绝大部分实际上是集中在载频附近的有限带宽上；

（6）调制指数越大，具有较大振幅的边频分量就越多。调幅波与之不同，简谐信号调幅时，边频数目与调制指数无关；

（7）在某些特定 m_f 值时，载频或某些边频振幅为零。利用这一现象可以测定调制指数。

从上表可知，当 m_f 一定时，随 n 的增大，$|J_n(m_f)|$ 数值虽有起伏变化，但总的趋势仍是减少的。通常规定 $|J_n(m_f)|<0.1$ 的边频分量可以忽略，这并不会引起调频波的明显失真。理论上已经证明，当 $n>m_f+1$ 时 $|J_n(m_f)|<0.1$，考虑到上下边频是成对出现的，因此调频波频谱的有效宽度（简称为频带宽度）可用下式计算：

$$BW_{CR}=2(m_f+1)F \tag{8-2-20}$$

式中 $F=\Omega/2\pi$。

由上式可知，当 $m_f\ll1$，$BW_{CR}\approx2F$，说明在窄带调频条件下，调频波的频带宽度与调幅波基本相同；当 $m_f\gg1$ 时，$BW_{CR}\approx2m_fF=2\Delta f_m$，说明宽带调频的频带宽度可按最大频偏的两倍来估算，而与调制频率无关，因此频率调制又称为恒定带宽调制。如图 8-2-5 所示为当 $U_{\Omega m}$ 一定而调制信号频率变化时的调频波的频谱图。它是以载频分量为中心，对称分布，但对称边带分量数目发生变化。而作为调相波时，$BW_{CR}=2(m_p+1)F$，当 $m_p\gg1$ 时 $BW_{CR}\approx2\Delta f_m$，由于 $2\Delta f_m=m_pF$，其中 $m_p=k_pU_{\Omega m}$，因而当 $U_{\Omega m}$ 一定而调制信号频率变化时，BW_{CR} 与 F 成正比，如图 8-2-6 所示，因此调相波的频谱利用程度要低于调频波，这也是为何广播采用调频制的原因之一。

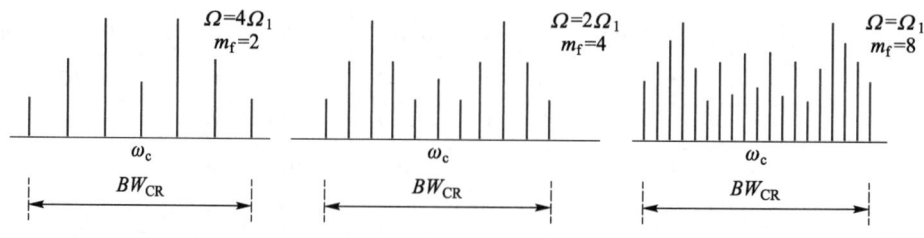

图 8-2-5　$U_{\Omega m}$ 一定而调制信号频率变化时调频波频谱图

上面讨论了单音调制下的有效频带宽度，当调制信号为复杂的多音信号时，则调频波所含的频谱分量明显增多，除了出现 $\omega_c\pm n_1\Omega_1,\omega_c\pm n_2\Omega_2,\cdots$ 上下边带分量外，还会出现

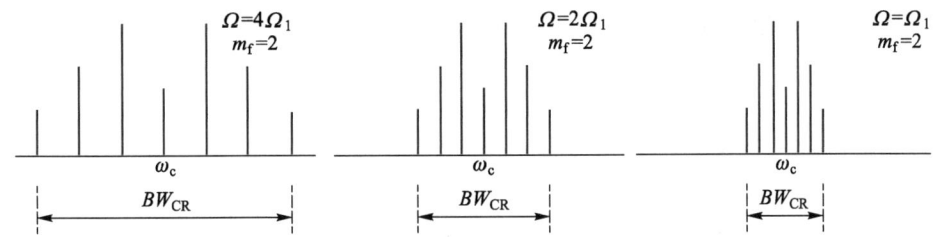

图 8-2-6 $U_{\Omega m}$ 一定而调制信号频率变化时调相波频谱图

$\omega_c \pm n_1\Omega_1 \pm n_2\Omega_2 + \cdots$ 组合频率分量，并且随着调频指数的增大，其幅度有明显的下降趋势。因此对于复杂信号调制的调频波，其频带宽度可按下式估算：

$$BW_{CR} = 2(\Delta f_m + F_{max}) \qquad (8-2-21)$$

对于调相波，由于调相指数 m_p 与调制信号 F 无关，所以 $U_{\Omega m}$ 不变时 m_p 不变，而 BW_{CR} 与 F 成正比，如图 8-2-6 所示。对于复杂信号调制的调相波，其频带宽度可按下式估算：

$$BW_{CR} = 2(m_p+1)F_{max} \qquad (8-2-22)$$

例如，调频广播系统中最高调制频率为 15 kHz，规定其最大频偏为 75 kHz，所以 $m_f = 5$，$BW_{CR} = 180$ kHz，此时单音调频波频谱如图 8-2-7 所示，显然调频信号占据的频带比调幅信号的宽得多，不宜工作在信道拥挤的短波波段，其载波一般选在超高频段。

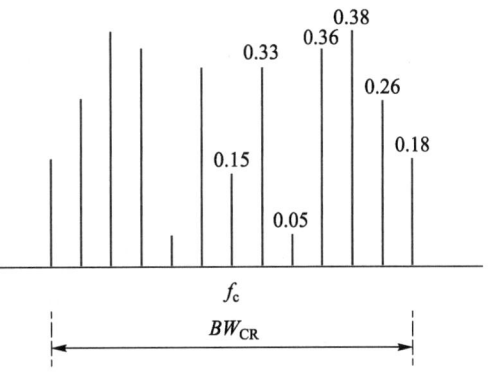

图 8-2-7　$m_p = 5$ 单音调频波频谱

在探讨调角信号的特性时，我们必须明确区分频谱宽度和最大频偏这两个概念。调制信号作用下，瞬时频率离开中心频率 ω_c 的最大值是最大频偏，也是频率摆动的幅度。将长时间稳定的调角信号分解为许多正弦分量，在一定条件（如忽略小于载波振幅 10% 的边频）下得到的上、下边带所占的频率范围，就是频谱宽度。在电视台、调频广播电台等领域中宽带调频有着广泛的应用。

【例 8.2】在调频广播系统中，按国家标准，$\Delta f_{max} = 75$ kHz，若调制信号 F 为 50~15 kHz，试计算频谱宽度。若对于调相指数 $m_p = 5$ 的调相波，上述信号的带宽又是多少？

解　由于 $m_f = \Delta f_{max}/F$，对于 $F = 50$ Hz，$m_f = 1\,500$，则 $BW_{CR} = 2m_f F = 150$ kHz；对于 $F = 15$ kHz，$m_f = 5$，则 $BW_{CR} = 2(m_f+1)F = 180$ kHz。

由于 $m_p = 5$，对于 $F = 50$ Hz，则 $BW_{CR} = 2(m_p+1)F = 600$ Hz；对于 $F = 15$ kHz，则 $BW_{CR} = 2(m_p+1)F = 180$ kHz。■

由于调相波的频带带宽未充分利用起来，故而在模拟系统中不能直接地使用调相波。

8.2.5 调角波的平均功率

调频波与调相波功率计算方法相同，现以调频波为例分析其平均功率。

调频波是幅度与调制指数 m_f 无关的等幅波。下面仍然以单音频率信号为例，调频波在 R_L 的平均功率为

$$P_{av} = \frac{U_{cm}^2 \sum\limits_{n=-\infty}^{\infty} J_n^2(m_f)}{2R_L} \qquad (8-2-23)$$

式中，U_{cm} 为信号幅度，根据贝塞尔函数的性质，对于任何 m_f，均有

$$\sum_{n=-\infty}^{\infty} J_n^2(m_f) = 1 \qquad (8-2-24)$$

$\sum\limits_{n=-\infty}^{\infty} J_n^2(m_f) = 1$ 则式（8-2-23）变为

$$P_{av} = \frac{U_{cm}^2}{2R_L} \qquad (8-2-25)$$

未调制载波在 R_L 上的功率为 $U_{cm}^2/2R_L$，说明调制后调频波的平均功率恒等于未调制的载波功率，然而调制后的平均功率是载波分量功率和所有边带分量功率之和。

若 U_{cm} 不变，则调频波总平均功率是不变的，m_f 增加只会重新分配各频率分量。因此，通过精确选择 m_f 的大小，可以实现一种功率分配策略，即让载波分量所携带的功率降至很小，而让绝大部分功率由边带分量承载，因而能够显著提高调频波的传输效率。另外，适当增大 m_f 可提高调频信号抗干扰能力。

8.2.6 调频波抗干扰能力分析

就频带占用而言，调幅信号的带宽明显小于调制指数远大于1的调频信号的带宽，这意味着在同一频段内，能容纳调幅电台的数目远比调频电台的多。为了缓解频谱拥挤的问题，广播系统通常会将调幅广播设置在中波段，而调频广播则分配在超短波段。

与调幅相比，调频的显著优势在于其较强的抗干扰能力。在普通调幅波中，大部分功率被载波分量所占据，而携带信息的边带分量只占很小一部分。而调频波的功率分布情况完全不同，如果 m_f 选择恰当，可以使得载波分量的功率非常小，大部分功率被边带分量所占据。这些边带包含了有用的信号信息，说明调频波的功率利用系数高。

在抗干扰方面，有

$$\left(\frac{P_s}{P_n}\right)_{FM} \bigg/ \left(\frac{P_s}{P_n}\right)_{AM} = 3\left(\frac{m_f}{m_a}\right)^3 \qquad (8-2-26)$$

因此，调频接收机输出端的信噪比通常比调幅接收机输出端的信噪比要大得多。这说明了调频信号的抗干扰能力随着调制指数的增大而增强。然而，这种提升的代价，是需要占用更宽的频带以实现更强的抗干扰能力。

8.2.7 调频电路的主要性能指标

（1）线性的调制特性

所谓调频波调制特性是表示调频波的角频偏 $\Delta\omega$（或频偏 Δf）与输入信号 u_{Ω} 的关系，即若 $\Delta\omega$ 与 u_{Ω} 成正比关系，说明调制特性是线性的。但实际电路中难免会产生一定程度的非线性失真，应力求减小非线性失真，提高调制的线性度。

（2）中心频率稳定度

对调频发射机来说，保持中心频率（即载频）稳定是保证正常通信的必要条件。

（3）最大频偏

在调制信号频率一定时，最大频偏反映了调制指数 m_f 的大小。不同的调频系统要求最大频偏值 Δf_m 不同，例如，调频广播要求 $\Delta f_m = 75\,\text{kHz}$，电视伴音 $\Delta f_m = 50\,\text{kHz}$，移动通信和无线电话要求 $\Delta f_m = 5\,\text{kHz}$。

（4）调制灵敏度高

单位调制电压产生的频率偏移称为调制灵敏度，通常用 $S = \Delta f_m / U_{\Omega m}$ 或 $k_f = \Delta\omega_m / U_{\Omega m}$ 来估算。灵敏度越高，越容易产生频偏大的调频波。

综上所述，调频可以实现频谱搬移非线性变换，因而不能采用相乘器和滤波器组成的电路模型来实现。可采用直接调频和间接调频两种方法来实现。

8.3 变容二极管工作原理

直接调频技术是一种直接而有效的调制手段，它通过调制信号直接作用于高频振荡器的振荡频率，进而控制振荡器的输出。在 LC 振荡器的场景下，振荡器的频率直接由回路中的电感和电容值决定。为实现调频功能，关键在于引入一个可控的电抗元件作为振荡回路的一部分。这样，通过调制信号对该电抗元件的实时控制，即可动态地调整振荡器的频率，使之随调制信号的变化而线性变化。在众多可控电抗元件中，变容二极管因其独特的性能优势脱颖而出，成为调频电路中的首选。变容二极管能够根据外加电压或调制信号的变化，连续地改变其结电容值，且这一过程具有较宽的工作频率范围、较低的固有损耗以及操作简便的特点。此外，基于变容二极管的调频器电路设计相对简单，易于实现与维护，这些因素共同促成了变容二极管在调频技术中的广泛应用。

变容二极管可以根据电路需求动态调整其电容值，其核心机制在于，当 PN 结处于反

微视频 8.3
变容二极
管工作原理

向偏置状态时，其势垒电容会随外部施加的反向偏置电压的变化而发生显著变化。这一特性为变容二极管的功能实现提供了物理基础。

为了实现势垒电容对反偏电压具有更高的敏感性与更大的变化范围，半导体二极管的制造工艺中引入了特殊处理步骤，需要精细控制掺杂浓度及其空间分布。经过如此处理后，变容二极管就可以看作是一个压控电容，在调频振荡器中起到可变电容的作用。变容二极管的符号如图 8-3-1 所示。

图 8-3-1　变容二极管符号

变容二极管结电容 C_j 与在其两端所加反偏电压 u_r 之间存在着如下关系

$$C_j = \frac{C_{j0}}{\left(1+\dfrac{u_r}{U_D}\right)^{\gamma}} \tag{8-3-1}$$

式中，C_{j0} 为变容二极管在零偏置时的结电容值；U_D 为变容二极管 PN 结的势垒电位差（硅管约为 0.7 V，锗管约为 0.3 V）；γ 为变容二极管的结电容变化指数，它与 PN 结的杂质分布规律并与制造工艺有关。图 8-3-2（a）为不同指数 γ 时的 $C_j \sim u_r$ 曲线，图 8-3-2（b）为实际变容管的 $C_j \sim u_r$ 曲线。$\gamma = 1/3$ 称为缓变结，扩散型管多属此种。$\gamma = 1/2$ 为突变结，合金型管属于此类。超突变结的 γ 在 $1 \sim 5$ 之间。

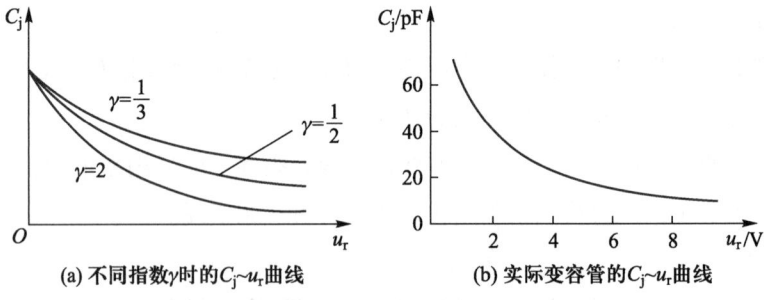

(a) 不同指数 γ 时的 $C_j \sim u_r$ 曲线　　　(b) 实际变容管的 $C_j \sim u_r$ 曲线

图 8-3-2　变容二极管的 $C_j \sim u_r$ 曲线

为使变容二极管在调制过程中保持反偏工作，必须加一个反向偏置电压 V_Q，则在静态工作点为 V_Q 时，变容二极管结电容为

$$C_j = C_{jQ} = \frac{C_{j0}}{\left(1+\dfrac{u_Q}{U_D}\right)^{\gamma}} \tag{8-3-2}$$

设在变容二极管上加的调制信号电压为 $u_{\Omega}(t) = U_{\Omega m}\cos\Omega t$，则

$$u_r = V_Q + u_{\Omega}(t) = V_Q + U_{\Omega m}\cos\Omega t \tag{8-3-3}$$

将上式带入式（8-3-1），得

$$C_j = \frac{C_{j0}}{\left(1+\dfrac{V_Q + U_{\Omega m}\cos\Omega t}{U_D}\right)^{\gamma}} = \frac{C_{j0}}{\left(1+\dfrac{V_Q}{U_D}\right)^{\gamma}} \frac{1}{\left(1+\dfrac{U_{\Omega m}}{V_Q + U_D}\cos\Omega t\right)^{\gamma}} \tag{8-3-4}$$

$$= C_{jQ}(1+m\cos\Omega t)^{-\gamma}$$

式中，$m = \dfrac{U_{\Omega m}}{V_Q + U_D} \approx \dfrac{U_{\Omega m}}{V_Q}$，$m$ 称为电容调制度，它表示结电容受调制信号调变的程度，$U_{\Omega m}$ 越大，C_j 变化越大，调制越深。C_j 随外加电压变化曲线如图 8-3-3 所示。从图中可以看出，为了减少 C_j 对外加电压非线性变换，往往 $V_Q > u_{\Omega m}$。

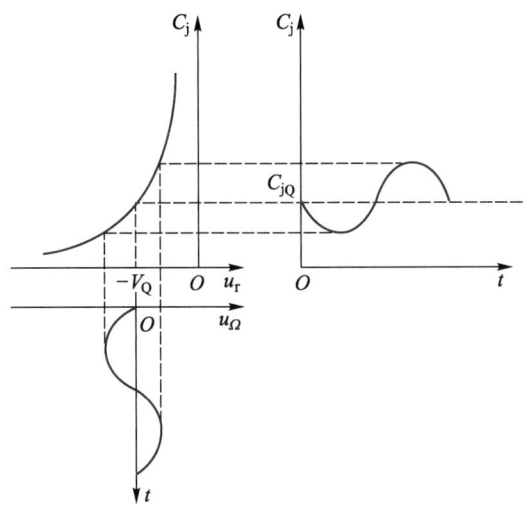

图 8-3-3　C_j 随外加电压变化曲线

将此变容管接入振荡回路，根据 $u_\Omega(t)$ 的变化，将会引起 C_j 的变化，进而引起回路谐振频率的变化，从而实现调频。

8.4　变容二极管直接调频电路

这节将上节学到的变容二极管知识带到实际电路中，看看如何实现调频功能。但是，在有些情况下，这种调频不是线性调频且稳定度差，这又该如何处理呢？

将变容二极管接在振荡器的谐振回路里，使它称为回路电容的总电容或回路电容的一部分，就构成了变电容二极管直接调频电路。下面按两种情况进行分析，一是以 C_j 为回路总电容接入回路，二是以 C_j 作为回路部分电容接入回路。

8.4.1　变容二极管全部接入振荡回路

变容二极管全部接入振荡回路的直接调频称为理想直接调频，振荡回路的原路电路如图 8-4-1（a）所示，图中 L 和变容二极管为振荡回路的电感和电容，变容二极管的控制电容包括两部分：调制信号电容 $u_\Omega(t)$ 和直流偏置电压 V_Q，V_Q 的取值应保证两点：① 在 $u_\Omega(t)$ 的变化范围内保持反偏工作；② V_Q 决定的振荡频率等于所要求的载波频率。其中 L_1 为高频扼流圈，在高频情况下其感抗很大，接近开路，C_2 为高频滤波电容，在高频情况下其容抗很小，接近短路，而对于频率较低的调制频率其容抗很大，接近开路。它们的作用是防止电路对振荡回路性能产生影响。接入 C_1 的目的是有效地将 $u_\Omega(t)$ 和 V_Q 加到变容二极管上，而不至于被振荡回路电感 L 旁路，C_1 对调制频率是开路的，而对振荡频率短路。因此其等效电路可画成图 8-4-1（b）所示的形式，图中 C_j 为变容二极管呈现的结电容，其值如式（8-3-4），可进一步求得振荡器瞬时频率。

$$\omega(t)=\frac{1}{\sqrt{LC_j}}=\frac{1}{\sqrt{LC_{jQ}}}(1+m\cos\Omega t)^{\frac{\gamma}{2}} \tag{8-4-1}$$

$$=\omega_c\,(1+m\cos\Omega t)^{\frac{\gamma}{2}}$$

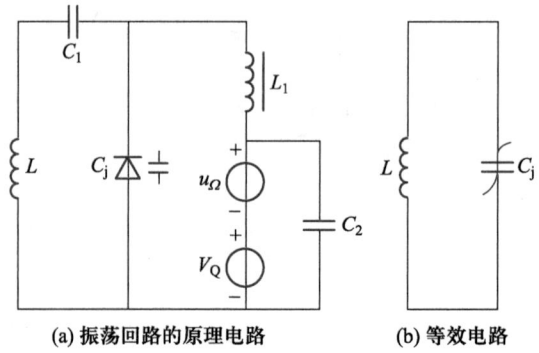

(a) 振荡回路的原理电路　　　　**(b) 等效电路**

图 8-4-1　变容二极管为振荡回路总电容的原理电路

令 $x=m\cos\Omega t=\dfrac{U_{\Omega m}}{U_D+V_Q}\cos\Omega t$，称为归一化的调制信号电容，则式（8-4-1）可改写成

$$\omega(x)=\omega_c\,(1+x)^{\frac{\gamma}{2}} \tag{8-4-2}$$

适当选值，使得 x 的绝对值小于 1，因此可将式（8-4-2）按傅里叶级数展开，并忽略 x 的三次方以上各项，得

$$\omega(x)\approx\omega_c\left(1+\frac{\gamma}{2}x+\frac{\gamma}{2}\cdot\frac{\frac{\gamma}{2}-1}{2!}x^2\right) \tag{8-4-3}$$

$$=\omega_c\left[1+\frac{\gamma}{2}m\cos\Omega t+\frac{\gamma}{8}\cdot\left(\frac{\gamma}{2}-1\right)m^2+\frac{\gamma}{8}\cdot\left(\frac{\gamma}{2}-1\right)m^2\cos2\Omega t\right]$$

从以上各式可知对于变容二极管调频器，若使用的变容二极管的变容系数 $\gamma\neq2$，则输出调频波会产生非线性失真和中心频率偏移，其结果如下。

（1）调频波的最大角频率偏移

$$\Delta\omega=\frac{\gamma}{2}m\omega_c \tag{8-4-4}$$

（2）调频波会产生二次谐波失真，其二次谐波失真的最大角频率偏移

$$\Delta\omega_2=\frac{\gamma}{8}\left(\frac{\gamma}{2}-1\right)m^2\omega_c \tag{8-4-5}$$

（3）调频的二次谐波失真系数为

$$K_{f2}=\left|\frac{\Delta\omega_2}{\Delta\omega}\right|=\left|\frac{m}{4}\left(\frac{\gamma}{2}-1\right)\right| \tag{8-4-6}$$

（4）调频波会产生中心频率偏移，其偏离值为

$$\Delta\omega_c = \frac{\gamma}{8}\left(\frac{\gamma}{2}-1\right)m^2\omega_c \qquad (8\text{-}4\text{-}7)$$

（5）中心角频率的相对偏离值为

$$\frac{\Delta\omega_c}{\omega_c} = \frac{\gamma}{8}\left(\frac{\gamma}{2}-1\right)m^2 \qquad (8\text{-}4\text{-}8)$$

如上所述，当需要增加调频的频偏时，就要增大调制指数（m 表示）。这样的做法会带来两个副作用：一是中心频率的偏移量会增大，二是非线性失真会增加。也就是说，通过增加频宽提高信号质量会受到非线性失真和中心频率偏移的限制。如果选定了 m 值，即确定了调频波的相对角频偏值，那么增加 ω_c 可以在一定程度上增加调频波的最大角频偏，在相对频偏较小时，对于变容二极管 γ 值的选取并不严格。对于微波调频制多路通信系统，由于其需要产生相对频偏比较大的调频信号，这时 m 值较大，若 $\gamma \neq 2$，则会产生比较大的中心频率偏移和非线性失真，此时就应采用 γ 尽可能近于 2 的变容二极管。

除了 γ 的因素外，欲想实现理想（线性）直接调频，还要考虑到外界因素发生变化，使电源电压 V_Q 产生漂移，C_{jQ} 发生变化，从而造成中心频率 f_c 不稳定。经过分析可知，加在变容二极管两端的瞬时电压三部分，除了 V_Q 和 $u_\Omega(t)$ 外，还有振荡器产生的高频电压 u_ω。变容二极管结电容变化曲线如图 8-4-2 所示，由于结电容变化曲线 C_j 上、下不对称地叠加有非余弦波，因此它的平均分量将由 $C_j(t)$ 变成 $C_j'(t)$，同时，叠加在 $C_j'(t)$ 上的高频分量不仅影响振荡随调制信号变化规律，而且还影响振荡幅度和中心频率稳定的性能。所以在实际电路中应尽量减少加到变容二极管上的高频电压信号。

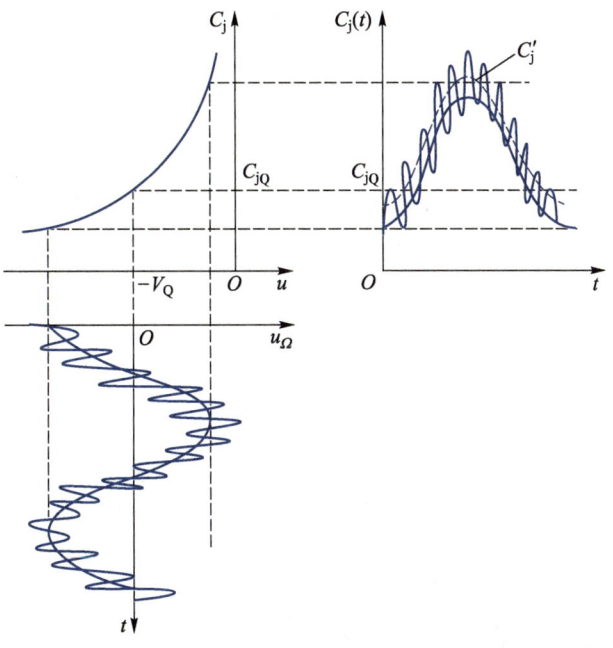

图 8-4-2　变容二极管结电容变化曲线

8.4.2　变容二极管全部接入振荡回路

在探讨变容二极管调频电路的中心频率稳定度问题时，我们首先需要认识到中心频率的稳定性直接受限于变容二极管结电容的稳定性。由于变容二极管的结电容是构成回路总电容的关键部分，并直接决定了调频电路的中心频率，因此，任何影响结电容稳定性的因素都将对中心频率产生显著影响。具体来说，当环境温度发生变化或反向偏压出现波动时，变容二极管的结电容会随之发生变化。这种电容值的变化会直接导致调频电路的中心频率发生偏移，从而影响整个电路的性能和稳定性。为了减轻这种中心频率的不稳定性，提高调频电路的中心频率稳定度，常采用部分接入的方法作为一种有效的改善手段。

变容二极管部分接入振荡回路的等效电路如图 8-4-3 所示。变容二极管和 C_2 串联，再和 C_1 并联构成振荡回路总电容 C_Σ：

$$C_\Sigma = C_1 + \frac{C_2 C_j}{C_2 + C_j} \tag{8-4-9}$$

将式（8-3-4）带入式（8-4-9），即可得 C_Σ 随 $u_\Omega(t)$ 的变化规律：

$$C_\Sigma = C_1 + \frac{C_2 C_{jQ}}{C_2 (1+x)^\gamma + C_{jQ}} \tag{8-4-10}$$

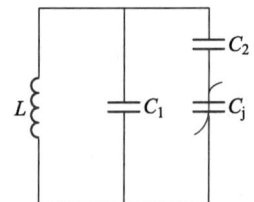

图 8-4-3　变容二极管部分接入振荡回路的等效电路

相应的调频特性方程为

$$\omega(x) = \frac{1}{\sqrt{LC_\Sigma}} = \frac{1}{\sqrt{L\left(C_1 + \dfrac{C_2 C_{jQ}}{C_2 (1+x)^\gamma + C_{jQ}}\right)}} \tag{8-4-11}$$

在实际振荡回路中，一般 C_2 取值较大，几十皮法至几百皮法；C_1 的取值较小，几皮法至几十皮法。首先定性讨论变容二极管与 C_2、C_1 串并联后对调频特性的影响。

根据图 8-3-3 中的 C_j-$u_\Omega(t)$ 特性可知，变容二极管反偏压 $u\uparrow \rightarrow C_j\downarrow \rightarrow \omega\uparrow$，即可画出调频特性 $\omega(t)$-$u_\Omega(t)$ 的曲线（变容二极管直接调频特性如图 8-4-4 所示），当变容二极管不串联 C_2 也不并联 C_1 时，其特性曲线如图 8-4-4 中曲线①所示。

（1）当 C_j 串联 C_2 而 C_1=0 时，$C_\Sigma < C_j$，所以 $\omega(t)$-$u_\Omega(t)$ 特性应在图中曲线①的上方。当 $u_\Omega(t)$ 较大时，C_j 值很小，处于高频端，此时再串联数值较大的电容 C_2，则 $C_\Sigma = C_j /\!/ C_2 \approx C_j$，说明高频端的调频特性没有得到补偿，而当 $u_\Omega(t)$ 较小时，C_j 值较大，处于低频端，同样串联数值较大的电容 C_2，则 $C_\Sigma < C_j$，使 $\omega(t)$ 上升，说明低频端的调频特性得到补偿，如图中曲线

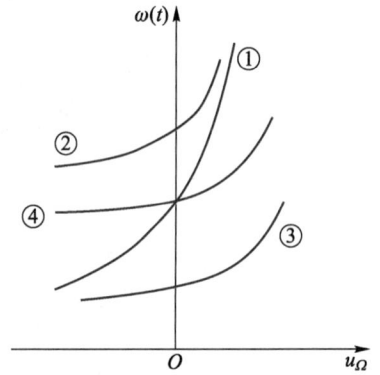

图 8-4-4　变容二极管直接调频特性

②所示。

（2）当 C_j 只并联 C_1 而 C_2 趋无穷大时，则 $C_\Sigma > C_j$，所以调频特性在曲线①的下方。当 $u_\Omega(t)$ 较大时，C_j 值很小，处于高频端，则 $C_\Sigma = C_1 + C_2$，所以使 $\omega(t)$ 下降，说明高频端的调频特性得到补偿，而当 $u_\Omega(t)$ 较小时，C_j 值较大，处于低频端，则 $C_\Sigma \approx C_j$，$\omega(t)$ 基本不变，没有得到补偿，调频特性如图中曲线③所示。

（3）若 C_j 既串联 C_2 又并联 C_1，则显然高频端与低频端均得到补偿，如图曲线④所示。可见通过电容串、并联后，调频特性得到改善，即图中 $\omega(t) - u_\Omega(t)$ 特性斜率变小，说明它牺牲了调制灵敏度，也可以说提高调频线性使最大角频偏下降，或者使变容指数下降。

综上所述，在变容二极管部分接入振荡回路构成直接调频电路时，必须使 $\gamma > 2$，并反复调制 C_1、C_2 和 V_Q 值，使得在一定调制电压变化范围内 γ 逐渐下降到近似等于 2，即可实现理想直接调频，而且载波频率等于所要求的数值。因为变容二极管部分接入振荡回路，其中心频率稳定度比全部接入振荡回路要高，但其最大频偏要减小。

8.4.3　变容二极管直接调频电路实例

如图 8-4-5（a）所示是中心频率为 90 MHz 并且采用变容二极管部分接入的直接调频电路。图中振荡器采用电容三点式电路，变容二极管先与 5 pF 电容串联，再与其他回路电容并联。在变容二极管的控制电路中，V_Q 是由 -9 V 的电源经 56 kΩ 和 22 kΩ 电阻分压后供给的，而调制信号 $u_\Omega(t)$ 则经过 47 μF 的高频扼流圈接入。0.001 μF 的高频旁路电容并联在调制信号输入端，这个电容的数值不宜太大，否则会引起调制信号的高音频失真。等效电路如图 8-4-5（b）所示，将 C_1、C_2 折到 L 两端 C'，显然由 C'、C_3、C_4 并联总电容为 C''，即可得到等效振荡回路，如图 8-4-5（c）所示，显然它是变容二极管部分接入振荡回路的直接调频。

变容二极管部分接入的另一实例见图 8-4-6。振荡电路由 C_1、C_2、C_3、C_4 和 L 及变容二极管组成。两个变容二极管是反向串联，反向偏置电压同时加到两个变容二极管的正端，调制信号同时加到两个变容二极管的负端，所以对直流和低频率的调制信号而言，两个变容二极管为并联形式。对高频而言，两个变容二极管为串联形式，所以此条件下总变容二极管的电容为 $C_j' = C_j/2$，如此两个变容二极管上的高频电压值降低一半，从而减弱了高频电容对变容二极管的影响，中心频率稳定度提高了；同时两个变容二极管采用反向串联形式，这样在高频信号的任意半周期内，一个变容二极管寄生电容增大，另一个则等量减少，二者相互抵消，从而减弱了寄生调制。此电路与单变容二极管部分接入调频相比，在最大频偏要求相同时，m 值可以降低。另外，改变变容二极管偏置及调节电感 L，可使该电路中心频率在 50~100 MHz 范围变化。

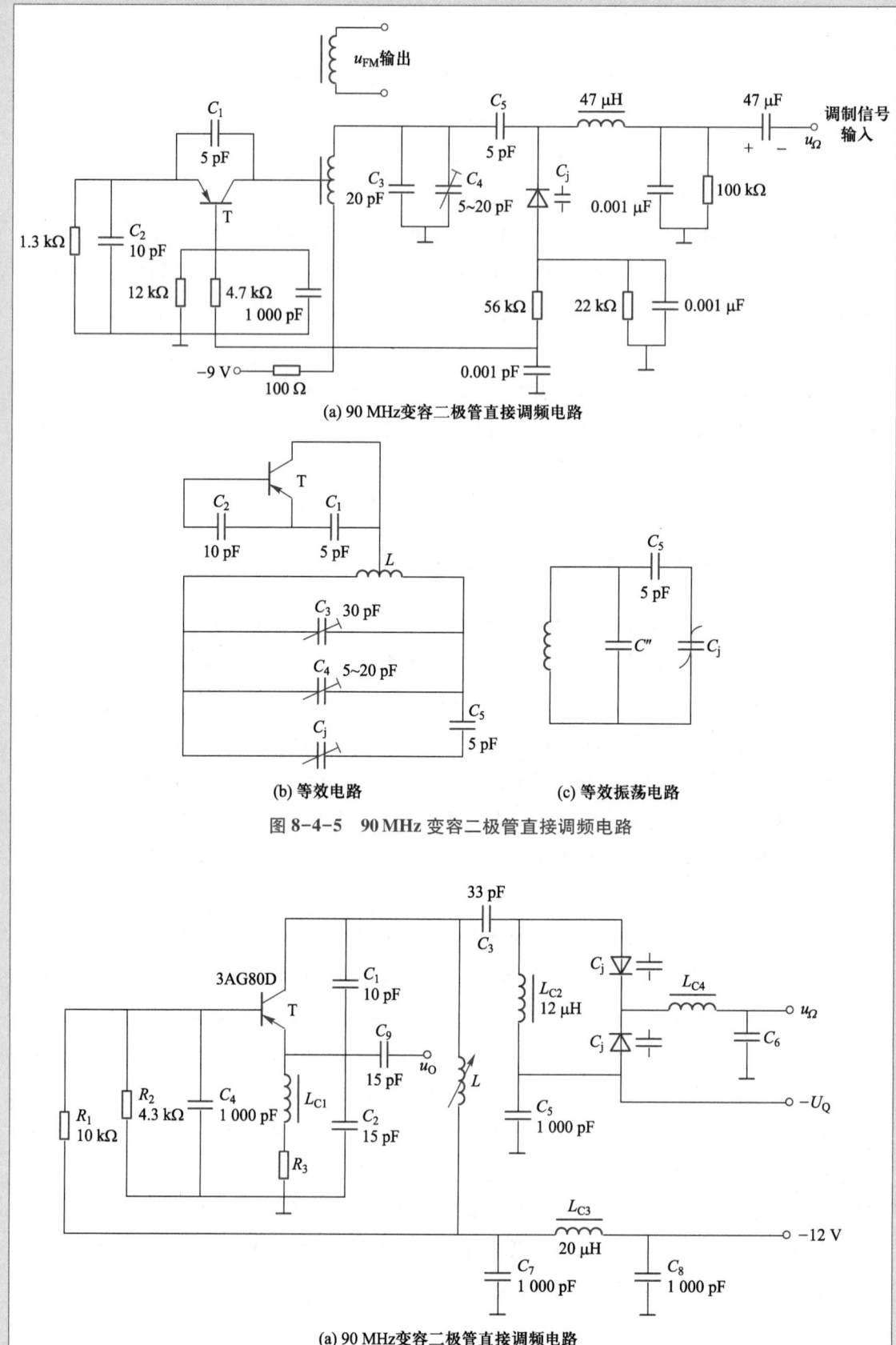

(a) 90 MHz变容二极管直接调频电路

(b) 等效电路

(c) 等效振荡电路

图 8-4-5　90 MHz 变容二极管直接调频电路

(a) 90 MHz变容二极管直接调频电路

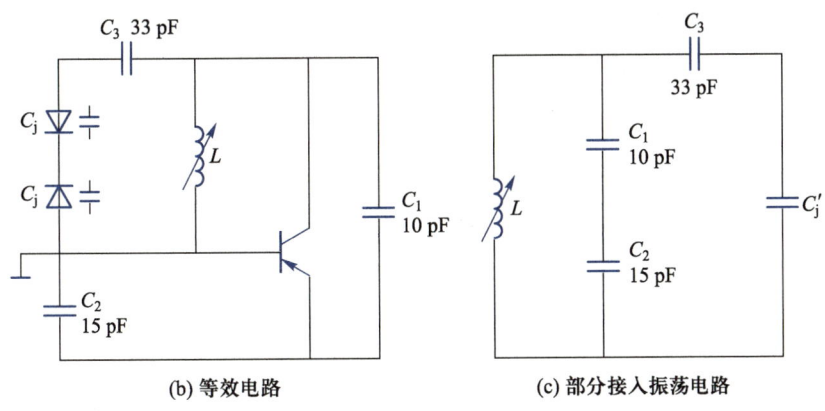

(b) 等效电路   (c) 部分接入振荡电路

图 8-4-6 变容二极管部分接入的另一实例

8.5 晶体振荡器直接调频电路

在需要中心频率稳定性高的应用中，可以采用直接对石英晶体振荡器调频。如 88~108 MHz 波段的调频电台，为了避免邻近电台之间的相互干扰，通常会要求各电台调频信号的中心频率绝对稳定度不低于 $-2\,\mathrm{kHz}\sim 2\,\mathrm{kHz}$，即在整个频段相对频率稳定度不低于 10^{-5} 数量级。因此直接使用传统的直接调频振荡器难以满足这一要求。为了实现这种高稳定度的中心频率，可以采取几种不同的方法，如采用自动频率微调电路；利用锁相环路稳频；直接对石英晶体振荡器进行调频等。

在晶体振荡器直接调频电路中，变容二极管作为关键元件，可以接入并联型晶体振荡器，通过改变其结电容来改变振荡器的振荡频率，从而实现调频。变容二极管可以通过与石英晶体串联或并联的方式接入振荡回路。无论哪种方式，变容二极管的电容变化都将直接导致晶体振荡器频率的相应变化。变容二极管与石英晶体串联的连接方式更为常见，因为它可以更有效地改变振荡支路的电抗，从而实现调频。

图 8-5-1（a）为晶体振荡器直接调频电路，图 8-5-1（b）为其交流等效电路。变容管的结电容变化将引起晶体的等效电抗变化，从而引起等效串联谐振频率或并联谐振频率发生变化。由图可知，此电路为并联型晶振皮尔斯电路，其稳定度高于密勒电路。其中，变容二极管发挥的作用相当于晶体振荡器中的微调电容，它与 C_1、C_2 串联后的等效电容作为石英谐振器的负载电容 C_L。此电路的振荡频率为

$$f_1 = f_q \left[1 + \frac{C_q}{2(C_L + C_0)} \right] \tag{8-5-1}$$

其中，C_q 为晶体的动态电容；C_0 为晶体的静态电容；C_L 为 C_1、C_2 及 C_j 的串联电容值；f_q 为晶体的串联谐振频率。当 C_j 变化时，C_L 变化，晶体的串联谐振频率变化，从而使振荡频率发生变化。

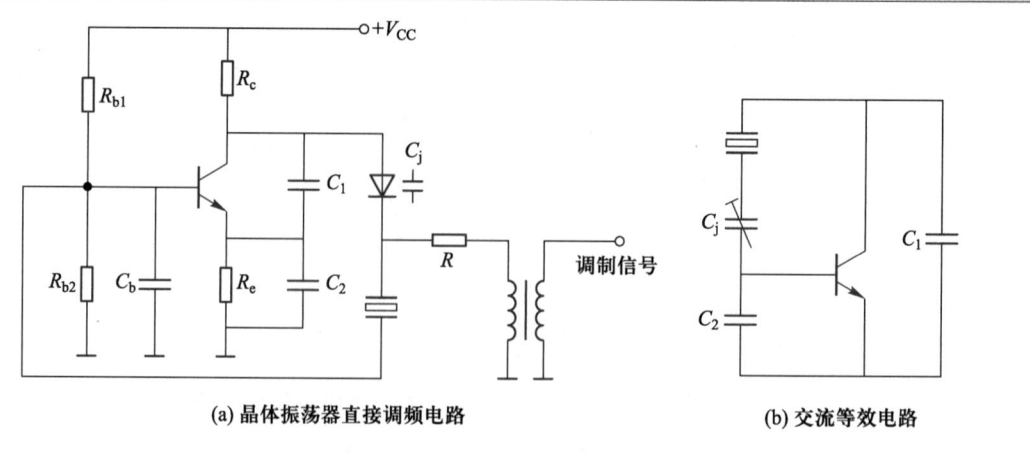

(a) 晶体振荡器直接调频电路　　　　　　　(b) 交流等效电路

图 8-5-1　晶体振荡器直接调频电路

　　由于振荡器工作在晶体感性区，f_1 只能在晶体的串联谐振频率 f_q 与并联谐振频率 f_p 之间取值。由于晶体的相对频率变化范围很窄，只有 $10^{-3} \sim 10^{-4}$ 量级，再加上 C_j 的影响，则可变范围更窄，因此，晶体振荡器直接调频电路的最大相对频偏为 10^{-3}。在实际电路中，需要采取扩大频偏的措施。

　　要扩大相对频偏，就需要提高 C_q / C_0 的数值，尤其是减小 C_0 的影响。

　　在工程中常用的调频方法有以下三种：

　　（1）晶体两端并联小电感：这种方法简易、比较常用，但其频率扩展范围有比较大的限制以及可能引起中心频率稳定度下降的问题。

　　（2）利用 π 型网络进行阻抗变换：这种方法将晶体振荡器接在 π 型网络的终端。

　　（3）调频振荡器输出端增设多次倍频和混频：可以满足载频要求，还可以增加频率偏移。

　　晶体振荡器直接调频电路的主要缺点在于其相对频偏非常小，但中心频率稳定度较高，通常可达 10^{-5} 以上。如果需要进一步提高频率稳定度，可以考虑采用晶体振荡器间接调频的方法。

8.6　调相电路

　　实现调相的方法通常有可变移相法调相、可变时延法调相、矢量合成法调相三类。

　　采用调相电路实现间接调频，可以提高调频电路中心频率的稳定度，其原因是调相电路输入的载波振荡信号可采用频率稳定度很高的晶体振荡器。在实际应用中，间接调频应用较为广泛。

8.6.1　可变移相法调相电路

　　载波振荡信号的相位调制是通过一个受调制信号电压精确控制的相移网络来实现的。这一相移网络的设计多种多样，而变容二极管调相电路则因其高效性与实用性在众多实现方式中脱颖而出，成为最为广泛应用的电路之一。如图 8-6-1 所示的单回路变容二极管调相电路，其核心结构由电感与变容二极管共同构成的谐振回路所组成。随着变容二极管结电容的变化而改变谐振频率，从而实现调相。图中，C_1、C_2 对载波频率 ω_c 相当于短路，是耦合电容。它们的另一作用是起隔直作用，保证直流电源能给变容二极管提供直流偏压。C_3 的作用是保证变容二极管上能加上反向直流偏压，而对于 ω_c 相当于短路。R_1、R_2 是谐振回路对输入端和输出端的隔离电阻；R_4 是直流电源与调制信号源之间的隔离电阻。

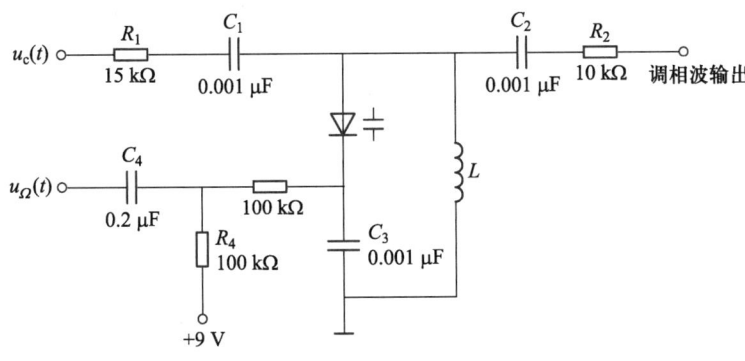

图 8-6-1 单回路变容二极管调相电路

调相过程是，当调制电压 $u_\Omega(t) = 0$ 时，9 V 的直流电压加在变容二极管的负极，提供反向直流偏压 $U_Q = 9$ V。此条件下，变容二极管的结电容 C_Q 与 L 组成谐振回路，其谐振频率与输入载波信号的频率 ω_c 相等。谐振回路的相频特性如图 8-6-2 中的曲线②所示。谐振回路对 ω_c 来说无附加相移，输出电压与输入载波相位相同。当 $u_\Omega(t) > 0$ 时，变容二极管的负极电压增大，即反向偏压增大，变容二极管的结电容减小，L 与 C_j 组成谐振回路的谐振频率增大，其相频特性如图 8-6-2 中的曲线①所示。这时谐振回路对 ω_c 来说有一个正的附加相移 φ，输出电压的相位为 $\omega_c t + \varphi$。当 $u_\Omega(t) < 0$ 时，变容二极管的反向偏压减小，则变容二极管的结电容增大，L 与 C_j 组成谐振回路的频率降低，其相频特性如图 8-6-2 中的曲线③所示。这时谐振回路对 ω_c 来说有一个负的附加相移 $-\varphi$，输出电压的相位为 $\omega_c t - \varphi$。因为附加相移 φ 是由 $u_\Omega(t)$ 控制变容二极管产生的。这样输出电压的相位就随 $u_\Omega(t)$ 变化而变化，从而实现了调相。

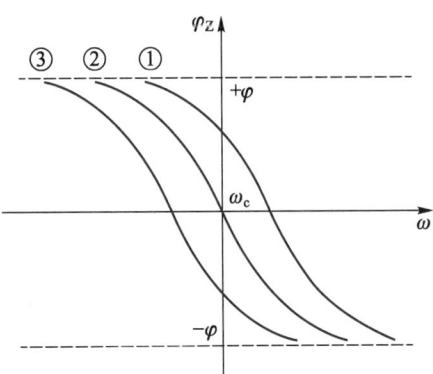

图 8-6-2 谐振频率变化产生的附加相移

设载波信号为 $u_c(t) = U_{cm}\cos\omega_c t$，调制信号为 $u_\Omega(t) = U_{\Omega m}\cos\Omega t$。当调制信号为零时，谐振回路的谐振角频率与输入载波信号频率 ω_c 相等。当加上调制信号 $u_\Omega(t)$ 后，与直接调频中变容二极管作为回路总电容一样，在 m 较小的情况下，回路的谐振角频率为

$$\omega(t) = \omega_c\left(1 + \frac{\gamma}{2}m\cos\Omega t\right) = \omega_c + \Delta\omega(t) \tag{8-6-1}$$

式中，$\Delta\omega(t)=\dfrac{\gamma}{2}m\omega_{\mathrm{c}}\cos\Omega t$。

为了得到输出电压，可以由谐振回路及输入电压画出高频等效电路。电流源 $i_{\mathrm{s}}=\dfrac{U_{\mathrm{cm}}}{R_1}$ $\cos\omega_{\mathrm{c}}t=I_{\mathrm{cm}}\cos\omega_{\mathrm{c}}t$，输出电压即回路电压 $u(t)$ 可由等效电路得出

$$u(t)=I_{\mathrm{cm}}Z(\omega_{\mathrm{c}})\cos(\omega_{\mathrm{c}}t+\varphi) \tag{8-6-2}$$

式中，$Z(\omega_{\mathrm{c}})$ 和 φ 分别是谐振回路在 $\omega=\omega_{\mathrm{c}}$ 上呈现的阻抗幅值和相移。在失谐不大的条件下，φ 可表示为

$$\varphi(t)=-\arctan 2Q\frac{\omega_{\mathrm{c}}-\omega(t)}{\omega(t)} \tag{8-6-3}$$

当 $\varphi<\dfrac{\pi}{6}$ 时，可近似认为 $\tan\varphi\approx\varphi$，故可得

$$\varphi(t)\approx-2Q\frac{\omega_{\mathrm{c}}-\omega(t)}{\omega(t)} \tag{8-6-4}$$

代入 $\omega(t)$，并且有 $\Delta\omega(t)\ll\omega_{\mathrm{c}}$，得

$$\varphi(t)\approx-2Q\frac{\omega_{\mathrm{c}}-[\omega_{\mathrm{c}}+\Delta\omega(t)]}{\omega_{\mathrm{c}}+\Delta\omega(t)}\approx2Q\frac{\Delta\omega(t)}{\omega_{\mathrm{c}}}=Q\gamma m\cos\Omega t=m_{\mathrm{p}}\cos\Omega t \tag{8-6-5}$$

式中 $m_{\mathrm{p}}=Q\gamma m$，输出电压为

$$u(t)=I_{\mathrm{cm}}Z(\omega_{\mathrm{c}})\cos(\omega_{\mathrm{c}}t+m_{\mathrm{p}}\cos\Omega t) \tag{8-6-6}$$

从而可以看出，因为 $Z(\omega_{\mathrm{c}})$ 也受调制信号 $u_{\Omega}(t)$ 的控制，这样等幅的频率恒定的载波信号通过谐振频率受调制信号调变的谐振回路，其输出电压将是一个幅度受调制信号控制的调相波。若 $\Delta\omega(t)$ 很小，其幅度调制会很小。再则，m_{p} 应限制在 $\pi/6$ 以下，实际应用中，通常需要较大的调相指数 m_{p}，为了增大 m_{p}，可以采用多级单回路构成的变容二极管调相电路。

如图 8-6-3 所示为一个三级单回路变容二极管调相电路。该电路的主要特点是每个回路都配备了一个变容二极管，用于实现相位调制。这三个变容二极管的电容量变化都受到

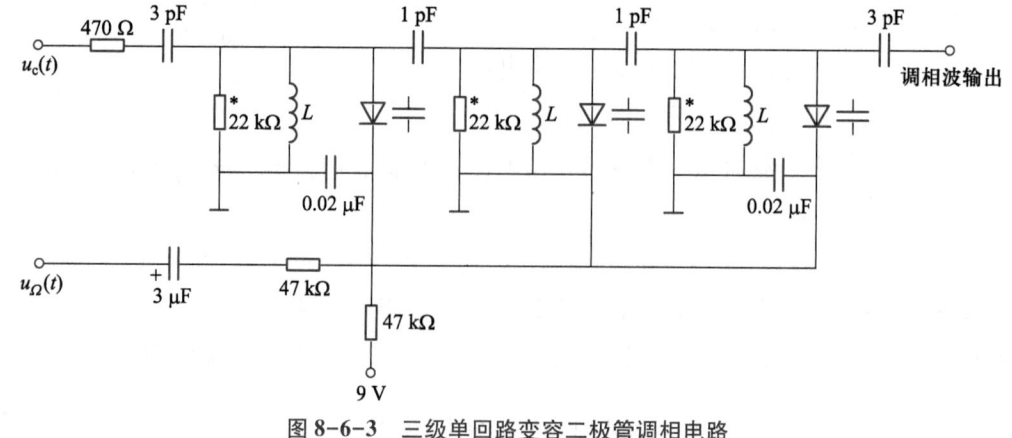

图 8-6-3　三级单回路变容二极管调相电路

相同的调制信号控制。为了确保每个回路在调制过程中产生相同的相移，电路采用了可变电阻（$22\,\mathrm{k\Omega}$）来调节每个回路的 Q 值。在电路设计中，极间采用了小电容作为耦合电容，这种弱耦合使得各极之间的相互影响较小，总相移是三级相移的和。这种调相电路能够在 $90°$ 的范围内实现线性调制，即调制信号的变化与相移的变化之间呈现出线性关系。由于该电路结构简单、调整方便，因此在实际应用中得到了广泛的采用。

8.6.2 可变时延法调相电路

将载波振荡电压通过一个受调制信号电压控制的时延网络，可变时延调相电路框图如图 8-6-4 所示。时延网络的输出电压为

$$u_{\mathrm{o}}(t) = U_{\mathrm{m}}\cos[\omega_{\mathrm{c}}(t-\tau)] \tag{8-6-7}$$

式中，$\tau = ku_{\Omega}(t) = kU_{\Omega\mathrm{m}}\cos\Omega t$，则 $u_{\mathrm{o}}(t)$ 就是调相波。

$$u_{\mathrm{o}}(t) = U_{\mathrm{m}}\cos[\omega_{\mathrm{c}}t - \omega_{\mathrm{c}}ku_{\Omega}(t)] = U_{\mathrm{m}}\cos[\omega_{\mathrm{c}}t - m_{\mathrm{p}}\cos\Omega t] \tag{8-6-8}$$

式中，$m_{\mathrm{p}} = \omega_{\mathrm{c}}kU_{\Omega\mathrm{m}}$。

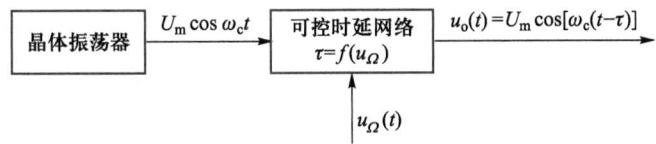

图 8-6-4　可变时延调相电路框图

脉冲调相电路是一种对脉冲波进行可控时延的调相电路，其框图如图 8-6-5 所示。在调制信号电压 $u_{\Omega}(t) = 0$ 时，各点的波形如图 8-6-6 所示。

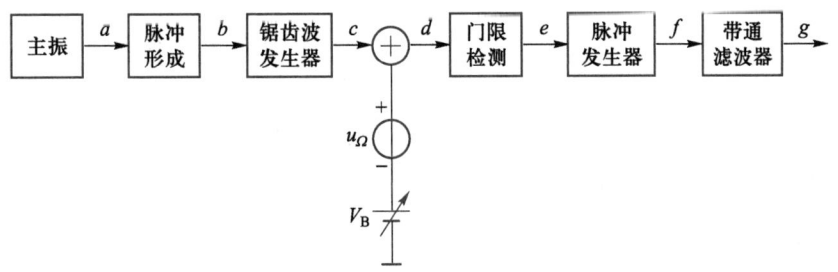

图 8-6-5　脉冲调相电路框图

由晶体振荡器产生的载波振荡信号如图 8-6-6（a）所示，经脉冲成形电路（放大、限幅、微分）取出正的等幅等宽的窄脉冲序列如图 8-6-6（b）所示。然后去触发锯齿波发生器，产生重复周期为 $T_{\mathrm{c}} = 2\pi/\omega_{\mathrm{c}}$ 的锯齿波如图 8-6-6（c）所示。将该锯齿波与调制信号 $u_{\Omega}(t)$、直流电压叠加 V_{B} 后加到门限检测电路。当 $u_{\Omega}(t) = 0$ 时，选取 V_{B} 的值使锯齿波中点电压等于门限检测电路的门限电压，如图 8-22（d）所示。此时门限检测电路输出宽度为 $T_{\mathrm{c}}/2$ 的等间隔方波，如图 8-6-6（e）所示。而脉冲发生器的输出为时间滞后 $T_{\mathrm{c}}/2$

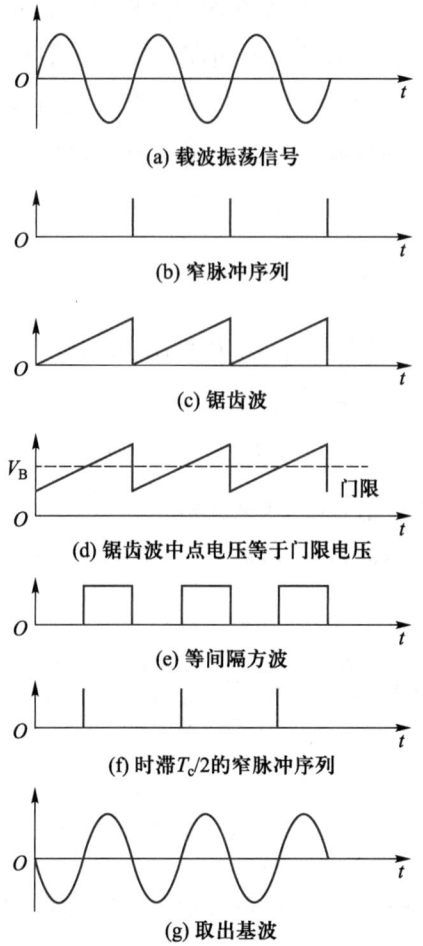

(a) 载波振荡信号

(b) 窄脉冲序列

(c) 锯齿波

(d) 锯齿波中点电压等于门限电压

(e) 等间隔方波

(f) 时滞 $T_c/2$ 的窄脉冲序列

(g) 取出基波

图 8-6-6　$u_\Omega(t)=0$ 时各点波形

的等幅等宽的窄脉冲序列，如图 8-6-6（f）所示。通过带通滤波器取出其中的基波，如图 8-6-6（g）所示。此正弦波与输入的载波有固定 180° 的相移。

当加入调制信号后，因门限电压和 V_B 不变，故脉冲产生器的输出脉冲相对于 $u_\Omega(t)=0$ 时的输出脉冲产生可变时延 τ，如图 8-6-7 所示。从图中可以看出，当锯齿波是理想线性变化时，可变时延为

$$\tau = -kU_{\Omega m}\cos\Omega t = -\tau_m\cos\Omega t \tag{8-6-9}$$

式中，$\tau_m = -kU_{\Omega m}$ 为最大时延，k 是锯齿电压的变化率的倒数。负号表示 $u_\Omega(t)$ 为正值时，τ 为负值，表示时间超前，$u_\Omega(t)$ 为负值时，τ 为正值，表示时间滞后。因为输出脉冲的时延受调制信号控制，所以用带通滤波器取出的基波分量相位也受调制信号控制，即输出为调相波。

为了实现不失真调相，τ_m 不能大于 $T_c/2$，考虑到锯齿波的回扫时间，最大时延为

$$\tau_m \leqslant 0.4T_c \tag{8-6-10}$$

所以调相波的最大相移 m_p 可达

$$m_p = \omega_c \tau_m \leq \frac{2\pi}{T_c} 0.4 T_c = 0.8\pi \qquad (8\text{-}6\text{-}11)$$

脉冲调相电路尽管结构复杂一些，但能够实现较大的相移，并且具有良好的调制线性。由于用脉冲调相实现间接调频所获得的调频波的线性较好，脉冲调相被广泛应用于调频广播发射机和电视伴音发射机中。

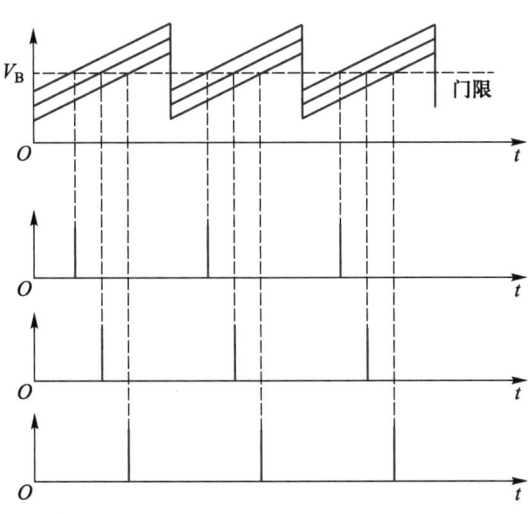

图 8-6-7 $u_\Omega(t) \neq 0$ 时可变时延波形

8.6.3 矢量合成法调相电路

设调制信号为 $u_\Omega(t)$，则相应的调相波的数学表示式为

$$u_{PM}(t) = U_m \cos[\omega_c t + k_p u_\Omega(t)] \qquad (8\text{-}6\text{-}12)$$

将上式展开得

$$u_{PM}(t) = U_m \cos\omega_c t \cos[k_p u_\Omega(t)] - U_m \sin\omega_c t \sin[k_p u_\Omega(t)] \qquad (8\text{-}6\text{-}13)$$

若最大相移很小，且满足

$$|\Delta\theta(t)|_{max} = k_p |u_\Omega(t)|_{max} \leq \frac{\pi}{12} \text{ rad} \qquad (8\text{-}6\text{-}14)$$

则有

$$\cos[k_p u_\Omega(t)] \approx 1 \qquad (8\text{-}6\text{-}15)$$

$$\sin[k_p u_\Omega(t)] \approx k_p u_\Omega(t) \qquad (8\text{-}6\text{-}16)$$

式 (8-6-13) 可近似为

$$u_{PM}(t) = U_m \cos\omega_c t - U_m k_p u_\Omega(t) \sin\omega_c t \qquad (8\text{-}6\text{-}17)$$

可见，两个信号进行矢量合成后，可以形成调相波。第一个是载波振荡信号 $U_m \cos\omega_c t$，第二个 $U_m k_p u_\Omega(t) \sin\omega_c t$ 是载波被抑制的双边带调幅波，它与载波信号的高频相位相差 $\frac{\pi}{2}$。矢量合成调相电路框图如图 8-6-8 所示。

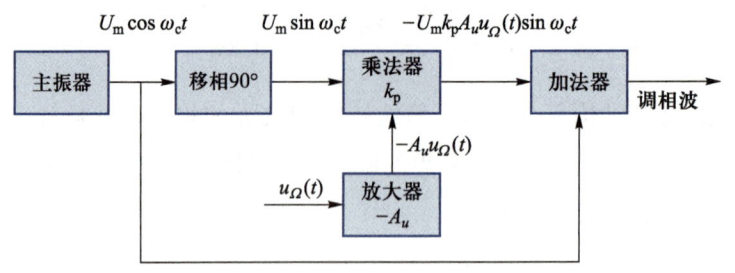

图 8-6-8　矢量合成调相电路框图

8.6.4　间接调频的实现

根据所叙述的间接调频的原理，只要将调制信号积分后，再加至上述任何一个调相电路上对载波振荡进行调相，最后即可得到所需要的调频波。

由上述讨论知道，除脉冲调相外，其余的调相方法都只能得到很小的调制指数。例如，要求 $m \leqslant 0.5$ 才能保证一定的调制线性。若最低调制频率为 100 Hz，则相应的最大频移为 $\Delta f = mF_{\min} = (0.5 \times 100)\,\text{Hz} = 50\,\text{Hz}$。

这样小的频偏是远远不能满足需要的。例如，调频广播所要求的最大频移为 75 kHz。为了使频偏加大到所需的数值，常常采用倍频的方法。对于这里的例子，需要的倍频次数为 $(75 \times 10^3 / 50) = 1\,500$ 倍，可见所需的倍频次数是很高的。

如果倍频之前载波频率为 1 MHz，则经 1 500 次倍频后，中心频率增大为 1 500 MHz。这个数值又可能不符合对中心频率的要求。

倍频和混频操作可以分步进行，比如，首先进行 N_1 次倍频，接着进行混频，然后再进行 N_2 次倍频，这样的方式还可以根据需要进行多次处理。由于倍频和混频电路的重要性，间接调频电路通常比直接调频电路更加复杂。脉冲调相变调频能够产生较大的频偏，因此通常较少采用倍频和混频电路。但脉冲调相电路本身的设计和实现还是相当复杂的。

8.7　集成调频发射电路

图 8-7-1 为一种调频发射机的原理框图。其载频 $f_c = 88 \sim 108\,\text{MHz}$（接收机的接收频率），输入调制信号频率为 $50 \sim 15\,\text{kHz}$，最大频偏为 75 kHz。由图 8-7-1 可知，调频方式为间接调频。高稳定度晶体振荡器将产生 $f_{c1} = 200\,\text{kHz}$ 的初始载波信号送入调相器，经由预加重和积分的调制信号对其调相。调相输出的最大频偏为 25 Hz，调制指数 $m_f < 0.5$。经 64 倍频后，载频变为 12.8 MHz，最大频偏为 1.6 kHz。再经混频器，将载频降低到 $1.8 \sim 2.3\,\text{MHz}$，然后再经 48 倍频，载频变为 $86.4 \sim 110.4\,\text{MHz}$（覆盖 $88 \sim 108\,\text{MHz}$），最大频偏也提高到 76.8 kHz（大于 75 kHz），调制指数也得到了提高，满足要求。最后，经功率放大后由天线辐射出去。

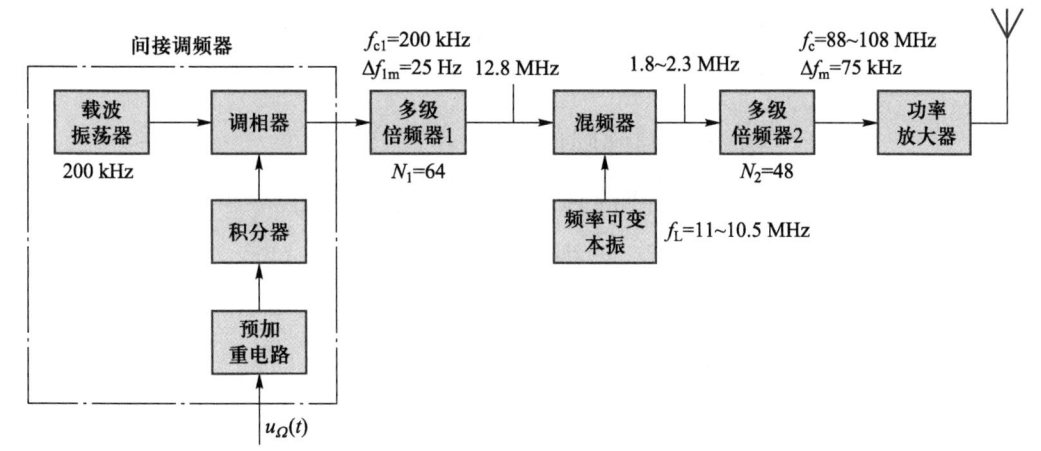

图 8-7-1　一种调频发射机的原理框图

调频信号的带宽较宽，调制指数较大，因此，调频制具有优良的抗噪声性能。但也正因为如此，调频发射机必须工作在超高频段以上。

8.8　数字调频调相

8.8.1　数字频率调制

用数字基带信号 $s(t)$ 对载波的瞬时频率进行控制的方式，叫作数字调频。在数字通信中，称之为频移键控，记为 FSK。

二进制数字频移键控（2FSK）信号是用两个不同频率的载波来代表数字信号的两种电平。

若数字基带信号为

$$s(T) = \sum_n a_n g(t - nT_s) \qquad (8\text{-}8\text{-}1)$$

式中，$g(t)$ 为持续时间为 T_s 的矩形脉冲。a_n 为

$$a_n = \begin{cases} 1 & \text{概率为 } P \\ 0 & \text{概率为 } 1\text{-}P \end{cases}$$

a_n 波形如图 8-8-1（a）所示，则 2FSK 信号的表达式为

$$u(t) = \left[\sum_n a_n g(t - nT) \right] \cos\omega_1 t + \left[\sum_n \bar{a}_n g(t - nT) \right] \cos\omega_2 t \qquad (8\text{-}8\text{-}2)$$

其中，$\bar{a}_n$ 为 a_n 的反码。则 2FSK 信号波形如图 8-8-1（b）所示。

通常，FSK 可以用直接调频法和频率键控法来实现频移键控。

（1）直接调频法

直接调频法的核心思想为通过数字基带信号直接控制载波振荡器频率。模拟信号的直接调频电路都可以用来产生 2FSK 信号。这种方法的一个显著优点是电路结构相对简单，

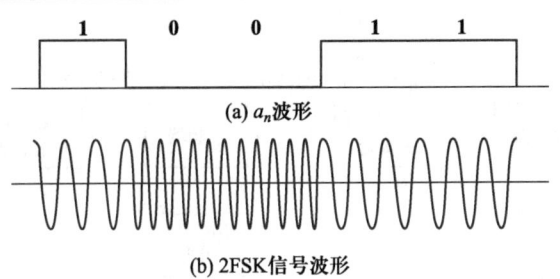

(a) a_n波形

(b) 2FSK信号波形

图 8-8-1   2FSK 信号波形

信号相位连续，但是频率稳定度低。

（2）频率键控法

两个独立信号源组成的频率键控，由数字基带信号控制转换开关接通不同频率的信号源来实现。其特点是载波频率稳定度高，转换速度较快，但其转换相位不连续。

为了同时实现相位连续性和高频率稳定度，一种常用的方法是采用数字式调频器来产生 2FSK 信号，如图 8-8-2 所示。该数字式调频器有两个关键部分：一个标准频率源和一个可变分频器。独立晶体振荡器作为标准信号源，可为整个系统提供高精度的基准频率。而数字基带信号则通过控制可变分频器，产生不同的载频这种数字式调频器的特点是频率稳定性高，转换速度较快，并且转换相位是连续的。

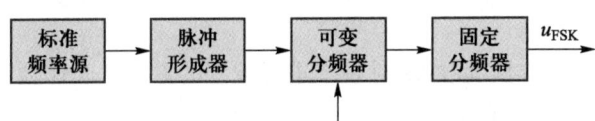

图 8-8-2   数字式调频器产生 2FSK 信号

8.8.2   数字相位调制

数字相位调制是数字基带信号控制载波的相位，使载波的相位发生跳变的调制方式。数字相位调制又称为相位键控（PSK）。二进制相位键控（2PSK）用同一载波的两种相位来代表数字信号。相比较幅度键控（ASK）和频率键控（FSK），相位键控系统具有更好的抗噪性能，并且在相同带宽下具有更高的频带利用率。故而在中高速数字通信中，PSK 应用范围和场景更加广泛。

数字调相常分为绝对调相（CPSK）和相对调相（DPSK）。

（1）绝对调相（CPSK）

以未调制载波相位作为基准的调制称为绝对调相。在二进制相位键控中，设码元取"1"时，已调波相位与未调制载波相位相同，取"0"时，则反相位。其数学表达式为

$$u_{2\mathrm{CPSK}} = \begin{cases} A\sin(\omega_c t + \theta_0) & \text{为 1 码} \\ A\sin(\omega_c t + \theta_0 + \pi) & \text{为 0 码} \end{cases}$$

式中，θ_0 为载波的初相位。其波形如图 8-8-3 所示。其中，图（a）为数字基带信号，图（b）为受控载波，受控载波在 0 和 π 两个相位上变化，图（c）为 2CPSK 绝对调相波形，图（d）为双极性数字基带信号。从图中可以看出 2CPSK 信号可以看成是双极性基带信号与受控载波相乘得到，即

$$u_{2\text{CPSK}} = s'(t) A \sin(\omega_c t + \theta_0) \tag{8-8-3}$$

式中，$s'(t)$ 为双极性基带信号。

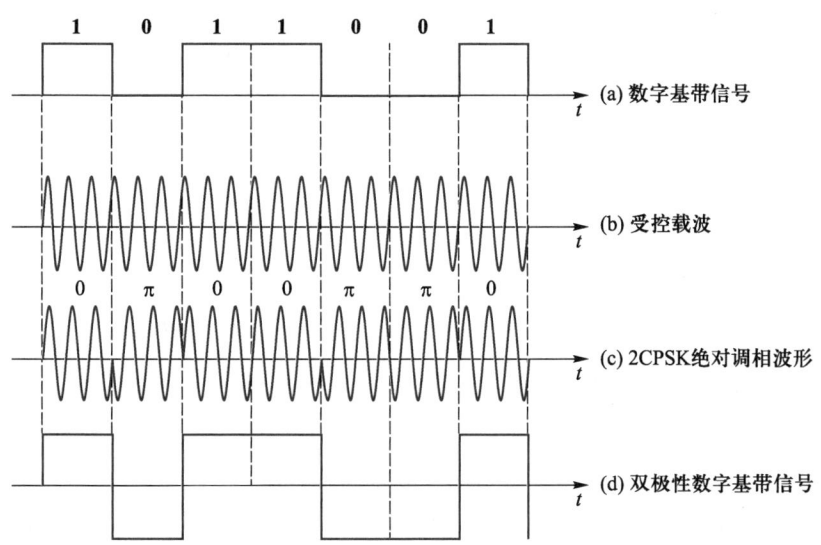

图 8-8-3　两相的绝对调相波形

如图 8-8-4 所示是采用环形调制器实现的 2CPSK 直接调相电路。

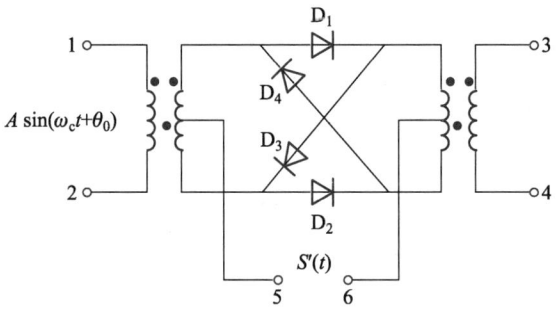

图 8-8-4　采用环形调制器实现的 2CPSK 直接调相电路

其中，1、2 端接载波信号；5、6 端接双极性基带信号 $s'(t)$；3、4 端为 CPSK 信号输出。当 $S'(t)$ 为正时，D_1、D_2 导通，D_3、D_4 截止，输出电压载波与输入载波同相。当 $S'(t)$ 为负时，D_3、D_4 导通，D_1、D_2 截止，输出电压载波与输入载波反相。

图 8-8-5 给出了相位选择法产生 CPSK 信号的电路。

振荡器产生载波信号 $A\sin\omega_c t$，一路送给与门 1，另一路经反相器变成 $A\sin(\omega_c t+\pi)$ 加到与门 2。基带信号也是分两路一路送给与门 1，另一路经反相器送给与门 2。当基带信号

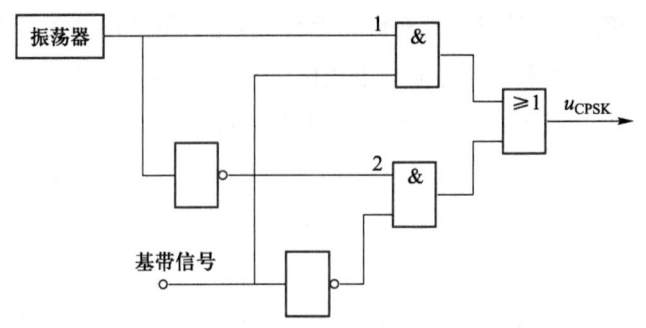

图 8-8-5　相位选择法产生 CPSK 信号的电路

码元为"**1**"时，与门 1 选通，输出 $A\sin(\omega_c t+\pi)$。当基带信号码元为"**0**"时，与门 2 选通，输出为 $A\sin\omega_c t$。

（2）相对调相（DPSK）

相对调相是各码元的载波相位，不是以未调制载波相位为基准，而是以相邻的前一码元的载波相位为基准。例如，当码元为"**1**"时，它的载波相位取与前一码元的载波相位差为 π。当码元为"**0**"时，它的载波相位取与前一码元的载波相位相同。相对调相波形如图 8-8-6 所示。

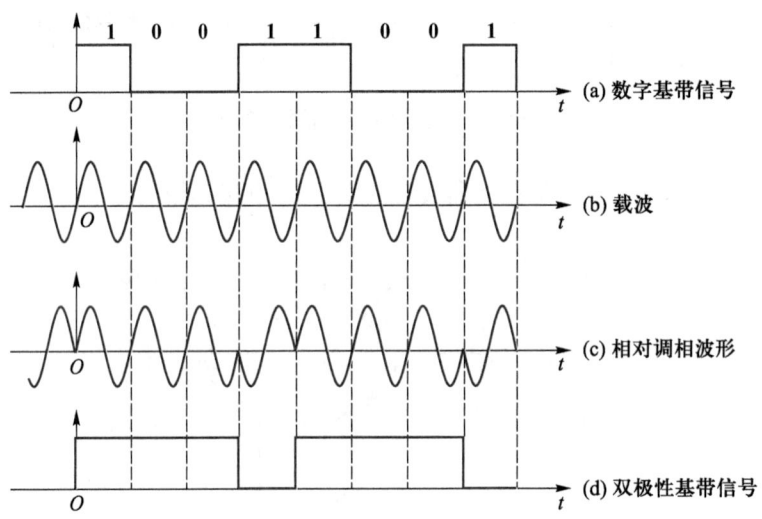

图 8-8-6　相对调相波形

图 8-8-6 中，图（a）为数字基带信号，又称为绝对码；图（b）为载波，图（c）为相对调相波形，图（d）是双极性基带信号 $s'(t)$，用它对载波进行绝对调相和用绝对码对载波进行相对调相，其输出结果相同。DPSK 信号产生的原理框图如图 8-8-7（a）所示。图 8-8-7（b）是绝对码变换成相对码的原理图，它是由**异或**门和延时一个码元宽度 T_B 的演示器组成。它完成的功能是 $b_n=a_n\oplus b_{n-1}$（$n-1$ 表示 n 前一个码元）。也就是将图 8-8-6（a）所示的绝对码基带信号 $s(t)$ 转换成图 8-8-6（d）所示的相对码基带信号 $s'(t)$。

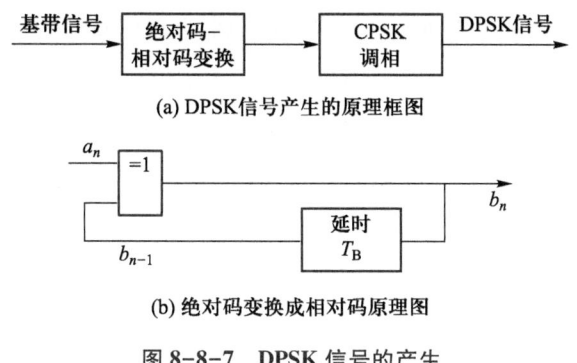

(a) DPSK信号产生的原理框图

(b) 绝对码变换成相对码原理图

图 8-8-7　DPSK 信号的产生

8.9　前沿——调频电路最新研究方向

1. 高度集成化

随着微电子技术的不断进步，高频调频电路正朝着高度集成化的方向发展。高度集成的电路设计能够显著减小电路体积，提高电路的稳定性和可靠性，同时降低功耗。这一技术趋势得益于先进的集成电路制造工艺和封装技术，使得高频调频电路在保持高性能的同时，更加便于集成到各种电子设备中。

例如，TEA5711T 是一款由恩智浦（NXP）半导体公司生产的 AM/FM 立体声收音机电路芯片，其电源电压范围宽，从 1.8 V 或 2.1 V 至 12 V，电流低，在 AM 模式下为 15 mA，在 FM 模式下为 16 mA，输出失真低，AM 模式下为 0.8%，FM 模式下为 0.3%。

2. 宽带化技术

宽带化是高频调频电路发展的另一个重要趋势。宽带化的高频调频电路能够支持更高的信息传输速率和更宽的信号带宽，从而满足现代通信、雷达等系统对高速、大容量数据传输的需求。为了实现宽带化，研究者们不断探索新的电路拓扑结构、材料以及信号处理算法，以提高电路的带宽和传输效率。在 FM 广播中，标准的频道间隔为 200 kHz，而每个频道内的信号带宽通常小于这个值。

3. 数字化与智能化

数字化与智能化已经成为现代电子技术的显著特征，高频调频电路也不例外。数字化高频调频电路通过采用数字信号处理技术，提高了信号的精度和抗干扰能力，降低了信号失真。智能化高频调频电路则能够实现信号的自适应调节、自我诊断和故障预警等功能，进一步提高了电路的可靠性和可维护性。例如睿能世纪公司的储能调频技术通过智能算法和精准控制，实现了对储能模块充放电状态的精确管理，提高了电力调频的准确性和效率。

4. 新材料与新工艺

为了推动高频调频电路的前沿技术发展，研究者们不断探索新的材料和工艺。例如，砷化钾（GaAs）、硅锗（SiGe）等新型半导体材料因其优异的高频性能而备受关注。同时，三维集成、纳米级制造等先进工艺技术的应用也为高频调频电路的设计和制造提供了更多的可能性。在射频（RF）领域，GaAs 被广泛应用于功率放大器（PA）等关键器件中。例如，在 5G 手机 PA 领域，GaAs 因其高频低噪声和高功率密度特性占据了主导地位。研究者们利用 GaAs 材料设计了高性能的 PA，这些 PA 能够实现信号的高效放大和传输，满足 5G 通信对高速率、大容量和低延迟的需求。

思考题与习题

8.1　角调波 $u(t)=10\cos(2\pi\times10^6t+10\cos 2\,000\pi t)$ V，试确定（1）最大频偏；（2）最大相偏；（3）信号带宽；（4）此信号在单位电阻上的功率；（5）能否确定这是 FM 波或是 PM 波？（6）调制电压。

8.2　调制信号 $u_\Omega=2\cos(2\pi\times10^3t)+3\cos(3\pi\times10^3t)$ V，调频灵敏度 $k_f=3$ kHz/V，载波信号为 $u_c=5\cos(2\pi\times10^7t)$ V，试写出此 FM 信号表达式。

8.3　频率为 100 MHz 的载波被频率为 5 kHz 的正弦信号调制，最大频偏为 50 kHz，求此时 FM 波的带宽。若 U_Ω 加倍，F 不变，带宽是多少？若 U_Ω 不变，F 增大一倍，带宽如何？若 U_Ω 和 F 都增大一倍，带宽又如何？

8.4　已知某调频电路调频信号中心频率为 $f_c=50$ MHz，最大频偏为 75 kHz。求调制信号频率 F 分别为 300 Hz、15 kHz 时，对应的调频指数 m_f、有效频谱宽度 B_{CR}。

8.5　有一个调幅波和一个调频波，它们的载频均为 1 MHz，调制信号电压均为 $u_\Omega=0.1\cos(2\pi\times10^3t)$ V。若调频时单位调制电压产生的频偏为 1 kHz，求调幅波的频谱宽度 B_{AM} 和调频波的有效频谱宽度 B_{CR}。若调制信号电压改为 $u_\Omega=20\cos(2\pi\times10^3t)$ V，试求对应的 B_{AM} 和 B_{CR}，并对此结果进行比较。

8.6　调频振荡器回路由电感 L 和变容二极管组成。$L=2$ μH，变容二极管参数为：$C_{j0}=225$ pF，$\gamma=0.5$，$U_\varphi=0.6$ V，$V_Q=-6$ V，调制电压 $u_\Omega=3\cos(10^4t)$ V。求输出调频波（1）载频；（2）由调制信号引起的载频漂移；（3）最大频偏；（4）调频系数；（5）二阶失真系数。

8.7　如习题图 8-1 所示为变容管 FM 电路。$f_c=360$ MHz，$\gamma=3$，$U_\varphi=0.6$ V，$u_\Omega=\cos(\Omega t)$ V。图中 L_c 为高频扼流圈，C_3、C_4 和 C_5 为高频旁路电容。（1）分析此电路工作原理并说明其他各元件作用；（2）调节 R_2 使变容管反偏电压为 6 V，此时 $C_{jQ}=20$ pF，求 L；（3）计算最大频偏和二阶失真系数。

8.8　习题图 8-2 为晶体振荡器直接调频电路，试说明其工作原理及各元件的作用。

8.9　变容管调频器的部分电路如习题图 8-3 所示。其中，两个变容管的特性完全相同，均为 $C_j=C_{j0}/(1+u/u_\phi)^\gamma$，$L_1$ 及 L_2 为高频扼流圈，C_1 对振荡频率短路。试推导：（1）振荡频率表达式；（2）基波最大频偏；（3）二次谐波失真系数。

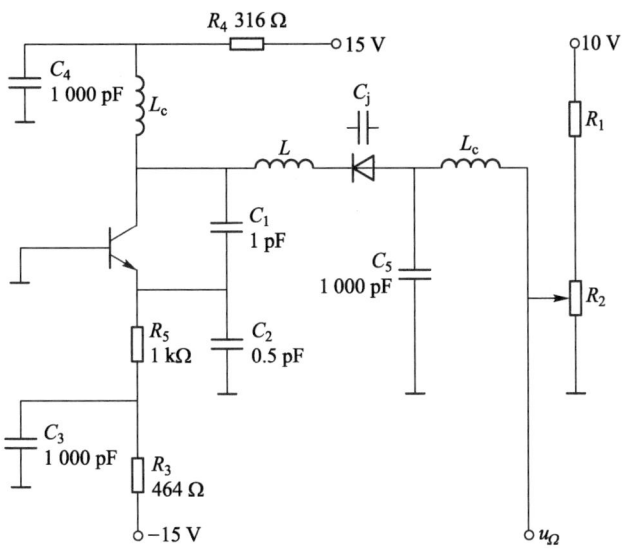

习题图 8-1

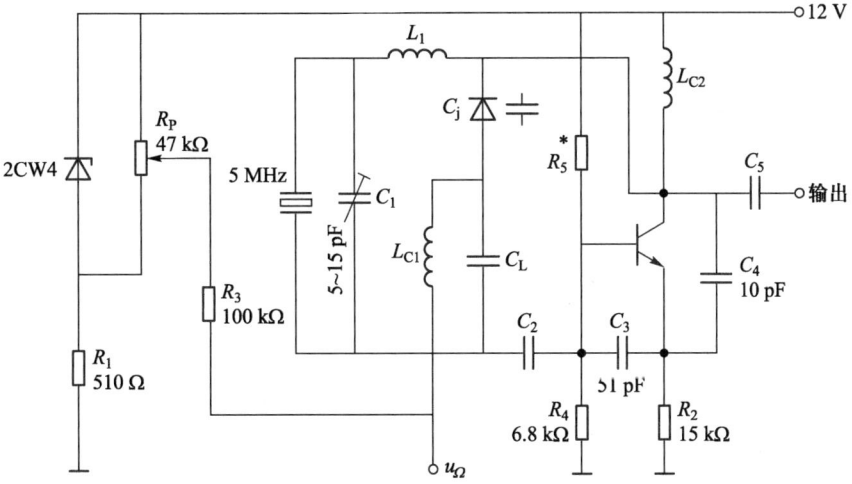

习题图 8-2

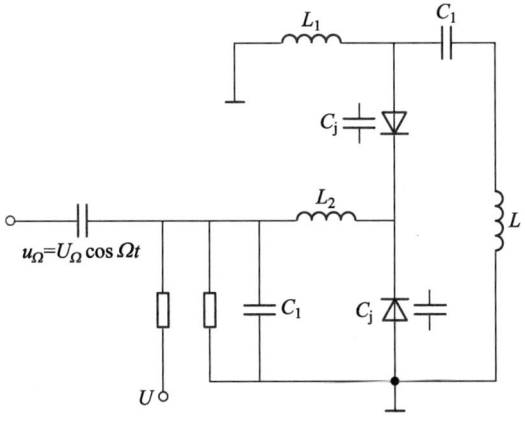

习题图 8-3

第 9 章
角度解调电路

9.1 导　　课

　　角度解调是前面各功能电路的组合应用，其设计思想的精髓就是"变换"，将频率变化转换为幅度变化、相位变化或是脉冲串。相比调幅信号而言，调角信号在实际通信系统中可以获得更好的性能，因而应用范围更广。在第 8 章中重点介绍了调频和调相信号及产生电路，本章将重点介绍调频信号和调相信号的解调电路。

　　本章主要包含以下几个问题：

　　（1）什么是角度解调？角度解调关心的指标有哪些？（9.2 节）

　　（2）鉴相器核心指标就是鉴相特性曲线，曲线的类型和输入信号的大小有什么关系？（9.3 节）

　　（3）鉴频器可以分成几个大类？分类的原则是什么？相位鉴频器为何能实现鉴相？比例鉴频器相比相位鉴频的优点是什么？电路结构有什么不同？（9.4 节）

9.2 概　　述

　　角度调制波形的解调过程，本质上是对已调制波形进行逆向操作，以复原调制信息源。这一过程分别为鉴相（phase demodulation，PD）与鉴频（frequency demodulation，FD）两种，分别针对调相信号与调频信号实施。调频接收机的架构采用超外差原理，与调幅接收机采用相似的设计方法。在超外差调频接收机体系内，鉴频操作往往被设定于中频频率上执行，如调频广播接收机，其标准中频频率设定为 10.7 MHz。值得注意的是，传统调幅波形的特性在于其振幅或包络的波动直接映射了调制信号的变化，而调相与调频波形则展现出等幅高频振荡的特性，其调制信息的承载方式转而依赖于相位或频率的变动。这一根本差异导致了包络检波器在直接应用于调相或调频信号解调时无法直接还原出原始的调制信号。

在调频信号产生、传输到通过调频接收机前端电路的过程中，会受到各种环境因素的影响，包括噪声、信号衰落以及滤波器。这些影响可能会导致原本应当保持等幅的调频波在幅度上产生波动，即引入了寄生调幅，有时也可能产生寄生调频。为此，可以在末级中放和鉴频器之间设置限幅器，消除由寄生调幅所引起的鉴频器的输出噪声。可见，限幅与鉴频一般是连用的，统称为限幅鉴频器。如果调频信号的调频指数较大，那么它本身就可以抑制寄生调频。

鉴相器将输入调相波的瞬时相位变换为相应的解调输出电压；鉴频器将输入调频波的瞬时频率（或频偏）变换为相应的解调输出电压。

本节将以鉴频器为例，简单介绍一下角度解调电路功能。假设输入鉴频器的调频波瞬时频率为 f，解调输出电压为 u_o，鉴频器如图 9-2-1（a）所示。通常将此变换过程的变换特性称为鉴频特性，将输出电压 u_o 与瞬时频率 f 之间的关系曲线称为鉴频特性曲线。在线性解调的理想情况下，此曲线为一直线，但实际上往往有弯曲，呈 "S" 形，简称 "S"曲线，鉴频特性曲线如图 9-2-1（b）所示。

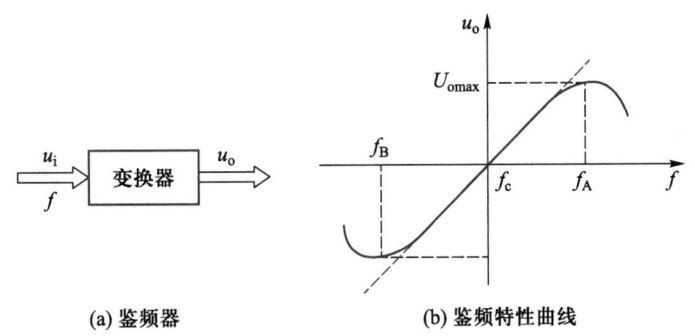

(a) 鉴频器　　　　　　(b) 鉴频特性曲线

图 9-2-1　鉴频器及鉴频特性曲线

对于鉴频器，若其输入调频波为

$$u_i(t) = U_{cm}\cos\left[\omega_c t + m_f\sin\Omega t\right] \tag{9-2-1}$$

则鉴频器输出为

$$u_o(t) = U_m\cos\Omega t \tag{9-2-2}$$

同理，对于鉴相器，若其输入调相波为

$$u_i(t) = U_{cm}\cos\left[\omega_c t + m_p\cos\Omega t\right] \tag{9-2-3}$$

则鉴相器输出为

$$u_o(t) = U_m\cos\Omega t \tag{9-2-4}$$

9.2.1　角度解调电路分类

鉴相电路可以划分为模拟与数字两大类别。在集成化的电路中，通常采用乘积型和门电路型两种典型的鉴相方式。鉴相器的主要用途并不仅限于解调调相波，它还具备构造移相鉴频电路的能力。值得注意的是，鉴相器在锁相环路（phase-locked loop，PLL）中起到关键作用。

常见的鉴频电路按照其原理，大致可以分成以下几类：

（1）振幅鉴频。此类鉴频方法是先设法将频率随调制信号变化的调制波转换成瞬时幅度随瞬时频率变化的调幅——调频波，然后用幅度检波的方法解调调频信号。

（2）相位鉴频。此方法是先设法将调频信号中的频率变化转换为相位变化，然后用鉴相器解调转化后的调相信号。

（3）脉冲计数式鉴频。此方法直接将单位时间内已调波的周期波数目转换为脉冲个数，然后通过低通滤波器取出调制信号。

（4）锁相环鉴频。

9.2.2 技术指标

鉴频器的主要性能指标大多与鉴频特性曲线有关，具体为

（1）鉴频器中心频率 f_c

鉴频器中心频率对应于鉴频特性曲线原点处的频率。在接收机中，鉴频器位于中频放大器之后，其中心频率应与中频频率 f_I 一致。在鉴频器中，通常将中频频率 f_I 写作 f_c，因此也认为鉴频器中心频率为 f_c。

（2）鉴频带宽 B_m

鉴频器的鉴频带宽指的是在不失真地解调条件下输入信号所允许的频率变化最大范围，这一指标可以近似衡量鉴频特性曲线的线性区的宽度。在图 9-2-1（b）中，它指的是鉴频特性曲线左右两个最值对应的频率间隔，因此也称峰值带宽。实际上鉴频特性曲线一般是左右对称的，若峰值点的频偏为 $\Delta f_A = f_A - f_c = f_c - f_B$，则 $B_m = 2\Delta f_A$。对于鉴频器来讲，要求线性范围带宽 $B_m \geq 2\Delta f_A$。

（3）线性度

为了实现线性鉴频，鉴频特性曲线在鉴频带宽内必须呈线性。但实际上，鉴频特性曲线的两峰之间并不完全是线性区域，通常只有 $\Delta f = 0$ 附近才有比较好的线性特性。

（4）鉴频跨导 S_D

鉴频跨导，即鉴频特性曲线在载频处的斜率，表示为单位频偏下产生的解调输出电压。鉴频跨导又叫鉴频灵敏度，用公式表示为

$$S_D = \frac{du_o}{df}\bigg|_{f=f_c} = \frac{du_o}{d\Delta f}\bigg|_{\Delta f=0} \tag{9-2-5}$$

鉴频器的鉴频跨导是衡量将输入频率变化转换为输出电压变化能力的一个重要参数，因此又称为鉴频效率。调频系统虽有卓越的抗噪声性能，但却对鉴频器输入端的信噪比有

很高的要求。一旦输入信噪比低于特定阈值时，鉴频器的输出信噪比将迅速降低，甚至信号完全无法被接收，此现象称为门限效应，普遍存在于各类鉴频器中，只是门限电平的具体数值因鉴频器设计差异而有所变化。

类似地，鉴相器的主要性能指标也包括四个：

（1）鉴相特性曲线：即鉴相器输出电压与输入信号的瞬时相位偏移 $\Delta\varphi$ 的关系，通常要求是线性关系。

（2）鉴相跨导：鉴相器输出电压与输入信号的瞬时相位偏移 $\Delta\varphi$ 的关系的比例系数。

（3）鉴相线性范围：能够不失真地解调所允许的输入信号相位变化的最大范围。通常应大于调相波最大相移的二倍。

（4）非线性失真：由于鉴相特性不是理想直线而使解调信号产生的失真，称为鉴相器的非线性失真。

9.3 鉴 相 器

鉴相器（也称鉴相电路）常分为模拟电路和数字电路两大类。常用的鉴相电路有乘积型鉴相和门电路鉴相。本节将对乘积型鉴相器和门电路鉴相器分别进行介绍。

9.3.1 乘积型鉴相器

乘积型鉴相器依靠非线性器件模拟乘法器进行频率变换，使用低通滤波器取出原调制信号，其原理框图如图 9-3-1 所示。

图中 u_1 是需解调的调相波，u_2 由 u_1 变化得到，或者由系统本身产生，与 u_1 有确定数学关系（通常两者是正交关系，以取得正弦型鉴相特性）。即

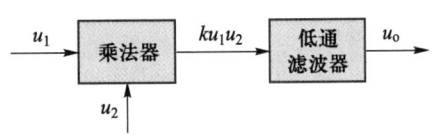

图 9-3-1 乘积型鉴相器原理框图

$$u_1 = U_{1m}\cos\left[\omega_c t + \varphi_1(t)\right] \qquad (9\text{-}3\text{-}1)$$

$$u_2 = U_{2m}\sin\omega_c t \qquad (9\text{-}3\text{-}2)$$

u_2 是参考信号，为了简化分析，通常假设 u_2 的初相位为 0，k 为乘法器系数，随 u_1、u_2 大小不同而变化。通过前面章节分析可知，模拟乘法器的输出电流可表示为

$$i = I_0 \operatorname{th}\frac{qu_1}{2kT}\operatorname{th}\frac{qu_2}{2kT} \qquad (9\text{-}3\text{-}3)$$

根据 U_{1m} 和 U_{2m} 的大小不同，鉴相器有三种工作情况：u_1 和 u_2 均为小信号；u_1 和 u_2 均为大信号；u_1 为小信号，u_2 为大信号。

（1）u_1 和 u_2 均为小信号

当 u_1 和 u_2 均小于 $26\ \text{mV}$ 时，根据模拟乘法器特性，其输出电流为

$$i = I_0 \text{th} \frac{qu_1}{2kT} \text{th} \frac{qu_2}{2kT} \tag{9-3-4}$$

$$= \frac{1}{2} K_M U_{1m} U_{2m} \sin[-\varphi_1(t)] + \frac{1}{2} K_M U_{1m} U_{2m} \sin[2\omega_c t + \varphi_1(t)]$$

式中，$K_M = I_0 \left(\dfrac{q}{2kT}\right)^2$ 第二项高频成分经低通滤波器滤除，在负载 R_L 上可得输出电压为

$$u_o(t) = -\frac{1}{2} K_M U_{1m} U_{2m} R_L \sin\varphi_1(t) \tag{9-3-5}$$

式中，$\varphi_1(t)$ 是 u_1 和 u_2 两信号的瞬时相位差。通常可用 $\varphi_e(t)$ 来表示。由式（9-3-5）可画出 u_o 与 $\varphi_e(t)$ 的关系曲线，即小信号正交乘积鉴相特性曲线，如图 9-3-2 所示。这是一个周期性的正弦曲线。

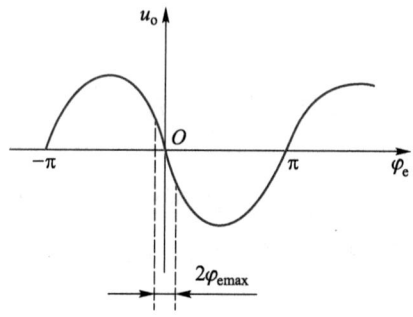

图 9-3-2　小信号正交乘积鉴相特性曲线

从鉴相特性曲线可以求出鉴相器的两个主要指标：

① 鉴相跨导。根据其定义

$$S_\varphi = \frac{\mathrm{d}u_o}{\mathrm{d}\varphi_e}\bigg|_{\varphi_e=0} \tag{9-3-6}$$

S_φ 的单位为 V/rad，通常希望 S_φ 大一些。对于 u_1 和 u_2 均为小信号且 $|\varphi_e| < \dfrac{\pi}{6}$ rad 时

$$S_\varphi = -\frac{1}{2} K_M U_{1m} U_{2m} R_L \tag{9-3-7}$$

② 线性鉴相范围。它表示在不失真解调条件下输入信号所允许的最大相位变化范围，用 φ_{emax} 表示。对于正弦形鉴相特性来说，可认为 $|\varphi_e| < \dfrac{\pi}{6}$ rad 时，$\sin\varphi_e \approx \varphi_e$，鉴相特性近似直线，即

$$\varphi_{emax} = \pm\frac{\pi}{6} \text{ rad} \tag{9-3-8}$$

正弦形鉴相特性对使用者来说比较方便和直观。因为 $\varphi_e = 0$ 时，$u_o = 0$，而当 φ_e 在零点附近作正负变化时，u_o 也相应地在零值附近作正负变化。这也是为何在式（9-3-1）和式（9-3-2）中任何两个信号要正交的原因。

（2）u_1为小信号，u_2为大信号

当u_2的振幅大于100 mV时，此时可认为是大信号状态。u_1和u_2的表达式分别如式（9-3-1）和式（9-3-2）所示，则在u_1为小信号，u_2为大信号条件下，乘法器的输出电流i可表示为

$$i = K'_M u_1 \text{th} \frac{q}{2kT} u_2 \qquad (9-3-9)$$

式中，$K'_M = I_0 \dfrac{q}{2kT_1}$，因为$u_2$是大信号，双曲正切函数具有开关函数的形式，即

$$\text{th} \frac{q}{2kT} u_2 = \begin{cases} +1 & 0 < \omega_c t < \pi \\ -1 & \pi < \omega_c t < 2\pi \\ 0 & \omega_c t = 0, \pi, 2\pi \end{cases} \qquad (9-3-10)$$

将式（9-3-10）按傅里叶级数展开为

$$\text{th} \frac{q}{2kT} u_2 = \frac{4}{\pi} \sin\omega_c t + \frac{4}{3\pi} \sin3\omega_c t + \frac{4}{5\pi} \sin5\omega_c t + \cdots \qquad (9-3-11)$$

相乘后的输出电流为

$$\begin{aligned} i &= K'_M U_{1m} \cos\left[\omega_c t + \varphi_1(t)\right]\left(\frac{4}{\pi}\sin\omega_c t + \frac{4}{3\pi}\sin3\omega_c t + \cdots\right) \\ &= \frac{2}{\pi} K'_M U_{1m} \sin\left[-\varphi_1(t)\right] + \frac{2}{\pi} K'_M U_{1m} \sin\left[2\omega_c t + \varphi_1(t)\right] \\ &\quad + \frac{2}{3\pi} K'_M U_{1m} \sin\left[2\omega_c t - \varphi_1(t)\right] + \frac{2}{3\pi} K'_M U_{1m} \sin\left[4\omega_c t + \varphi_1(t)\right] + \cdots \end{aligned} \qquad (9-3-12)$$

经低通滤波器取出输出电流的低频分量，在负载R_L上得到输出电压为

$$u_o = -\frac{2}{\pi} K'_M R_L U_{1m} \sin\left[\varphi_1(t)\right] \qquad (9-3-13)$$

由式（9-3-13）可知，乘积型鉴相器的一个输入为大信号时，鉴相特性曲线仍是正弦形，只是鉴相跨导为

$$S_\varphi = -\frac{2}{\pi} K'_M R_L U_{1m} \qquad (9-3-14)$$

（3）u_1和u_2均为大信号

在u_1和u_2均为大信号的条件下，乘法器的输出电流i同式（9-3-3），为

$$i = I_0 \text{th} \frac{q}{2kT} u_1 \text{th} \frac{q}{2kT} u_2 \qquad (9-3-15)$$

因为u_1是大信号，双曲正切函数也具有开关函数的形式，即

$$\text{th} \frac{q}{2kT} u_1 = \begin{cases} +1 & -\frac{\pi}{2} < \omega_c t + \varphi_1(t) < \frac{\pi}{2} \\ -1 & \frac{\pi}{2} < \omega_c t + \varphi_1(t) < \frac{3}{2}\pi \\ 0 & \omega_c t + \varphi_1(t) = -\frac{\pi}{2}, \frac{\pi}{2}, \frac{3}{2}\pi \end{cases} \qquad (9-3-16)$$

将式（9-3-16）按傅里叶级数展开为

$$\mathrm{th}\frac{q}{2kT}u_1=\frac{4}{\pi}\cos[\,\omega_c t+\varphi_1(t)\,]-\frac{4}{3\pi}\cos3[\,\omega_c t+\varphi_1(t)\,]+\frac{4}{5\pi}\cos5[\,\omega_c t+\varphi_1(t)\,]-\cdots \quad(9-3-17)$$

则

$$i=I_0\left\{\frac{4}{\pi}\cos[\,\omega_c t+\varphi_1(t)\,]-\frac{4}{3\pi}\cos3[\,\omega_c t+\varphi_1(t)\,]+\cdots\right\}\left(\frac{4}{\pi}\sin\omega_c t+\frac{4}{3\pi}\sin3\omega_c t+\cdots\right)$$

$$=I_0\left\{-\frac{8}{\pi^2}\sin[\,\varphi_1(t)\,]+\frac{8}{\pi^2}\sin[\,2\omega_c t+\varphi_1(t)\,]\right.$$

$$+\frac{8}{3\pi^2}\sin[\,2\omega_c t+3\varphi_1(t)\,]-\frac{8}{3\pi^2}\sin[\,4\omega_c t+3\varphi_1(t)\,]$$

$$+\frac{8}{3\pi^2}\sin[\,2\omega_c t-\varphi_1(t)\,]+\frac{8}{3\pi^2}\sin[\,4\omega_c t+\varphi_1(t)\,]$$

$$\left.+\frac{8}{9\pi^2}\sin[\,3\varphi_1(t)\,]-\frac{8}{9\pi^2}\sin[\,6\omega_c t+3\varphi_1(t)\,]+\cdots\right\} \quad(9-3-18)$$

经低通滤波器取出低频分量，在负载 R_L 上建立电压为

$$u_o=-I_0R_L\left[\frac{8}{\pi^2}\sin\varphi_1(t)-\frac{8}{(3\pi)^2}\sin3\varphi_1(t)+\frac{8}{(5\pi)^2}\sin5\varphi_1(t)-\cdots\right] \quad(9-3-19)$$

$$=-I_0R_L\left[\frac{8}{\pi^2}\sum_{n=1}^{\infty}\frac{(-1)^{n-1}}{(2n-1)^2}\sin(2n-1)\varphi_1(t)\right]$$

u_1 和 u_2 均为大信号时的正交乘积鉴相特性如图 9-3-3 所示。

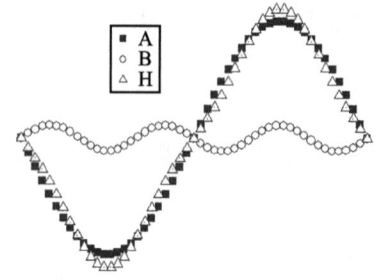

(a) $n=1$(曲线A)和$n=2$(曲线B)叠加结果(H曲线)

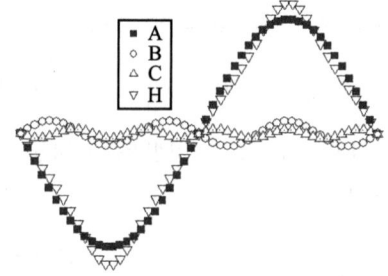

(b) $n=1,n=2$和$n=3$(C曲线)叠加结果(H曲线)

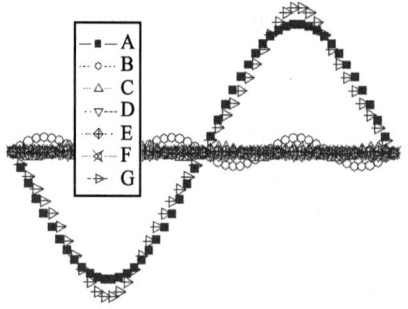

(c) $n=1,2,\cdots,6$叠加结果(G曲线)

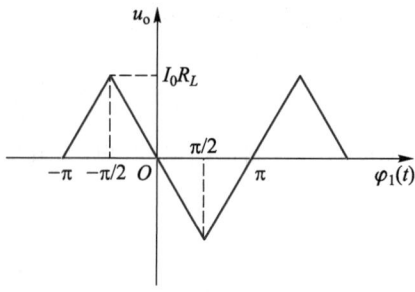

(d) $n=1,2,\cdots$叠加结果

图 9-3-3　u_1 和 u_2 均为大信号的正交乘积鉴相特性

可见，两个输入信号均为大信号时，其鉴相特性为三角波形。在 $-\dfrac{\pi}{2}\leqslant\varphi_1(t)\leqslant\dfrac{\pi}{2}$ 区间，鉴相特性是线性的。因此其线性鉴相范围为

$$\varphi_{\text{emax}}=\pm\dfrac{\pi}{2}\,\text{rad} \tag{9-3-20}$$

对比式（9-3-8），可以看出三角波形鉴相特性的线性范围比正弦形鉴相特性大。而鉴相跨导为

$$S_\varphi=-\dfrac{2}{\pi}I_0 R_{\text{L}} \tag{9-3-21}$$

以上分析表明，乘积型鉴相器应尽量采用大信号工作状态，这样可获得较宽的线性鉴相范围。

【例9.1】 乘积型鉴相器两输入信号 $u_1=U_{1\text{m}}\cos[\omega_{\text{c}}t+\varphi_1(t)]$，$u_2=U_{2\text{m}}\cos\omega_{\text{c}}t$，均为小信号，分析其鉴相特性。

解 经相乘输出电流为

$$i=K_{\text{M}}u_1 u_2=K_{\text{M}}U_{1\text{m}}U_{2\text{m}}\cos[\omega_{\text{c}}t+\varphi_1(t)]\cos\omega_{\text{c}}t$$

$$=\dfrac{1}{2}K_{\text{M}}U_{1\text{m}}U_{2\text{m}}\cos[\varphi_1(t)]+\dfrac{1}{2}K_{\text{M}}U_{1\text{m}}U_{2\text{m}}\cos[2\omega_{\text{c}}t+\varphi_1(t)]$$

经低通滤波器滤波，在负载 R_{L} 上可得输出电压为

$$u_{\text{o}}=\dfrac{1}{2}K_{\text{M}}U_{1\text{m}}U_{2\text{m}}R_{\text{L}}\cos[\varphi_1(t)]$$

鉴相特性为周期性余弦波，当 $\varphi(t)=0$ 时，$u_{\text{o}}\neq0$。∎

9.3.2　门电路鉴相器

门电路鉴相器的电路结构比较简单、线性鉴相范围更大、易于集成化，因此得到较为广泛的应用。常用的有门电路鉴相器或门鉴相器和**异或**门鉴相器。

图 9-3-4（a）是**异或**门鉴相器的原理框图。它是由**异或**门电路和低通滤波器组成。若输入给鉴相器的两个信号 $u_1(t)$ 和 $u_2(t)$ 均为周期为 T_i 的方波信号，$u_1(t)$ 和 $u_2(t)$ 之间的延时为 τ_{e}，它反映两信号之间的相位差 $\varphi_{\text{e}}=2\pi\tau_{\text{e}}/T_i$。因为**异或**门电路的两个输入电平不同时，输出为 **1** 电平，而其他情况均为 **0** 电平。

由于经过低通滤波器的输出相当于对**异或**门输出信号 $u_{\text{d}}'(t)$ 取平均分量，根据 τ_{e} 与 T_i 的关系，可得

$$\text{当}\ 0\leqslant\tau_{\text{e}}\leqslant\dfrac{T_i}{2}\text{时，}\quad u_{\text{d}}=U_{\text{dm}}\dfrac{\tau_{\text{e}}}{T_i/2},$$

$$\tag{9-3-22}$$

$$\text{即}\ u_{\text{d}}(\varphi_{\text{e}})=U_{\text{dm}}\dfrac{\varphi_{\text{e}}}{\pi}\quad(0\leqslant\varphi_{\text{e}}\leqslant\pi)$$

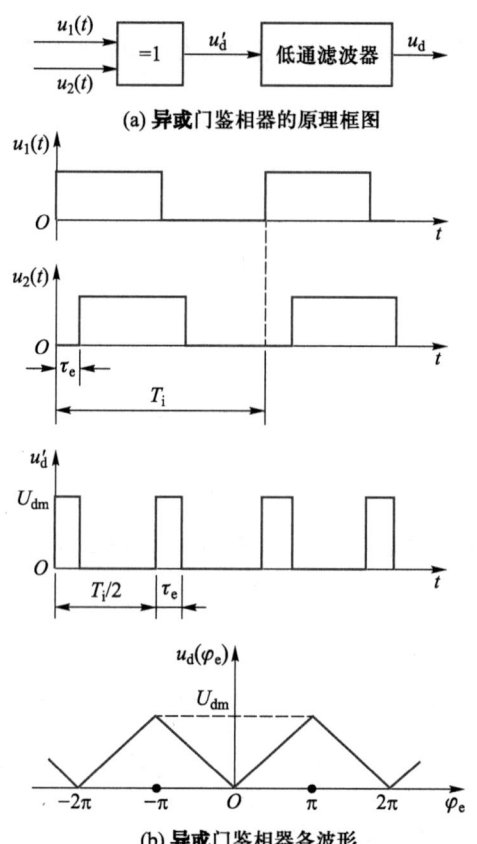

(a) **异或**门鉴相器的原理框图

(b) **异或**门鉴相器各波形

图 9-3-4　异或门鉴相器及波形

当 $\dfrac{T_i}{2} \leqslant \tau_e \leqslant T_i$ 时，　$u_d = U_{dm}\dfrac{\left[T_i/2-(\tau_e-T_i/2)\right]}{T_i/2}$

$$= U_{dm}\dfrac{T_i-\tau_e}{T_i/2}, \tag{9-3-23}$$

即 $u_d(\varphi_e) = U_{dm}\left(2-\dfrac{\varphi_e}{\pi}\right)$　$(\pi \leqslant \varphi_e \leqslant 2\pi)$

综合上述结果，可得

$$u_d(\varphi_e) = \begin{cases} U_{dm}\dfrac{\varphi_e}{\pi} & 0 \leqslant \varphi_e \leqslant \pi \\[3mm] U_{dm}\left(2-\dfrac{\varphi_e}{\pi}\right) & \pi < \varphi_e \leqslant 2\pi \end{cases} \tag{9-3-24}$$

各波形如图 9-3-4（b）所示。可见，**异或**门鉴相器的输出 $u_d(\varphi_e)$ 与 φ_e 的关系曲线为三角形，其鉴相跨导为

$$S_\varphi = \pm\dfrac{U_{dm}}{\pi} \tag{9-3-25}$$

9.4 鉴 频 器

调频信号解调的实现电路有三种鉴频电路架构。第一种是调频–调幅转换型解调器，其设计核心在于运用线性网络，将原始的等幅调频波形转化为调幅调频波形，振幅正比于调频波瞬时频率，随后采用振幅检波器进行检波。第二种是相移乘法鉴频器，首先将调频信号通过移相电路转换为调相调频信号，确保相位变化与调频波的瞬时频率变化为线性关系，随后将调相调频波与原始调频波进行相位比对，借助低通滤波器提取解调后的信号，由于相位比较器常由乘法器构成，故此种鉴频器为相移乘法鉴频。第三种为脉冲均值型鉴频器，它先将调频信号输入至过零比较器，转化为脉冲序列，该序列的单极性等幅脉冲重复频率精确反映调频信号的瞬时频率，之后通过低通滤波器处理该脉冲序列，以求得脉冲序列的平均值，该平均值与调频信号的瞬时频率变化成正比，从而实现了信号的解调恢复。

9.4.1 双失谐回路鉴频器

图 9-4-1 是双失谐回路鉴频器的原理图。它是由上下对称的两个振幅检波器以及三个调谐回路组成的调频–调幅调频变换电路组成。

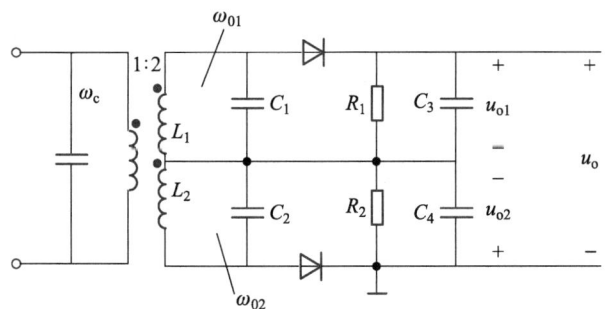

图 9-4-1 双失谐回路鉴频器的原理图

一次回路谐振于调频信号的中心频率 ω_c，其通带较宽。二次两个回路的谐振频率分别为 ω_{01}、ω_{02}，并使 ω_{01} 和 ω_{02} 与 ω_c 成对称失谐，即 $\omega_c - \omega_{01} = \omega_{02} - \omega_c$。

图 9-4-2 左侧展示的是双失谐回路鉴频器的幅频特性曲线，其中，实线描绘第一个回路的幅频特性，虚线代表第二个回路的幅频特性，这两条幅频特性曲线相对于中心频率 ω_c 镜像对称。

（1）当输入调频信号的频率为 ω_c 时，两个二次回路输出电压幅度相等，经检波后输出电压 $u_o = u_{o1} - u_{o2}$，故 $u_o = 0$。

（2）当输入调频信号的频率由 ω_c 向升高的方向偏离时，$L_2 C_2$ 回路输出电压大，而 L_1

C_1回路输出电压小，则经检波后$u_{o1}<u_{o2}$，则$u_o<0$。当输入调频波的频率由ω_c向降低方向偏离时，L_1C_1回路的输出电压将增大，而L_2C_2回路的输出则减小，经检波后$u_{o1}>u_{o2}$，则$u_o>0$。上述鉴频特性如图右下部分所示。

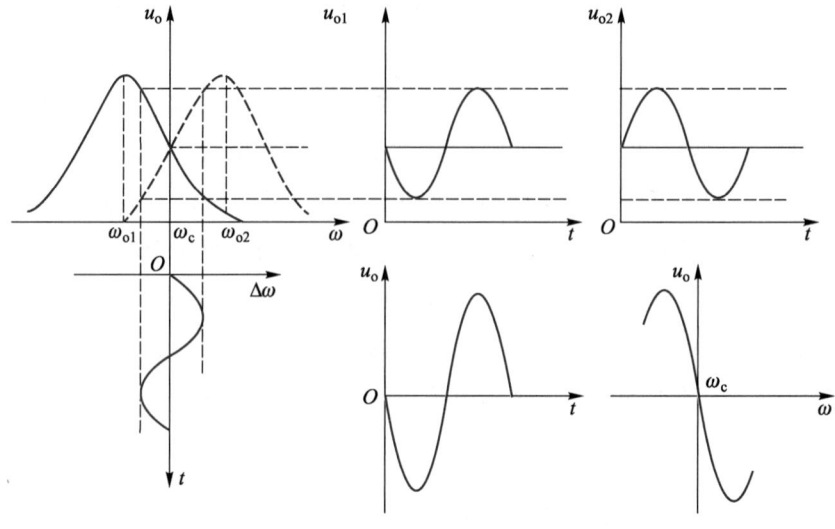

图 9-4-2 双失谐回路鉴频器的特性图

9.4.2 相位鉴频器

相位鉴频器是利用双耦合回路的相位-频率特性将调频波变成调幅调频波，通过振幅检波器实现鉴频的一种鉴频器。它常用于频偏在几百千赫以下的调频无线接收设备中。常用的相位鉴频器根据其耦合方式可分为互感耦合和电容耦合两种鉴频器。由于两种鉴频器工作原理相同，所以下面仅讨论互感耦合相位鉴频器。

（1）相位鉴频器的工作原理

如图 9-4-3 所示是互感耦合相位鉴频器的基本电路。

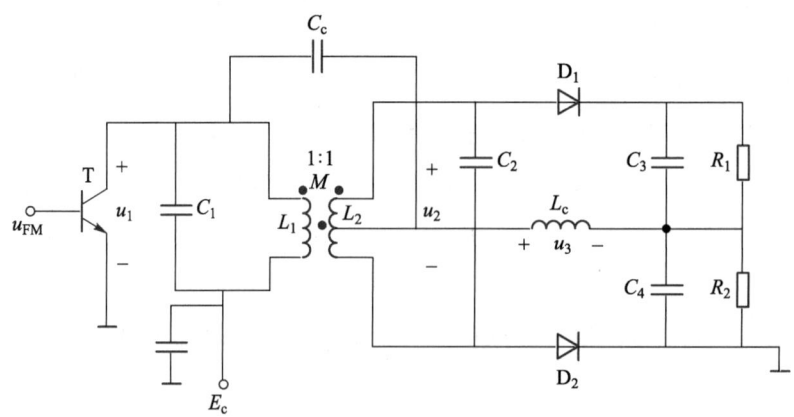

图 9-4-3 互感耦合相位鉴频器的基本电路

它是由调频-调幅调频变换电路和振幅检波器两部分组成。调频-调幅调频变换电路是由双耦合回路组成，其一次侧 L_1C_1 和二次侧 L_2C_2 都调谐于输入调频波的中心频率 f_c。为了实现调频-调幅调频变换，一次侧与二次侧之间采用了两种耦合方式，一种是互感 M 的耦合，既由 u_1 通过互感 M 在二次侧产生 u_2，另一种是通过电容 C_c 将 u_1 耦合到高频扼流圈 L 上，因为 C_4、C_c 对高频可认为短路，这样就可以认为 u_1 全加在 L 上，即 $u_3 = u_1$。等效检波器电路如图 9-4-4 所示，由图可知变换电路送给检波器 D_1 和 D_2 的电压情况。

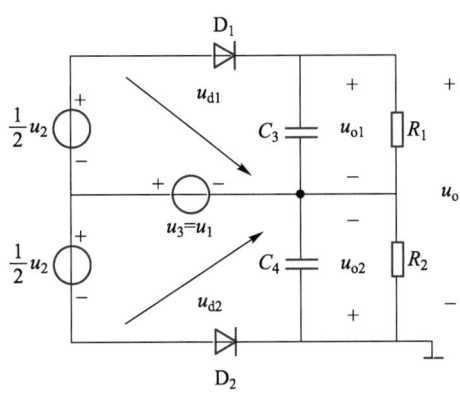

图 9-4-4 等效检波器电路

则 $u_{d2} = u_1 - \dfrac{1}{2}u_2$，$u_{d1} = u_1 + \dfrac{1}{2}u_2$。设检波器的传输系数为 $K_{d1} = K_{d2} = K_d$，则有

$$u_{o1} = K_{d1}\,|u_{d1}| = K_d U_{d1}$$
$$u_{o2} = K_{d2}\,|u_{d2}| = K_d U_{d2}$$

$$(9\text{-}4\text{-}1)$$

因此输出电压 u_o 为

$$u_o = u_{o1} - u_{o2} = K_d(U_{d1} - U_{d2}) \qquad (9\text{-}4\text{-}2)$$

其中 U_{d1} 和 U_{d2} 是 u_{d1} 和 u_{d2} 的振幅。

对于调频-调幅调频变换电路，由于 u_1 是等幅波，而在耦合回路的通带内 u_2 的振幅也可以认为是不变的。但是 u_1 和 u_2 之间的相位关系却随着频率变化而变化。相位鉴频器正是利用了 u_2 与 u_1 的相位差随频率变化，实现了调频-调幅调频变换。u_{d1} 和 u_{d2} 均为调幅调频波，经振幅检波器可实现鉴频。

（2）相位鉴频器的鉴频特性的定性分析

为了简化分析，先假设相位鉴频器的一次回路的品质因数较高，一、二次回路的互感耦合比较弱。这样在估算一次回路电流时，就不必考虑一次本身的损耗电阻 r_1 和从二次侧引入到一次侧的损耗电阻，于是可以得如图 9-4-5 所示相位鉴频器定性分析图，近似地计算一次回路（L_1C_1 回路）电流 i_1 为

$$i_1 = \frac{u_1}{r_1 + \mathrm{j}\omega L_1} \approx \frac{u_1}{\mathrm{j}\omega L_1} \qquad (9\text{-}4\text{-}3)$$

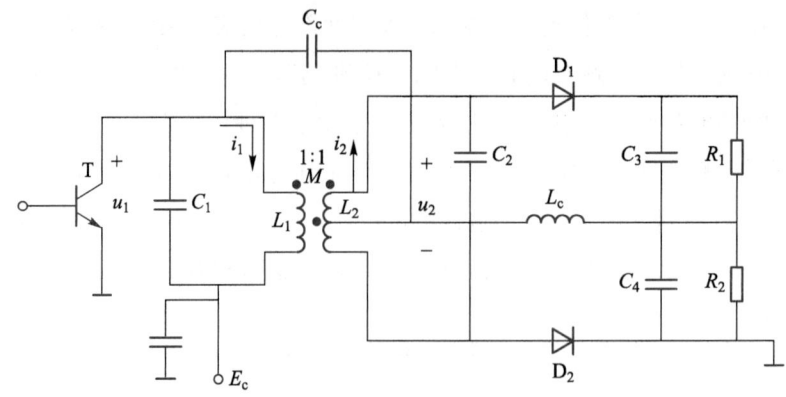

图 9-4-5　相位鉴频器定性分析电路图

一次回路电流 i_1 在二次回路中感应电动势为 E_2，i_2 方向和同名端如图 9-4-5 所示，可得

$$E_2 = \mathrm{j}\omega M i_1 = \frac{M}{L_1}u_1 \qquad (9\text{-}4\text{-}4)$$

二次回路电流 i_2 为

$$i_2 = \frac{E_2}{r_2 + \mathrm{j}\left(\omega L_2 - \dfrac{1}{\omega C_2}\right)} = \frac{M}{L_1}\frac{u_1}{\left[r_2 + \mathrm{j}\left(\omega L_2 - \dfrac{1}{\omega C_2}\right)\right]} \qquad (9\text{-}4\text{-}5)$$

式中，r_2 为二次回路电感损耗，则 u_2 可由等效电路求出

$$u_2 = \frac{i_2}{\mathrm{j}\omega C_2} = -\mathrm{j}\frac{M}{L_1}\cdot\frac{u_1}{\omega C_2\left[r_2 + \mathrm{j}\left(\omega L_2 - \dfrac{1}{\omega C_2}\right)\right]} \qquad (9\text{-}4\text{-}6)$$

（1）当输入信号瞬时频率 f 等于调频波中心频率 f_c 时，二次回路谐振，即

$$\omega L_2 - \frac{1}{\omega C_2} = 0 \qquad (9\text{-}4\text{-}7)$$

则有

$$u_2 = -\mathrm{j}\frac{M}{L_1}\cdot\frac{u_1}{\omega C_2 r_2} = \frac{M}{L_1}\cdot\frac{u_1}{\omega C_2 r_2}\underline{/-90°} \qquad (9\text{-}4\text{-}8)$$

此式表明，二次回路电压 u_2 比一次回路电压 u_1 滞后 90°，则电压矢量图如图 9-4-6（a）所示。因为鉴频器的输出电压 u_o 与 $U_{d1}-U_{d2}$ 成正比〔见式（9-4-8）〕，由矢量图知 $U_{d1}=U_{d2}$，则鉴频器的输出电压为

$$u_o = u_{o1} - u_{o2} = K_d(U_{d1} - U_{d2}) = 0 \qquad (9\text{-}4\text{-}9)$$

（2）当输入信号瞬时频率 $f>f_c$ 时，$\omega L_2 - \dfrac{1}{\omega C_2}>0$，这时二次回路呈电感性，此时

$$u_2 = -\mathrm{j}\frac{M}{L_1}\cdot\frac{u_1}{\omega C_2 Z_2} = \frac{M}{L_1}\cdot\frac{u_1}{\omega C_2\,|Z_2|}\underline{/-(90°+\Delta\varphi)} \qquad (9\text{-}4\text{-}10)$$

式中 $Z_2=r_2+\mathrm{j}\left(\omega L_2-\dfrac{1}{\omega C_2}\right)$ 为二次回路阻抗，$\Delta\varphi=\arctan\dfrac{\omega L_2-\dfrac{1}{\omega C_2}}{r_2}$ 为 Z_2 的相角。如图 9-4-6（b）所示，u_2 滞后 u_1 的相角大于 $90°$，并且随着瞬时频率 f 的增加，两者的相位差趋向 $180°$。因此

$$u_{\mathrm{o}}=u_{\mathrm{o1}}-u_{\mathrm{o2}}=K_{\mathrm{d}}(U_{\mathrm{d1}}-U_{\mathrm{d2}})<0 \tag{9-4-11}$$

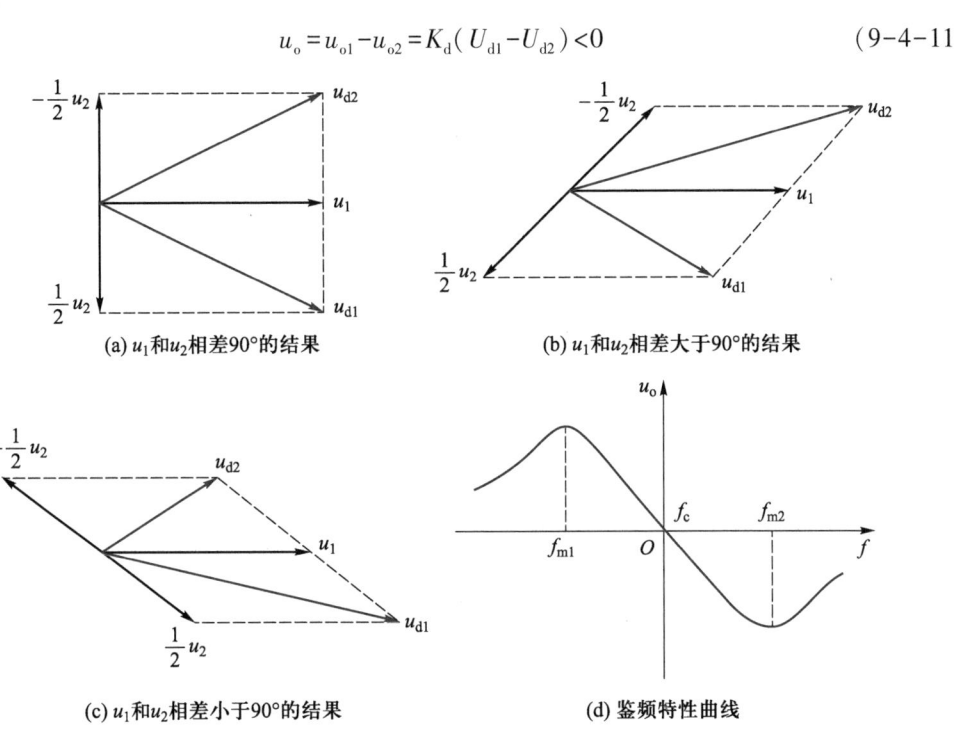

(a) u_1 和 u_2 相差 $90°$ 的结果

(b) u_1 和 u_2 相差大于 $90°$ 的结果

(c) u_1 和 u_2 相差小于 $90°$ 的结果

(d) 鉴频特性曲线

图 9-4-6　相位鉴频器鉴频特性曲线定性分析结果图

（3）当输入信号瞬时频率 $f<f_{\mathrm{c}}$ 时，$\omega L_2-\dfrac{1}{\omega C_2}<0$，这时二次回路呈电容性，此时

$$u_2=-\mathrm{j}\frac{M}{L_1}\cdot\frac{u_1}{\omega C_2 Z_2}=\frac{M}{L_1}\cdot\frac{u_1}{\omega C_2\,|Z_2|}\underline{/-(90°-\Delta\varphi)} \tag{9-4-12}$$

其矢量图如图 9-4-6（c）所示，u_2 滞后 u_1 的相角小于 $90°$，并且随着瞬时频率 f 的增加，两者的相位差趋向 $0°$。因此

$$u_{\mathrm{o}}=u_{\mathrm{o1}}-u_{\mathrm{o2}}=K_{\mathrm{d}}(U_{\mathrm{d1}}-U_{\mathrm{d2}})>0 \tag{9-4-13}$$

由以上分析可得鉴频器输出电压 u_{o} 与频率 f 的关系曲线如图 9-4-6（d）所示。在 $f=f_{\mathrm{c}}$ 点，$u_{\mathrm{o}}=0$；随着失谐的加大，U_{d1} 与 U_{d2} 幅度的差值增大，u_{o} 的绝对值加大。当 $f>f_{\mathrm{c}}$ 时，u_{o} 为负。当 $f<f_{\mathrm{c}}$ 时，u_{o} 为正。当频率偏离超过一次、二次回路谐振频率 f_{m1} 和 f_{m2} 两点时，曲线弯曲，这是由于两个回路失谐严重，u_1 和 u_2 幅度都变小，合成电压也减小，鉴频特性曲线下降。

（4）相位鉴频器的鉴频特性

对于实际电路，前面定性分析中的两点假设是不完全符合实际的，应该考虑回路损耗

和耦合强弱的影响。设一次、二次回路的谐振频率都为f_c，且品质因数Q_L和谐振电阻R_p都相同，一般来说，一次回路是接在晶体管的集电极电路中，因此可以用恒流源I作为信号输入，得到的等效电路如图9-4-7所示。

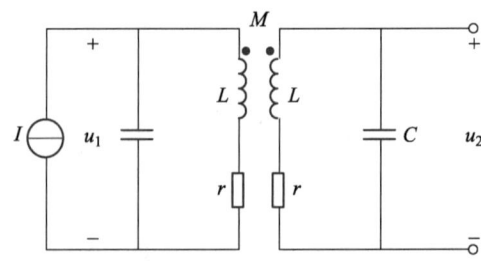

图9-4-7 相位鉴频器鉴频特性曲线定性分析等效电路

根据耦合电路分析方法可求得

$$u_1 = \frac{1+j\xi}{(1+j\xi)^2+\eta^2}IR_p \tag{9-4-14}$$

$$u_2 = -\frac{j\eta}{(1+j\xi)^2+\eta^2}IR_p \tag{9-4-15}$$

式中，$R_p = \dfrac{L}{Cr}$，$\xi = Q_L\left(\dfrac{f}{f_c} - \dfrac{f_c}{f}\right) = 2Q_L\dfrac{\Delta f}{f_c}$为回路广义失谐，$\Delta f = f-f_c$为一般失谐，$\eta = kQ_L$为耦合因数，$k = M/\sqrt{L_1L_2} = M/L$为耦合系数。可得

$$u_{d1} = u_1 + \frac{u_2}{2} = IR_p\frac{1+j\xi-j\eta/2}{(1+j\xi)^2+\eta^2} \tag{9-4-16}$$

$$u_{d2} = u_1 - \frac{u_2}{2} = IR_p\frac{1+j\xi+j\eta/2}{(1+j\xi)^2+\eta^2} \tag{9-4-17}$$

则鉴频器的输出电压

$$u_o = K_d(\,|u_{d1}| - |u_{d2}|\,)$$

$$= K_dIR_p\frac{\sqrt{1+(\xi-\eta/2)^2} - \sqrt{1+(\xi+\eta/2)^2}}{\sqrt{(1+\eta^2-\xi^2)^2+4\xi^2}} = K_dIR_p\psi(\xi,\eta) \tag{9-4-18}$$

上式是鉴频特性的数学表达式。显然，鉴频特性在K_d、I、R_p一定时，取决于$\psi(\xi,\eta)$。因此鉴频特性可用一组通用的曲线族表示，图9-4-8是$\psi(\xi,\eta)$曲线的一半，即$\xi>0$的一半。另一半与其相似，即$\xi<0$，$\psi>0$时的情况。若将该曲线乘以K_dIR_p就可以得到鉴频曲线族。

该曲线图体现出$\eta<1$时鉴频特性的非线性程度高且线性范围较小，而$\eta=1.5\sim3$时，线性范围相比增大，鉴频跨导减小。在$\eta>3$范围内鉴频特性的非线性程度再次增加，为了确保鉴频特性曲线的线性度，通常η取$1.5\sim3$。

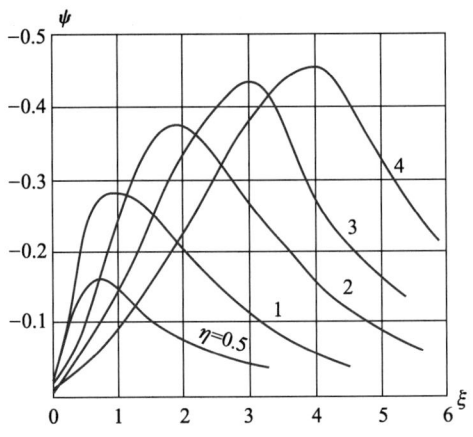

图 9-4-8　$\psi(\xi,\eta)$ 曲线图（$\xi>0$，$\psi<0$ 时）

由该曲线族还可以看出，当 $\eta \geqslant 1$ 时，对应于曲线最大值的广义失谐量 ξ_m 近似等于 η。因此，$\xi_m = Q_L 2\Delta f_{max}/f_c$，$\eta = kQ_L$，所以鉴频特性曲线两个最大值之间的宽度（鉴频宽度）为 $B_m = 2\Delta f_{max} = kf_c$。通过上面讨论可知，耦合回路相位鉴频器的鉴频特性曲线与 η 有关，而其鉴频宽度则由 k 决定。当 k 决定后，回路的 Q_L 应由所需 η 决定。

9.4.3　比例鉴频器

相位鉴频器的输出电压特性不仅依赖于输入电压的瞬时频率，还显著地受到输入电压振幅的影响，因此需要在设计时采取有效措施以削弱或消除振幅因素带来的干扰。为此，通常在相位鉴频器的前端集成一级限幅放大电路，其主要目的在于抑制或消除因传输过程中可能引入的寄生调幅现象。在针对要求相对较低的应用场景中，如调频广播系统与电视信号接收等，业界普遍倾向于采用具备抑制寄生调幅能力的鉴频器——比例鉴频器。

（1）比例鉴频器的基本电路及工作原理

比例鉴频器的基本电路如图 9-4-9 所示。

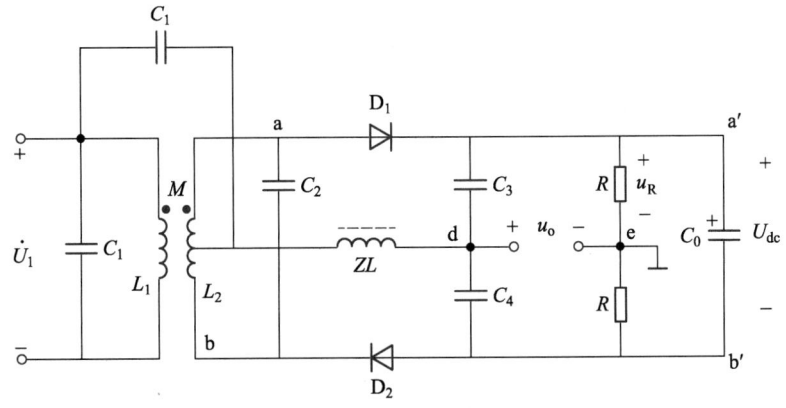

图 9-4-9　比例鉴频器基本电路

比例鉴频器与相位鉴频器在调频-调幅调频波变换电路部分相同，检波器部分不同，主要差别有以下几点：

① 在 a′、b′ 端并接有一个大电容 C_0，其电容量大小约 $10\ \mu F$，因此 C_0 和 $R+R$ 组成的电路时间常数很大，通常为 $0.1\sim0.2\ s$，这样在检波过程中，对于 $15\ Hz$ 以上的寄生调幅带来的电压变化，电容 C_0 上的电压 U_{dc} 基本保持不变。

② 两只二极管中，其中一只与相位鉴频器的接法方向相反，这样除了保证两只二极管的支流通路外，还使得两个检波器的输出电压变成相同极性，因此，a′、b′ 端的电压是两个检波电压之和，即 $U_{a'b'} = U_{c3} + U_{c4} = U_{dc}$。

③ 把两个检波电容 C_3 和 C_4 的连接点 d 与两个电阻连接点 e 分开，鉴频器的输出电压 u_o 从 d、e 两点取出。

因为波形变换电路与相位鉴频器相同，所以电压 u_{ab} 与 u_1 的关系与式（9-4-1）相同。两个检波器的输入电压 u_{d1} 和 u_{d2} 为

$$u_{d1} = u_1 + u_{ab}/2 \tag{9-4-19}$$

$$u_{d2} = -u_1 + u_{ab}/2 \tag{9-4-20}$$

检波器输出电压为

$$U_{c3} = K_d \,|\, u_{d1} \,| \tag{9-4-21}$$

$$U_{c4} = K_d \,|\, u_{d2} \,| \tag{9-4-22}$$

并且 $U_{c3} + U_{c4} = U_{dc}$。

值得注意的是，检波器的功能只是对 u_{d1}、u_{d2} 振幅检波，而检波后的电压方向完全由二极管的方向控制。

从图中可以看出，由于 U_{dc} 不变，鉴频器的输出电压 u_o 为

$$u_o = U_{c4} - \frac{1}{2}U_R = U_{c4} - \frac{1}{2}U_{dc}$$
$$= \frac{1}{2}U_{c4} - \frac{1}{2}U_{c3} = \frac{1}{2}K_d(\,|\, u_{d2} \,| - |\, u_{d1} \,|) \tag{9-4-23}$$

由上式可知，比例鉴频器的输出同样由两个检波器输入电压之差来决定，不同的是输出电压值为相位鉴频器的一半。

（2）比例鉴频器抑制寄生调幅的原理

从前面的分析可知，比例鉴频器的输出电压为

$$u_o = U_{c4} - \frac{1}{2}U_{dc} = \frac{1}{2}U_{dc}\left(\frac{2U_{c4}}{U_{dc}} - 1\right) = \frac{1}{2}U_{dc}\left(\frac{2U_{c4}}{U_{c3}+U_{c4}} - 1\right)$$
$$= \frac{1}{2}U_{dc}\left(\frac{2}{1+\dfrac{U_{c3}}{U_{c4}}} - 1\right) = \frac{1}{2}U_{dc}\left(\frac{2}{1+\dfrac{|\,u_{d1}\,|}{|\,u_{d2}\,|}} - 1\right) \tag{9-4-24}$$

由上式可知，U_{dc} 维持恒定时，输出电压 u_o 的幅值主要由 $|\,u_{d1}\,|$ 与 $|\,u_{d2}\,|$ 的比值决定，而

与其本身的大小无关。与相位鉴频器分析相类似，当调频信号的瞬时频率发生变化时，$|u_{d1}|$ 与 $|u_{d2}|$ 两者中一个增大，另一个相应减小，两者比值随着频率变化而动态地发生变化，从而实现鉴频功能。进一步讨论，当输入调频信号的幅度发生变化时，$|u_{d1}|$ 与 $|u_{d2}|$ 两者同步增大或减小，若其比值保持不变，比例鉴频器输出电压 u_o 就不会因输入调频信号的振幅变化而产生变化，因此可以达到抑制寄生调幅的目的。

比例鉴频器抑制寄生调幅的作用也可以从电路的动态工作中定性进行说明。在检波器分析中已知，大信号检波器的 K_d 和输入电阻 R_{id} 在检波电路一定的条件下是常数。而比例鉴相器的大信号振幅检波器却不是这样。由于电容器 C_0 的作用，两端电压 U_{dc} 保持不变，相当于给两个检波二极管加一个固定的直流偏压。当输入调频信号的振幅增大时，u_1 和 u_{ab} 增大，则 $|u_{d1}|$ 与 $|u_{d2}|$ 都增大，检波电流增大。因为 U_{dc} 不变，则检波器的等效负载电阻 R 减小，使得检波器的导通角 θ 增大，从而使检波器的电压传输系数 $K_d = \cos\theta$ 减小。另外，由于 R 减小，使得检波器的等效输入电阻 $R_{id} = R/2$ 减小，使一次回路的品质因数 Q_L 减小，又使前面放大器的电压增益减小。二者的综合运用能起到自动调整输出电压不受输入振幅变化的影响。同理，输入调频信号的振幅减小时，其过程与上相反，也能达到自动调整的作用。

9.4.4　相移乘法鉴频器

（1）相移乘法鉴频器基本原理

图 9-4-10 是相移乘法鉴频器的原理框图。它是由进行调频-调相调频波形变换的移相器、实现相位比较的乘法器和低通滤波器组成。

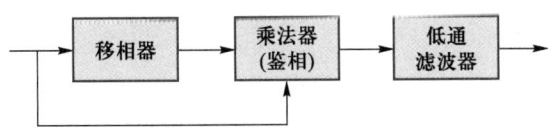

图 9-4-10　相移乘法鉴频器原理框图

目前广泛采用谐振回路作为移相器。如图 9-4-11（a）所示是一个由电容 C_1 和单调谐回路 LC_2R 组成的分压传输移相网络。

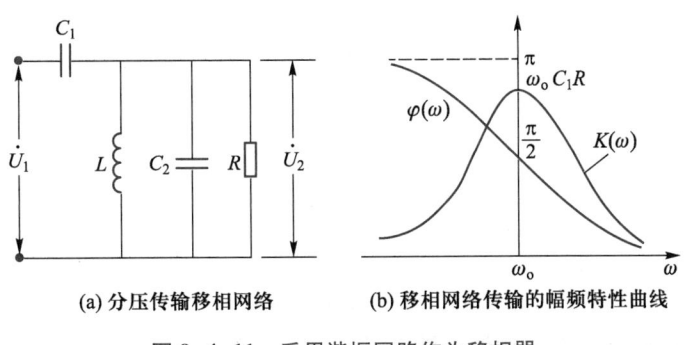

(a) 分压传输移相网络　　(b) 移相网络传输的幅频特性曲线

图 9-4-11　采用谐振回路作为移相器

设输入电压为 $\dot{U}_1$，则输出电压 $\dot{U}_2$ 为

$$\dot{U}_2 = \dot{U}_1 \frac{\dfrac{1}{\left(\dfrac{1}{R}+j\omega C_2+\dfrac{1}{j\omega L}\right)}}{\dfrac{1}{j\omega C_1}+\dfrac{1}{\left(\dfrac{1}{R}+j\omega C_2+\dfrac{1}{j\omega L}\right)}} = \dot{U}_1 \frac{j\omega C_1}{\dfrac{1}{R}+j\omega(C_1+C_2)+\dfrac{1}{j\omega L}} \tag{9-4-25}$$

令 $\omega_0 = 1/\sqrt{L(C_1+C_2)}$，$Q_L = R/(\omega_0 L) = R\omega_0(C_1+C_2)$，则 ω 在 ω_0 附近变化时，式（9-4-25）可简化为

$$\dot{U}_2 = \dot{U}_1 \frac{j\omega C_1 R}{1+jQ_L\dfrac{2(\omega-\omega_0)}{\omega_0}} = \dot{U}_1 \frac{j\omega C_1 R}{1+j\xi} \tag{9-4-26}$$

式中，$\xi = 2(\omega-\omega_0)Q_L/\omega_0$ 为广义失谐量。由式（9-4-26）可得移相网络传输的幅频特性曲线如图 9-4-11（b）所示。$K(\omega)$ 和相频特性 $\varphi(\omega)$ 分别为

$$K(\omega) = \frac{\omega C_1 R}{\sqrt{1+\xi^2}} \tag{9-4-27}$$

$$\varphi(\omega) = \frac{\pi}{2} - \arctan\xi \tag{9-4-28}$$

当 ω 变化较小，即 $\arctan\xi < \pi/6$ 时，$\tan\xi \approx \xi$。此时

$$\varphi(\omega) \approx \frac{\pi}{2} - \xi = \frac{\pi}{2} - 2Q_L \frac{\omega-\omega_0}{\omega_0} \tag{9-4-29}$$

对于输入调频信号来说，其瞬时频率 $\omega(t) = \omega_c + k_f u_\Omega(t)$。因为要求移相网络的 $\omega_0 = \omega_c$，则

$$\varphi(\omega) = \frac{\pi}{2} - 2Q_L \frac{\omega(t)-\omega_c}{\omega_c} = \frac{\pi}{2} - 2Q_L \frac{k_f u_\Omega(t)}{\omega_c} \tag{9-4-30}$$

式（9-4-30）表示输入为调频波时，经移相网络产生调相调频波的相位随瞬时频率变化的关系。上述经过移相网络产生的调相调频波与原调频波输入给乘法器实现相位比较，经低通滤波器取出原调制信号。

（2）鉴频原理

对于乘法器实现鉴相，原则上前面乘积型鉴相电路的三种方式都可应用。下面以乘法器输入均为小信号为例进行说明。

设输入调频波为

$$u_1 = U_{1m}\cos\left[\omega_c t + m_f \sin\Omega t\right] \tag{9-4-31}$$

其原调制信号为

$$u_\Omega = U_{\Omega m}\cos\Omega t \tag{9-4-32}$$

调频波 u_1 经移相器产生调相调频波 u_2 为

$$u_2 = K(\omega) U_{1m}\cos\left[\omega_c t + m_f\sin\Omega t + \varphi(\omega)\right] \tag{9-4-33}$$

在 u_1 和 u_2 均为小信号的条件下，乘法器的输出电流为

$$i = K_M u_1 u_2$$

$$= K_M K(\omega) U_{1m}^2 \cos\left[\omega_c t + m_f\sin\Omega t\right]\cos\left[\omega_c t + m_f\sin\Omega t + \varphi(\omega)\right]$$

$$= \frac{1}{2}K_M K(\omega) U_{1m}^2\cos\varphi(\omega) + \frac{1}{2}K_M K(\omega) U_{1m}^2\cos\left[2(\omega_c t + m_f\sin\Omega t) + \varphi(\omega)\right] \tag{9-4-34}$$

又设低通滤波器在通带内的传输系数 $K_L = 1$，负载电阻为 R_L，则乘法器输出电流经低通滤波后在 R_L 上得到电压为

$$u_o = \frac{1}{2}K_M K(\omega) R_L U_{1m}^2\cos\varphi(\omega)$$

$$= \frac{1}{2}K_M K(\omega) R_L U_{1m}^2\cos\left[\frac{\pi}{2} - 2Q_L\frac{K_f u_\Omega(t)}{\omega_c}\right] \tag{9-4-35}$$

$$= \frac{1}{2}K_M K(\omega) R_L U_{1m}^2\sin 2Q_L\frac{K_f u_\Omega(t)}{\omega_c}$$

当 $\xi = 2Q_L K_f u_\Omega(t)/\omega_c < \pi/6(\text{rad})$ 时，则

$$u_o \approx \frac{1}{2}K_M K(\omega) R_L U_{1m}^2(2Q_L K_f/\omega_c) U_{\Omega m}\cos\Omega t \tag{9-4-36}$$

这种鉴频电路能实现线形解调，在集成电路中被广泛采用。

9.4.5 脉冲均值型鉴频器

调制信号瞬时频率的变化，直接表现为单位时间内调频信号过零值点（简称过零点）的疏密变化，调频信号变换成单向矩形脉冲序列如图 9-4-12 所示。

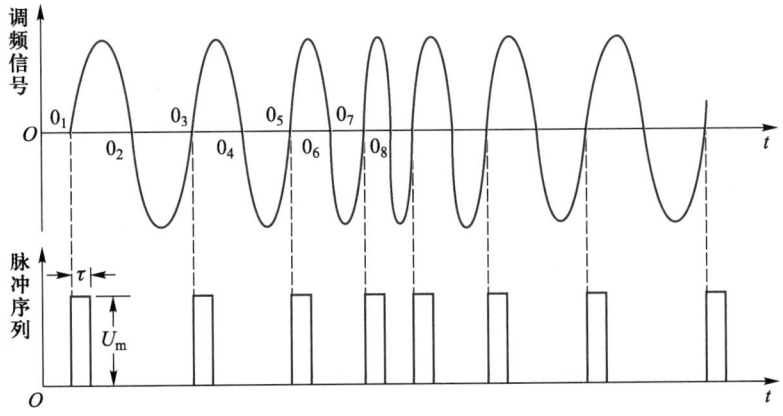

图 9-4-12 调频信号变换成单向矩形脉冲序列

调频信号每周期有两个过零点，由负变为正的过零点称为"正过零点"，如 0_1、0_3、0_5 等；由正变为负的过零点称为"负过零点"，如 0_2、0_4、0_6 等。如果在调频信号的每一个正过零点处由电路产生一个振幅为 U_m，宽度为 τ 的单极性矩形脉冲，这样就把原始调频

信号转换成了重复频率与调频信号的瞬时频率相同的单向矩形脉冲序列。这时单位时间内矩形脉冲的数目就反映了调频波的瞬时频率，该脉冲序列振幅的平均值能直接反映单位时间内矩形脉冲的数目。脉冲个数越多，平均分量越大，脉冲个数越少，平均分量越小。因此实际应用时，不需要对脉冲直接计数，而只需用一个低通滤波器取出这一反映单位时间内脉冲个数的平均分量，就能实现鉴频。

设调频信号通过变换电路得到一个矩形脉冲序列，并让这一脉冲序列通过传输系数为 K_L 的低通滤波器进行滤波，则滤波后的输出电压 u_o 可写成

$$u_o = u_{av} = \frac{U_m \tau K_L}{T} = U_m \tau K_L f \tag{9-4-37}$$

式中，u_{av} 表示一个周期内脉冲振幅的平均值；τ 是脉冲宽度；f 是重复频率，也就是调频信号的瞬时频率；T 是重复周期。

由式（9-4-37）可知，滤波后输出电压与调制信号的瞬时频率 f 成正比。脉冲计数式鉴频器的优点是线性好，频带宽，易于集成化，工作频率为 10 MHz 左右，是一种应用较广泛的鉴频器。

9.5 实际调频接收机

9.5.1 调频接收机原理框图

图 9-5-1 为典型的广播调频接收机原理框图。增加限幅器等附加电路，可以获得更好的接收机灵敏度和选择性。调频广播基本参数与发射机相同。由于信号带宽为 180 kHz，留出 ±10 kHz 的余量，接收机频带约 200 kHz，其放大器带宽远大于调幅接收机。

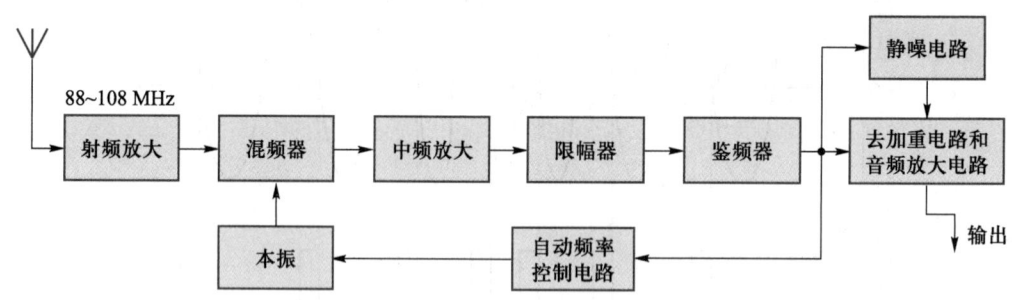

图 9-5-1 典型的广播调频接收机原理框图

混频器只改变信号的载波频率，而不改变其频偏。其中频值为 10.7 MHz，它稍大于调频广播频段（108 MHz−88 MHz = 20 MHz）的一半，这样可以避免镜频干扰。由于 $f_L = f_c + 10.7$ MHz，当 $f_c = 88$ MHz 时，其镜像频率为 109.4 MHz，这个频率已位于调频广播波段之外。当然这并不能避免该频率范围以外的其他电台的镜频干扰。

图中的自动频率控制（AFC）电路可微调本振频率，使混频输出稳定在中频数值10.7 MHz 上，这样不仅可以提高整个调频接收机的选择性和灵敏度，而且对改善接收机的保真度也是有益的。

9.5.2　调频接收机之限幅电路

除比例鉴频器外，其他鉴频器基本上都不具有自动限幅（软限幅）能力。在中放级可以采用硬限幅电路来抑制寄生调幅。硬限幅器要求的输入信号电压较大，为 1~3 V。为了满足硬限幅器的这一工作条件，前面的中频放大器不仅要有较大的增益，而且还需要经过多级放大，以确保信号的幅度能够达到硬限幅器所需。

限幅器实际上是一种变换电路，其功能是将输入幅度变化的信号变换为使输出幅度恒定，限幅器原理框图如图 9-5-2 所示。对于鉴频器而言，采用限幅器是为了将具有寄生调幅的调频波变换为等幅的调频波。限幅器通常可分为两种类型：瞬时限幅器和振幅限幅器。在脉冲计数式鉴频器中，所采用的是瞬时限幅器，是将输入的调频波变换为等幅的调频方波。而振幅限幅器，其实现方式多样。如果在瞬时限幅器之后连接一个带通滤波器，提取出等幅调频方波中的基波分量，这样也可以实现振幅限幅器。然而，这里的关键是滤波器的带宽必须足够宽，避免因为滤波器的传输特性不好引入新的寄生调幅。

图 9-5-2（b）所示为振幅限幅器的限幅特性曲线。图中，U_p 表示限幅器进入限幅状态的最小输入信号电压，称为门限电压。对限幅器的要求主要是在限幅区内要有平坦的限幅特性，门限电压要尽量小。

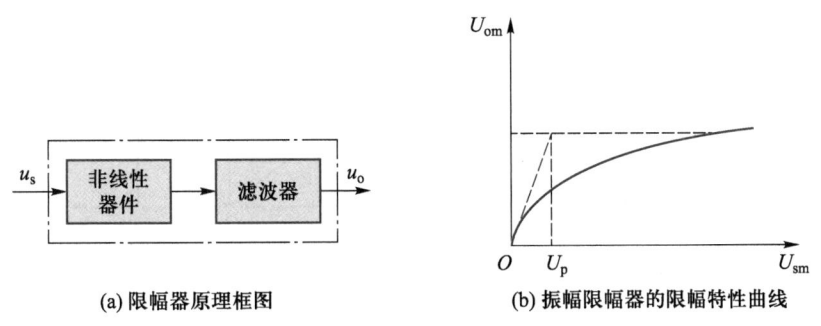

(a) 限幅器原理框图　　　　(b) 振幅限幅器的限幅特性曲线

图 9-5-2　限幅器及其特性曲线

限幅电路一般归纳为三类：二极管、晶体管和集成电路。每种类型都有其特点和应用场景。二极管限幅器（即瞬时限幅器）的电路简单、限幅特性对称，限幅器输出不包含直流分量和偶次谐波成分。晶体管限幅器则是利用了饱和和截止效应，不仅可以限幅，还能够一定程度地放大。高频功率放大器在过压区（饱和状态）就是一种晶体管限幅器。在集成电路中，常见的限幅电路是差分对电路。当输入电压超过一定阈值（通常为 100 mV）时，电路就进入限幅状态。由于利用截止特性进行限幅，因此电路不会受到基区载流子存储效应的干扰，有更高的工作频率。为了降低限幅门限，通常会在差分对限幅器前添加多级放大器，构成多级差分限幅放大器。

9.5.3 调频接收机之瞬时频偏控制（IDC）电路

在调频系统中，当给定信道带宽时，增加调频指数（m_f）会导致频偏增加，从而提高系统的抗干扰性能。为此，一般会倾向于选择稍大一些的调频指数。然而在实际中需要注意的是，调频指数（m_f）与用户话音幅度成正比。较大的调频指数会导致调频波的边频分量增加，增加了落入相邻信道的频率成分，引起邻道干扰增大。因此，在语音加工电路中通常会采用瞬时频偏控制电路（instantaneous deviation control，IDC）来限制用户的最高话音幅度。

瞬时频偏控制电路的实质是限幅器，但与鉴频器之前的限幅器（带通限幅器，由双向限幅器和带通滤波器组成）有所不同，瞬时频偏控制电路是低通限幅器，即限幅器后加了阻带特性极陡的低通滤波器，用来抑制限幅器后产生的高频分量，因此也被称为邻道抑制滤波器。

9.5.4 调频接收机之预加重及去加重电路

理论证明，在调幅制下，输入白噪声时输出噪声频谱呈矩形，也就是说，在整个调制频率范围内，所有噪声都具有相同的幅度。在调频制下，噪声功率谱 $S(\omega)$ 呈抛物线形，见图9-5-3（a），噪声频谱 [也称电压谱 $U(\omega)$] 呈三角形，见图9-5-3（b），噪声会随着调制频率的增高而增大，调制频率范围愈宽，输出的噪声也愈大。

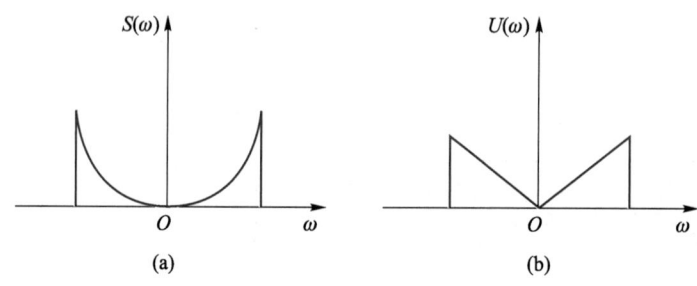

图 9-5-3 调频解调器的输出噪声频谱

话音、音乐等信号的能量分布不是均匀分布，主要集中在较低的频率范围内，而在高频部分能量较少。这恰好与调频噪声谱相反。这样会导致调制频率高频端信噪比降低。为了解决这一问题，可以采用预加重和去加重技术。

预加重是在发射机的调制器之前加强信号的高频部分，从而增加调制频率高端的信噪比。然而，这种处理会使信号产生失真。因此在接收端要采用相反的方式，解调器之后用去加重网络，以恢复原始调制频率之间的比例关系。

由于调频噪声频谱呈三角形，或者可以说噪声水平与 ω 呈线性关系，若信号作相应的处理，即要求预加重网络的特性为 $H(j\omega) = j\omega$，相当于微分器。也就是说对信号微分后再进行频率调制,这样就等于用 PM 代替了 FM。这种方法存在带宽不经济的缺点。故采用折中的办法,使预加重网络传递函数在低频端为常数而在较高频段相当于微分器。近似这种响应的 RC 网络如图 9-5-4(a)所示,它是典型的预加重网络。图 9-5-4(b)是该网络频率响应的渐近线。

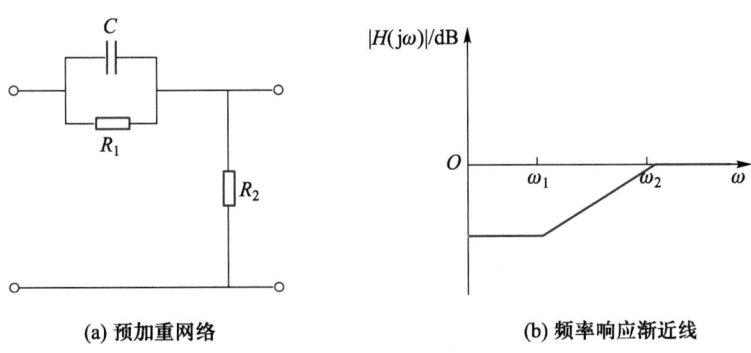

(a) 预加重网络　　　　　　　　(b) 频率响应渐近线

图 9-5-4　预加重网络及其特性

CR_1 的典型值为 75 μs。由 $\omega_1 = 1/(CR_1)$ 看出,在 2.1 kHz 以上的频率分量都被“加重”。f_2 选择在所要传输的最高音频处。对于高质量的接收,可取 $f_2 = 15$ kHz。

去加重网络及其频率响应曲线如图 9-5-5 所示。从图中可以看出,当 $\omega < \omega_2$ 时,预加重和去加重网络总的频率传递函数近似为一常数,这正是使信号不失真所需要的条件。采用预、去加重网络后,信号不会产生变化,但信噪比却得到较大的改善,如图 9-5-6 所示。

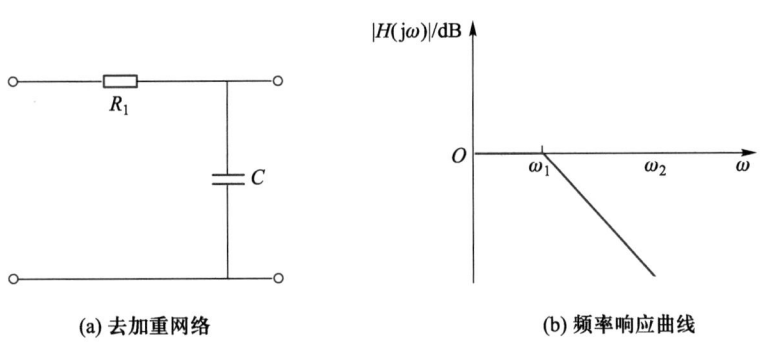

(a) 去加重网络　　　　　　　　(b) 频率响应曲线

图 9-5-5　去加重网络及其特性

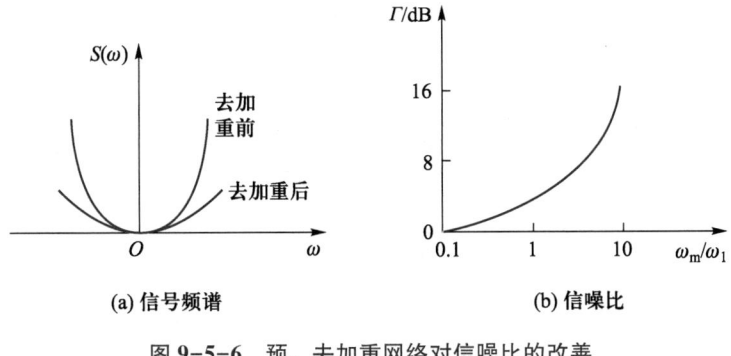

(a) 信号频谱　　　　　　　　(b) 信噪比

图 9-5-6　预、去加重网络对信噪比的改善

9.6 数字鉴频鉴相

9.6.1 数字鉴相

数字鉴相的方法概括起来包括两种：极性比较法和相位比较法。下面分别加以介绍。

（1）极性比较法（同步解调）

在第 8 章中介绍了两种数字调相信号 CPSK 和 DPSK。本小节分别对这两种信号的极性比较法给出原理电路图。

图 9-6-1 为极性比较法解调 CPSK 信号的原理框图。

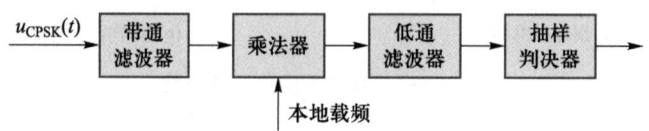

图 9-6-1　极性比较法解调 CPSK 信号电路原理框图

CPSK 信号经带通滤波器后加到乘法器，与载波进行极性比较。因为 CPSK 信号是以载波相位为基准的，所以经低通滤波和抽样判决电路后得到原数字基带信号。

若输入信号为 DPSK，则由图 9-6-1 得到的只是相对码，还需要经过相对码-绝对码变换电路才能得到原数字基带信号。图 9-6-2 给出了相对码-绝对码变换电路，它其实是实现了 $a_n = b_n \oplus b_{n-1}$ 的功能。若将图 9-6-2 中电路加到图 9-6-1 中电路后端，就构成了 DPSK 信号极性比较法解调电路。

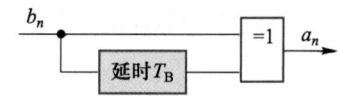

图 9-6-2　相对码-绝对码变换电路

（2）相位比较法

DPSK 相位比较法解调器的原理框图如图 9-6-3 所示。由于 DPSK 信号的相位是以前一码元相位作参考相位，因此 DPSK 信号经带通滤波后，一路通过乘法器，另一路通过延时器延时一个码元时间，再通过乘法器作为相干载波与原滤波后 DPSK 信号相乘，之后相干信号通过低通滤波器滤除高频项，取出前后码元载波的相位差，相位差为 0 对应 "**0**"，相位差为 π 对应 "**1**"。最后经抽样判决器直接解调出原绝对码基带信号。

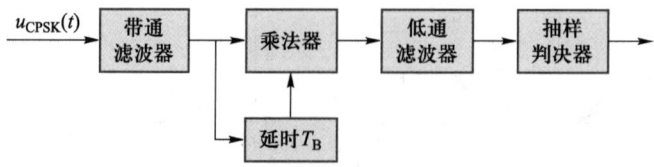

图 9-6-3　DPSK 相位比较法解调器的原理框图

9.6.2 数字鉴频

数字鉴频主要包括三种方法：包络解调法、同步解调法和过零检测法。

（1）包络解调法

2FSK 包络解调法原理框图如图 9-6-4 所示。具体鉴频原理如下：

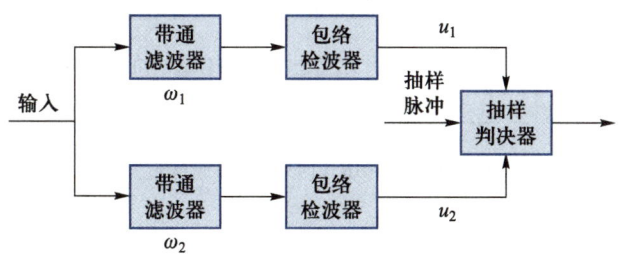

图 9-6-4　2FSK 包络检波原理框图

① 2FSK 信号经上下两路宽带带通滤波器，上路中心频率为 ω_1，下路中心频率为 ω_2，将等幅的调频波变换成 ASK 信号。上路载频为 ω_1，下路载频为 ω_2。

② 经上、下两路包络检波，分别取出 ASK 信号的包络 u_1 和 u_2。若载频 ω_1 代表数字"**1**"，载频 ω_2 代表数字"**0**"。则 u_1 和 u_2 经抽样判决器输出数字基带信号。

③ $u_1-u_2>0$，判决为"**1**"，$u_1-u_2<0$ 判决为"**0**"。

（2）同步解调法

2FSK 同步解调法原理框图如图 9-6-5 所示。具体鉴频原理如下：

① 2FSK 信号经上下两路宽带带通滤波后，变成 ASK 信号。

② 经上下两个乘法器各自进行同步检波。上路本地载频 ω_1，下路本地载频 ω_2。经低通滤波器后，上路输出 u_1，下路输出 u_2。由抽样判决器进行比较判决，输出原数字基带信号。

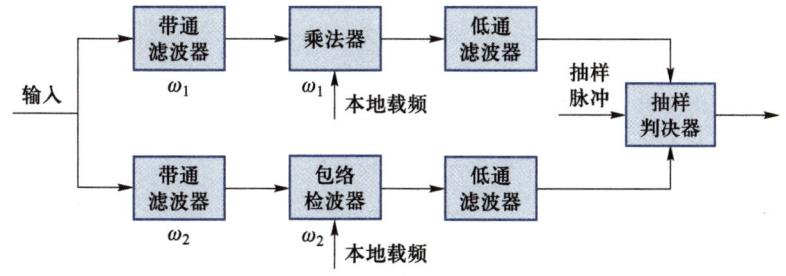

图 9-6-5　2FSK 同步解调原理框图

（3）过零检测法

FSK 过零检测法原理框图如图 9-6-6 所示。具体鉴频原理如下：

① FSK 信号经限幅放大，输出矩形脉冲波。

② 矩形脉冲经微分，得到具有正负的双向脉冲，然后经全波整流将双向尖脉冲变单向尖脉冲。每一个尖脉冲对应一个过零点。单向尖脉冲重复频率为信号频率的二倍。

③ 将尖脉冲去触发一个单稳态电路，产生一定宽度的矩形脉冲序列。

④ 经低通滤波器，输出的平均分量的变化反映了输入信号频率的变化。码元"**1**"和"**0**"在幅度上可区分开，从而恢复数字基带信号。

图 9-6-6　FSK 过零检测法原理框图

9.7　鉴频鉴相电路仿真

（1）鉴频电路

此处以斜率鉴频器为例，进行鉴频电路仿真，如图 9-7-1 所示。

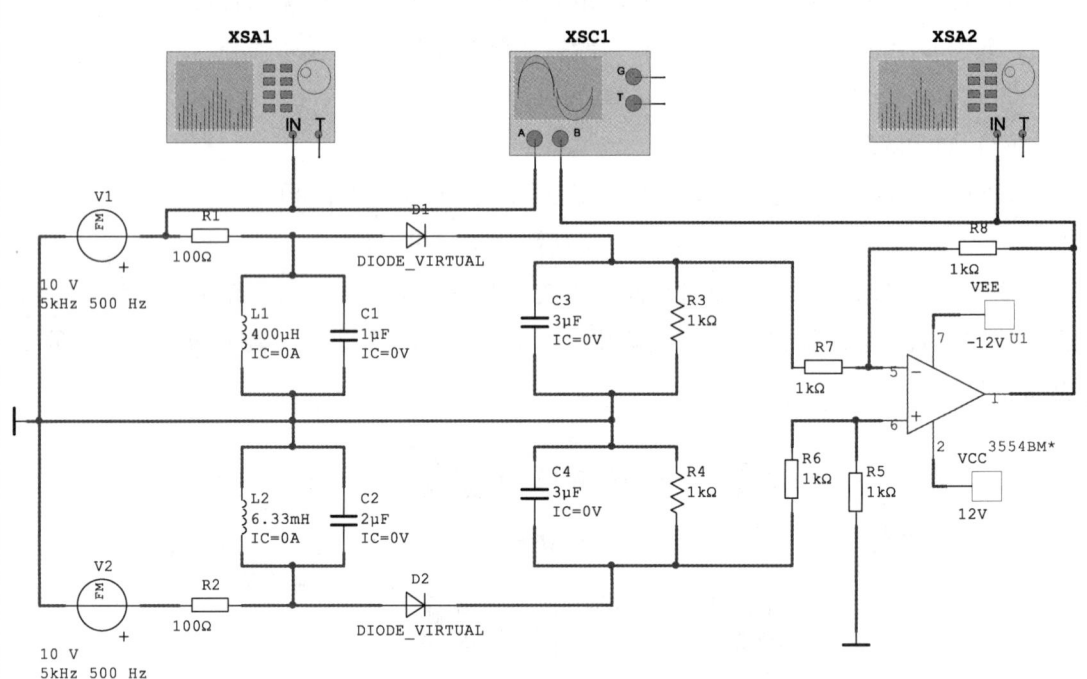

图 9-7-1　斜率鉴频器仿真电路

（2）鉴相电路

此处以乘积型鉴相器为例，进行鉴相电路仿真，如图 9-7-2 所示。

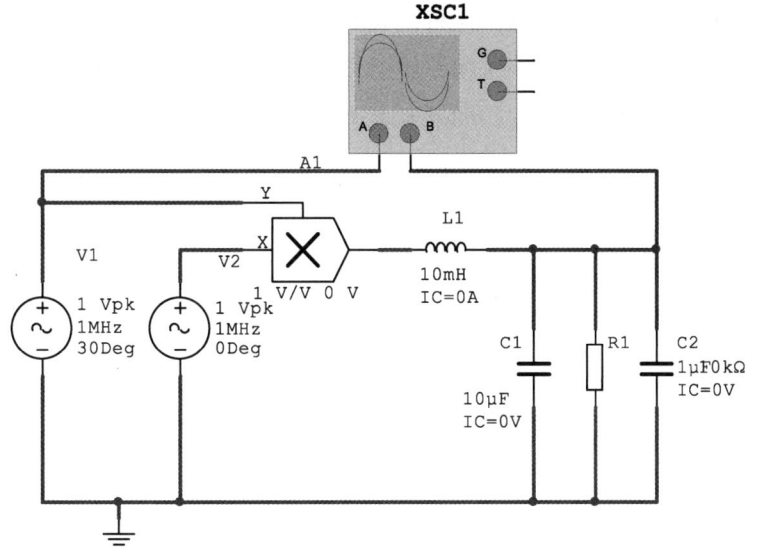

图 9-7-2　乘积型鉴相器仿真电路

思考题：

（1）对比观察鉴频器输出与原信号波形疏密变化的关系；

（2）同样对比观察鉴相器，总结两者的不同点及其理论原因。

9.8　前沿——鉴频电路最新研究方向

1. 高度集成化技术

随着集成电路制造工艺的不断进步，高频鉴频电路正朝着高度集成化的方向发展。高度集成的鉴频电路不仅能够有效减小电路体积，降低功耗，还能提高电路的稳定性和可靠性。这一技术趋势得益于先进的半导体制造工艺和封装技术的支持，使得高频鉴频电路能够更加紧密地集成在各类电子设备中，满足现代电子系统对小型化、轻量化的需求。例如 XR2211CP 是一款高度集成的鉴频鉴相器芯片，一般采用 DIP（双列直插封装）或 SOIC（小外形集成电路封装）等封装形式，这些封装类型通常具有相对较小的体积，便于在电路板上安装和使用。

2. 高精度与低噪声技术

在高频鉴频电路的设计中，精度和噪声性能是至关重要的指标。高精度与低噪声技术成为高频鉴频电路的前沿研究方向之一。通过优化电路设计、采用新型材料以及引入先进的信号处理算法，可以显著提升鉴频电路的精度和降低噪声水平。这些技术的应用使得高频鉴频电路在通信、雷达等领域中能够更准确地识别和解调信号，提高系统的整体性能。在移动通信系统中，如手机通信，高频鉴频电路负责解调基站发送的高频信号。如果鉴频电路的精度不足或噪声性能较差，就可能导致通话质量下降、数据传输错误率增加等问题。在气象雷达中，高频鉴频电路用于处理雷达接收到的降水粒子反射回来的高频信号。这些信号包含了降水粒子的速度、密度等信息，通过鉴频电路的处理，可以生成降水强度的图像，为气象预报提供重要依据。如果鉴频电路的精度不足或噪声性能较差，就可能导致信息失真等问题，影响气象预报的准确性。

3. 宽带化技术

随着无线通信技术的快速发展，对高频鉴频电路的带宽要求也越来越高。宽带化技术能够支持更宽的信号带宽，提高信息传输速率，满足现代通信系统对高速、大容量数据传输的需求。研究者们正在不断探索新的电路拓扑结构和信号处理算法，以实现高频鉴频电路的宽带化。同时，宽带化技术还能够提升电路对复杂信号环境的适应能力，增强系统的抗干扰能力。提高带宽可以支持更高速率的数据传输；增强系统容量，减少网络拥堵和延迟；有效抵抗来自其他频段的干扰信号，提高抗干扰能力；为采用更高级的调制技术提供可能。带宽指标的大小取决于具体的应用场景、技术要求和系统设计。例如，在 5G 通信系统中，鉴频电路的带宽可能需要达到数百兆赫兹甚至更高，以支持高速的数据传输和复杂的调制技术。在一些特定的应用场景中，如卫星通信或雷达系统，鉴频电路的带宽可能会更高，以满足远距离、高速度、大容量的通信需求。

思考题与习题

9.1 为什么比例鉴频器具有抑制寄生调幅作用？其根本原因是什么？

9.2 为什么通常应在相位鉴频器之前加限幅器，而比例鉴频器却不用加限幅器？

9.3 将双失谐回路鉴频器的两个检波二极管 D_1 和 D_2 都调换极性反接，电路是否还能工作？只接反其中一个，电路是否还能工作？有一个损坏（开路），电路是否还能工作？

9.4 由**或**门与低通滤波器组成的门电路鉴相器，试分析说明此鉴相器的鉴相特性。

9.5 在如习题图 9-1 所示两个电路中，哪个电路能实现包络检波，哪个电路能实现鉴频，为实现这些功能，相应的回路参数应如何配置？

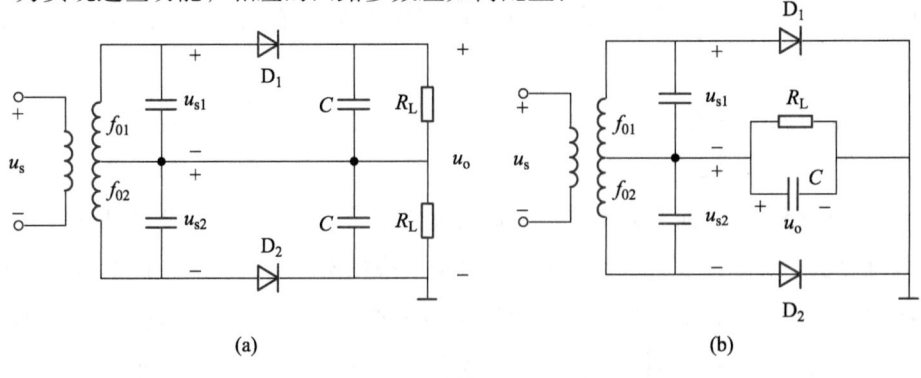

习题图 9-1

9.6 已知某鉴频器的鉴频特性在鉴频带宽之内为正弦形，$B_m = 2\,\text{MHz}$，输入信号 $u_i(t) = U_i \sin(\omega_c t + m_f \cos 2\pi F t)\,\text{V}$，分别求以下两种情况下的输出电压： （1）$F = 1\,\text{MHz}$，$m_f = 6.32$；（2）$F = 1\,\text{MHz}$，$m_f = 10$。

9.7 习题图 9-2 为一个正交鉴频器电路。（1）画出时延网络的 $\varphi\text{-}f$ 曲线；（2）说明此电路的鉴频原理；（3）求输出电压的表达式。

9.8 习题图 9-3 为一个相位鉴频器电路，其中 R_1、L_1、C_1 组成高 Q 谐振回路，相移网络的电压增益为 1，变压器和检波器均为理想的。试求此鉴频器的鉴频跨导。

9.9 用矢量合成原理定性描绘出比例鉴频器的鉴频特性。

9.10 相位鉴频器使用久了，出现了以下现象，试分析产生的原因：

（1）输入载波信号时，输出为直流电压；（2）出现严重的非线性失真。

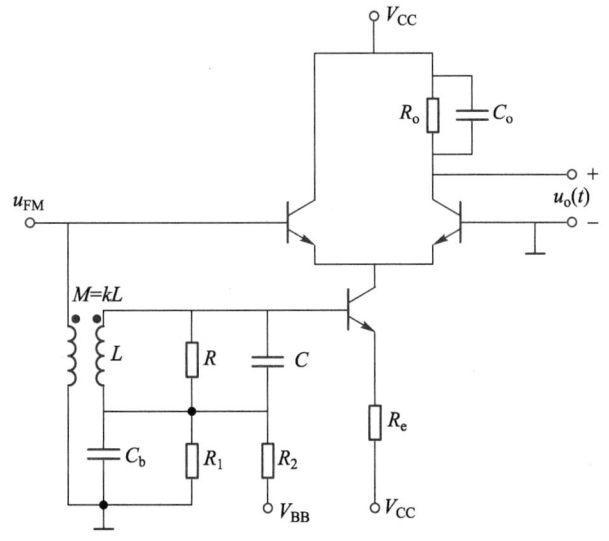

习题图 9-2

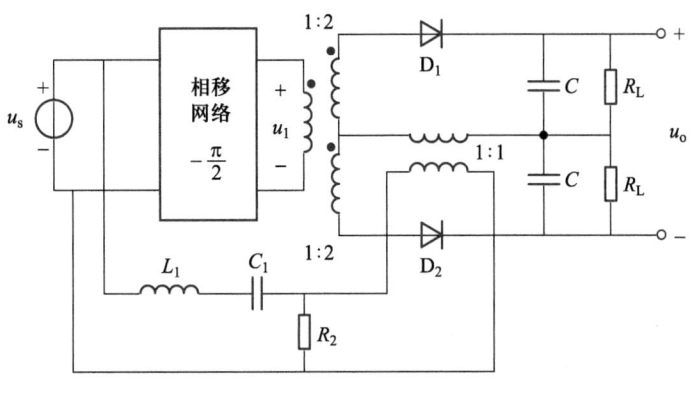

习题图 9-3

第 10 章
反馈控制电路

10.1 导　　课

锁相环作为应用最广泛的反馈回路，在通信系统中发挥了举足轻重的作用。

在本章中，主要包括以下几个内容：

（1）什么是反馈控制电路，它分为几类？（10.2 节）

（2）自动增益控制电路的结构图是什么？其工作原理和关心的性能指标有哪些？（10.3 节）

（3）自动频率控制电路的原理是什么？主要性能指标包括哪些？（10.4 节）

（4）锁相环是什么含义，其组成是什么？如何定性分析锁相环工作过程？（10.5 节）

（5）锁相环的特点是什么？它有哪些应用？（10.6 节）

10.2 概　　述

电子设备通常需要各种类型的控制电路来改善其性能。这些控制电路都是基于反馈原理，因此统称为反馈控制电路。主要的控制电路包括以下几种：

自动增益控制电路，在接收机中扮演核心角色，旨在维持输出信号的稳定性，确保其几乎不受外界信号强度波动的影响，保持恒定输出水平。

自动频率控制电路，用于保持电子设备的工作频率稳定。

锁相环路，用于锁定相位，通过这一环路可以实现许多功能。这是本章的重点。

本章将研究上述反馈控制电路的工作原理。

10.3 自动增益控制（AGC）电路

自动增益控制电路是接收机中的控制电路的一种。当接收机工作时，输出功率会随外来信号强度变化而变化。当外来信号强时，接收机输出功率较大；当外来信号弱时，输出功率则小。接收机接收的信号强度，在多变的环境条件下展现出显著差异，其范围广泛，从细微的几微伏波动至显著的几百毫伏变化，展现出极大的动态范围。然而，我们希望接收机的输出电平变化范围尽量小，以避免过强的信号使晶体管和终端器件过载，从而造成损坏。因此，针对信号强度的极端变化，接收机在接收微弱信号时需提升增益以增强灵敏度，而面对强信号时则需适度降低增益以避免过载。这种精细的增益调节需求，手动操作难以精准实现，故自动增益控制（AGC）电路的应用显得尤为必要。

10.3.1 工作原理

自动增益控制电路的核心功能在于，即便面对输入信号电压的大幅波动，也能确保接收机输出电压维持稳定状态。具体而言，当信号微弱时，接收机自动提高增益以增强信号捕捉能力，此时自动增益控制处于非激活状态；而一旦信号增强至较高水平，该电路即介入工作，智能调节以降低接收机增益，从而有效避免因信号过强导致的失真。这一过程确保了接收机输出电压或功率的稳定，无论信号场强如何变化，均能维持恒定输出。

为了实现自动增益控制，需要有一个随外来信号强度变化的电流（或电压），再利用这个电流（或电压）去控制接收机相关级的增益。图 10-3-1 为具有 AGC 电路的超外差式接收机的原理框图，图 10-3-2 为 AGC 电路基本组成。

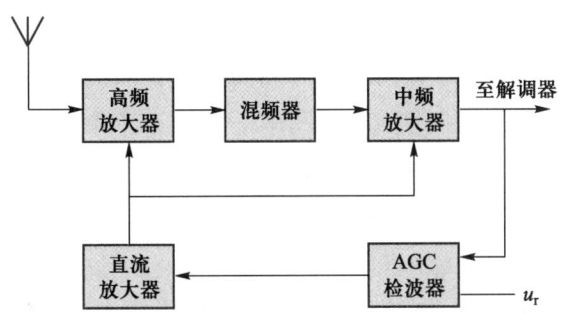

图 10-3-1 具有 AGC 电路的超外差式接收机原理框图

在信号处理过程中，设定输入信号的振幅为 u_i，而输出信号的振幅则标记为 u_o。这两者之间的关系通过一个可控增益放大器来调节，该放大器的增益 K_V 是控制电压 u_c 的函数，记作 $K_V(u_c)$，则有

$$u_o = K_V(u_c) u_i \tag{10-3-1}$$

在自动增益控制（AGC）电路中，核心比较对象是信号的电平，因此采用电压比较器来执行此任务。该电路中的反馈机制融合了电平检测器、低通滤波器及直流放大器，共同

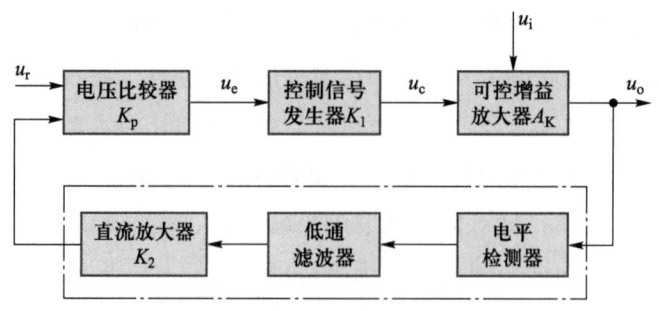

图 10-3-2　AGC 电路基本组成

协作以精确捕捉输出信号的振幅电平（可能是平均或峰值），同时滤除不必要的高频成分，并通过适当放大后，与预设的恒定参考电平 u_c 进行对比，生成一个误差信号 u_e。此误差信号 u_e 直接作用于可控增益放大器，调控其增益 K_V。当输入信号 u_i 减弱导致输出 u_o 下降时，反馈环路生成的控制信号 u_c 会促使增益 K_V 上升，以弥补 u_o 的减少趋势；相反，若 u_i 增强导致 u_o 增大，u_c 则会引导 K_V 下降，以抑制 u_o 的过度增长。通过这一闭环反馈机制的不断调节，确保了输出信号振幅 u_o 能够维持在一个相对稳定的状态，即使面临输入信号的大幅度波动，其变化范围也被严格控制在最小限度内。

10.3.2　自动增益控制电路类型

基于输入信号种类的多样性、其独特属性以及对控制性能的具体期望，自动增益控制（AGC）电路被设计成多种类型，以适应不同场景下的应用需求。

（1）简单 AGC 电路

在简单 AGC 电路中，设定了一个基准参考电平 u_r，其值为 0。这意味着，一旦输入信号振幅 u_i 有所提升，AGC 机制便会自动介入，通过减小增益 K_V 来限制输出信号振幅 u_o 的增长，确保系统稳定性。图 10-3-3 直观地展示了简单 AGC 电路的特性曲线，清晰揭示了其工作原理与效果。

简单 AGC 电路的优势在于其设计简洁，实际应用中无须配置电压比较器，降低了系统复杂度。然而，其显著缺点是对于任何外来信号的接入都会迅速做出反应，导致接收机增益被即时调控降低，这在某种程

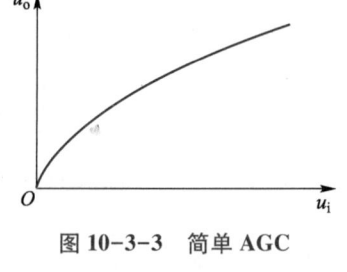

图 10-3-3　简单 AGC 电路特性曲线

度上牺牲了接收机的灵敏度，特别是在面对微弱外来信号时更为明显。因此，简单 AGC 电路更适宜于处理振幅较大的输入信号场景，以确保在这些条件下系统的有效性和稳定性。

定义 m_o 为 AGC 电路所设定的输出信号振幅的极限比例，即最大振幅与最小振幅之间的比值：

$$m_o = \frac{U_{omax}}{U_{omin}} \tag{10-3-2}$$

m_i 代表 AGC 电路所允许的输入信号振幅的变化范围之比，即输入信号的最大振幅与最小振幅之间的比例，这一比例定义了 AGC 电路的输入动态范围：

$$m_i = \frac{U_{imax}}{U_{imin}} \tag{10-3-3}$$

则有

$$\frac{m_i}{m_o} = \frac{U_{imax}}{U_{imin}} \Big/ \frac{U_{omax}}{U_{omin}} = \frac{U_{omin}/U_{imin}}{U_{omax}/U_{imax}} = \frac{K_{Vmax}}{K_{Vmin}} = n_V \tag{10-3-4}$$

在上述表达式中，K_{Vmax} 指代的是当输入信号振幅达到最小值时，可控增益放大器所需提供的最大增益值。相应地，K_{Vmin} 则是在输入信号振幅最大时，该放大器所需调整到的最小增益值。这一增益比 n_V（即 K_{Vmax} 与 K_{Vmin} 之比）反映了 AGC 电路处理输入信号动态范围的能力，同时也揭示了输出信号动态范围的受限程度。n_V 值越大，说明 AGC 电路能够应对更宽的输入信号变化范围，而同时保持较小的输出信号波动，这标志着 AGC 性能的优化。因此，追求尽可能大的增益控制倍数 n_V，即增益动态范围，是提升 AGC 性能的关键，这一范围常以分贝（dB）为单位进行量化表示。

（2）延迟 AGC 电路

在延迟 AGC 电路中，存在一个启动控制的阈值，这个阈值通过比较器的参考电压 U_R 来设定，它对应于一个特定的输入信号振幅水平，记作 U_{imin}，延迟 AGC 电路特性曲线如图 10-3-4 所示。

在输入信号 u_i 未达到预设阈值 U_{imin} 的情况下，AGC 电路的反馈机制保持断开，此时 AGC 功能不介入，放大器增益 K_V 维持不变，确保输出信号 u_o 与输入信号 u_i 之间维持线性的对应关系。

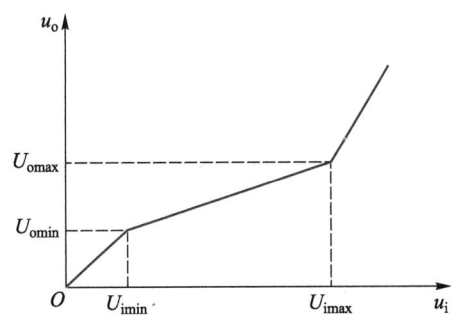

图 10-3-4　延迟 AGC 电路特性曲线

然而，一旦 u_i 超过 U_{imin} 这一阈值，反馈机制立即启动，AGC 电路开始生成误差信号与控制信号，并通过调整放大器增益 K_V 来降低其值，从而确保输出信号 u_o 能够维持在一个相对稳定的状态，或仅经历微小的波动。这种 AGC 电路之所以被称为延迟 AGC，并非因为它在时间上有所滞后，而是因为它在输入信号超过特定阈值 U_{imin} 后才会开始发挥其控制作用。

图 10-3-5 是延迟 AGC 电路。二极管 D 和负载 R_1C_1 组成 AGC 检波器，检波后的电压经 RC 低通滤波器，供给 AGC 直流电压。另外，在二极管 D 上加有一负电压（由负电源分压获得），称为延迟电压。

当输入信号 u_i 维持在较低水平时，AGC 检波器的输入电压也随之保持较低状态。由于

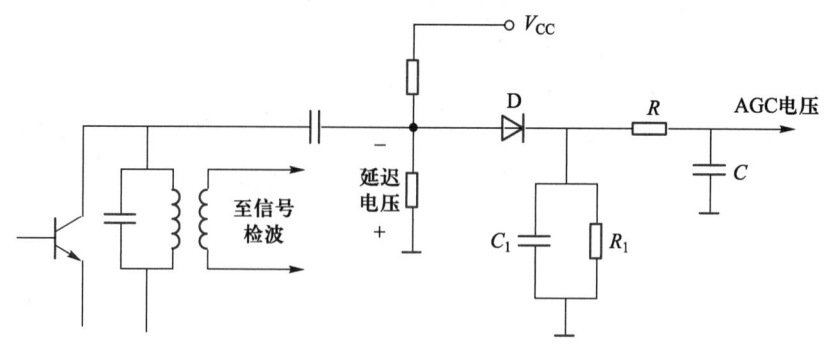

图 10-3-5　延迟 AGC 电路

存在预设的延迟电压，AGC 检波器内的二极管 D 将维持非导通状态，因此不会有 AGC 电压输出，即此时 AGC 功能尚未激活。只有当输入电压 U_i 增加到一定程度，具体而言，就是当其幅值超过预设的阈值 U_{imin}，并高于延迟电压时，AGC 检波器才会开始工作，进行自动增益控制。

（3）前置 AGC、后置 AGC 与基带 AGC

前置 AGC 指的是将 AGC 电路置于解调过程之前，其工作原理是从高频（或中频）信号中提取出检测信号，随后经过检波和直流放大处理，以此来控制高频（或中频）放大器的增益。前置 AGC 的动态范围大小，主要取决于可变增益单元的级数、每一级的增益大小以及控制信号的电平，并且通常可以通过设计使其达到非常大的范围。

后置 AGC 是指将 AGC 电路置于解调过程之后，其工作原理是从解调后的信号中提取检测信号，以此来控制高频（或中频）放大器的增益。由于信号在经过解调处理后信噪比更高，这使得 AGC 能够更为有效地对信号电平进行控制。

基带 AGC 指的是整个 AGC 电路均在解调后的基带信号处理过程中完成其功能。这种 AGC 电路的实现可以通过数字处理方法来完成，预示着 AGC 电路的一个重要发展方向。

此外，系统的 AGC 还可以通过采用对数放大、限幅放大结合带通滤波等方式来实现。

10.3.3　自动增益控制电路的性能指标

AGC 电路的两个主要性能指标包括动态范围和响应时间。

（1）动态范围

AGC 电路是一种通过电压误差信号来自动消除输出信号振幅与期望输出信号振幅之间电压误差的控制电路。然而，即使电路达到平衡状态，仍会存在一定的电压误差。从实际应用的角度出发，我们期望输出信号振幅的变化尽可能小，即输出电压振幅的误差尽可能小；同时，也希望输入信号振幅的变化范围能够尽可能大。因此，AGC 的动态范围被定义为在给定的输出信号振幅误差范围内，输入信号振幅能够变化的最大范围。AGC 的动态范围越大，其性能就被认为越好。以收音机为例，其 AGC 指标是：当输入信号强度变化 26 dB

时，输出电压的变化不超过 5 dB。在高级通信设备中，AGC 的指标更为严格：当输入信号强度变化 60 dB 时，输出电压的变化仍不超过 6 dB；并且当输入信号低于 10 μV 时，AGC 功能将不会启动。

（2）响应时间

AGC 电路通过调控可控增益放大器的增益来限制输出信号振幅的变化，而增益的调整又依赖于输入信号振幅的变化。因此，AGC 电路的反应需要既能及时跟上输入信号振幅的变化速度，同时又不能引发反调制现象，这就是所谓的响应时间特性。

AGC 电路的响应时间受输入信号的类型和特性的影响。根据响应时间的长短，我们可以将其分为慢速 AGC 和快速 AGC。响应时间的调整主要由环路带宽决定，并主要受低通滤波器带宽的影响。具体来说，低通滤波器的带宽越宽，AGC 电路的响应时间就越短，但同时也更容易出现反调制现象。所谓反调制，是指当输入信号为调幅信号时，其有用的幅度变化被 AGC 电路的控制作用所抵消。

10.4 自动频率控制电路

频率源是通信和电子系统的核心，其性能直接影响到整个系统。频率源的频率常常会受到各种因素的影响而发生变化，从而偏离标称的数值。本节将讨论的自动频率控制，使频率源的频率自动锁定到接近预期的标准频率上。

10.4.1 工作原理

自动频率控制（AFC）电路主要由三部分组成，分别是频率比较器、低通滤波器以及可控频率器件，AFC 电路基本组成如图 10-4-1 所示。

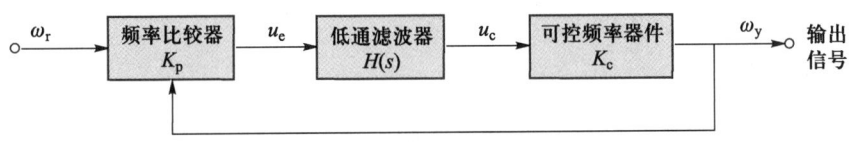

图 10-4-1 AFC 电路基本组成

AFC 电路的被控参量是频率。在该电路中，输出的角频率 ω_y 与参考角频率 ω_r 会在频率比较器中进行比较。频率比较器主要有两种类型：一种是鉴频器，另一种是混频-鉴频器。在鉴频器中，中心角频率 ω_0 起到了参考信号角频率的作用；而在混频-鉴频器中，则是将本振信号角频率 ω_L 与输出信号 ω_y 进行混频，然后再进行鉴频，此时参考信号角频率 ω_r 等于 ω_0 与 ω_L 的和。当 ω_y 等于 ω_r 时，频率比较器没有输出，可控频率器件的输出频率保持不变，环路处于锁定状态；而当 ω_y 不等于 ω_r 时，频率比较器会输出一个误差电压 u_e，这个电压与 ω_y 减去 ω_r 的结果成正比。将这个误差电压 u_e 送入低通滤波器后，可以提取出

缓变的控制信号 u_c。可控频率器件通常是压控振荡器（VCO），其输出的振荡角频率可以表示为相应的数学表达式：

$$\omega_y = \omega_{y0} + K_c u_c \qquad (10\text{-}4\text{-}1)$$

其中，ω_{y0} 表示当控制信号 u_c 等于 0 时的振荡角频率，这一频率被称为 VCO 的固有振荡角频率。K_c 代表压控灵敏度。u_c 用于控制 VCO，通过调节 VCO 的振荡角频率，使其能够稳定在鉴频器的中心角频率 ω_0 上。

由此可见，自动频率控制电路的工作原理是利用误差信号的反馈作用来控制并稳定振荡器的频率。这个误差信号是由鉴频器产生的，它与两个进行比较的频率源之间的频率差成正比。显然，在系统达到最终的稳定状态时，这两个频率不可能完全相等，它们之间必定存在一定的剩余频差，这个频差可以表示为 $\Delta\omega = \omega_y - \omega_r$。

10.4.2　主要性能指标

对于 AFC 电路而言，其主要的性能指标包括瞬态响应、稳态响应以及跟踪特性。

（1）瞬态和稳态特性

由图 10-4-1 可得 AFC 电路的闭环传递函数

$$T(s) = \frac{\Omega_y(s)}{\Omega_r(s)} = \frac{K_p K_c H(s)}{1 + K_p K_c H(s)} \qquad (10\text{-}4\text{-}2)$$

由此可得到输出信号角频率的拉氏变换

$$\Omega_y(s) = \frac{K_p K_c H(s)}{1 + K_p K_c H(s)} \Omega_r(s) \qquad (10\text{-}4\text{-}3)$$

对上述表达式进行拉氏反变换的求解，即可获得 AFC 电路在时域中的响应，这一响应包含了瞬态响应和稳态响应两部分。

（2）跟踪特性

根据图 10-4-1，我们可以推导出 AFC 电路的误差传递函数 $T_e(s)$，该函数表示的是误差角频率 $\Omega_e(s)$ 与参考角频率 $\Omega_r(s)$ 之间的比值，其具体的表达式为

$$T_e(s) = \frac{\Omega_e(s)}{\Omega_r(s)} = \frac{1}{1 + K_p K_c H(s)} \qquad (10\text{-}4\text{-}4)$$

由此，我们可以进一步推导出 AFC 电路中误差角频率 $\Omega_e(s)$ 在时域上的稳定误差值为

$$\omega_{e\infty} = \lim_{s \to 0} s \Omega_e(s) = \lim_{s \to 0} \frac{s}{1 + K_p K_c H(s)} \Omega_r(s) \qquad (10\text{-}4\text{-}5)$$

（3）应用

自动频率控制电路广泛用作接收机和发射机中的自动频率微调电路、调频接收机中的

解调电路等。

① 自动频率微调电路

图 10-4-2 展示了一个调频通信机的自动频率微调电路的原理框图。在这个系统中，固定中频 f_i 被用作鉴频器的中心频率，同时也作为自动频率微调电路的标准频率。当混频器的输出差频 f_i'，即 f_0 与 f_s 之差，不等于 f_i 时，鉴频器会产生误差电压输出。这个误差电压经过低通滤波器处理后，只允许直流电压输出，该直流电压用于控制本振（即压控振荡器），进而使 f_0 发生改变。这一改变过程会持续进行，直到差频减小到等于剩余频差为止。这个固定的剩余频差被称为剩余失谐，显然，在实际应用中，剩余失谐的值越小越好。以图 10-4-2 为例，本振频率 f_0 的范围是 $46.5 \sim 56.5\,\mathrm{MHz}$，信号频率 f_s 的范围是 $45 \sim 55\,\mathrm{MHz}$，固定中频 f_i 设定为 $1.5\,\mathrm{MHz}$，而剩余失谐的值则不超过 $9\,\mathrm{kHz}$。

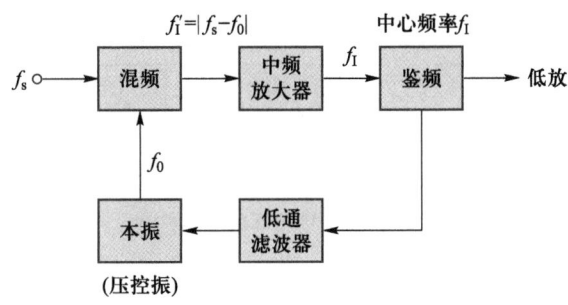

图 10-4-2　调频通信机的自动频率微调电路原理框图

② 电视机中的自动微调（AFT）电路

AFT 电路能够鉴别出输入信号相对于标准中频（38 MHz）的频偏大小，并将这一频偏线性地转换为缓慢变化的直流误差电压。这个误差电压随后被反馈至调谐器本振回路的
AFT 变容二极管两端，用于对本振频率进行微调，从而确保中频的准确性和稳定性。AFT 电路主要由限幅放大器、移相网络以及双差分乘法器等部分组成，AFT 电路原理框图如图 10-4-3 所示。

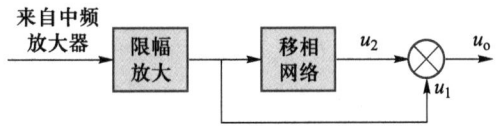

图 10-4-3　AFT 电路原理框图

10.5　锁相环路的基本工作原理及数学模型

AFC 电路是一种旨在消除频率误差的反馈控制电路。由于其工作原理是利用频率误差电压来消除频率误差，因此在电路达到平衡状态时，仍然会存在剩余的频率误差，即频率误差不可能完全为零，这是其固有的缺点。

相比之下，锁相环是另一种类型的反馈控制电路，它的基本原理是利用相位误差来消除频率误差。当电路达到平衡状态时，尽管可能仍然存在剩余的相位误差，但频率误差可以被降低至零，从而实现无频率误差的频率跟踪和相位跟踪。

锁相环能够实现被控振荡器的相位对输入信号相位的跟踪。根据系统设计的不同，它可以跟踪输入信号的瞬时相位，也可以跟踪其平均相位，并且对噪声具有良好的过滤作用。锁相环具有多项优良的性能，包括：在锁定状态下无频差、良好的窄带跟踪特性、优秀的调制跟踪特性、门限效应显著以及易于集成等。因此，它在通信、雷达、制导、导航、仪器仪表和电机控制等众多领域都得到了广泛的应用。

10.5.1 工作原理

锁相环是一个相位负反馈控制系统。它由鉴相器（phase detector，PD）、环路滤波器（loop filter，LF）和电压控制振荡器（voltage controlled oscillator，VCO）三个基本部件组成，锁相环的基本构成如图 10-5-1 所示。

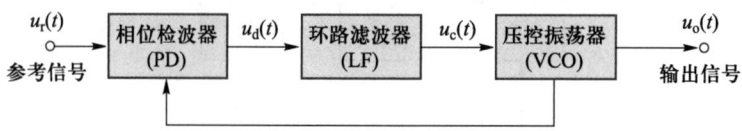

图 10-5-1　锁相环的基本构成

设参考信号为

$$u_r(t) = U_r \sin[\omega_r t + \theta_r(t)] \tag{10-5-1}$$

式中，U_r 代表参考信号的振幅，ω_r 表示参考信号的载波角频率，$\theta_r(t)$ 代表在参考信号载波角频率为 ω_r 时对应的瞬时相位，即载波相位。若参考信号为未调载波，则 $\theta_r(t)$ 等于常数 θ_r。

$$u_o(t) = U_o \cos[\omega_0 t + \theta_o(t)] \tag{10-5-2}$$

在上述公式中，U_o 代表输出信号的振幅，ω_0 表示压控振荡器（VCO）的自由振荡角频率，而 $\theta_o(t)$ 则代表信号以其载波相位 $\omega_0 t$ 为基准时的瞬时相位。在压控振荡器（VCO）未受到控制之前，$\theta_o(t)$ 是一个恒定的值；然而，一旦它受到控制，$\theta(t)$ 就会变为时间的函数。因此，两个信号之间的瞬时相位差可以通过计算 $\theta_r(t)$ 与 $\theta_o(t)$ 之间的差值来得到：

$$\theta_e(t) = [\omega_r t + \theta_r(t)] - [\omega_0 t + \theta_o(t)] \tag{10-5-3}$$

根据频率与相位之间的关系，可以推导出两个信号之间的瞬时频率差异：

$$\frac{d\theta_e(t)}{dt} = \omega_r - \omega_0 - \frac{d\theta_o(t)}{dt} \tag{10-5-4}$$

鉴相器作为相位比较器，其核心职责是比较输出信号 $u_o(t)$ 与参考信号 $u_r(t)$ 之间的相位，并据此生成一个与两信号相位差 $\theta_e(t)$ 相对应的误差电压 $u_d(t)$。环路滤波器则扮演着

滤除误差电压 $u_d(t)$ 中高频成分并增强系统稳定性的关键角色。在控制电压 $u_c(t)$ 的调控下，压控振荡器会调整其输出频率，使其逐渐趋近于参考信号的频率，直至两者之间的频率差异完全消除，实现锁定状态。在这一锁定状态下，两信号之间的相位差将保持在一个固定的稳态值上。

$$\lim_{t \to \infty} \frac{\mathrm{d}\theta_e(t)}{\mathrm{d}t} = 0 \qquad (10\text{-}5\text{-}5)$$

此时，输出信号的频率已经偏离了其原始的自由振荡频率 ω_0，即控制电压 $u_c(t)$ 等于 0 时的频率。该频率的偏移量可以通过式（10-5-4）和式（10-5-5）进行计算并得到具体数值。

$$\frac{\mathrm{d}\theta_o(t)}{\mathrm{d}t} = \omega_r - \omega_0 \qquad (10\text{-}5\text{-}6)$$

这时输出信号的工作频率已变为

$$\frac{\mathrm{d}}{\mathrm{d}t}\left[\omega_0 t + \theta_o(t)\right] = \omega_0 + \frac{\mathrm{d}\theta_o(t)}{\mathrm{d}t} = \omega_r \qquad (10\text{-}5\text{-}7)$$

由此可见，借助锁相环路的相位跟踪功能，最终能够实现输出信号与参考信号的同步。在这种同步状态下，两者之间不存在频率差异，而仅保持一个很小的稳态相位差。

10.5.2 基本环路方程

为了构建锁相环路的数学模型，首要步骤是分别建立鉴相器、环路滤波器和压控振荡器的数学模型。

（1）鉴相器

鉴相器（PD），也被称为相位比较器，其核心功能是比较两个输入信号之间的相位差 $\theta_e(t)$。鉴相器输出的误差信号 $u_d(t)$ 是这一相位差 $\theta_e(t)$ 的函数。

鉴相器具有多种形式，根据其鉴相特性的不同，可以将其分为正弦形、三角形和锯齿形等。在进行原理分析时，正弦形鉴相器常被选用。一个典型的正弦形鉴相器通常由模拟乘法器与低通滤波器串联构成，如图 10-5-2 所示。

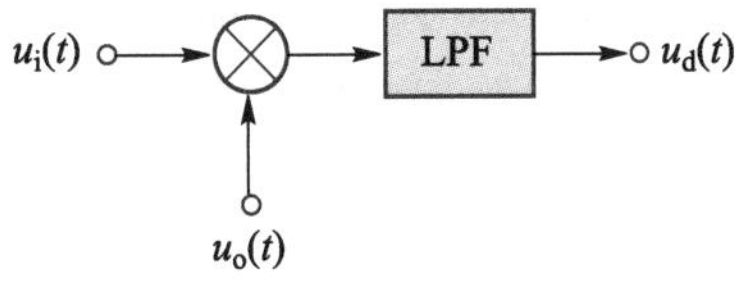

图 10-5-2　正弦形鉴相器

若我们以压控振荡器的载波相位 $\omega_0 t$ 作为基准，那么可以对输出信号 $u_o(t)$ 与参考信号 $u_r(t)$ 进行变形处理：

$$u_o(t) = U_o \cos\left[\omega_0 t + \theta_2(t)\right] \qquad (10\text{-}5\text{-}8)$$

$$u_r(t) = U_r \sin\left[\omega_r t + \theta_r(t)\right] = U_r \sin\left[\omega_0 t + \theta_1(t)\right] \qquad (10\text{-}5\text{-}9)$$

式中，$\theta_2(t) = \theta_o(t)$，且

$$\theta_1(t) = (\omega_r - \omega_0)t + \theta_r(t) = \Delta\omega_0 t + \theta_r(t) \qquad (10\text{-}5\text{-}10)$$

将 $u_o(t)$ 与 $u_r(t)$ 相乘，滤除 $2\omega_0$ 分量，可得

$$u_d(t) = U_d \sin[\theta_1(t) - \theta_2(t)] = U_d \sin\theta_e(t) \qquad (10\text{-}5\text{-}11)$$

在上述公式中，U_d 的值为 $K_m U_r U_o/2$，其中 K_m 代表相乘器的相乘系数，其单位为 $1/V$。在相同的相位差 $\theta_e(t)$ 下，U_d 的值越大，意味着鉴相器的输出也越大。因此，U_d 的大小在一定程度上能够反映鉴相器的灵敏度。图 10-5-3 展示了正弦形鉴相器的数学模型及其鉴相特性曲线。

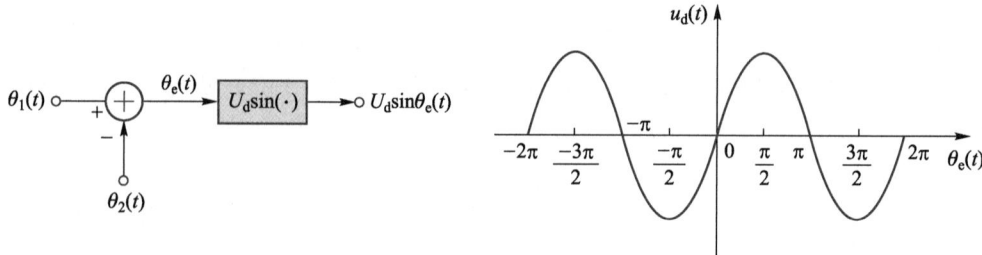

图 10-5-3　正弦形鉴相器的数学模型和鉴相特性曲线

（2）环路滤波器

环路滤波器（LF）作为一种线性低通滤波器，其核心功能是滤除误差电压 $u_d(t)$ 中的高频分量及噪声。更为重要的是，它在环路参数的调整过程中起到了决定性的作用。环路滤波器通常由线性元件如电阻、电容以及运算放大器构成。由于它是一个线性系统，因此在频域分析中，我们可以使用传递函数 $F(s)$ 来对其进行表示。环路滤波器的时域与频域模型如图 10-5-4 所示。

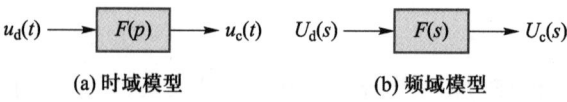

(a) 时域模型　　　　　　**(b) 频域模型**

图 10-5-4　环路滤波器的时域与频域模型

在实际应用中，环路滤波器通常采用 RC 积分滤波器、无源比例积分滤波器以及有源积分滤波器这三种类型。

① RC 积分滤波器

这是最简单的低通滤波器，其组成如图 10-5-5 所示，其传递函数为

$$F(s) = U_c(s)/U_d(s) = \frac{1}{1+s\tau_1} \qquad (10\text{-}5\text{-}12)$$

在上述公式中，τ_1 代表时间常数，其值为 RC。对于这类滤波器而言，τ_1 是唯一一个可以进行调整的参数。

将 $s = j\omega$ 代入公式，我们可以得到滤波器的频率响应。其对数频率特性如图 10-5-5（b）所示。从图中可以观察到该滤波器具有低通特性，并且伴随着相位的滞后。当频率达到很高时，其幅度趋近于零，而相位的滞后则接近 90°。

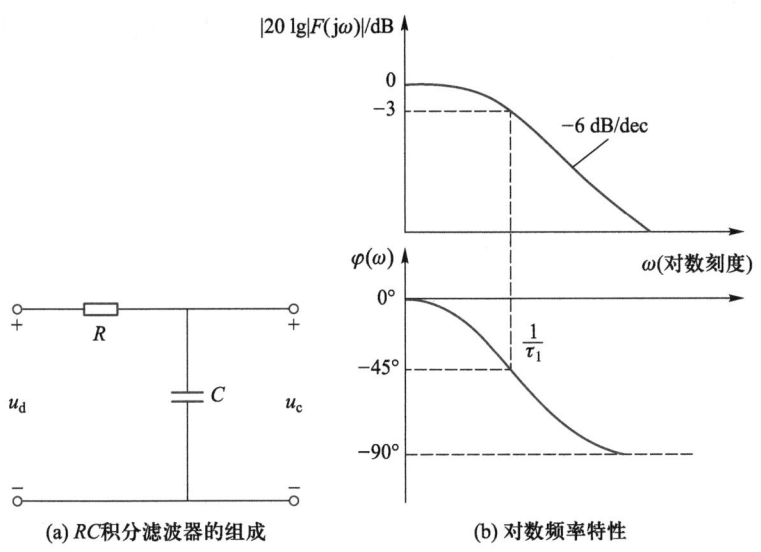

图 10-5-5　RC 积分滤波器的组成与对数频率特性

② 无源比例积分滤波器

无源比例积分滤波器的组成如图 10-5-6（a）所示。相较于 RC 积分滤波器，它增加了一个与电容 C 串联的电阻 R_2，从而引入了一个额外的可调参数。该滤波器的传递函数如下所示：

$$F(s) = U_c(s)/U_d(s) = \frac{1+s\tau_2}{1+s\tau_1} \tag{10-5-13}$$

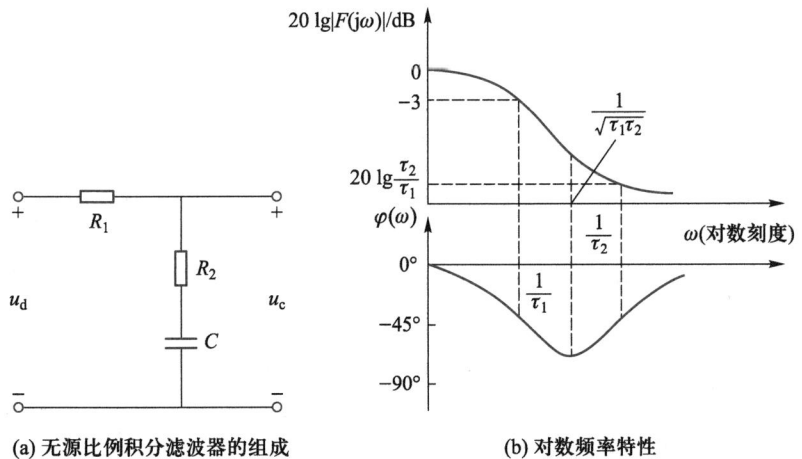

图 10-5-6　无源比例积分滤波器的组成与对数频率特性

在上述公式中，τ_1 的值为 $(R_1+R_2)C$，而 τ_2 的值为 R_2C。该滤波器的对数频率特性如图 10-5-6（b）所示。与 RC 积分滤波器有所不同，当频率趋近于无穷大时，其传递函数 $F(\mathrm{j}\omega)$ 的值将趋近于 $R_2/(R_1+R_2)$。

从相频特性的角度来看，当频率非常高时，由于相位超前校正因子 $1+\mathrm{j}\omega\tau_2$ 的作用，该滤波器会产生相位超前校正的效果。这种相位超前的作用对于改善环路的稳定性是有益的。

③ 有源比例积分滤波器

有源比例积分滤波器主要由运算放大器构成，其组成如图 10-5-7 所示，其中 $R_1 > R_2$。当开环电压增益 A 为一个有限值时，该滤波器的传递函数可以表示为以下形式：

$$F(s) = U_c(s)/U_d(s) = -A\frac{1+s\tau_2}{1+s\tau_1'} \tag{10-5-14}$$

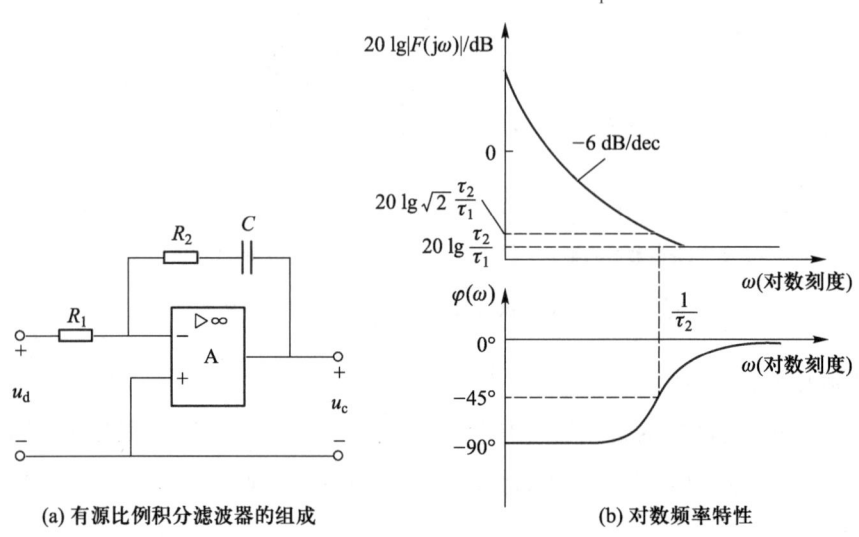

(a) 有源比例积分滤波器的组成　　(b) 对数频率特性

图 10-5-7　有源比例积分滤波器的组成与对数频率特性

式中，$\tau_1' = (R_1 + AR_1 + R_2)C$；$\tau_2 = R_2C$。$A$ 很高，则

$$F(s) = -A\frac{1+sR_2C}{1+s(AR_1+R_1+R_2)C} \approx -A\frac{1+sR_2C}{1+sAR_1C} \approx -\frac{1+sR_2C}{sR_1C} = -\frac{1+s\tau_2}{s\tau_1} \tag{10-5-15}$$

式中，$\tau_1 = R_1C$，负号反映输出与输入电压相位相反。对数频率特性见图 10-5-7（b），显示低通与比例特性，相频特性含超前校正。

（3）压控振荡器

压控振荡器（VCO）是电压至频率的转换器，在环路中作为受控振荡元件，其振荡频率需随输入控制电压 $u_c(t)$ 线性调整。

$$\omega_v(t) = \omega_0 + K_0 u_c(t) \tag{10-5-16}$$

式中 K_0 是线性特性斜率，表示单位控制电压，可使 VCO 角频率变化的数值，因此又称为 VCO 的控制灵敏度或增益系数，具有频率的量纲。式（10-5-16）对应的瞬时相位为

$$\int_0^t \omega_v(\tau)\,\mathrm{d}\tau = \omega_0 t + K_0\int_0^t u_c(\tau)\,\mathrm{d}\tau \tag{10-5-17}$$

将上述表达式与式（10-5-8）比较，进行对比分析，可以确定以 $\omega_0 t$ 为基准的输出瞬时相位表达式为（具体表达式需根据原式给出，但在此仅描述比较结果）。

$$\theta_2(t) = K_0\int_0^t u_c(\tau)\,\mathrm{d}\tau \tag{10-5-18}$$

VCO 在锁相环中扮演了一次积分器的角色，因此被视为环路的固有积分部分。式（10-5-18）构建了压控振荡器相位控制特性的数学基础。将此式进行拉普拉斯变换（简称拉氏变换）后，可得到其在复频域中的等效表达为

$$\Theta_2(s) = K_0 \frac{u_c(s)}{s} \tag{10-5-19}$$

因此，VCO 的传递函数为

$$\frac{\Theta_2(s)}{u_c(s)} = \frac{K_0}{s} \tag{10-5-20}$$

图 10-5-8 给出了 VCO 的时域及复频域模型。

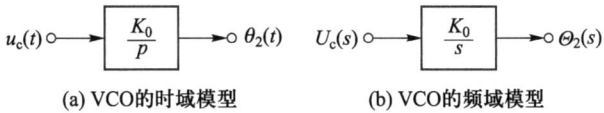

(a) VCO的时域模型　　　　(b) VCO的频域模型

图 10-5-8　VCO 的时域及复频域模型

（4）环路相位模型和基本方程

结合鉴相器、环路滤波器及压控振荡器的各自模型，可构建出完整的锁相环路模型，如图 10-5-9 所示。

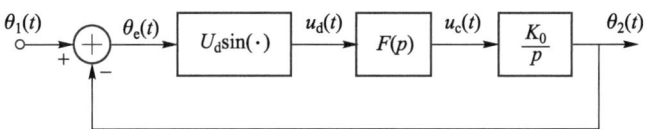

图 10-5-9　完整的锁相环路模型

在复时域分析中，传输特性可由传输算子 $F(p)$ 来表征，其中 p 代表微分算子，等同于 d/dt。基于图 10-5-9 的架构，可推导出锁相环路的基本动态方程为

$$\theta_e(t) = \theta_1(t) - \theta_2(t) \tag{10-5-21}$$

$$\theta_2(t) = U_d \sin\theta_e(t) F(p) \frac{K_0}{p} \tag{10-5-22}$$

将式（10-5-22）代入式（10-5-21）得

$$p\theta_e(t) = p\theta_1(t) - K_0 U_d \sin\theta_e(t) F(p) = p\theta_1(t) - K\sin\theta_e(t) F(p) \tag{10-5-23}$$

式中定义了环路增益 K，它是 K_0（控制灵敏度或增益系数）与误差电压最大值 U_d 的乘积。U_d 以 V 为单位，与 K_0 相乘后表示压控振荡器可达到的最大频率偏移量。因此，环路增益 K 的量纲是频率，其单位取决于 K_0 的单位选择：若 K_0 以 rad/(s·V) 为单位，则 K 的单位为 rad/s；若 K_0 以 Hz/V 为单位，则 K 的单位为 Hz/V。接下来，我们将探讨该基本方程所蕴含的物理意义。

设环路输入一个频率 ω_r 和相位 θ_r 均为常数的信号，即

$$u_r(t) = U_r \sin(\omega_r t + \theta_r) = U_r \sin\left[\omega_0 t + (\omega_r - \omega_0)t + \theta_r\right] \qquad (10\text{-}5\text{-}24)$$

式中，ω_0 表示在控制电压 $u_c(t)$ 为零时，VCO 输出信号的中心频率。θ_r 则代表参考输入信号的初始相位角：

$$\theta_1(t) = (\omega_r - \omega_0)t + \theta_r \qquad (10\text{-}5\text{-}25)$$

则

$$p\theta_1(t) = \omega_r - \omega_0 = \Delta\omega_0 \qquad (10\text{-}5\text{-}26)$$

将式（10-5-26）代入式（10-5-23）可得固定频率输入时的环路基本方程

$$p\theta_e(t) = \Delta\omega_0 - K_0 U_d \sin\theta_e(t) F(p) \qquad (10\text{-}5\text{-}27)$$

等式左侧 $p\theta_e(t)$ 代表参考信号与输出信号之间的瞬时相位差对应的频率差 $\Delta\omega$，即 $\Delta\omega = \omega_r - \omega_v$。等式右侧首项 $\Delta\omega_0$ 称为自然频差，它表示锁相环需要校正的频率偏差量，即 $\Delta\omega_0 = \omega_r - \omega_0$。次项则反映了在闭环控制下，VCO 因控制电压 $u_c(t)$ 作用而产生的输出频率 ω_v 相对于其自然振荡频率 ω_0 的频率变化 $\Delta\omega_v = \omega_v - \omega_0$。因此，环路中始终维持着这样的动态平衡：瞬时频率差等于自然频差与控制频差之差，可表示为 $\Delta\omega_0 = \omega_r - \omega_0$，记为

$$\Delta\omega = \Delta\omega_0 - \Delta\omega_v \qquad (10\text{-}5\text{-}28)$$

即

$$\omega_r - \omega_v = (\omega_r - \omega_0) - (\omega_v - \omega_0) \qquad (10\text{-}5\text{-}29)$$

10.5.3 锁相环路工作过程的定性分析

锁相环路的基本方程（10-5-27）刻画了环路在不同工作状态下的行为，是评估锁定、跟踪、捕获及失锁等性能的关键。然而，直接求解此方程极具挑战性，尽管假设了压控振荡器的线性控制特性，但鉴相器的非线性特性使得方程本质上非线性。加之压控振荡器固有的积分效应，该方程至少为一阶非线性微分方程。若进一步考虑环路滤波器引入的积分作用，尤其是当采用常见的一阶滤波器时，方程可能升级为二阶非线性微分方程，这是实际应用中的典型情况。若再考虑噪声因素的干扰，方程将变得更加复杂，可能演变为高阶非线性随机微分方程，其求解难度显著增加。因此，在工程实践中，为获取有效的环路性能评估，常根据具体工况做出合理简化与近似处理。

下面定性分析一下锁相环路的工作过程。

（1）锁定状态

在环路调节下，若控制频差成功匹配固有频差，则瞬时相位差 $\theta_e(t)$ 将渐趋稳定于某一恒定值，并保持此状态不变，即满足条件：

$$\lim_{t\to\infty} p\theta_e(t) = 0 \qquad (10\text{-}5\text{-}30)$$

当环路成功调整至控制频差与固有频差相等时，锁相环即进入锁定状态。在此状态下，对于输入的固定频率信号，鉴相器接收的两信号间无频率差异，仅存一恒定的稳态相位差 $\theta_e(\infty)$。此时，控制电压 $U_d \sin\theta_e(\infty)$ 变为直流分量，环路滤波器对其的响应增益为 $F(0)$。

将上述分析融入式（10-5-27），可推导出新的表达式：

$$\Delta\omega_0 = K_0 U_d \sin\theta_e(\infty) F(0) \tag{10-5-31}$$

可从上式中解得稳态相差

$$\theta_e(\infty) = \sin^{-1}\frac{\Delta\omega_0}{K_0 U_d F(0)} \tag{10-5-32}$$

锁定状态的出现，源于稳态相位差 $\theta_e(\infty)$ 的存在，它导致了一个恒定的 VCO 控制电压，该电压使输出信号的振荡角频率 ω_v 相对于其自然频率 ω_0 偏移了 $\Delta\omega_0$，从而与参考角频率 ω_r 保持一致，即：

$$\omega_v = \omega_0 + K_0 U_d \sin\theta_e(\infty) F(0) = \omega_0 + \Delta\omega_0 = \omega_r \tag{10-5-33}$$

锁定后没有稳态频差是锁相环的一个重要特性。

（2）跟踪过程

跟踪是在锁定的前提下，输入参考频率和相位在一定的范围内，以一定的速率发生变化时，输出信号的频率和相位以同样的规律跟随变化，这一过程称为环路的跟踪过程。例如当 ω_r 增大时，固有频差 $|\omega_r - \omega_0| = |\Delta\omega_0|$ 也增大，这使稳态相差 $\theta_e(\infty)$ 增大又使直流控制电压增大，这必使 VCO 产生的控制频差 $\Delta\omega_v$ 增大，当 $\Delta\omega_v$ 大得足以补偿固有频差 $\Delta\omega_0$ 时，环路维持锁定，因而有

$$\Delta\omega_0 = \Delta\omega_v = K_0 U_d \sin\theta_e(\infty) F(0) \tag{10-5-34}$$

故

$$\Delta\omega_0|_{\max} = K_0 U_d F(0) \tag{10-5-35}$$

若持续增大 $\Delta\omega_0$，直至其绝对值超过 $K_0 U_d F(0)$ 的界限，环路将失去锁定状态，即输出频率 ω_v 不再与参考频率 ω_r 保持一致。在此情况下，能够保持坏路锁定状态的最大固有频差 $\Delta\omega_0$ 的绝对值被定义为环路的同步带宽。

$$\Delta\omega_H = \Delta\omega_0|_{\max} = K_0 U_d F(0) \tag{10-5-36}$$

同步带 $\Delta\omega_H$ 的实质含义在于：只要参考信号的频率 ω_r 保持在同步带 $\Delta\omega_H$ 的界限之内波动，锁相环就能稳定维持锁定状态；一旦 ω_r 超出此范围，环路将失去锁定。锁定与跟踪作为锁相环的两种基本工作模式，共同构成了同步过程的两个方面，其中跟踪是锁相环在正常操作条件下最常遇到的工作状态。

（3）失锁状态

若 VCO 的自然振荡频率与输入参考频率之间存在显著偏差，环路将失去锁定状态。此时，瞬时频差 $\Delta\omega$（即 $\omega_r - \omega_v$）持续存在，不为零。鉴相器输出为稳定的非对称差拍波形，其直流分量恒定。此直流电压通过环路滤波器作用，促使 VCO 的平均频率 ω_v 向 ω_r 靠近，这一现象称为环路的频率牵引效应。在失锁差拍状态下，尽管 VCO 的瞬时角频率 $\omega_v(t)$ 始终无法与参考频率 ω_r 相等，即环路无法实现锁定，但 ω_v 的平均值已向 ω_r 方向移动。这种牵引作用的强度与直流电压的恒定值直接相关，而该电压值又受到差拍 $U_d(t)$ 非对称状

态的影响。

（4）捕获过程

之前关于环路跟踪过程的讨论均基于环路已处于锁定状态的假设。然而，在实际应用场景中，如系统启动、频率切换或从开环转为闭环时，环路往往初始于失锁状态。因此，环路必须经历一个由失锁逐步过渡到锁定的过程，这一过程被称为捕获过程。捕获过程细分为两个关键阶段：频率捕获和相位捕获。

开机瞬间，鉴相器输入端的两个信号之间存在一个初始的频率差异（即固有频差）$\Delta\omega_0$，以及由此产生的相位差 $\Delta\omega_0 t$。因此，鉴相器的输出是一个角频率与频差 $\Delta\omega_0$ 相等的差拍信号，即

$$u_{\mathrm{d}}(t) = U_{\mathrm{d}}\sin(\Delta\omega_0 t) \tag{10-5-37}$$

若 $\Delta\omega_0$ 过大，则 $u_{\mathrm{d}}(t)$ 差拍信号的拍频会显著提高，这种高频信号易受到环路滤波器的衰减作用，导致施加到 VCO 输入端的控制电压 $u_{\mathrm{c}}(t)$ 很小，无法有效建立控制频差。因此，$u_{\mathrm{d}}(t)$ 仍表现为一个上下接近对称的稳定差拍波，环路无法进入锁定状态。

随着 $\Delta\omega_0$ 缩小至特定区间，鉴相器输出的误差电压 $u_{\mathrm{d}}(t)$ 呈现为上下不对称的差拍波形，其直流分量非零。经环路滤波器处理后，控制电压 $u_{\mathrm{c}}(t)$ 促使 VCO 的平均频率 ω_{v} 向参考频率 ω_{r} 趋近，进而减小 $u_{\mathrm{d}}(t)$ 的拍频（$\omega_{\mathrm{r}}-\omega_{\mathrm{v}}$），加剧 $u_{\mathrm{d}}(t)$ 的不对称性（即直流分量增大），这又促使 VCO 频率更接近于 ω_{r}。此过程循环往复，$u_{\mathrm{d}}(t)$ 的不对称性持续增强，$u_{\mathrm{c}}(t)$ 中的直流分量不断增加，导致 VCO 平均频率逐步靠近 ω_{r}。当平均频差缩减至另一特定范围时，频率捕获阶段结束。随后进入相位捕获阶段，$\theta_{\mathrm{e}}(t)$ 的变化范围限制在 2π 以内，并最终稳定于 $\theta_{\mathrm{e}}(\infty)$。同时，$u_{\mathrm{d}}(t)$ 和 $u_{\mathrm{c}}(t)$ 也分别稳定至其稳态值 $U_{\mathrm{d}}\sin\theta_{\mathrm{e}}(\infty)$ 和 $U_{\mathrm{c}}(\infty)$，此时 VCO 频率被锁定在 ω_{r} 上，满足 $p\theta_{\mathrm{e}}(\infty)$（即 $\omega_{\mathrm{v}} = \omega_{\mathrm{r}}$），标志着整个捕获过程结束，环路实现锁定。频率捕获锁定示意图如图 10-5-10 所示，展示了捕获过程中各点波形的变化情形。

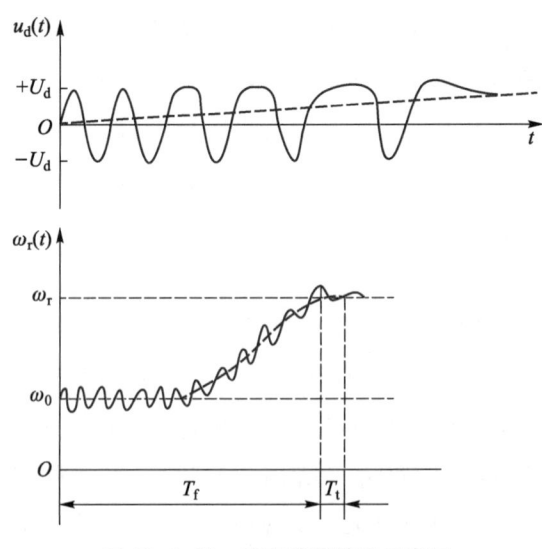

图 10-5-10　频率捕获锁定示意图

需要指出的是，环路能否发生捕获与固有频差的 $\Delta\omega_0$ 大小有关。只有当 $\Delta\omega_0$ 小到某一频率范围时，环路才能捕获入锁，这一范围称为环路的捕获带 $\Delta\omega_p$。它定义为在失锁状态下能使环路经频率牵引，最终锁定的最大固有频差 $|\Delta\omega_0|_{\max}$，即

$$\Delta\omega_p = |\Delta\omega_0|_{\max} \tag{10-5-38}$$

若 $|\Delta\omega_0| > \Delta\omega_p$，环路不能捕获入锁。

10.5.4 锁相环路的线性分析

锁相环路线性分析的前提是环路已同步，其核心在于鉴相器的线性化处理。尽管压控振荡器可能表现非线性，但通过合理设计和使用策略，其控制特性可以实现线性化。鉴相器在展现三角波或锯齿波鉴相特性时，享有较宽的线性范围。对于正弦形鉴相特性，在相位误差 $|\theta_e|$ 不超过 $\pi/6$ 的条件下，原点附近的特性曲线可近似为斜率为 K_d 的直线，正弦形鉴相器线性化特性曲线如图 10-5-11 所示。基于这一线性化假设，式（10-5-11）可重新表述为

$$u_d(t) = K_d\theta_e(t) \tag{10-5-39}$$

式中，参数 K_d 表示鉴相增益或灵敏度，该值等同于正弦鉴相特性下输出的电压峰值 U_d，单位以 V/rad 计量。

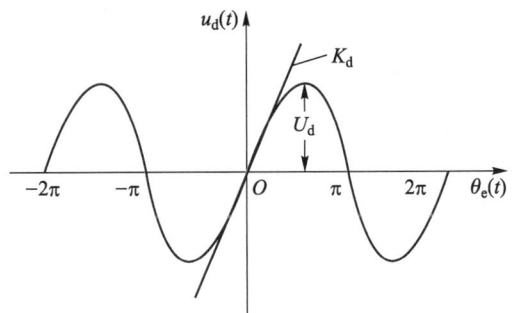

图 10-5-11　正弦形鉴相器线性化特性曲线

将 $U_d\sin\theta_e(t)$ 替换为 $K_d\theta_e(t)$ 于基本方程（10-5-27）中，可导出环路的线性化基本方程为

$$
\begin{aligned}
p\theta_e(t) &= p\theta_1(t) - K_0K_dF(p)\theta_e(t) \\
&= p\theta_1(t) - KF(p)\theta_e(t)
\end{aligned}
\tag{10-5-40}
$$

环路增益 K 定义为 K_0 与 K_d 的乘积，其包含频率的量纲。图 10-5-12 展示了与式（10-5-40）对应的锁相环线性相位模型（时域）。

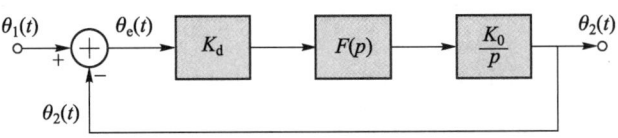

图 10-5-12　锁相环的线性相位模型（时域）

对式（10-5-40）进行拉普拉斯变换，可得到复频域中的锁相环线性相位模型，如图 10-5-13 所示。

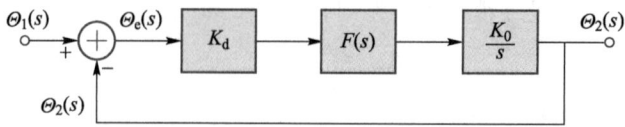

图 10-5-13　锁相环的线性相位模型（复频域）

环路具备三种相位传递函数，旨在分析环路在不同情境下的响应特性。

（1）开环传递函数探讨的是，在开环条件下，输入相位 $\theta_1(t)$ 如何影响输出相位 $\theta_2(t)$，即 $\theta_e(t) = \theta_1(t)$ 时，$\theta_2(t)$ 的响应特性：

$$H_0(s) = \left. \frac{\Theta_2(s)}{\Theta_1(s)} \right|_{\text{开环}} = K\frac{F(s)}{s} \tag{10-5-41}$$

（2）闭环传递函数分析的是，在闭环系统中，输入相位 $\theta_1(t)$ 如何决定输出相位 $\theta_2(t)$ 的响应：

$$H(s) = \frac{\Theta_2(s)}{\Theta_1(s)} = \frac{KF(s)}{s + KF(s)} \tag{10-5-42}$$

（3）误差传递函数探讨的是，在闭环系统中，输入相位 $\theta_1(t)$ 如何导致误差相位 $\theta_e(t)$ 的响应：

$$H_e(s) = \frac{\Theta_e(s)}{\Theta_1(s)} = \frac{\Theta_1(s) - \Theta_2(s)}{\Theta_1(s)} = \frac{s}{s + KF(s)} \tag{10-5-43}$$

$H_0(s)$、$H(s)$、$H_e(s)$ 是评估锁相环同步性能的关键传递函数，它们之间具有特定的关联，即

$$H(s) = \frac{H_0(s)}{1 + H_0(s)} \tag{10-5-44}$$

$$H_e(s) = \frac{1}{1 + H_0(s)} = 1 - H(s) \tag{10-5-45}$$

式（10-5-41）至式（10-5-43）为环路传递函数的普遍表达式，其特性受 K 值及环路滤波器传递函数 $F(s)$ 的双重影响。表 10-5-1 详细列举了无源比例积分滤波器及理想积分滤波器（等同于高增益状态下的有源比例积分滤波器）的环路传递函数。

表 10-5-1　无源比例积分滤波器和理想积分滤波器的环路传递函数

	无源比例积分滤波器的二阶环	理想二阶环
$F(s)$	$\dfrac{1 + s\tau_2}{1 + s\tau_1}$	$\dfrac{1 + s\tau_2}{s\tau_1}$
$H_0(s)$	$\dfrac{K/\tau_1 + s\tau_2/\tau_1}{s^2 + s/\tau_1}$	$\dfrac{sK\tau_2/\tau_1 + K/\tau_1}{s^2}$

	无源比例积分滤波器的二阶环	理想二阶环
$H_e(s)$	$\dfrac{s^2+s/\tau_1}{s^2+s/\tau_1+K\tau_2/\tau_1+K/\tau_1}$	$\dfrac{s^2}{s^2+sK\tau_2/\tau_1+K/\tau_1}$
$H(s)$	$\dfrac{sK\tau_2/\tau_1+K/\tau_1}{s^2+s/\tau_1+K\tau_2/\tau_1+K/\tau_1}$	$\dfrac{sK\tau_2/\tau_1+K/\tau_1}{s^2+sK\tau_2/\tau_1+K/\tau_1}$

锁相环作为伺服系统，其响应特性可分为非谐振与振荡两类。为刻画这一特性，常采用 ω_n（无阻尼振荡频率，单位为 rad/s）与 ξ（阻尼系数）两个参数。表 10-5-2 详细展示了用 ξ、ω_n 表示的传递函数，并阐述了系统参数 ξ、ω_n 与电路参数 K、τ_1、τ_2 之间的对应关系。

表 10-5-2　用 ξ、ω_n 表示的传递函数及系统参数 ξ、ω_n 与电路参数 K、τ_1 和 τ_2 的关系

	无源比例积分滤波器的二阶环	理想二阶环
$H_e(s)$	$\dfrac{s(s+\omega_n^2/K)}{s^2+2\xi\omega_n s+\omega_n^2}$	$\dfrac{s^2}{s^2+2\xi\omega_n s+\omega_n^2}$
$H_0(s)$	$\dfrac{\omega_n s(2\xi-\omega_n/K)+\omega_n^2}{s^2+2\xi\omega_n s+\omega_n^2}$	$\dfrac{2\xi\omega_n s+\omega_n^2}{s^2+2\xi\omega_n s+\omega_n^2}$
ω_n	$\sqrt{K/\tau_1}$	$\sqrt{K/\tau_1}$
ξ	$\dfrac{1}{2}\sqrt{\dfrac{1}{K\tau_1}}(\tau_2+1/K)$	$\dfrac{\tau_2}{2}\sqrt{\dfrac{K}{\tau_1}}$

在上述公式中，$H(s)$ 分母多项式 s 的最高次幂（极点）定义了环路的"阶"数。由于 VCO 中的 $1/s$ 是环路的固有一阶组成部分，因此环路的总阶数实际上是环路滤波器阶数加一。具体来说，$H_0(s)$ 代表二阶 I 型环，而采用理想积分滤波器的环路则构成二阶 II 型环，也常被称为理想二阶环。

（1）跟踪特性

锁相环的显著特性之一是其对输入信号相位的精确追踪能力。衡量这一能力的核心指标是跟踪相位误差，即 $\theta_e(t)$ 的瞬态与稳态响应。当输入信号的频率或相位发生变动（如频率的突然改变、连续变化或相位的突变）时，系统的输出会经历瞬态响应阶段，随后达到稳态误差。评估跟踪性能的三个关键参数是：相位误差的最大瞬时跳跃幅度、稳定状态下的相位误差值，以及达到稳定所需的时间。理想情况下，最大瞬时跳跃不应超出鉴相器的检测范围；稳态误差越小，稳定时间越短，表明跟踪性能越优越。瞬态响应揭示了跟踪速度的快慢以及跟踪过程中相位误差的波动程度，而稳态响应则直接体现了系统的跟踪精确性。

已知锁相环路的参数后，利用式（10-5-43）可以在复频域内计算出相位误差函数 $\Theta_e(s)$。接着，通过对 $\Theta_e(s)$ 进行拉普拉斯反变换（简称拉氏反变换）操作，即可获得时域中的相

位误差函数 $\theta_e(t)$。

下面分析理想二阶环对于频率阶跃信号的瞬态误差响应。

当输入参考信号的频率在 $t=0$ 时有一阶跃变化，即

$$\omega_0(t)=\begin{cases} 0 & t<0 \\ \Delta\omega & t\geq 0 \end{cases} \tag{10-5-46}$$

其对应的输入相位

$$\theta_1(t)=\Delta\omega t \tag{10-5-47}$$

那么

$$\Theta_1(s)=\Delta\omega/s^2 \tag{10-5-48}$$

则

$$\Theta_e(s)=\Theta_1(s)H_e(s)=\frac{\Delta\omega}{s^2+2\xi\omega_n s+\omega_n^2} \tag{10-5-49}$$

进行拉氏反变换，得

$$\theta_e(t)=\begin{cases} \dfrac{\Delta\omega}{\omega_n}e^{-\xi\omega_n t}\dfrac{\sin\omega_n\sqrt{\xi^2-1}\,t}{\sqrt{\xi^2-1}} & \xi>1 \\[3mm] \dfrac{\Delta\omega}{\omega_n}e^{-\xi\omega_n t}\omega_n t & \xi=1 \\[3mm] \dfrac{\Delta\omega}{\omega_n}e^{-\xi\omega_n t}\dfrac{\sin\omega_n\sqrt{1-\xi^2}\,t}{\sqrt{1-\xi^2}} & 0<\xi<1 \end{cases} \tag{10-5-50}$$

式（10-5-50）相应的响应曲线如图 10-5-14 所示。

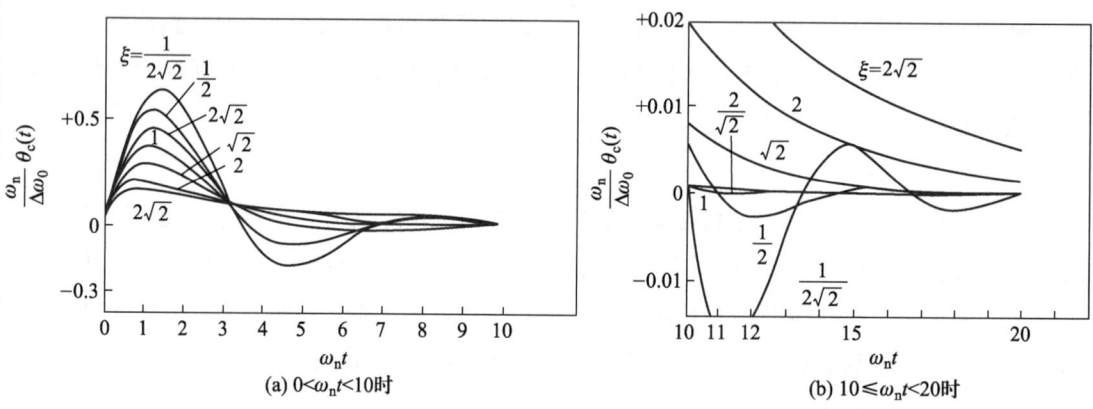

图 10-5-14　理想二阶环对输入频率阶跃信号的相位误差响应曲线

由图可见：

① 瞬态过程的特性受阻尼系数 ξ 的直接影响。具体来说，当 $\xi<1$ 时，瞬态过程表现为衰减振荡，此时环路处于欠阻尼状态；而当 $\xi>1$ 时，尽管可能伴随有短暂的超调，但瞬态过程会迅速以指数形式衰减至稳态值，避免了在稳态值附近的多次振荡，此时环路呈现过

阻尼状态；在 $\xi = 1$ 的特殊情况下，环路则达到临界阻尼状态，此时瞬态过程平稳无振荡。这一阐述进一步明确了阻尼系数 ξ 在锁相环系统动态行为中的物理意义。

② 当 $\xi < 1$ 时，瞬态过程中出现的振荡频率可由 $(1-\xi)^{1/2}\omega_n$ 表示。特别地，若 ξ 为 0，则振荡频率直接等于 ω_n。这一特性明确了 ω_n 作为系统无阻尼自由振荡角频率的物理含义。

③ 二阶环的瞬态响应中存在过冲现象，且过冲的幅度受 ξ 值影响显著。具体而言，ξ 值越小，过冲幅度越大，这表明环路的相对稳定性越差。

④ 瞬态过程是一个逐渐衰减的过程，其结束点的确定完全依赖于所选的瞬态结束标准。一旦标准确定，便可通过式（10-5-50）来计算瞬态时间。在工程实践中，为了平衡相对稳定性与快速跟踪的需求，通常会将阻尼系数 ξ 设定为 0.707。

稳态相位误差是评估环路对输入信号相位变化的最终跟踪能力及跟踪精度与环路参数间关联性的关键指标。确定稳态相差 $\theta_e(\infty)$ 可通过两种主要方法实现：

1）由前面求出的 $\theta_e(t)$，令 $t \to \infty$ 即可求出

$$\theta_e(\infty) = \lim_{t \to \infty}\theta_e(t) \tag{10-5-51}$$

2）利用拉氏变换的终值定理，直接从 $\Theta_e(s)$ 求出

$$\theta_e(\infty) = \lim_{s \to 0}s\Theta_e(s) \tag{10-5-52}$$

对于不同的环，在不同的输入信号的稳态相位误差，列于表 10-5-3。

表 10-5-3　不同输入信号下的稳态相位误差

	一阶环	二阶 I 型环	二阶 II 型环	三阶 III 型环
相位阶跃 $\theta_1(t) = \Delta\theta \cdot 1(t)$	0	0	0	0
频率阶跃 $\theta_1(t) = \Delta\omega t \cdot 1(t)$	$\Delta\omega/K$	$\Delta\omega/K$	0	0
频率斜升 $\theta_1(t) = Rt^2/2 \cdot 1(t)$	∞	∞	R/ω_n^2	0

由此可见：

① 对于同一环路，其跟踪能力会因输入信号变化速度的不同而有所差异。输入变化越迅速，环路的跟踪性能相对越差。特别地，当 $\theta_e(\infty) = \infty$ 时，表明环路无法有效跟踪输入信号。

② 对于相同的输入信号，采用不同环路滤波器的环路会展现出不同的跟踪性能，这凸显了环路滤波器在提升环路跟踪能力方面的重要作用。

③ 在二阶环的框架下，对同一信号的跟踪能力还受到环路"型"的影响，即环内理想积分因子 $1/s$ 的数量。一般来说，"型"越高，跟踪精度也越高；通过增加"型"的数量，环路能够更好地跟踪变化更快的输入信号。

④ 对于理想二阶环（即二阶Ⅱ型环），在跟踪频率斜升信号时，其稳态相位误差与扫描速率 R 成正比关系。这意味着随着 R 的增加，稳态相位误差也会相应增大，甚至可能导致环路进入非线性跟踪状态。

（2）频率响应

频率响应是衡量锁相环对信号与噪声过滤效果的关键特性，它不仅有助于评估环路的稳定性，还能指导校正措施的实施。当采用 RC 积分滤波器时，其传递函数遵循式（10-5-19）所描述的规律，进而可以推导出相应的闭环传递函数：

$$H(s) = \frac{\omega_n^2}{s^2 + 2\xi\omega_n s + \omega_n^2} \tag{10-5-53}$$

相应的幅频特性为

$$H(\omega) = \frac{1}{\sqrt{\left(1 - \frac{\omega^2}{\omega_n^2}\right)^2 + \left(2\xi\frac{\omega}{\omega_n}\right)^2}} \tag{10-5-54}$$

如图 10-5-15 所示，通过绘制不同阻尼系数 ξ 下的闭环幅频特性曲线，可以观察到明显的低通滤波效果。为了确定环路的带宽 $BW_{0.7}$，可以将式（10-5-54）中 ξ 设为 0.707 并进行求解，从而得出相应的带宽值，即

$$BW_{0.7} = \frac{1}{2\pi}\omega_n (1 - 2\xi^2 + 4\xi^4 - 4\xi^2 + 2)^{1/2} \tag{10-5-55}$$

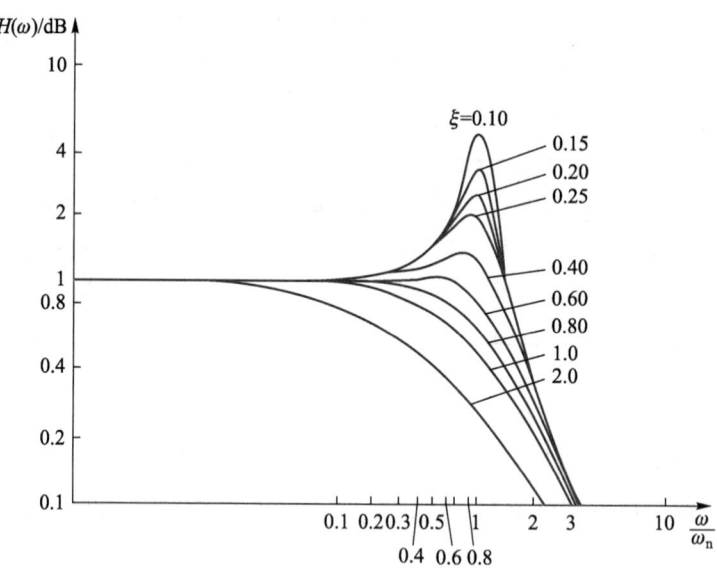

图 10-5-15　不同阻尼系数 ξ 下闭环幅频特性曲线

通过调整阻尼系数 ξ 和自然谐振角频率 ω_n，可以有效改变环路的带宽。此外，调节 ξ 还能影响幅频特性曲线的形状。特别地，当 ξ 被设定为 0.707 时，曲线展现出最为平坦的形态，此时对应的带宽即为所求：

$$BW_{0.7} = \frac{1}{2\pi}\omega_n = \frac{1}{2\pi}\left(\frac{K_d K_0}{\tau_1}\right)^{1/2} \qquad (10-5-56)$$

当 $\xi < 0.707$ 时，特性曲线出现峰值。

10.6 锁相环路的应用

10.6.1 锁相环路的主要特点

（1）良好的跟踪特性

锁相环在锁定状态下，能够确保输出信号的频率精确跟随输入信号频率的变动。换言之，一旦输入信号的频率发生微小变化，通过环路的自动调节机制，压控振荡器的振荡频率会迅速做出相应的调整，直至两者最终达到同步状态。

（2）良好的窄带滤波特性

锁相环在频率响应方面展现出低通滤波器的特性，且其带宽设计可极为狭窄。这种高度精确的窄带滤波性能，是传统的 LC、RC 滤波器、石英晶体滤波器以及陶瓷滤波器等所难以企及的。

（3）锁定状态下的无剩余频差

锁相环依据相位差异生成误差信号，故在锁定状态时，系统仅维持一个微小的剩余相位差，而不再存在频率差异。

（4）便于集成化设计

锁相环的核心组件便于集成化处理，这种集成设计不仅缩减了整体体积，还实现了成本的降低和可靠性的提升。同时，集成化也简化了调整过程，降低了操作的复杂性。

10.6.2 锁相环路的应用举例

（1）锁相倍频电路

锁相倍频电路的基本构成如图 10-6-1 所示，它在基本的锁相环架构上增加了一个分频器组件。依据锁相环的基本原理，当环路进入锁定状态时，鉴相器的输入信号角频率 ω_r 与压控振荡器输出的信号角频率 ω_0 经过分频器处理后，再反馈至鉴相器的信号角频率将实现相等，即满足特定条件。若采用能够支持高频率分频的可变数字分频器，则此锁相倍频电路能够灵活转变为具备高倍频率倍数且可调整的倍频器。

锁相倍频器相对于普通倍频器的优势在于：

高纯度频率输出能力：锁相环路凭借其卓越的窄带滤波特性，确保了输出频率的高度纯净。这与普通倍频器相比，后者常因谐波干扰而影响输出质量。

卓越的跟踪与滤波效能：锁相倍频器展现出优异的跟踪和滤波能力，使其能够有效应

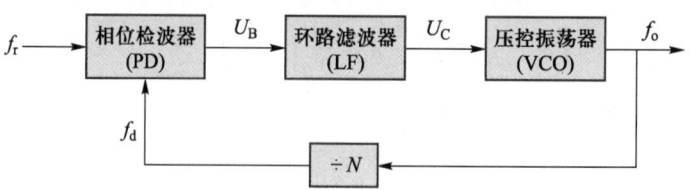

图 10-6-1　锁相倍频电路的基本构成

对输入信号频率的大范围波动及伴随的噪声干扰。这一特性使得环路在倍频的同时，还能发挥出色的跟踪滤波功能。

（2）锁相分频电路

锁相分频电路与锁相倍频电路在基本原理上相通，均通过在锁相环的反馈路径中引入倍频器来实现其功能。具体而言，锁相分频电路的基本构成如图 10-6-2 所示，其中倍频器被整合至反馈通道。根据锁相环的运作原理，当环路达到锁定状态时，鉴相器的输入信号角频率 ω_i 与压控振荡器经倍频后反馈到鉴相器的信号的角频率 $\omega_0' = N\omega_0$ 相等，即 $\omega_0 = \omega_r/N$。

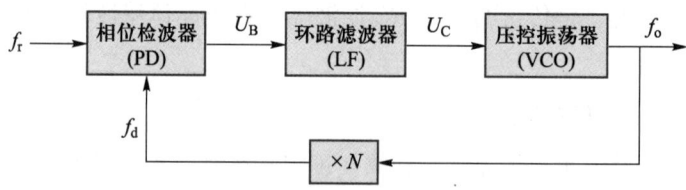

图 10-6-2　锁相分频电路的基本构成

（3）锁相混频电路

锁相混频电路的基本构成如图 10-6-3 所示，其核心在于在锁相环的反馈路径中集成了混频器与中频放大器这两个关键组件。

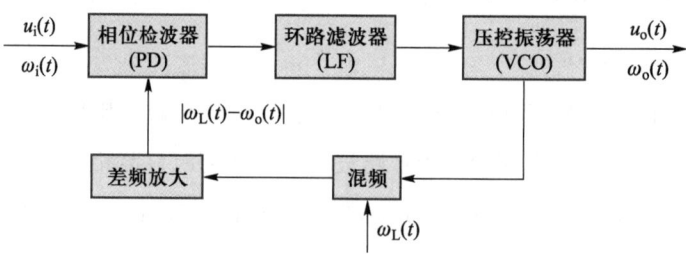

图 10-6-3　锁相混频电路的基本构成

设定鉴相器的输入信号频率为 f_1，而混频器的输入信号频率为 f_2，对应的角频率为 ω_2。混频器的本振信号由压控振荡器提供，其角频率为 ω_L。混频器的输出可以选择差频（或和频）作为中频信号，这一选择依据混频器的中频回路设计以及中频放大器的频率响应特性来确定。

根据锁相环路锁定后无剩余频差的特性，由图10-6-3可得

$$\omega_i = |\omega_0 - \omega_L| \qquad (10\text{-}6\text{-}1)$$

当 $\omega_0 > \omega_L$ 时，则 $\omega_0 = \omega_i + \omega_L$；当 $\omega_0 < \omega_L$ 时，则 $\omega_0 = \omega_L - \omega_i$。即压控振荡器输出信号频率是和频还是差频仅由 $\omega_0 > \omega_L$ 或 $\omega_0 < \omega_L$ 来决定。

（4）锁相调频电路

利用锁相环路技术进行调频，可以生成中心频率极为稳定的调频信号。图10-6-4展示了锁相调频电路的基本构成。

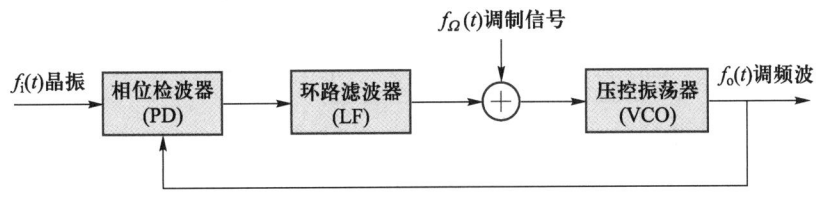

图 10-6-4　锁相调频电路的基本构成

这种电路的实现条件包括：

① 压控振荡器自身振荡频率的微小波动应当位于环路低频滤波器带宽范围内，即锁相环路主要校正载波频率的缓慢变动，通过其窄带滤波特性，确保载波频率的高稳定性。

② 调制信号的频谱应设计在环路滤波器带宽之外，以此确保环路对调制引起的频率变动保持不敏感，避免产生不必要的干扰。然而，调制信号仍然能够影响压控振荡器的振荡频率，从而实现调频波的输出。

（5）锁相调频解调电路

图10-6-5展示了锁相调频解调电路的基本构成。在该电路中，调频信号被送入鉴相器进行处理，而解调后的信号则从环路滤波器中提取。为了确保系统正常工作，环路滤波器的通带宽度需足够大，以便鉴相器输出的电压信号能够无阻碍地通过。由于压控振荡器的输出频率受环路滤波器输出电压的调控，因此它会紧随输入信号频率的变化而变化。同时，环路滤波器的输出电压实质上就是调频信号经过解调后得到的调制信号。

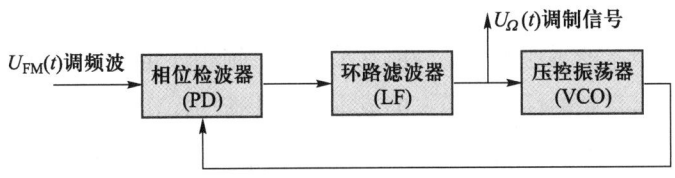

图 10-6-5　锁相调频解调电路的基本构成

【例10.1】 三环式频率合成器框图如图10-6-6所示。

已知：$f_i = 100\ \text{kHz}$，$300 \leqslant N_A \leqslant 399$，$351 \leqslant N_B \leqslant 397$，求输出信号频率范围及频率间隔。

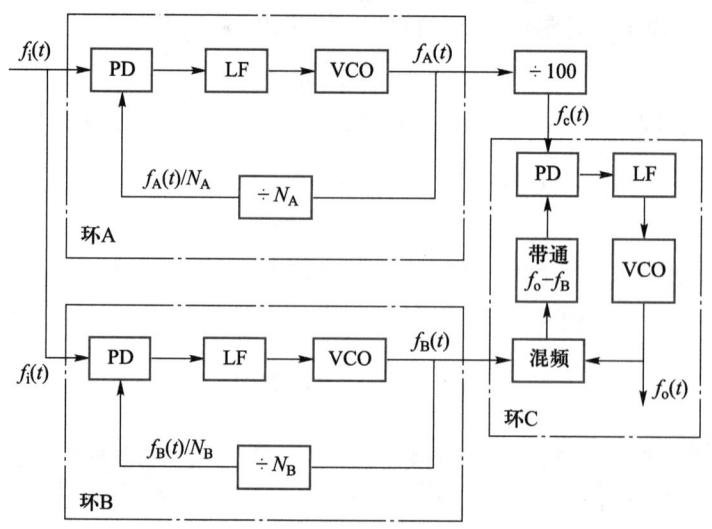

图 10-6-6　三环式频率合成器框图

解：

当 $N_A = 300$，$N_B = 351$ 时输出频率最低，即

$$f_{\text{omin}} = \left(\frac{300}{100} + 351\right) \times 100\,\text{kHz} = 35\,400\,\text{kHz}$$

当 $N_A = 399$，$N_B = 397$ 时输出频率最高，即

$$f_{\text{omax}} = \left(\frac{399}{100} + 397\right) \times 100\,\text{kHz} = 40\,099\,\text{kHz}$$

所以，合成器的频率范围为 $(35.4 \sim 40.099)\,\text{MHz}$

当 $N_A = 301$，$N_B = 351$ 时，$f_o = \left(\dfrac{301}{100} + 351\right) \times 100\,\text{kHz} = 35\,401\,\text{kHz}$

因此频率间隔：$\Delta f = f_o - f_{\text{omin}} = 1\,\text{kHz}$ ■

10.7　集成锁相环

随着集成电路技术的飞速进步，当前几乎所有的锁相环路均已实现高度集成化。这些集成锁相环路凭借其卓越的性能、经济的成本以及便捷的操作性，在众多电子设备中占据了重要地位。它们不仅继承了集成运算放大器的广泛应用基础，更在此基础上拓展出更为广泛和多样的功能用途，成为了集成电路领域中的又一重要里程碑。

集成锁相环路的种类较多，可以分为模拟式和数字式两类，也可以根据用途分为通用型和专用型。通用型锁相环路通常包括鉴相器和压控振荡器，并可能附加有放大器和其他辅助电路，功能多用；而专用型则设计用于特定功能，例如调频立体声解调环、电视机中的正交色差信号同步检波环等。

以模拟、高频、部分功能的单片集成锁相环 NE562 为例，NE562 组成框图如图 10-7-1 所示。NE562 是一款通用型集成锁相环，最高工作频率可达 30 MHz。它包括了锁相环路的基本部件鉴相器和压控振荡器，同时为了改善环路性能并满足通用需求，还包含了若干放大器、限幅器和稳压电路等辅助部件。此外，为了实现部分功能，环路反馈并非在内部预先连接好，而是将 VCO 输出端和鉴相器输入端分开，以便在它们之间插入分频器和混频器，从而使环路实现倍频或移频的功能。

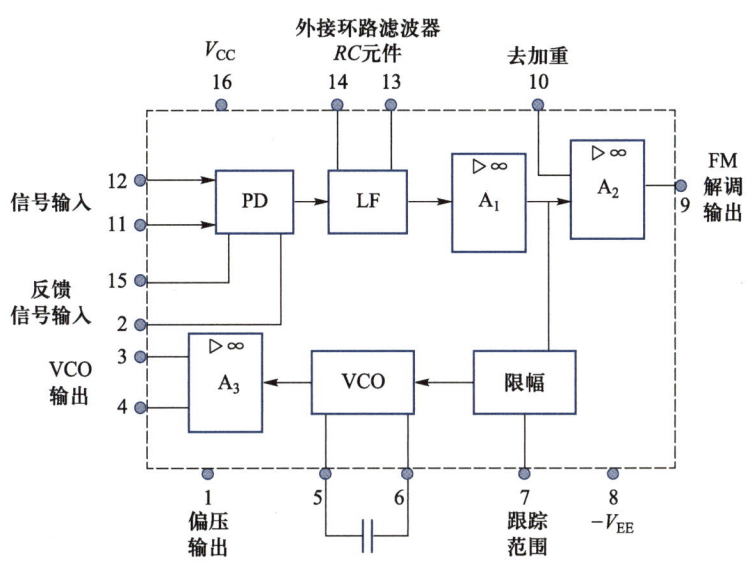

图 10-7-1　NE562 组成框图

NE562 的各管脚功能如下。

① PD（鉴相器）：采用双半衡模拟乘法器。

② LF：13、14 脚可外接 RC 元件构成环路滤波器。

③ VCO（压控振荡器）采用射极定时方式，其振荡频率由外接至 5、6 脚的电容进行定时控制。限幅器则是与 VCO 串联的一个控制级，通过调整 7 脚注入的电流大小，可以有效管理环路的跟踪范围。

④ 11、12 脚：外接输入信号。

⑤ 放大器 A_1、A_2、A_3 在电路中扮演着隔离与缓冲的关键角色，其中第 10 脚特别设计用于外接去加重电容。在解调应用中，A_1 和 A_2 的放大功能显著提升了 9 脚输出的解调信号电平，这一设计不仅维护了压控振荡器（VCO）的频率稳定性，还增强了 VCO 的输出电压，进而使 3、4 脚输出的电压幅度增加至大约 4.5 V 的水平，以满足相位检测器（PD）对 VCO 信号电压幅度的严格要求。

⑥ 在 VCO 的输出（即 3、4 脚）与 PD（相位检测器）的反馈信号输入端（2、15 脚）之间，可以灵活地外接各种组件，以此实现电路的多功能扩展与应用。

当使用 NE562 时，要从以下五个方面考虑。

（1）输入信号

当输入信号接入 11、12 脚时，建议采用电容耦合方式，以确保不影响输入端的直流电位稳定性。此电容的选择需满足容抗远小于输入电阻（2 kΩ）的条件。输入信号可以双端同时接入，也支持单端输入模式，在单端输入情况下，未使用的输入端应通过交流接地处理，以此提升相位检测器（PD）的增益性能。

（2）环路滤波器的设计

NE562 常用的环路滤波器有如下四种形式，如图 10-7-2 所示。

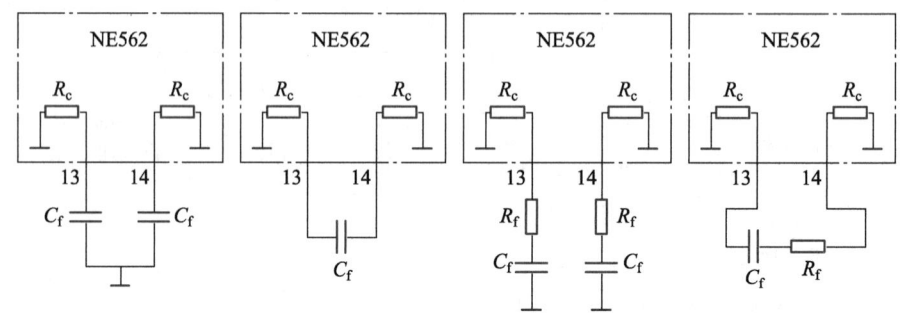

图 10-7-2　NE562 常用的 4 种滤波器形式

13、14 脚的外接电路与 NE562 内部的 PD 负载电阻 R_c 共同构成积分滤波器。一般已知 $R_c = 6\,\mathrm{k\Omega}$，$R_f$ 通常选在 $50 \sim 200\,\Omega$ 之间，根据所要求设计的环路滤波器截止频率 ω_c 可计算出 C_f 值，若采用如图 10-7-2 所示的四类滤波器，其 C_f 的计算结果分别为

$$C_f = \frac{1}{\omega_c R_c} = \frac{1}{2\pi f_c R_c} \tag{10-7-1}$$

$$C_f = \frac{1}{2\omega_c R_c} = \frac{1}{4\pi f_c R_c} \tag{10-7-2}$$

$$C_f = \frac{1}{\omega_c (R_c + R_f)} = \frac{1}{2\pi f_c (R_c + R_f)} \tag{10-7-3}$$

$$C_f = \frac{1}{\omega_0 (2R_c + R_f)} = \frac{1}{2\pi f_c (2R_c + R_f)} \tag{10-7-4}$$

（3）VCO 的输出方式与频率调整

① VCO 的信号输出端（3、4 脚）与地之间应连接阻值相等的射极电阻，推荐阻值范围在 2 kΩ 至 12 kΩ 之间，以确保内部射极输出器的平均电流不超过 4 mA，从而维持电路稳定运行。具体配置如图 10-7-3（a）所示。

② 若需将 VCO 的信号输出端与逻辑电路相连，必须额外接入电平转换电路，以将 VCO 输出端原有的 12 V 直流电平降低至适合逻辑电路的低电平值，并确保输出方波满足逻辑电平标准，同时保持高达 20 MHz 的工作频率。这一配置如图 10-7-3（b）所示。

③ VCO 的频率及其跟踪范围可通过多种方式进行调节与控制。除了直接调整与定时电容并联的微变电容来改变频率外，还可采用如图 10-7-4 所示的三种额外方法来实现对

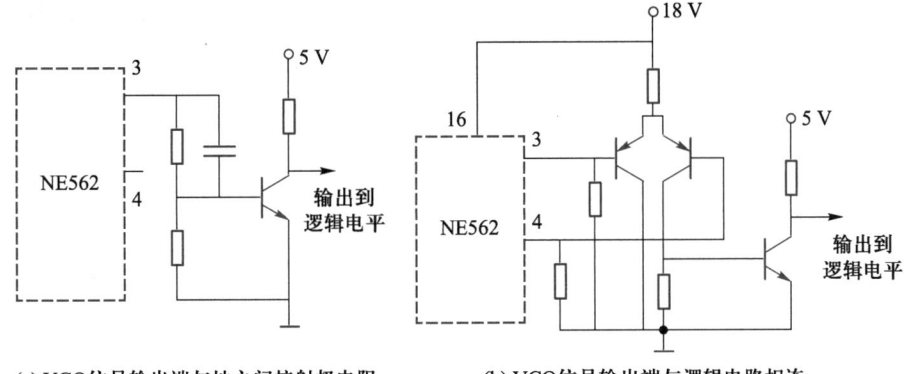

(a) VCO信号输出端与地之间接射极电阻   (b) VCO信号输出端与逻辑电路相连

图 10-7-3　实用的单端与双端输出电路

VCO 频率的灵活调整与控制。

对于图 10-7-4（a）中电路的 VCO 的工作频率为

$$f'_0 = f_0 \left(1 + \frac{6.4 - E_A}{1.3R} \right) \tag{10-7-5}$$

在此，f_0 指的是当 E_A（误差放大器电压）设定为 6.4 V 时，VCO（压控振荡器）的基准振荡频率。调整 E_A 的值会导致振荡频率发生相应的变化。

对于图 10-7-4（b）和（c）两种情况，它们提供了将 VCO 频率扩展至超过 30 MHz 的能力。特别是（c）方案，通过外接电位器 R_w（5 kΩ），可以实现对频率的微调，增加了频率调节的灵活性和精确度。

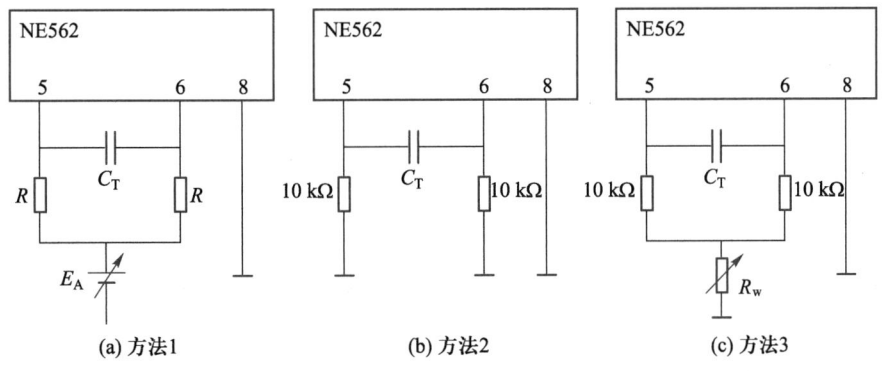

(a) 方法1　　　　　　(b) 方法2　　　　　　(c) 方法3

图 10-7-4　VCO 频率调整方法

（4）PD 的反馈输入与环路增益控制方式

相位检测器（PD）的反馈输入通常采用单端输入模式，如图 10-7-5 所示。在此配置中，1 脚的 +7.7 V 电压通过电阻 R（2 kΩ）分别供给至反馈输入端 2 脚和 15 脚，作为集成电路内部电路基极的偏置电压。同时，为了稳定电源，1 脚与地之间接有旁路电容。反馈信号源自压控振荡器（VCO）的 3 脚输出，经过分压电阻进行取样后，再通过耦合电容加至 2 脚，以此构建完整的闭环系统。

为了调整环路增益，一种常见做法是在 13、14 脚之间并联接入电阻 R_f。在此配置下，环路的总增益可以通过特定公式计算得出，该增益受到 R_f 阻值的影响。

$$G_{LF} = G_L \frac{R_f}{1\,200 + R_f} \tag{10-7-6}$$

在这里，R_f 的单位为欧姆（Ω），它的作用是平衡由于 f_0（VCO 的固有振荡频率）增加而导致环路增益 G_L 过高可能引起的系统工作不稳定问题，从而确保系统的稳定运行。

（5）解调输出方式

当 NE562 被应用于 FM（调频）信号的解调时，解调后的信号通过 9 脚输出。此时，为了作为 NE562 内部电路的射极负载，9 脚需要外接一个适当阻值的电阻至地（或负电源），该电阻的阻值常选择为 15 kΩ，以确保内部射极输出电流维持在不超过 5 mA 的安全范围内。此外，10 脚则需外接一个较大的去耦电容，以优化电路性能。

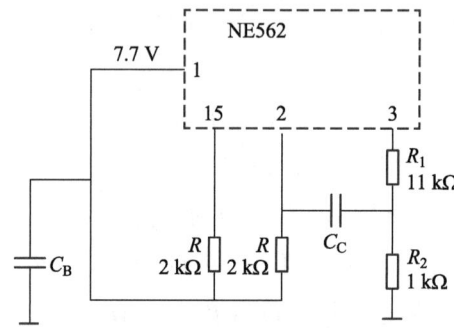

图 10-7-5　PD 的反馈输入方式（单端输入）

NE562 的应用实例

NE562 的一个应用实例如图 10-7-6 所示。

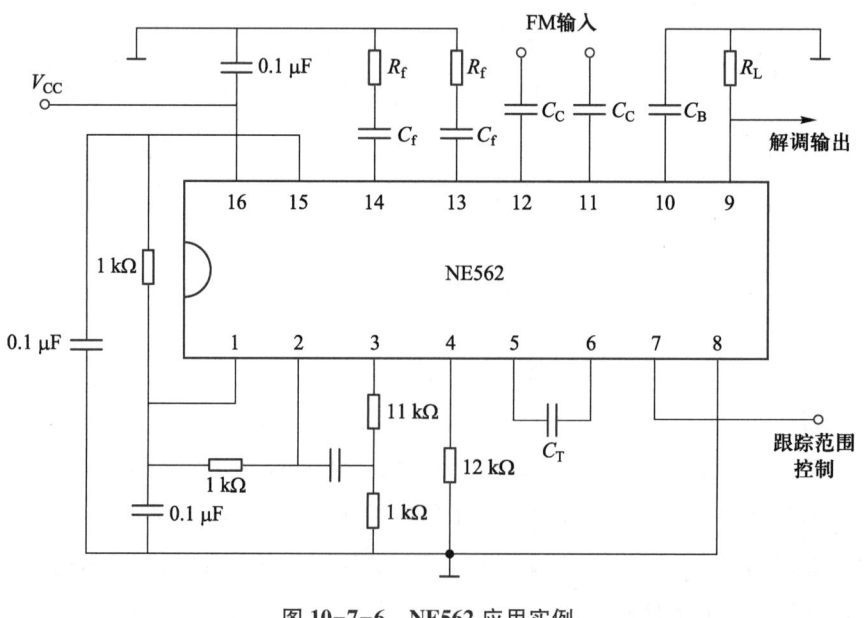

图 10-7-6　NE562 应用实例

在 NE562 的使用中，一个关键点是其内部限幅器的集电极电流受到 7 脚外接电路的有效控制。具体而言，当 7 脚注入的电流增加时，内部限幅器的集电极电流会相应减少，这会导致 VCO 的跟踪范围变窄。相反，若 7 脚注入的电流减少，则限幅器的集电极电流增加，从而扩大 VCO 的跟踪范围。值得注意的是，当 7 脚注入的电流超过 0.7 mA 的阈值时，内部限幅器将进入截止状态，此时对 VCO 的控制将被切断，VCO 将进入无控制的自由振荡模式，即系统失去锁定状态。

10.8　前沿——锁相电路最新研究方向

1. 高精度与低抖动技术

随着通信技术的不断进步，对锁相电路（特别是锁相环 PLL）的精度和抖动性能提出了更高要求。高精度与低抖动技术成为锁相电路的前沿研究方向之一。通过优化电路设计、采用先进的相位检测算法以及引入低噪声的电压控制振荡器（VCO），可以显著提升锁相电路的相位同步精度和降低抖动水平。这些技术的应用使得锁相电路在高速通信、精密测量等领域中能够更准确地跟踪和锁定信号相位，提高系统的整体性能。例如 Texas Instruments 的 LMX2594 锁相电路芯片提供高达 20 GHz 的频率输出，其相位噪声在 1 MHz 偏移量时为 -116 dBc/Hz，频率分辨率达到 10 Hz，锁定时间约 500 μs，适用于高频通信和测试测量应用。

2. 低功耗设计技术

随着便携式设备和物联网应用的普及，低功耗成为锁相电路的重要发展方向。低功耗设计技术通过优化电路结构、采用低功耗器件以及引入智能电源管理技术，有效降低锁相电路的功耗。例如，亚采样锁相环（SSPLL）作为一种低功耗的锁相电路结构，通过减少参考路径中的缓冲器使用，降低了功耗并提升了抖动性能。此外，可配置的双边沿亚采样锁相环结构还能够在保持低功耗的同时，实现高精度的相位同步。例如 Analog Devices 公司的 AD9545 锁相环芯片在 3.3 V 电源下的典型功耗约为 600 mW，适用于高精度的频率合成和时钟分配应用。

3. 集成化与模块化技术

随着集成电路制造工艺的进步，锁相电路的集成化水平不断提高。集成化与模块化技术使得多个功能模块能够紧密地集成在单个芯片上，不仅减小了电路体积，还提高了系统的可靠性和可维护性。同时，模块化设计也使得锁相电路更加灵活，可以根据不同的应用场景进行定制和优化。例如 Analog Devices 公司的 ADF4371 锁相环芯片可提供高达 13.6 GHz 的输出频率，相位噪声在 1 MHz 偏移量时为 -117 dBc/Hz，频率分辨率高达 0.2 Hz，典型锁定时间 <1 μs，功耗约为 1.5 W，适用于高精度频率合成和通信系统。

10.1　有哪几类反馈控制电路，每一类反馈控制电路控制的参数是什么，要达到的目的是什么？

10.2　锁相环路稳频与自动频率控制电路在工作原理上有何区别？为什么说锁相环路相当于一个窄带跟踪滤波器？

10.3　锁相分频、锁相倍频与普通分频器、倍频器相比，主要优点是什么？

10.4　概述锁相环工作的几个状态及其特点？

10.5　AGC 的作用是什么？主要的性能指标包括哪些？

10.6　PLL 由哪几部分组成，其工作原理是什么？

10.7　AFC 的组成包括哪几部分，其工作原理是什么？

10.8　AFC 电路达到平衡时回路有频率误差存在，而 PLL 在电路达到平衡时频率误差为零，这是为什么？PLL 达到平衡时，存在什么误差？

10.9　PLL 的主要性能指标有哪些，其物理意义是什么？

10.10　已知一阶锁相环路鉴相器的 $U_d = 2$ V，压控振荡器的 $K_0 = 10^4$/V，自由振荡频率 $\omega_0 = 2\pi \times 10^6$ rad/s。问当输入信号频率 $\omega_i = 2\pi \times 1\,015 \times 10^3$ rad/s 时，环路能否锁定？若能锁定，稳态相差等于多少？此时的控制电压等于多少？

10.11　已知一阶锁相环路鉴相器的 $U_d = 0.63$ V，压控振荡器的 $K_0 = 20$ kHz/V，$f_0 = 2.5$ MHz，在输入载波信号作用下环路锁定，控制频差等于 10 kHz。问：输入信号频率 ω_i 为多少？环路控制电压 $u_o(t)$ 为多少？稳定相差 $\theta_e(\infty)$ 为多少？

第 11 章
软件无线电

随着技术的进步，在 1992 年美国科学家约瑟夫·米托拉提出了软件无线电的概念。软件无线电技术被公认为通信技术领域的第三次重大飞跃，紧随模拟通信向数字通信的转型以及固定通信迈向移动通信的变革之后，这一技术革新正吸引着全球范围内的广泛关注。在软件无线电理念的引领下，无线通信系统的架构实现了从传统模式到根本性变革的跨越，展现出前所未有的灵活性和可重构性。本章内容旨在为读者奠定软件无线电的基础知识框架，而对于希望深入探究该领域细节与前沿技术的读者，建议进一步查阅相关文献资料以获取更全面的学习体验。

11.1 软件无线电概念的提出

当代无线通信领域展现出多元化的发展态势，涵盖了诸如卫星通信、蜂窝移动通信、无线寻呼系统、短波通信以及微波通信系统等众多类型。每种通信方式均采用了多样化的调制技术与多址接入策略，以满足不同应用场景的需求。具体而言，短波电台凭借其适合远距离传输的特性，在需要跨越广阔地域进行通信时发挥重要作用。其优势在于发射功率要求相对较低，且依赖的电离层中继系统具备较高的稳定性和抗毁性。卫星通信则以其卓越的信息传输质量和高频带资源而著称，能够为用户提供广泛覆盖、高速率、高质量的通信服务，是跨国界、跨洋通信的理想选择。微波通信则在抗干扰能力和大数据量传输方面表现突出，尤其适合点对点之间的快速、稳定的信息交换，尽管其传输路径相对受限，但在特定场景下展现出极高效率。各类无线通信系统依据其独特的技术特点和优势，被广泛应用于不同领域和场景，共同构成了现代通信网络的丰富多彩的生态系统。

与民用移动通信相比，军事上对移动性的要求要高得多，不但要求用户设备可以移动，而且基础设施也能移动。另外随着军备技术的进一步升级，军队体系中对语音、传真、图像、视频业务（如电视电话会议）等多媒体通信业务的需求进一步增加，这些业务大多需要具有鉴别及加密功能的安全环境。然而，当前的军用通信设备设计往往高度专属于特定用途，功能相对单一，显著缺乏支持多媒体通信的能力。尽管部分电台在基础架构上存在相似性，但它们在工作频段、调制技术、波形结构、通信协议、数字信息编码及加密机制等方面却存在显著差异。这些差异不仅严重制约了不同电台之间的互操作性和互联互通能力，还因为各频段电台仅能满足特定需求，难以全面覆盖部队多样化的军事通信要求，从而给协同作战行动带来了显著挑战和不便。作战过程中，为了保证及时高效的通信联络，不得不借助许多额外的无线电台，这大大增强了通信保障的复杂程度。因而很有必要开发能够兼容各种通信体制、能完成多种多媒体通信业务的、开放性强、易于升级的军用电台来满足当前时代的军事要求。

在当前的民用移动通信中也存在互通性差的问题，多种体制共存、新体制不断涌现是当前移动通信市场的突出特点。仅以公用蜂窝移动通信系统为例，模拟体制与数字体制共存；而在数字蜂窝系统中，以 TDMA 为多址方式的体制与以 CDMA 为多址方式的体制并存（如 GSM、ADC、JDC 与 CDMA 并存）；从全球地域角度来看不同地域上并存着不同的体制（北美 ADC、欧洲及中国的 GSM、日本的 JDC 等）。这些体制互不兼容，无论给用户还是给经营者都带来了极大的不便，严重限制了移动通信的全球性发展，其主要缺点在于：

（1）随着技术的飞速发展，新型通信体制与标准层出不穷，这直接导致了通信产品市场更新换代的速度加快，产品的生命周期显著缩短。以移动电话为例，GSM、CDMA 等多种系统已投入使用，且另外一些系统正在研制中。在全球市场竞争的激烈态势下，各国及各大企业为抢占市场份额，竞相推出各自的技术标准，并划定专属的市场领域，导致了产品生命周期的大幅缩短，因为市场快速变化使得部分产品和技术迅速过时。传统的通信体制在这种快速迭代、高度竞争的环境中显得力不从心，难以有效适应和引领这一发展趋势。

（2）随着多种通信体制的并存发展，如何实现这些不同体制间无缝互联与互操作的需求日益迫切。

（3）随着无线频谱资源的日益紧张，通信系统对于频带利用率的提升及抗干扰能力的增强提出了更高要求。然而，由于目前多种通信体制并存，对频带进行重新规划与优化变得尤为困难。若欲引入新的抗干扰技术，往往需要对现有系统结构进行较大幅度的调整，这无疑增加了技术实施的难度与成本。

为了应对通信设备的互通性挑战，并同时满足抗干扰、高保密性、适应移动通信快速发展及延长设备寿命的需求，各国军方积极寻求解决方案，在此背景下，软件无线电技术应运而生。1992 年 5 月，MITRE 公司的约瑟夫·米托拉率先正式提出了"软件无线电"（software radio，SWR）的概念，这一创新理念旨在通过构建一个通用的硬件平台，利用软件加载的方式来实现无线电台的全部功能。将这一思想拓展至移动通信领域，软件无线电构想了一种革命性的网络构建方式：无需针对每一种新的移动通信体制重建网络或替换设备，而是可以在各基站部署统一的硬件基础设施，随后无论是现有的还是未来的各种通信体制或标准，均能通过软件升级的形式实现无缝兼容与更新。这一过程中，所需的软件更新可由统一的软件提供商通过无线电波空中下载至设备，实现了软件即服务的便捷性。采用这种理想的软件无线电模式后，不仅大幅降低了因体制或标准更新而需重建网络的成本，还显著缩短了产品研发与升级的周期。所有体制与标准的更迭，以及不同体制间的兼容性问题，均可通过简单的软件替换来高效解决，为通信技术的发展开辟了新的道路。

自软件无线电的概念诞生以来，它迅速吸引了全球无线电领域专家的广泛瞩目。凭借其灵活性、开放性、可配置性和可重构性等独特优势，软件无线电不仅在军事与民用无线通信领域找到了用武之地，更在电子战、雷达系统、信息化家电等多个领域展现出广阔应用前景。这一技术的普及，无疑将极大地推动软件无线电技术本身及其相关产业链的迅猛发展，开启一个通信技术创新与融合的新时代。

11.2 软件无线电的基础知识

11.2.1 软件无线电的基本概念及特点

1992 年 5 月，在美国电信系统会议（IEEE National Telesystem Conference）上，约瑟夫·米托拉首次提出了软件无线电（software radio，SWR）的革新理念。其核心构想在于构建一个开放、标准化且模块化的通用硬件平台，该平台旨在通过软件来灵活实现多种功能，包括但不限于工作频段的选择、调制解调方式的切换、数据格式的定制、加密模式的设定以及通信协议的遵循等。此外，该设计强调将宽带模拟/数字（A/D）和数字/模拟（D/A）转换器尽可能接近天线部署，以此为基础，研发出既高度灵活又极具开放性的新一代无线通信系统。理想的软件无线电移动单元与基站的示意图如图 11-2-1 所示。

由图 11-2-1 可以看出，A/D 和 D/A 转换器的位置尽可能地靠近天线，并且软件中的无线电功能的定义是软件无线电的标志。软件无线电移动单元及基站共享一个公共的软件工厂，它下载个性给移动单元并更新基础结构。因此，尽管软件无线电确实采用了数字技术，但并不意味着所有由软件控制的数字无线电都可以被归类为软件无线电。它们之间的核心差异在于软件无线电的全面可编程性，这具体体现在其可编程的 RF 频带、信道接入模式以及信道调制等多个方面。其中的可编程处理器设计采用专用集成电路（application specific integrated circuit，ASIC）、现场可编程门阵列（field programmable gate arrays，FP-GA）、数字信号处理器（digital signal processor，DSP）及通用处理器（general processor，GP）技术[6-8]。目前 DSP 的每秒百万指令（million instructions per second，MIPS）及通用中心处理器单元（central processing unit，CPU）的价格已降到低于 10 美元/MIPS，使得软件无线电在经济上越加引人注目。

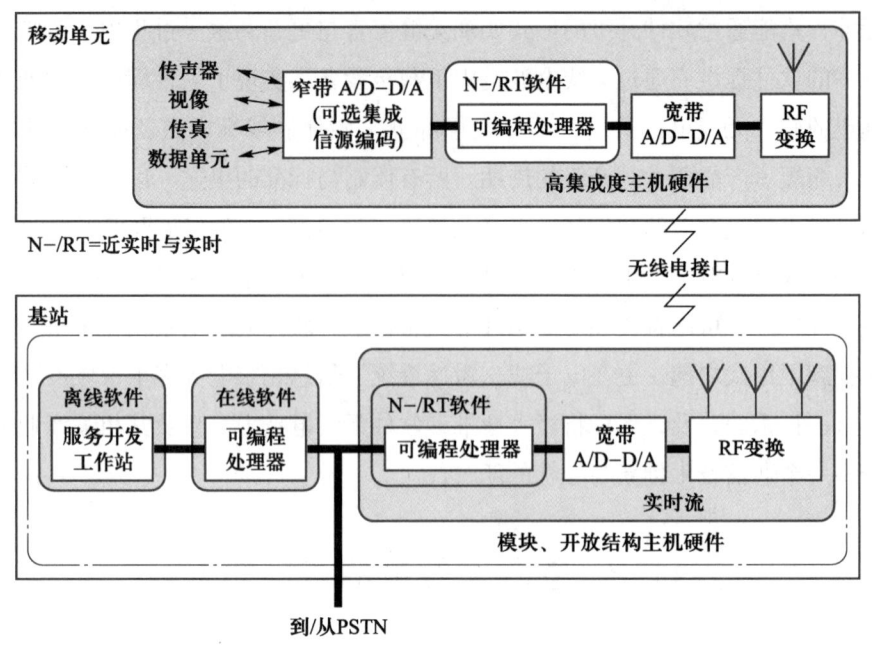

图 11-2-1　理想的软件无线电移动单元与基站的示意图

由此看出，理想的软件无线电有以下主要特点：

（1）全面的数字化

软件无线电的核心理念是追求从通信系统的基带信号直至中频段、射频段的全数字化处理，这使得它成为一个数字化程度远超当前任何数字通信系统的全数字化通信系统。

（2）高度的可编程性

软件无线电依托一种通用的硬件平台，通过运行相应的软件来实现通信的各种功能。这涵盖了宽频带内的可编程信道调制方式、射频与中频频段的可编程性、信道解调方式的可编程性，以及信源编码和解码方式的可编程性等。

（3）便捷的系统升级与可扩展的系统功能

由于软件无线电的各种功能主要体现在软件上，因此系统升级仅需更改相应的软件即可。通过软件工具，可以轻松扩展通信业务、分析无线通信环境，并定义所需扩展和增强的各项通信业务。

（4）模块化的系统设计

借助软件无线电的基本理念，现行的通信系统均可以实现模块化设计。这些模块的物理及电气接口性能指标符合统一、开放的标准。通过更换模块，可以维护或提高系统性能，同时便于系统间的复用。

软件无线电颠覆了传统无线电台的设计理念，突破了功能单一、可扩展性差以及以硬件为核心的设计局限。它强调采用最简单的硬件作为通用平台，并充分利用可升级、可重新配置的应用软件来实现多样化的无线电功能。用户在同一硬件平台上，可以根据不同时期和不同使用环境的需求,通过选购不同的应用软件来满足各种功能需求。当软件无线电需要实现新的通信业务时,只需简单地增加一个新的软件模块即可,非常方便快捷。同时,由于其具备生成各种调制波形和通信协议的能力,因此还能与旧体制的各种电台实现互通,实现向上兼容,从而大大延长了电台的使用周期,并为用户节约了开支。

11.2.2　软件无线电的主要研究内容

软件无线电的基本思想就是尽可能地简化射频模拟前端,使 A/D 转换尽可能地靠近天线去完成模拟信号的数字化,从而使信号的产生、调制、解调、编码、解码等功能均可通过通用可编程硬件平台来完成。另外,软件无线电的平台应具有开放性、通用性,软件要求可升级、可替换。

软件无线电系统功能模块如图 11-2-2 所示。

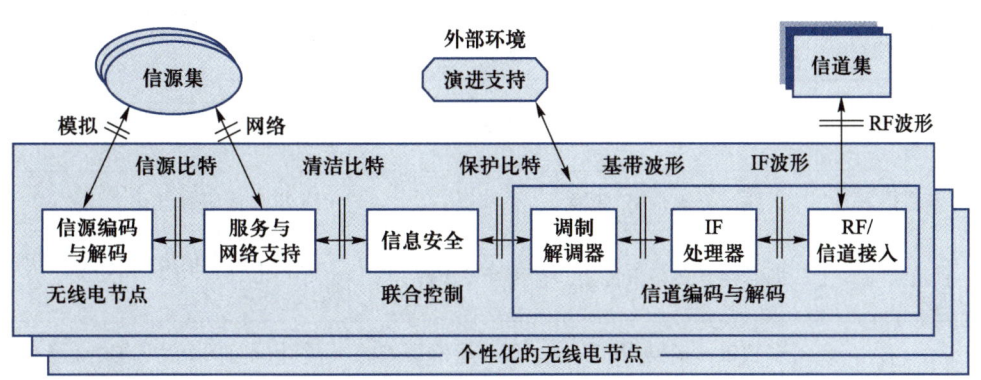

图 11-2-2　软件无线电系统功能模块

首先,多频段技术可立即在一个以上的通信信道 RF 频带上接入,从而使 RF 信道一般化为图 11-2-2 中的信道集。多频带无线电的信道编码器包括 RF/信道接入、IF 处理器以及调制解调器。RF/信道接入包括宽带天线及多单元阵列智能天线,它也提供多个信号途径及跨越多个 RF 频段的 RF 变换;IF 处理可包含滤波、进一步的 A/D 与 D/A 频率变换、空/时分集处理、波束成形以及相关功能;多模式无线电产生多个空中接口波形(模式),它们原则上是在 RF 信道调制解调器中确定,这些波形可以在不同的频带或跨多个频带,调制解调器直接将 IF 信号变换成信道比特。

虽然许多应用并不要求信息安全,但身份认证将减少欺骗,流加密可以保证隐私,二者有助于保证数据的稳固性。信源编码与解码包含了数据、传真、视频及多媒体源等,某些信源将在物理上远离无线电节点,是经由同步数字系列、局域网等服务及网络支持连接的。联合控制保证得到系统稳定、差错恢复,适时数据流,以及语音和视频的同步流;当无线电进一步发展时,联合控制就变得更为复杂,向频带、模式及数据格式的自动选择演进。

在一个软件无线电系统中,用户能够上载新的空中接口个性。这些个性可以改善空中接口的任何方面，包括波形是否跳动、扩展或其他构成。演进支持功能必须包括本地或网络支持的软件工厂，去确定波形的个性，下载它们并保证每一个新的个性在起作用前是安全的。

上面所介绍的软件无线电节点的功能分配总结如表 11-2-1 所示。

表 11-2-1　软件无线电节点的功能分配总结

功能部件	分配的功能	备　注
信源编码与解码	音频、数据、视像及传真接口	算法（如：ITU[15]，ETSI[16]）
服务与网络支持	多路；建立与控制；数据服务；网络互联	有线与包括移动性的互联网标准
信息安全	传输安全，身份验证，不拒绝，隐私，数据坚固性	可选择使用
信道编码与解码：调制解调器	基带调制解调器，定时恢复，均衡，信道波形，预失真，黑色数据处理	INFOSEC、调制解调器及 IF 接口认为标准化
IF 处理器	波束成形，分集合并，全部 IF 信道特性	为增强信号与 QoS 的创新的信道编码
RF/信道接入	天线，分集，RF 变换	IF 接口尚未标准化
信道集	同时性，多频带传播，有线互操作性	自动采用多信道或为 QoS 管理的多模式
多个个性	多频带、多模式，快捷，具有遗留模式的互操作	多个同时的个性可能引起无线频率干扰
演进支持	确定与管理个性	本地或网络支持的软件工厂
联合控制	联合信源/信道编码，动态 QoS 与负载控制，处理资源管理	集成用户与网络接口；多用户，多频带，以及多模式能力

软件无线电的主要研究内容包括如下几部分：

（1）数字中频（射频）理论概述

软件无线电对 A/D 和 D/A 转换器件有着极高的要求。数字中频理论主要聚焦于宽带中频（射频）信号的采样量化与波形形成、多采样率数字信号处理、数字化信道选择、基带调制信号与带通调制信号的正交调制（解调）技术，以及数字上（下）变频技术。

（2）高速信号处理：多模式调制解调

软件无线电的一大特色是在基带进行调制和解调。它从信号空间的角度出发，建立了多模式调制解调理论，通过正交基函数集合来表征调制信号，进而实现了基函数波形合成调制器和基函数相关解调器。在此基础上，还深入研究了数字信号的检测和模拟波形的估计。这部分工作主要涵盖了基带处理、调制解调、比特流处理以及编译码等任务，由高速数字信号处理器来完成。它是软件无线电的核心部件，同时也是主要的技术瓶颈。

（3）全数字化与软化信道估计与检测

信道估计主要负责信道延迟、载波频率与相位、幅度衰减等参数的估计，并抑制各种干扰的波形估计，这些都是信号解调的基础。与传统的模拟无线电和数字无线电不同，真正的软件无线电将基于软化时钟概念，采用直接计算的方法进行信道估计和信号解调，这也是其一个重要的特点。由于软件无线电是一种多频段、多模式并能与多种网络接口的系统，因此对信道环境的分析和检测显得尤为重要，包括实时频谱监控、动态频率分配、确定接收信号的方位和能量分布等。

（4）自适应波束形成与智能天线技术

智能天线是在相控阵和数字波束形成技术的基础上发展起来的，它涵盖了空间特征矢量的获取、天线波束的数字赋形等技术，从而实现了自适应多用户跟踪、干扰抑制以及智能化发射等功能，其基本思想是在发射信号时，智能天线可以分别发射多个高增益的动态窄波束以跟踪多个期望用户；在接收信号时，来自目标反向窄波束以外的信号即被抑制。此外，发射信号时，既要使所需用户接收的信号功率最大，也需使窄波束照射范围以外的非期望用户收到的干扰最小。

但需注意的是，智能天线中的波束跟踪并不一定将天线发射的高增益窄波束指向所需用户的实际方向。因为在随机多径信道上，移动用户的实际位置与方向是难以确定的，并且在发射基站至接收机的"视线"上一般总存有障碍物，对用户的物理方向并不是天线的理想波束方向。因此，智能天线波束跟踪的真正含义是在所需最佳路径方向上形成高增益窄波束并能跟踪最佳路径的变化，而且这种波束跟踪不需要预先得到有关期望信号和干扰环境的有关信息。

（5）软件无线电的体系结构设计

前述部分构成了软件无线电的数字化理论基础，而软件无线电的体系结构则是实现该系统所依赖的核心理论与技术。软件无线电的根本目标在于，将多频段、多模式、多个性、多业务等特性融入一个开放的、可扩展的、可重用的模块化平台之中，这一平台同时涵盖了硬件与软件两个层面。

（6）软件无线电的应用

软件无线电的应用主要聚焦在三大领域：军用电台、第三代移动通信以及雷达与无线电测控通信系统。除此之外，基于软件无线电的灾难预测和处理系统等研发工作也正在积极推进中。

11.3　软件无线电系统的基本结构

软件无线电系统的前端，其核心部件是 A/D/A 转换器，这一部件之所以扮演着关键角色，原因在于其不同的采样方式直接决定了射频处理前端的架构，并且进一步影响了后续 DSP/FPGA 平台的处理方式及对处理速度的不同需求。此外，A/D/A 转换器的性能也极大地限制了整个软件无线电系统性能的提升潜力。针对 A/D/A 转换器对射频模拟信号所采用的不同采样方式，可以归纳出如图 11-3-1 所示的几种典型的软件无线电结构。

考虑到软件无线电的工作频段覆盖 0.1 MHz~6 GHz，对于那些工作频段较高的应用场景，采用射频全宽带的低通采样软件无线电结构显然是不切实际的。特别是在系统最高频率 f_{max} 达到 6 GHz 时，若前置超宽带滤波器的矩形系数 r 设定为 2，即便允许过渡带存在一定的混叠，这种结构也可能无法满足高频段的工作需求。最低采样速率 f_s 也应满足：

$$f_s \geqslant (r+1)f_{max} = 18 \text{ GHz} \tag{11-3-1}$$

目前，实现如此高采样速率的 ADC 和 DAC 显然是不切实际的，尤其是当需要采用具有大动态范围、多位数的器件时，难度更是大幅增加。此外，由于前置滤波器的带宽需要覆盖整个工作带宽，这会导致同时进入接收通道的信号数量急剧增加，进而对动态范围提出更高的要求，这无疑给工程实现带来了巨大的挑战。所以该结构只适用于工作带宽不太宽的场合。

基于欠采样理论的射频软件无线电结构，通过采用一个主采样频率与若干个盲区采样频率相结合的方式，实现了对整个工作频段的采样数字化。该结构的特点在于其采样速率相对较低，因此对 A/D 转换器及后续 DSP 的要求也相应较低，更接近于理想的 SDR 接收机结构。此外，该结构的前端接收通带并非全宽开启，而是先通过窄带电调滤波器选择并放大所需信号，再进行带通采样，这一设计有助于提高接收通道的信噪比并改善动态范围。然而，该结构也存在一些缺点，如要求 A/D 器件和窄带电调滤波器都必须具备足够高的工作带宽，但目前市场上 10 位以上的 A/D 转换器一般最高可工作在 2 GHz，且窄带电调滤波器的工作带宽也相对有限。若要求实现很宽的工作带宽，则必须将其划分为多个分频段来实现，这无疑增加了实现的难度。另外，该结构还需要使用多个采样频率，这也增加了系统的复杂度。与图 11-3-1（a）相比，图 11-3-1（b）采用了窄带电调滤波器替代超宽带滤波器，对 A/D 的采样速度要求为中高速（100 MHz 以内），而非超高速，同时对 DSP 的处理速度要求也相应降低。因此，射频直接带通采样的 SDR 结构更具可行性，有望成为未来软件无线电的主流发展方向。

另一种目前较为实用的结构是宽带中频采样 SDR 接收机。与射频低通采样无线电结构相比，中频低通采样结构在工作频段较高时要求 ADC 具备极高的采样速率，而在工作频段较低时又需要复杂的射频前端电路，因此与中频带通采样 SDR 结构相比显得逊色。

宽带中频带通采样 SDR 接收机结构由于拥有较宽的中频带宽，使得前端电路（如混频器、本振和滤波器等）的设计得以简化，信号经过接收通道后的失真也较小。再结合后续的数字化处理，该结构具有更好的波形适应性、信号带宽适应性以及可扩展性。若信号

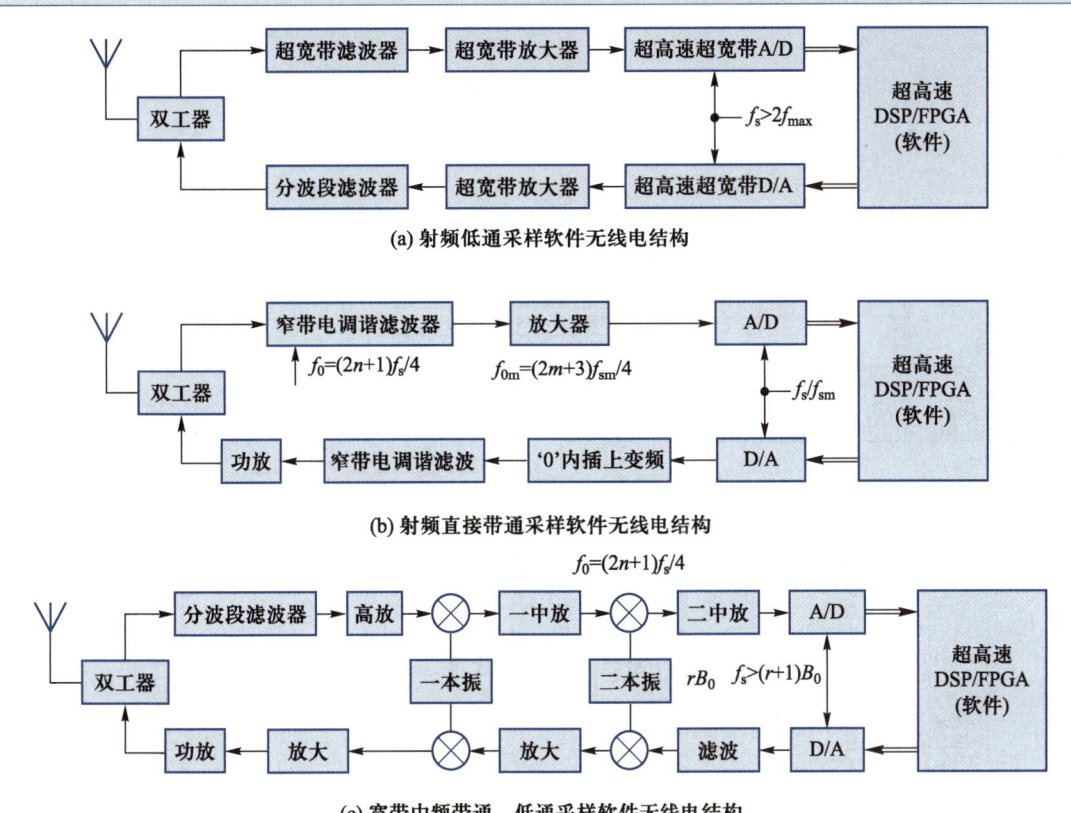

图 11-3-1 中各部分标注:

(a) 射频低通采样软件无线电结构，含超宽带滤波器、超宽带放大器、超高速超宽带 A/D，$f_s > 2f_{max}$，超高速超宽带 D/A、超宽带放大器、分波段滤波器、双工器、超高速 DSP/FPGA（软件）

(b) 射频直接带通采样软件无线电结构，含窄带电调谐滤波器、放大器、A/D，$f_0 = (2n+1)f_s/4$，$f_{0m} = (2m+3)f_{sm}/4$，f_s/f_{sm}，功放、窄带电调谐滤波、'0'内插上变频、D/A、双工器、超高速 DSP/FPGA（软件）

(c) 宽带中频带通、低通采样软件无线电结构，含分波段滤波器、高放、一中放、二中放、A/D，$f_0 = (2n+1)f_s/4$，一本振、二本振，rB_0，$f_s > (r+1)B_0$，功放、放大、放大、滤波、D/A、双工器、超高速 DSP/FPGA（软件）

图 11-3-1　几种典型的软件无线电结构

带宽为 B_s，而信号处理带宽 B 远大于 B_s，且包含 N 个信道，那么对带宽 B 内某一特定信道上的信号进行解调、分析、识别等处理任务将由后级信号处理器及其软件完成。这些任务主要包括数字滤波、数字下变频以及解调等信号处理任务。通过加载不同的信号处理软件，该结构能够实现对不同体制、不同带宽以及不同种类信号的接收解调及其他信号处理任务，从而大大提高了对信号环境的适应性和可扩展能力。

宽带中频带通采样 SDR 接收机结构是目前主流的 SDR 框架，典型代表是 ADI 公司的 AD9361 系列芯片（如图 11-3-2 所示），该芯片集成了上述 SDR 结构。对标该系列芯片的国产芯片有城芯科技 CX9261 和地芯科技 GC0801 等芯片。

基于 AD9361 的软件无线电平台有：① Zedboard+AD9361 开放式软件无线电平台；② 国产代表璞致电子 PZSDR 平台，集成式软件无线电平台（以 PZSDR 为例的典型 SDR 系统框架如图 11-3-3 所示）；③ NI USRP 系列，封闭式软件无线电平台。

软件无线电是通信电子线路的集大成者，以软件定义的方式，将部分硬件的功能软硬件灵活结合，通过模块化、数字化、可编程和可拓展等处理手段，几乎可实现对应频段的通信系统的全部功能，甚至可拓展到几乎所有的无线电系统，包括但不限于通信、雷达和导航等。

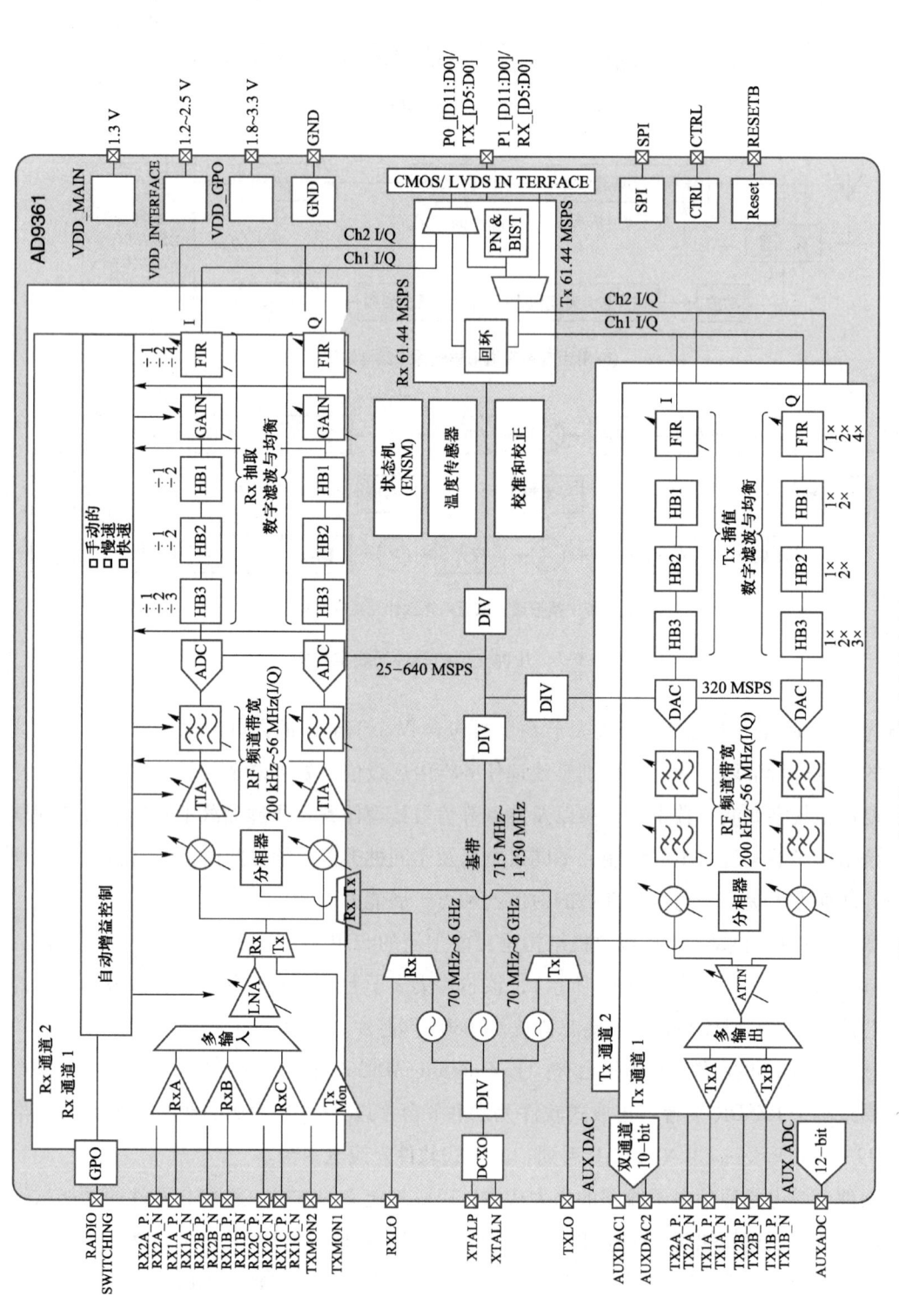

图 11-3-2　典型的 SDR 集成芯片内部框架（以 AD9361 为例）

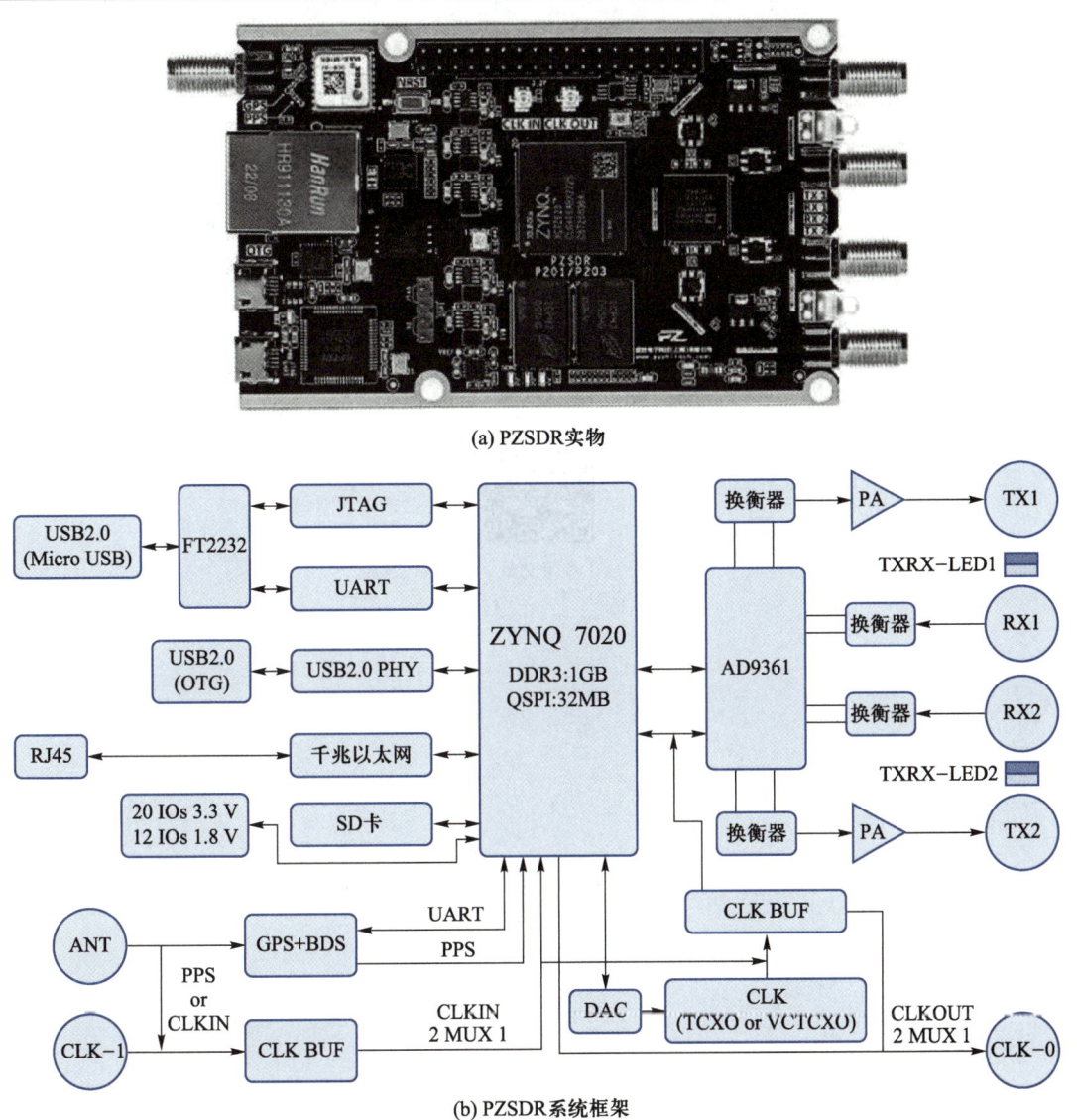

(a) PZSDR实物

(b) PZSDR系统框架

图 11-3-3 典型的 SDR 系统框架（以 PZSDR 为例）

思考题与习题

11.1 对比分析一下软件无线电系统和经典的无线电系统的差异性，重点探讨一下软件无线电的缺点。

11.2 制约软件无线电发展的因素有哪些？

11.3 未来软件无线电可能会对通信电子线路带来哪些机遇？（提示：通信、雷达和导航一体化技术，综合射频技术）

参考文献

参考文献

附录 1：余弦脉冲分解系数表

附录 1：余弦脉冲分解系数表

附录 2：3DA1，3DA2，3DA4 NPN 型高频大功率晶体管

附录 2：3DA1，3DA2，3DA4
NPN 型高频大功率晶体管

郑重声明

高等教育出版社依法对本书享有专有出版权。任何未经许可的复制、销售行为均违反《中华人民共和国著作权法》，其行为人将承担相应的民事责任和行政责任；构成犯罪的，将被依法追究刑事责任。为了维护市场秩序，保护读者的合法权益，避免读者误用盗版书造成不良后果，我社将配合行政执法部门和司法机关对违法犯罪的单位和个人进行严厉打击。社会各界人士如发现上述侵权行为，希望及时举报，我社将奖励举报有功人员。

反盗版举报电话　（010）58581999　58582371

反盗版举报邮箱　dd@hep.com.cn

通信地址　北京市西城区德外大街4号

　　　　　高等教育出版社知识产权与法律事务部

邮政编码　100120

读者意见反馈

为收集对教材的意见建议，进一步完善教材编写并做好服务工作，读者可将对本教材的意见建议通过如下渠道反馈至我社。

咨询电话　400-810-0598

反馈邮箱　gjdzfwb@pub.hep.cn

通信地址　北京市朝阳区惠新东街4号富盛大厦1座

　　　　　高等教育出版社总编辑办公室

邮政编码　100029

防伪查询说明

用户购书后刮开封底防伪涂层，使用手机微信等软件扫描二维码，会跳转至防伪查询网页，获得所购图书详细信息。

防伪客服电话　（010）58582300